彩图 7-1-1　小地老虎成虫

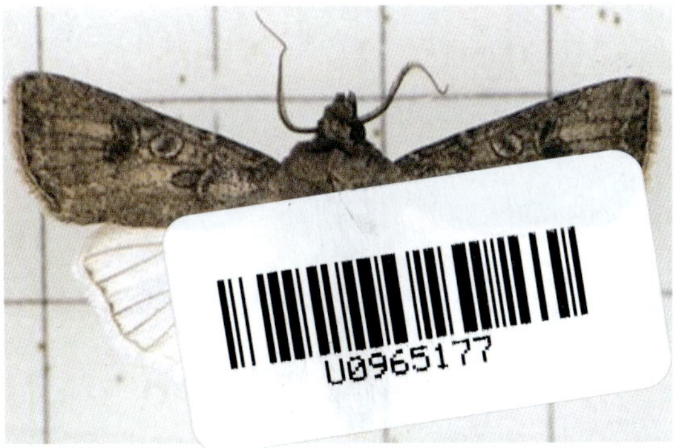
彩图 7-1-2　黄地老虎成虫

彩图 7-1-3　东北大黑鳃金龟成虫

彩图 7-1-4　铜绿丽金龟成虫

彩图 7-1-5　东方蝼蛄

彩图 7-1-6　华北蝼蛄

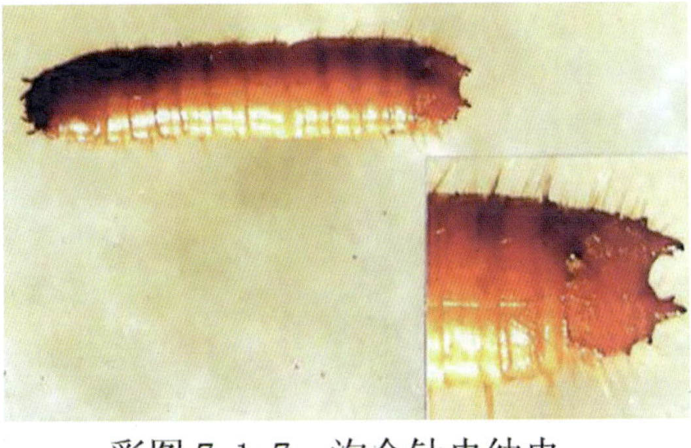
彩图 7-1-7　沟金针虫幼虫

彩图 7-1-8　细胸金针虫

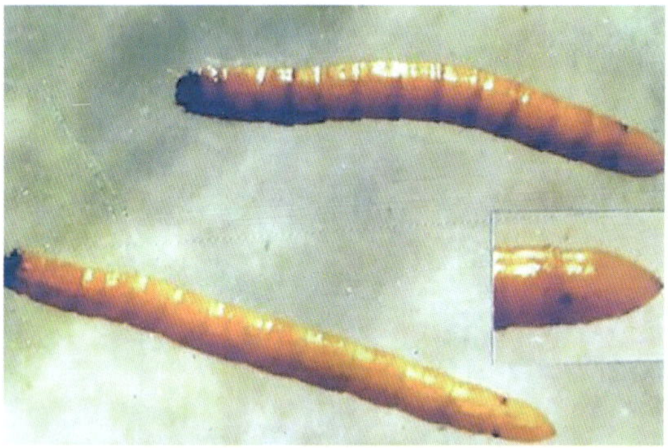

彩图 7-1-9　细胸金针虫幼虫

彩图 8-1-1　水稻立枯病

彩图 8-1-2　稻瘟病慢性病斑

彩图 8-1-3　稻瘟病穗茎瘟

彩图 8-1-4　稻瘟病枝梗瘟

彩图 8-1-5　水稻纹枯病

彩图 8-1-6　稻曲病

彩图 8-1-7　水稻恶苗病田间症状

彩图 8-1-8　水稻恶苗病

彩图 8-1-9　水稻细菌性条斑病

彩图 8-2-1　水稻象甲

彩图 8-2-2　水稻负泥虫

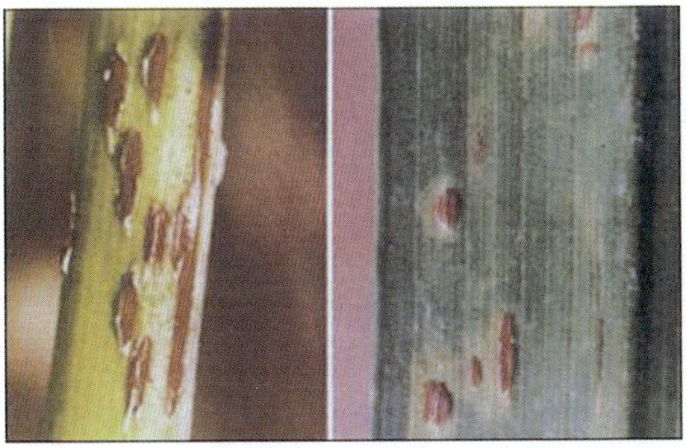

彩图 9-1-1　小麦锈病（秆锈病）

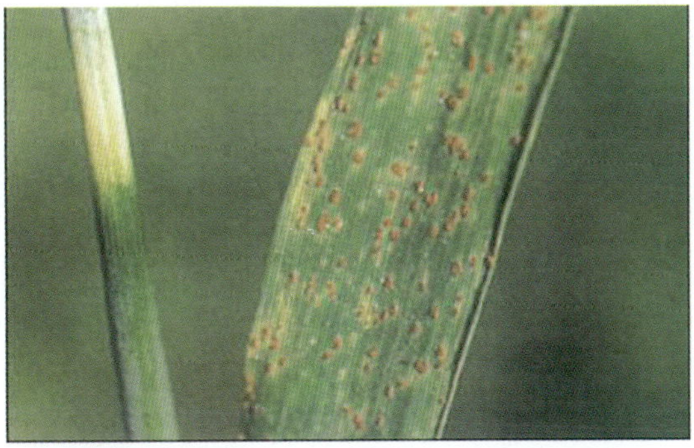

彩图 9-1-2　小麦锈病（叶锈病）

彩图 9-1-3　小麦锈病（条锈病）

彩图 9-1-4　小麦白粉病

彩图 9-1-5　小麦赤霉病

彩图 9-1-6　小麦黑穗病（散黑穗病）

彩图 9-1-7　小麦黑穗病（腥黑穗病）

彩图 9-2-1　麦红吸浆虫

彩图 10-1-1　玉米大斑病

彩图 10-1-2　玉米小斑病

彩图 10-1-3　玉米丝黑穗病

彩图 10-1-4　玉米瘤黑粉病

彩图 10-2-1　黏虫成虫

彩图 10-2-2　黏虫幼虫

彩图 10-2-3　玉米螟成虫

彩图 10-2-4　玉米螟幼虫

彩图 10-2-5　玉米蚜

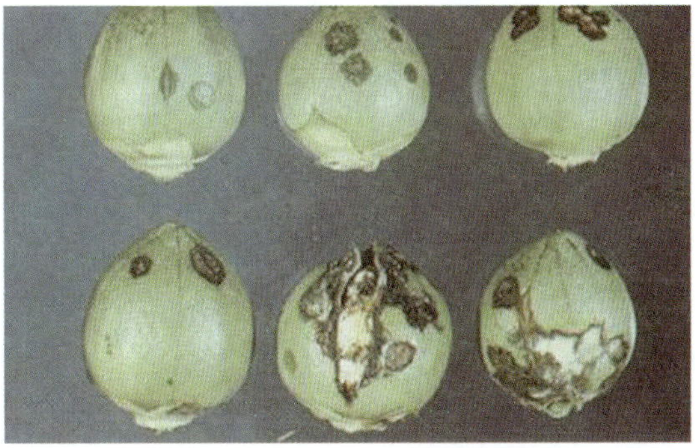

彩图 11-1-1　棉铃炭疽病

彩图 11-2-1　棉铃虫

彩图 12-1-1　大豆霜霉病

彩图 12-1-2　大豆胞囊线虫病症状

彩图 12-1-3　大豆胞囊线虫病根部症状

彩图 12-1-4　大豆疫霉根腐病

彩图 12-1-5　油菜菌核病

彩图 12-1-6　大豆灰斑病

彩图 12-2-1　大豆食心虫

彩图 12-2-2　草地螟

彩图 12-2-3　黄曲条跳甲

彩图 13-1-1　马铃薯晚疫病

彩图 13-1-2　烟草病毒病

彩图 13-1-3　甜菜褐斑病

彩图 13-2-1　二十八星瓢虫

彩图 13-2-2　烟青虫成虫

彩图 13-2-3　甜菜夜蛾成虫

彩图 13-2-4　甜菜夜蛾幼虫

彩图 14-1-1　白菜软腐病

彩图 14-1-2　番茄病毒病

彩图 14-1-3　辣椒炭疽病

彩图 14-1-4　黄瓜霜霉病（叶背面）

彩图 14-1-5　黄瓜霜霉病（叶正面）

彩图 14-1-6　黄瓜枯萎病

彩图 14-1-7　菜豆锈病

彩图 14-1-8　萝卜白斑病

彩图 14-1-9　番茄晚疫病

彩图 14-1-10　番茄早疫病

彩图 14-2-1　小菜蛾

彩图 14-2-2　菜粉蝶幼虫

彩图 14-2-3　斜纹夜蛾

彩图 14-2-4　斜纹夜蛾幼虫

彩图 14-2-5　美洲斑潜蝇

彩图 14-2-6　温室白粉虱

彩图 15-1-1　苹果树腐烂病

彩图 15-1-2　苹果轮纹病树干症状

彩图 15-1-3　苹果斑点落叶病

彩图 15-1-4　梨锈病

彩图 15-1-5　梨锈病冬孢子角

彩图 15-2-1　梨小食心虫

彩图 15-2-2　苹果小卷叶蛾

彩图 15-2-3　桃红颈天牛

彩图 15-2-4　天幕毛虫

高职高专教育“十二五”规划建设教材

植物保护

马成云　张淑梅　窦瑞木　主编

中国农业大学出版社
·北京·

内容简介

本书是高职高专教育"十二五"规划建设教材，在编写体例上充分体现高职高专人才培养目标和就业岗位群对人才培养能力需求特点。全书根据职业能力形成规律按基本技能、职业技能和专业技能(主要农作物、蔬菜、果树等病虫草害防治)3篇进行编写，分为16个典型工作任务、41个工作项目，包括130多幅黑白插图、80幅重要植物病虫草害彩色图片；重要项目后设有拓展知识，书后附录有主要农药产品简介；有利于教师教学，学生学习和识别掌握。

每个工作项目设有技能目标，教学资源，原理、知识，操作方法及考核标准，练习及思考题。以工作任务为主线，容"教、学、做"为一体化。体例新颖、层次清晰，深入浅出，实用性、针对性和可操作性强，突出了农业职业综合能力培养。适用于高职高专院校农业技术类专业，也可供农业职业技能鉴定和科技工作者参考使用。

图书在版编目(CIP)数据

植物保护/马成云，张淑梅，窦瑞木主编. —北京：中国农业大学出版社，2011.7(2020.7重印)

ISBN 978-7-5655-0272-9

Ⅰ.①植…　Ⅱ.①马…②张…③窦…　Ⅲ.①植物保护-高等学校-教材　Ⅳ.①S4

中国版本图书馆CIP数据核字(2011)第082199号

书　名　植物保护
作　者　马成云　张淑梅　窦瑞木　主编

策划编辑　张　玉　　**责任编辑**　洪重光
封面设计　郑　川　　**责任校对**　王晓凤　陈　莹
出版发行　中国农业大学出版社
社　址　北京市海淀区圆明园西路2号　　**邮政编码**　100193
电　话　发行部010-62818525,8625　　读者服务部010-62732336
编辑部010-62732617,2618　　出　版　部010-62733440
网　址　http://www.cau.edu.cn/caup　　**e-mail** cbsszs@cau.edu.cn
经　销　新华书店
印　刷　北京鑫丰华彩印有限公司
版　次　2011年7月第1版　2020年7月第4次印刷
规　格　787×980　16开本　30.75印张　560千字　彩插5
定　价　59.00元

编审人员

主　编　马成云　黑龙江农业职业技术学院
　　　　张淑梅　黑龙江农垦农业职业技术学院
　　　　窦瑞木　河南农业职业学院

副主编　张富荣　内蒙古农业大学职业技术学院
　　　　程有普　天津农学院职业技术学院
　　　　吴晓刚　河北旅游职业学院
　　　　王新燕　新疆农业职业技术学院

编　者　周　黎　新疆农业职业技术学院
　　　　王义明　拜耳作物科学(中国)有限公司
　　　　孙文鹏　黑龙江农业职业技术学院
　　　　马成云　黑龙江农业职业技术学院
　　　　张淑梅　黑龙江农垦农业职业技术学院
　　　　窦瑞木　河南农业职业学院
　　　　张富荣　内蒙古农业大学职业技术学院
　　　　程有普　天津农学院职业技术学院
　　　　吴晓刚　河北旅游职业学院
　　　　王新燕　新疆农业职业技术学院

主　审　陈啸寅　江苏农林职业技术学院

前　言

"植物保护"是高等农业职业技术教育植物生产类各专业的核心课程之一。根据教育部《关于加强高职高专教育人才培养工作的意见》《关于全面提高高等职业教育教学质量的若干意见》(教高[2006]16号)等文件精神,"教材要与岗位技术标准对接、着力培养学生就业创业能力",紧紧围绕培养学生成为动手能力强,上手快,具有高素质、高技能的专门人才而编写。

近几年来,农业高等职业教育飞速发展,随着农民对生产高效益、高品质、高产量农产品的要求及消费者对无公害农产品需求的日益增长,对高职高专院校农业生产类各专业的教学,尤其是对植物保护课程的教学提出了很高的要求。针对这些情况,全书贯彻综合治理、保护农业生态环境、生产无公害优质农产品的理念,力求使学生在学习过程中自觉树立生态意识、环境意识,用生态平衡、综合治理的观念防治植物病虫草害,达到优质、高产、高效益的目的。

本教材编写实施工学结合,根据技术领域和职业岗位(群)的任职要求,参照相关的职业资格标准,改革课程体系和教学内容。强化学生实践能力的培养,吸收企业专家参加编写,按照植物保护技能内容,设置为"基本技能(植物病虫害基本知识)、职业技能(农作物植保员国家标准相关内容)和专业技能(农作物、蔬菜、果树等主要病虫草害防治技术)"等3篇,全书设有16个典型工作任务,41个工作项目。每个项目按技能目标,教学资源,原理、知识,操作方法及考核标准,练习及思考题等模式编写,后附有拓展知识,有利于理论、实训一体化。教材中有黑白插图130余幅,有农业生产中主要发生的植物病虫草害彩图80幅,并有附录农药产品介绍(目前应用较多的农药产品),这对于学生识别和指导农业生产具有很重要的意义。

我国幅员辽阔,不同地区的病虫草害种类和发生规律差异很大。因此,各院校可根据当地的实际情况,选择相关项目内容组织教学。

本教材由马成云、张淑梅、窦瑞木担任主编,由张富荣、程有普、吴晓刚、王新燕担任副主编。编写分工如下：马成云编写前言、典型工作任务三植物病虫害标本的采集、制作与保存，典型工作任务十杂粮病虫害防治技术；张淑梅编写典型工作任务四病虫害调查与预测预报，典型工作任务五植物病虫害综合治理，典型工作任务六农药应用技术；窦瑞木编写典型工作任务十一棉麻作物病虫害防治技术，典型工作任务十三薯类、烟草及糖料作物病虫害防治技术和附录主要农药产品简介；张富荣编写典型工作任务一植物病害诊断技术；程有普编写典型工作任务八水稻病虫害防治技术，典型工作任务九麦类病虫害防治技术；吴晓刚编写典型工作任务十四蔬菜病虫害防治技术，典型工作任务十五果树病虫害防治技术；周黎编写典型工作任务十二油料作物病虫害防治技术；王义明编写典型工作任务十六农田杂草防除技术中的项目3水稻田杂草防除技术，项目4麦田杂草防除技术，项目5玉米田杂草防除技术，项目6大豆田杂草防除技术，以及其他作物田杂草防除技术；孙文鹏编写典型工作任务二作物害虫识别技术，典型工作任务七地下害虫及储粮害虫防治技术，典型工作任务十六中项目1农田杂草种类识别和典型工作任务十六中项目2化学除草基础。全书由马成云统稿。

江苏农林职业技术学院陈啸寅教授担任本教材主审，在百忙中以深厚的学识和文字功底仔细审阅了全部书稿，提出了宝贵的意见。本书在编写过程中参阅、参考和引用了大量的有关文献资料，未在书中一一注明，敬请谅解。本教材编写工作得到了黑龙江农业职业技术学院、黑龙江农垦农业职业技术学院、河南农业职业学院、内蒙古农业大学职业技术学院、天津农学院职业技术学院、河北旅游职业学院、新疆农业职业技术学院、拜耳作物科学（中国）有限公司、江苏农林职业技术学院的大力支持。黑龙江农业职业技术学院胡志凤老师为本书搜集整理资料、绘制插图、整理书稿做了大量工作，在此表示衷心的感谢。

本书围绕工学结合人才培养的要求，在编写形式上有创新，教材力求体现体例新颖、层次清楚，实用性、针对性、应用性和可操作性强，注重理论与实践操作的融合。由于编者水平有限，谬误在所难免，敬请各位专家、同行，使用本教材的教师、学生，本书的各位读者提出宝贵意见，以便改正。

编者

2011 年 5 月

目录

第一篇 基本技能

第二篇 职业技能

第三篇　专业技能

第一篇　基本技能

态度目标

- 热爱所学专业,有较强的学习积极性和主动性,学习态度认真。
- 具有团队协作意识,勤于思考,善于分析比较。

知识目标

- 了解植物病害的症状类型、致病性病原物的形态特征,为植物病害防治打下基础。
- 了解农业昆虫的形态特征、生物学特性及农业主要昆虫类群识别要点,为植物害虫防治打下基础。
- 掌握植物病虫害的识别技术。
- 掌握植物病虫害标本的采集制作技术。

能力目标

- 能够根据植物受害的状况,初步诊断植物病害病原类型。
- 能够根据昆虫的外部形态特征,初步识别害虫的主要类群。
- 能够进行植物病虫害标本的采集制作与保存。

典型工作任务一 植物病害诊断技术

项目1 植物病害症状类型识别

一、技能目标

通过植物病害症状类型的观察，使学生能够认识植物病害的症状类型，能够描述植物病害的症状特点，为植物病害的田间诊断奠定基础。

二、教学资源

1. 材料与工具

各种植物病害症状类型的病害标本、新鲜标本、挂图、教学多媒体课件(包括幻灯片、录像带、光盘等影像资料)、放大镜及记载用具等。

2. 教学场所

教学实训场所(温室或田间)、实验室或实训室。

3. 师资配备

每20名学生配备一位指导教师。

三、原理、知识

(一)植物病害的概念和类型

1. 植物病害的概念

植物在生长发育和运输贮藏的过程中，由于遭受病原生物的侵染或不利的非生物因素的影响，使其生长发育受到阻碍，导致产量降低、品质变劣、甚至死亡的现象，称为植物病害。

凡是引起植物病害发生的原因称为病原。能够引起植物病害的病原分为生物因素和非生物因素两大类。由生物因素引起的病害称为侵(传)染性病害，又叫病理性病害；由非生物因素引起的病害称为非侵(传)染性病害，又叫生理性病害。

在植物病理学中，寄生于其他生物的生物叫寄生物，被寄生的生物叫寄主，能诱发病害的寄生物叫病原物(病原生物)。

植物病害发生的三要素是病原物、感病寄主和环境条件。病原物和感病寄主之间的相互作用是在环境条件影响下进行的，这 3 个要素的关系被称为植物病害的三角关系，也叫“病害三角”。

2. 植物病害的类型

(1)按病原类型分类　植物病害可分为侵染性病害和非侵染性病害。侵染性病害按病原物的种类分为真菌病害、病毒病害、原核生物病害、线虫病害和寄生性种子植物病害。非侵染性病害分为土壤水分失调引起的病害、温度不适宜引起的病害、营养失调造成的病害、有毒物质的污染引起的病害、植物的药害等。

(2)按寄主植物类别分类　植物病害可分为农作物病害、果树病害、蔬菜病害、花卉病害以及林木病害等。农作物病害又分为水稻病害、麦类病害、大豆病害、玉米病害等。这种分类方法便于制订某种植物多种病害的综合防治方案。

(3)按传播途径分类　植物病害可分为气流传播病害、土传病害、水流传播病害、种苗传播病害、昆虫介体传播病害等。这种分类方法有利于依据传播方式采取防治措施。

(4)按受害部位分类　植物病害可分为叶部病害、茎秆病害、花器病害、果实病害和根部病害等。

另外，还可以按照生育期、病害的流行速度和病害的重要性进行分类。如苗期病害、储藏期病害、流行病害、主要病害、次要病害等。

(二)植物病害的症状

症状是植物感病后在一定环境条件下，在生理上、组织上、形态上发生病变所表现的特征。植物病害的症状包括病状和病征。植物感病后本身的不正常表现称为病状，病原物在寄主植物发病部位的特征性表现称为病征。

1. 病状类型

病状类型见表 1-1-1。

(1)变色　变色是指植物的局部或全株失去正常的颜色，包括有均匀变色和不均匀变色，主要表现有褪绿、黄化、着色、花叶、斑驳、条纹等。

(2)坏死　坏死是指植物组织和细胞的死亡。因受害部分不同，而表现各种症状特征，主要表现有叶斑、叶枯、叶烧、疮痂、溃疡、立枯、猝倒等。

(3)腐烂　腐烂是指植物组织较大面积的分解和破坏，多发生于幼嫩多汁的部位。根据腐烂的部位分别称为根腐、茎基腐、花腐和果腐。也可根据腐烂的程度分为干腐、湿腐和软腐。

(4)萎蔫　萎蔫是指植物整株或局部出现的凋萎现象。萎蔫有生理性萎蔫和病理性萎蔫，生理性萎蔫是由于土壤缺水、高温、强光照引起的暂时性萎蔫，是可以恢复的；病理性萎蔫是病原物侵染导致的凋萎现象，如青枯、枯萎等。

(5)畸形　畸形是指植物受病原物侵染表现的增生性或抑制性的病变，使植株局部或全株出现的异常现象。主要有徒长、矮化、丛枝、丛根、肿瘤、卷叶、皱缩、变态等。

表 1-1-1　植物病害常见病状类型

症状类型	表现形式		发生特点
变色	叶片等器官	褪绿	由于叶绿素的减少而使叶片表现为浅绿色
	均匀变色	黄化	叶绿素的量减少到一定程度叶片变黄
		着色	植物器官增加了其他颜色，如红化或紫化
	叶片等器官不均匀变色	花叶	不规则的深绿、浅绿、黄绿或黄色部分相间而形成的杂色叶片，变色部分的轮廓清晰
		斑驳	斑驳与花叶不同的是变色部分轮廓不清晰
		条纹	单子叶植物在平行叶脉间出现的花叶症状称为条纹或条点
坏死	植物受害后	叶斑	叶片上的局部坏死
	引起局部细	叶枯	叶片上较大面积的枯死且轮廓不明显
	胞和组织的	叶烧	叶尖、叶缘的坏死
	死亡	疮痂	坏死斑表面粗糙或稍有木栓化隆起
		溃疡	坏死部稍凹陷且周围的寄主细胞常木栓化隆起
		立枯	苗期茎基部的坏死，死亡后直立田间
		猝倒	苗期茎基部的坏死，迅速倒伏
腐烂	植物组织较大面积的分	干腐	组织腐烂时解体较慢，腐烂组织中的水分能及时蒸发而消失，病部表皮干缩或干瘪
	解和破坏	湿腐	组织的解体很快，腐烂组织不能及时失水
		软腐	组织细胞中胶层受到破坏，腐烂组织的细胞离析，以后再发生细胞的消解，有时病组织表皮不破裂，用手触摸有柔软感或有弹性

续表 1-1-1

症状类型	表现形式		发生特点
萎蔫	维管束组织受害发生的凋萎现象	青枯	植物根茎维管束组织受到毒害或破坏，植株迅速失水，死亡后叶片仍保持绿色
		枯萎	植物根茎维管束组织受到毒害或破坏，引起叶片枯黄、凋萎
畸形	植物受病原物侵染表现的增生性或抑制性的病变	徒长	病组织的局部细胞体积增大，但数量并不增多
		矮化	枝叶等器官的生长发育均受阻，各器官受害程度和减少比率相仿
		丛枝	植物主、侧枝顶芽被抑制，侧芽受到刺激大量萌发形成成簇枝条
		丛根	不定根大量萌发使根系过度分枝成丛生状
		肿瘤	病组织的薄壁细胞分裂加快，数量迅速增多，使局部组织出现肿瘤
		卷叶	叶片卷曲
		皱缩	发病部位(包括叶片与果实)表面高低不平
		变态	病株的组织、器官发生形态改变的现象称为变态或变形，如花变叶、叶变花、扁枝、蕨叶

2.病征类型

(1)霉状物　植物在发病部位产生各种颜色的霉层，如霜霉、绵霉、灰霉、赤霉、青霉及黑霉等。霉层是由病原真菌的菌丝体、孢子梗和孢子组成，如大豆霜霉病、小麦赤霉病、玉米大斑病等。

(2)粉状物　是一些病原真菌的孢子和孢子梗聚集在一起表现出来的特征。根据粉状物的颜色分为白粉、锈粉、白锈、黑粉等。如小麦锈病、玉米瘤黑粉病、高粱丝黑穗病等。

(3)点状物　病原物在发病部位产生黑色、褐色的小点。通常为真菌的分生孢子器、分生孢子盘、闭囊壳、子囊壳等。如小麦白粉病、棉花炭疽病等。

(4)颗粒状物　颗粒状物是指病原物在发表部位产生的菌核。如向日葵菌核病、油菜菌核病等。

以上 4 种是植物病原真菌引起的病害的病征。

(5)脓状物　脓状物是指植物病原原核生物中细菌所引起的病害的病征。病部出现的脓状黏液在干燥后成为胶质的颗粒，如棉花细菌性角斑病等。

四、操作方法及考核标准

(一)操作方法与步骤

(1)结合教师讲解及对各种类型病害症状的仔细观察,分别描述植物病害病状和病征的类型。

(2)结合教师讲解叙述植物病原物的类群和植物病害的类型。

(3)根据温室和田间植物病害的症状类型观察及实验室标本、幻灯片、挂图等的观察,选择不同症状类型的病害,将其症状类型填入表 1-1-2(要求至少描述 30 种病害)。

表 1-1-2　病害病状记录

病害名称	发病部位	病状	病征	备注

(二)技能考核标准

技能考核标准见表 1-1-3。

表 1-1-3　植物病害症状识别技术技能考核参考标准

考核内容	要求与方法	评分标准	标准分值	考核方法
基础知识考核 100 分	1. 叙述病状的类型	根据叙述病状类型的多少酌情扣分	25	单人考核口试评定成绩
	2. 叙述病征的类型	根据叙述病征类型的准确程度酌情扣分	25	
	3. 叙述植物病原物的类群	根据叙述植物病原物类群多少酌情扣分	25	
	4. 叙述植物病害的类型	根据叙述植物病害类型的准确程度酌情扣分	25	

五、练习及思考题

1. 带领学生结合植物病害标本采集进行植物病害类型、病状及病征类型的区别观察。

2.植物病害的概念是什么？“病”与“病害”有何区别？

3.植物病害的“症状”、“病状”、“病征”区别是什么？

4.植物病害的症状类型在植物病害诊断上有什么作用？

5.为什么一种病害可以表现出不同的症状？

项目2　植物病原真菌形态识别

一、技能目标

通过实训，使学生了解植物病原真菌的形态特征及分类方法，识别植物病原真菌各亚门主要真菌的形态特征，为识别和防治病害打好基础。

二、教学资源

1.材料与工具

植物病原真菌的玻片标本（包括真菌营养体及营养体的变态、无性孢子和有性孢子的形态、与植物病害有关的重要属）、植物真菌性病害标本或新鲜材料，显微镜、放大镜、载玻片、盖玻片、镊子、挑针、解剖刀、小剪刀、培养皿、贮水小滴瓶、乳酚油滴瓶、新刀片、新毛笔、徒手切片夹持物（木髓、新鲜胡萝卜、马铃薯）等。

2.教学场所

教学实训场所（温室或田间）、实验室或实训室。

3.师资配备

每20名学生配备一位指导教师。

三、原理、知识

真菌是真核生物，有固定的细胞核；典型的营养体是菌丝体；营养方式为异养，没有叶绿素，需要从外界吸收营养物质；繁殖方式是产生各种类型的孢子。

真菌大部分是腐生的，少数可寄生在植物、人类和动物上引起病害。植物病原真菌是植物上最重要的一类病原物。真菌引起的病害不但种类多，且危害性也大。绝大部分高等植物都有真菌危害，有的农作物受到几十种真菌的危害，如马铃薯、水稻、小麦等。因此，认识真菌的形态是鉴定植物病害的前提。

(一)真菌的一般性状

1.真菌的营养体

真菌的营养体是指真菌营养生长阶段所形成的结构。真菌典型的营养体为很细小且多分枝的丝状体,称为菌丝体。单根的丝状体,称为菌丝。多根菌丝交织集合成团称为菌丝体。菌丝通常呈圆管状,管壁无色透明,菌丝体大多无色,但有些菌丝,尤其是老菌丝的原生质也含有多种色素,因此呈现不同的颜色。高等真菌的菌丝有隔膜,将菌丝分隔成多细胞,隔膜上有微孔,细胞间的原生质可以互相流通;低等真菌的菌丝一般无隔膜,通常认为是一个多核的大细胞(图 1-2-1)。菌丝一般由孢子萌发产生的芽管生成,以顶部生长并延伸。菌丝的每一段都存在生长能力,在适宜的条件下都可以继续生长。

真菌菌丝体是获得养分的机构,真菌以菌丝体侵入寄主的细胞间或细胞内吸收营养物质。生长在寄主细胞间的真菌,特别是活体寄生真菌,往往形成吸器(图 1-2-2),伸入寄主细胞内吸收养分和水分。

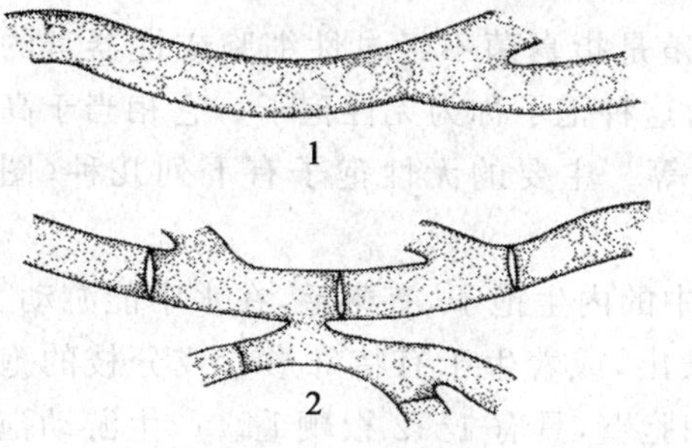

1.无隔菌丝　2.有隔菌丝

图 1-2-1　真菌菌丝体

(仿《作物病虫害防治》张学哲,2005)

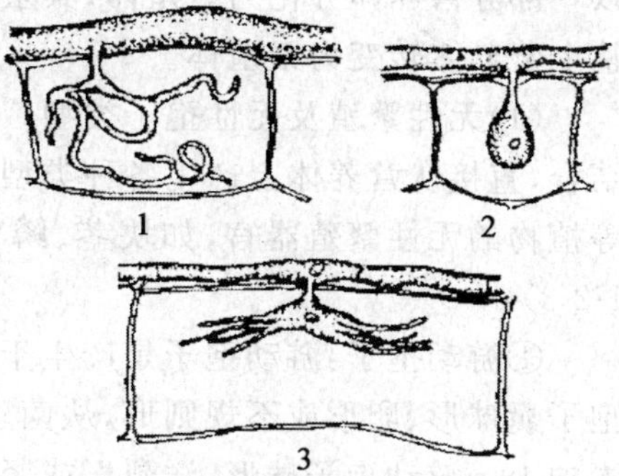

1.分枝状　2.球状　3.掌状

图 1-2-2　真菌吸器的类型

(仿《作物病虫害防治》张学哲,2005)

菌丝体组成比较疏松的组织,但还能看到菌丝体的长形细胞,这种组织称为疏丝组织。另一种是菌丝体组成比较紧密的组织,菌丝体细胞变成近圆形或多角形,与高等植物的薄壁细胞组织相似,称为拟薄壁组织。真菌的菌丝体一般是分散的,但有时可以密集形成菌组织。真菌的菌组织还可以形成菌核、子座和菌索等变态类型。

菌核是由拟薄壁组织和疏丝组织形成的一种较硬的休眠体。其形状、大小不一,小的如菜籽状、鼠粪状、角状,大的如拳头状;颜色初期常为白色或浅色,成熟后呈褐色或黑色。菌核中贮藏有较丰富的养分，对高温、低温和干燥的抵抗力很强。因此，菌核是真菌度过不良环境的一种休眠体。子座是由拟薄壁组织和疏丝组织形成的一种垫状物，或由菌丝组织与部分寄主组织结合而成。子座一般紧密地附着在基物上，在其表面或内部形成产生孢子的组织。子座也有度过不良环境的作用。菌索是由菌丝体平行交织构成的绳索状结构，外形与高等植物的根系相似，也称为根状菌索。高度发达的菌索，可分为由拟薄壁组织组成的深色皮层和由疏丝组织组成的髓部，顶端为生长点。菌索的粗细不一，长短不同，有时可长达几十厘米。它在不适宜环境条件时呈休眠状态；当环境条件适宜时，又可从生长点恢复生长。菌索的功能，除抵抗不良环境条件外，还有蔓延和侵入的作用。

2.真菌的繁殖体

真菌在生长发育过程中，经过营养生长阶段后，即进入繁殖阶段，形成各种繁殖体即子实体。真菌的繁殖方式分无性繁殖和有性繁殖两种，无性繁殖产生无性孢子，有性繁殖产生有性孢子。真菌的繁殖体是从营养体上产生的，大多数真菌只以一部分营养体分化为繁殖体，其余营养体仍然进行营养生长；少数低等真菌则以整个营养体转变为繁殖体。

(1)无性繁殖及无性孢子类型　无性繁殖是指真菌不经过性细胞或性器官的结合，直接从营养体上产生各种类型的孢子，这种孢子称为无性孢子。它相当于高等植物的无性繁殖器官，如块茎、鳞茎、球茎等。主要的无性孢子有下列几种(图1-2-3)：

①游动孢子：游动孢子是产生于孢子囊中的内生孢子，有鞭毛，在水中能游动。孢子囊球形、卵形或不规则形，从菌丝顶端长出，或着生于有特殊形状或分枝的孢囊梗上。游动孢子球形、洋梨形或肾形，无细胞壁，具有1～2根鞭毛。产生游动孢子的孢子囊，又称游动孢子囊。

②孢囊孢子：孢囊孢子也是产生于孢子囊中的内生孢子，没有鞭毛，不能游动，有细胞壁。孢子囊着生于孢囊梗上。有些真菌的孢囊梗顶端膨大成球形、半球形或锥形，这种突起物称为囊轴。孢子囊成熟时，囊壁破裂散出孢囊孢子。

③分生孢子：分生孢子是真菌最常见的一种无性孢子，它着生在由菌丝分化而呈短枝状或较长而分枝的分生孢子梗上，由于细胞壁的紧缩，孢子成熟时容易从孢子梗上分生而脱落。分生孢子的种类很多，它们的形状、大小、色泽、形成和着生的方式都有很大的差异。不同真菌的分生孢子梗，其分化的程度也不一样，有散生的、丛生的或聚生在一定的组织结构中。

④厚垣孢子：厚垣孢子又叫厚壁孢子。菌丝中个别细胞膨大，细胞壁变厚，细胞质浓缩，内含较多的类脂物质，后变为圆形厚壁的孢子，故又称为厚壁孢子。多

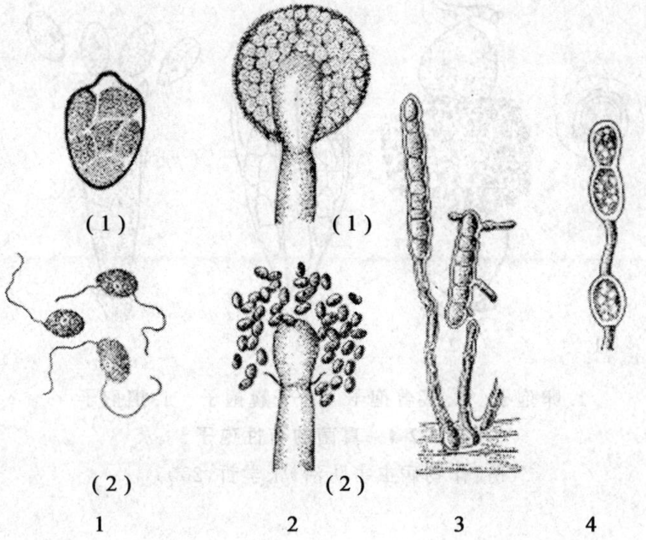

1.游动孢子　(1)游动孢子囊　(2)游动孢子
2.孢囊孢子　(1)孢子囊和孢囊梗　(2)孢子囊释放出孢囊孢子
3.分生孢子梗和分生孢子　4.厚垣孢子

图 1-2-3　真菌的无性孢子

(仿《作物病虫害防治》张学哲,2005)

由菌丝的中间或顶端细胞产生,有的表面具刺或瘤状突起,厚壁孢子抗逆性强,能抵抗不良的环境条件,具有越冬的功能。

(2)有性繁殖及有性孢子类型　真菌的有性繁殖是指真菌通过性细胞或性器官的结合而进行繁殖的一种方式。有性繁殖产生的孢子称为有性孢子。真菌有性繁殖的过程,要通过质配、核配和减数分裂 3 个阶段。多数真菌是在菌丝体上分化出性器官进行交配。真菌的性器官,称为配子囊。性细胞称为配子。常见的有性孢子有下列几种类型(图 1-2-4):

①卵孢子:卵菌纲真菌产生的有性孢子为卵孢子,由两个异形的配子囊结合而形成的。小的配子囊称雄器,大的配子囊称藏卵器,两者接触后,雄器内的细胞质和细胞核,经受精管进入藏卵器,通过质配和核配,形成细胞核为二倍体的厚壁卵孢子。

②接合孢子:接合菌亚门真菌产生的有性孢子为接合孢子,由两个同形的配子囊结合而形成。两者接触后,接触处细胞壁溶解,2 个细胞的内含物融合在一起,经过质配和核配发育成细胞核为二倍体的厚壁接合孢子。

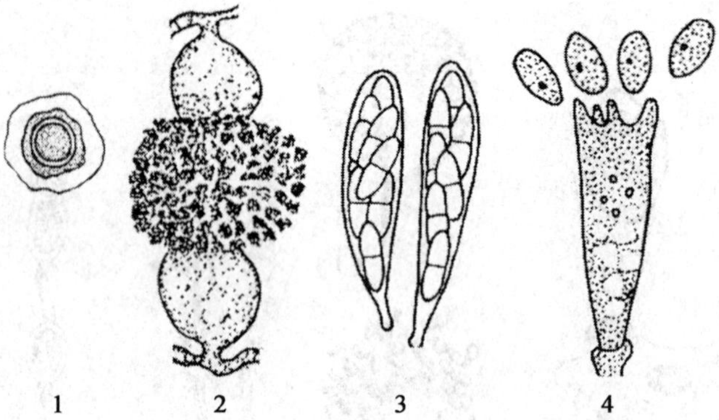

1.卵孢子 2.接合孢子 3.子囊孢子 4.担孢子

图 1-2-4 真菌的有性孢子

(仿《作物病虫害防治》张学哲,2005)

③子囊孢子:子囊菌亚门真菌产生的有性孢子为子囊孢子,由两个异形的配子囊雄器和产囊体结合而成。两者交配后,产囊体上长出许多丝状分枝的产囊丝,后由产囊丝发育为子囊。子囊内的两性细胞核结合后,通过一次减数分裂和一次有丝分裂,一般在子囊内形成 8 个细胞核为单倍体的子囊孢子。子囊圆筒形、棍棒状或球形,子囊孢子形状差异很大。

④担孢子:担子菌亚门真菌产生的有性孢子为担孢子,它们一般没有明显的两性器官的分化,直接由性别不同的菌丝相结合形成双核菌丝。双核菌丝顶端细胞膨大形成担子,或双核菌丝细胞壁加厚形成冬孢子。两性细胞在担子内或冬孢子内进行核配,再通过一次减数分裂,形成 4 个单倍体的细胞核,同时从担子顶端长出 4 个小梗,最后在小梗顶端形成一般为 4 个外生的、细胞核为单倍体的担孢子。担孢子圆形、椭圆形或香蕉形,担子大多为棍棒形。

上述有性孢子可分为两种类型,一类是两性细胞结合后随即产生细胞核为双倍体的厚壁休眠孢子,如卵孢子和接合孢子;另一类是两性细胞结合后产生细胞核为单倍体的薄壁非休眠孢子,如子囊孢子和担孢子,这类孢子形成时先行减数分裂,大多有一双核时期。上述两类有性孢子形成的过程,显示了低等真菌和高等真菌的重要差异。

(二)真菌的生活史

真菌从一种孢子开始,经过生长和发育,最后又产生同一种孢子的过程,称为真菌生活史。真菌的营养菌丝体在适宜条件下产生无性孢子,无性孢子萌发形成芽管，芽管继续生长形成新的菌丝体，这是无性态，在生长季节中常循环多次。至生长后期进入有性态，从单倍体的菌丝体上形成配子囊或配子，经过质配形成双核阶段，再经过核配形成双倍体的细胞核，最后经过减数分裂，形成单倍体的细胞核，这种细胞发育成单倍体的菌丝体。

真菌生活史包括3个方面：发育过程有营养阶段和繁殖阶段，繁殖方式分无性繁殖和有性繁殖，细胞核的变化分单倍体阶段、双核阶段和双倍体阶段。

真菌生活史中可以形成无性孢子和有性孢子，有的真菌孢子不止产生一种，这种形成几种不同类型孢子的现象，称为真菌的多型性。如典型的锈菌在其生活史中可以形成5种不同类型的孢子。多型性一般认为是对环境适应性的表现。植物病原真菌不同类型的孢子，可以产生在同一种寄主上，这种只在一种寄主植物上就完成生活史的现象称单主寄生。同一病原真菌不同类型的孢子，发生在两种不同的寄主植物上才能完成其生活史的现象，称为转主寄生，如小麦锈菌。了解真菌的多型性和转主寄生现象能够正确识别病原和开展病害防治。

(三)真菌的分类

关于真菌的分类，学术界历来观点不统一，许多人提出了不同的分类系统。本书采用5界分类系统，将所有真菌归于真菌界中，真菌界下面分黏菌门和真菌门。黏菌门的真菌一般称为黏菌，它们的营养体是没有细胞壁的变形体或原质团，繁殖体产生有细胞壁的休眠孢子。真菌门的营养体是菌丝体，繁殖体产生各种类型的孢子。真菌门下分鞭毛菌、接合菌、子囊菌、担子菌和半知菌5个亚门。5个亚门分类检索表如下：

1　无性态有能动细胞(游动孢子)；有性态
　产生卵孢子 ………………………………… 鞭毛菌亚门(Mastigomycotina)
1′　无性态无能动细胞；有性态
　2　产生接合孢子……………………………… 接合菌亚门(Zygomycotina)
　2′　产生子囊孢子……………………………… 子囊菌亚门(Ascomycotina)
　2″　产生担孢子 ……………………………… 担子菌亚门(Basidiomycotina)
1″　无性态无能动细胞和没有有性态 ……… 半知菌亚门(Deuteromycotina)

真菌各级的分类单元是界、门、亚门、纲、亚纲、目、科、属、种。种是真菌最基本的分类单元，许多亲缘关系相近的种就归于属。种的建立是以形态为基础，种与种之间在主要形态上应该有显著而稳定的差别，有时还应考虑生态、生理、生化及遗传等方面的差别。

真菌在种下面有时还可分为变种、专化型和生理小种。变种也是根据一定的形态差别来区分的。专化型和生理小种在形态上没有什么差别，而是根据致病性的差异来划分。专化型的区分是以同一种真菌对不同科、属寄主致病性的专化为依据。生理小种的划分是以同一种真菌对不同寄主的种或品种致病性的专化为依据。有些寄生性真菌的种，没有明显的专化型，但是可以区分为许多生理小种。生理小种是一个群体，其中个体的遗传性并不完全相同。所以，生理小种是由一系列的生物型组成的。生物型则是由遗传性一致的个体所组成的群体。

1. 鞭毛菌亚门

鞭毛菌亚门(Mastigomycotina)的真菌，大多数生于水中，少数具有两栖和陆生习性。它们有腐生的，也有寄生的，有些高等鞭毛菌是植物上的活体寄生菌。鞭毛菌的主要特征是：营养体是单细胞或无隔多核的菌丝体；无性繁殖形成游动孢子囊，其内产生有鞭毛的游动孢子；有性繁殖产生休眠孢子囊或卵孢子。重要的属有：

(1)绵霉属(*Achlya*)　营养体是发达的菌丝体；孢子囊呈聚伞状排列；游动孢子有一根尾鞭和一根茸鞭，有两游现象；藏卵器中形成一个以上的卵孢子。可引起稻田绵腐病等。

(2)腐霉属(*Pythium*)　孢囊梗与菌丝分化不明显，在菌丝上顶生或间生球状、棒状或姜瓣状的孢子囊，孢子囊萌发形成球状泡囊(图 1-2-5)。可引起瓜果腐烂病、植物的猝倒病等。

(3)疫霉属(*Phytophthora*)　孢囊梗与菌丝有差别，孢囊梗分枝在产生孢子囊处膨大，孢子囊球形、卵形或梨形，萌发时产生游动孢子或直接产生芽管，很少产生泡囊(图 1-2-6)。可引起番茄、马铃薯晚疫病等。

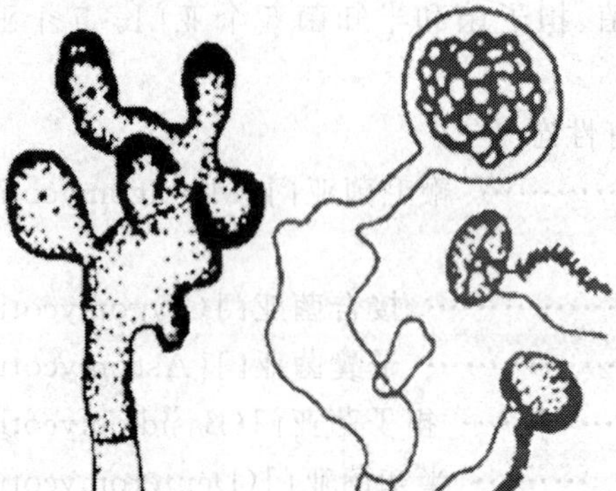

1　2　3

1. 孢子囊　2. 孢子囊萌发形成泡囊　3. 游动孢子

图 1-2-5　腐霉属

(仿《作物病虫害防治》张学哲，2005)

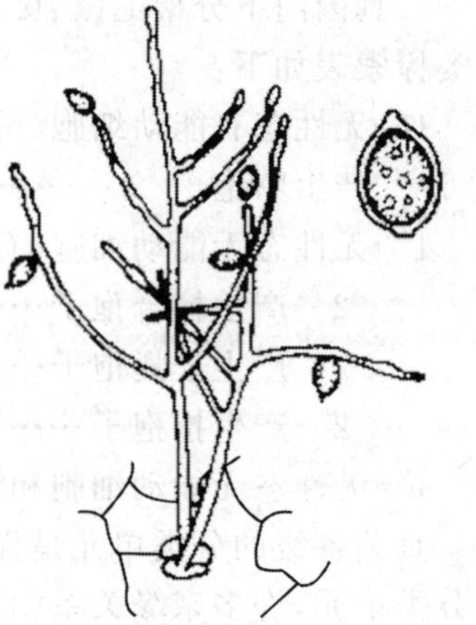

孢子囊梗和孢子囊

图 1-2-6　疫霉属

(仿《作物病虫害防治》张学哲，2005)

(4)霜霉属(*Peronospora*) 孢囊梗双叉状分枝,末端细。孢子囊近卵形,成熟时易脱落,萌发时直接产生芽管(图 1-2-7)。所致病害有白菜霜霉病等。

(5)单轴霉属(*Plasmopara*) 孢囊梗交互分枝,分枝与主干呈直角,小枝末端平钝。孢子囊卵圆形,顶端有乳头状突起,卵孢子黄褐色,表面有皱折状突起。所致病害有葡萄霜霉病和月季霜霉病等(图 1-2-8)。

(6)假霜霉属(*Pseudoperonospora*) 孢囊梗假二叉状分枝,孢子囊椭圆形有乳状突。所致病害有瓜类霜霉病等(图 1-2-9)。

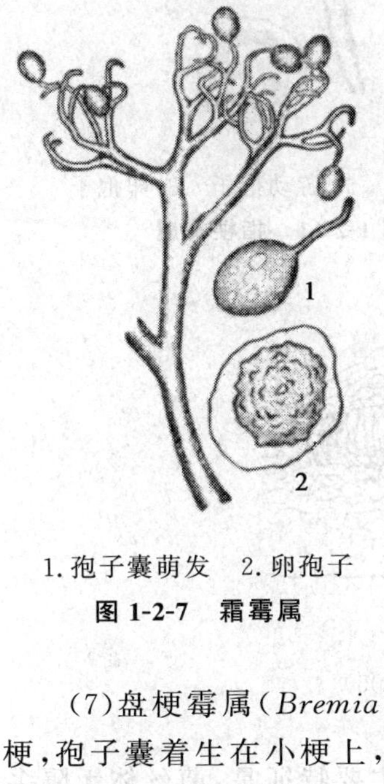

1. 孢子囊萌发 2. 卵孢子

图 1-2-7 霜霉属

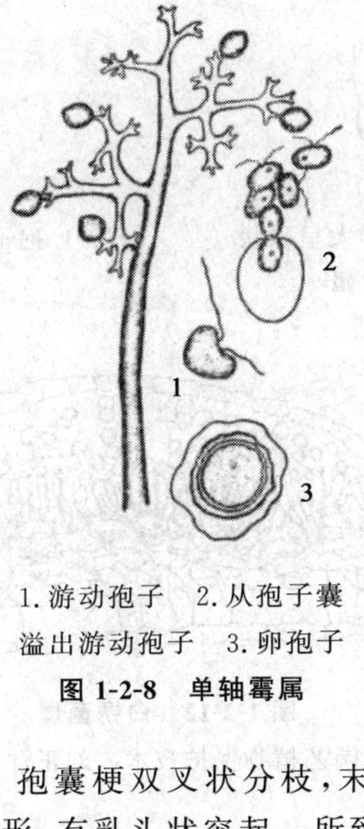

1. 游动孢子 2. 从孢子囊溢出游动孢子 3. 卵孢子

图 1-2-8 单轴霉属

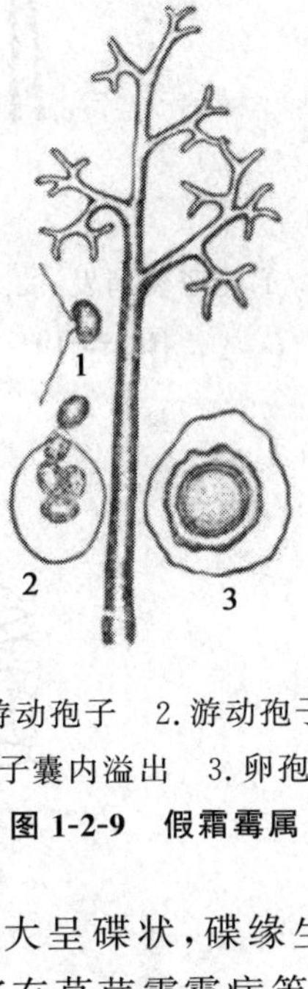

1. 游动孢子 2. 游动孢子从孢子囊内溢出 3. 卵孢子

图 1-2-9 假霜霉属

(7)盘梗霉属(*Bremia*) 孢囊梗双叉状分枝,末端膨大呈碟状,碟缘生小梗,孢子囊着生在小梗上,卵形,有乳头状突起。所致病害有莴苣霜霉病等(图 1-2-10)。

(8)指梗霉属(*Slerospora*) 孢囊梗粗大,顶部不规则分枝,呈指状,孢子囊柠檬形或倒梨形。此属真菌寄生禾本科植物,如小麦、水稻及玉米霜霉病(图 1-2-11)。

(9)白锈菌属(*Albugo*) 孢囊梗不分枝,短棍棒状,平行排列在寄主表皮下呈栅栏状,孢囊梗顶端串生圆形的孢子囊,卵孢子壁有饰纹(图 1-2-12),是专性寄生菌。可引起十字花科植物白锈病等。

2. 接合菌亚门

接合菌亚门(Zygomycotina)绝大多数为腐生菌,广泛分布于土壤和粪肥中,少

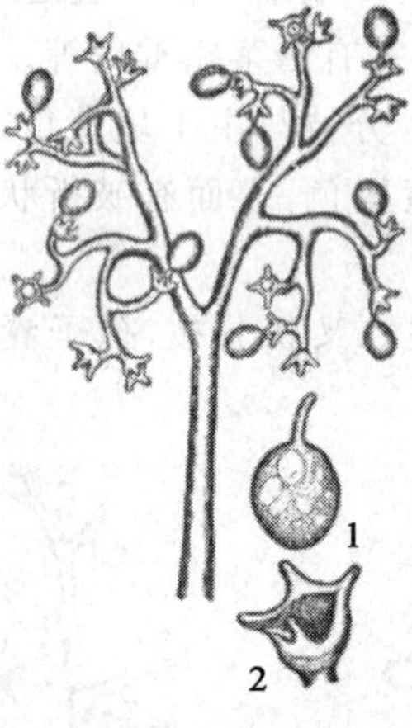

1. 孢子囊萌发　2. 末端膨大呈碟状

图 1-2-10　盘梗霉属

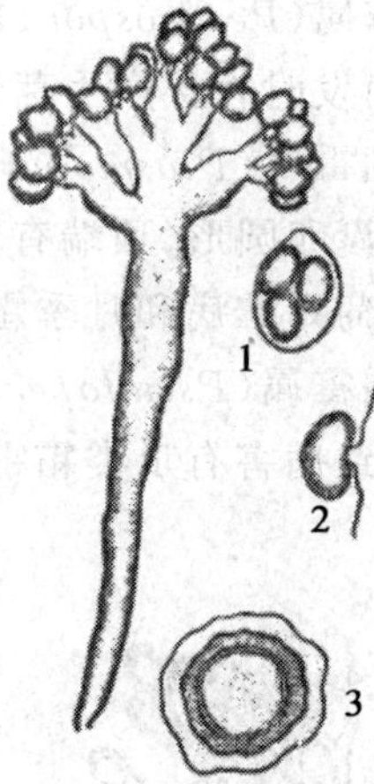

1. 孢子囊　2. 游动孢子　3. 卵孢子

图 1-2-11　指梗霉属

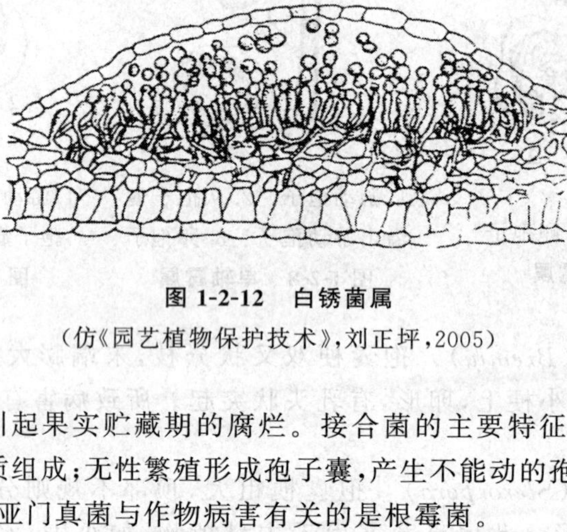

图 1-2-12　白锈菌属

(仿《园艺植物保护技术》,刘正坪,2005)

数为弱寄生菌,可引起果实贮藏期的腐烂。接合菌的主要特征是:菌丝体无隔多核,细胞壁由甲壳质组成;无性繁殖形成孢子囊,产生不能动的孢囊孢子;有性繁殖产生接合孢子。本亚门真菌与作物病害有关的是根霉菌。

根霉属(*Rhizopus*)　菌丝发达,分布在基物上和基物内,有匍匐丝和假根;孢囊梗从匍匐丝上长出,顶端形成孢子囊,其内产生孢囊孢子(图 1-2-13)。孢子囊壁易破碎,散出孢囊孢子,经气流传播。有性繁殖形成接合孢子,但不常见。可引起薯类、南瓜腐烂病等。

3. 子囊菌亚门

子囊菌亚门(Ascomycotina)属于高等真菌,大多陆生,有些子囊菌腐生在朽

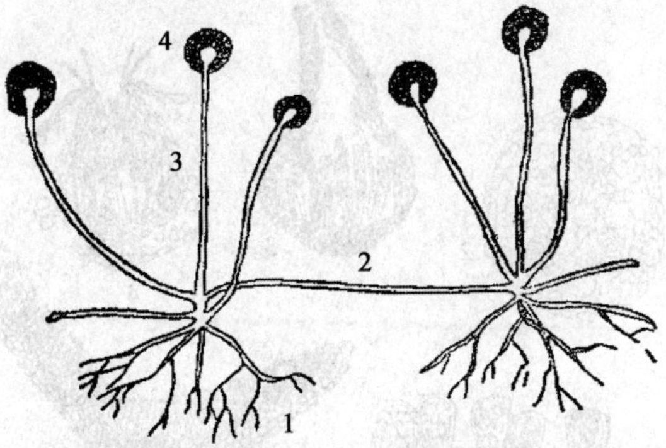

1.假根　2.匍匐丝　3.孢子囊梗　4.孢子囊

图 1-2-13　根霉属

（仿《园艺植物保护技术》，刘正坪，2005）

木、土壤、粪肥和动植物残体上，有些则寄生在植物、人体和牲畜上引起病害。子囊菌的主要特征是：菌丝体发达，有隔膜；无性繁殖产生分生孢子；有性繁殖产生子囊和子囊孢子。子囊菌的菌丝体除白粉菌在植物体外生长扩展外，大多数子囊菌的菌丝体是寄生在植物体内。有性繁殖产生的子囊，可以裸生在菌丝体上或寄主组织表面，但多数子囊菌的子囊产生在子囊果中。真菌产生孢子的组织或结构，统称子实体。子囊菌的有性子实体，亦称子囊果。根据子囊果不同形态，分为 4 种类型（图 1-2-14）：完全封闭呈球形的称闭囊壳；球形或瓶状，顶端有孔口的称子囊壳；盘状或杯状，顶部开口大的称子囊盘；子囊着生在子座的空腔内，称子囊座或子囊腔。子囊菌亚门根据子囊果的有无、子囊果类型、子囊在子囊果内排列情况及子囊数等特征进行分类。重要属有：

（1）外囊菌属（*Taphrina*）　子囊长圆筒形，子囊孢子芽殖产生芽孢子，裸生子囊层。可引起桃缩叶病等。

（2）白粉菌属（*Erysiphe*）　闭囊壳内有多个子囊；附属丝菌丝状，如二孢白粉菌引起烟草、芝麻、向日葵及瓜类等白粉病。

（3）单丝壳属（*Sphaerotheca*）　闭囊壳内产生一个子囊；附属丝菌丝状，引起瓜类、豆类等多种植物白粉病。

（4）长喙壳属（*Ceratocystis*）　子囊壳生于基物的表面，球形，具长喙，长喙是子囊壳 4～5 倍长，颈的顶端常裂成须状；子囊近球形，不规则地散生在子囊壳内；子囊孢子单胞、无色、形状各种各样（有椭圆形、帽形、针形、多角形等），成熟后从孔口挤出，在孔口聚集成团。可引起甘薯黑斑病等。

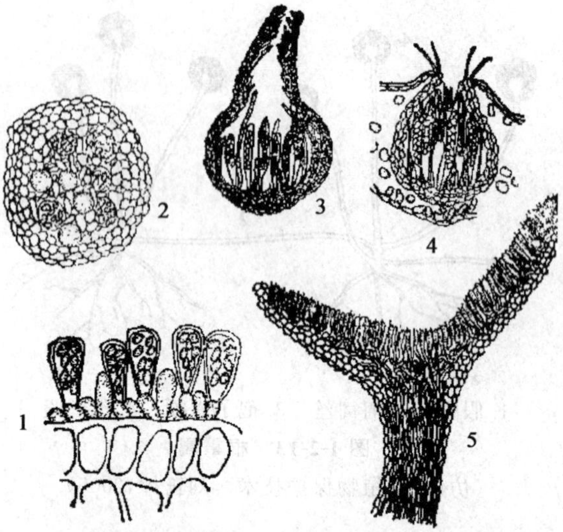

1. 裸生子囊层 2. 闭囊壳(横切面) 3. 子囊壳 4. 子囊腔 5. 子囊盘

图 1-2-14 子囊果类型

(5)小丛壳属(*Glomerella*) 子囊壳产生在菌丝层上或半埋于子座内;没有侧丝;子囊孢子单胞、无色。可引起苹果、梨、葡萄等果树炭疽病、棉花炭疽病等。

(6)黑腐皮壳属(*Valsa*) 子囊壳埋生子座基部,有长颈伸出子座;子囊孢子香肠形,单胞(图 1-2-15)。可引起苹果、梨的腐烂病等。

(7)赤霉属(*Gibberalla*) 子囊壳球形至圆锥形,单生或群生于子座上;子囊棍棒形;子囊孢子纺锤形,有 2~3 个分隔,无色(图 1-2-16)。可引起禾本科植物赤霉病等。

(8)顶囊壳属(*Gaeumannomyces*) 子囊壳埋于基质内,顶端有短的喙状突起;子囊孢子细线状,多细胞(图 1-2-17)。可引起禾本科植物全蚀病等。

(9)核盘菌属(*Sclerotinia*) 菌丝体形成菌核,菌核萌发产生具长柄的褐色子囊盘;子囊与侧丝平行排列于子囊盘的开口处,形成子实层;子囊棍棒形,子囊孢子椭圆形或纺锤形,单胞,无色(图 1-2-18)。可引起十字花科植物菌核病等。

(10)球座菌属(*Guignardia*) 子囊顶壁厚;子囊孢子椭圆形或卵圆形,双胞大小不等(图 1-2-19)。可引起葡萄黑腐病等。

(11)球腔菌属(*Mycosphaerella*) 子囊座着生在寄主叶片表皮层下;子囊初期束生、后平行排列;子囊孢子椭圆,无色,双胞大小相等(图 1-2-20)。可引起禾本科植物的黑霉病等。

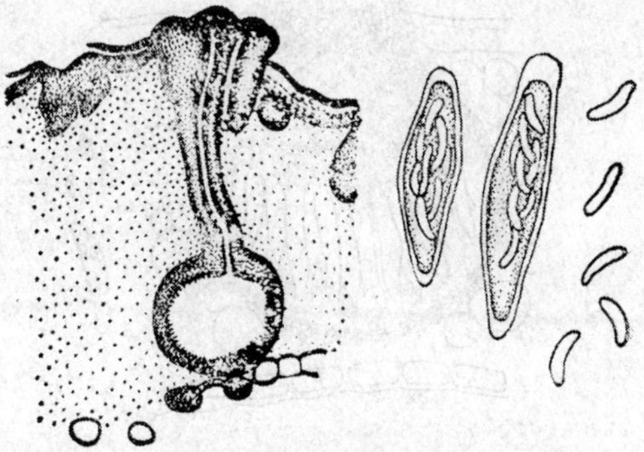

子囊壳、子囊和子囊孢子

图 1-2-15　黑腐皮壳属

(仿《普通植物病理学》南京农学院，1979)

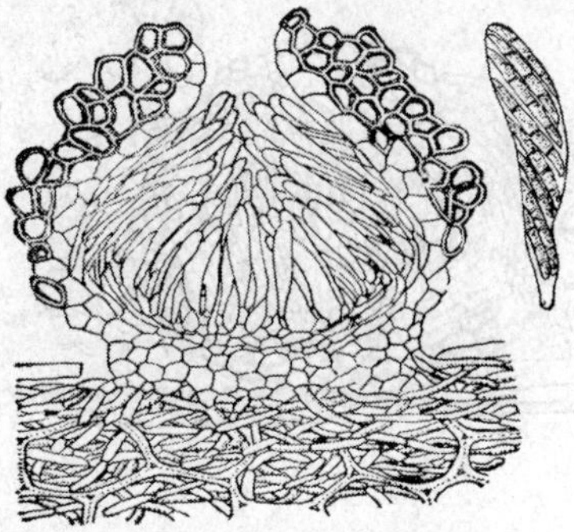

子囊壳和子囊

图 1-2-16　赤霉属

(仿《普通植物病理学》南京农学院，1979)

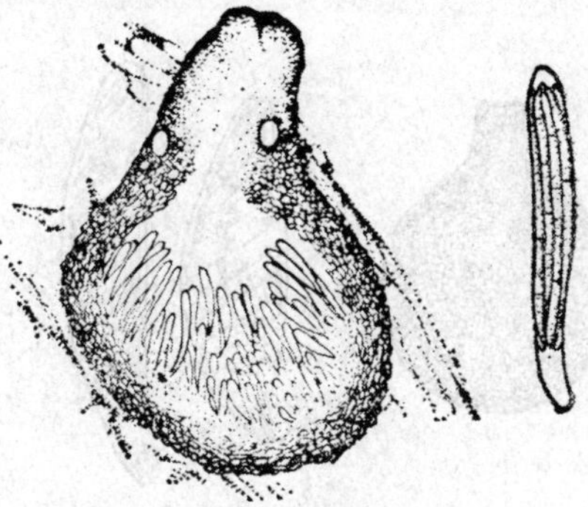

子囊壳和子囊

图 1-2-17　顶囊壳属

(仿《普通植物病理学》南京农学院，1979)

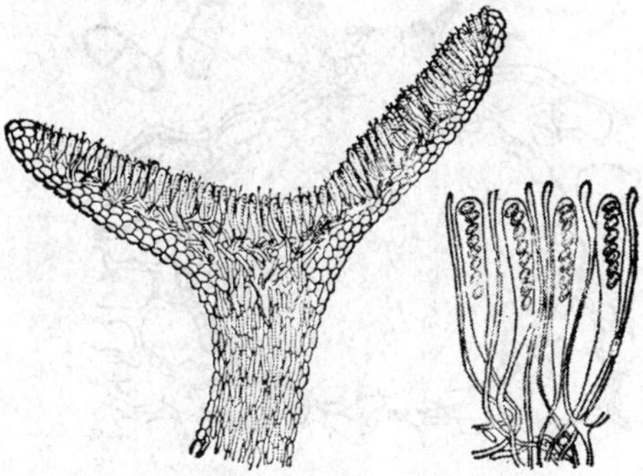

子囊盘、子囊和侧丝

图 1-2-18　核盘菌属

(仿《普通植物病理学》南京农学院，1979)

(12)黑星菌属(*Venture*)　假囊壳大多数在病残余组织的表皮层下形成，周围有黑色、多隔的刚毛，长圆形的子囊平行排列，成熟时伸长；子囊棍棒形，平行排列，其间有拟侧丝；子囊孢子椭圆形，双胞大小不等(图 1-2-21)。可引起苹果黑星病、梨黑星病等。

(13)旋孢腔菌属(*Cochliobolus*)　子囊孢子多细胞，线形，无色或淡黄色，互相扭成绞丝状排列(图 1-2-22)。可引起大麦、小麦根腐病等。

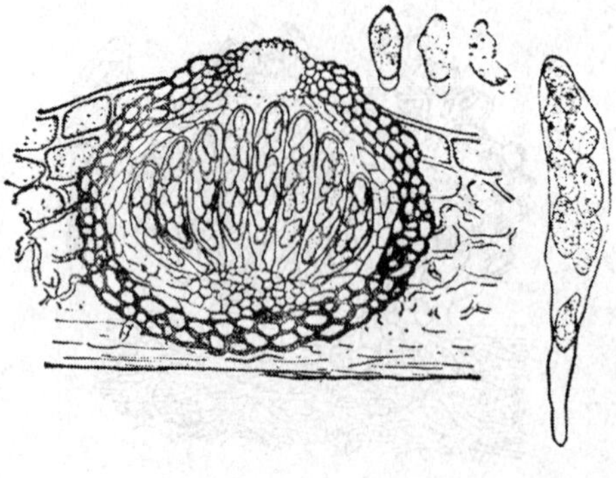

子囊腔、子囊和子囊孢子

图 1-2-19 球座菌属

（仿《普通植物病理学》南京农学院，1979）

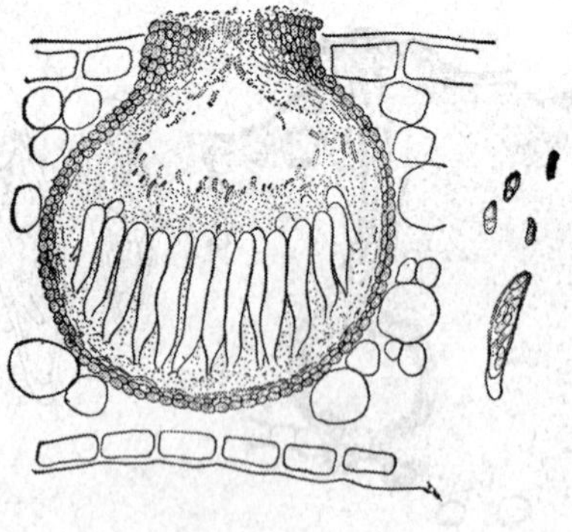

子囊腔、子囊和子囊孢子

图 1-2-20 球腔菌属

（仿《普通植物病理学》南京农学院，1979）

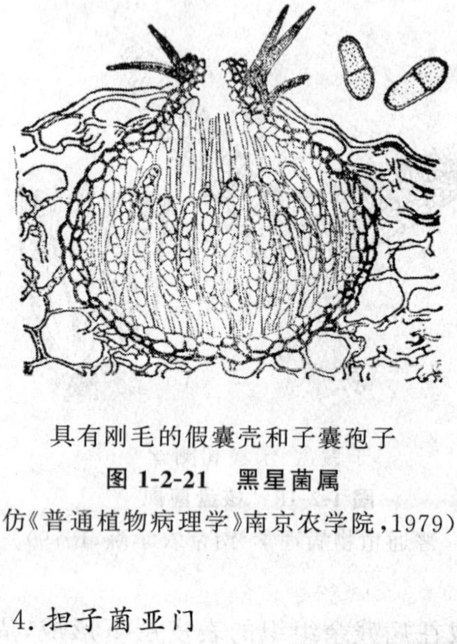

具有刚毛的假囊壳和子囊孢子

图 1-2-21 黑星菌属

（仿《普通植物病理学》南京农学院，1979）

假囊壳和子囊

图 1-2-22 旋孢腔菌属

（仿《普通植物病理学》南京农学院，1979）

4. 担子菌亚门

担子菌亚门(Basidiomycotina)是最高级的一类真菌，寄生或腐生，其中包括可供人类食用和药用的真菌。担子菌亚门的真菌营养体为发达的有隔菌丝。菌丝有两种类型，即单核的初生菌丝和双核的次生菌丝。许多担子菌在双核菌丝上形成一种锁状联合的结构。除锈菌和黑粉菌产生无性孢子外，大多数担子菌不产生无性孢子。高等担子菌的担子都着生在高度组织化的各种类型的子实体内，亦称担子果，担子散生或聚生在担子果上，担子上着生 4 个担孢子，如蘑菇、木耳等。低等的担子菌不产生担子果，如锈菌和黑粉菌，担子由冬孢子萌发产生，不形成子实层，冬孢子散生或成堆着生在寄主组织内。引起植物病害的担子菌主要是黑粉菌和锈菌。

(1)黑粉菌　主要以双核菌丝在寄主的细胞间寄生，后期在寄主组织内产生成堆黑色粉状的冬孢子，黑粉菌因此而得名。由它引起的植物病害，称黑粉病。冬孢子萌发形成先菌丝和担孢子，不同性别的担孢子结合后萌发形成双核菌丝再侵入寄主。黑粉菌种类很多(图 1-2-23)，可引起许多植物的病害。重要的属有：

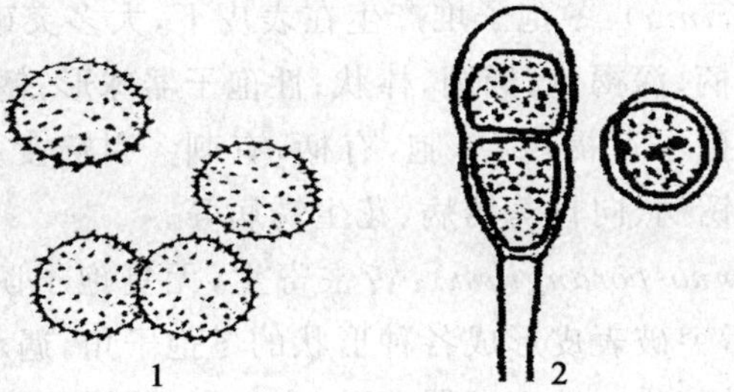

1. 黑粉菌属的冬孢子　2. 柄锈菌属的冬孢子和夏孢子

图 1-2-23　担子菌亚门真菌

①黑粉菌属(*Ustilago*)：在寄主的各个部位产生冬孢子堆，黑褐色，成熟时呈粉末状。冬孢子散生、单胞、球形或近球形，表面光滑或有饰纹。冬孢子萌发产生有隔担子，担孢子顶生或侧生。有些种的冬孢子直接产生芽管侵入，不产生担孢子。引起小麦散黑穗病、玉米瘤黑粉病、谷子黑穗病、甘蔗黑粉病等。

②轴黑粉菌属(*Sphacelotheca*)：由菌丝体组成的膜包被在粉状或粒状孢子堆外面，孢子堆中间有由寄主维管束残余组织形成的中轴。引起高粱和玉米丝黑穗病、高粱散黑穗病、高粱坚黑穗病等。

③腥黑粉菌属(*Tilletia*)：冬孢子堆通常在寄主子房内产生，少数产生在寄主的营养器官上。谷粒成熟后破裂，散发出黑色粉末状的冬孢子堆，有腥臭味。冬孢子萌发产生无隔担子，其顶端集生多个担孢子。引起小麦腥黑穗病、小麦矮腥黑穗病。

(2)锈菌　是活体寄生菌，以吸器伸入寄主细胞内吸取养分，不产生担子果。典型锈菌的生活史可经过 5 种不同的发育阶段，形成 5 种不同孢子类型：性孢子器及性孢子；锈孢子器及锈孢子；夏孢子堆及夏孢子；冬孢子堆及冬孢子；担子及担孢子。冬孢子主要起越冬休眠的作用，萌发形成担孢子，是病害初次侵染源；

锈孢子、夏孢子是再次侵染源，起扩展蔓延的作用。锈菌种类很多，并非所有锈菌都产生5种类型的孢子，因此，各种锈菌的生活史是不同的。一般可分为4类：有规律地相继产生5种孢子类型的完全发育型锈菌；缺少夏孢子阶段的中间型锈菌；缺少锈孢子和夏孢子阶段，冬孢子是唯一的双核孢子的冬孢型锈菌；未发现或缺少冬孢子的不完全锈菌。有些锈菌单主寄生，有些锈菌转主寄生。因锈菌在植物感病部位常看到黄色铁锈状物(孢子堆)故称锈病。锈菌种类很多，可引起许多植物的锈病。

①柄锈菌属(*puccinia*)：冬孢子堆产生在表皮下，大多突破表皮。单主或转主寄生。冬孢子双胞有柄，深褐色，椭圆，棒状；性孢子器球形；锈孢子器杯状或筒状，锈孢子单胞、球形；夏孢子黄褐色，单胞，有柄，有刺。引起麦类秆锈病、小麦条锈病、小麦叶锈病、玉米锈病、向日葵锈病、花生锈病等。

②胶锈菌属(*Gymnosporangium*)：转主寄生，无夏孢子阶段。冬孢子堆生于桧柏小枝的表皮下，后突破表皮形成各种形状的冬孢子角，遇水呈胶质状。冬孢子双胞、浅黄色、柄长、易胶化。性孢子器球形，生于梨、苹果叶片正面表皮下，锈子腔长筒形、群生、生自病叶反面呈丝毛状。所致病害有苹果、梨锈病。

③单孢锈菌属(*Uromyces*)：冬孢子单胞，有柄，顶端壁厚呈乳突状。夏孢子堆粉状、褐色，夏孢子单胞、黄褐色、椭圆形、具微刺。所致病害有蚕豆锈病、菜豆锈病等。

5. 半知菌亚门

半知菌亚门(Deuteromycotina)的真菌，很多是腐生的，也有不少种类是寄生的，引起多种植物病害。由于半知菌的生活史只发现无性态，未发现有性态，所以称为半知菌或不完全菌。当发现其有性态时，大多数属于子囊菌，极少数属于担子菌。因此，半知菌和子囊菌的关系很密切。半知菌主要特征是：菌丝体发达，有隔膜；无性繁殖产生各种类型的分生孢子；有性态没有或没有发现。

半知菌的繁殖方式是从菌丝体上分化出特殊的分生孢子梗，由产孢细胞产生分生孢子，孢子萌发产生菌丝体。分生孢子梗分散着生在营养菌丝上或聚生在一定结构的子实体中。无性子实体有：

——分生孢子器：球形或烧瓶状，顶端具孔口结构。器内壁或底部的细胞长出分生孢子梗，一般较短和不分枝，但也有的梗较长而分枝的。

——分生孢子盘：为扁平开口的盘状结构，盘基部凹面的菌丝团上平行着生分生孢子梗，有的分生孢子盘上长有黑色的刚毛。

——分生孢子座：垫状或瘤状结构，其上着生分生孢子梗的称为分生孢子座。

——分生孢子梗束：数根分生孢子梗的基部联合在一起呈束状，顶部分开并着生分生孢子的称孢梗束，亦称束丝。

半知菌亚门真菌重要的属如下：

(1)镰孢霉属(*Fusarium*)　分生孢子梗无色，常下端结合形成分生孢子座，有时直接从菌丝生出，单生；一般可产生两种分生孢子：大型分生孢子镰刀形，小型分生孢子单胞或双胞，椭圆形或短圆柱形；有些种可产生厚垣孢子(图 1-2-24)。可引起瓜类枯萎病、番茄枯萎病等。

(2)葡萄孢属(*Botrytis*)　分生孢子梗分枝或不分枝，直立有分隔，顶端色渐淡，成堆时呈棕灰色，顶端簇生分生孢子；分生孢子椭圆形或近圆形(图 1-2-25)。可引起多种植物灰霉病。

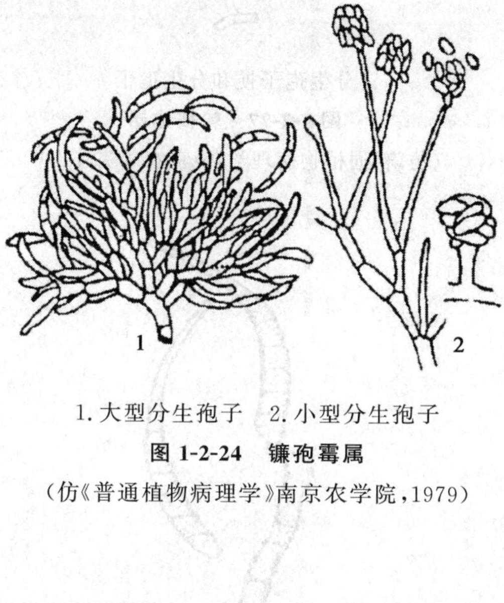

1. 大型分生孢子　2. 小型分生孢子

图 1-2-24　镰孢霉属

(仿《普通植物病理学》南京农学院，1979)

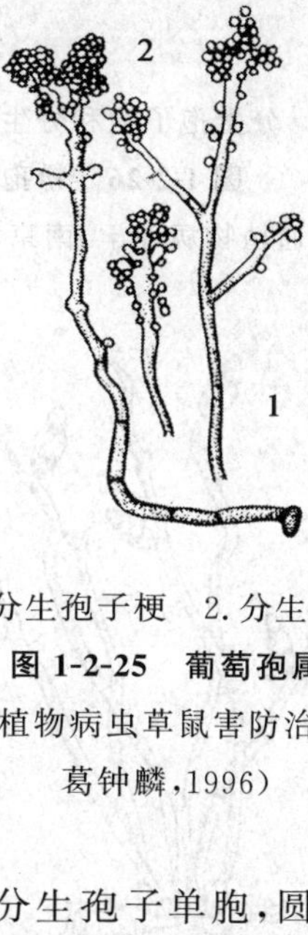

1. 分生孢子梗　2. 分生孢子

图 1-2-25　葡萄孢属

(仿《植物病虫草鼠害防治大全》葛钟麟，1996)

(3)粉孢属(*Oidium*)　分生孢子梗短小，不分枝；分生孢子单胞，圆形，串生(图 1-2-26)。可引起多种植物白粉病。

(4)轮枝孢属(*Verticillium*)　分生孢子梗直立，分枝，轮生、对生或互生；分生孢子单胞，圆形(图 1-2-27)。可引起棉花、大豆、马铃薯、烟草黄萎病等。

(5)梨孢属(*Pyricularia*)　分生孢子梗无色或淡褐色，细长，很少分枝，单生或丛生；分生孢子无色或橄榄色，单生，梨形或倒棍棒形，大多有两个隔膜(图 1-2-28)。可引起稻瘟病。

(6)尾孢属(*Cercospora*)　分生孢子梗黑褐色，丛生，不分枝，有时呈屈膝状；

分生孢子线形、鞭形或蠕虫形，多胞（图 1-2-29）。可引起甜菜褐斑病、高粱紫斑病等。

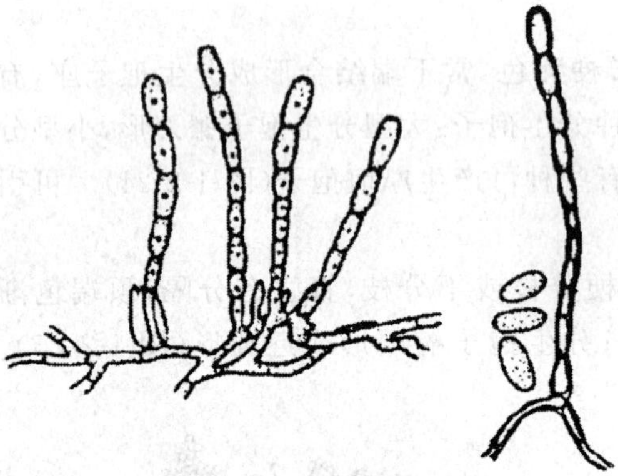

分生孢子梗和分生孢子

图 1-2-26 粉孢属

（仿《普通植物病理学》南京农学院，1979）

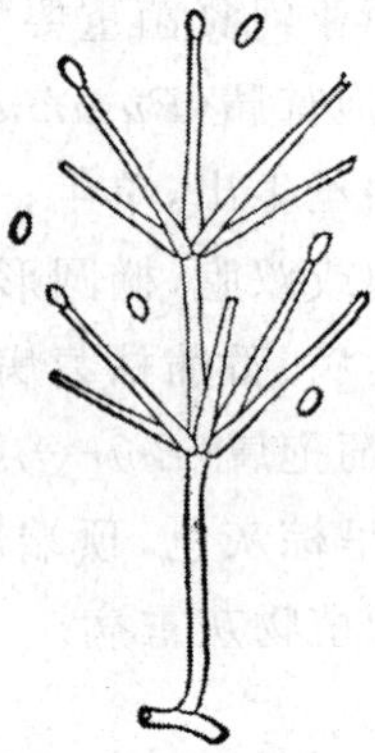

分生孢子梗和分生孢子

图 1-2-27 轮枝孢属

（仿《普通植物病理学》南京农学院，1979）

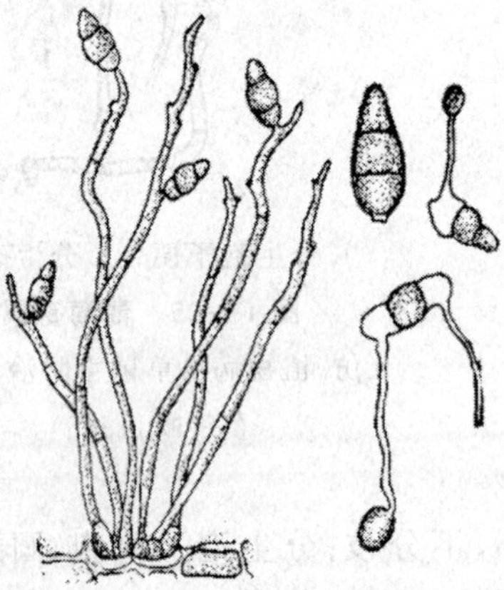

1. 分生孢子梗及着生情况 2. 分生孢子及其萌发

图 1-2-28 梨孢属

（仿《植物保护学》叶恭银，2006）

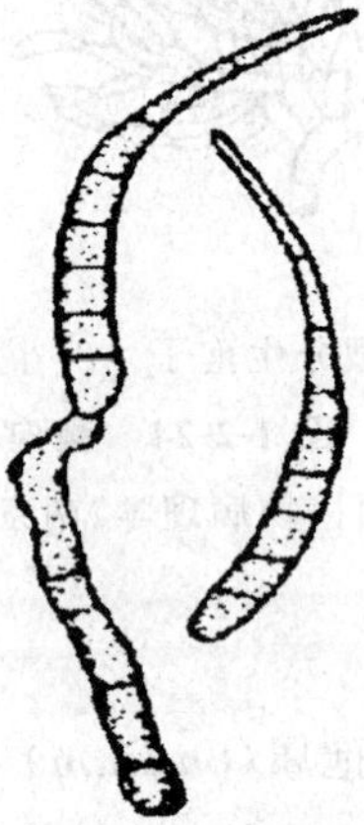

分生孢子梗和分生孢子

图 1-2-29 尾孢属

（仿《普通植物病理学》南京农学院，1979）

（7）平脐蠕孢属（*Bipolaris*） 分生孢子梭形，直或弯曲，脐点稍突出，平截状。引起玉米小斑病。

(8)突脐蠕孢属(*Exserohilum*)　分生孢子梭形、圆筒形或倒棍棒形,直或弯曲,脐点明显突出(图 1-2-30)。引起玉米大斑病。

(9)链格孢属(*Alternaria*)　分生孢子梗弯曲,褐色,孢痕明显;分生孢子单生或串生,褐色,卵圆形或倒棍棒形,有纵横分隔(图 1-2-31)。可引起马铃薯、番茄早疫病。

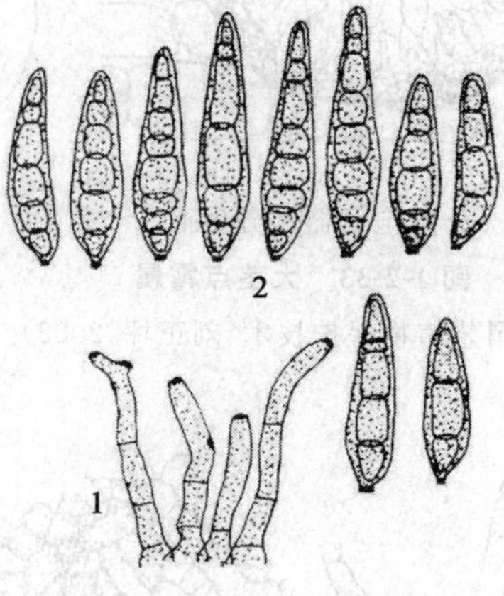

1. 分生孢子梗　2. 分生孢子

图 1-2-30　突脐蠕孢属

(仿《农业植物病理学》赖传雅,2003)

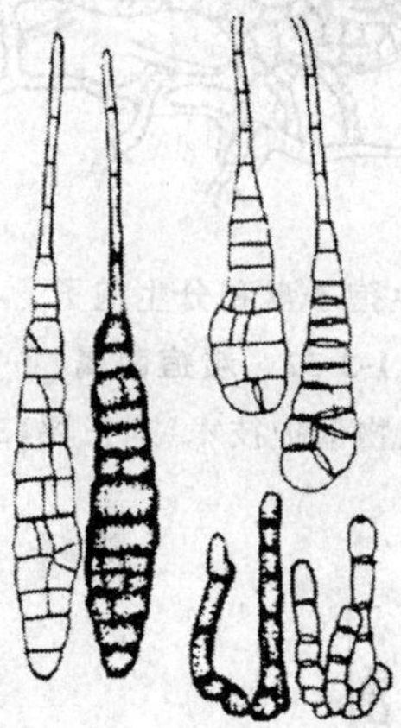

分生孢子梗和分生孢子

图 1-2-31　链格孢属

(仿《园艺植物保护技术》刘正坪,2005)

(10)炭疽菌属(*Colletotrichum*)　寄生在寄主的角质层或表皮层下形成分生孢子盘,分生孢子盘往往有黑色刚毛(图 1-2-32)。可引起瓜类炭疽病等。

(11)大茎点霉属(*Macrophoma*)　形态与茎点霉相似,但分生孢子较大,一般超过 15 μm(图 1-2-33)。可引起苹果、梨的轮纹病等。

(12)拟茎点霉属(*Phomopsis*)　分生孢子有两种类型:常见的一种孢子卵圆形,单胞,无色,能萌发;另一种孢子线性,一端弯曲成钩状,单胞,无色,不能萌发。可引起茄子褐纹病、柑橘树脂病等。

(13)小菌核属(*Sclerotium*)　产生菌核,菌核间无丝状体相连。可引起稻褐色菌核病、多种植物白绢病等(图 1-2-34)。

(14)丝核菌属(*Rhizoctonia*)　产生菌核,菌核间有丝状体相连。菌丝多为直角分枝,分枝处有缢缩。可引起多种植物立枯病、水稻纹枯病等(图 1-2-35)。

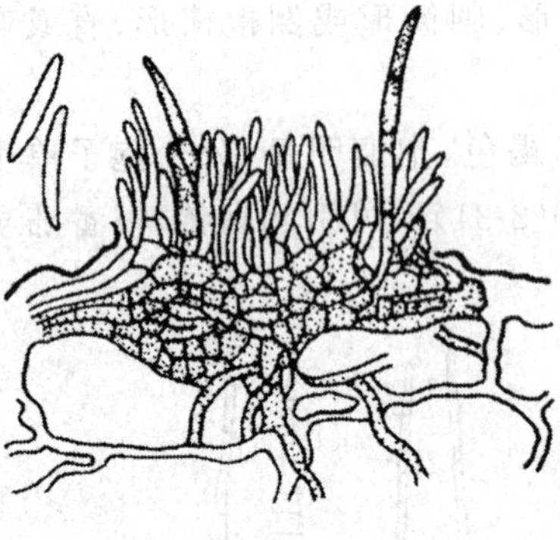

分生孢子盘和分生孢子

图 1-2-32　炭疽菌属

（仿《园艺植物保护技术》刘正坪，2005）

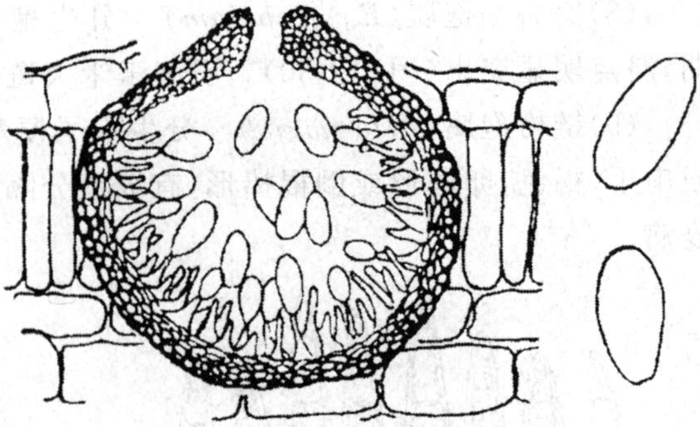

分生孢子器和分生孢子

图 1-2-33　大茎点霉属

（仿《园艺植物保护技术》刘正坪，2005）

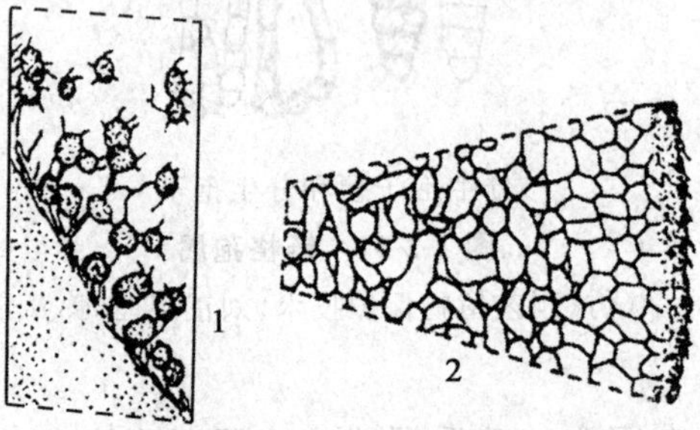

1. 菌核　2. 菌核剖面

图 1-2-34　小核菌属

（仿《园艺植物保护技术》刘正坪，2005）

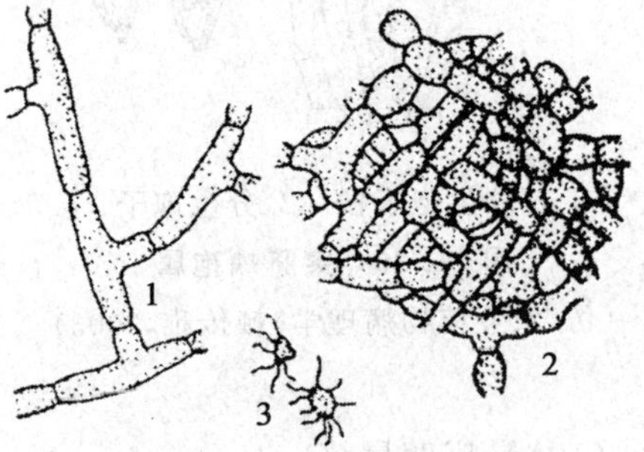

1. 直角分枝的菌丝　2. 菌组织　3. 菌核

图 1-2-35　丝核菌属

（仿《园艺植物保护技术》刘正坪，2005）

四、操作方法及考核标准

（一）操作方法与步骤

（1）观察实验室现有的植物病原真菌的玻片标本（包括营养体及营养体变态、无性孢子和有性孢子的形态）。

（2）结合教师讲解及病原菌的形态观察，描述与植物病害有关重要属的形态特征。

（3）采集新鲜标本，挑取或刮取着生在植物表面的病原真菌，采用水浸制片法观察植物病原真菌的形态，认识病原菌与植物病害之间的关系。

(4)采集新鲜标本，徒手做切片，水浸制片法观察寄生在植物组织内部的病原真菌的形态，认识病原菌与植物病害之间的关系。

(5)绘制观察到的病原真菌的形态，并且标出各部位的名称。

(二)技能考核标准

作物致病性真菌形态识别技能考核标准见表 1-2-1。

表 1-2-1　作物致病性真菌形态识别技能考核标准

考核内容	要求与方法	评分标准	标准分值	考核方法
基础知识考核60分	1.说出无性孢子类型	根据叙述的无性孢子类型多少酌情扣分	10	单人考核口试评定成绩
	2.说出有性孢子的类型	根据叙述的有性孢子的类型多少酌情扣分	10	
	3.说出真菌的变态结构	根据叙述的真菌的变态结构多少酌情扣分	10	
	4.说出病原真菌5个亚门主要特征	根据阐述病原真菌5个亚门特征的准确程度酌情扣分	10	
	5.说出所致病害重要属(5个)的形态特征	根据阐述真菌所致病害重要属(5个)的形态特征正确与否酌情扣分	20	
技能考核40分	1.真菌的玻片标本制作	根据真菌的玻片标本制作情况酌情扣分	20	单人操作考核
	2.植物病原真菌形态观察	根据植物病原真菌形态观察清晰程度酌情扣分	20	

五、练习及思考题

1.带领学生到实训基地调查植物真菌性病害发生种类。

2.植物病原真菌的无性繁殖及有性繁殖产生的孢子类型有哪些？

3.鞭毛菌亚门真菌的主要特征及所致植物病害的主要类型有哪些？

4.子囊菌亚门真菌的主要特征及所致植物病害的主要类型有哪些？

5.担子菌亚门真菌的主要特征及所致植物病害的主要类型有哪些？

6.半知菌亚门真菌的主要特征及所致植物病害的主要类型有哪些？半知菌亚门和子囊菌亚门有何亲缘关系？

7.绘制真菌典型生活史图。

项目3 植物病原原核生物形态识别

一、技能目标

通过实训，使学生认识植物病原原核生物（细菌）的基本形态，掌握植物病原原核生物（细菌）的一般染色技术，掌握植物病原原核生物（细菌）的各代表属及所致植物病害的症状特点，为防治植物病害打下基础。

二、教学资源

1. 材料与工具

植物病原原核生物（细菌）病害标本或新鲜材料、带油镜头的显微镜、载玻片、酒精灯、火柴、接种环、挑针、蒸馏水洗瓶、废渣缸（或大烧杯）、滤纸、镜头纸、香柏油、二甲苯、革兰氏染色液、鞭毛染色液、小玻棒、纱布块等。

2. 教学场所

教学实训场所（温室或田间）、实验室或实训室。

3. 师资配备

每20名学生配备一位指导教师。

三、原理、知识

原核生物是指含有原核结构的单细胞生物。一般是由细胞壁和细胞膜或只有细胞膜包围细胞质的单细胞微生物。它的遗传物质（DNA）分散在细胞质内，没有核膜包围而成的原核。引起植物病害的原核生物称为植物病原原核生物。植物病原原核生物可以引起许多重要植物病害，如水稻白叶枯病、水稻细菌性条斑病、马铃薯环腐病等。

（一）植物病原原核生物的一般性状

细菌是引起植物病害最多的一类植物病原原核生物。一般细菌的形态有球状、杆状和螺旋状。植物病原细菌大多为杆状，个体大小差别很大，大多菌体大小为（0.5～0.8）μm×（1～3）μm。

细菌的革兰氏染色反应是细菌分类的重要性状，植物病原细菌革兰氏染色反应多为阳性（紫色），少数为阴性（红色）。

大多数的植物病原细菌有鞭毛。细菌鞭毛的有无、数量以及着生位置是细菌分类的重要依据。植物病原细菌细胞壁外有厚薄不等的黏质层,但很少有荚膜。植物病原细菌通常无芽孢。

细菌依靠细胞膜的渗透作用直接吸收寄主的营养。细菌以裂殖方式进行繁殖,突出的特点是繁殖速度很快,在适宜的环境条件下,每 20～30 min 繁殖一代。

植物病原细菌大多可以在普通培养基上培养,生长最适宜的温度为 26～30℃,耐低温,对高温敏感,通常 48～53℃处理 10 min,多数细菌死亡。植物病原细菌大多是好气性,少数为兼性厌气性菌。一般在中性偏碱的环境中生长良好。

菌原体的形态、大小变化很大,表现为多型性。有圆形、椭圆形、哑铃形、梨形和线条形,还有的为分枝形、螺旋形等。菌体大小一般为 80～800 nm。

(二)植物病原原核生物的分类及主要类群

目前采用伯杰提出的分类系统,将原核生物分为 4 个门,即薄壁菌门、厚壁菌门、软壁菌门、疵壁菌门。下面介绍薄壁菌门和厚壁菌门。

1. 薄壁菌门

细胞壁薄,厚度为 7～8 nm,细胞壁中含肽聚糖量为 8%～10%。革兰氏染色反应阴性。重要的植物病原细菌属有:

(1)欧文氏菌属(*Erwinia*)　菌体短杆状,大小为(0.5～1.0) μm×(1～3) μm,革兰氏阴性。除一个“种”无鞭毛外,其他种均有多根周生鞭毛。兼性好气性,代谢为呼吸型或发酵型,无芽孢。营养琼脂上菌落圆形、隆起、灰白色。重要的植物病原菌有胡萝卜软腐欧文氏菌(*E. carotovora*)和解淀粉欧文氏菌(*E. amylovora*)。引起的植物病害有马铃薯黑胫病、玉米细菌性枯萎病、玉米细菌性茎腐病、白菜软腐病等。

(2)假单胞菌属(*Pseudomonas*)　菌体短杆状或略弯,单生,大小为(0.5～1.0) μm×(1.5～5.0) μm,鞭毛 1～4 根或多根,极生。严格好气性,代谢为呼吸型。无芽孢。营养琼脂上的菌落圆形、隆起、灰白色,有荧光反应,白色或褐色,有些种产生褐色素扩散到培养基中。该属现有 20 个种 59 个致病变种,植物病原菌主要是荧光假单胞菌组的成员。引起的植物病害有烟草角斑病、甘薯细菌性萎蔫病、大豆细菌性疫病等。

(3)黄单胞菌属(*Xanthomonas*)　菌体短杆状,多单生,少双生,大小为(0.4～0.6) μm×(1.0～2.9) μm,单鞭毛,极生。严格好气性,代谢为呼吸型。营养琼脂上的菌落圆形隆起,蜜黄色,产生非水溶性黄色素。引起的植物病害有甘蓝黑腐病、水稻白叶枯病、大豆细菌性斑疹病等。

(4)土壤杆菌属(*Agrobacterium*)　土壤习居菌。菌体杆状,大小为(0.6～

1.0) μm×(1.5～0.3) μm。鞭毛1～6根，周生或侧生。严格好气性，代谢为呼吸型。营养琼脂上的菌落圆形、隆起、光滑，灰白色至白色，质地黏稠，不产生色素。代表病原菌是根癌土壤杆菌(*A. tumefaciens*)，其寄主范围极广，可侵害90多科300多种双子叶植物，尤以蔷薇科植物为主，引起桃、苹果、葡萄、月季等的根癌病。

2.厚壁菌门

细胞壁厚，厚度为10～50 nm，细胞壁中肽聚糖含量高，为50%～80%，革兰氏染色反应阳性。重要的植物病原细菌属有：

(1)棒形杆菌属(*Clavibacter*) 菌体短杆状至不规则杆状，大小为(0.4～0.75) μm×(0.8～2.5) μm，无鞭毛，不产生内生孢子。好气性，呼吸型代谢，营养琼脂上菌落为圆形光滑凸起，不透明，多为灰白色。重要的病原菌有马铃薯环腐病菌(*C. michiganensis* subsp. *sepedonicum*)，可侵害5种茄属植物。主要危害马铃薯的维管束组织，引起环状维管束组织坏死，故称为环腐病。

(2)链丝菌属(*Streptomyces*) 原来在放线菌中，但它们对氧气有不同的要求。凡厌气性的类群仍保留在放线菌内，而好气类群则放在链丝菌属中。营养琼脂上菌落圆形、紧密、灰白色、菌体丝状、纤细、无隔膜，直径0.4～1.0 μm，辐射状向外扩散，可形成基质内菌丝和气生菌丝。在气生菌丝即产孢丝顶端产生链球状或螺旋状的分生孢子。孢子的形态色泽因种而异，是分类依据之一。链丝菌多为土壤习居性微生物，少数链丝菌侵害植物引起病害，如马铃薯疮痂病菌(*S. scabies*)。

植物病原原核生物除以上介绍的外，还有薄壁菌门的木质部小菌属，软壁菌门的螺原体属、植原体属等引起植物病害。

(三)细菌病害的危害症状

植物细菌病害的症状主要有斑点、腐烂、枯萎、畸形和溃疡。斑点主要发生在叶片、果实和嫩枝上，由于细菌侵染，引起植物局部组织坏死而形成斑点或叶枯。有的叶斑病后期，病斑中部坏死组织脱落而形成穿孔。植物幼嫩、多汁的组织被细菌侵染后，通常表现腐烂症状。这类症状表现为组织解体，流出带有臭味的液汁，主要由欧文氏菌属引起。有些病菌侵入寄主植物的维管束组织，在导管内扩展破坏了输导系统，引起植株萎蔫。常见是由青枯病假单胞杆菌引起的，棒形杆菌属也能引起枯萎症状。有些细菌侵入植物后，引起根或枝干局部组织过度生长形成肿瘤；或使新枝、须根丛生；或多种畸形症状。发生普遍而严重的土壤杆菌属引起多种植物的根癌病，假单胞杆菌属也可引肿瘤。溃疡主要是指植物枝干局部性皮层坏死，坏死后期因组织失水而稍下陷，有时周围还产生一圈稍隆起的愈合组织。一般由黄单胞杆菌属引起。

(四)细菌病害的诊断

植物病原原核生物(细菌)病害的病征不如真菌病害明显,通常只有在潮湿的情况下,病部才有黏稠状的菌脓溢出。叶斑病的共同特点是病斑受叶脉限制多呈多角形,初期呈水渍状,后变为褐色至黑色,病斑周围出现半透明的黄色晕圈,空气潮湿时有菌脓溢出。枯萎型的病害,在茎的断面可看到维管束组织变褐色,并有菌脓从中溢出。切取一小块病组织,制成水压片在显微镜下检查,如有大量细菌从病组织中涌出,则为植物病原原核生物(细菌)性病害。根据这一症状特点,可对植物细菌病害做出初步诊断。若需进一步鉴定细菌的种类,除要观察形态和纯培养性状外,还要研究染色反应及各种生理生化反应,以及它的致病性和寄主范围等特性。

四、操作方法及考核标准

(一)操作方法与步骤

(1)观察所给标本症状特点,识别主要植物病原原核生物(细菌)病害种类。

(2)细菌简单染色和革兰氏染色,观察其形态特征。

(3)细菌喷菌现象的观察。

(4)认真绘制观察到的病原物的形态特征。

(二)技能考核标准

作物致病性细菌形态识别技能考核标准见表1-3-1。

表1-3-1　作物致病性细菌形态识别技能考核标准

考核内容	要求与方法	评分标准	标准分值	考核方法
基础知识考核40分	1.细菌性病害的识别	根据细菌性病害的识别情况酌情扣分	20	单人考核口试评定成绩
	2.重要属识别	根据阐述细菌重要属的正确程度酌情扣分	20	
技能考核60分	1.细菌简单染色技术	根据细菌简单染色操作符合程度酌情扣分	30	单人操作考核
	2.细菌观察	根据细菌观察清晰程度酌情扣分	30	

五、练习及思考题

1.带领学生到实训基地观察植物病原原核生物(细菌)性病害的症状特点,注意有无异味。

2.植物病原原核生物的性状有哪些?

3.植物病原原核生物(细菌)引起的农作物病害有哪些种类?举例说明。

4.植物病原原核生物(细菌)病害的诊断技术有哪些?

5.真菌病害和细菌病害的区别有哪些?

项目4 其他植物病害的病原物形态识别

一、技能目标

通过实训,使学生认识植物病毒、植物病原线虫、寄生性种子植物的危害特征,了解植物病毒病的传播与病害发生的关系,认识重要的植物病原线虫和寄生性种子植物的形态特征,为防治打下基础。

二、教学资源

1.材料与工具

植物病毒病害标本或新鲜材料、植物线虫病害标本或新鲜材料、寄生植物病害标本或新鲜材料、植物线虫和寄生植物的玻片标本、显微镜、载玻片、盖玻片、解剖刀、小剪刀、新刀片、挑针、蒸馏水、小滴瓶、培养皿等。

2.教学场所

教学实训场所(温室或田间)、实验室或实训室。

3.师资配备

每20名学生配备一位指导教师。

三、原理、知识

(一)植物病毒

病毒是一类比较原始的、结构简单的、严格细胞内寄生的非细胞生物。由核酸和保护性蛋白衣壳组成,又称分子寄生物。寄生在植物上的病毒称为植物病毒,寄生在动物上的病毒称为动物病毒,寄生在细菌上的病毒称为噬菌体。

植物病毒是仅次于植物病原真菌的一类重要的病原物。目前已命名的植物病毒达1 000多种,其中许多是农作物上重要的病原物。

1. 植物病毒的形态、结构与成分

(1)植物病毒的形态和大小　高等植物病毒的主要形态为杆状、线状和球状等。杆状和短杆状的粒体有圆头的和截头的。线状病毒粒体有不同程度的弯曲，大小多为(10～13) nm×(480～1 250) nm；杆状病毒粒体刚直，不易弯曲，大小多为(15～20) nm×(130～300) nm；球状病毒也称为多面体病毒或二十面体病毒，直径大多为 16～80 nm。此外，有的病毒由两个球状病毒粒体联合在一起，称为双联病毒。

(2)植物病毒的结构　植物病毒粒体是由核酸和蛋白质衣壳组成。一般杆状或线条状的植物病毒，中间是螺旋状核酸链，外面是由许多蛋白质亚基组成的衣壳。蛋白质亚基也排列成螺旋状，核酸就嵌在亚基的凹痕处。因此，杆状和线状粒体是空心的(图 1-4-1)。球状病毒大多是近似二十面体，衣壳由 60 个或其倍数的蛋白质亚基组成。蛋白质亚基镶嵌在粒体表面，粒体的中心是空的；但核酸链的排列情况还不清楚。

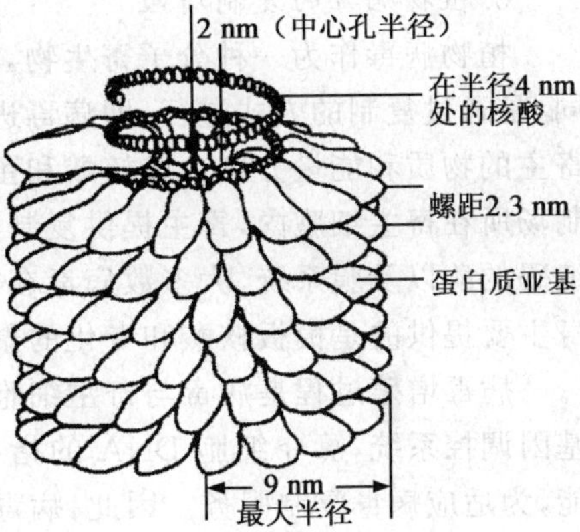

图 1-4-1　烟草花叶病毒(TMV)的模式结构图

(仿《园艺植物保护技术》刘正坪，2005)

(3)植物病毒的成分　植物病毒的主要成分是核酸和蛋白质，此外，还含有水分、矿质元素等，有的病毒粒体中还含有少量脂类或多胺类物质。不同病毒中核酸的比例不同，一般核酸含量占 5%～40%，蛋白质占 60%～95%。一种病毒粒体只含有一种核酸(RNA 或 DNA)。植物病毒的基因组核酸大多是 RNA。蛋白质衣壳具有保护核酸免受核酸酶或紫外线破坏的作用。病毒粒体的氨基酸有近 20 种。

2. 植物病毒理化特性

病毒作为活体寄生物，离开寄主细胞后，会逐渐丧失侵染力，不同种类的病毒对各种不同物理化学因素的反应有差异。

——稀释限点(稀释终点)：把病毒汁液用水稀释，使病毒汁液保持侵染力的最高稀释度叫做稀释限点。各种病毒的稀释限点差别很大，如烟草花叶病毒的稀释限点为 10^{-6}，菜豆普通花叶病毒的稀释限点为 10^{-4}。

——钝化温度(失毒温度)：把含有病毒的汁液放入不同温度中处理 10 min 后，使其失去致病力的最低温度称为钝化温度。病毒对温度的抵抗力较其他微生物高，也相当稳定。一般病毒的钝化温度是55～70℃，烟草花叶病毒的钝化温度是90～93℃。

——体外存活期（体外保毒期）：在室温（20～22℃）条件下，含有病毒的汁液保持侵染力的最长时间。大多数病毒的体外存活期为数天至数月。

——对化学因素的反应：病毒对一般杀菌剂如硫酸铜、甲醛的抵抗力都很强，但肥皂、除垢剂可以使病毒的核酸和蛋白质分离而钝化，因此常把其作为病毒的消毒剂。

3. 植物病毒的复制增殖

植物病毒作为一种分子寄生物，其增殖方式与真菌、细菌等一般微生物繁殖不同，是通过复制的方式进行，即病毒进入寄主细胞后，改变寄主细胞代谢方向，利用寄主的物质和能量分别合成核酸和蛋白质组分，再组装成子代粒体。植物病毒复制场所在寄主细胞内，寄主提供复制的场所、复制所需的原材料和能量、部分寄主编码的酶以及膜系统，大多数病毒在寄主细胞质中复制，部分在细胞核内；病毒自身主要提供的是模板核酸和专化的聚合酶（复制酶或反转录酶）。

病毒增殖过程是病毒与寄主细胞相互作用的复杂过程，一方面关闭寄主细胞基因调控系统，篡夺细胞DNA的指导作用；另一方面改变寄主细胞的结构和功能，为适应病毒复制服务。因此，病毒复制增殖过程是寄主细胞结构和功能进行重大改组的过程，也是病毒的致病过程。

4. 植物病毒的传播

植物病毒从一植株转移或扩散到其他植株的过程称为传播，而从植物的一个局部到另一局部的过程称为移动。

根据自然传播方式的不同，植物病毒传播可分为介体传播和非介体传播。介体传播是指病毒依附在其他生物体上，借其他生物体的活动而进行的传播及侵染，包括动物介体和植物介体2类。在病毒传播中没有其他生物体介入的传播方式称非介体传播，包括汁液接触传播、嫁接传播和花粉传播等。病毒随种子和无性繁殖材料传带而扩大分布的情况是一种非介体传播。

（1）非介体传播

①机械传播：也称为汁液摩擦传播，是指病株汁液通过与健株表面的各种机械伤口摩擦接触进行传播。田间的接触或室内的摩擦接种均可称为机械传播。在田间病毒病的传播主要由植株间接触、农事操作、农机具及修剪工具污染、人和动物活动等造成。这类病毒存在于表皮细胞，浓度高、稳定性强。引起花叶型症状的病毒以及由蚜虫、线虫传播的病毒较易机械传播，而引起黄化型症状的病毒和存在于韧皮部的病毒难以或不能机械传播。

②无性繁殖材料和嫁接传播：不少病毒具有系统侵染的特点，在植物体内除生长点外各部位均可带毒，因而以块根、块茎、球茎和接穗作为繁殖材料就会引起病毒的传播。嫁接是普通的农事活动，嫁接可以传播任何种类的病毒、植物菌原体和类病毒病害。

③种子和花粉传播：病毒种传的主要特点是：母株早期受侵染，病毒才能侵染花器；病毒进入种胚才能产生带毒种子。由花粉直接传播的病毒数量并不多，现在知道的有十几种，多数危害木本植物。这些花粉也可以由蜜蜂携带传播。

(2)介体传播　自然界能传播植物病毒的介体种类很多，主要有昆虫、螨、线虫、真菌、菟丝子等。其中以昆虫最为重要。在传毒昆虫中，多数是刺吸式昆虫，特别是蚜虫、叶蝉、飞虱等更为重要。目前已知的昆虫介体有400多种，其中200多种属于蚜虫类，130多种属于叶蝉类。

5.植物病毒病的危害特点

(1)植物病毒病害的症状

①变色：由于病毒的侵染，植物叶片不能正常合成叶绿素，因而表现褪绿、花叶、白化、黄化、紫(或红)化和碎色等，变色可发生在叶片、花瓣、茎、果实和种子上。花叶是最常见的变色类型，花叶和斑驳症状发生在花瓣上称碎锦。

②坏死或变质：前者指植物细胞和组织死亡，后者指植物组织的质地变软、变硬或木栓化等。最常见的坏死症状是枯斑，主要是寄主对病毒侵染后的过敏性坏死反应引起的，有的表现为条斑坏死或同心坏死。

③畸形：感病器官变小和植株矮小，几乎是所有病毒病害的最终表现。在叶片上常表现皱叶、缩叶、卷叶、裂叶等症状。花器变叶芽，节间缩短，侧芽增生等。

植物病毒病只有明显的病状，不表现病征。这在诊断上有助于将病毒病与其他病原物所引起的病害区分开来，但往往易同非侵染性病害，特别是缺素症、药害和空气污染所致病害相混淆。

(2)系统侵染　绝大多数植物病毒病害是系统侵染的。病毒能由侵入点扩展至全株，而表现全株性症状，以叶片、嫩枝表现得最为明显，有时也表现在果实上，常造成种子带毒，特别是花粉带毒。

(3)潜伏侵染　病毒侵入寄主体内暂时潜伏不活动，等到条件具备才开始活动，引起植物发病。受到病毒侵染而不表现症状的植物称作带毒者。植物病毒的潜伏侵染在栽培植物和野生植物上普遍存在。

(4)隐症现象　环境条件有时对病毒病害的症状有抑制或增强作用。如病毒引起的花叶症状，在高温条件下常受到抑制，而在强光照下则表现得更为明显。由于环境条件的关系，使病植物暂时不表现明显的症状，甚至原来已表现的症状也会暂时消失，这种现象称为隐症现象。

(5)交叉保护　植物在自然条件下可以感染一种以上的病毒，它们相互作用的关系比较复杂，也影响症状的表现。两种有一定关系的病毒，如同一种病毒的不同株系侵染一种植物，这2个株系在植物体内就会发生干扰作用。最明显的干扰作用是交叉保护，即先侵染的病毒可以保护植物不受另一病毒的侵染，但通常是指同一病毒2个株系间，致病力弱的株系诱发对强毒株系的抗性。根据交叉保护现象，选择一种病毒的弱毒株系接种植物使它不受强毒株系的侵染，可以减轻病毒的为害，在防治上很有意义。

6. 重要的植物病毒属及典型种

(1)烟草花叶病毒属(*Tobamovirus*)及烟草花叶病毒(TMV)　烟草花叶病毒属具有16个种和1个暂定种，典型种为烟草花叶病毒(TMV)。病毒形态为直杆状，自然传播不需要介体生物，靠植株间的接触(有时为种苗)传播；对外界环境的抵抗力强。TMV是研究相当深入的植物病毒典型代表，其体外存活期一般在几个月以上，在干燥的叶片中可以存活50多年；稀释限点为10^{-7}～10^{-4}，钝化温度90～93℃。引起的花叶病是烟草等作物上的十分重要的病害，世界各地发生普通，损失严重。

(2)马铃薯Y病毒属(*Potyvirus*)及马铃薯Y病毒(PVY)　马铃薯Y病毒属是植物病毒中最大的一个属，有179个种和暂定种，隶属于马铃薯Y病毒科，线状病毒。马铃薯Y病毒属主要以蚜虫进行非持久性传播，绝大多数可以通过机械传播，个别可以种传。大部分病毒的寄主范围局限于植物特定的科，如PVY限于茄科，MDMV(玉米矮花叶病毒)限于禾本科，大豆花叶病毒(SMV)限于豆科等；个别具有较广泛的寄主范围。PVY是一种分布广泛的病毒，其体外存活期2～4 d，钝化温度50～65℃，稀释限点为10^{-6}～10^{-2}(依株系而变)。该病毒主要侵染茄科作物，如马铃薯、番茄、烟草等。

(3)黄瓜花叶病毒属(*Cucumovirus*)及黄瓜花叶病毒(CMV)　黄瓜花叶病毒属有3个种，即黄瓜花叶病毒(CMV)、番茄不孕病毒(TAV)和花生矮化病毒(PSV)。典型种是黄瓜花叶病毒，粒体球状。CMV在自然界主要依赖多种蚜虫为传毒媒介，以非持久性方式传播，也可经汁液接触进行机械传播，也有少数报道可由土壤带毒而传播。CMV的寄主十分广泛，寄主包括十余科上百种植物。在病组织汁液中病毒粒体的钝化温度为55～70℃，稀释限点为10^{-6}～10^{-5}，而体外存活期为1～10 d。

7. 植物病毒病的诊断

植物病毒病的诊断包括2个方面：一是对发病植物标本初步检查和判断；二是

对确定的病毒病标本做进一步的实验诊断，必要时还需做进一步的病原鉴定。实验室诊断包括有：鉴别寄主；传染实验，不同植物病毒属具有不同的传播介体，确定病毒的传播介体可以作为病原鉴定的一个证据，同时也为防治提供依据；显微镜观察，在光学显微镜下观察到内含体，在电镜下观察病毒粒体；血清学技术；核酸杂交；病毒的物理化学特性。

(二)植物病原线虫

线虫又称蠕虫，是一类低等的无脊椎动物，通常生活在土壤、淡水、海水中，其中很多能寄生在人、动物和植物体内，引起病害。危害植物的称为植物病原线虫或植物寄生线虫，或简称植物线虫。已报道的植物寄生线虫2 000多种。它对全世界农业生产有很大影响，每年造成上千亿美元的损失。

1.植物病原线虫的一般性状

(1)植物病原线虫的形态和结构 植物病原线虫多为不分节的乳白色透明线形体，大多为雌雄同形，少数为雌雄异形，雌虫洋梨形或球形；植物病原线虫长0.3～1.0 mm，个别种类可达4 mm，宽0.03～0.05 mm。

线虫虫体通常分为头部、颈部、腹部和尾部。头部位于虫体前端，包括唇、口腔、口针和侧器等器官。唇和侧器都是一种感觉器官。口针位于口腔中央，是吸取营养的器官。颈部是从口针基部球到肠管前端之间的一段体驱，包括食道、神经环和排泄孔等。腹部是从后食道球到肛门之间的一段体驱，包括肠和生殖器官。尾部是从肛门后到虫体末端的部分，主要有尾腺、侧尾腺、肛门。植物线虫的尾腺都不发达，有成对侧尾腺，侧尾腺是重要感觉器官，它的有无也是分类上的依据之一。

线虫体壁最外面是角质层，其下为下皮层，再下是肌肉层。肌肉层主要分布在背腹两侧，而以尾部肌肉为最发达。体壁内为体腔，其中充满无色体腔液。体腔液润湿各个器官，并供给所需的营养物质和氧，可算是一种原始的血液，起着呼吸系统和循环系统的作用。体腔内有消化、生殖、神经和排泄等系统，以消化及生殖系统最显著，几乎占据了整个体腔。神经系统和排泄系统不发达。神经中枢是围绕在食道峡部四周的神经环。排泄系统只有一个排泄孔在神经环附近。

(2)植物病原线虫生物学特性 植物病原线虫的生活史一般很简单。除少数可营孤雌生殖外，绝大多数线虫是经两性交尾后，雌虫才能排出成熟卵。植物线虫有卵、幼虫和成虫3个虫态。卵一般产在土壤中，有的产在植物体内，有少数留在雌虫母体内。一个成熟雌虫可产卵500～3 000个。幼虫有4个龄期，1龄幼虫在卵内发育并完成第一次蜕皮，2龄幼虫从卵内孵出，再经3次蜕皮后即发育为成虫。从卵孵化到雌虫再产卵为一代，各种线虫完成一代所需的时间不同。有的几天，有的几个星期，有些甚至长达1年才能完成一代。

土壤是线虫最重要的生态环境。植物线虫都有一段时期生活在土壤中，线虫大都生活在土壤的耕作层中，从地面到15 cm深的土层中线虫较多，特别是在根周围土壤中更多。线虫在土壤中的活动性不强，每年迁移的距离不会超过1～2 m；被动传播有自然传播（水、风、昆虫）和人为传播。自然传播中以水流传播，特别是灌溉水的传播最重要，人为传播以带病的、黏附病土的或机械混杂线虫虫瘿的种子、苗木或其他繁殖材料的流通，以及污染线虫的农产品及其包装物的贸易流通等。通常人为传播都是远距离的。

线虫不耐高温，不同线虫种类其发育最适温度不同，一般在15～30℃均能发育。在40～55℃的热水中10 min即可杀死。植物病原线虫多以幼虫或卵在土壤、田间病株、带菌种子（虫瘿）、无性繁殖材料和病残体中越冬，在寒冷和干燥条件下还可以休眠或滞育方式长期存活。低温干燥条件下，多数线虫存活期可达一年以上，而卵囊或胞囊内未孵化的卵存活期更长。

植物病原线虫都是活体寄生物，少数寄生在高等植物上的线虫也能寄生真菌，可以在真菌上培养。但到目前为止，植物病原线虫尚不能单独用人工培养基培养。

线虫对寄主植物的致病性首先表现在其本身通过口针穿刺植物进行取食造成的机械损伤，或由于线虫取食夺取寄主的营养造成的营养掠夺，或由于线虫对根的破坏阻碍植物对营养物质的吸收造成的营养缺乏。但线虫对寄主植物破坏最大的是食道腺的分泌物，刺激寄主细胞的增大；刺激细胞分裂形成瘤肿和根部的过度分枝等畸形；抑制根茎顶端分生组织细胞的分裂；溶解中胶层使细胞离析；溶解细胞壁和破坏细胞。

由于上述各方面的影响，植物受害后就表现各种病害症状。植物地上部的症状有顶芽和花芽的坏死，茎叶的卷曲或组织的坏死，形成叶瘿或种瘿等。根部受害的症状，有的生长点被破坏而停止生长或卷曲，根上形成瘤肿或过度分枝，根部组织的坏死和腐烂等。根部受害后，地上部的生长受到影响，表现为植株矮小，色泽失常和早衰等症状，严重时整株枯死。

2.植物病原线虫的主要类群

植物病原线虫属于动物界、线性动物门、线虫纲。危害农作物的重要线虫有以下几个属：

（1）粒线虫属（*Anguina*）　雌虫和雄虫均为蠕虫形，虫体肥大，较长。多数种类寄生在禾本科植物的地上部，在茎、叶上形成虫瘿，或者破坏子房形成虫瘿。如小麦粒线虫病。

(2)茎线虫属(*Ditylenchus*)　雌、雄虫均为线形。主要危害植物的根、球茎、鳞茎和块根等,也可以危害地上部的茎叶和芽,引起组织糠心干腐和生长畸形。目前,全世界该属线虫近100种,如水稻茎线虫和绒草茎线虫是我国重要的对外检疫对象。

(3)异皮线虫属(*Heterodera*)　异皮线虫属又叫胞囊线虫属,是危害植物根部的一类重要线虫。雌雄异形,雌成虫柠檬形、梨形,雄虫线形。如大豆胞囊线虫、甜菜胞囊线虫、玉米胞囊线虫、水稻胞囊线虫等,都严重危害农作物。

(4)根结线虫属(*Meloidogyne*)　根结线虫危害植物的根部,形成瘤状根结。雌、雄虫异形。雌成虫梨形,表皮柔软透明,雄虫线形。如花生根结线虫、南方根结线虫、北方根结线虫等。

(5)滑刃线虫属(*Aphelenchoides*)　雌虫和雄虫均为蠕虫形,细长。主要危害植物地上部的茎、叶和幼芽,如水稻干尖线虫等。

(三)寄生性种子植物

植物由于根系或叶片退化,或者缺乏足够的叶绿素,不能自养,必须从其他的植物上获取营养物质而营寄生生活,称为寄生性种子植物。营寄生生活的植物大多是高等植物中的双子叶植物,能够开花结籽,故称寄生性高等植物或寄生性种子植物。

1.寄生性种子植物的一般性状

按寄生植物对寄主的依赖程度或获取寄主营养成分的不同可分为全寄生和半寄生两类。全寄生指从寄主植物上获取自身生活需要的全部营养物质,如菟丝子、列当、无根藤等。全寄生的特点是寄生物叶片退化,叶绿素消失,根系蜕变为吸根,吸根中的导管和筛管与寄主的导管和筛管相连,并从中不断吸取各种营养物质。半寄生指寄生植物对寄主的寄生关系主要是水分的依赖关系,俗称"水寄生"。半寄生的特点是寄生物具有叶绿素,能够进行光合作用合成有机物质,根系缺乏,以吸根的导管与寄主维管束的导管相连,吸取寄主植物的水分和无机盐。如槲寄生、樟寄生、桑寄生等。

按寄生部位不同可分为根寄生与茎(叶)寄生。根寄生如列当、独脚金等寄生在寄主植物的根部,在地上部与寄主彼此分离。茎(叶)寄生如无根藤、菟丝子、槲寄生等寄生在寄主的茎秆、枝条或叶片上。

寄生性种子植物对寄主植物的致病作用主要表现为对营养物质的争夺。一般来说,全寄生致病能力强,主要寄生在一年生植物上,可引起寄主植物黄化、生长衰弱、严重时造成大片死亡，对产量影响极大；半寄生主要寄生在多年生木本植物上，寄生初期对寄主无明显影响，后期群体较大时造成寄主生长不良和早衰，最终亦会导致死亡，但树势退败速度较慢。除了争夺营养外，还能将病毒从病株传到健株。

寄生性种子植物靠种子繁殖。种子依靠风力、鸟类、种子调运传播，称为被动传播；当果实成熟，吸水开裂，弹射种子称主动传播。

2. 寄生性种子植物的主要类群

(1)菟丝子属(*Cuscuta*)　菟丝子为旋花科、菟丝子属植物。寄主范围广，主要危害豆科、菊科、茄科、百合科、伞形科和蔷薇科等草本和木本植物。菟丝子是一年生攀藤寄生的草本植物，叶退化为鳞片状，茎为黄色丝状物，缠绕在寄主植物的茎和叶部，吸器与寄主的维管束系统相联结，不仅吸收寄主的养分和水分，还造成寄主输导组织的机械性障碍。花小，白色、黄色或粉红色，头状花序；果实为球状蒴果，有种子2～4枚，种子卵圆形，稍扁，黄褐色至深褐色。

在我国有中国菟丝子和日本菟丝子，中国菟丝子主要危害草本植物，日本菟丝子主要危害木本植物。

菟丝子种子成熟后落入土中，或混杂于寄主植物种子内。次年当寄主植物生长后，菟丝子种子便开始萌发，种胚的一端先形成无色或黄白色丝状幼芽，以棍棒状的粗大部分固着在土粒上，种胚的另一端形成丝状体并在空中旋转，碰到寄主就缠绕其上，在接触处形成吸盘伸入寄主。吸盘进入寄主组织后，细胞组织分化为导管和筛管，分别与寄主的导管和筛管相连，从寄主内吸取养分和水分。当寄生关系建立以后，菟丝子就与其地下部分脱离。菟丝子在生长期间蔓延很快，可从一株寄主植物攀援到另一株寄主植物，往往蔓延很远。其断茎也能继续生长，进行营养繁殖。植物受害后表现为黄化和生长不良。因此，菟丝子危害常造成成片植物枯黄。

田间发生菟丝子危害后，要在开花前彻底割除，或采取深耕的方法将种子深埋，使其不能萌发。近年来用“鲁保一号”防治效果较好。

(2)列当属(*Orobanche*)　列当为列当科、列当属一年生根寄生的草本植物。寄主多为草本，以豆科、菊科、葫芦科植物为主。叶片退化为鳞片，无叶绿素；无真正的根，只有吸盘吸附在寄主的根表，以短须状次生吸器与寄主根部的维管束相连。花两性，穗状花序，花冠筒状，蓝紫色；果为蒴果，通常两裂，间有三裂或四裂。果内含多数小而轻的种子，椭圆形，表面有网状花纹。列当主要寄主植物有向日葵、烟草、番茄等。

四、操作方法及考核标准

(一)操作方法与步骤

(1)观察所给植物病毒性病害、植物病原线虫性病害、寄生性种子植物等症状特点,识别常发生种类。

(2)学习植物病毒的汁液接种方法。

(3)观察植物病原线虫的形态特征和结构。

(4)认识寄生性种子植物的危害特征和寄生特征。

(二)技能考核标准

其他植物病害的病原物形态识别技能考核参考标准见表 1-4-1。

表 1-4-1　其他植物病害的病原物形态识别技能考核参考标准

考核内容	要求与方法	评分标准	标准分值	考核方法
基础知识考核45分	1.植物病毒分类	根据叙述植物病毒分类重要属情况酌情扣分	15	单人考核口试评定成绩
	2.植物病原线虫分类	根据叙述植物线虫重要属情况酌情扣分	20	
	3.寄生性种子植物分类	根据叙述寄生性种子植物重要属情况酌情扣分	10	
技能考核55分	1.植物病毒病害识别	根据识别植物病毒病种类情况酌情扣分	20	单人操作考核
	2.植物病原线虫病害识别	根据识别植物病原线虫病害的情况酌情扣分	20	
	3.寄生性种子植物病害识别	根据识别寄生性种子植物病害情况酌情扣分	15	

五、练习及思考题

1.带领学生到实训基地观察植物病毒性病害、植物线虫性病害、寄生性种子植物的形态特征,识别常发生病害种类。

2.植物病毒的传播途径有哪些?

3.植物病毒的危害症状有哪些?

4.为什么把线虫列入植物病原物的范围?我国农作物上有哪些常见线虫病害?

5.植物线虫的致病特点是什么?

6. 简述寄生性种子植物的寄生性类型及其形态特征。

7. 如何防除寄生性种子植物?

【拓展知识】作物病害的发生和发展

植物病害的发生是在一定的环境条件下寄主与病原物相互作用的结果,植物病害的发展是在适宜环境条件下病原物大量侵染和繁殖,造成植物减产或品质下降的过程。要认识病害的发生发展规律,就必须了解病害发生发展的各个环节,深入分析病原物、寄主植物和环境条件在各环节中的作用。

一、病原物的寄生性和致病性

(一)病原物的寄生性

寄生性是指病原物从寄生获得活体营养的能力。按照它们从寄主获得活体营养能力的大小,将病原物分为:

1. 专性寄生物

它们的寄生能力最强,只能从活的寄主细胞和组织中获得营养,所以也称为活体寄生物。如所有的植物病毒、植原体、寄生性种子植物,大部分植物病原线虫和霜霉菌、白粉菌、锈菌等部分真菌。它们对营养的要求比较复杂,一般不能在普通的人工培养基上培养。

2. 非专性寄生物

这类寄生物既能在寄主活组织上营寄生生活,又能在死亡的病组织上营腐生生活,能在人工培养基上生长。非专性寄生物的寄生能力也有强有弱,有的以营寄生生活为主,兼有一定程度的腐生能力称为强寄生物,如玉米黑粉病菌、水稻白叶枯病菌等。另有一些以腐生为主的寄生物,称为弱寄生物。它主要在死体上营腐生生活,但在适宜的条件下,也能侵入生长衰弱或有伤口的植物,如甘薯软腐病菌、水稻烂秧病菌等。

在自然界中还存在着一大类微生物,它们只能利用动植物残体及其他无生命的有机物作为营养,而不能在活体上营寄生生活,称为专性腐生物,如蘑菇、银耳、酵母菌等。总之,上述微生物寄生能力的顺序是专性寄生物、强寄生物、弱寄生物、专性腐生物。实际上,在寄生物与寄生物之间,有时也很难划清界限。

(二)病原物的致病性

致病性是病原物所具有的破坏寄主引起病害的能力。

病原物的寄生性并不等于致病性，它们在含义上是既有联系又有区别的两个概念，没有相关性。通常寄生性愈强其对植物的破坏性愈小，例如油菜霜霉病；相反有的寄生性弱的病原生物，对植物寄生组织的破坏力往往是较大的，如甘薯软腐病。但是有些寄生性强的病原菌致病性也很强，如马铃薯晚疫病。

病原物对寄主的破坏作用主要是消耗寄主的养分和水分；分泌各种酶类；消解和破坏植物组织和细胞；分泌毒素，使植物发生中毒萎蔫；分泌刺激物质，促使植物细胞分裂或抑制细胞生长，改变植物的代谢过程等。

二、寄主植物的抗病性

寄主植物抗病性是指植物抑制或延缓病原物活动的能力。是植物与病原物在长期共同进化过程中相互适应和选择的结果。这种能力是由植物的遗传特性决定的，不同植物对病原物表现出不同程度的抗病能力。

(一)植物的抗病类型

根据植物抗病能力的大小，抗病性可分为免疫、抗病、耐病、感病、避病等几种类型。

1. 免疫

一种植物对病原物侵染的反应表现完全不发病，或观察不到可见的症状。

2. 抗病

寄主植物对病原物侵染的反应表现发病轻。轻度侵染及表现轻度受害的称为高抗，中等程度感染和受害的称为中抗。

3. 耐病

寄主植物受病原物侵染后，虽然表现出典型症状，但对其生长发育、产量和质量没有明显影响。

4. 感病

寄主植物遭受病原物侵染而发生病害，使生长发育、产量或品质受到很大的影响，甚至引起局部或全株死亡。

5. 避病(抗接触)

从时间、空间上病原物的盛发时期和寄主的感病时期错开，而不被病原物感染，从而不发病，并不是植物本身具有的抗病力。

根据作物品种对病原物生理小种抵抗情况将品种抗病性分为垂直抗病性和水平抗病性。垂直抗病性是指寄主的某个品种能高度抵抗病原物群体中的某个或某几个特定小种，也称为小种专化抗病性。一旦遇到病原物其他生理小种时，就会变得高度感病。垂直抗病性是由主效基因控制的，抗病效能较高，其主要缺点是易因病原物小种组成的变化而“丧失”抗病性。水平抗病性是指寄主的某个品种能抵抗病原物群体多数生理小种，一般表现为中度抗病，也称为非小种专化抗病性。由于水平抗病性不存在生理小种对寄主的专化性，所以抗病性不易消失。

(二)植物的抗病性机制

植物的抗病性有的是植物先天具有的被动抗病性，也有因病原物侵染所引发的主动抗病性。二者的抗病机制都包括物理和化学两方面的抗性。

植物固有的抗病机制是指植物本身所具有的物理结构和化学物质在病原物侵染时的结构抗性和化学抗性。如植物的表皮毛不利于形成水滴，也不利于真菌孢子接触植物组织；角质层、蜡质层、硅质层厚不利于病原菌侵入；植物表面气孔的密度、大小、构造及开闭等直接影响病原物的侵入率；植物的分蘖、株型、高矮也会影响病原物的侵染；植物体内的抗菌素、植物碱、酚、单宁等都与抗病性有关系。

病原物侵入寄主后，寄主植物会从组织结构、细胞结构、生理生化方面表现出主动的防御反应。如病原物的侵染点周围细胞的木质化和木栓化；植物受到病原物侵染的刺激产生植物保卫素，对病原菌的毒性强，可抑制病原菌的生长；过敏反应是在侵染点的周围的少数寄主细胞迅速死亡，抑制专性寄生物的扩展。

三、植物侵染性病害的发生过程

病原物的侵染过程是指病原物与寄主植物可侵染部位接触，并侵入寄主，在植物体内繁殖和扩展，使寄主显示病害症状的过程，也称为病程。病原物的侵染过程是一个连续的过程，为了便于说明病原物的侵染活动，一般将侵染过程划分为接触期、侵入期、潜育期和发病期。

(一)接触期

接触期是指病原物与寄主感病部位相接触到产生侵入机构的这一段时期。病原物处在寄主体外，必须克服不利于侵染的各种因素才能侵入，若能创造不利于病原物与寄主接触和生长繁殖的生态条件可有效防治病害。

(二)侵入期

侵入期是从病原物侵入寄主，到与寄主建立寄生关系为止的一段时期。

病原物侵入寄主的途径主要有3个：一是直接侵入，病原物直接穿过植物表皮的角质层；二是通过植物的气孔、水孔、皮孔、蜜腺等自然孔口侵入；三是从伤口侵入。不同病原物侵入途径不同，如病毒只能从活细胞的轻微新鲜伤口侵入；细菌可从伤口和自然孔口侵入；真菌3种途径均可侵入；线虫则用口器刺破表皮直接侵入。

病原物侵入寄主要有适宜的环境条件，其中影响最大的是湿度和温度。尤其湿度最为重要，因为大多数真菌孢子的萌发，游动孢子和细菌的侵入都需要有水分才能进行。所以，大多数病害往往在雨季中发生，多雨的年份病害易流行，潮湿的环境病情严重，这与侵入所需高湿的条件是分不开的。如稻瘟病菌的分生孢子在水滴中萌发率达 86%，在饱和湿度的空气中，萌发率却不到 1%，湿度在 90%以下就不能萌发。温度能影响细菌、线虫的活动、繁殖，也影响真菌孢子的萌发和侵入的速度，所以也往往决定某种病害的发生时期和季节。光照与侵入也有一定关系，对于气孔侵入的病原真菌，因为光照关系到气孔的开闭而影响其侵入。

(三)潜育期

潜育期是从病原物与寄主建立了寄生关系到表现明显症状的一段时期。潜育期是病原物在寄主体内吸取营养而生长蔓延为害的时期，也是寄主对病原物的侵染进行剧烈斗争的时期。病原物在寄主体内扩展的程度不同，形成两种类型，有的局限在侵染点附近，称为局部侵染；有的则从侵染点扩展到各个部位，甚至全株，称为系统性侵染，如各种花叶型病毒病。影响潜育期的环境条件主要是温度，一般在适宜温度范围内，温度愈高潜育期愈短，如稻瘟病潜育期在 9～11℃潜育期为 13～18 d，17～18℃为 8 d，26～28℃为 4～5 d。但也有少数是由遗传因子决定的，如小麦散黑穗病的潜育期为一年，不受温度的影响。

潜育期的长短还与寄主的生长状况密切相关。凡生长健壮的植物，抗病力强，潜育期相应延长；而营养不良、长势弱或氮肥施用过多、徒长的，潜育期短，发病快。在潜育期采取有利于植物生长的栽培管理措施或使用合适的杀菌剂可减轻病害的发生。

病害流行与潜育期长短密切相关。有重复侵染的病害，潜育期越短，重复侵染的次数越多，病害流行的可能性越大。

(四)发病期

发病期是指病害出现明显症状后进一步发展的时期。病害发展到这个时期真菌性病害往往在病部产生菌丝、孢子、子实体等；细菌病害产生菌脓，人们才能肉眼看到。

发病期也仍然以温湿度的影响为主，特别是高湿适温时，有利于新繁殖体的产生，有利于病害的流行。对于病征不明显的病害标本进行保湿，可以促进其产生病征，以便识别病害。

掌握病害的侵染过程及其规律性，有利于开展病害的预测预报和制订防治措施。

四、病害的侵染循环

病害的侵染循环，是指一种病害从前一个生长季节开始发病，到下一个生长季节再度发病的过程。它包括病原物的越冬和越夏、病原物的传播、病原物的初侵染和再侵染3个环节，切断其中的任何一个环节，都能达到防治病害的目的。

(一)病原物的越冬和越夏

病原物的越冬和越夏是指病原物以一定的方式在特定场所度过不利其生存和生长的冬天及夏天的过程。病原物越冬和越夏有寄生、腐生和休眠3种方式。各种病原物越冬或越夏的方式是不同的。活体营养生物如白粉菌、锈菌等，只能在受害植物的组织内以寄生方式或在寄主体外以休眠体进行越冬或越夏。死体营养生物包括多数病原真菌和细菌，通常在病株残体和土壤中以腐生方式或以休眠结构越冬或越夏。植物病毒和菌原体大都只能在活的植物体和传播介体内生存。病原线虫主要以卵、幼虫等形态在植物体或土壤中越冬或越夏。病原物的越冬和越夏场所一般也是下一个生长季节的初侵染来源。主要有以下6个方面：

1.种子、苗木和无性繁殖器官

种苗和无性繁殖器官携带病原物，往往是下一年初侵染最有效的来源。病原物在种苗萌发生长时，又无需经过传播接触而引起侵染。由种苗和无性繁殖材料带菌而引起感染的病株，往往成为田间的发病中心而向四周扩展。病原物在种苗和无性繁殖材料上越冬、越夏，有多种不同的情况。

(1)病原物各种休眠机构混杂于种子中。例如，小麦粒线虫的虫瘿、大豆菟丝子的种子、油菜菌核病菌的菌核等。

(2)病原物休眠孢子附着于种子表面。例如，小麦腥黑穗病菌、秆黑粉病菌的冬孢子，谷子白发病菌的卵孢子等。

(3)病原物潜伏在种苗及其他繁殖材料内部。例如，大、小麦散黑穗病菌潜伏在种胚内，甘薯黑斑病菌、甘薯茎线虫在块根中越冬，马铃薯病毒病、马铃薯环腐细菌在块茎中越冬。

(4)病原物既能以繁殖体附着于种子表面，又能以菌丝体潜伏于种子内部。例如，棉花枯萎病菌、黄萎病菌等。

在播种前应根据病原物在种苗上的具体位置选用最经济有效的处理方法，如水选、筛选、热处理等。对种子等繁殖材料进行检疫检验，也是防止危险性病害扩大传播的重要措施。

2.田间病株

有些活体营养病原物必须在活的寄主上寄生才能存活。例如，小麦锈菌的越夏、越冬，在我国都要寄生在田间生长的小麦上。有些侵染一年生植物的病毒，当冬季无栽培植物时，就转移到其他栽培或野生寄主上越冬、越夏。例如，油菜花叶病毒、黄瓜花叶病毒等都可以在多年生野生植物上越冬。

3.病株残体

许多病原真菌和细菌，一般都在病株残体中潜伏存活，或以腐生方式在残体上生活一定的时期。例如，稻瘟病菌，玉米大、小斑病菌，水稻白叶枯病菌等，都以病株残体为主要的越冬场所。当寄主残体分解腐烂后，其中的病原物也逐渐死亡。

4.土壤

土壤是许多病原物重要的越冬、越夏场所。病原物以休眠机构或休眠孢子散落于土壤中，并在土壤中长期存活，如黑粉菌的冬孢子、菟丝子和列当的种子、某些线虫的胞囊或卵囊等。有的病原物的休眠体，先存在于病残体内，当残体分解腐烂后，再散于土壤中，如十字花科植物根肿菌的休眠孢子、霜霉菌的卵孢子、植物根结线虫的卵等。还有一些病原物，可以腐生方式在土壤中存活。以土壤作为越冬、越夏场所的病原真菌和细菌，大体可分为土壤寄居菌和土壤习居菌两类。土壤寄居菌只能在土壤中的病株残体上腐生或休眠越冬，当残体分解腐烂后，就不能在土壤中存活。土壤习居菌对土壤适应性强，在土壤中可以长期存活，并且能够繁殖，丝核菌和镰孢菌等真菌都是土壤习居菌的代表。

5.粪肥

多数情况下，由于人为地将病株残体作积肥而使病原物混入粪肥中，少数病原物则随病残体通过牲畜排泄物而混入粪肥。例如，谷子白发病菌卵孢子和小麦腥黑穗病菌冬孢子，经牲畜肠胃后仍具有生活力，如果粪肥不腐熟而施到田间，病原物就会引起侵染。

6.昆虫或其他介体

一些由昆虫传播的病毒可以在昆虫体内增殖并越冬或越夏。例如，水稻黄矮病病毒和普通矮缩病病毒就可以在传毒的黑尾叶蝉体内越冬；小麦土传花叶病毒，在禾谷多黏菌休眠孢子中越夏。

(二)病原物的传播

病原物从越冬、越夏场所到达寄主感病部位，或者从已经形成的发病中心向四周扩散，均需经过传播才能实现。病原物传播的方式和途径是不一样的。有些病原物可以由本身的活动，进行有限范围的传播，如真菌菌丝体和根状菌索可以随其生长而扩展，线虫在土壤中的移动，菟丝子茎蔓的攀援等。但是，病原物传播中，主要还是借助外界的动力如气流、雨水、昆虫及人为因素等进行传播。病原真菌以气流传播为主,雨水传播也较重要;病原细菌以雨水传播为主;植物病毒则主要由昆虫介体传播。

1. 气流传播

气流传播是一些重要病原真菌的主要传播方式。有时风雨交加还可以引起一些病原细菌及线虫的传播。病原真菌小而轻,易被气流散布到空气中,犹如空气中的尘埃微粒一样,可以随气流进行远或近距离传播。真菌孢子的气流传播,多属近程传播(传播范围几米至几十米)和中程传播(传播范围百米以上至几千米)。着落的孢子一般离菌源中心的距离越近,密度越大;越远,密度越小。利用抗病品种是防治气流传播病害的有效措施。

2. 雨水传播

植物病原细菌和产生分子孢子盘(或分生孢子器)的病原真菌,由于细菌或孢子间大多有胶质黏结,胶质只有遇水膨胀和溶化后,病原物才能散出,故这些病原物主要是雨水或露地传播的。存在于土壤中的一些病原物,如软腐病菌及有些植物病原线虫,可经过雨水反溅到植物上,或随雨水或灌溉水的流动而传播。水稻白叶枯病菌是经雨水传播的,暴风雨不仅引起叶片擦伤,有利细菌传染和侵入,而且病田水中的细菌,又可经田水排灌向无病田传播。因此,灌溉水也是重要的传播途径。防治时要注意采用正确的灌水方式。

3. 昆虫及其他介体传播

昆虫传播与病毒和菌原体病害的关系最大。蚜虫、叶蝉和飞虱是植物病毒的主要传播介体,鸟类可传播寄生性种子植物,菟丝子可传播病毒,类菌原体侵染植物后,存在于寄主的韧皮部筛管中,是由在韧皮部取食的叶蝉传播的。

4. 人为因素传播

带有病原物的种子、苗木和其他繁殖材料,经过人们携带和调运,可以远距离传播。农产品包装材料的流动,有时也能传播病原物。另外,人的生产活动,如农事操作和使用的农具均可引起病原物的近距离传播。

(三)病原物的初侵染与再侵染

越冬或越夏的病原物,在植物一个生长季中最初引起的侵染,称初次侵染或初侵染。初侵染植物上病原物产生的繁殖体,经过传播,又侵染植物的健康部位和健康的植物,称为再次侵染或再侵染。

只有初侵染,没有再侵染的病害,称单循环病害。单循环病害在植物的一个生长季只有一次侵染过程，多为系统性病害，一般潜育期长，例如，小麦黑穗病、水稻干尖线虫病等。对此类病害只要消灭初侵染来源，就可达到防治病害的目的。除初侵染外，还有再侵染的病害，称多循环病害。多循环病害在植物的一个生长季中有多次侵染过程，多为局部侵染，潜育期一般较短。

五、植物病害的流行因素

植物病害在一定时期和地区内普遍而严重发生，使寄主植物受到很大损害，或产量受到很大损失，称为病害的流行。传染性病害的流行必须具备3个方面的条件，即有大量致病力强的病原物存在，有大量的感病寄主存在，有对病害发生极为有利的环境。三方面因素相互联系，相互影响。

(一)大量的感病寄主

易于感病的寄主植物大量而集中的存在是病害流行的必要条件。品种布局不合理，大面积种植感病寄主或单一品种，有时会导致病害流行。

(二)致病力强的病原物

病害的流行必须有大量的致病力强的病原物存在，并能很快地传播到寄主体上。没有再侵染或再侵染次要的病害，病原物越冬的数量，即初侵染来源的多少，对病害流行起决定作用。而再侵染重要的病害，除初侵染来源外，侵染次数多，潜育期短，繁殖快，对病害流行常起很大的作用。病原物的寿命长以及有效的传播方式，也可加速病害流行。

(三)适宜的发病条件

环境条件影响着寄主的生长发育及其遗传变异，也影响其抗病力，同时还影响病原物的生长发育、传播和生存。气象条件(温度、湿度、光照、风等)、土壤条件、栽培条件(种植密度、肥水管理、品种搭配)，与病害流行关系密切。

上述三方面因素是病害流行的必不可少的条件，缺一不可。但由于各种病害发生规律不同，每种病害都有各自的流行主导因素。如苗期猝倒病，品种抗性无明显差异，土壤中存在病原物，只要苗床持续低温高湿就会导致病害流行，低温高湿就是病害流行的主导因素。

病害流行的主导因素是可变化的。在相同的栽培条件和相同气候条件下，品种的抗病性是主导因素；已采取抗性品种且栽培条件相同的情况下，气象条件就是主导因素；相同品种、相同气候条件下，肥水管理可成为主导因素。防治病害流行，必须找出流行的主导因素，采取相应的措施。

六、练习及思考题

1. 名词解释：寄生性、致病性、抗病性、专性寄生物、病程、侵染循环、初侵染、再侵染。

2. 简述病原物越冬越夏场所。

3. 植物抗病性类型及抗病机制有哪些？

4. 病原物的传播途径有哪些？

5. 植物病害流行的因素有哪些？

典型工作任务二
作物害虫识别技术

项目1　昆虫外部形态识别

一、技能目标

通过实训，使学生掌握昆虫外部形态特征和各附器的结构和类型，找出昆虫与其他节肢动物的主要区别，认识种类繁多的昆虫，为学习昆虫分类和进一步识别作物害虫奠定基础。

二、教学资源

1. 材料与工具

蝗虫、蝼蛄、螳螂、稻绿蝽、蚱蝉、蚜虫、蓟马、草蛉、白蚁、天蛾、菜粉蝶、龙虱、金龟甲、步甲、象甲、家蝇、蜜蜂；蜘蛛、螨类、蜈蚣、马陆、虾等玻片标本、浸渍标本或针插标本。

体视显微镜、解剖剪、挑针、镊子。昆虫外部形态挂图、彩色照片及多媒体课件等。

2. 教学场所

教室、实验室或实训室。

3. 师资配备

每20名学生配备一位指导教师。

三、原理、知识

(一)昆虫的形态特征

昆虫隶属于节肢动物门(Arthropoda)昆虫纲(Insecta)。所以,昆虫既具有节肢动物所共有的特征,又具有区别于节肢动物其他纲的特点。

节肢动物门的主要特征是:身体分节;整个体躯包被有含几丁质的外骨骼;有些体节上有成对的分节附肢(例如足),"节肢动物"的名称即由此而来;体腔就是血腔。

昆虫纲的主要特征(成虫):身体的环节分别集合组成头、胸、腹 3 个体段;头部是感觉和取食中心,具有口器和 1 对触角,通常还有复眼及单眼;胸部是运动中心,具 3 对足,一般还有 2 对翅;腹部是生殖与代谢中心,其中包含着生殖器和大部分内脏;末端有外生殖器,有的还有 1 对尾须。昆虫在生长发育过程中要经过一系列内部及外部形态上的变化,才能转变为成虫。

因此,昆虫的基本特征可以概括为:"体躯三段头、胸、腹,2 对翅膀 6 只足;1 对触角头上生,骨骼包在体外部;一生形态多变化,遍布全球大家族"(图 2-1-1)。

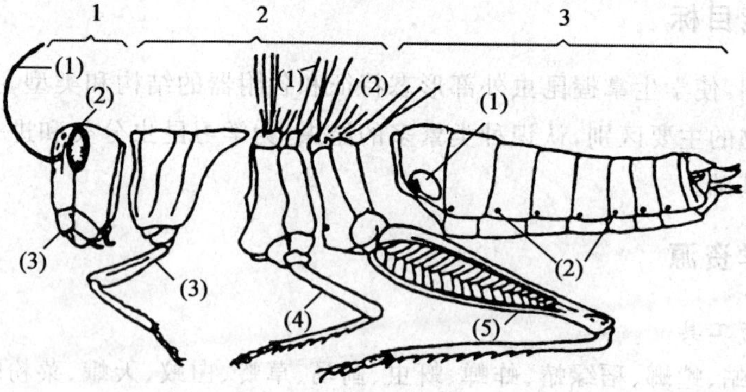

1.头部 (1)触角 (2)复眼 (3)口器
2.胸部 (1)前翅 (2)后翅 (3)前足 (4)中足 (5)后足
3.腹部 (1)听器 (2)气门

图 2-1-1 昆虫体躯侧面图

(仿《作物病虫害防治》张学哲,2005)

(二)昆虫的头部

昆虫的头部位于体躯的最前端,是感觉和取食中心。感觉器官主要包括触角、复眼和单眼，取食器官为口器。

1. 触角

在昆虫纲中，除原尾目无触角和部分高等双翅目幼虫、部分膜翅目幼虫的触角退化外，其他种类均有触角。

(1)触角的基本构造　触角由 3 节组成。基部的第 1 节叫柄节，第 2 节叫梗节，第 3 节叫鞭节，常分若干亚节。

(2)触角的类型　大体上可归为如下 12 种主要类型。包括刚毛状、丝状、念珠状、锯齿状、栉齿状、球杆状、羽毛状、膝状、锤状、环毛状、具芒状和鳃叶状（图 2-1-2）。

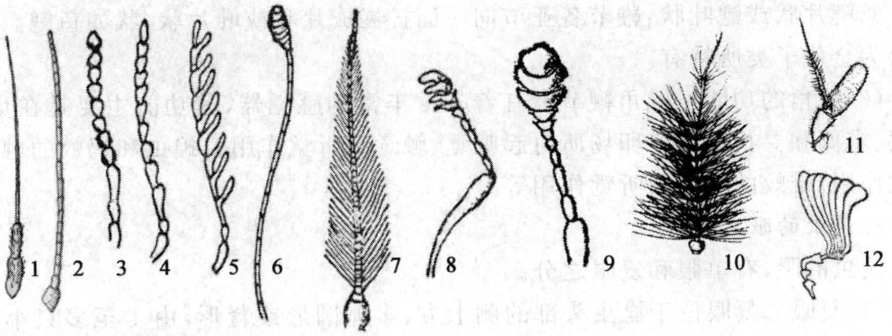

1. 刚毛状　2. 丝状　3. 念珠状　4. 锯齿状　5. 栉齿状　6. 球杆状
7. 羽毛状　8. 膝状　9. 锤状　10. 环毛状　11. 具芒状　12. 鳃叶状

图 2-1-2　昆虫触角的类型

（仿《作物病虫害防治》张学哲，2005）

①刚毛状或刺状：触角很短，基部的一二节粗大，其余的各节纤细似刚毛。如蜻蜓、蝉等。

②丝状或线状：触角细长，圆筒形，除基部一二节稍大外，其余各节的大小、形状相似，逐渐向端部缩小。如蝗虫、蟋蟀等。

③念珠状：鞭节各亚节形如小珠，大小相似，形似念珠。如白蚁、褐蛉等。

④锯齿状：鞭节各亚节向一侧稍突出如锯齿，整个触角似锯条。如雌性绿豆象、叩头虫和锯天牛等。

⑤栉齿状：鞭节各亚节向一侧伸出枝状突起，整个触角似梳子。如雄性绿豆象等。

⑥球杆状或钩状：鞭节端部数亚节逐渐膨大如球，其余各节细长如杆。如蝶类、蚁蛉等。

⑦羽毛状:鞭节各节向两侧作细羽状突出,形似鸟羽。如蚕蛾、毒蛾等。

⑧膝状:柄节细长,梗节短小,鞭节各节与柄节形成膝状曲折。如蜜蜂、蚂蚁等。

⑨锤状:基部各节细长如杆,鞭节端部数亚节突然膨大,整个触角较短,形似锤。如瓢虫、郭公虫和长角蛉等。

⑩环毛状:鞭节各亚节环生一圈细毛,近基部的环毛较长,端部的较短。如雄蚊、摇蚊等。

⑪具芒状:触角鞭节不分亚节,较粗大,上生一刚毛或羽状毛,称此毛为触角芒。此类触角为蝇类所特有。

⑫鳃片状或鳃叶状:鞭节各亚节向一面扩展成片状或叶片状,状如鱼鳃。此类触角为金龟子类所特有。

(3)触角的功能　触角鞭节上有着非常丰富的感觉器,其功能主要是在觅食、聚集、求偶和寻找适当产卵场所时起嗅觉、触觉和听觉作用。蝗虫和蚂蚁的触角司触觉作用;雄蚊的触角司听觉作用等。

2. 昆虫的眼

昆虫的眼,有单眼和复眼之分。

(1)复眼　复眼位于昆虫头部的侧上方,多卵圆形或肾形,由1至多只小眼集合而成用来辨别物体,特别是运动的物体,是最重要的视觉器官(图2-1-3)。成虫和不全变态类的若虫和稚虫,一般都有1对复眼。

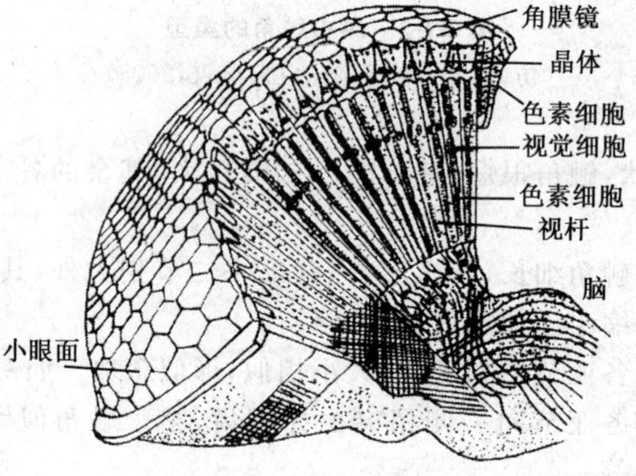

图 2-1-3　复眼的结构

(2)单眼　单眼也是昆虫的视觉器官,但单眼只能感受光的强弱与方向,不能成像,也不能分辨颜色。根据其着生位置,可以分为背单眼和侧单眼。背单眼:成虫和不全变态类的若虫和稚虫的单眼位于额区的上部，称背单眼。如背单眼为3个，则常呈倒三角形排列。侧单眼：膜翅目叶蜂幼虫的侧单眼仅有1对；鳞翅目幼虫的侧单眼通常为6对，且常排成弧形；而高等双翅目幼虫无侧单眼。

4. 昆虫的口器

口器是昆虫的取食器官。由于各类昆虫的食性不同，取食方式不一样，口器的构造也发生相应的变化，形成各种类型的口器。不同类群的昆虫有不同类型的口器，这就意味着它们可以分享不同食物，避免对食物资源的竞争，同时还改善了昆虫与食物源和环境的关系（表2-1-1）。

表2-1-1　昆虫各种口器类型及各部分变化

口器类型	代表昆虫	各部分及其变化				
		上唇	上颚	下颚	下唇	舌
咀嚼式	蝗虫	上唇1片	上颚1对	下颚1对	下唇1片	舌1个
刺吸式	蚊	退化成三角形小片	口针	口针	喙	
虹吸式	蛾、蝶	退化或消失	退化或消失	外额叶特化成喙	退化或消失	退化或消失
舐吸式	蝇	食物道、唾道	退化或消失	退化或消失	短喙	食物道、唾道
锉吸式	蓟马	喙	左上颚：口针 右上颚：退化	口针	喙	

（1）咀嚼式口器　这类口器为取食固体食物的昆虫所具有，如蝗虫、甲虫等。基本构造由5部分组成：上唇、上颚、下颚、下唇和舌（图2-1-4）。

咀嚼式口器害虫的为害特点：把植物咬成缺刻、穿孔或将叶肉吃去仅留下网状的叶脉，甚至全部吃光，如蝗虫、黏虫、毛毛虫等；钻蛀茎秆或果实的造成孔洞和隧道，如玉米螟、食心虫等；为害幼苗常咬断根茎，如蛴螬、蝼蛄等；有的还能钻入叶片上下表皮之间蛀食叶肉，如潜叶蝇、潜叶蛾等；还有吐丝卷叶在里面咬食的，如各种卷叶虫。总之，具有这类口器的害虫，都能给植物造成机械损伤，危害性很大。我们可以根据不同为害状来鉴别害虫的种类和为害方式，采取相应的防治措施。

防治具有这类口器的害虫时，常用胃毒剂喷洒在植物表面或制成固体毒饵，害虫取食时，将食物与有毒物质同时摄入体内，使之发挥杀虫作用。

（2）刺吸式口器　刺吸式口器由咀嚼式口器演化而来（图2-1-5）。这类口器的特点是具有刺进寄主体内的针状构造和吸食汁液的管状构造。上唇退化成三角形小片，下唇延长成管状的喙，上、下颚各特化为1对口针。

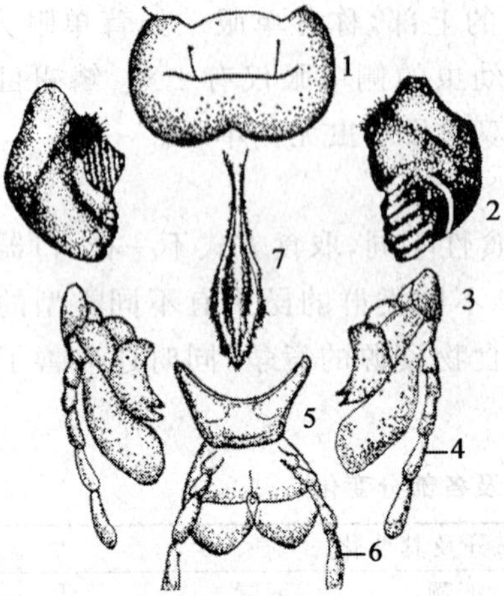

1.上唇　2.上颚　3.下颚　4.下颚须

5.下唇　6.下唇须　7.舌

图 2-1-4　昆虫的咀嚼式口器

(仿《作物病虫害防治》张学哲,2005)

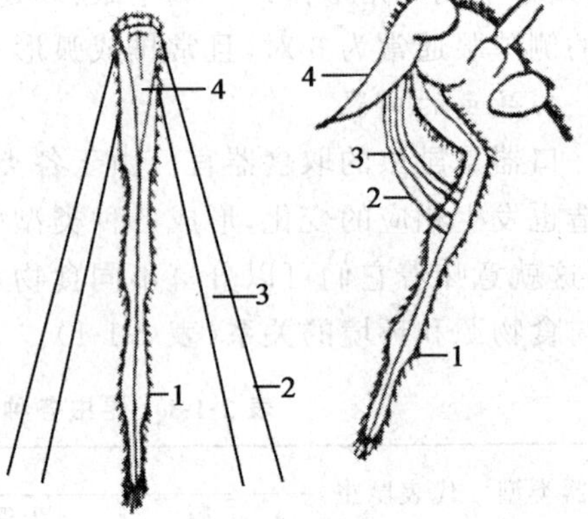

1.喙　2.上颚口针

3.下颚口针　4.上唇

图 2-1-5　昆虫的刺吸式口器

(仿《作物病虫害防治》张学哲,2005)

这类口器为取食动植物体内液体食物的昆虫所具有,如蚜虫、叶蝉、蚊、蝽等。植物一般不造成破损,只在为害部位形成斑点,引起各种畸形,如卷叶、虫瘿、肿瘤等。

防治具有这类口器的害虫,常选用内吸性杀虫剂喷洒在植物的表面,药剂被植物吸收后,害虫取食含药剂的植物汁液,发挥杀虫作用。

(3)虹吸式口器　这类口器为鳞翅目成虫(蝶类和蛾类)所特有。主要特点是具有一根能卷曲和伸直的喙。喙由两个下颚的外颚叶特化合并而成,中间有管道,花蜜、水等液体食料可由此被吸进消化道。口器的其他部分都已退化,只有下唇须的3节仍发达,突出在喙基部的两侧。具这类口器的昆虫,一般不能直接造成为害。

(4)舐吸式口器　这类口器为蝇类所特有,特点是下唇变成粗短的喙。喙的端部膨大形成一对有展缩合拢能力的唇瓣。两唇瓣间有一食道口,唇瓣上有许多横列的小沟。这些小沟为食物的进口,取食时即由唇瓣舐吸物体表面的汁液或吐出唾液湿润食物,然后加以舐吸。

(5)锉吸式口器　蓟马的口器是锉吸式口器。由上唇、下颚和下唇形成,内藏有舌,只有3根口针,由一对下颚和一根左上颚特化而成,右上颚已完全退化,形成不对称的口器。取食时左上颚针先锉破组织表皮,然后以喙端吸取汁液。被害植物常出现不规则的变色斑点、畸形或叶片皱缩卷曲等被害状，同时有利于病菌的入侵。

（二）昆虫的胸部

胸部是昆虫的第2体段，是运动中心。由前胸、中胸、后胸3节构成。每一胸节各有胸足1对，分别称前足、中足和后足。多数昆虫在中胸和后胸上还各有翅1对，分别称前翅和后翅。中胸和后胸具翅，故又称具翅胸节或翅胸。

1. 胸足

（1）胸足的基本构造　胸足着生在各胸节的侧腹面，是胸部的行动附肢。

成虫的胸足从基部向端部常分为基节、转节、腿节、胫节、跗节和前跗节（一对爪和中垫组成）共6节（图2-1-6）。

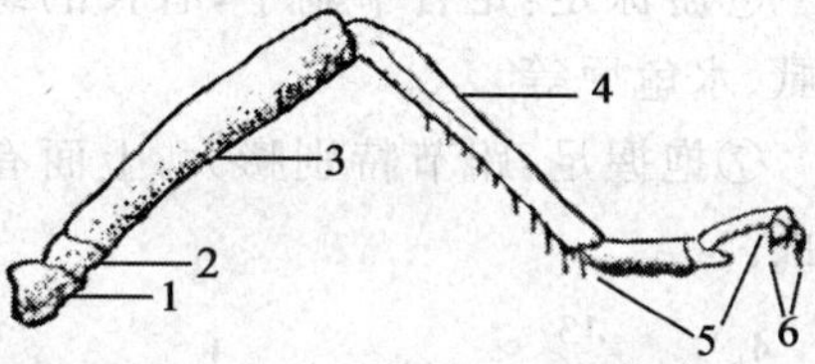

1. 基节　2. 转节　3. 腿节
4. 胫节　5. 跗节　6. 前跗节

图2-1-6　昆虫胸足的构造

（仿《作物病虫害防治》张学哲，2005）

（2）胸足的常见类型　根据足的形态与功能，可将胸足分为7种常见类型。包括步行足、跳跃足、开掘足、捕捉足、携粉足、游泳足、抱握足等（图2-1-7）。

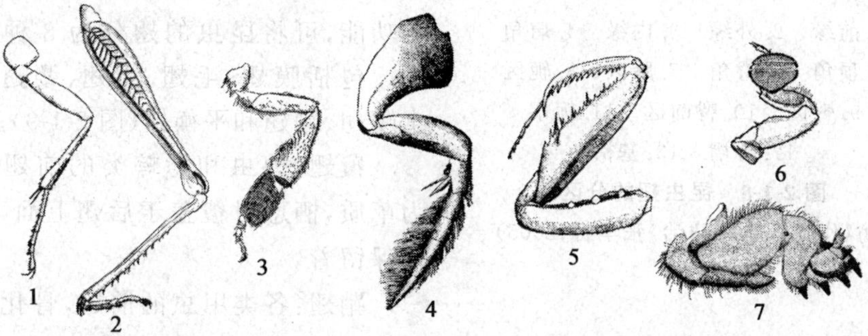

1. 步行足　2. 跳跃足　3. 携粉足　4. 游泳足　5. 捕捉足　6. 抱握足　7. 开掘足

图2-1-7　昆虫胸足的类型

（仿《作物病虫害防治》张学哲，2005）

①步行足：足较细长，各节不特化，适于行走。如步甲、蝽等。

②跳跃足：腿节特别发达，胫节细长。跳动前，胫节折贴于腿节下，然后突然伸直，使虫体弹跳起来。如蝗虫、蟋蟀等。

③捕捉足：基节延长，腿节的腹面有一沟槽，胫节可以折嵌其内，好像一把折刀

用来捕捉其他昆虫、蜘蛛等。如螳螂、猎蝽等。

④开掘足：前足胫节宽扁，外侧具齿，跗节呈铲状，用来掘土。如蝼蛄、金龟子等。

⑤携粉足：胫节宽扁，向外的一面光滑略凹，边缘有长毛，形成一个可以携带花粉的容器，称此为花粉篮；第一跗节也特别膨大，内侧有很多列横排的刚毛，用来梳集粘在体毛上的花粉。此为蜜蜂类所特有。

⑥游泳足：足各节扁平，有长的缘毛，以利于划水。此为水生昆虫所具有。如龙虱、水龟甲等。

⑦抱握足：跗节特别膨大，上面有吸盘状构造，用于交配时抱持雌虫。如龙虱雄虫。

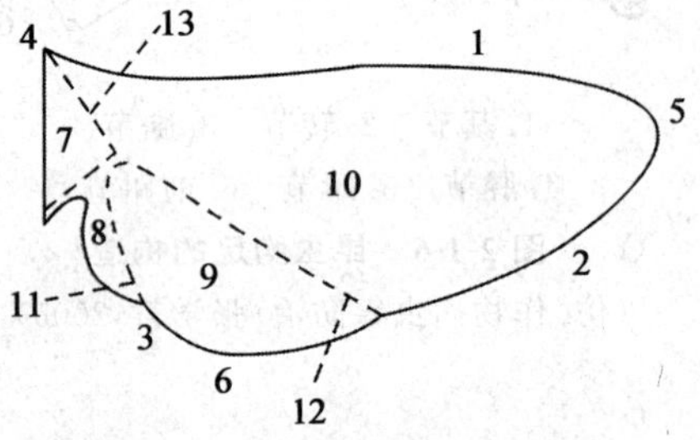

1. 前缘　2. 外缘　3. 内缘　4. 肩角
5. 顶角　6. 臀角　7. 腋区　8. 轭区
9. 臀区　10. 臀前区　11. 轭褶
12. 臀褶　13. 基褶

图 2-1-8　昆虫翅的分区

(仿《作物病虫害防治》张学哲，2005)

2. 翅

(1)翅的基本构造　翅是昆虫的飞行器官，通常近三角形，有 3 缘和 3 角。前缘、后缘、外缘；肩角、顶角、臀角。翅上常发生一些褶线，将翅分为 4 个区：腋区、臀前区、臀区和轭区(图 2-1-8)。

(2)翅的类型　根据翅的形状、质地与功能，可将昆虫的翅分为 8 种常见类型。包括膜翅、毛翅、鳞翅、缨翅、覆翅、半鞘翅、鞘翅和平衡棒(图 2-1-9)。

覆翅：蝗虫和蟋蟀类的前翅加厚变为革质，栖息时覆盖于后翅上面，但翅脉仍保留着。

鞘翅：各类甲虫的前翅，骨化坚硬如角质，翅脉消失，栖息时两翅相接于背中线上。

半翅或半鞘翅：蝽象类的前翅，基部一半加厚革质，端部一半则为膜质。

鳞翅：蛾蝶类的翅为膜质，但翅面覆盖很多鳞片。

缨翅：蓟马的翅细而长，前后缘具有很长的缨毛。

膜翅：蜂类、蝇类的翅为膜质透明。

平衡棒：蚊蝇类的后翅，退化为小型棒状体，飞行时有保持身体平衡的作用。

(3)翅脉　是翅的两层薄壁间纵横分布的条纹，由气管加厚形成，对翅面起支架作用。主要分纵脉与横脉。纵脉是从翅基部伸到边缘的脉；横脉是横列在两纵

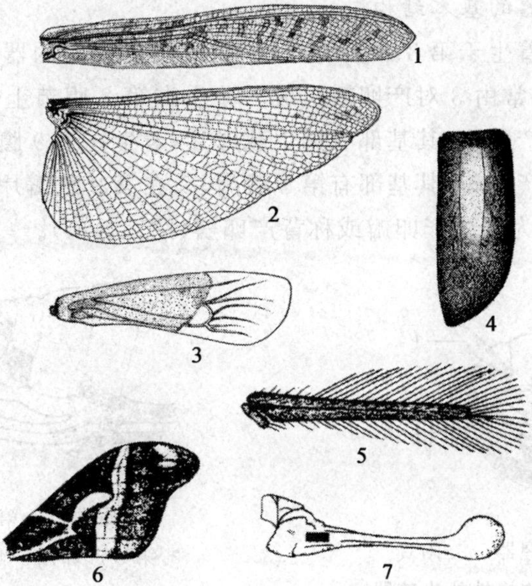

1.覆翅　2.膜翅　3.半鞘翅　4.鞘翅　5.缨翅　6.鳞翅　7.平衡棒

图 2-1-9　昆虫翅的类型

(仿《作物病虫害防治》张学哲,2005)

脉之间的短脉。纵脉和横脉都有一定的名称和符号。

(4)翅的连锁　在等翅目、脉翅目和蜻蜓目昆虫中,前后翅不相关联,飞翔时各自动作。而同翅目、半翅目、鳞翅目和膜翅目等昆虫的前翅发达并用作飞行器官,后翅不发达,在飞行时须以某种构造挂在前翅上,用前翅来带动后翅飞行,被称为翅的连锁。具体分为翅抱型、翅轭型、翅缰型、翅褶型和翅钩型。

(三)腹部

腹部是昆虫体躯的第三个体段,通常由 9～11 个体节组成。腹部 1～8 体节两侧有气门,腹腔内着生有内部器官,末端有尾须和外生殖器。腹部是昆虫新陈代谢和生殖的中心。

1.雄性外生殖器的基本结构

雄性昆虫的交配器包括将精子输入雌体的阳具及交配时挟持雌体的 1 对抱握器。多数有翅亚纲昆虫的交配器都是由这两部分组成,但构造较为复杂而多变化,因此常作为鉴别昆虫某些近缘种的重要依据之一(图 2-1-10)。

2. 雌性外生殖器的基本结构

雌性外生殖器着生于第8、9腹节上，是昆虫用以产卵的器官，故称为产卵器。一般为管状构造，通常由3对产卵瓣组成。着生在第8腹节上的1对产卵瓣称为第1产卵瓣或称腹产卵瓣，其基部有第1载瓣片；着生在第9腹节的1对产卵瓣为第2产卵瓣或称内产卵瓣，其基部有第2载瓣片；在第2载瓣片上常有向后伸出的1对瓣状外长物，称为第3产卵瓣或称背产卵瓣(图2-1-11)。

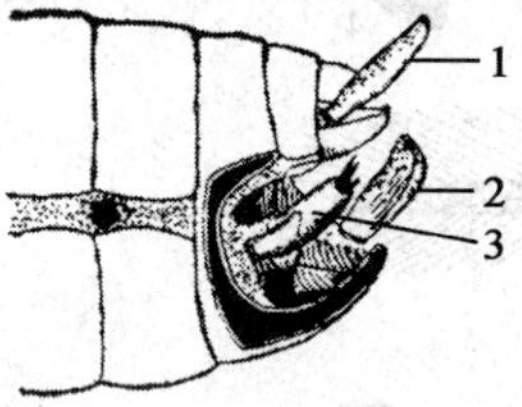

1. 尾须　2. 抱握器　3. 阳具

图2-1-10　昆虫的雄性外生殖器

(仿《作物病虫害防治》张学哲，2005)

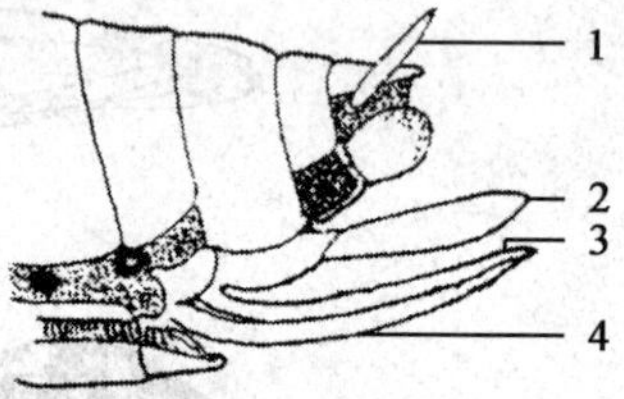

1. 尾须　2. 第2产卵瓣

3. 第3产卵瓣　4. 第1产卵瓣

图2-1-11　昆虫的雌性外生殖器

(仿《作物病虫害防治》张学哲，2005)

(四)体壁

节肢动物整个体躯包被有含几丁质的外骨骼，这层外骨骼叫做体壁。昆虫体壁的功能是支撑身体、着生肌肉、保护内脏，防止体内水分过度蒸发和外界水分、微生物及有害物质的侵入；还能接受外界刺激，分泌各种化合物，调节昆虫的行为。

1. 体壁的构造和衍生物

(1)体壁的构造　昆虫的体壁由底膜、皮细胞层和表皮层3部分组成。皮细胞层是活细胞层；底膜为1层紧贴皮细胞层下的薄膜；表皮层由外向内分为上表皮、外表皮和内表皮。体壁具有延展性、坚韧性、不透性等特性(图2-1-12)。上表皮的护蜡层、蜡质层都是疏水亲脂的；而外表皮、内表皮都是亲水疏脂性的。这样，杀虫剂既要穿透疏水层又要穿透亲水层，否则不易侵入虫体。

(2)体壁的衍生物　昆虫体壁常向外突出，形成外长物，如刚毛、刺、距、鳞片等。体壁向内凹入，特化出各种腺体，如唾腺、丝腺、蜡腺、毒腺、臭腺等。

2. 体壁的构造与害虫防治的关系

人工合成的杀虫剂，通常需要加入一些助剂，使其对昆虫体壁具有强烈的亲和力，能很好地附着体壁，或者在粉剂中加入惰性粉，机械破坏体壁，使药剂毒效成分

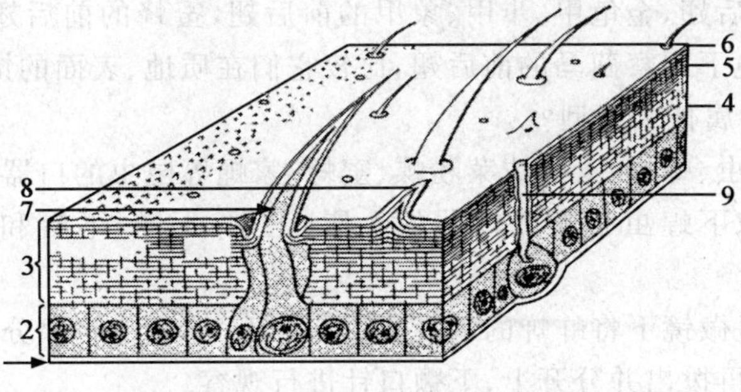

1.底膜 2.皮细胞层 3.表皮层 4.内表皮 5.外表皮
6.上表皮 7.刚毛 8.表皮突起 9.皮细胞腺

图 2-1-12 昆虫体壁的构造

(仿《作物病虫害防治》张学哲,2005)

穿透体壁,进入虫体,从而杀死害虫。人工合成的灭幼脲类,也是根据体壁特性而制造的。这类药剂具有抗蜕皮激素的作用,当幼虫吃下这类药物后,体内几丁质的合成受到阻碍,不能生成新表皮,使幼虫蜕皮受阻而死。

了解昆虫体壁的构造和特性可以采取相应的措施,破坏体壁的结构和性能,提高化学防治效果。

四、操作方法及考核标准

(一)操作方法与步骤

(1)观察节肢动物门的蛛形纲(蜘蛛、螨类)以及甲壳纲(虾)、唇足纲(蜈蚣)、重足纲(马陆)与昆虫纲的主要区别。

(2)用放大镜观察蝗虫的体躯,注意体壁的特征及头、胸、腹3个体段的划分,触角、复眼、单眼、口器、足、翅以及气门、听器、尾须、雌雄外生殖器等的着生位置和形态。

(3)用体视显微镜或放大镜观察蜜蜂或象甲触角的柄节、梗节、鞭节的构造。对比观察天蛾、菜粉蝶、稻绿蝽、金龟甲、步甲、家蝇、白蚁等的触角,它们各在哪一节发生了变化?各属什么类型?

(4)用放大镜观察蝗虫前足的基节、转节、腿节、胫节、跗节、前跗节的构造。对比观察步甲的足、蝼蛄的前足、蝗虫的后足、蜜蜂的后足、螳螂的前足、龙虱的后足都发生了哪些变化?各属何种类型?

(5)取天蛾或菜粉蝶的前翅,观察昆虫翅的构造及分区。对比观察蝗虫的前后翅，稻绿蝽的前后翅，金龟甲、步甲、象甲的前后翅，蜜蜂的前后翅，家蝇的前后翅，并在体视显微镜下观察蓟马的前后翅，比较它们在质地、表面的饰物及形状等方面有什么不同？各属什么类型？

(6)观察蝗虫、蚱蝉、天蛾或菜粉蝶、蜜蜂、家蝇等昆虫的口器结构。

①用镊子取下蝗虫咀嚼式口器的上唇、上颚、下颚、下唇和舌对照挂图进行观察。

②在体视显微镜下将蚱蝉的刺吸式口器取下(注意上唇部分)，用挑针、镊子等工具将喙拨开，再拨出并分开上、下颚口针进行观察。

③观察天蛾或菜粉蝶的虹吸式口器、蜜蜂的嚼吸式口器、家蝇成虫的舐吸式口器和幼虫的刮吸式口器、蓟马的锉吸式口器，并与咀嚼式口器和刺吸式口器的构造比较，它们各在哪一部分发生了变化？

(二)技能考核标准

昆虫外部形态识别考核参考标准见表 2-1-2。

表 2-1-2 昆虫外部形态识别考核参考标准

考核内容	要求与方法	评分标准	标准分值	考核方法
昆虫外部形态特征识别 100 分	1. 能描述出触角的构造，说出触角常见类型	根据描述的触角构造、类型的准确程度酌情扣分	25	4 人一组实训模拟考核
	2. 能说出口器常见类型，描述出咀嚼式口器构造	根据描述口器常见类型、咀嚼式口器构造的准确程度酌情扣分	30	
	3. 能描述出足的构造，说出足的常见类型	根据描述足的构造及足的常见类型的准确程度酌情扣分	30	
	4. 了解翅的“3 边 3 角 4 区”，说出翅的常见类型	根据描述翅的常见类型的多少酌情扣分	15	

五、练习及思考题

1. 列表记载供试昆虫标本的触角、口器、翅和足的类型。

2. 简述昆虫体壁构造与化学防治的关系。

3. 简述昆虫的咀嚼式口器和刺吸式口器在构造上有何主要区别，在防治上有什么区别。

项目2 昆虫生物学性状识别

一、技能目标

通过实训使学生掌握昆虫生物学性状，认识昆虫的变态类型主要特点和不同发育阶段的主要形态特征，了解成虫的性二型和多型现象，为进一步学习昆虫分类和识别农作物害虫打下基础。

二、教学资源

1. 材料与工具

蝗虫、蝽、叶蝉、草蛉、三化螟、天蛾、菜粉蝶、黏虫、瓢虫等的卵或卵块；蝗虫、叶蝉、蝽的若虫；尺蛾、菜粉蝶、金龟甲、瓢虫、象甲、蝇类、麦叶蜂、寄生蜂类的成虫、幼虫及蛹；稻褐飞虱、小地老虎、独角仙等成虫的针插标本、浸渍标本和昆虫的生活史标本。

体视显微镜、解剖剪、挑针、镊子。昆虫生物学性状挂图、彩色照片及多媒体课件等。

2. 教学场所

教室、实验室或实训室。

3. 师资配备

每20名学生配备一位指导教师。

三、原理、知识

(一)昆虫的生殖方式

1. 两性生殖和孤雌生殖

昆虫的绝大多数种类须经过雌雄两性交配，雌性个体产生的卵子受精之后，方能正常发育成新个体。这种生殖方式称为两性生殖，与其他各种生殖方式在本质上的区别是，卵通常必须接受了精子以后，卵核才能进行成熟分裂；而雄虫在排精时，精子已经是进行过减数分裂的单倍体生殖细胞:这种生殖方式在昆虫纲中极为常见，为绝大多数昆虫所具有。

卵不经过受精也能发育成正常的新个体的生殖方式叫孤雌生殖也称单性生

殖,一般可以分为以下 3 种类型。

(1)偶发性孤雌生殖　偶发性孤雌生殖是指某些昆虫在正常情况下行两性生殖,但雌成虫偶尔产出的未受精卵也能发育成新个体的现象。常见的如家蚕、某些毒蛾和枯叶蛾等。

(2)经常性孤雌生殖　经常性孤雌生殖也称永久性孤雌生殖。这种生殖方式在某些昆虫中经常出现,而被视为正常的生殖现象。可分为两种情况:

①在膜翅目的蜜蜂和小蜂总科的一些种类中,雌成虫产下的卵有受精卵和未受精卵两种,前者发育成雌虫,后者发育成雄虫。

②有的昆虫在自然情况下,雄虫极少,甚至尚未发现雄虫,几乎或完全行孤雌生殖,如一些竹节虫、粉虱、蚧、蓟马等。

(3)周期性孤雌生殖　周期性孤雌生殖也称循环性孤雌生殖。昆虫通常在进行 1 次或多次孤雌生殖后,再进行 1 次两性生殖。如棉蚜从春季到秋末,行孤雌生殖 10～20 余代,到秋末冬初则出现雌、雄两性个体,并交配产卵越冬。

2. 多胚生殖

指一个卵内可产生两个或多个胚胎,并能发育成正常新个体的生殖方式。多见于膜翅目一些寄生蜂类,如小蜂科、茧蜂科、姬蜂科、细蜂科昆虫等。通常认为多胚生殖是对活体寄生的一种适应,可以利用少量的生活物质和较短的时间繁殖较多的后代。

3. 卵胎生

多数昆虫为卵生,但一些昆虫的胚胎发育是在母体内完成的,由母体产出来的不是卵而是幼体,这种生殖方式称为卵胎生。

4. 幼体生殖

少数昆虫,在母体尚未达到成虫阶段就可进行生殖,称为幼体生殖。凡进行幼体生殖的,产下的都不是卵,而是幼虫,故幼体生殖可以看成是卵胎生的一种方式。如一些瘿蚊进行幼体生殖。

(二)昆虫的变态

昆虫从卵中孵化后,在生长发育过程中要经过一系列外部形态和内部器官的变化,才能转变为成虫,这种现象称为变态。

由于昆虫在长期演化过程中,随着成虫期和幼虫期的分化,以及幼虫期对生活环境的特殊适应,因而有不同的变态类型。

1. 不完全变态

具有 3 个虫态,即卵、幼虫、成虫,无蛹期。其中有一类幼虫与成虫的生活环境一致,它们在外形上很相似,仅个体大小、翅及生殖器官的发育程度不同而已,因此又称此类为渐变态，其幼虫称为若虫。属于这类的主要有直翅目(图 2-2-1)、半翅目、同翅目等昆虫。另一类幼虫与成虫生活环境不一致，外形上亦有很大区别，此类被称为渐变态，其幼虫称为稚虫。如蜻蜓目属于这类昆虫。

此外，缨翅目的蓟马、同翅目的粉虱和雄性介壳虫，它们的幼虫在转变为成虫前有一个不食不动的类似蛹期的时期，真正的幼虫期仅为 2～3 龄。这种变态称之为过渐变态，可能是不完全变态向完全变态演化的过渡类型。

2. 完全变态

具有 4 个虫态，即卵、幼虫、蛹、成虫，比不完全变态多一个蛹期。幼虫与成虫在形态和生活习性上完全不同。属于此类的昆虫占大多数，主要有鞘翅目、鳞翅目(图 2-2-2)、膜翅目、双翅目等昆虫。

1. 成虫　2. 卵囊及卵　3. 若虫

图 2-2-1　昆虫的不完全变态

(仿《作物病虫害防治》张学哲，2005)

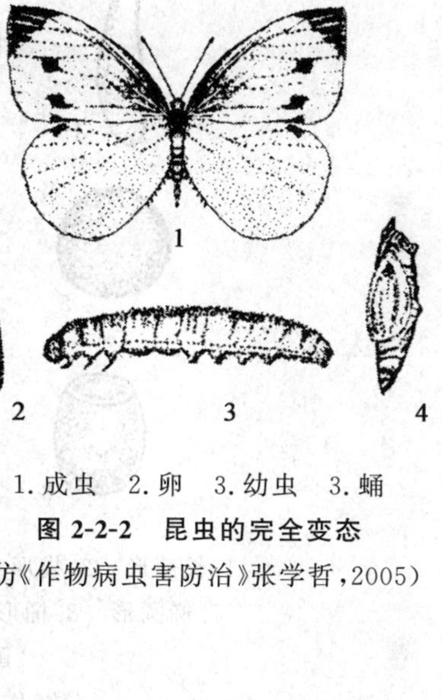

1. 成虫　2. 卵　3. 幼虫　3. 蛹

图 2-2-2　昆虫的完全变态

(仿《作物病虫害防治》张学哲，2005)

(三)昆虫的个体发育

昆虫的个体发育可以分为两个阶段：第一阶段在卵内进行至孵化为止，称为胚胎发育；第二阶段是从卵孵化后开始到成虫性成熟为止，称为胚后发育。

1. 卵期

卵从母体产下到孵化为止，称为卵期。卵是昆虫胚胎发育的时期，也是个体发育的第一阶段，昆虫的生命活动从卵开始。

(1)卵的结构　昆虫的卵是一个大型细胞，最外面包着一层坚硬的卵壳，表面常有特殊的刻纹；其下为一层薄膜，称卵黄膜，里面包有大量的营养物质——原生质、卵黄和卵核。卵的顶端有一至几个小孔，是精子进入卵子的通道，称为卵孔或精孔。卵孔附近区域常有放射状、菊花状等刻纹，可作为鉴别不同虫种卵的依据之一。

(2)卵的形状及产卵方式　昆虫卵的形状也是多种多样的。卵的形状一般为长茄形、袋形、半球形、长卵形、球形、篓形、椭圆形、桶形、长椭圆形、肾形、有柄形等等(图 2-2-3)。昆虫卵的大小种间差异很大，较大者如蝗卵，长 6～7 mm，赤眼蜂的卵则很小，长度仅有 0.02～0.03 mm。昆虫的产卵方式有单个散产的，有许多卵粒聚集排列在一起形成各种形状的卵块的。有的将卵产在物体表面，有的产在隐蔽的场所甚至寄主组织内。

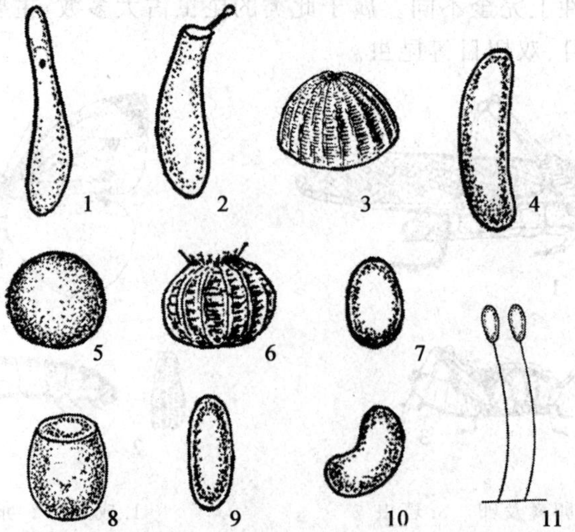

1. 长茄形　2. 袋形　3. 半球形　4. 长卵形　5. 球形　6. 篓形
7. 椭圆形　8. 桶形　9. 长椭圆形　10. 肾形　11. 有柄形

图 2-2-3　昆虫卵的类型

(仿《作物病虫害防治》张学哲，2005)

(3)卵的发育和孵化　胚胎发育完成后，幼虫从卵中破壳而出的过程称为孵化。孵化时幼虫用上颚或特殊的破卵器突破卵壳。有些种类的幼虫初孵化后有取食卵壳的习性。卵期长短因昆虫种类、季节及环境不同而异，一般短的只有 1～2 d，长的可达数月之久。

初孵化的幼虫，体壁的外表皮尚未形成，身体柔软，色淡，抗药能力差。随即吸入空气或水(水生昆虫)使体壁伸展。一些夜蛾、天蛾等的初孵幼虫，常有取食卵壳的习性。有些种类在幼虫孵化后，并不马上开始取食活动，而常常停息在卵壳上或其附近静止不动。对害虫来说，卵孵化为幼虫就进入为害期，因此消灭卵是一项重要的防治措施。

2. 幼虫期

昆虫幼虫或若虫从卵内孵化、发育到蛹（完全变态昆虫）或成虫（不完全变态昆虫）之前的整个发育阶段，称为幼虫期或若虫期。

幼虫期的显著特点是大量取食，获得营养，进行生长发育，生长速率是惊人的。如家蚕老熟幼虫的体重比初孵幼虫增加 9 125 倍；芳香木蠹蛾的幼虫在 3 年的生长期内，体重增长 7.2 万倍。对农业害虫来说，幼虫期是主要为害时期，也是防治的重点虫期。

（1）蜕皮与虫龄　幼虫体外表有一层坚硬的表皮限制了它的生长，所以当生长到一定时期，就要形成新表皮，脱去旧表皮，这种现象称为蜕皮。蜕下的旧表皮称为蜕。幼虫的生长与蜕皮周期性的交替进行，每蜕皮一次，身体增大一点。从卵内孵化出的幼虫称为第 1 龄幼虫，以后每脱一次皮增加 1 龄。相邻两龄之间的历期，称为龄期。最后一次蜕皮后变成蛹（若虫和稚虫则变为成虫）。

昆虫蜕皮次数，种间各异，但同种昆虫是相对稳定的。如直翅目和鳞翅目幼虫一般为 4～5 次，金龟子幼虫蜕皮 3 次。环境因素如温度、食料等也影响蜕皮次数，在一定范围内温度增高，蜕皮次数趋于减少，营养不良往往造成蜕皮次数增多。

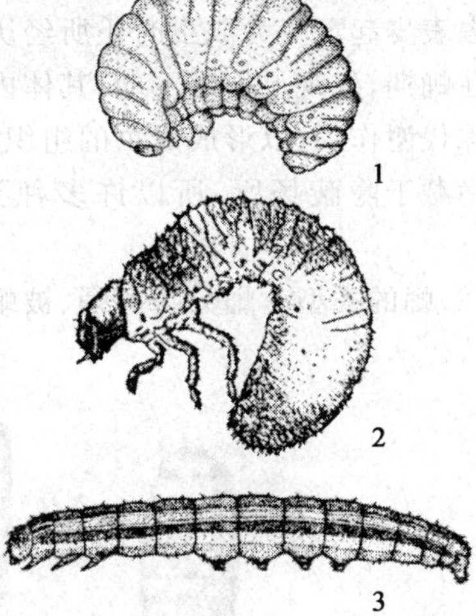

1. 无足型　2. 寡足型　3. 多足型

图 2-2-4　昆虫卵的类型

（仿《作物病虫害防治》张学哲，2005）

（2）幼虫类型　完全变态昆虫的幼虫，由于其对生活环境长期适应的结果，在形态上发生了很大变化。根据足的有无和数目的多少，可将幼虫分为原足型、无足型、寡足型和多足型 4 类（图 2-2-4）。

①原足型：很像一个发育不完全的胚胎，腹部分节或不分节，胸足和其他附肢处有几个突起，口器发育不全，不能独立生活。如寄生蜂的早龄幼虫。

②无足型：幼虫完全无足。多生活在食物易得的场所，行动和感觉器退化。根据头的发达程度又可分为有头无足型：头发达，如象甲、蚊子的幼虫；半头无足型：头后半部缩在胸内，如虻的幼虫；无头无足

型:头很退化,完全缩入胸内,仅外露口钩,如蝇的幼虫。

③寡足型:幼虫只具有3对发达的胸足,无腹足。头发达,咀嚼式口器。有的行动敏捷,如步甲、瓢虫、草蛉及金针虫的幼虫;有的行动迟缓,如金龟甲的幼虫蛴螬等。

④多足型:幼虫除具有3对胸足外,还有腹足。头发达,咀嚼式口器,腹足的数目随种类不同而异。如蛾蝶类幼虫有腹足2～5对,腹足端还有趾钩;叶蜂幼虫有6～8对腹足,无趾钩。

了解幼虫的类型,对于进行田间调查和设计防治方案,具有实际意义。

3. 蛹期

蛹是全变态昆虫在胚后发育过程中,由幼虫转变为成虫时,必须经过的一个特有的静息虫态。蛹的生命活动虽然是相对静止的,但其内部却进行着将幼虫器官改造为成虫器官的剧烈变化。

(1)前蛹和蛹　末龄幼虫脱去表皮而成为蛹的过程称为化蛹。末龄幼虫蜕皮化蛹前,停止取食,为安全化蛹,寻找适宜的化蛹场所,有的吐丝作茧,有的建造土室等。随后,幼虫身体缩短,体色变淡或消失,不再活动,此时称为前蛹。自末龄幼虫脱去表皮起至变为成虫时止所经历的时间,称为蛹期。

在蛹期,外观上不吃不动,其体内部则进行着剧烈的旧组织解离和新组织发生的新陈代谢作用,以形成成虫的组织器官。蛹的抗逆性一般都比较强,且多有保护物或隐藏于隐蔽场所,所以许多种类的昆虫常以蛹躲过不良环境或季节,如越冬等。

(2)蛹的类型　蛹分为离蛹、被蛹和围蛹3种类型(图2-2-5):

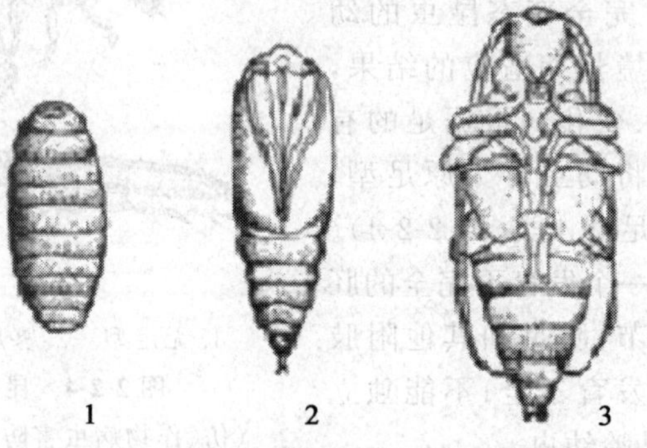

1. 围蛹　2. 被蛹　3. 离蛹

图2-2-5　昆虫蛹的类型

(仿《作物病虫害防治》张学哲,2005)

①离蛹：又称为裸蛹，其特点是翅和附肢除基部外与蛹体分离，不紧贴于蛹体上，可以活动，腹部各节间也能自由扭动，一些脉翅目和毛翅目的蛹甚至可以爬行或游泳。鞘翅目、膜翅目等昆虫的蛹均为此种类型。

②被蛹：特点是翅和附肢都紧贴于身体上，不能活动，大多数腹节或全部腹节不能扭动。鳞翅目、鞘翅目的隐翅虫、双翅目的虻等昆虫的蛹均属此种类型。

③围蛹：双翅目蝇类特有。在离蛹体外被有末龄幼虫未脱去的蜕。如蝇类幼虫将第 3 龄脱下的表皮硬化成为蛹壳，第 4 龄幼虫就在蛹壳里，成为不吃不动的前蛹，前蛹再经蜕皮即形成离蛹，而脱下的皮又附加在第 3 龄幼虫的皮下。

4. 成虫期

成虫是昆虫个体发育的最后一个虫态，感觉器官和运动器官达到最高程度的发展，具有判别系统发生和分类地位的固定特征。昆虫发育到成虫期，雌雄性别已明显分化，性腺逐渐成熟，并具有生殖能力，是完成生殖，种群得以繁衍的阶段，成虫的一切生命活动都是围绕着生殖而展开的。

(1)羽化　成虫从它的前一虫态蜕皮而出的现象，称为羽化。羽化后不久，成虫体色加深，体壁硬化，并开始飞翔、觅食、寻偶、交配、产卵等活动。

(2)昆虫的性成熟　性成熟是指成虫体内的性细胞(精子和卵)发育成熟。一般刚羽化的成虫，其性细胞尚未完全成熟。成虫性成熟所需营养主要在幼虫阶段积累，所以性成熟的早晚在很大程度上取决于幼虫期的营养。如家蚕、舞毒蛾等成虫的口器退化，不需取食，羽化时性已成熟便能交配产卵，寿命很短，常只有数天，甚至数小时。大多数昆虫，尤其是直翅目、半翅目、鞘翅目、鳞翅目等昆虫，在幼虫期积累的营养不足，其成虫羽化后性尚未成熟，需要继续取食，才能达到性成熟。这种对性细胞的发育不可缺少的成虫期营养，称为补充营养。有些昆虫的性成熟还需一些特殊的刺激才能完成，如东亚飞蝗、黏虫等，必须经过长距离的迁飞；一些雌蚊、跳蚤必须经过吸血刺激。

昆虫性成熟后就要进行交配。其交配次数因种类而异，有的一生只交配 1 次，有的交配多次。一般雄虫交配次数比雌虫多，如棉红铃虫雌虫一般交配 1～2 次，雄虫交配 1～8 次；稻瘿蚊雌虫一般交配 1 次，多的 2～3 次，雄虫可交配 8 次。每种昆虫一生交配的次数是由种的特性决定的。

(3)昆虫的生殖力　昆虫的生殖力，不同种类间有着很大的差异。但就总的来说，昆虫的生殖力是相当高的。如黏虫一般产卵 500～600 粒，当蜜源充足和生态条件适宜时，产卵量可高达 1 800 多粒；而白蚁的生殖力更是惊人，一只蚁后每分钟可产卵 60 粒，一天产卵高达 1 万粒以上，一生能产 5 亿粒卵。

(4)雌雄二型及多型现象　昆虫雌雄个体之间除内、外生殖器官(第 1 性征)不同外，许多种类在个体大小、体型、体色、构造等(第 2 性征)方面也常有很大差异，这种现象称为雌雄二型。如蚧类雄虫有翅，雌虫无翅；蚊的雄虫触角发达，环毛状，雌虫则为羽毛状；蝉、蟋蟀和螽斯的雄虫有发音的构造，而雌虫则常无；许多蛾蝶类雌虫与雄虫的翅，在色泽、花纹上也不同。

多型现象是指同种昆虫在同一性别的个体中出现不同类型分化的现象。如蚜虫在同一季节里，胎生雌蚜有无翅和有翅两个类型；稻飞虱在不利的环境条件下，出现长翅型，而在有利的环境条件下，出现短翅型。多型现象在“社会性”昆虫中更为典型。如膜翅目的蜜蜂、蚂蚁及等翅目的白蚁等。

(四)昆虫的世代和年生活史

1.昆虫的世代

昆虫的卵或若虫，从离开母体发育到成虫性成熟并能产生后代为止的个体发育史，称为一个世代，简称为一代或一化，一个世代通常包括卵、幼虫、蛹和成虫等虫态。昆虫一年发生的世代数的多少是受种的遗传性所决定的。

一年发生 1 代的昆虫，称为一化性昆虫，如大豆食心虫、麦红吸浆虫、舞毒蛾等。

一年发生 2 代及其以上者，称为多化性昆虫，如棉铃虫一年发生 3～4 代，棉蚜一年可发生 10～30 代。

也有些昆虫则需两年或多年完成 1 代，如大黑鳃金龟两年发生 1 代，沟金针虫、华北蝼蛄约 3 年发生 1 代，十七年蝉则需 17 年发生 1 代。

多化性的昆虫常由于成虫产卵期长，或越冬虫态出蛰期不集中，而造成前一世代与后一世代的同一虫态同时出现的现象，称为世代重叠。

多化性昆虫越冬的一代常称为越冬代。以幼虫越冬，称其为越冬代幼虫；以蛹、成虫和卵越冬，则分别称为越冬代蛹、越冬代成虫和越冬代卵。

2.昆虫的年生活史

昆虫的生活史又称生活周期，是指昆虫个体发育的全过程。昆虫在一年中的个体发育过程，称为年生活史或生活年史。年生活史是指昆虫从越冬虫态(卵、幼虫、蛹或成虫)越冬后开始活动起，至翌年越冬结束前的全过程。

一年发生 1 代的昆虫，其年生活史与世代的含义是相同的。一年发生多代的昆虫，其年生活史就包括几个世代。多年发生完成 1 代的昆虫，其生活史则需多年完成，而年生活史则只包括部分虫态的生长发育过程。一些多化性昆虫，其年生活史较为复杂，如棉蚜等完成其年生活史需要世代间的寄主交替(越冬寄主和夏季寄主)和生殖方式的交替(有性生殖和无性生殖)，从而形成了年生活史的世代交替现象。

3. 休眠和滞育

昆虫在不良环境条件下(如高温、低温、一定的日照等),暂时停止活动,呈静止或昏迷状态,以度过不良环境,这种停育现象是物种得以生存的一种重要适应性。这一现象如呈季节性的周期发生,即所谓越冬或冬眠、冬蛰,越夏或夏眠、夏蛰。从生理上看,昆虫的停育可区分为休眠和滞育两种状态。

(1)休眠　是由不良环境条件直接引起的,当不良环境条件消除时,便可恢复生长发育。如东亚飞蝗以卵越冬,甜菜夜蛾以蛹越冬等都属于休眠性越冬。休眠性越冬的昆虫耐寒力一般较差。

(2)滞育　是昆虫长期适应不良环境而形成的种的遗传性。在自然情况下,当不良环境到来之前,生理上已经有所准备,即已进入滞育。一旦进入滞育必须经过一定的物理或化学的刺激,否则恢复到适宜环境也不进行生长发育。滞育性越冬和越夏的昆虫有固定的滞育虫态。

引起昆虫滞育的重要生态因素有光周期、温度、食物等,而内在因素则是激素。

(五)昆虫的习性

习性是昆虫在长期演化过程中,由于外界环境条件的刺激与内部生理活动的复杂联系,使昆虫获得赖以生存的一种生物学特性。昆虫的习性包括昆虫的活动和行为,如昼夜节律性、食性、趋性、假死性、群集性、迁飞和扩散等。

1. 昼夜节律性

绝大多数昆虫的活动,如交配、取食和飞翔等都与白天和黑夜密切相关,其活动期、休止期常随昼夜的交替而呈现一定节奏的变化规律,这种现象称为昼夜节律。根据昆虫昼夜活动节律,可将昆虫分为日出性昆虫,如蝶类、蜻蜓、步甲和虎甲等,它们均在白天活动;夜出性昆虫,如小地老虎等绝大多数蛾类,它们均在夜间活动;昼夜活动的昆虫,如某些天蛾、大蚕蛾和蚂蚁等,它们白天黑夜均可活动;弱光性昆虫,如蚊子等常在黄昏或黎明时活动。

2. 昆虫的食性

不同种类的昆虫或者同种昆虫的不同虫态,取食食物的种类和范围不同,甚至差异很大。昆虫在长期的演化过程中,对食物形成一定的选择性,即食性。根据昆虫对食物的选择情况,可将其分为不同的类型。

(1)食物性质　按取食的食物性质,通常可分为:

①植食性:以植物的各部分为食料,这类昆虫占昆虫总数的40%～50%,如黏虫、菜蛾等农业害虫均属此类。

②肉食性:以其他动物为食料,又可分为捕食性如七星瓢虫、草蛉等和寄生性如寄生蜂、寄生蝇等两类,它们在害虫生物防治上有着重要意义。

③腐食性：以动物的尸体、粪便或腐败植物为食料，如埋葬甲、果蝇和舍蝇等。

④杂食性：兼食动物、植物等，如蜚蠊。

(2)取食范围　按取食范围的广狭，可分为：

①单食性：以某一种植物为食料，如豌豆象只取食豌豆，三化螟只取食水稻等。

②寡食性：以1个科或少数近缘科植物为食料，如菜粉蝶取食十字花科植物，棉大卷叶螟取食锦葵科植物等。

③多食性：以多个科的植物为食料，如棉铃虫可取食茄科、豆科、十字花科、锦葵科等30个科200种以上的植物。

昆虫的食性虽有其稳定性，但也有一定的可塑性，在食料改变和缺乏正常食物时，其食性可被迫改变和发生分化。近年来，随着昆虫营养生理、生物防治等研究的深入，国内外已研制出了许多昆虫的人工饲料，如棉铃虫、斜纹夜蛾、三化螟、瓢虫等。

3.昆虫的趋性

趋性是指昆虫对外界刺激(如光、温度、湿度和某些化学物质等)所产生的趋向或背向行为活动。趋向活动称为正趋性，负向活动称为负趋性。昆虫的趋性主要有趋光性、趋化性、趋温性、趋湿性等。

(1)趋光性　指昆虫对光的刺激所产生的趋向或背向活动，趋向光源的反应，称为正趋光性；背向光源的反应，称为负趋光性。不同种类，甚至不同性别和虫态的趋光性不同。多数夜间活动的昆虫，对灯光表现为正的趋性，特别是对黑光灯的趋性尤强。

(2)趋化性　昆虫对一些化学物质的刺激所表现出的反应，其正、负趋化性通常与觅食、求偶、避敌、寻找产卵场所等有关。如一些夜蛾，对糖醋液有正趋性；菜粉蝶喜趋向含有芥子油的十字花科植物上产卵；而菜蛾则不趋向含有香豆素的木樨科植物上产卵，表现为负趋化性。

(3)趋温性、趋湿性　是指昆虫对温度或湿度刺激所表现出的定向活动。

4.昆虫的假死性

假死性是指昆虫受到某种刺激或震动时，身体蜷缩，静止不动，或从停留处跌落下来呈假死状态，稍停片刻即恢复正常而离去的现象。如金龟子、象甲、叶甲以及黏虫幼虫等都具有假死性。假死性是昆虫逃避敌害的一种适应。

5.群集性

同种昆虫的个体大量聚集在一起生活的习性，称为群集性。但各种昆虫群集的方式有所不同，可分为临时性群集和永久性群集两种类型。

(1)临时性群集　是指昆虫仅在某一虫态或某一阶段时间内行群集生活，然后分散。如苹果天社蛾的低龄幼虫行群集生活，老龄后即行分散生活；多种瓢虫越冬时，其成虫常群集在一起，当度过寒冬后即行分散生活。

(2)永久性群集　往往出现在昆虫个体的整个生育期，一旦形成群集后，很久不会分散，趋向于群居型生活。如东亚飞蝗卵孵化后，可聚集成群，集体行动或迁移，蝗蝻变成虫后仍不分散，往往成群远距离迁飞。飞蝗属永久性群集的害虫，但有群居型和散居型之分，且二者是可以互相转化的。

6.昆虫的扩散与迁飞

(1)扩散　扩散是指昆虫个体经常的或偶然的、小范围内的分散或集中活动，也可称为蔓延、传播或分散等。昆虫的扩散一般可分为两种类型。一类完全靠外部因素传播，即由风力、水力、动物或人类活动引起的被动扩散活动。许多鳞翅目幼虫可吐丝下垂并靠风力传播。人类活动(如货物运输、种苗调运等)有时也无意中帮助了一些昆虫的扩散。另一类由虫源地(株)向外扩散，有些昆虫或其某一世代有明显的虫源中心，常称之为“虫源地(株)”。棉蚜等常首先由点片发生，以后逐渐向周围附近植株及田块蔓延。

(2)迁飞　迁飞或称迁移，是指一种昆虫成群地从一个发生地长距离地转移到另一个发生地的现象。昆虫的迁飞既不是无规律的突然发生的，也不是在个体发育过程中对某些不良环境因素的暂时性反应，而是物种在进化过程中长期适应环境的遗传特性，是一种种群行为。但迁飞并不是各种昆虫普遍存在的生物学特性。迁飞常发生在雌成虫的卵巢尚未发育，大多数还没有交尾产卵时。如东亚飞蝗、黏虫、小地老虎、甜菜夜蛾、稻纵卷叶螟、稻褐飞虱、白背飞虱、黑尾叶蝉、多种蚜虫等。

四、操作方法及考核标准

(一)操作方法与步骤

(1)观察菜粉蝶或黏虫与蝗虫或稻绿蝽的生活史标本，它们各属于何种变态类型？各虫态在形态特征方面有何主要区别？

(2)观察各种供实验昆虫的卵粒或卵块形态，它们在排列及有无保护物等方面各有何主要特点。

(3)观察比较蝗虫、蝽等昆虫的若虫与成虫，在形态上有何主要区别？并注意翅的形态与大小。

(4)观察天蛾、三化螟、尺蠖、菜粉蝶、蝇类、瓢甲、金龟甲、象甲、寄生蜂、麦叶蜂等幼虫，它们在外部形态上与成虫的显著区别是什么？各属何种类型？

(5)观察菜粉蝶、金龟甲、瓢甲、蝇、寄生蜂等蛹的形态，它们各属何种类型？各有何主要特点？

(6)观察独角仙、小地老虎成虫,它们的雌虫与雄虫在形态上有何主要区别?褐飞虱、棉蚜等成虫在形态上有何主要特点?

(7)认真撰写实训报告。

(二)技能考核标准

昆虫生物学性状识别考核参考标准见表2-2-1。

表2-2-1 昆虫生物学性状识别考核参考标准

考核内容	考核标准	评分标准	标准分值	考核方法
昆虫的变态类型	1.能够说出2种昆虫变态类型、变态特点及代表昆虫	变态类型及变态特点描述不清的酌情扣分	20	单人考核(口试或笔试)
昆虫生殖方式	2.能说出所给标本昆虫的生殖方式及代表昆虫	根据错误情况酌情扣分	20	单人考核(口试或笔试)
幼虫的类型	3.能说出昆虫幼虫的类型及代表昆虫	根据错误情况酌情扣分	20	单人考核(口试或笔试)
蛹的类型	4.能够说出昆虫蛹的类型及代表昆虫	根据错误情况酌情扣分	20	单人考核(口试或笔试)
昆虫的习性	5.说出昆虫主要生活习性及代表昆虫,并说出对其适应环境有何意义	根据错误情况酌情扣分	20	单人考核(口试)

五、练习及思考题

1.列表注明所观察昆虫卵、幼虫、蛹的类型。

2.不全变态昆虫的若虫与成虫在形态上有何主要区别?

3.人们可以利用昆虫的哪些习性来采取措施进行防治?

【拓展知识】昆虫的分类

一、分类阶元、物种的含义

自然界中的昆虫种类繁多,要正确地识别它们,就必须根据其形态特征、地理分布、生物学特性、生态要求等加以分析归纳,找出其亲缘关系进行系统分类。昆虫在长期的演化过程中,形成了彼此间有亲缘关系和历史渊源的大小不同的自然类群。所以,昆虫分类的任务除鉴别种类和确定名称外,还要研究昆虫种的渊源及系统发生,以探讨物种的起源、种群的形成、分布、进化与变异以及整个昆虫区系的形成、发展与演替,建立符合客观的分类系统。

(一)分类阶元

昆虫分类与其他动、植物分类一样,分为一系列阶元,主要包括界、门、纲、目、科、属、种等 7 个等级。其中种是分类的基本单位,是客观存在的实体,而种以上的分类阶元则是代表在形态、生理、生物学等方面相近的若干种的集合单位。例如,亲缘关系相近的种归纳为属,相近的属归纳为科,相近的科归纳为目等等。为了更客观地反映出物种之间的亲缘关系,常在种以上的基本分类阶元间增设新的阶元,如在"门"下设"亚门","纲"下设"亚纲","目"下设"亚目"、"总科"、"科"下设"亚科"、"族","属"下设"亚属"等。有时在"种"下还设"亚种"或"变型"、"生态型"等。

现以东亚飞蝗(*Locusta migratoria manilensis Meyen*)为例,表示昆虫的分类地位和阶元如下:

界(Kingdom):动物界(Animalia)
门(Phylum):节肢动物门(Arthropoda)
纲(Class):昆虫纲(Insecta)
亚纲(Subclass):有翅亚纲(Pterygota)
目(Order):直翅目(Orthoptera)
亚目(Suborder):蝗亚目(Locustodea)
总科(superfamily):蝗总科(Locustoidea)
科(Family):蝗科(Locustidae)
亚科(Subfamily):蝗亚科(Locustinae)
属(Genus):飞蝗属(*Locusta*)
种(Species):飞蝗(*migratoria*)
亚种(Subspecies):东亚飞蝗(*manilensis*)

(二)种的含义

种是能够相互配育的自然种群的类群,这些类群与其他近似类群有质的差别,并在生殖上相互隔离着,它是生物进化过程中连续性与间断性统一的基本间断形式。

二、种以下的分类、种以上的分类

(一)种以下的分类

种是由种群组成的,不是生物进化的最终分支。生活在不同地区或不同生态条件下的种群，常在形态、生理和生物学特性等方面或多或少地发生某些细微的变异，因而有可能形成不同的类型，这就产生了种以下的分类阶元。种以下的分类阶元主要有亚种、变型、生态型、变种等，应用比较混乱，但其中最为重要和普遍应用的是亚种。

亚种是指具有地理分化特征的种群，或称"地理亚种"，它在分类上与同一种中的其他亚种有不太显著的形态特征或生物学特征上的区别。一个亚种可以被看作为一个"未成熟的种"。例如，发生在我国南部的飞蝗是亚洲飞蝗的东亚亚种（简称东亚飞蝗），而发生在东北、内蒙古、新疆的则是亚洲飞蝗（*L. migratoria manilensis*），二者属于不同的亚种。

亚种在物种的形成上具有重要的意义，亚种之间通过地理隔离而逐渐形成生殖隔离，再加上累积了遗传学上的差别，就会形成新的物种。因此，亚种是物种形成的过渡阶段，而地理隔离是构成亚种的必要条件。

（二）种以上的分类

种以上的属、亚科、科、总科、亚目、目等分类阶元，都是进化系统树上更早的分支，因而应当说它们也是客观存在的，它们代表着生物演化发展所经过的历史旅程。分类学的一项重要任务，就是揭示和正确反映这种客观实际。

种以上的分类阶元比种具有更明显的间断，它们在空间上代表着物种间的不同性和相似性，在时间上代表着血缘的亲疏与起源；它们不只代表着物种演化的间断性与特殊性，也代表着物种演化的连续性和共同性；它们不只表示着有机世界的多样性，而且也表示着有机世界间本质的、内在的联系。

三、命名法

各种生物在不同的地区都有不同的俗名，如我国常把二化螟和三化螟都称为水稻螟虫，英文称作 rice stem borer，都是一种俗名，容易引起混淆或造成误解。所以国际上规定，所有的生物都要使用统一的名称，即学名，以便于国际间的交流。

按照国际动物命名法规规定，昆虫的科学名称采用林奈的双名法命名，即一种昆虫的学名由属名和种本名两个拉丁化的文字组成，属名在前，第 1 个字母必须大写，种名在后，第 1 个字母小写，在种名之后通常还附上命名人的姓，第 1 个字母也要大写。如家蚕的命名为 *Bombyx mori* Linne。

有时还需在最后附上该物种发表的年代，如欧洲家蝇的命名为 *Musca domestica* Linne，1758。命名人的姓有时可用略写，例如林奈 Linne 可略写为 L.，Fabricius 略写为 F. 或 Fabr. ,但其他命名人的姓一般不得略写,或只略写至第 2 音节的首字母,例如 Matsumura 可略写为 Mats. ,而不得略写为 M. 。当某一种的属名被修订或种名被更改时,原定名人的姓氏要加圆括号,以便查对。如三化螟[*Tryporyza incertula* (Walker)],即是由原来的 *Schoenobius* 属移到了 *Tryporyza* 属的。

学名中若有亚属名,可放在圆括号中置于属名与种名之间。若是亚种,则采用三名法,即将亚种本名直接放在种名之后,例如,菜粉蝶欧洲亚种全名为 *Pieris rapae* Linne,东方亚种名为 *P. rapae crucivora* Boisduval。

昆虫的学名在印刷时常用斜体字或黑体字表示,也可在学名下方划一横线或曲线,以示与其他文字的区别。昆虫学名中的属名,在前面已经被提到的情况下,可以略写。例如上述的菜粉蝶东方亚种即可写作 *P. rapae crucivora* 。

项目 3　直翅目、半翅目、同翅目昆虫识别

一、技能目标

通过训练,使学生能够掌握直翅目、半翅目、同翅目昆虫及其主要科的形态特征及识别要点,能识别植物上常发生的直翅目、半翅目、同翅目等 3 目昆虫。

二、教学资源

1. 材料与工具

蝗虫、螽斯、蟋蟀、蝼蛄;斑须蝽、稻绿蝽、盲蝽、猎蝽、缘蝽、网蝽;蝉、叶蝉、飞虱、粉虱、麦蚜、绵蚜、盾蚧、粉蚧、坚蚧等直翅目、半翅目、同翅目昆虫的分类示范标本、玻片标本、针插标本或浸渍标本。

体视显微镜、解剖剪、挑针、镊子;昆虫外部形态挂图、彩色照片及多媒体课件等。

2. 教学场所

教室、实验室或实训室。

3. 师资配备

每 20 名学生配备一位指导教师。

三、原理、知识

(一) 直翅目

直翅目昆虫包括蝗虫、蟋蟀、螽斯、蝼蛄等(图 2-3-1),属有翅亚纲、渐变态类。广泛分布于世界各地,以热带地区种类较多。本目分 3 个亚目,12 个总科和 26 个科,全世界已知近 3 万种,中国已知 1 000 余种。很多种类是农业上的重要害虫。

本目主要特征:咀嚼式口器;后足为跳跃足或前足为开掘足;前胸背板发达,多呈马鞍状;前翅革质,后翅膜质,少数翅一对或无翅;雌虫腹末多有明显的产卵器(蝼蛄除外);雄虫多能用后足摩擦前翅或前翅相互摩擦发音;多有听器;渐变态,若虫与成虫相似;一般为植食性,多为害虫。常见科介绍如下:

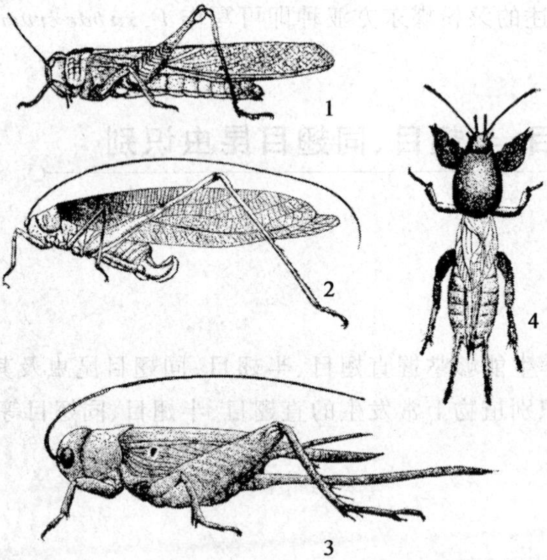

1. 蝗科　2. 螽斯科　3. 蟋蟀科　4. 蝼蛄科

图 2-3-1　直翅目昆虫

(仿《作物病虫害防治》张学哲,2005)

1. 螽斯科(Tettigouridae)

螽斯跗节 4 节,产卵器为马刀状、剑形或镰刀形。翅一般发达,但也有短翅型或无翅型。雄虫具发音器,少数种的雌虫也具发音器。螽斯的尾须一般短。一般为植食性,少数为肉食性。卵产在植物体内。

2. 蟋蟀科(Gryllidae)

蟋蟀科跗节 3 节，产卵器为矛状，尾须很长，仅雄虫具有发音器。本科昆虫为夜出性，发生一代需一年以上，卵多产于地下，常见的种类如油葫芦。

3. 蝼蛄科(Grhllotapidae)

蝼蛄为土栖昆虫，前足开掘足，胫节宽，具 4 齿，跗节基部 2 齿，构成开掘足。后足腿节不发达，不适合跳跃。发音器不发达，具听器。产卵器不发达，但尾须很长。1～3 年发生一代，是重要的地下害虫，如华北蝼蛄和东方蝼蛄。

4. 蝗科(Acrididae)

前胸背板发达，呈马鞍形，盖住中胸。跗节 3 节，具跗垫。鼓膜听器位于第一腹节两侧，雄虫可发音，是靠后足腿节与前翅外缘相互摩擦。体细长，光滑，颜面倾斜，触角剑状，无前胸腹板突，后足腿节中区具羽状隆线，前翅翅末不尖削，如中华蚱蜢。

(二)半翅目

半翅目昆虫俗称蝽或蝽象，由于很多种能分泌挥发性臭油，因而又叫臭虫、臭板虫。多为植食性种类，为害农作物、果树、林木或杂草，刺吸其茎叶或果实的汁液，对农业造成一定程度的危害。

本目主要特征：前翅为“半翅”，栖息时平覆背上；刺吸式口器；具分节的喙，喙从头端部伸出；前胸很大，中胸小盾片发达(一般呈倒三角形)；腹面中后足间多有臭腺开口；陆生或水生；植食性或捕食性；渐变态(图 2-3-2)。常见科介绍如下：

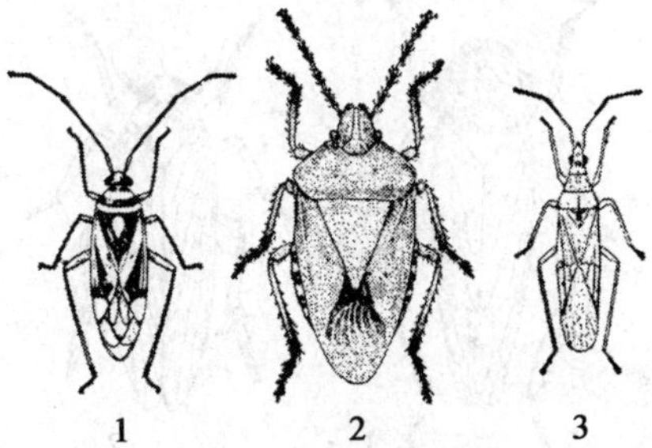

1　　2　　3

1. 盲蝽科　2. 蝽科　3. 缘蝽科

图 2-3-2　半翅目昆虫

(仿《作物病虫害防治》张学哲，2005)

1. 蝽科(Pentatomidae)

体小至大型。头小，三角形，明显地分为中片和侧片。触角 5 节，偶有 4 节。喙 4 节。有单眼。前胸大，侧角有时呈刺状。小盾片发达，三角形。超过前翅爪片的长度。前翅膜质部的纵脉，多从一基横脉上分出。跗节 3 节。大多数为植食性。

2. 红蝽科(Pyrrhocoridae)

体中型，多为红色或黑色，前翅常具星状斑纹。触角 4 节，喙 4 节，跗节 3 节。无单眼，前翅膜片纵脉多于 5 条，膜质区基部有 4 条纵脉围成的 2～3 个大型翅室，并由此发出多条纵脉。常栖息于植物上或地面，产卵于泥土或腐败落叶层中。多数种类植食性。

3. 缘蝽科(Coreidae)

体中至大型，宽扁或狭长，两侧缘略平行。多为褐色或绿色。触角 4 节，喙 4 节，有单眼。前胸背板及足常有叶状突或尖角。中胸小盾片小，三角形，短于前翅爪片。前翅膜质部有多条分叉的纵脉，均出自基部一横脉上。足较长，有时后足腿节粗大，跗节 3 节。植食性，如为害豆类的点蜂缘蝽等。

4. 盲蝽科(Miridae)

体小型，稍扁平，触角 4 节，无单眼。前翅革质部分分为革片、爪片和楔片。膜区由翅脉在基部围成两个翅室。从侧面看，膜区与革区呈一角度。植食性，近万种，我国已知 500 种，如绿盲蝽、苜蓿盲蝽、三点盲蝽等。

5. 网蝽科[Tingidae (lace bugs)]

体小而扁，体长多在 5 mm 以下，触角 4 节，以第 3 节最长。喙 4 节，无单眼。头顶、前胸背板及前翅具网状花纹。足正常，跗节 2 节、无中垫。植食性，多在叶背面或幼嫩枝条群集食害，排出锈渍状污物，并在被害植物组织产卵。重要的有梨网蝽为害梨、桃、苹果等各种果树。

(三)同翅目

同翅目包括蝉、叶蝉、沫蝉、蜡蝉、飞虱、木虱、粉虱、蚜虫、蚧等种类昆虫(图 2-3-3)。属有翅亚纲、渐变态类。本目主要特征:刺吸式口器，具分节的喙，但喙出自前足基节之间(与半翅目不同);前翅质地相同(全为膜质或全为革质)，栖息时呈屋脊状覆在背上，也有无翅或一对翅的;多为陆生;植食性;多为渐变态或过渐变态。常见科的分类如下:

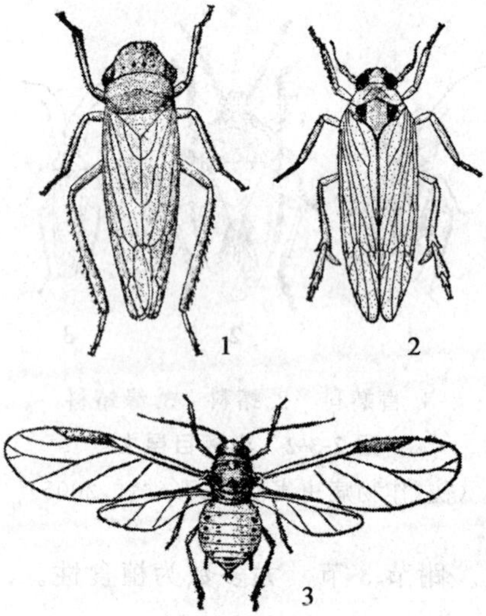

1. 叶蝉科　2. 飞虱科　3. 蚜科

图 2-3-3　同翅目昆虫

(仿《作物病虫害防治》张学哲，2005)

1. 蝉科(Cicadidae)

体中至大型，单眼 3 个，呈三角形排列于头顶中央。触角着生于复眼之间前方。雄虫在第一腹节腹面具鸣器，雌虫具听器。翅宽大，膜质，善飞。前足腿节膨大，下缘具刺，跗节三节。若虫前足为开掘足，营地下生活，为害植物根部。成虫俗称知了，发育历期较长，一般需要 2 年以上时间，最长可达 17 年，例如蚱蝉。

2. 蜡蝉科(Fulgoridae)

中至大型，通常色彩美丽，有“羽衣”之称。许多种类额与颊间形成隆堤，额常向前伸长似象鼻状。多数种类能分泌白色蜡粉，又称“蜡蝉”。触角着生在复眼下方，3 节，基部两节膨大如球状，单眼 2～3 个或退化。前翅有翅基片，端部翅脉多分叉，多横脉，呈网状，后翅臀区翅脉也呈网状。后足胫节有刺，跗节 3 节。如斑衣蜡蝉。

3. 叶蝉科(Cicadellidae)

俗称浮尘子，体小型，单眼 2 个，位于头顶边缘或头顶与额之间。触角着生于两复眼之间或复眼之前。雄虫无鸣器。后足胫节具两列刺，产卵器锯齿状。很多昆虫是传毒昆虫，如大青叶蝉。

4. 飞虱科(Delphacidae)

体小型，后足胫节末端具一大而能动的距。雌虫具发达的产卵瓣，产卵于植物茎叶组织中。常有长、短翅两个类型，主要为害水稻和其他禾本科植物，如褐飞虱、白背飞虱、灰飞虱等。

5. 木虱科(Psyllidae)

体小型。触角较长，9～10 节，末端有 2 条不等长的刚毛。单眼 3 个。翅两对，前翅质地较厚。跗节 2 节。若虫体扁，常分泌蜡质和大量蜜露，虫体在其下。例如中国梨木虱。

6. 粉虱科(Aleyrodidae)

粉虱的一龄若虫足发达，可动。触角 4 节。第 2 龄起，足及触角退化，营固定生活，体变硬，分类上叫“蛹壳”，是一个重要的分类阶段。如温室白粉虱。

7. 蚜科(Aphididae)

蚜虫俗称蜜虫，触角一般 6 节，个别种类和某些类型为 5 节或 3 节。无翅个体和若蚜仅具原生感觉孔，位于第 5、6 节的末端，大型。触角的最后一节又可再分为基部和鞭部两部分。有翅成蚜在第 3～6 节上具圆形的次生感觉孔，其数目在不同种类各不相同，是分种的重要依据。腹部在第 6 或第 7 节背两侧具一对腹管，腹管具瓦纹或无，其形状和长度是分类的重要依据。腹部末端突出的部分叫尾片，尾片的形状呈圆锥形、圆筒形或其他形状，在尾片上着生刚毛，刚毛的形状为直或弯形，其形状和数量是分种的重要依据。

蚜虫不仅可造成直接为害，更可传播多种植物病毒，如黄瓜花叶病毒、小麦黄矮病毒等，蔬菜和大田作物中的多数病毒是由蚜虫传播的。

8. 蚧科(坚蚧、蜡蚧)(Coccidae)

体圆形或椭圆形,隆起。体壁坚硬,少数柔软。雌虫和若虫一般营固定生活,足、触角等均退化。仅具两对胸部气门。腹末具臀裂,肛门上方覆盖两块三角形的肛板。雄虫腹末具长蜡丝。如朝鲜球坚蚧。

9. 盾蚧科(Diaspididae)

此科为蚧亚目中最大的科,其介壳为真正的介壳,为前一龄的虫蜕再加上其分泌物组成。营固定生活,除雄成虫外,均终生不可动。雌虫和若虫,腹部的末几节不分节,愈合成一块完整的骨片。无肛环和肛环刺,但腹末具许多叶状的突起,叫臀叶。雄虫无复眼。如梨圆蚧。

四、操作方法及考核标准

(一)操作方法与步骤

(1)观察直翅目、半翅目、同翅目昆虫的分类示范标本,它们在外部形态上有何主要区别?

(2)观察蝗虫、蟋蟀、蝼蛄的触角形状和口器类型,以及前后翅的质地、形状,前足、后足各属何种类型?观察前胸背板、听器、产卵器及尾须等,各有何主要特征?

(3)观察稻绿蝽、盲蝽、猎蝽的前后翅的翅脉有什么区别。

(4)观察蚱蝉、叶蝉、飞虱、麦蚜、棉蚜等昆虫触角类型、口器类型及喙从何处伸出,前翅质地、休息时翅的状态如何?观察叶蝉、飞虱的后足胫节的刺和距。观察麦蚜、棉蚜的腹管和触角感觉圈的形状。

(5)认真撰写实训报告。

(二)技能考核标准

直翅目、半翅目和同翅目种类识别技能考核参考标准见表2-3-1。

表2-3-1 直翅目、半翅目和同翅目种类识别技能考核参考标准

考核内容	考核标准	评分标准	标准分值	考核方法
直翅目、半翅目、同翅目昆虫种类识别100分	1.准确说出20种昆虫名称	名称错误的酌情扣分	40	分组实训单人考核笔试或口试
	2.准确说出昆虫所属目名和科名	目名和科名错误的酌情扣分	40	
	3.描述昆虫的识别要点	描述不正确的酌情扣分	20	

五、练习及思考题

1. 调查本地区常发生的直翅目、半翅目、同翅目等3目昆虫种类。

2. 列表比较直翅目、半翅目、同翅目及其重要科的主要特征，并举例说明。

项目4　鳞翅目、脉翅目、膜翅目昆虫识别

一、技能目标

通过训练，使学生能够掌握鳞翅目、脉翅目、膜翅目昆虫及其主要科的形态特征及识别要点，能识别植物上常发生的鳞翅目、脉翅目、膜翅目等3目昆虫。

二、教学资源

1. 材料与工具

芳香木蠹蛾、菜粉蝶、小菜蛾、透翅蛾、银纹潜叶蛾、苹果小卷叶蛾、梨小食心虫、桃小食心虫、黄刺蛾、玉米螟、棉大造桥虫、家蚕、柞蚕、舞毒蛾、黏虫；草蛉、蚁蛉；蜜蜂、熊蜂、土蜂、胡蜂、泥蜂等昆虫分类示范标本、玻片标本、浸渍标本或针插标本。

体视显微镜、解剖剪、挑针、镊子；昆虫外部形态挂图、彩色照片及多媒体课件等。

2. 教学场所

教室、实验室或实训室。

3. 师资配备

每20名学生配备一位指导教师。

三、原理、知识

(一)鳞翅目

鳞翅目包括蛾、蝶两类昆虫，属有翅亚纲、全变态类。全世界已知约20万种，中国已知8 000余种。为昆虫纲中仅次于鞘翅目的第2个大目。分布范围极广，以热带种类最为丰富。绝大多数种类的幼虫为害各类栽培植物，体型较大者常食尽叶片或钻蛀枝干。体型较小者往往卷叶、缀叶、吐丝结网或钻入植物组织取食

为害。

本目主要特征：翅 2 对，膜质，各有一个封闭的中室，翅上被有鳞毛，组成特殊的斑纹，在分类上常用到；少数无翅或短翅型；虹吸式口器；跗节 5 节；无尾须；全变态。幼虫多足型，除 3 对胸足外，一般在第 3～6 及第 10 腹节各有腹足一对，但有减少及特化情况，腹足端部有趾钩；幼虫体上条纹在分类上很重要；蛹为被蛹。幼虫绝大多数陆生，植食性，为害各种植物；少数水生。

在分类系统上，一般按照触角的类型特征，将鳞翅目分为异角亚目和锤角亚目 2 个亚目。

——锤角亚目(Rhopalocera)：触角端部膨大成球杆状，静息时双翅竖立于体背，白天活动，卵散产，多数为缢蛹。如粉蝶科、弄蝶科等。

——异角亚目(Heteroceya)：触角多样，主要有丝状、羽毛状、栉齿状等。静息时双翅平放于身体两侧；昼伏夜出，卵散产或块产，蛹外常有茧。如螟蛾科、夜蛾科等。重要科介绍如下。

1. 木蠹蛾科(Cossidae)

体中型，触角羽状，下颚须及喙管均缺，下唇须短小。体一般具浅灰色斑纹。幼虫略扁，头及前胸盾硬化，上颚强大，傍额片伸达头顶。多蛀食树木。如常见的柳木蠹蛾、芳香木蠹蛾，是果树和行道树的重要害虫(图 2-4-1)。

2. 卷蛾科(Tortricidae)

中或小型，多为褐、黄、棕、灰等色，并有条纹、斑纹或云斑。前翅略呈长方形，肩区发达，前缘弯曲，有的种类雄虫前缘向反面褶叠。静止时，两前翅平叠在背上，合成钟状，下唇须第 1 节常被有厚鳞，造成三角形。除头部有竖立的鳞毛外，身上的鳞片平贴。幼虫圆柱形，体色多为不同浓度的绿色，有的白色、粉红色、紫色或褐色。前胸气门前的骨片有 3 根毛。肛门上方常有臀栉。常见种类有苹果小卷叶蛾等(图 2-4-2)。

图 2-4-1 木蠹蛾科

(仿《植物保护》李清西，2002)

图 2-4-2 卷蛾科

(仿《植物保护》李清西，2002)

3. 螟蛾科(Pyralididae)

为鳞翅目中的一个大科,全世界已记载约 1 万种,我国已知 1 000 余种,许多种类为农业上的重要害虫。成虫小形至中等大小,身体细长,脆弱,腹部末端尖削。有单眼,触角细长,下唇须伸出很长,如同鸟喙。足通常细长。幼虫体细长,前胸气门前片有 2 根毛。重要种类如玉米螟、草地螟等(图 2-4-3)。

4. 尺蛾科(Geometridae)

体小至中型,身体较细弱。翅宽大,质薄,鳞片细密,停息时翅平展体侧。有的雌虫无翅或翅退化。腹部细长,听器位于腹基部下方。幼虫腹足 2 对,分别着生于第 6 和第 10 腹节上,趾钩一般为双序中带或缺环式。幼虫爬动时弓背而行,故称为“尺蠖”或“步曲”;静息时腹足固定于枝条,身体前部伸直,拟态成枝条状。如棉大造桥虫等(图 2-4-4)。

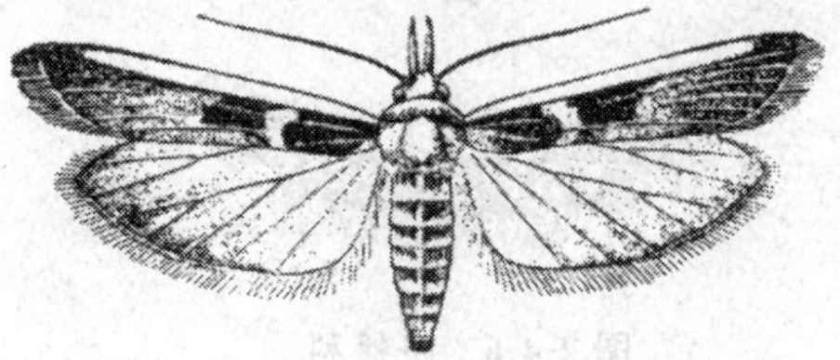

图 2-4-3　螟蛾科

(仿《植物保护》李清西,2002)

图 2-4-4　尺蛾科

(仿《植物保护》李清西,2002)

5. 夜蛾科(Noctuidae)

夜蛾科是鳞翅目中最大的一科,包括 2 万多种,其中有很多为害农作物的种类。体中至大型,粗壮多毛,体色灰暗。触角丝状,少数种类的雄性触角羽状。单眼 2 个。胸部粗大,背面常有竖起的鳞片丛。前翅颜色一般灰暗,多具色斑,后翅多为白色或灰色。

幼虫体粗壮,光滑,少毛,色较深。腹足通常 5 对(其中的 1 对臀足发达),但也有少数种类仅为 4 对或 3 对,即第 3 腹节或第 3、4 两个腹节的腹足退化。卵多数为圆球形或略扁,表面常有放射状的纵脊纹,散产或成堆产于寄主植物或土面上。

成虫均在夜间活动,趋光性强,多数种类对糖、酒、醋混合液有强的趋性。少数种类喙端锋利,能刺破成熟的果实。绝大多数幼虫植食性,为害方式多种多样,有的钻入地下为害,咬断植株根茎、幼苗,如地老虎类;有的蛀茎或蛀果为害,如棉铃虫;有的则暴露在寄主表面为害,如黏虫等(图 2-4-5)。

6. 舟蛾科(Notodontidae)

舟蛾科又称天社蛾科。与夜蛾科很相似。有些种类前翅内缘有显著的毛丛，后足腿节也有很多长毛。幼虫体生较多的次生刚毛，但不具毛瘤，趾钩单序中带式，臀足退化或变形为长突起。有的特化成枝状，向后伸，静止时头尾两端上翘，似舟形。幼虫食叶。卵表面的刻纹呈多角形网纹，无纵脊，多聚产成堆。蛹表面有细软的毛。常见的种类如苹掌舟蛾、杨扇舟蛾等(图 2-4-6)。

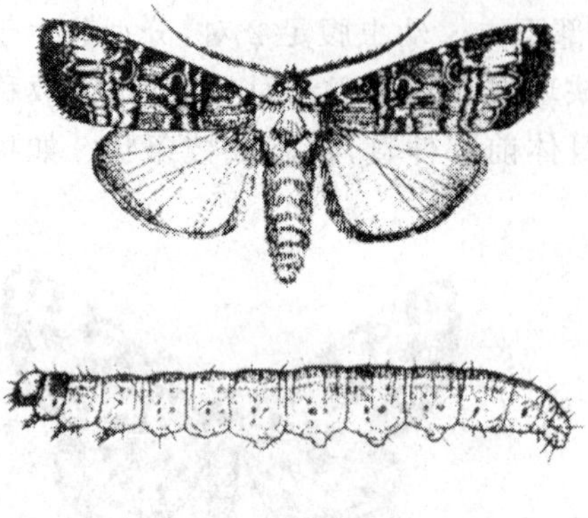

图 2-4-5　夜蛾科

(仿《植物保护》李清西，2002)

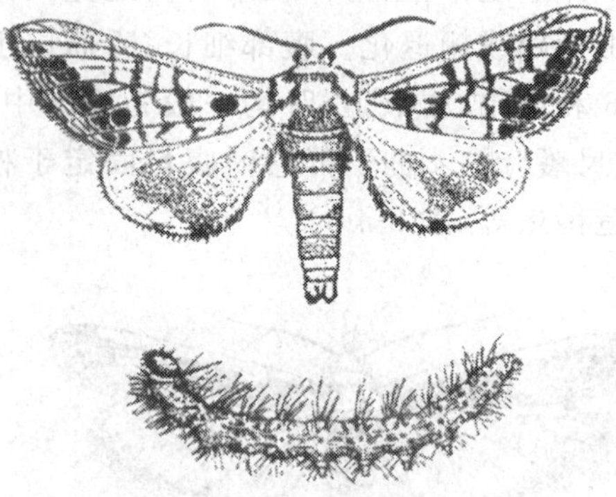

图 2-4-6　舟蛾科

(仿《植物保护》李清西，2002)

7. 菜蛾科(Plutellidae)

体小型细狭，色暗；成虫在停息时触角伸向前方。下唇须短，向前突出。翅狭，前翅披针状，后翅菜刀形。幼虫细长，通常绿色。腹足细长，行动活泼。常取食植物叶肉，使被害叶呈网状花纹，如小菜蛾为害十字花科蔬菜等(图 2-4-7)。

8. 毒蛾科(Lymantriidae)

体中型而粗壮，胸、腹部及前足多毛。口器与下唇须均退化。触角羽状，无单眼。很多种类雌虫腹末有成簇的鳞毛。幼虫被毒毛，毛长短不齐，生于第 1～8 腹节的毛瘤上。腹部第 6、7 节或第 7、8 节背面中央各具 1 翻缩腺。多为害果树和林木。如舞毒蛾、柳毒蛾等(图 2-4-8)。

9. 刺蛾科(Eucleidae)

成虫中等大小，体短而粗壮，多毛，黄色、褐色或绿色，有红色或暗色的简单斑纹。喙退化，雌虫触角丝状，雄虫羽状。翅较阔，鳞毛浓密。幼虫蛞蝓型，具枝刺及毒毛。头小，缩入胸内，胸足很小，腹足退化呈吸盘状。幼虫食叶性，为害多种果树及林木等。如黄刺蛾、绿刺蛾等(图 2-4-9)。

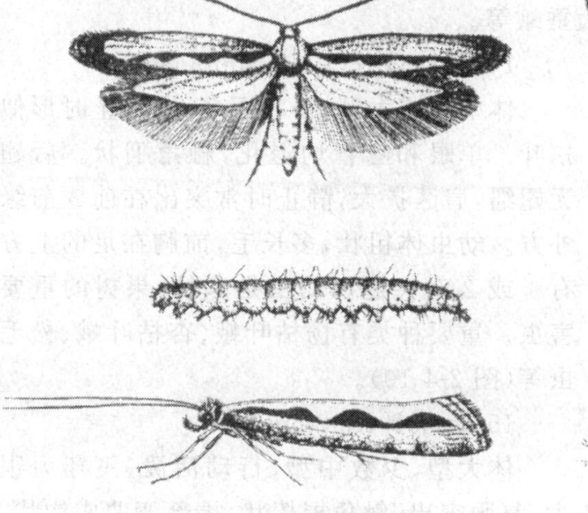

图 2-4-7　菜蛾科
（仿《植物保护》李清西，2002）

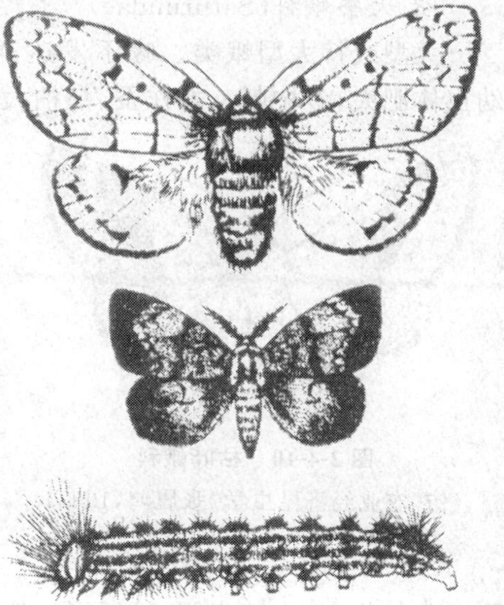

图 2-4-8　毒蛾科
（仿《植物保护》李清西，2002）

10. 潜叶蛾科（Lyonetiidae）

潜叶蛾科的外形与细蛾科很相似，触角第一节很阔，下面凹下，能盖住复眼，叫做“眼帽”，边缘有栉毛。头上有直立的鳞毛，下垂。幼虫体扁，无单眼，胸足和腹足完整或退化，如有则趾钩单列。潜叶性。如银纹潜叶蛾。

图 2-4-9　刺蛾科
（仿《农业经济昆虫学》张履鸿，1993）

11. 蛀果蛾科（Carposinadae）

体中、小型。头顶有粗毛，单眼退化，口器发达。雄蛾的下唇须上举，雌蛾的向前伸。前翅翅脉发达，彼此分离。成虫头顶有粗毛，单眼退化，雄虫下唇须长形，上举。幼虫主要蛀食果实。如桃小食心虫（桃蛀果蛾）蛀害苹果、梨、桃、枣等多种果实。

12. 蚕蛾科（Bombycidae）

体中型而粗壮，喙退化，触角羽状，翅阔。翅的顶角尖出，外缘呈波状弯曲。幼虫第 8 腹节背面有 1 短尾角，胸部显著隆起，趾钩双序中带式。有益的种类如家蚕等。

13. 大蚕蛾科(Saturniidae)

大型或特大型蛾类。喙不发达,触角羽状。翅面上多具透明的眼斑或色斑。幼虫体肥大,多枝刺。如柞蚕、乌桕大蚕蛾等。

图 2-4-10 枯叶蛾科

(仿《农业经济昆虫学》张履鸿,1993)

14. 枯叶蛾科(Lasiocampidae)

体中型或大型,粗壮而多毛,静止时形似枯叶。单眼和喙管均退化,触角羽状。后翅无翅缰,肩区扩大,静止时常突出在前翅前缘外方。幼虫体粗壮,多长毛,前胸在足的上方有 1 或 2 对突起。幼虫是森林、果树的重要害虫。重要种类有杨枯叶蛾、杏枯叶蛾、松毛虫等(图 2-4-10)。

15. 天蛾科(Sphingidae)

体大型,少数中型,行动活泼,飞翔力很强。身体粗壮,末端尖削,纺锤形。头大,复眼突出,触角棍棒状,端部弯曲成钩状,喙发达,有时长过身体。幼虫身体粗壮,表面光滑,腹部第 8 节背面有 1 个尾状突(或称尾角),胸部各体节分为 6～8 个小环。静息时常将体前部举起,头部缩起向下,长时间不活动。农业上常见种类有豆天蛾等(图 2-4-11)。

16. 灯蛾科(Arctidae)

与夜蛾科体型相似,但体色鲜艳,通常为红色或黄色,且多具条纹或斑点。成虫触角丝状或羽状。成虫具趋光性,多在夜间活动。幼虫体上具毛瘤,生有浓密的长毛丛,毛的长短比较一致,中胸在气门水平上具 2～3 个毛瘤。幼虫常为害棉花、禾谷类作物、蔬菜和果树等。卵圆球形,表面有网状花纹。蛹有丝质茧,茧上混有幼虫体毛。如亚麻灯蛾、黄足灯蛾等。

17. 凤蝶科(Papilionidae)

多为大型和色彩鲜艳的蝴蝶。翅三角形,后翅外缘呈波状或有一燕尾状突起。底色黄色(极少数白色)或绿色而有黑色斑纹,或黑色而有蓝、绿、红的色斑。幼虫体光滑无毛,后胸隆起最高,前胸背中央有一可翻缩的分泌腺,“Y”形或“V”形,红色或黄色,受惊扰时翻出体外。主要为害芸香科、樟科、伞形花科等植物。如柑橘凤蝶、玉带翠凤蝶等(图 2-4-12)。

18. 粉蝶科(Pieridae)

多数为中等大小的蝴蝶,白色或黄色,有黑色缘斑,少数种类有红色斑点。前翅三角形,后翅卵圆形。后翅内缘凸出,栖息时包裹腹部。幼虫体表有很多小突起和次生刚毛,每体节分为 4～6 环。幼虫主要为害十字花科、豆科和蔷薇科等植物。

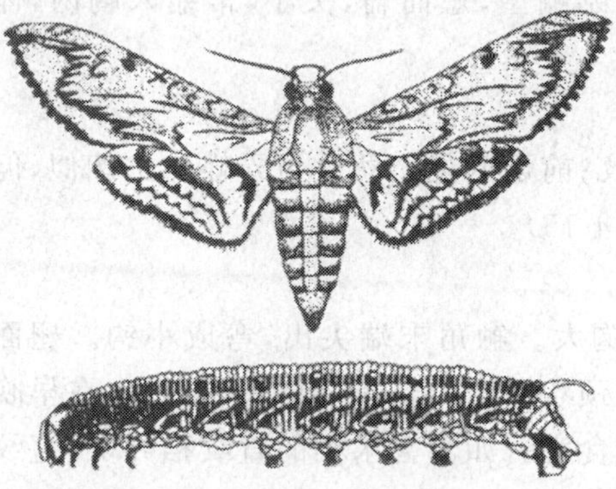

图 2-4-11　天蛾科

（仿《植物保护》李清西，2002）

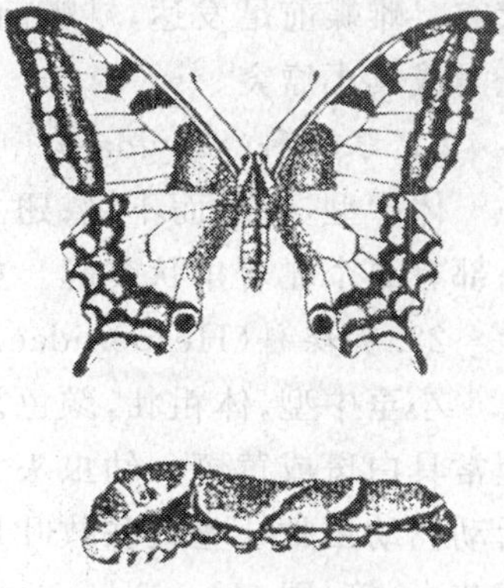

图 2-4-12　凤蝶科

（仿《植物保护》李清西，2002）

如菜粉蝶、豆粉蝶等（图 2-4-13）。

19. 蛱蝶科（Nymphalidae）

中型或大型，翅面有各种鲜艳的色斑。雌、雄蝶前足都很退化，雄蝶跗节 1 节，雌蝶跗节 4～5 节。翅色鲜明。幼虫通常色深，头部常有突起或棘刺，体上常有成对的棘刺，趾钩中带式，多为 3 序，少数双序。幼虫主要取食野生或栽培植物的叶片。如黄钩蛱蝶、小红蛱蝶等（图 2-4-14）。

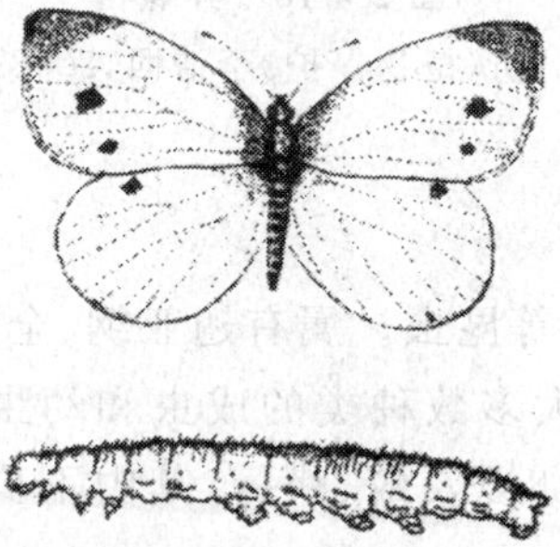

图 2-4-13　粉蝶科

（仿《植物保护》李清西，2002）

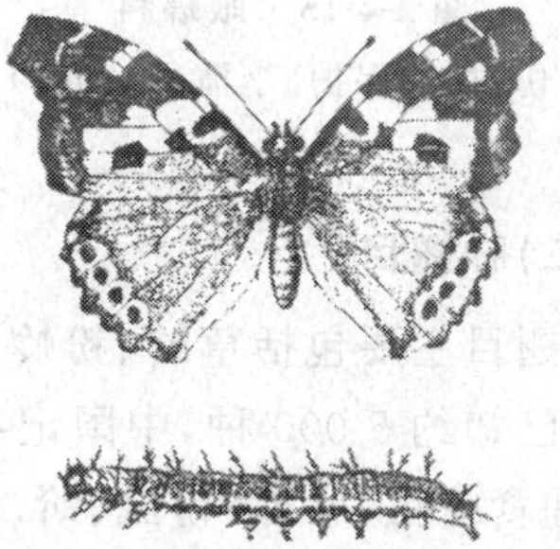

图 2-4-14　蛱蝶科

（仿《植物保护》李清西，2002）

20. 灰蝶科（Lycaenidae）

小型蝴蝶，纤弱而美丽。触角有白色的环，复眼周围有一圈白色鳞片。通常翅表有灰、蓝、绿等色，并具金属闪光。翅反面灰色，常具眼点，后翅常具纤细的燕尾状突。雌蝶前足发达,雄蝶前足退化。幼虫蛞蝓型,短而扁,头小,常缩入胸内,体光滑或具小瘤突。

21.眼蝶科(Satyidae)

体中型,色暗而不艳;翅上常有眼状斑纹;前足退化。幼虫与弄蝶幼虫相似,但头部有2个显著角状突起。如稻眼蝶(图2-4-15)。

22.弄蝶科(Hesperiidae)

小至中型,体粗壮,颜色深暗。头比前胸大。触角末端尖出,弯成小钩。翅面上常具白斑或黄斑。幼虫头大,前胸细瘦呈颈状,腹部末端有臀栉。成虫多在早晚活动。幼虫常吐丝缀联数叶片作苞,在苞内食害。如为害水稻的直纹稻弄蝶(直纹稻苞虫)等(图2-4-16)。

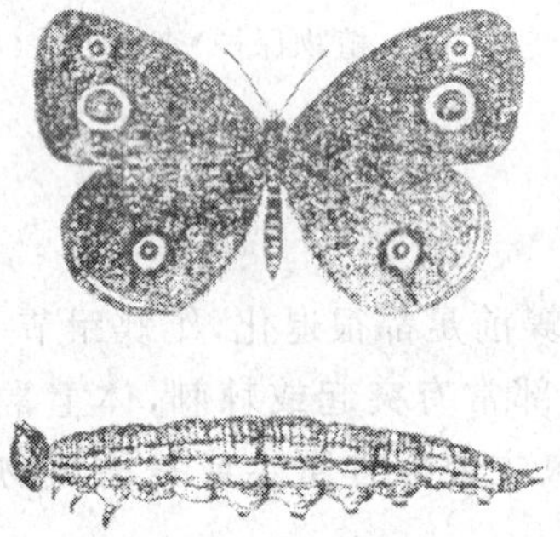

图2-4-15 眼蝶科

(仿《植物保护》李清西,2002)

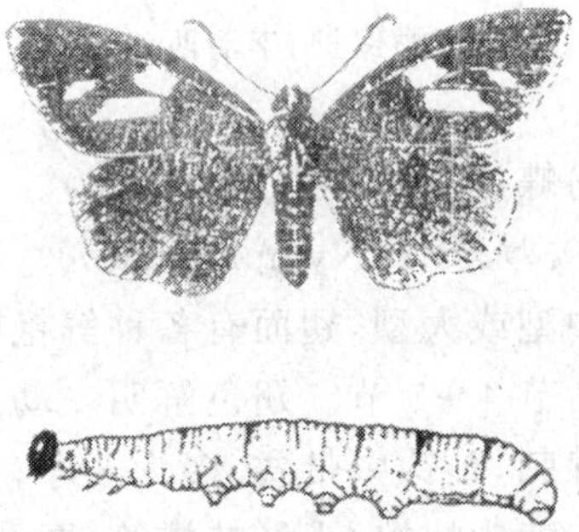

图2-4-16 弄蝶科

(仿《植物保护》李清西,2002)

(二)脉翅目

脉翅目主要包括草蛉、粉蛉、蚁蛉、褐蛉、螳蛉等昆虫。属有翅亚纲、全变态类。全世界已知约5 000种,中国记载近200种。绝大多数种类的成虫和幼虫均为肉食性,捕食蚜虫、叶蝉、粉虱、蚧、鳞翅目的幼虫和卵以及蚁、螨等,其中不少种类在害虫的生态控制中起着重要作用。

本目主要特征:咀嚼式口器;翅二对,膜质而近似,脉序如网,各脉到翅缘多分为小叉,少数翅脉简单但体翅覆盖白粉;头下口式;触角细长,线状或念珠状,少数为棒状;足跗节5节,爪2个;卵多有长柄;全变态。重要科介绍如下:

1.草蛉科(Chrysopidae)

体小至中型,细长而柔弱,草绿色、黄色或灰白色。触角丝状。复眼相距较远,具金属光泽。前后翅形状、脉序相似,前缘区内有30条以下的横脉,末端不再分叉。卵长圆形。基部有一丝质的长卵柄。幼虫上颚内缘无齿，与下颚形成的吸管长而尖，状似镰刀，伸向头前方。成虫栖居于农林草丛，卵多产在植物的叶片、枝梢、树皮上，散产或集聚成束。有些种类的幼虫有背负枝叶碎片或猎物残骸的习性。

成虫、幼虫主要捕食蚜、螨、蚧及鳞翅目、鞘翅目卵和幼虫，故有"蚜狮"之称。常见种类有大草蛉等(图 2-4-17)。

2. 蚁蛉科(Myrmeleontidae)

体大型，体翅均狭长，颇似蜻蜓。触角短，棍棒状；前后翅的形状、大小和脉序相似，静止时前后翅覆盖腹背，呈明显的屋脊状。翅痣不明显，但有狭长形的翅痣下室。卵球形，具有两个很小的精孔。幼虫体粗大，身上有毛。头小，上颚强大，呈长镰刀状，内缘具齿。足强大，后足胫节与跗节愈合。

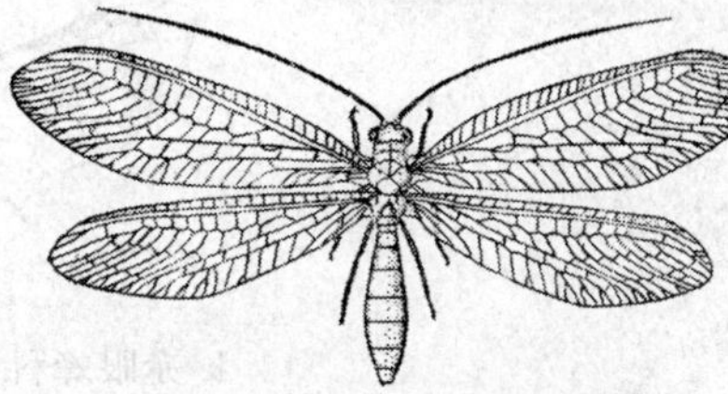

图 2-4-17　蛱蝶科

(仿《作物病虫害防治》张学哲，2005)

成虫栖居于林木、草丛，捕食鳞翅目、鞘翅目幼虫，有趋光性。幼虫穴居沙地，筑漏斗状的陷阱，静伏其中捕食陷落穴中的蚂蚁等小动物，故有"蚁狮"之称。幼虫老熟后化蛹沙土中。

(三)膜翅目

膜翅目包括蜂、蚁类昆虫，属有翅亚纲、全变态类。全世界已知约 12 万种，中国已知 2 300 余种，是昆虫纲中最高等的类群。广泛分布于世界各地，以热带和亚热带地区种类较多。

本目主要特征：口器咀嚼式或嚼吸式；翅两对，膜质，前翅一般较后翅大，后翅前缘具一排小翅钩列；腹部第一节多向前并入后胸(称为并胸腹节)，第二腹节常形成细腰；雌虫一般有锯状或针状产卵器；触角多为膝状；足跗节 5 节；无尾须；全变态或复变态。幼虫一类为无足型，一类为多足型。蛹为离蛹，一般有茧。

本目几乎全部陆生。主要为益虫类，除大多数为天敌昆虫外(寄生蜂类、捕食性蜂类与蚁类)，尚有蜜蜂等资源昆虫及授粉昆虫。本目一些种类营群居性或"社会性"生活(蜜蜂和蚁)。常见的重要科介绍如下：

1. 赤眼蜂科(Trichogrammatidae)

微小型，体长 0.3～1.0 mm，黑色、暗色、淡褐色或黄色。触角短，3 节、5 节或 8 节。前翅宽，或狭而具长缘毛；翅脉呈弓形，痣脉弯；翅面上布有不整齐而稀疏的细毛，故又称纹翅小蜂科(图 2-4-18)。跗节 3 节。如玉米螟赤眼蜂、松毛虫赤眼蜂等。

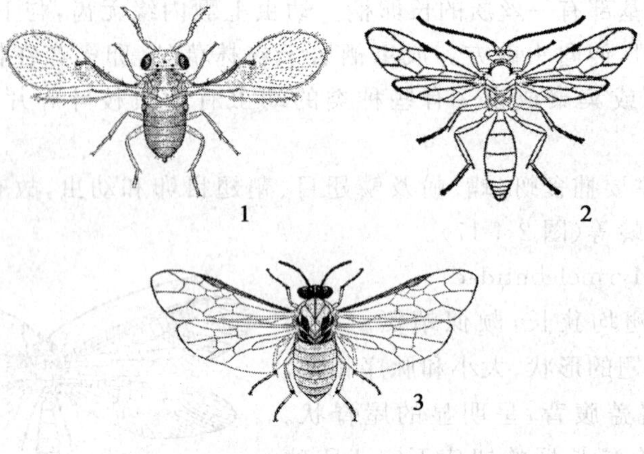

1.赤眼蜂科 2.姬蜂科 3.叶蜂科

图 2-4-18 膜翅目

(仿《作物病虫害防治》张学哲,2005)

2.姬蜂科(Ichneumonidea)

体型变化甚大,体长(不包括触角和产卵管)3～40 mm,以 10～20 mm 为多。翅一般发达,偶有无翅型和短翅型。翅的特征是前翅前缘脉和亚前缘脉愈合,具翅痣,肘脉基段消失而第 1 肘室和第 1 盘室合并为盘肘室,有第 2 回脉。腹部基部缩缢,具柄或略呈柄状;腹部一般细长,圆筒形、卵形、扁平、侧扁都有,但腹面膜质,死后有一中纵褶。产卵管长短不等,寄生于木材中天牛或树蜂的种类,有的超过 50 mm,但均自腹部腹面末端之前伸出。全部种类都是寄生性的。幼虫期在寄主体内外取食,成虫期营自由生活,可飞翔或爬行寻找寄主。寄主主要是鳞翅目、鞘翅目、双翅目、膜翅目、脉翅目、毛翅目等全变态昆虫的幼虫和蛹;少数是蜘蛛的成蛛、幼蛛或卵囊;还有一种寄生于伪蝎的卵囊。姬蜂绝大多数直接寄生于许多农林害虫,是一类重要的益虫(图 2-4-18)。

3.叶蜂科(Tenthredinidae)

小型至中型昆虫,体长 3.8～14.0 mm。体阔,肥胖如蜜蜂,无腹柄。头阔,复眼大,单眼 3 个。触角 7～10 节,刚毛状、丝状、或稍带棒状,仅枝叶蜂属的雄虫触角为栉齿状。翅大,原始脉序。产卵管由 2 对扁枝构成,外侧一对称为锯导;中间一对称为“产卵锯”,产卵时用以锯开植物组织,故亦称叶蜂为“锯蜂”(图 2-4-18)。有些种类为农业及林业害虫,如小麦叶蜂、梨实蜂和松锯蜂等。

4. 胡蜂科(Vespidae)

中至大型,体表光滑或有毛,黄色或红色,有黑色或褐色斑纹。头与胸部等阔,复眼发达。上颚强壮、有齿。触角长,略呈膝状,多数雄蜂13节,雌蜂12节。前胸背板向后延伸,到达肩板,足发达,爪简单,中足胫节有2短距。腹部第1、2腹节间通常不呈收缩状。营简单的社会性生活,群体中有蜂后、雄蜂及工蜂,常营造纸质的吊钟状或片状的巢。成虫主要捕食鳞翅目幼虫,也取食果汁及嫩叶等。

5. 蜜蜂科(Apidae)

多为黑色或褐色,生有密毛。头与胸部等阔。复眼椭圆形,有毛,单眼排成三角形。下颚须1节,下唇须4节,下唇舌很长。前、中足胫节各有1端距;后足胫节无距,扁平具长毛,末端形成花粉篮,第1跗节扁阔,内侧有几列短刚毛,形成花粉刷。腹部近椭圆形,体毛较少,第6节弯曲,有小齿。喜在树洞或岩洞中作巢,巢质为腹板上腺分泌的蜡质物。具很高的社会性生活习性,1个巢群内有蜂后、雄蜂及工蜂3型,巢群很大,至少有数千头个体。如中国蜜蜂(中蜂、东方蜜蜂)和意大利蜜蜂(意蜂)。

6. 小蜂科(Chalalcididae)

体长0.2～5 mm,有黑、褐、黄、白、红等颜色。头横宽,触角柄节长,端部有时呈锤状。足转节2节,跗节5节,后足基节极大,为前足基节的5～6倍,后足腿节通常膨大,内缘成锯齿状;胫节弯曲,生有2距。腹柄短,产卵器直而短。重要的种类如广大腿小蜂,寄生于粉蝶、松毛虫以及舞毒蛾等多种昆虫的蛹。

四、操作方法及考核标准

(一)操作方法与步骤

(1)观察鳞翅目、膜翅目、脉翅目昆虫分类示范标本,各有何主要特征?

(2)观察菜粉蝶、天蛾等成虫、幼虫的口器,触角、翅各属何种类型,粉蝶、弄蝶、眼蝶科的主要区别有哪些?夜蛾、螟蛾、麦蛾、天蛾科的主要区别有哪些?

(3)观察叶蜂、姬蜂、胡蜂、茧蜂、小蜂成虫的胸腹部连接处是否缢缩,幼虫是多足型,还是无足型?

(4)观察草蛉成虫前后翅、口器、触角及幼虫各属何种类型。

(5)认真撰写实训报告。

(二)技能考核标准

鳞翅目、脉翅目、膜翅目昆虫识别技能考核参考标准见表2-4-1。

表 2-4-1　鳞翅目、脉翅目、膜翅目昆虫识别技能考核参考标准

考核内容	考核标准	评分标准	标准分值	考核方法
鳞翅目、脉翅目、膜翅目昆虫识别 100分	1.准确说出20种昆虫名称	名称错误的酌情扣分	40	分组实训 单人考核 笔试或口试
	2.准确说出昆虫所属目名和科名	目名和科名错误的酌情扣分	40	
	3.描述昆虫的识别要点	描述形态不正确的酌情扣分	20	

五、练习及思考题

1.调查本地区常发生的鳞翅目、脉翅目、膜翅目等3目昆虫种类。

2.列表比较鳞翅目、脉翅目、膜翅目及其重要科的主要特征。

项目5　鞘翅目、双翅目、缨翅目昆虫识别

一、技能目标

通过训练，使学生能够掌握鞘翅目、双翅目、缨翅目昆虫及其主要科的形态特征及识别要点，能识别植物上常发生的鞘翅目、双翅目、缨翅目等3目昆虫。

二、教学资源

1.材料与工具

步甲、虎甲、叩头甲、吉丁甲、天牛、叶甲、瓢甲、象甲；大蚊、瘿蚊、潜叶蝇、种蝇；蓟马等玻片标本、针插标本或浸渍标本。鞘翅目、双翅目、缨翅目昆虫的分类示范标本。

体视显微镜、解剖剪、挑针、镊子；昆虫外部形态挂图、彩色照片及多媒体课件等。

2.教学场所

教室、实验室或实训室。

3.师资配备

每20名学生配备一位指导教师。

三、原理、知识

(一)鞘翅目

本目昆虫通称甲虫。属有翅亚纲、全变态类。全世界已知约 33 万种,中国已知约 7 000 种。该目是昆虫纲中乃至动物界种类最多、分布最广的第一大目。多数种类属于世界性分布,如步甲、叶甲、金龟甲和象甲科的某些种类;少数种类主要分布于热带地区,至温带地区种类渐少,如虎甲、吉丁甲、天牛和锹甲科的某些种类;个别种类的分布仅局限于特定范围,如水生的两栖甲科仅分布于中国的四川、吉林和北美的某些地区。本目中许多种类是农林作物重要害虫,与人类的经济利益关系十分密切。

本目主要特征:前翅为鞘翅,静止时覆在背上盖住中后胸及大部分甚至全部腹部;也有无翅或短翅型的;口器咀嚼式;触角多为 11 节,形态不一;跗节 5 节;多为陆生,也有水生;食性各异,植食性包括很多害虫,捕食性多为益虫,还有不少为腐食性;全变态,少数为复变态。可分为肉食亚目、多食亚目、管头亚目 3 个亚目。各自特点如下:

——肉食亚目:腹部第 1 节腹板被后足基节窝所分开;前胸背板与侧板间分界明显;触角多为丝状;跗节 5 节。水生或陆生种类的成虫和幼虫多为捕食性,仅步甲科中有些种类为植食性。

——多食亚目:腹部第 1 节腹板不被后足基节所分开,后足基节不固定在后胸腹板上;前胸背板与侧板间无明显分界;头不呈喙状,外咽缝明显分开;跗节 3～5 节。食性复杂。包括鞘翅目的多数种类。

——管头亚目:头部延伸成喙状,外咽缝愈合成 1 条或消失。前胸背侧缝和侧腹缝消失。后足基节不固定在腹板上,基节窝也不将腹部第 1 节腹板完全分开。触角多为膝状或锤状。植食性。

重点科介绍如下:

1. 步甲科(Carabidae)

小至大型,体黑色或褐色,具光泽。头小于胸部,前口式。触角细长丝状,着生于上颚基部与复眼之间,触角间距大于上唇宽度。上颚不太大,内颚叶无能动的钩。翅鞘上常有刻点或条纹,有的种类左右前翅愈合。后翅常退化,不能飞翔,但行动敏捷。腹部可见腹板 6 节。成虫和幼虫常栖息于砖石、落叶下或土中,昼伏夜出,多捕食鳞翅目、双翅目幼虫、蜗牛、蛞蝓等小型软体动物。常见的有中华步甲等(图 2-5-1)。

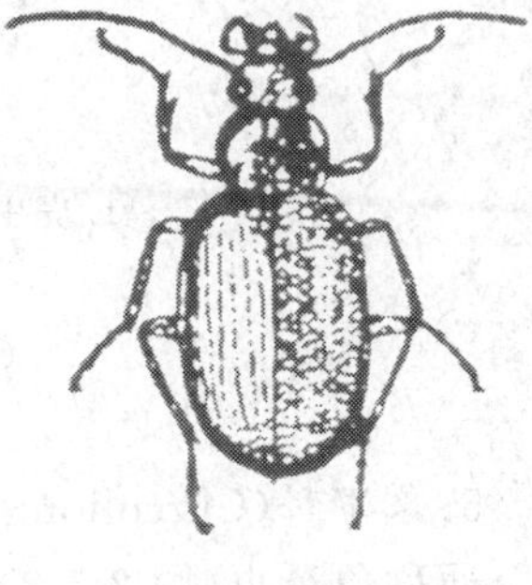

图 2-5-1　步甲科

2.虎甲科(Cicindelidae)

与前科很相似,但具有鲜艳的色斑和金属光泽。头下口式,比胸部略宽。触角丝状,着生于额区复眼之间,触角间距小于上唇宽度。复眼大而突出。上颚很发达,长大弯曲而有齿。后翅发达,善飞,白天活动,常静伏地面或低飞捕食小虫。幼虫穴居地洞,在洞口张开上颚等候小虫,以便捕捉(图 2-5-2)。常见种类如中华虎甲等。

3.鳃金龟科(Melolonthidae)

小至大型,体色多暗淡。触角 8～10 节,鳃叶部常发达,由 3～7 节组成。上唇外露骨化。各足 2 爪通常大小相等,至少后足相似。腹部气门位于腹板侧上方(图 2-5-2)。幼虫肛门 3 裂状。常见的如华北大黑鳃金龟等。

4.瓢甲科(Coccinellidae)

体小至中型,卵圆形,腹部平坦,背面弧形或半球形拱起。多为红、褐、黄、白、黑色等,常具鲜艳色斑。头小,后部嵌于前胸。触角一般 11 节,锤状。跗节隐 4 节。腹部可见 5 或 6 节腹板。幼虫行动活泼,蛃型,腹部末端尖削,体上生有很多带有刺毛的突起或分枝的毛状棘,有的附有白色蜡粉(图 2-5-2)。分肉食性(瓢甲亚科:成虫背面具光泽,上颚有基齿,端部对裂或不分裂)和植食性(毛瓢甲亚科:成虫无光泽,上颚无基齿,端部分成许多小齿)两大类,肉食性种类占 80%以上。肉食性种类的成虫和幼虫主要捕食蚜虫、介壳虫、粉虱、螨类等害虫,是一类重要的天敌昆虫,如七星瓢虫、黑缘红瓢虫、异色瓢虫等。植食性的种类,如茄二十八星瓢虫等,属一类重要农业害虫。

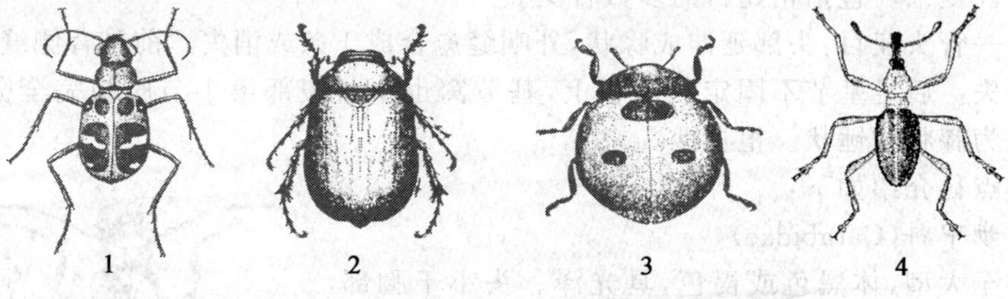

1.虎甲科 2.鳃金龟科 3.瓢甲科 4.象甲科

图 2-5-2 鞘翅目昆虫

(仿《作物病虫害防治》张学哲,2005)

5.象甲科(Curculionidae)

通称象鼻虫(图 2-5-2)。小至大型。头部向前方延长的长短不一,口器着生于头管端部。触角膝状,10～12 节,末 3 节膨大成锤状。跗节隐 5 节。幼虫体软,肥胖而弯曲，无足。成虫和幼虫均植食性，食叶、钻茎、蛀根或种子。如玉米象、蒙古灰象甲等。

6. 叩头甲科(Elateridae)

小至中型，多为灰、褐或棕色。触角 11～12 节，锯齿状、栉齿状或丝状，形状常因性别不同而异。前胸背板后缘角突出成锐刺，前胸与鞘翅相接处明显凹陷，前胸腹板具有向后延伸的刺状突，插入中胸腹板的凹沟内，能作有力的叩头状活动。足较短，跗节 5 节。腹部可见 5 节。幼虫通称金针虫，体细长，体壁光滑坚韧，头和末节特别坚硬，生活在土中，取食植物的根、块茎和地下的种子，是重要的地下害虫。农业上重要的种类有沟金针虫、细胸金针虫等(图 2-5-3)。

7. 吉丁甲科(Buprestidae)

体型与叩头甲相似，但前胸后侧角无刺，前胸与鞘翅相接处不凹入，前胸腹板突扁平状，嵌入中胸腹板，不能活动。体常有鲜艳的金属光泽。触角锯齿状。腹部第 1、2 节腹板愈合。幼虫俗称“串皮虫”，体细长，前胸常扁平而膨大，无足，腹部 9 节，柔软，在树木的形成层中串成曲折的隧道，取食为害，是果树和林木的重要害虫(图 2-5-4)。

8. 天牛科(Cerambycidae)

中至大型。体长形，略扁。触角长，而后伸，多数种类常长于身体。有些种类雌虫触角多为丝状，而雄虫多为锯齿状。复眼肾形，围绕触角基部，有时断裂成两部分。跗节为隐 5 节(伪 4 节)。腹部可见 5 节或 6 节。幼虫乳白色或黄白色、圆柱形而扁；前胸背板发达，扁平；胸、腹节背面具骨化区或突起；胸足退化，但保留遗痕。成虫多在白天活动，产卵于树缝，或以其强大的上颚咬破植物表皮，产卵于组织内。幼虫多钻蛀树木的茎或根，深入到木质部，作不规则的隧道，严重影响树势，甚至造成植株死亡。如桑天牛、桃红颈天牛、麻天牛等(图 2-5-5)。

9. 叶甲科(Chrysomelidae)

小至中型，体圆、椭圆或圆柱形，成虫多具艳丽的金属光泽，因而又称为金花虫。触角短，一般 11 节，个别 9 或 10 节，丝状或近似念珠状。复眼圆形。跗节隐 5 节，某些种类后足特化成跳跃足。腹部可见 5 节腹板。幼虫伪蝎形，腹足呈退化状。成虫和幼虫均为植食性，取食植物的根、茎、叶、花等部位，许多种类对农、林、果、蔬菜造成严重为害。常见的种类如黄曲条跳甲为害十字花科蔬菜等(图 2-5-6)。

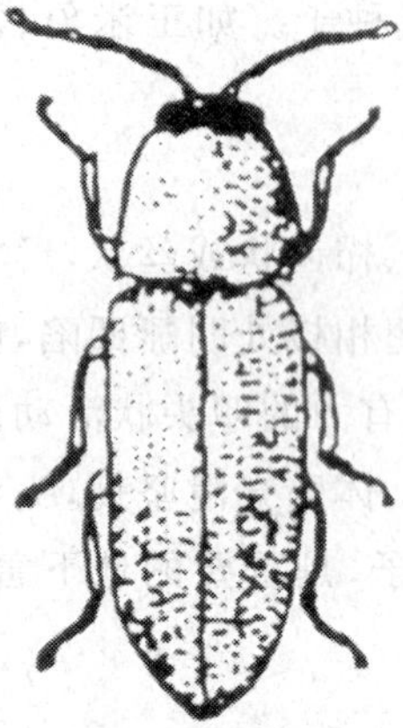

图 2-5-3 叩头甲科

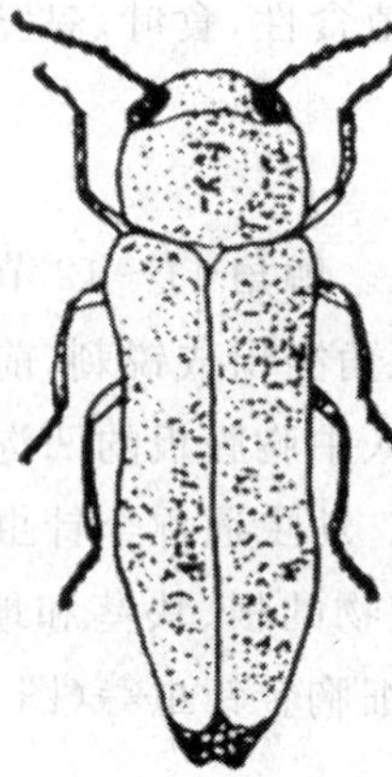

图 2-5-4 吉丁甲科

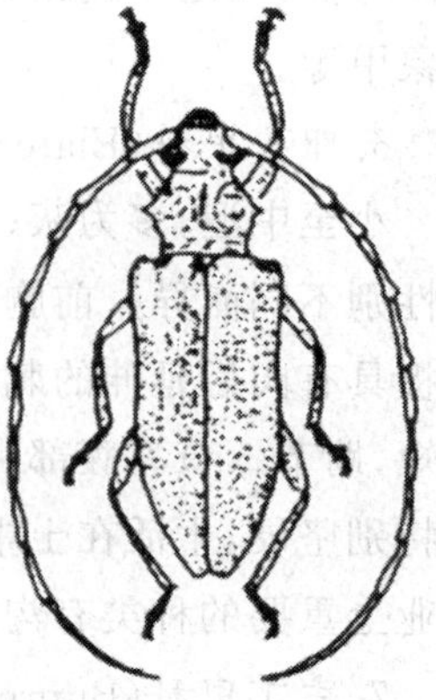

图 2-5-5 天牛科

10. 豆象科(Lariidae)

体小,卵圆形。头下口式。额延伸成短喙状。复眼大,前缘凹入,包围触角基部。触角锯齿状、栉齿状或棒状,着生于复眼前方。鞘翅短,腹部末节外露。跗节隐5节。腹部可见6节。幼虫复变态,1龄蠋型,2龄开始足完全消失,变成蛴虫型,柔软肥胖,向腹面弯曲。主要为害豆科植物的种子。成虫在豆类的嫩荚上产卵,幼虫孵化蛀入豆粒后,蛀孔很快愈合,成熟归仓后继续在豆粒内为害,直至化蛹并羽化为成虫时,才从豆粒中钻出。常见种类如绿豆象、蚕豆象等(图 2-5-7)。

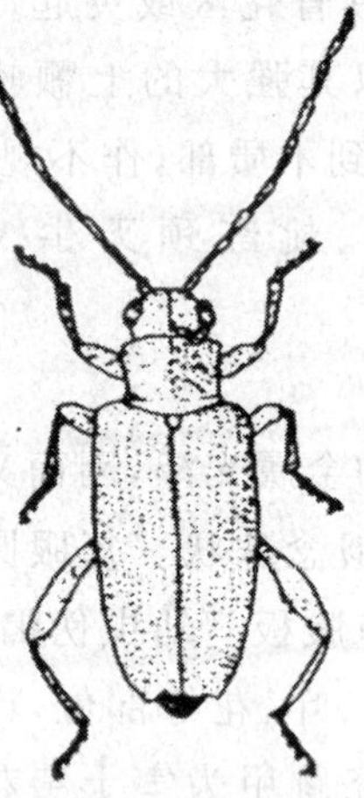

图 2-5-6 叶甲科

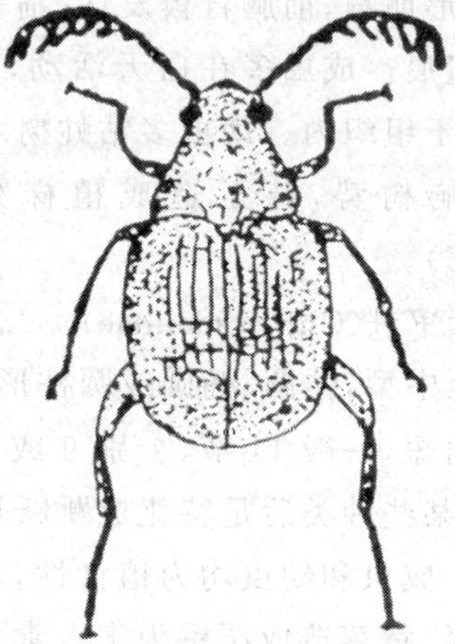

图 2-5-7 豆象科

11. 谷盗科(Ostomatidae)

小至中型,多为细长圆筒形,体色一般深暗而有光泽,具刻点。头前口式。触角棍棒状,11节,端部3节膨大,向一侧突出。上颚强大。前胸背板宽度大于长度,端缘凹形,两前角突出,前胸与翅鞘之间呈颈状相连。足短,后足基节左右相接;跗节5节,第1节小,第5节长。幼虫蛃型,各节生粗刚毛,腹末具有较大的黑褐色凹形臀叉。大多数种类生活于树皮下或堆积物中,不少种类是重要仓库害虫。如大谷盗等。

12. 丽金龟科(Rutelidae)

中至大型,多数种类体色艳丽,具蓝、绿、黄等金属光泽。触角9或10节,鳃叶部3节。各足上的1对爪大小不对称,大爪端部常分裂,尤以前、中足明显。腹部前3对气门位于侧膜上,后3对气门位于腹板上。幼虫肛门多为横裂状。如铜绿丽金龟。

13. 花金龟科(Cetoniidae)

中至大型,体背面通常平坦,色泽鲜艳。上唇退化或膜质。触角10节,鳃叶部3节。本科的重要特征是,中胸后侧片露出于前胸与鞘翅之间,自背面可见,鞘翅外缘凹入,中胸腹面通常具腹突。幼虫足短小,上唇3叶状,肛门横裂。成虫多取食为害植物的花器,幼虫栖于土中,多以腐殖质为食。如白星花金龟、小青花金龟等。

(二)双翅目

包括蚊、蠓、蚋、虻、蝇类昆虫(图2-5-8)。属有翅亚纲、全变态类。全世界已知有8.5万余种,中国已记载4 000多种。其种类和个体数量均很多,是昆虫纲中的大目之一。习性复杂,幼虫与成虫的食性、生活场所等往往不同,约有半数种类的幼虫生活在水中。幼虫有植食性、腐食性或粪食性、捕食性、寄生性等,其中许多种类具有重要的经济意义。

本目主要特征:前翅1对,后翅特化为平衡棒,少数无翅;口器刺吸式或舐吸式;足跗节5节;蝇类触角具芒状,虻类触角具端刺或末端分亚节,蚊类触角多为线状(8节以上);无尾须;全变态或复变态。幼虫无足型,蝇类为无头型,虻类为半头型,蚊类为显头型。蛹为离蛹或围蛹。

本目可分为长角亚目、短角亚目、芒角亚目3个亚目。各自特点如下:

——长角亚目:成虫触角长,一般长于头、胸部之和,由6～18个相似的环节组成,少数多达40节,无芒;下颚须4～5节,下垂;翅多无中室;幼虫全头型(瘿蚊科少数种类例外),上颚能左右活动;多为裸蛹,羽化时蛹壳自背面直裂。属双翅目中较原始的类群,包括蚊、蠓、蚋等。

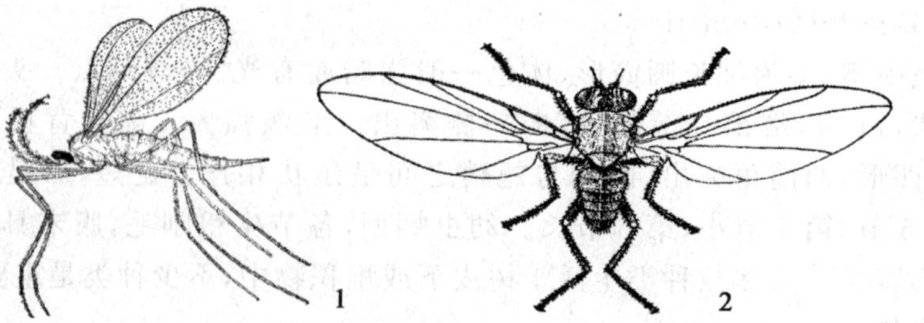

1.瘿蚊科　2.潜蝇科

图 2-5-8　双翅目昆虫

(仿《作物病虫害防治》张学哲,2005)

——短角亚目:成虫触角短,不长于胸部,3 节,具分节或不分节的端芒;下颚须 1 或 2 节,不下垂;翅具中室,肘室在翅缘前收缩或封闭;幼虫半头型;蛹多为裸蛹,成虫羽化时,由蛹背面直裂。通称虻类。

——芒角亚目:成虫触角短,分 3 节,第 3 节背面具触角芒;下颚须 1 节;幼虫无头型(蛆型);蛹为围蛹,羽化时蛹体前端呈环形裂开,分类上也称环裂部。通称蝇类。

重要科介绍如下:

1. 大蚊科(Tipulidae)

体细长似蚊,中或大型。头大,无单眼,雌虫触角丝状,雄虫触角栉齿状或锯齿状。主要特征是中胸背板有一"V"形沟;翅狭长,平衡棒细长。足细长,转节与腿节处常易折断。

幼虫圆柱形或略扁,头部大部骨化,腹末通常有 6 个肉质突起。陆生、水生或半水生,通常取食土壤中或水中的腐殖质与植物根部以及真菌和朽木。如稻大蚊等。

2. 瘿蚊科(Cecidomyiidae)

成虫体微小,纤细、外形似蚊。复眼发达,通常左右愈合成 1 个。触角念珠状,10～36 节,每节有环生放射状细毛。喙或长或短,有下颚须 1～4 节。翅较宽,有毛或鳞毛,翅脉极少,纵脉仅 3～5 条,无明显的横脉。足细长,基节短,胫节无距,爪简单或有齿,具中垫和爪垫。腹部 8 节,伪产卵器极长或短,能伸缩。

幼虫体纺锤形,白、黄、橘红或红色。头部退化。中胸腹板上通常有一突出的剑骨片,有齿或分成两瓣,为弹跳器官,是鉴别种的特征之一。成虫早晚活动,产卵于未开花的颖壳内或花蕾及叶片上。幼虫捕食性、腐食性或植食性。捕食性幼虫捕食蚜虫、介壳虫和蜗类等；腐食性幼虫主要生活于树皮下、腐败植物和真菌中，有的专食小麦叶锈病孢子；植食性幼虫为害植物的花、果实等，很多能造成虫瘿。如麦黄吸浆虫、麦红吸浆虫。

3. 食虫虻科(Aslidae)

或称盗虻科。小至大型，多毛。头宽，有细颈，能活动。头顶在两复眼间下凹，复眼发达，单眼3个。触角3节，末节具端刺。口器细长而坚硬，适于刺吸。足细长多刺，爪垫大，爪间突刚毛状。腹部8节，细长，雄虫有明显的下生殖板，雌性有尖的伪产卵器。

幼虫长圆筒形，分节明显，各胸节有1对侧腹毛。成、幼虫均肉食性，捕食小型昆虫等。

4. 食蚜蝇科(Syrphidae)

体中型，常有黄、黑相间的横纹，形似蜜蜂。头部大，复眼发达，有单眼。翅外缘有与边缘平行的横脉。

幼虫有3种类型：①蛆型。体前端尖，后端平截，多生活在叶片上取食蚜虫等；②长尾蛆型。大多生活于污水中，尾端有1条极长的呼吸管；③短尾蛆型。尾状呼吸管较短，多生活于树洞、腐殖质或污物中。多数种类的成虫以花粉、花蜜等为食。如黑带食蚜蝇等。

5. 实蝇科(Trypetidae)

小至中型，常有黄、棕、橙、黑等色。头圆球形而有细颈，侧额鬃完全。复眼大，通常有绿色闪光，单眼有或无。触角倒卧而短，触角芒生于背面基部，光裸或有细毛。翅面常有褐色的云雾状斑纹。中足胫节有端距。腹部背面可见4～5节，雌虫腹末产卵器细长，扁平而坚硬，通常分3节。

幼虫蛆型，白色或浅黄色。前胸气门突出于表皮之上，有14～38小瓣，后气门有3条平行的长裂缝。幼虫植食性，生活于叶、芽、茎、果实、种子及菊科的花序内，有的造成虫瘿，有的潜入叶内。成虫多聚集在植物的花、果实和叶上。不少种类为我国的重要检疫对象。如地中海实蝇、橘大实蝇。

6. 潜蝇科(Agromyzidae)

微小至小型。多数为黄、绿或淡黑色，活泼。触角芒光裸或具细毛，着生于第3节背面基部。单眼三角区较小，后顶鬃相背分开。翅宽，腹部扁平，雌虫第7节长且骨化，不能伸缩。

幼虫蛆型。前气门位于前胸的近背中线处，半圆形或分叉。后气门位于腹端最后一节的背面，着生在1对突起上。幼虫潜叶为害，残留上下表皮，造成各种形状的隧道，有不少为害农作物的种类。如豌豆潜叶蝇等。

7. 花蝇科(Anthomyiidae)

体小至中型,外形与蝇科相似,细长多毛,活泼。复眼发达,雄虫两复眼几乎相接触,触角芒羽状,中胸背板被1条完整的盾间沟划分为前后两片,连同小盾片共3片。

幼虫白色至黄色,每一体节具2～6根丝状突起。植食性种类头部不骨化,能缩在前胸中。前气门指状突起数目多,最多12个;潜叶性种类指状突数目较多。后气门具3个气门裂,呈放射状。幼虫多数腐食性,取食腐败的植物质或动物质。植食性的种类是重要的地下害虫之一。农业上的重要种类有种蝇、葱蝇等。

(三)缨翅目

通称蓟马,属有翅亚纲、过渐变态类。全世界已记载约6 000种,中国已知340余种。体微小至小型,长0.5～14 mm,一般为1～2 mm。口器锉吸式。通常具两对狭长的翅,翅缘有长的缨毛(图2-5-9)。

本目主要特征:翅极狭长,翅缘密生长毛(缨翅),脉很少或无,也有无翅或一对翅的;足跗节末端有一能伸缩的泡;口器锉吸式,但不对称(右上颚口针退化);多为植食性,少为捕食性;过渐变态(幼虫与成虫外形相似,生活环境也一致;但幼虫转变为成虫前,有一个不食不动的类似蛹的虫态;其幼虫仍称为若虫)。许多种类喜活动于花丛中;有些种类除直接吸食为害外,还可以传播植物病害,或使植物形成虫瘿。常见的科介绍如下:

图2-5-9 蓟马科

1. 管蓟马科(Phlaeothripidae)

大多数种类体暗色或黑色,翅白色、煤烟色或有斑纹。触角8节,少数7节,具锥状感觉器。腹部第9节宽大于长,比末节短,腹部末节管状,无产卵器。翅面光滑无毛。农业上的重要种类有稻管蓟马为害水稻和小麦等禾本科植物。本科我国已知160余种。

2. 蓟马科(Thripidae)

体略扁平。触角6～9节,第3、4节上有叉状或锥状感觉器,末端1～2节形成端刺。翅缺或有,有翅者翅狭长,末端尖,翅脉少。无横脉。锯状产卵器从侧面看,其尖端向下弯曲。许多种类为农业上的重要害虫。常见的如烟蓟马为害多种农作物。亦有少数捕食性种类,如塔六点蓟马捕食叶螨及微小昆虫(图2-5-9)。本科我国已知170余种。

四、操作方法及考核标准

(一)操作方法与步骤

(1)观察鞘翅目、双翅目、缨翅目昆虫分类示范标本,各有何主要特征?

(2)观察步甲、虎甲、金龟甲、瓢甲、象甲、叶甲、天牛等昆虫的前后翅各属何种类型,头式、触角形状、足的类型、跗节数目等特征如何?幼虫类型、口器特征怎样?并观察比较步甲和金龟甲腹部第1节腹板是否被后足基节臼(窝)分开。

(3)观察瘿蚊、潜蝇、食蚜蝇的成虫口器、触角、前后翅,各属何种类型?

(4)观察蓟马成虫的翅,属何种类型?

(5)认真撰写实训报告。

(二)技能考核标准

鞘翅目、双翅目、缨翅目昆虫识别技能考核参考标准见表2-5-1。

表2-5-1　鞘翅目、双翅目、缨翅目昆虫识别技能考核参考标准

考核内容	考核标准	评分标准	标准分值	考核方法
鞘翅目、双翅目、缨翅目昆虫识别100分	1.准确说出20种昆虫名称	名称错误的酌情扣分	40	分组实训单人考核笔试或口试
	2.准确说出昆虫所属目名和科名	目名和科名错误酌情扣分	40	
	3.描述昆虫的识别要点	描述形态不正确的酌情扣分	20	

五、练习及思考题

1.调查本地区常发生的鞘翅目、双翅目、缨翅目等3目的昆虫种类。

2.列表比较鞘翅目、双翅目、缨翅目及其重要科的主要特征,并举例说明。

【拓展知识】农业害螨

农业害螨属于蛛形纲蜱螨目,与昆虫的主要区别:体不分头、胸、腹3段;无翅;无复眼,或只有1～2对单眼;有足4对(少数有足2对或3对);变态经过卵—幼螨—若螨—成螨。与蛛形纲其他动物的区别:体躯通常不分节,腹部宽阔地与头胸相连接。其中重要的有叶螨、瘿螨和跗线螨。

叶螨体型一般在 0.2～1.0 mm 之间，呈椭圆、圆形或狭长，体色呈红、褐、绿、黄等多种颜色，而且可随食物种类、发育阶段和生理状态的不同而异。主要以破坏植物的叶子为主，用锐利的口针刺入叶片组织，取食栅栏层细胞的叶绿体和细胞液而对植物造成损害。在我国，重要的叶螨有危害小麦的麦岩螨、危害水稻的稻裂爪螨、危害棉花的朱砂叶螨、危害果树的苹果全爪螨和山楂叶螨、危害柑橘树的柑橘全爪螨和柑橘始叶螨、危害油松的云杉小爪螨、危害杉木的针叶小爪螨等。

瘿螨体呈蠕虫状，仅有足 2 对，又称四足螨。用口针刺吸细胞汁液，对植物引起各种损害及变形，形成螨瘿、毛毡状或海绵状叶片等，有的虽不引起植物形成螨瘿，但对叶片和果实也造成严重危害。瘿螨还可传播植物病毒，如小麦条斑花叶病毒、黑麦草花叶病毒、鹅冠草花叶病毒等。常见的如橘皱叶刺瘿螨、葡萄缺节瘿螨、荔枝瘤瘿螨和郁金香瘤瘿螨等。

跗线螨体长 100～300 mm，一般呈白色或黄色，有时因食物关系而带有它们取食的叶片或真菌的颜色，第 4 步足变形，在雌螨表现为极细，末端有长毛 2 根。跗线螨中有很多种类危害农作物和蜜蜂，如严重危害茶树的侧多食跗线螨。

典型工作任务三　植物病虫害标本的采集、制作与保存

项目1　植物病害标本采集、制作与保存

一、技能目标

学生通过植物病害标本采集实训，能够了解当地常发生植物病害种类、发生及为害情况，掌握植物病害标本的采集、制作和保存方法，熟练掌握干制标本和浸渍标本的制作技术，识别常发生病害种类，为病害防治奠定基础。

二、教学资源

1. 仪器设备

体视显微镜、显微镜。

2. 材料与工具

标本夹、标本纸、采集箱、扩大镜、剪刀、小刀，纸袋、塑料袋、标签、麻绳、记载本、镊子、电炉（1 000 W）、瓷盆（直径 40 cm）、标本瓶（500 mL、1 000 mL）、大烧杯（1 000 mL）、酒精灯、甲醛、酒精、蒸馏水、量杯或量筒（500 mL、1 000 mL）、醋酸铜、硫酸铜、5%～6%二氧化硫、硝酸亚钴、氯化锡等。

3. 实训场所

实验室、基地。

4. 师资配备

每 20 名学生配备一位指导教师。

三、原理、知识

植物病害标本的采集、制作与保存是植物保护研究工作的重要组成部分。植物病害标本是植物病害症状及其分布的实物性记载。在室外观察的基础上，进一步在室内对大量病害标本进行比较鉴定，从而能更准确地识别各种植物病害，了解当地作物病害发生的种类和为害情况，这对于病害防治有重大意义。

(一)植物病害标本的采集

1. 植物病害标本的采集用具

(1)标本夹　主要用于夹压各种含水分不多的病害叶片标本，多为木制的栅状板(图 3-1-1)。

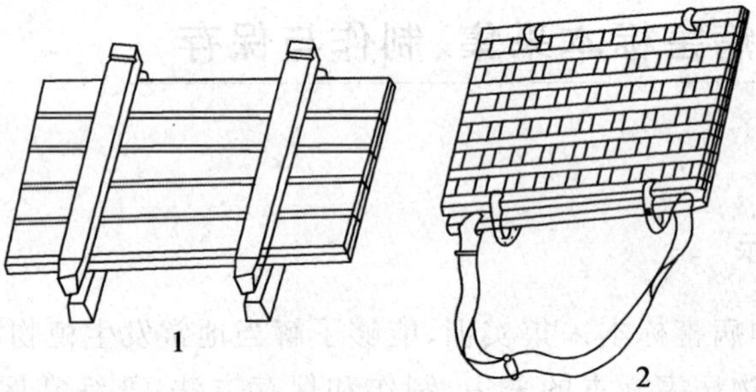

1. 标本夹　2. 标本采集夹

图 3-1-1　标本夹

(仿《农作物病虫害防治》陕西省农林学校，1980)

(2)标本纸　应选用吸水力强的纸张，可较快吸除枝叶标本内的水分，要保持纸张干燥和清洁。

(3)采集箱　采集较大或易损坏的组织如果实、根、茎、块根、块茎以及在田间来不及压制的叶片标本。

还要准备剪枝剪、小刀、放大镜、纸袋、塑料袋、记载本、标签等物品。

2. 植物病害标本的采集方法

植物病害种类很多，各种病害标本的采集方法各有不同。一个合格的标本，必须具有植物受害部位及各时期比较明显的典型症状，尽可能有病征(病原物)存在；采集病害标本时应注意以下几个方面。

(1)病状典型　病状是确定一种病害的重要依据。采集病害标本，不仅要有某一受病部位的典型病状，而且还要有不同时期、不同部位的病状标本，如稻瘟病，应采集苗瘟、叶瘟、节瘟、枝梗瘟、穗颈瘟、谷粒瘟等各个时期的典型病状，而且叶瘟中应有急性型、慢性型、白点型和褐点型等的典型病状标本。

(2)病征完整　为了进一步鉴定病害，对有病征的标本要重点采集，如真菌性病害在感病部位往往有各种霉状物、小黑点等病征存在，细菌性病害往往有菌脓溢出。有转株寄主的锈病应该尽量找到第二寄主标本，真菌病害的病原菌包括有性和无性两个阶段，应在不同时期分别采集。有的真菌在活寄主上常不产生子实体，在枯死株上有病征，因此，对地面上的枯枝落叶也应注意采集。

(3)避免病原物混杂　采集时将容易混杂污染的标本分别用纸包好，如采集黑粉病类标本及腐烂的果实等必须注意分袋装，以免污染其他枝叶类标本，影响鉴定。

(4)采集记载　没有记录的标本或记录不全的标本将失去使用价值。必须记录寄主名称，这是鉴定病害的前提。对寄主植物不熟悉的只凭标本识别病害是非常困难的，对不熟悉的寄主，还要采集寄主的叶、花、果实等，以便进一步鉴定。记录内容包括寄主名称、采集日期、采集地点、采集人姓名、标本编号、分布情况、地理条件、损失率、防治办法及效果等。以上内容除记在记录本上外，还应在标本上挂标签，注明内容包括标本编号、采集时间、地点、采集人姓名等。不同的标本，不同产地的同一标本，应分别编号。记录要长期保存，以便进行查对，应注意每份标本的记录和标签上的编号必须相同。

(5)临时保存标本的压制　对于容易干燥卷缩的叶部病害标本，如禾本科植物病害标本，易打卷成筒状，应随采随压制，或用塑料袋装好，并封口，或用湿布包好，采回后马上整形压制。也可用吸水性较强的书籍在田间将病叶临时夹压。

3. 植物病害标本的制作

(1)蜡叶标本的制作　蜡叶标本是一种制作简单、经济、能保持植物病害症状原形的标本，便于交换、鉴定或做展览用。蜡叶标本的制作要求在短时间内把标本压平干燥，使其尽量保持原有的形态和颜色，具体操作时要注意：

——采随压制：采集标本后，要马上放入标本夹(图 3-1-1)中压制，以保持标本的原形，减少压制过程中的整形工作。有许多标本在压制时，需要作少量的加工，如标本的叶子过多、茎或枝条粗大时，在压制时最好把叶子剪掉一部分或将枝条剪去一侧再压制，如玉米大斑病叶，因叶片较宽、较长，可以根据病斑的大小，剪取有病斑的一部分压平。过多的叶片重叠或标本受压力不均匀易变色、变形。有的标本是整株的，如水稻、小麦茎叶标本，可折成“N”字形压制。

——勤换勤翻：因为植物本身含水量大，为了使标本上的水分易被标本纸吸收，使标本尽量保持原色，要勤换勤翻。标本放到标本夹里后，用标本绳将标本夹扎紧，或用石块压。将标本夹放在通风处，总之，标本干得愈快愈好，越能保持原有色泽。

如遇到高温潮湿天气，标本在纸内容易发霉、变黑。在压制标本过程中，通常前四天，每天早晚各换一次纸，以后每天换一次，直至完全干燥为止。在第一、二次换纸时要对标本进行整形，因经初步干燥后，标本容易展平。换纸时，先将上面一层湿纸取下，然后放上一层干燥的纸，再将夹有一层标本、连同下面一层湿纸一同翻转到另一标本夹上，取下湿纸，依此类推。

蜡叶标本易遭虫蛀或霉变，可用1∶1 000倍的升汞酒精溶液涂抹，也可将小包樟脑粉置于标本袋或标本盒中，每年用磷化铝熏蒸（30 g/m^3）1～2次更好。在贮藏中要保持干燥，有的标本柜下可放石灰吸潮。

幼嫩多汁的标本，如花及幼苗等，可夹在脱脂棉中压制；含水量高的可置30～45℃的烘干箱内烘干。

（2）封套标本的制作　干燥后的标本，可制作封套标本，按种类进行分装，连同采集记载一同放入牛皮纸袋中或用厚的绘图纸折成的长方形纸套中，也可存放在普通纸盒中保存。把鉴定记载贴在纸袋上，然后按寄主或菌类分类排列存放，以便教学和研究用。

（3）盒装标本的制作　供长期保存或展览用时，可装于标本盒内制成盒装标本。标本盒一般为34 cm×27 cm或28 cm×20 cm玻璃面。每盒内只装一种标本，可用乳白胶或透明胶布固定，也可在盒内铺上一层脱脂棉，将标本展布在棉花上。有的病原体（如向日葵菌核）用脱脂棉代替棉花也可装入小瓶中，放置在纸盒内适当位置，然后加上标签保存。

（4）台纸标本的制作　干燥后的标本还可用透明胶或胶水将标本固定在台纸上，如果是幼苗病株还可以用针线缝在台纸上。台纸为较厚的白纸板，大小为37 cm×29 cm。粘贴时，标本应放在台纸适宜的位置，在台纸左下角或右下角贴上标签，上面再覆盖一层玻璃纸，以防擦伤或落灰尘。

（5）浸渍标本的制作　柔软多汁的块茎、块根、果实及肉质的菌类子实体必须用防腐性浸渍液保存。常根据浸制标本的色泽和浸制的目的选择浸渍液的配方。

①普通防腐性浸渍液：常用于防腐，而不保持原色，宜保存肉质鳞茎、块根、果实等。浸渍时应将标本洗净，浸泡在浸渍液中，使浸渍液淹没标本，用线将标本固定在玻片或玻棒上防止标本上浮，若浸泡标本量大，浸泡数日后应更换一次浸渍液。加盖密封保存，标本瓶上贴上标签。常用普通防腐性浸渍液有：

福尔马林50 mL＋95％酒精300 mL＋水2 000 mL；

70％酒精；

5%福尔马林。

②绿色标本浸渍液：

——醋酸铜溶液：适用于能加热的标本，如茎叶等。将50%的醋酸放入烧杯(1 000 mL)或瓷盆(直径40 cm)内加热，再将结晶的醋酸铜逐渐加到50%的醋酸中，直到不再溶解为止(大约1 000 mL的50%的醋酸加入15 g醋酸铜)。将饱和溶液稀释3～4倍加热至沸腾，再将洗净的标本投入，当标本褪绿，又经3～4 min恢复绿色后，取出标本，用清水洗净，压成干制标本或保存在5%福尔马林液中。

——硫酸铜亚硫酸浸渍液：适用于不能煮沸的水果或块茎、块根类等。将标本洗净浸在5%的硫酸铜溶液中6～24 h，取出后用清水漂洗数小时，然后将标本保存在亚硫酸溶液中(用含5%～6%二氧化硫的亚硫酸溶液15 mL＋水1 000 mL，也可用浓硫酸20 mL＋水1 000 mL＋亚硫酸钠16 g)。

——注意事项：醋酸铜溶液保绿色能力较好，适用于能煮沸的标本，但保存的标本有时带蓝色，与植物原来的颜色稍有差异。硫酸铜亚硫酸浸渍液适合浸渍棉铃、葡萄和番茄的果实等不能煮的标本。

4.标本的保存

标本的浸渍液，因由具有挥发性或易于氧化的药品配成。要长期保持浸渍效果，必须密封瓶口。封口有永久封口法和临时封口法两种。

(1)永久封口法　可用酪胶及硝石灰各一份混合，然后加水调成糊状，即可使用。

(2)临时封口法　可用蜂蜡及松香各一份，分别熔化，然后混合，并加入少量凡士林调成胶状物即可。

(3)注意事项

①采集植物病害标本时，一定要把病害和虫害区分开，如蚜虫、螨类等刺吸口器害虫为害植物均造成叶片褪绿变黄，没有病理过程，采集时一定要看叶片背面是否有害虫。采集病叶时要采集叶片完整的标本。

②每种标本采集的件数不能太少，一般叶斑类病害标本，至少要采十几片病叶。禾谷类植物病害标本要随采随压制，叶片多的或叶片太长的可取其中的一部分叶片或叶片的一部分压制。

③如采集腐败的果实、黑粉病类标本等要放在纸袋内或用纸包好，单独存放，避免病原菌混杂而影响鉴定。

④采集柔软肉质的果实类标本，要分别用纸包好，并用采集箱存放，以免损坏和沾污。标本务求完整，采集时应特别注意。

⑤木质化枝条类的标本，采集比较方便，可用刀或锯取其一部分。

⑥制作绿色浸渍标本时，因要加热，注意用电安全或防止烫伤。

⑦在标本保存的过程中，要经常检查标本是否被虫蛀、发霉或浸渍液蒸发减少，要及时处理，注意除虫、防霉、更换浸渍液。

四、操作方法及考核标准

(一)植物病害标本的采集

分成小组到田间进行作物病害标本采集，要求如下：

(1)注意采集症状典型的病害标本，尽可能采集到不同时期、不同部位发病的标本。

(2)要采集有病征的病害标本，以便进行病原物的鉴定工作。

(3)要避免病原物混杂，采集时对病原物容易混杂、污染的标本，如锈病、黑粉病、白粉病等要分别用纸夹(包)好，以免观察病原物时发生差错。

(4)要随采集随压制，防止干燥卷缩给整理造成困难，如禾本科作物叶部病害标本更要随采集随压制或用湿布包好，防止变形。

(5)要随采集随记载，没有记录或记录不全的标本将给鉴定和使用造成极大的困难。

(二)植物病害标本的制作与保存

1.蜡叶标本的制作与保存

(1)标本的制作　学生分组采集制作的标本，对于含水量少的标本应随采集随压制，并且要勤换勤翻，第1～3天，每天早晚要换2次纸，第4～7天，每天换一次纸即可。

(2)标本的保存　标本经压制干燥后，在教师的指导下进行整理，将标签填写完整一并放入蜡叶标本袋或蜡叶标本盒中保存，在标本袋或标本盒上也要贴上标签，然后按寄主或病原分类存放，存放时要避光照、潮湿、灰尘，防止虫蛀。

2.浸渍标本的制作与保存

采集到的果实、块根和块茎等病害标本，可制成浸渍标本，贴上标签。在教师的指导下，根据标本的颜色，选择保存液的种类，如绿色标本可用醋酸铜浸渍液，红色标本可用瓦查浸渍液，黄色标本可用亚硫酸浸渍液保存。

另外，农作物病害的病原物还可以制成玻片标本永久保存。

(三)技能考核标准

植物病害标本采集制作保存考核见表3-1-1。

表 3-1-1　植物病害标本采集制作保存考核表

考核内容	要求与方法	评分标准	标准分值	考核方法
植物病害标本采集30分	1.采集工具的使用	根据采集工具的使用方法正确及熟练程度酌情扣分	10	5人一组考核
	2.标本采集的质量	根据采集病害标本的病状或病征是否典型、病原物有无混杂等酌情扣分	10	
	3.标本采集的种类与数量	根据采集病害标本种类或数量是否符合数量要求酌情扣分	10	
植物病害标本制作60分	1.蜡叶标本的制作	根据蜡叶标本压制形状、破损程度等情况酌情扣分	20	单人考核
	2.浸渍标本制作(普通防腐性浸渍标本的制作)	①根据盒装标本制作质量酌情扣分	10	
		②根据防腐性浸渍液稀释配制正确及熟练程度酌情扣分	10	
		③浸泡标本时,液体没有浸没标本酌情扣分	10	
		④标签写得不规范或粘贴位置不当酌情扣分	10	
植物病害标本保存10分	1.干制盒装标本的保存	盒内没放入樟脑丸或没用升汞、酒精溶液涂抹酌情扣分	3	单人考核
	2.浸渍标本的保存	①根据瓶口密封的情况酌情扣分	3	
		②存放的位置不符合要求酌情扣分	4	

五、练习及思考题

1.植物病害标本采集:要求学生每人采集在8种病害以上,80个叶片以上。

2.植物病害标本制作:学生每人制作盒装标本、台纸标本、封套标本各2种。

3.记叙主要病害标本的症状特征。

4.哪些措施可以用于防止植物病害标本发霉或被虫蛀咬?

5.植物病害标本采集时应注意哪些问题?

项目2 农业昆虫标本采集、制作与保存

一、技能目标

学生通过昆虫标本采集实训，能够了解当地常发生农业昆虫种类及当地作物上发生害虫种类及为害情况，掌握农业昆虫标本的采集、制作和保存方法，熟练掌握昆虫干制标本和浸渍标本的制作技术，识别常发生害虫种类，为害虫防治奠定基础。

二、教学资源

1. 仪器设备

体视显微镜。

2. 材料与工具

捕虫网、吸虫管、采集袋、指形管或小玻瓶、采集盒、毒瓶、镊子、小刀、昆虫针(0号、1号、2号、3号、4号)、三级台、还软器、黏虫胶、胶水、标本瓶(100 mL、200 mL、500 mL或1 000 mL等)、标本盒、放大镜、展翅板、整姿板、挑针等。福尔马林、95%酒精、甘油、氰化钾、细木屑、石膏及药棉等若干。

3. 实训场所

实验室、基地。

4. 师资配备

每20名学生配备一位指导教师。

三、原理、知识

昆虫标本的采集与制作是识别昆虫，进行昆虫区系调查、害虫及天敌昆虫种类的调查，同时积累昆虫标本的基础性工作。

(一)昆虫标本的采集

1. 昆虫标本采集常用的用具

(1)捕虫网　由网圈、网柄和网袋三部分组成。网圈用一根铁丝折成直径约33 cm的环形圈，然后将其两端用铁丝或铁箍固定在1 m长的网柄上。网圈上套有底为圆形，深33 cm的网袋。捕虫网常因用途不同可分为捕网(尼龙纱布)、扫

网(白棉布)、水网(铁纱网)等 3 种。

(2)吸虫管　用于吸捕小型昆虫,用玻璃管或玻璃瓶制成。瓶塞上插两根细玻璃管,一根对准昆虫,另一根玻璃管内端包有纱布或铜纱,外端连橡皮管(图 3-2-1)。可吸捕飞虱、粉虱等。

(3)诱虫灯　主要用来诱集夜间活动的昆虫。黑光灯、汽灯、煤油灯等均可,最好用 20 W 的黑光灯,灯下装一集虫装置(漏斗和毒瓶),也可在灯旁设白色幕布,用广口瓶在幕布上捕集昆虫。

(4)毒瓶　用于毒杀善飞的昆虫,如蛾、蝶类昆虫。制作时,先把 5～10 g 的氰化钾放入广口瓶瓶底,上铺 5 cm 细木屑,压实,上面放一层石膏粉,压平实后放吸水纸,用滴管加水使石膏固定结块,塞上瓶塞(图 3-2-2)。也可用敌敌畏代替氰化钾,用棉花蘸少量的敌敌畏,放在瓶底,用硬纸板隔开即成。但易失效,须经常更换。

(5)活虫采集盒　常用金属小盒,用来装活昆虫,盖上有小孔可以透气,盒内可分成多个小隔,分装多种活幼虫或其他昆虫(图 3-2-3)。

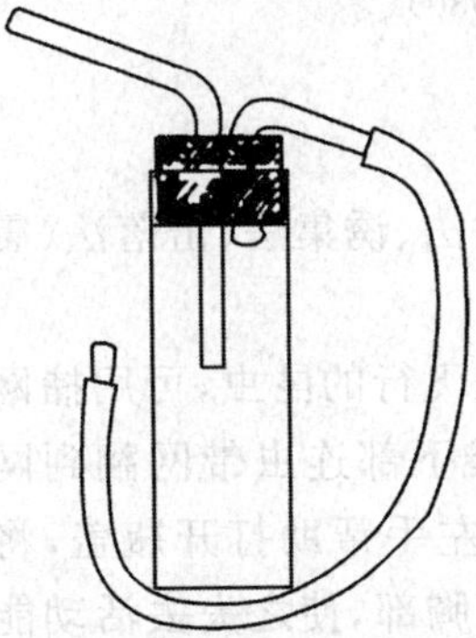

图 3-2-1　吸虫管

(仿《农作物病虫害防治学》陕西省农林学校,1980)

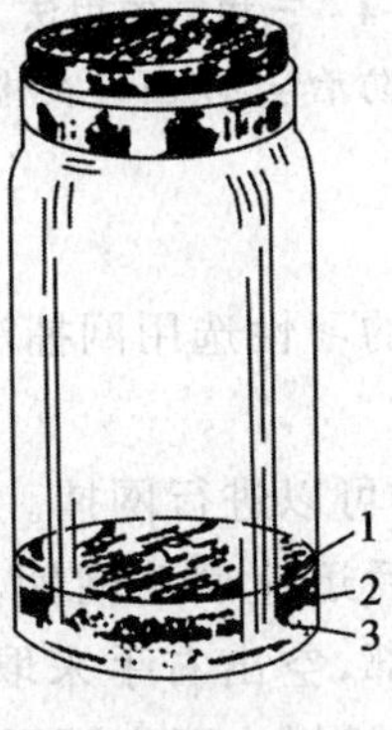

1. 石膏　2. 锯木屑　3. 氰化钾

图 3-2-2　毒瓶

(仿《农作物病虫害防治学》陕西省农林学校,1980)

图 3-2-3　活虫采集盒

(仿《农作物病虫害防治学》陕西省农林学校,1980)

(6)三角纸袋　用于包装毒死的蛾、蝶类昆虫。用表面光滑、韧性大,能吸水的纸裁成长方形,将中间部分按 45°斜折成三角形纸袋,再将两端封口对折(图 3-2-4)。

(7)采集袋　挂包上有许多小袋,可装毒瓶、小瓶,指形管等。

(8)其他用具　如放大镜、镊子、剪刀等。

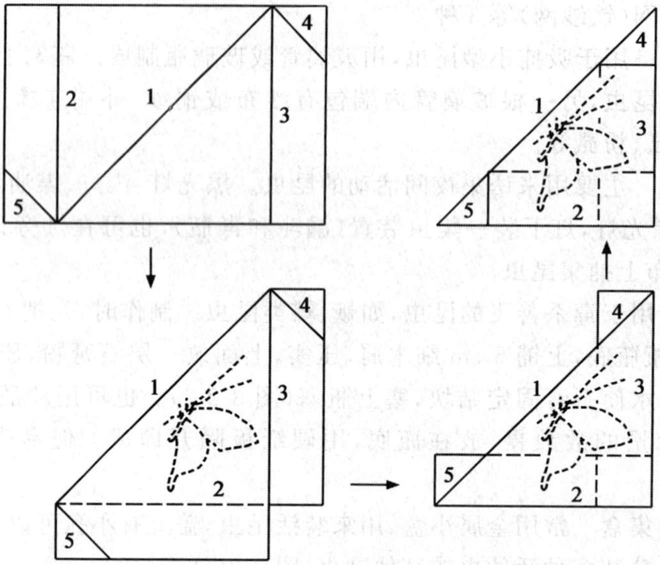

图 3-2-4 三角纸的用法

(仿《农作物病虫害防治学》陕西省农林学校,1980)

2. 昆虫标本采集

采集昆虫标本可根据各种昆虫的习性选用网捕法、搜索法、诱集法、击落法(震落法)等。

(1)网捕 能飞善跳的昆虫种类可以进行网捕。如正在飞行的昆虫,可用捕网迎头捕捉或从旁掠取。当昆虫进网后迅速摆动网柄,将网袋下部连虫带网翻到网框上。取虫时先用左手捏住网袋中部,空出右手来取毒瓶,左手帮助打开瓶盖,将毒瓶伸入网内把昆虫装进瓶内,小型蛾蝶也可先隔网捏压其胸部,使之失去活动能力后,再放入毒瓶。又如生活于草丛或灌木丛中的昆虫,可用扫网边走边扫捕。

(2)振落 许多昆虫有假死性,可通过摇动或敲打植物、树枝把它们振落下来,再捕捉。有些无假死性的昆虫,经振动虽不落地,但由于飞动暴露了目标,可进行网捕。

(3)诱集 利用昆虫的某种特殊趋性或生活习性来诱集昆虫,如灯光诱集、食物诱集、潜所诱杀、性诱法等(见害虫的诱杀技术)。

(4)搜索 认真观察地面、草丛中、植物体上、树上等部位,采用搜索法采集。

(5)采集注意事项

①采到标本后,要及时做好采集记录,记录内容包括编号、采集日期、采集地

点、采集人等，也要记录当时的环境、寄主以及害虫生活习性等，还要注意当地的气象记录，如气温、降水量、风力等。

②应尽量设法保持昆虫标本的完整，若有损坏，就会失去应用价值。昆虫的翅、足、触角及蛾的鳞片等极易破损，故应避免直接用手捕捉采集和整理。

③重点采集农作物的害虫和天敌昆虫。

④每种昆虫都要采集一定数量的个体，尽量采全昆虫的各个虫态（卵、幼虫、蛹、成虫）。

（二）昆虫标本的制作

1. 昆虫标本制作的用具

（1）昆虫针　是用来针插固定昆虫，按照粗细分为 0 号、1 号、2 号、3 号、4 号、5 号，长度为 38.45 mm，针越粗，号数越大。另外，用来插小型昆虫的还有一种微针，长约10 mm。

（2）三级台　可使昆虫标本与标签在昆虫针上的高度一致，增加美观，三级台各级的高度分别为 8 mm、16 mm、24 mm，每级中间有一小孔（图 3-2-5）。

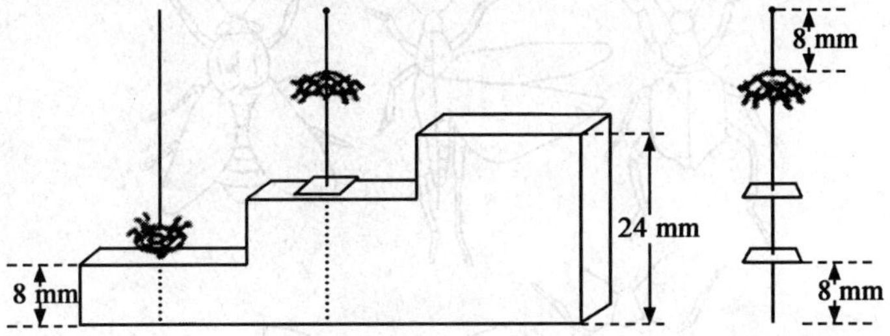

图 3-2-5　三级台及用法

（仿《农作物病虫害防治学》陕西省农林学校，1980）

（3）展翅板　用于昆虫展翅，可用硬泡沫塑料板或较软的木料制成。根据昆虫腹部粗细调节展翅板中央槽沟的距离，以适应不同大小的昆虫。

（4）还软器　用于还软已经干燥的昆虫。还软器可用干燥器改装而成。在干燥器底部放洗净的木屑或沙粒，加少许清水，再加一点石炭酸防止发霉，把干燥的标本放在隔板上，用盖密封即可（图 3-2-6）。

（5）台纸　用来制作小型昆虫标本。将较硬的厚白纸或绘图纸，剪成小三角形待用。

（6）黏虫胶或乳白胶　用于修补昆虫标本，黏虫胶可用阿拉伯胶粉 60 份＋95％的酒精 8 份＋石炭酸 2 份＋糖 30 份＋蒸馏水 45 份来配制。配制时先将液体混合，再投入糖溶化，最后加阿拉伯胶粉，使其逐渐溶化，切勿加热。

2. 昆虫标本的制作

(1)昆虫干制标本的制作

①虫体针插：按昆虫体大小选用适当的昆虫针，夜蛾类一般用3号针；天蛾类等大型蛾类用4号针；叶蝉、盲蝽、小蛾类用1号或2号针。微小昆虫，用10 mm的无头细微针。

昆虫针插的部位因种类而异(图3-2-7)。甲虫从右翅基部内侧插入；半翅目从中胸小盾片中央垂直插入；鳞翅目、膜翅目及同翅目成虫从中胸中央插入；直翅目从前胸背板右面插入；双翅目从中胸中央偏右插入；小型蜂类可不插针，采用侧粘的方法，以免损坏其胸部特征。

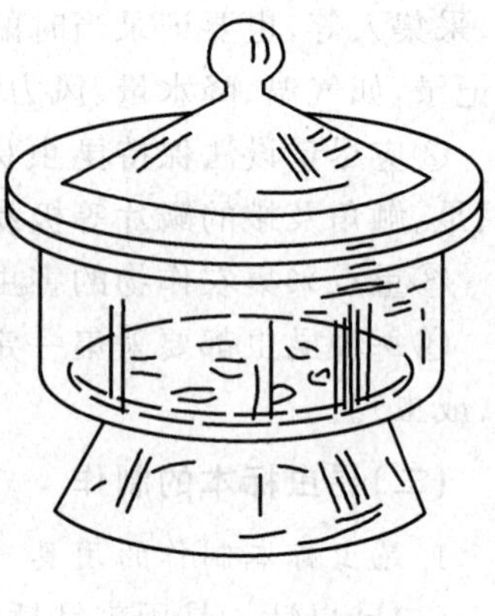

图 3-2-6 还软器

(仿《农作物病虫害防治学》陕西省农林学校，1980)

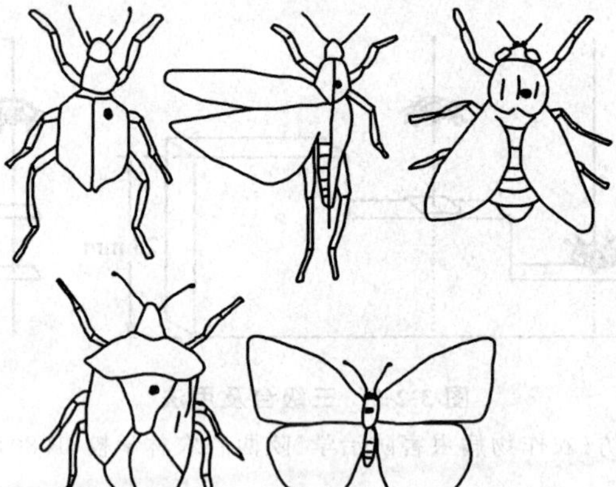

图 3-2-7 各种昆虫插针位置

(仿《农作物病虫害防治学》陕西省农林学校，1980)

②整姿：蝽、甲虫、蝗虫等昆虫针插以后，尽量保持活虫姿态。需将触角和足进行整姿，使前足向前，后足向后，中足向左右。

③展翅：蝶蛾类昆虫需要展翅。按昆虫的大小选取昆虫针、按针插部位要求插入虫体，将虫体腹部向下插入展翅板的槽内，使展翅板的两边靠紧身体，用昆虫针，将翅拨开平铺在展翅板上(图3-2-8)。展翅标准：蜻蜓类要以后翅的两前缘成一直

线为准；蝶蛾类以两前翅后缘成直线并与身体成垂直；蝇类和蜂类以前翅顶角与头顶在一直线上，然后再拨后翅使左右对称。

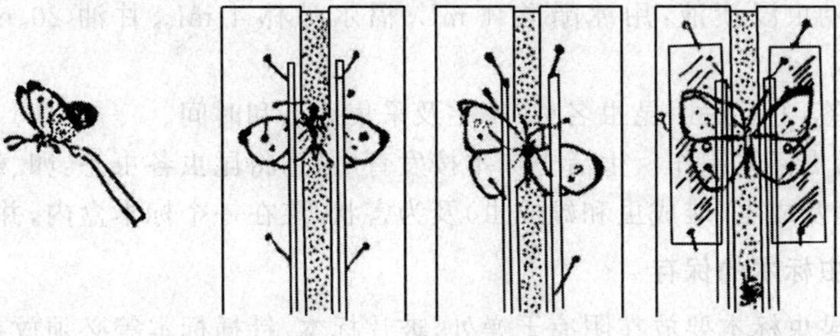

图 3-2-8　展翅的步骤

（仿《农作物病虫害防治学》陕西省农林学校，1980）

最后用玻璃片压住或用光滑纸条把前后翅压住，用大头针固定，放在干燥通风处。待虫体干燥后，取下玻璃片或纸条，从展翅板上取下昆虫插入盒内，制成针插盒装标本。

(2)小型昆虫针插标本的制作　可用黏虫胶或合成胶水把小型昆虫粘在三角纸上，再做成针插标本。

①装标签：每一个昆虫标本，必须附有标签。按照一定的针插部位将昆虫针插后，使用三级台整理针插昆虫和标签的位置。针帽至虫体背为 8 mm，标签至针尖为 16 mm（寄主、时间）、8 mm（昆虫的名称）。

②修补：在制作过程中，如有损坏，可以用黏虫胶或乳白胶进行修补。

(3)昆虫浸渍标本的制作　凡身体柔软或细小昆虫的成虫、卵、幼虫、蛹等，可用防腐性的浸渍液浸泡保存在玻璃瓶内。浸泡前应先使幼虫饥饿，排出粪便。浸泡在下列保存液中。

①酒精浸渍液：用 75%的酒精浸渍液，加上 0.5%～1%的甘油，常用于浸渍螨类、叶蝉和蜘蛛等标本。

②5%福尔马林浸渍液：将福尔马林（40%甲醛）稀释成 5%的福尔马林液。

③冰醋酸、白糖、福尔马林混合液：用冰醋酸 5 mL、白糖 5 g、福尔马林 4 mL、蒸馏水或冷开水100 mL 配成。

④绿色幼虫浸渍液：将硫酸铜 10 g 溶于 100 mL 水中，煮沸后停火，投入幼虫，投入后有褪色现象，直到恢复绿色时，立即取出用清水洗净，浸入 5%福尔马林溶液中保存。

⑤黄色幼虫浸渍液：氯仿 3 mL、冰醋酸 1 mL、无水酒精 6 mL 混合而成。先用此液浸渍 24 h，然后移入 70%酒精液中保存。

⑥红色幼虫浸渍液：用冰醋酸 4 mL、福尔马林 4 mL、甘油 20 mL、蒸馏水 100 mL 配成。

⑦贴标签：上要写明昆虫名称、寄主及采集地点和时间。

(4)生活史标本制作　生活史标本按发育顺序，将昆虫各虫态：卵、幼虫的各龄期（若虫）、蛹及成虫（雌成虫和雄成虫）及为害状，装在一个标本盒内，并放上标签。

(三)昆虫标本的保存

制成的昆虫标本要放在阴凉干燥处，玻片标本、针插标本等必须放在有防虫药品的标本盒里，分类收藏在标本柜里。注意防日晒、灰尘、发霉及虫蛀、鼠咬。

四、操作方法及考核标准

(一)昆虫标本的采集

学生分组到实训基地根据各种昆虫的习性选用观察法、搜索法、网捕法、诱集法、击落法等进行昆虫标本的采集。注意以下方面：

(1)要重点采集危害农作物的害虫和天敌昆虫，对小型昆虫应特别耐心细致。

(2)应尽量采集到昆虫的各个虫态，尽可能多采集一些同种个体。

(3)注意不损伤昆虫个体的任何部分，否则将会失去标本价值。

(4)在采集昆虫时，同时采集被害植物的被害状，并记录采集的时间、地点、寄主植物、为害情况等，还要书写标签和进行编号。

(二)昆虫标本的制作方法

1. 针插标本制作

采集到的昆虫都要及时制成标本保存，大多数昆虫的成虫都可制成针插标本。

(1)制作昆虫针插标本　在教师的指导下正确使用昆虫针、三级台和展翅板制作昆虫针插标本。要注意根据虫体大小选择粗细适当的昆虫针；选择正确的针插部位。

(2)整姿　整姿时注意尽量将触角和足的位置保持活虫姿态，即前足向前，后足向后，中足向左右；需要展翅的昆虫，翅的位置要标准，如蝶蛾类昆虫的前翅后缘成一直线、蜻蜓后翅的前缘成直线、蝇类和蜂类以前翅的肩角与头成一直线，且使左右翅对称。

(3)标签　每一个昆虫标本都要有标签，针插在标签中央，其中写采集时间、地点、寄主、采集人的标签高度为三级台的第二级。写昆虫名称的标签插在第一级。在制作标本过程中，对损坏的标本可以用黏虫胶修补。

2. 浸渍标本制作

(1)在教师的指导下配制福尔马林保存液和酒精保存液，常用的还有冰醋酸、福尔马林、白糖混合液；酒精、福尔马林、冰醋酸混合液；冰醋酸、白糖混合液及白糖、福尔马林混合液等。

(2)将昆虫的成虫(甲虫、蝽象、蜂类、蝇类)、幼虫、卵、蛹及身体柔软或细小昆虫的成虫用保存液保存在标本瓶、指形管或其他玻璃瓶内。

3. 生活史标本制作

生活史标本是将卵、幼虫的各虫龄、蛹、成虫(雌虫和雄虫)及为害状，装在一个标本盒内，再在标本盒的左下角放上标签。在教师的指导下制作或观察昆虫生活史标本。

(三)标本的保存

制成的昆虫针插标本必须放在有防虫药品的标本盒里，分类收藏在标本柜中；玻片标本放在玻片标本盒里；三角纸包保存的标本放在存放箱内。注意避日晒、潮湿和灰尘，防止褪色、发霉及虫蛀、鼠害。

(四)技能考核标准

昆虫标本采集制作保存考核见表 3-2-1。

表 3-2-1　昆虫标本采集制作保存考核表

考核内容	要求与方法	评分标准	标准分值	考核方法
昆虫标本采集 40 分	1. 采集工具使用	根据捕虫网、毒瓶、三角纸袋、浸渍瓶、采集盒等使用方法情况酌情扣分	10	5 人一组实训操作考核
	2. 昆虫标本采集的方法	根据选用的采集方法如网捕、诱杀、搜索、振落等方法是否符合要求酌情扣分	10	
	3. 昆虫标本采集的数量	每人采集昆虫标本(成虫)不足 40 头酌情扣分	20	
昆虫标本制作 50 分	1. 针插标本制作	①根据选取昆虫针恰当程度酌情扣分	5	单人实训操作考核
		②根据针插部位选择的正确程度酌情扣分	5	
		③根据展翅的恰当程度酌情扣分	5	
		④根据整姿的恰当程度酌情扣分	5	
		⑤根据使用三级台正确程度酌情扣分	5	

续表 3-2-1

考核内容	要求与方法	评分标准	标准分值	考核方法
	2.浸渍标本制作	①浸渍液配制使用是否正确酌情扣分	10	
		②浸泡昆虫,液体是否浸没标本酌情扣分	5	
		③标本上浮,处理不当酌情扣分	5	
		④写、贴标签是否符合要求酌情扣分	5	
昆虫标本保存10分	1.干制针插盒装标本的保存	盒内是否放樟脑丸酌情扣分	4	
	2.浸渍标本的保存	①盒外四周是否用透明胶布封贴或标本瓶盖周围用蜡封口酌情扣分	3	
		②存放的位置是否符合要求酌情扣分	3	

五、练习及思考题

1.到实训基地或外出进行昆虫标本的采集,边采集边识别分类整理,并制作浸渍瓶装标本或展翅标本或整姿标本或针插盒装标本。

2.完成昆虫标本采集、制作与保存等技能实训总结报告。

3.在昆虫标本的采集、制作过程中应注意哪些问题?

第二篇　职业技能

态度目标

- 热爱所学专业，学习积极性和主动性高，态度端正认真。
- 团结协作，勤于思考，吃苦耐劳，勇于创新。

知识目标

- 了解植物病虫害田间调查、预测预报、综合防治措施、综合防治方案的制订，农药配制及使用、药械的使用与维护等技术，为形成综合职业能力奠定基础。
- 掌握植物病虫害的田间调查及预测预报的方法；掌握植物病虫害综合防治技术及综合防治方案的撰写方法；掌握农药配制及使用、药械的使用与维护技术，为植物病虫害综合防治奠定基础。

能力目标

- 能进行植物病虫害的田间调查及预测预报，能根据发生的病虫害种类制订切实可行的综合防治方案，并能够采取有效的措施进行综合防治。

典型工作任务四
病虫害调查与预测预报

项目1 植物病虫害田间调查

一、技能目标

通过实训，使学生掌握植物病虫害常用的调查取样方法，学会整理植物病虫害的调查资料，并能进行计算和数据统计分析，为植物病虫害的预测预报和防治奠定基础。

二、教学资源

1. 材料与工具

米尺、调查记录册、记录笔、诱集器械，有关当地植物生产资料、气象资料、教材、相关图书、网上资源等。

2. 教学场所

校内、外植物生产基地，当地有关的植保部门、教室和实训室。

3. 师资配备

每20名学生配备一位指导教师。

三、原理、知识

(一)病虫害的调查内容与方法

1. 病虫害的调查内容

(1)病虫害发生面积和为害情况调查　为了解一个地区或某一生活小区在一

定时间内某种植物上的病虫种类、发生时间、发生数量及为害程度等。对常发性或暴发性的病虫专题调查,调查其始发、盛发及盛末期和数量消长规律。若调查某种病虫,除调查发生时间和数量、为害程度外,还要详细调查该病虫的生活习性、发生特点、侵染循环、发生代数、寄主范围等,为植物病虫害预测预报提供科学依据。

(2)病虫、天敌的分布调查　查明某种病害、害虫或益虫的地理分布,以及不同分布区的数量对比。依次明确病害与害虫的分布范围、分布趋势和发生程度而制订防治区划(防治地区和防治地块)及益虫的利用地区、释放地块等。

(3)受害程度的调查　为弄清植物受害程度轻重而确定防治方案,衡量防治措施效果及对经济效益的影响程度等提供依据。以植物受害程度表示的被害率、被害指数、损失率、商品率等。

(4)病虫害发生消长的调查　为了掌握病害、害虫或益虫发生时期和发生数量及其变动的情况。这一方面的调查内容涉及范围广,例如,弄清病虫的侵染循环、年生活史、发生世代、各代发生期及发生量、越冬虫态及场所,不同时期不同植物生态条件下的数量变化及有关测报和防治等方面的问题,均需进行发生期和发生量的调查。

2.病虫害的调查方法

病虫害的调查可分为3种:一般调查、重点调查和调查研究。

(1)一般调查　当一个地区有关植物病虫害发生情况的资料较少时,应先作一般调查。调查的内容广泛,有代表性,但不要求精确。为了节省人力、物力,一般在植物病虫害发生的盛期调查1～2次,对植物病虫害的分布和发生程度进行初步了解。

进行一般调查,要对各种植物病虫害发生的盛期有一定的了解,如地下害虫、猝倒病等应在植物的苗期进行调查,黄瓜枯萎病、霜霉病则在结瓜期后进行调查,苹毛丽金龟在苹果、李子开花期前后是为害盛期,错过此时期很难调查。调查内容可参考表4-1-1。

表4-1-1　植物病虫害一般调查表

调查人:　　　　　　调查地点:　　　　　　年　月　日

病虫害	植物名称和生育期	发病地块									
		1	2	3	4	5	6	7	8	9	10

(2)重点调查　此调查在一般调查后进行。对某些发生较为普遍或严重的病虫害可作进一步的调查。这次调查较前一次的次数要多,内容要详细和深入,如分布、发病率、损失程度、环境影响、防治方法和防治效果等。对发病率、损失程度的计算要求比较准确。调查内容如表 4-1-2 所示。

表 4-1-2　植物病(虫)害重点调查表

调查人：　　　　　　　　　　　　　　　　　　年　　月　　日

调查地点：		
病虫害名称：	发病(被害)率：	
田间分布情况：		
寄主植物名称：	品种：	种子来源：
土壤性质：	肥沃程度：	含水量：
栽培特点：	施肥情况：	灌、排水情况：
病虫害发生前温度和降雨：	病虫害盛发期温度和降雨：	
防治方法：	防治效果：	
群众经验：		
其他病虫害：		

(3)调查研究　调查研究和重点调查的界限是很难划分的,但调查研究一般不是对一种病害作全面的调查,而是针对其中某一问题。调查的面不一定要广,但是要深入。除田间观察外,更要注意访问和座谈。由于各种调查研究的内容不同,很难有比较统一的调查表格。

调查研究不需要很多的设备,农田就是实验田,所以试验规模之大和各种处理之多,远远超过一般实验研究。许多植物病害问题,是通过调查研究或者是在调查研究的基础上解决的。调查研究和实验研究是相互配合的。调查研究中发现的问题,有些可以通过实验研究得到解决。同时实验研究又为调查研究提出了新的任务,具体地说,也就是提出了需要进一步调查的项目。通过不断地调查研究和实验研究,才能逐步提高对一种病害的认识。

例如,江苏多年来推广麦种用多菌灵和粉锈宁合剂拌种,防治纹枯病、白粉病和锈病,调查中群众反映有一定的药害,如出苗稍迟。经过研究发现原来设计的试验研究希望将防治指标达到100%的效果。进一步的研究发现将指标稍微下降到90%～95%,可以减少用药量,也就解决了药害问题,而使这一防治措施得到更大面积的推广。

(二)病虫害的调查取样方法

病虫害调查,一般情况下不可能对全部植物逐个调查。由于不同种类害虫的生物学特性不同,它们的发生、为害有着各自的规律性,即使同种害虫不同虫期,也有各自的特点,同种害虫在不同寄主植物上也有很大差异,因此,必须从中选取一部分作为代表,从局部推测全局,即所谓抽样调查。

抽样调查是田间实际调查最基本的方法。要求抽取样本接近全局,抽取样本应具有代表性。但是,植物病虫害的生物学特性及外界环境因素比较复杂,要使取样结果与全局实际情况的差别减少到最低程度,还必须根据取样的原理,确定采取适宜的取样方法,使之用最少的人力、物力,达到最大限度地代表全局实际。

抽样调查由以下 3 方面因素构成:

1. 取样方式

(1)随机取样　随机取样并不是随便取样,而是根据地块面积的大小,按照一定的取样方法和间隔距离,选取一定数量的样本单位。一经确定必须严格执行,不能任意改变。随机取样的方法有:五点式取样、棋盘式取样、单对角线式取样、双对角线式取样、"Z"字形式取样、平行线式取样等(图 4-1-1)。

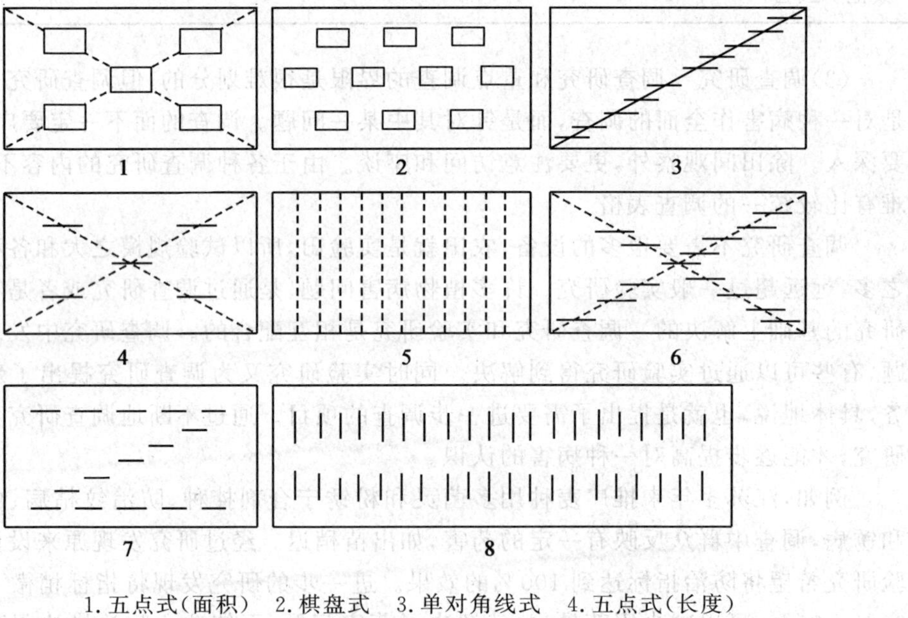

1. 五点式(面积)　2. 棋盘式　3. 单对角线式　4. 五点式(长度)
5. 分行式　6. 双对角线式　7. "Z"字形　8. 平行线式

图 4-1-1　田间调查各种取样方法

①五点式取样：这种方法比较简便，取样数量较少。样点可稍大，适合于较小或近方形的地块。

②棋盘式取样：将地块划成等距离、等面积的方格。每隔 1 个方形的中央取 1 个点，相邻行的样点交错分开。取样数可较多，比较准确，但较费工。适宜密集的或成行的植物和随机分布结构、呈长方形的较大地块。

③对角线式取样：可分单对角线式和双对角线式两种。与五点式取样法同样，取样数较少，每一样点可稍大。适宜于密集的或成行的植物和随机分布结构。

④"Z"字形取样：样点分布沿田边较多，田中较少。主要针对在田间分布不均匀的害虫，适宜于嵌纹分布结构。

⑤分行式取样：适宜成行的植物和核心分布的结构。样点较多，分布较均匀。

(2)典型取样　即主观选定一些能代表全局的样本。这种方式带有主观成分，但是，当对全局的个体情况熟悉和了解时，采用这种取样方式能节约人力和时间。

(3)分段取样　当全局中某一部分与另一部分具有明显的差异时，可采取这种取样方式。即从不同的分段里，分别随机取样或顺序取样调查，最后加权平均。

昆虫种群田间分布受种类、虫期、虫口密度的不同而变化，同时，还受地形、土壤、植被及寄主植物种类、栽培方式、田间小气候等多种环境条件的影响。因此，进行害虫田间调查取样，必须根据不同的分布型选择适应的取样方式，这样才能使取样具有代表性。昆虫在田间分布型，最常见的有以下 3 种(图 4-1-2)。

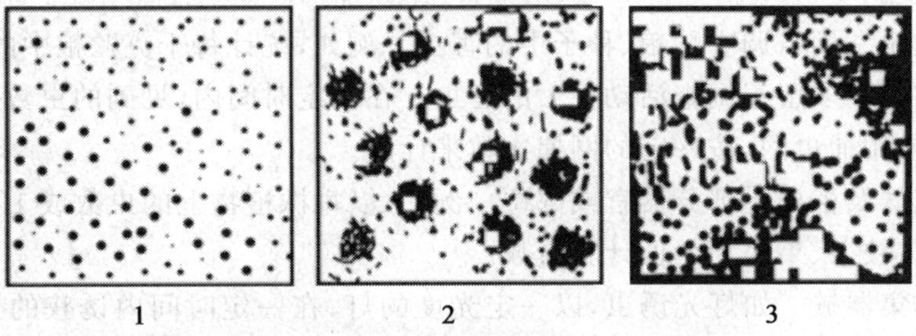

1.随机分布型　2.核心分布型　3.嵌纹分布型

图 4-1-2　昆虫田间分布型示意图

①随机分布型：昆虫种群内个体具有相对独立性，不相互吸引或相互排斥种群中的个体，占据空间任何一点的概率相等，任何个体的存在决不影响其他个体的分布。这种分布型在田间分布比较均匀，调查取样时每一个体在取样点内出现的机会相等。因此，取样数量可少些，每个取样点可稍大一些。五点式、棋盘式、对角线

取样，均适用于这种分布型的害虫。

②核心分布型：昆虫在田间分布呈不均匀的状态，个体形成许多相同或不同大小的集团或核心，并向四周放射状扩散蔓延，核心之间是随机分布的，这种分布型是不随机的分布。核心分布型用平行线取样法比较合适。

③嵌纹分布型：也是一种不随机的分布，昆虫在田间分布疏密相间，密集程度极不均匀，呈嵌纹状。这种分布型通常是由很多密度不同随机分布混合而成，或由核心分布的几个核心联合而成，调查取样时，个体在各取样单位中出现机会不相等。这种分布型的取样数量应多一些．每个样点可适当小一些。嵌纹分布型用“Z”字形取样法比较合适。

2.取样单位

根据害虫种类或虫态以及植物种类和栽培方式，确定适合的取样单位是田间抽样调查的又一个重要因素。一般常用的单位有：

(1)长度　多用于调查条播的密集植物上的虫口密度或受害程度。可以调查条播的植物中的虫数，再根据播幅和行距折合成每亩虫数。

(2)面积　多用于调查土壤中的害虫和密集植物的害虫。例如，1 m^2 内的害虫数或虫害损失程度。

(3)体积　地下害虫、贮粮害虫及木材害虫多以体积为单位统计。例如，1 m^3 害虫的数量。

(4)重量　用以调查贮粮、种子中的害虫。例如，统计每千克贮粮中的虫数。

(5)时间　多用于调查活动性大的害虫。在一定时间内，见到的虫数作相对的计量单位或用捕虫网，按一定的网捕次数来计量。

(6)植株及植株上部分器官或部位　例如，以每株植物上的虫数或1株植物上的叶片、花、枝条、果实为单位计算虫数。

(7)诱集器械　如灯光诱虫，以一定光度的灯，在一定时间内诱获的虫数为计算单位；糖醋诱集以标准盆为单位。

3.取样数量

取样数量越多估计值越接近实际情况，但取样过多必然会浪费人力和物力，若过少又会使调查结果不准确。因为，取样数量是影响抽样调查结果和总体估计值最显著的因素。因此，适宜的取样数量对保证取样质量和节约人力与时间都是很重要的。

取样数量的多少，决定于害虫田间分布均匀程度及虫口密度。一般虫口密度大时，样点数量可适当少些，每个样点可稍大些；相反，则应增加样点数而每个样点可稍小些。在确定取样数量时，还必须考虑调查时所要求的精确度，即在取样估计值中允许的误差范围。

(三)病虫害调查资料的统计

1.调查资料的统计方法

对植物病虫害发生情况调查统计时，要用发病率、病情指数、被害率、被害指数等表示植物病虫害的发生程度和严重程度。

(1)植物病害调查结果统计

——发病率：按照植株或器官是否发病进行统计，以调查发病地块、植株、器官占所有调查数量的百分比。不能表示病害发生的严重程度，只适用于植株或器官受害程度大致相似的病害，如系统感染的病毒病、全株发病的猝倒病、枯萎病、线虫病等，以及因局部发病而影响全株的瓜果腐烂病等。

$$发病率=\frac{病株(叶果等)数}{调查总株}\times 100\%$$

发病率计算，如调查 200 株，发病株为 15 株，发病率为

$$15/200\times 100\% = 7.5\%$$

——病情指数：植物病害发生的轻重对植物的影响是不同的，如叶片上发生少数几个病斑与发生很多病斑以致引起枯死的，就会有很大差别。因此，仅用发病率来表示植物的发病程度并不能完全反映植物的受害轻重。若将植物的发病程度分级后再进行统计计算，既能兼顾病害的普遍率和严重程度，也能准确地表示出植物的受害程度。

病情指数的计算，首先根据病害发生的轻重，进行分级计数调查，然后，根据数字按下列公式计算：

$$病情指数=\frac{\sum[各级病株(叶果等)数\times 各级代表数值]}{调查总株(叶果数)\times 最高分级级数}\times 100$$

如水稻叶瘟病普查：在分蘖末期和孕穗末期各查 1 次。选择轻、中、重 3 种类型田，每类型田查 3 块，采用 5 点取样，每点直线隔丛取 10 丛稻，调查病丛数，选取其中有代表性的 1 丛稻，调查绿色叶片的病叶数，每块田共调查并计算 50 丛稻的病丛率、5 丛稻的绿色叶片病叶率。

叶瘟病情分级标准如下：

0 级：无病；

1 级：病斑少而小，病斑面积占叶片面积 1%以下；

2 级：病斑小而多，或大而少，病斑面积占叶片面积的 1%～5%；

3 级：病斑大而较多，病斑面积占叶片面积的 5%～10%；

4 级：病斑大而多，病斑面积占叶片面积的 10%～50%；

5 级：病斑面积占叶片面积 50%以上，全叶将枯死。

如调查水稻叶瘟病叶片 190 片，其中 0 级 25 片、1 级 75 片、3 级 50 片、5 级 40 片。

$$病情指数=\frac{25\times0+75\times1+50\times3+40\times5}{190\times5}\times100$$

$$=44.74$$

病情指数越大，病情越重；病情指数越小，病情越轻。发病最重时病情指数为 100，没有发病时，病情指数为 0。

(2)植物虫害为害结果统计

——被害率：表示植物受害虫为害的普遍程度，不考虑受害轻重，常用被害率来表示。

$$被害率=\frac{被害株(茎、叶、枝\cdots)数}{调查总株(茎、叶、枝\cdots)数}\times100\%$$

如调查桃小食心虫蛀食苹果的蛀果率(被害率)，调查 500 个果，其中被蛀果实 35 个，蛀果率(被害率)为

$$35/500\times100\%=7\%$$

——被害指数：许多害虫对植物的为害只造成生物产量或单株产量的部分损失，植株之间受害轻重程度不等，用被害率表示并不能说明受害的实际情况，可采用与病害相似的方法，将害虫为害情况按植株受害轻重进行分级，再用被害指数来表示受害情况。

$$被害指数=\frac{\sum[各级株、茎、叶、花、果数\times各级代表数值]}{调查总株、茎、叶、花、果数\times最高分级级值}\times100$$

现以蚜虫为例，说明被害指数的计算方法。蚜虫为害分级标准为

0 级：无蚜虫，全部叶片正常；

1 级：有蚜虫，全部叶片无蚜虫异常现象；

2 级：有蚜虫，受害最重叶片出现皱缩不展；

3 级：有蚜虫，受害最重叶片皱缩半卷，超过半圆形；

4 级：有蚜虫，受害最重叶片皱缩全卷，呈圆形。

调查蚜虫为害植株 100 株，0 级 53 株，1 级 26 株，2 级 18 株，3 级 3 株。

$$被害指数=\frac{53\times0+26\times1+18\times2+3\times3}{100\times4}\times100=17.75$$

被害指数越大，植株受害越重；被害指数越小，植株受害越轻。植株受害最重时被害指数为100；植株没受害时，被害指数为0。

——损失率：被害指数只能表示受害轻重程度，但不直接反映产量的损失。产量损失应以损失率表示。

$$损失率=损失系数\times被害率$$

其中：

$$损失系数=\frac{健株单株产量-被害株单株产量}{健株单株产量}\times100\%$$

应用时，根据调查的需要和相应的目的，对公式的重点加以突出，使其更符合于客观要求。

——商品率：产品总量中商品量所占比重，用百分比表示。其计算公式为

$$产品商品率=\frac{产品商品量}{产品总产量}\times100\%$$

2.调查资料的整理与计算

调查取得大量资料，必须去粗取精、整理综合分析，进一步指导实践。资料分析整理中常用的统计计算方法如下。

(1)平均数计算法　平均数计算法是调查统计分析上用得最多，而且很重要的一个数量指标，它集中代表了样本的归纳特征。计算方法是把各个取样单位的数量(变数)直接加在一起，除以取样单位的个数所得的商，即为平均数。计算公式如下：

$$X=\frac{X_1+X_2+X_3+\cdots+X_n}{n}=\frac{\sum X}{n}$$

式中：X 为平均数；n 为取样单位个数；X_n 为变数。

(2)加权平均计算法　在调查资料中，变数较多，样本在20个以上，相同的数量有几个，在计算时可用乘法代替加法，即将变数值相同出现的次数为权数(用 f 表示)，用各变数与权数乘积的总和计算平均数的方法，称加权平均。

$$X=\frac{f_1X_1+f_2X_2+\cdots+f_nX_n}{\sum f}$$

例如，在苗圃育苗播种前，调查地下害虫数量，用对角线取样20点，每个样点

面积为 1 m^2，各样点检查蛴螬数结果为

1 3 2 6 5 2 3 3 3 0

4 2 0 2 2 4 2 5 1 2

加权平均时，先整理出权数如下：

变数	0	1	2	3	4	5	6
权数	2	2	7	4	2	2	1

$$X=\frac{2\times0+2\times1+7\times2+4\times3+2\times4+2\times5+1\times6}{2+2+7+4+2+2+1}=\frac{52}{20}=2.6$$

3. *病虫害的两查两定方法*

病虫害的两查两定方法具体内容如下。

害虫两查两定：查虫口密度，定防治地块；查发育进度，定防治适期。

病害两查两定：查发病率，定防治地块；查发病程度，定防治适期。

四、操作方法及考核标准

（一）操作方法与步骤

（1）依据当地病虫害种类，选择不同生态条件有代表性的病虫害发生地块，如发生病虫害的水稻、玉米、大豆等作物地块。分组进行调查，用五点取样法，取样单位可根据发生病虫害种类而异，如调查稻瘟病每点可取 1 m×1 m 或 2 m×0.5 m 样方，共 5 个取样点，分别统计各样点的发病率、病情指数、被害率等，并填入病虫害调查表中。

（2）选取样点时，应根据调查目的确定有代表性的地块，必要时对病虫害发生特别严重的或极轻的地块进行专门调查，探究原因，供进一步研究时参考。

（3）对所调查地块的基本情况，如栽植管理情况、间作情况、以前病虫发作情况和群众防治经验等逐一进行了解。对所调查地块的环境和自然条件，特别是有无其他寄主、天敌来源等也应注意记载，供分析病虫情况时参考。

（4）本实训可与生产实习、生产劳动结合进行，以达到熟练操作、熟悉病虫发生动态和为生产服务的目的。

（二）技能考核标准

病虫害田间调查技能考核标准见表 4-1-3。

表 4-1-3　病虫害田间调查技能考核标准

考核内容	要求与方法	评分标准	标准分值	考核方法
病虫害的调查方法30分	1.说出病虫害3种调查方法	病虫害调查方法，每种方法5分	15	单人考核口试评定成绩
	2.能够正确填写病虫害的一般调查表或病虫害的重点调查表	在填写病虫害的调查表时，错误1项扣2分	15	
病虫害的调查取样方法30分	1.说出抽样调查3个构成因素	抽样调查3个构成因素，每个因素5分	15	单人操作考核
	2.取样方式	取样方式3种，每种取样方式5分	15	
病虫害调查资料的统计40分	病虫害调查资料的统计方法	①不能够正确计算植物病害的发病率，扣10分	10	单人操作考核
		②不能够正确计算植物病害的病情指数，扣10分	10	
		③不能够正确计算植物虫害的被害率、被害指数，扣10分	10	
		④不能够正确计算植物损失率、损失系数，扣10分	10	

五、练习及思考题

1. 以一种发生普遍的害虫为例，采取正确的取样方法，调查被害率。
2. 以一种发生普遍的病害为例，采取正确的取样方法，调查发病率和病情指数。
3. 为什么病虫害要进行田间调查？
4. 病虫害调查取样方法有哪些？各有什么特点？
5. 举例说明如何计算害虫为害的损失系数？
6. 对当地某一目标植物发生的病虫害进行调查，并写出调查报告。

项目2　植物病虫害的预测预报

一、技能目标

通过对病虫害预测预报的学习，学生应掌握病虫害预测预报常用的方法，能够根据病虫害发生的种类采取正确的预测预报方法进行测报，为更好地对植物病虫害防治提供科学的理论依据。

二、教学资源

1. 材料与工具

有关病虫害的历史资料、寄主种类、病虫害种类及分布情况等资料。

2. 教学场所

校内、外植物生产基地、教室、实验室或实训室。

3. 师资配备

每 20 名学生配备一位指导教师。

三、原理、知识

(一)病虫害预测预报的依据

病虫害的预测预报具有实践性。无论测报期限的长短或内容要求的不同，应当将“预防为主，综合防治”的方针和病虫害防治的策略原则作为重要的依据，使测报结果对于确定防治的必要性、防治的规模和范围、防治措施和防治关键时期的选择以及全面防治工作的部署等，都能符合经济简便、安全有效的目的。

(二)病虫害预测预报的类型

1. 病虫害预测的类型

(1)依据测报期限长短分

①短期测报：一般仅测报几天到 10 余天的虫期动态。根据害虫的前一虫期推测下一虫期的发生期和数量，作为当前防治措施的依据。例如，从产卵高峰预测孵化盛期；从诱虫灯诱集的发生量推测为害程度。

②中期测报：一般都是跨世代的。根据前一代各虫期的发生动态，作为下一代的防治依据。期限往往在 1 个月以上。但依害虫种类不同，期限的长短也有很大差别。1 年只发生 1 代的害虫，1 个测报可长达 1 年，发生周期短的可测报半年或一季度，有的甚至不到 1 个月。

③长期测报：对两个世代以后的虫情测报，期限一般达数月，甚至跨年。长期测报需要多年的系统资料积累。

(2)依据测报内容分

①发生期预测：指对植物病虫害的各个为害阶段的始、盛、末期进行预测，以确定防治的最适时期。发生期预测在害虫防治上十分重要。例如，果树食心虫，使用

化学药剂防治时，必须在幼虫孵化之后、蛀入果实之前，否则，一旦蛀入果实之内，即很难防治。有些食叶的暴食性害虫，必须消灭在3龄之前，如地老虎、飞蝗等，否则，后期食量增加，为害严重，同时，抗药性增强，毒杀困难。为了更好地开展对害虫的综合防治，不仅要注意害虫的发生时期，而且还要预测益虫的发生时期及其动向，以便及时地引入天敌或调整药剂的使用。

②发生量预测：是对植物害虫的虫口密度、虫株率或植物病害的感病指数、感病株率等进行预测，以确定是否会造成危害，是否需要防治。对常发型害虫来说，虽然数量逐年变化，但波动幅度不大。对于暴发型害虫来说，数量预测十分重要，因为这类害虫的发生特点是数量变化幅度大，有的年份不发生；有的年份却大肆猖獗，为害严重。害虫数量的增减，是害虫各个虫期在其生活过程中所受外界环境因子综合影响的结果。但是，各个因子的作用是不相同的，其中有主导因子，只要抓住主导因子，以这个主导因子的动态作为害虫的数量变化预测的指标。

③分布蔓延预测：主要农林害虫，在历史上已形成一定的分布区。在分布区内，有一定的发生基地，而且，有一定的扩散蔓延和迁移习性。因此，害虫的发生是从点蔓延成片，或迁移到其他地方的发展趋势。害虫在一定时间内扩散迁移的范围，决定于迁移速度。影响害虫蔓延迁移速度的因素主要是害虫的活动能力、种群数量大小、地形限制条件和气象条件。只要掌握了一种害虫的生活习性，参考害虫的食性和寄主的分布，根据当地气象要素的具体变化，就能分析出这种扩散蔓延的动向，计算出某一定时期内，可能蔓延到的地区；或是根据面积和距离预测迁移到某地所需的时间，做好防治的准备工作。

2. 病虫害预报的类型

预报按其性质可分为通报、补报和警报等。通报是正常预报，一般由县级测报部门定期或不定期地发布书面“病虫情报”；补报是根据情况的变化发出的补充预报，用于对通报内容进行补充或修正；警报是就即将在短时间内暴发的病虫害做出紧急防治部署。

(三)害虫预测预报的方法

1. 期距法

每个虫态出现的时间距离，简称“期距”。即昆虫由前一个虫态发育到后一个虫态，或前一个世代发育到后一个世代所经历的时间天数。只要知道了这个期距的天数，就能根据前一个虫态发生期，加上期距天数，推算后一个虫态的发生期。也可以根据前一个世代的发生期，加上一个世代的发生期，推算后一个世代同一虫态的发生期。主要方法有：

(1)诱集法　利用昆虫的趋光性、趋化性以及取食、潜藏、产卵等习性进行诱测。如设置黑光灯、性引诱剂、糖醋液诱杀等。在害虫发生时期经常诱集统计，可以看出害虫在本地区一年中各代出现的始期、盛期、末期的期距，测报中常用的期距一般是指盛期至盛期的天数。有了这个基本数据，在之后的各年中，可根据当年第1代出现的盛期加上期距天数，推测出第2代出现的盛期。也可推算虫期或为害期。例如，用糖醋液诱测小地老虎越冬代成虫盛发期与第1代卵盛孵期的期距一般为15 d，距严重为害期为25～30 d。若当年诱测得到小地老虎成虫盛期是4月5日，那么，可推知第1代卵盛孵期是4月20日左右，严重为害期在5月1日之后。

(2)饲养法　指从发生病虫害地区采集一定数量的卵、幼虫或蛹，在人工饲养下，观察统计其发育变化历期，根据一定数量的个体，求出平均发育期。以这样的平均历期，作为期距，进行期距预测。从前一虫态发生期预测以后虫态的发生期。

(3)调查法　指选择有代表性的虫源进行定期调查，由某一虫态出现期开始前，逐日或每隔1～5 d，取样调查，统计出现数量，计算出发育进度，直至终期为止。下一虫态也是这样，依此类推，根据实际调查的资料，可以看出同一世代中孵化进度、化蛹进度、羽化进度的期距，以及一年中不同世代同一虫态发育进度的期距。例如，调查一些鳞翅目害虫的化蛹盛期时，可以按下列公式统计逐日的化蛹百分率及羽化百分率：

$$\text{化蛹百分率}=\frac{\text{活蛹数}+\text{蛹壳数}}{\text{活幼虫数}+\text{活蛹数}+\text{蛹壳数}}\times 100\%$$

$$\text{羽化百分率}=\frac{\text{蛹壳数}}{\text{活幼虫数}+\text{活蛹数}+\text{蛹壳数}}\times 100\%$$

化蛹盛期(50%化蛹)与羽化盛期(50%羽化)的时间间距，就是蛹的历期或蛹期。

2.物候法

物候法是在自然界中各种生物随着季节变化出现的生物现象。例如，燕子飞来、黄莺鸣叫、桃树开花等，都表现出一定的季节规律性。这些物候现象代表了大自然的气候已进入到一定的节令。害虫的生长发育受自然气候的影响，每种害虫某一虫期，在自然界中也是在一定的节令才出现。由于自然界各种动植物的相互联系，经过观察，可以找出某种动植物某一发育阶段或活动的出现和害虫某一虫态出现在时间顺序上的标志，来预测害虫某一虫态的出现期。例如，某地对小地老虎的观察证明：“桃花一片红，发蛾到高峰；榆钱(果)落，幼虫多”。在测报上可以利用这种相关性，借助其他生物的活动规律，预知害虫的出现期。

利用物候法来预测病虫的发生，是有地区性的，各地都应该因地制宜地细心观察所要预测对象发生的关键时期与其他生物现象的相关性，特别是要把重点放在病虫即将大发生的物候上，并要不断总结和积累有关物候法预测病虫发生的经验，以便更好地指导害虫防治。

3. 有效积温法

在有效温度范围内，利用有效积温法则对昆虫进行预测预报。昆虫的生长发育速度，常随温度的升高而加快。实验测得，昆虫完成一定的发育阶段（世代或虫期）所需天数与该天内温度的乘积，理论上是一个常数。用公式表示：$K=NT$，其中 K 表示常数，N 表示发育天数，T 表示平均温度。又因为昆虫的发育起点，不是从 0℃开始，因此，昆虫的发育温度应减去发育起点温度 C。

有效积温公式是：$K=N(T-C)$ 或 $N=K/(T-C)$。

这公式说明了昆虫的发育速度与温度之间的一定关系，称为有效积温定律（有效积温法则）。

例如，预测小地老虎的发生期，已知小地老虎卵的发育起点 11.64℃，有效积温为 46.64℃，5 月 8 日卵产下时的平均温度为 20℃，根据公式：$N=K/(T-C)$ 则发育天数 $N=46.64/(20-11.64)=5.58$ d 即 6 d，则从调查的 5 月 8 日，向后推 6 d，即 5 月 14 日，卵可孵化。

同理，利用公式 $T=C+K/N$ 计算出室内饲养的益虫或害虫所需的温度，进而达到掌握或控制其发育速度的目的。

根据有效积温法则，可推算出某虫在某地一年中发生的代数。

$$世代数=\frac{某地全年有效积温总和}{某虫完成一个世代的有效积温}$$

有效积温法则的应用，有一定的局限性，对一年 1 代或多年 1 代的害虫不适用；对发育过程中有明显滞育现象和某些迁飞性害虫也不适用。

4. 依据有效基数预测法

依据有效基数预测害虫的发生量是一种普遍的方法。一般对年发生世代数少和第 1、2 代害虫的预测效果比较好。害虫的发生量通常与前一世代的虫口基数有密切关系，基数大，下一世代发生可能多，反之则少。因此，许多害虫越冬后在早春进行有效基数的调查，可作为第 1 代发生数量的依据。在实际应用中，根据害虫的有效基数，推测下一世代的发生数量，常用下列公式：

$$P=P_0[L\times f(m+f)\times(1-M)]$$

式中：P 为繁殖数，即下一世代的发生量；P_0 为上一世代基数；L 为每头雌虫平均产卵量；f 为雌虫所占比例；m 为雄虫所占比例；M 为死亡率。

例如，甘蓝夜蛾每平方米越冬蛹基数为0.5头，雌虫平均每头产卵700粒，雌雄比为1∶1，死亡率为85%，那么，第1代幼虫发生量为

$$P=0.5[700\times0.5/(0.5+0.5)\times(1-0.85)]$$
$$=0.5\times52.5=26.25(\text{头}/m^2)$$

5.依据经验指数预测法

根据经验指数来估计未来害虫的数量消长趋势，常用的经验指数有温雨系数或温湿系数。

温湿系数

$$ER=R/\text{或}\ R/(T-C)$$

温雨系数

$$ER=P/T\ \text{或}\ P/(T-C)$$

式中：P为月或旬总降雨量；T为月或旬平均温度；R为月或旬平均相对湿度；C为该害虫发育起点温度。

6.昆虫形态特征、内部生理指标预测法

环境条件对昆虫的影响是通过昆虫本身而起作用，昆虫对外界条件的适应也会从内外部形态特征上表现出来。如虫型的变化、脂肪体含量与结构、生殖器官的变异、雌雄性比等都影响到下一代或下一虫期的繁殖能力。可依据这些内外部形态上的变化，估计未来的发生量或迁飞的预测指标。例如，蚜类、蚧类成虫有多型现象，环境条件有利时，无翅蚜多于有翅蚜；无翅雌蚧多于有翅雄蚧。因此，当种群中无翅蚜或无翅雌蚧比例高时，种群数量将会增加。又如某些种类的飞虱，其成虫有长翅型与短翅型之分。长翅型中雌性比例较低，寿命比短翅型短3～5 d，产卵量也比短翅型少一半左右。因此，当种群中短翅型增多时，即预示种群数量将增加。

(四)病害预测预报的方法

病害的预测远不如害虫预测那样完善和准确。病害的发生期和流行程度预测往往结合在一起进行。一般是在对观测圃、系统观察田、大田进行调查的基础上根据品种、发病基数、作物生长状况、气候、栽培条件等因素进行估计。

1.孢子捕捉预测法

某些真菌病原孢子随气流传播，发病季节性较强，容易流行成灾，可用空中捕捉孢子的方法预测发生动态。

2. 观测圃预测法

观测圃设立在有代表性的区域，种植当家品种或感病品种，可分期播种，给予

有利于发病的肥水条件。在观测圃中可以系统调查病情，观察作物生育期。通过调查观察，掌握大田调查和始病期，了解病情的发展，指导大田调查和防治。观测圃也可以在已种植的田块中划定，选有代表性的品种及施肥水平高的田块。

3.气象指标预测法

作物病害的发生和流行与气象条件密切相关。可以根据某些有利病害流行的气象条件能否出现以及何时出现，预测病害的发生情况。

四、操作方法及考核标准

(一)操作方法与步骤

以小组为单位，根据各地不同情况，选择水稻、玉米、蔬菜、果树等当地主要作物1～2种主要病虫发生时期，进行田间调查，并对两查两定的调查结果进行整理分析，结合天气及病虫发育情况进行预测预报。

(二)技能考核标准

病虫害预测预报技能考核参考标准见表4-2-1。

表4-2-1 病虫害预测预报技能考核参考标准

考核内容	要求与方法	评分标准	标准分值	考核方法
病虫害预测预报的类型30分	1.说出依据测报期限长短所分的类型	准确说出依据测报期限长短所分得的3种类型，每种类型5分	15	单人考核口试评定成绩
	2.说出依据测报内容所分的类型	准确说出依据测报内容所分的3种类型，每种类型5分	15	
病虫害预测预报的方法70分	1.说出期距法的3种方法	准确说出期距法的3种方法，每种方法5分	15	单人操作考核
	2.熟记化蛹百分率或羽化百分率的计算公式	准确计算化蛹百分率或羽化百分率，5分	5	
	3.学会用物候法预测害虫的发生期	能够举一例说明当地物候现象和害虫发生的关系，5分	5	
	4.有效积温公式及应用	能够正确利用$K=N(T-C)$公式计算出K、C和推算出发育历期、害虫世代数，每项10分	40	
	5.有效基数预测法应用	能够正确利用有效基数预测法计算害虫发生量，5分	5	

五、练习及思考题

1. 预测害虫发生期的方法有哪些？各有何特点？

2. 用两查两定等方法，预测 1～2 种农作物主要病虫害发生情况及防治适期。

3. 举一例说明当地有哪些物候现象和害虫的发生期有何关系。

典型工作任务五 植物病虫害综合治理

项目1　植物病虫害综合防治技术

一、技能目标

通过病虫害综合防治技术实训，学生应掌握病虫害综合治理的方法，能结合病虫害发生的实际情况，指导植物病虫害防治工作。

二、教学资源

1. 材料与工具

当地气象资料、有关病虫害的历史资料、植物种类、农药类型、植物生产技术方案、病虫害种类及分布情况等资料。

2. 教学场所

教室、校内外生产实习基地、实验室、实训室和农药经销店。

3. 师资配备

每20名学生配备一位指导教师。

三、原理、知识

“综合防治是对有害生物进行科学管理的体系，它从农业生态系总体出发，根据有害生物与环境之间的相互联系，充分发挥自然控制因素的作用，因地制宜协调应用必要的措施，将有害生物控制在经济允许水平之下，以获得最佳的经济、生态和社会效益”。即以农业生态全局为出发点，以预防为主，强调利用自然界对病虫的控制因素，达到控制病虫发生的目的；合理运用各种防治方法，相互协调，取长补短，在综合各种因素的基础上，确定最佳防治方案，利用化学防治方法时，应尽量避免杀伤天敌和污染环境；综合治理不是彻底干净消灭病虫害，而是把病虫害控制在经济允许水平以下；综合治理并不降低防治要求，而是把防治措施提高到安全、经济、简便、有效的水平上。

病虫害综合治理的措施有植物检疫、农业防治、物理机械防治、生物防治及化学防治5大类，下面分别进行阐述。

（一）植物检疫

植物检疫也叫法规防治。是指一个国家或地方政府颁布法令，设立专门机构，禁止或限制危险性病虫、杂草等人为地传入或传出，或者传入后为限制其继续扩展所采取的一系列措施。它是防治病虫草害的基本措施之一，也是实施“综合治理”措施的有力保证。

1.植物检疫的必要性

在自然情况下，病虫害、杂草等的分布虽然可以通过气流等自然动力和自身活动扩散，不断扩大其分布范围，但这种能力是有限的，加上有高山、海洋、沙漠等天然障碍的阻隔，因此病虫、杂草的分布有一定的地域局限性。但是，一旦借助人为因素的传播，例如，附着在种实、苗木、接穗、插条及其他植物产品上由一个地区传到另一个地区或由一个国家传播到另一个国家，原来制约其发生发展的一些环境因素被打破，条件适宜时，就会迅速扩展蔓延，猖獗成灾。例如，葡萄根瘤蚜在1860年由美国传入法国后，经过25年，就有10×10^4 hm^2以上的葡萄园近于毁灭。又如我国的菊花白锈病、樱花细菌性根癌病均由日本传入，使许多园林植物蒙难。最近几年传入我国的美洲斑潜蝇、蔗扁蛾、薇甘菊等也带来了严重灾难。因而，为了防止危险性病虫、杂草的传播，各国政府都制定了检疫法令，设立了检疫机构，进行植物病虫害及杂草的检疫。

2.植物检疫的任务

（1）禁止危险性病虫及杂草随着植物及其产品由国外输入或国内输出。

（2）将国内局部地区已发生的危险性病虫和杂草封锁在一定的范围内，防止其扩散蔓延，并积极采取有效措施，逐步予以清除。

（3）当危险性病虫和杂草传入新地区时，应采取紧急措施，及时就地消灭。

随着我国对外贸易的发展，植物产品的交流也日益频繁，危险性病虫及杂草的传播机会越来越大,检疫工作的任务愈加繁重。因此,必须严格执行检疫法规,高度重视植物检疫工作,切实做到“既不引祸入境,也不染灾于人”,以促进对外贸易,维护国际信誉。

3. 植物检疫的类型

(1)对外检疫和对内检疫

——对外检疫(国际检疫):国家在对外港口、国际机场及国际交通要道设立检疫机构,对进出口的植物及其产品进行检疫处理。防止国外新的或在国内还是局部发生的危险性病虫害及杂草的输入;同时也防止国内某些危险性的病虫害及杂草的输出。

——对内检疫(国内检疫):国内各级检疫机关,同交通运输、邮电、供销及其他有关部门根据检疫条例,对所调运的植物及其产品进行检验和处理,以防止仅在国内局部地区发生的危险性病虫害及杂草的传播蔓延。我国对内检疫主要以产地检疫为主,道路检疫为辅。

对内检疫是对外检疫的基础,对外检疫是对内检疫的保障,二者紧密配合,互相促进,以达到保护植物免受病虫危害的目的。

(2)检疫对象的确定　确定检疫对象的依据及原则是:

①本国或本地区未发生的或分布不广,局部发生的病虫及杂草。

②为害严重,防治困难的病虫、杂草。

③可借助人为活动传播的病虫及杂草。能随同种实、接穗、包装物等运往各地,适应性强的病虫、杂草。同时,必须根据寄主范围和传播方式确定应该接受检疫的种苗、接穗及其他植物产品的种类和部位。

检疫对象名单并不是固定不变的,应根据实际情况的变化及时修订或补充。

(3)划定疫区和保护区　有检疫对象发生的地区划为疫区,对疫区要严加控制,禁止检疫对象传出,并采取积极的防治措施,逐步消灭检疫对象。未发生检疫对象但有可能传播检疫对象的地区划定为保护区,对保护区要严防检疫对象传入,充分做好预防工作。

(4)其他措施　包括建立和健全植物检疫机构、建立无检疫对象的种苗繁育基地、加强植物检疫科研工作等。

4. 植物检疫对象的名单

中华人民共和国进境植物检疫性有害生物名录中包括了435种(属),在此不一一列举。全国农业植物检疫性有害生物名单中与植物有关的有:菜豆象、柑橘小实蝇、柑橘大实蝇、蜜柑大实蝇、三叶斑潜蝇、椰心叶甲、四纹豆象、苹果蠹蛾、葡萄根瘤蚜、苹果绵蚜、美国白蛾、马铃薯甲虫、杧果果肉象甲、杧果果实象甲、蔗扁蛾、菊花滑刃线虫、腐烂茎线虫、香蕉穿孔线虫、柑橘黄龙病菌、番茄溃疡病菌、柑橘溃疡病菌、番茄细菌性叶斑病菌、瓜类果斑病菌、十字花科黑斑病菌、黄瓜黑星病菌、香蕉镰刀菌、枯萎病菌4号小种、马铃薯癌肿病菌、苹果黑星病菌、李属坏死环斑病毒、番茄斑萎病毒、黄瓜绿斑驳花叶病毒、豚草属、菟丝子属、列当属等。

5.植物检疫的步骤

(1)对内检疫

①报检:调运和邮寄种苗及其他应受检的植物产品时,应向调出地有关检疫机构报验。

②检验:检疫机构人员对所报验的植物及其产品要进行严格的检验。到达现场后凭肉眼和放大镜对产品进行外部检查,并抽取一定数量的产品进行详细检查,必要时可进行显微镜检及诱发试验等。

③检疫处理:经检验如发现检疫对象,应按规定在检疫机构监督下进行处理。一般方法有禁止调运、就地销毁、消毒处理、限制使用地点等。

④签发证书:经检验后,如不带有检疫对象,则检疫机构发给国内植物检疫证书放行;如发现检疫对象,经处理合格后,仍发证放行;无法进行消毒处理的,应停止调运。

(2)对外检疫　我国进出口检疫包括以下几个方面:进口检疫、出口检疫、旅客携带物检疫、国际邮包检疫、过境检疫等。应严格执行《中华人民共和国进出口动植物检疫条例》及其实施细则的有关规定。

6.植物检疫的方法

植物检疫的检验方法按检验地点分现场检验、实验室检验和栽培检验3种。具体方法有直接检验、过筛检验、解剖检验、比重检验、荧光反映检验、染色检验、漏斗分离检验、洗涤检验、分离培养检验、血清检验、生物化学反应检验、萌芽检验、接种检验、隔离试种检验、X光检验等。

(二)农业防治

农业防治是通过改进栽培技术措施,使环境条件不利于病虫害的发生,而有利于植物的生长发育,直接或间接地消灭或抑制病虫的发生与为害。这类方法不需要额外投资,有利于保持生态平衡,又有预防作用,可长期控制病虫害,因而是最基本的防治方法。但农业防治法中有的措施地域性、季节性较强,且防治效果缓慢,病虫害大发生时必须依靠其他防治措施。农业防治主要有以下措施:

1.清洁田园、卫生作业

及时清理田园、棚室中带有病虫害的病株残体,并加以处理,深埋或烧毁。生长季节要及时摘除病、虫枝叶,清除因病虫致死的植株。在操作过程中应避免人为传染,如在嫁接、移栽、摘心时要防止工具和人手对病菌的传带。温室中带有病虫的土壤、盆钵在未处理前不可继续使用。无土栽培时,被污染的营养液要及时清除,不能继续使用。

2.合理耕作

(1)合理轮作　轮作指同一块地上有计划地按顺序轮种不同类型的植物和不同类型的复种形式称为轮作。通过轮作,使土壤中的病原物找不到食物“饥饿”而死,从而降低病原物的数量。轮作时间应视具体病害而定,大白菜白斑病实行 2~3 年以上轮作,而胞囊线虫病一般情况下要实行 3~4 年以上轮作。为预防西瓜枯萎病的发生,在不采取其他措施的情况下,农谚说“种西瓜十年不重茬”。

(2)科学间作　每种病虫对植物都有一定的选择性和转移性。在植物布局时,要考虑到寄主植物与害虫的食性及病菌的寄主范围,尽量避免相同食料及相同寄主范围的植物混栽或间作。如十字花科蔬菜混栽有利于菜青虫、小菜蛾等害虫的发生;桃、梅等与梨相距太近,有利于梨小食心虫的大量发生;多种花卉的混栽,会加重病毒病的发生。

3.深耕改土

结合深耕土地,将土壤深层的害虫和病菌翻至地表,日光暴晒或冷冻致死;将表层的害虫和病菌翻入深层,使其致死。如棉铃虫蛹在表层 4~6 cm 处越冬,深翻可破坏其蛹室使蛹大量死亡。

4.加强栽培管理

(1)合理密植　合理密植可以创造有利于植物生长发育的环境条件,如改善通风透光条件、降低湿度等,从而培育健壮植株、提高抗病虫能力,减轻病虫为害程度。

(2)改善环境条件　改善环境条件主要是指调节栽培地的温度和湿度,尤其是温室栽培植物,要经常通风换气、降低湿度,以减轻灰霉病、霜霉病等病害的发生。冬季温室温度要适宜,不要忽冷忽热。否则,植物会因生长环境欠佳,导致各种生理性病害及侵染性病害的发生。

(3)加强肥水管理　合理的肥水管理不仅能使植物健壮地生长,而且能增强植物的抗病虫能力。使用肥料时一是要注意氮、磷、钾及微量元素等营养成分的配合,讲究配方施肥,以防止施肥过量或出现缺素症。二是使用的有机肥要充分腐熟,否则,容易传播病菌、招引金龟子及种蝇等产卵为害。

浇水方式、浇水量、浇水时间等影响病虫害的发生。喷灌和洒水等方式容易引起叶部病害的发生,最好采用沟灌、滴灌或沿盆钵边缘注浇。浇水量要适宜,浇水过多易烂根,浇水过少则易使植物因缺水而生长不良,出现各种生理性病害或加重侵染性病害的发生。多雨季节要及时排水。

(4)适时间苗、定苗、整枝打杈与合理修剪　适时间苗、定苗,及时整枝打杈、合理修剪不仅可以改善通风透光、降低湿度、提高植物生长势,同时还可以直接消灭部分病虫,减轻其为害。例如,秋冬季节结合修枝,剪去有病枝条,减少翌年病害的初侵染源。

(5)中耕除草　中耕除草不仅可以保持土壤肥力,减少土壤水分的蒸发,促进植株健壮生长,提高抗逆能力,还可以清除许多病虫的发源地及潜伏场所。如杂草苋色藜是香石竹病毒病的中间寄主,铲除杂草可以起到减轻病害的作用;蛴螬生活在浅土层中,通过中耕,可使其暴露于土表,便于杀死。

5.选育抗病虫品种

(1)培育抗病虫品种　培育抗病虫品种是预防病虫害的重要环节。培育抗病虫品种的方法很多,有常规育种、辐射育种、化学诱变、单倍体育种等。随着转基因技术的不断发展,将抗病虫基因导入植物体内,获得大量理想的抗性品种已逐步变为现实。

(2)繁育健壮种苗　许多病虫害是依靠种子、苗木及其他无性繁殖材料传播的,因而培育无病虫的健壮种苗,可有效控制病虫害的发生。

①无病虫苗床或圃地育苗:选取土壤疏松、排水良好、通风透光、无病虫为害的场所为苗床或育苗圃地。盆播育苗时应注意盆钵、基质的消毒,同时通过适时播种、合理轮作、整地施肥以及中耕除草等加强管理,使苗齐、苗全、苗壮、无病虫为害。

②无病株采种:植物的许多病害是通过种苗传播的,如小麦线虫病是由种子传播,黄叶病是由芽传播等。只有从健康母株上采种(芽),才能得到无病种苗,避免或减轻该类病害的发生。

③组培脱毒育苗:植物中病毒病发生普遍且严重,许多种苗都带有病毒,利用组培技术进行脱毒处理,对防治病毒病十分有效。如脱毒菊花苗、脱毒马铃薯等应用已成功。

(三)物理机械防治

利用各种物理因素和机械设备来防治病虫害的方法称为物理机械防治。这类方法简单易行，经济安全，很少有副作用；但有的措施费力，或者效果不理想。

1. 捕杀法

利用人工或各种简单的器械捕捉或直接消灭害虫的方法称捕杀法。人工捕杀适合于具有假死性、群集性或其他目标明显易于捕捉的害虫。如多数金龟甲、象甲的成虫具有假死性，可在清晨或傍晚将其震落杀死；结合病虫害发生地日常管理，人工捕杀虫苞、摘除虫卵、捕捉成虫等。此法不污染环境，不伤害天敌，不需额外投资，便于开展群众性防治。

2. 诱杀法

利用害虫的趋性，人为设置器械或诱物来诱杀害虫的方法称为诱杀法。利用此法还可以预测害虫的发生动态。

(1)灯光诱杀　利用害虫对灯光的趋性，人为设置灯光来诱杀害虫的方法称为灯光诱杀。生产上所用的光源主要是黑光灯，此外，还有高压电网灭虫灯等。

黑光灯是一种能辐射出 360 nm 紫外线的低气压汞气灯。而大多数害虫的视觉神经对波长 330～400 nm 的紫外线特别敏感，具有较强的趋光性，因而诱虫效果很好，能诱集 15 个目 100 多个科的几百种昆虫，其中多数是农林害虫。利用黑光灯诱虫，诱集面积大，成本低，不仅能消灭大量虫源，降低下一代的虫口密度，还可用于预测预报和科学实验。

安置黑光灯时应以安全、经济、简便为原则。诱虫时间一般在 5～9 月份，选择闷热、无风无雨、无月光的天气开灯，以 21:00～22:00 时诱虫最多。

(2)食物诱杀

①毒饵诱杀：利用害虫的趋化性，在其所喜欢的食物中掺入适量毒剂来诱杀害虫的方法叫毒饵诱杀。例如，蝼蛄、地老虎等地下害虫，可用麦麸、谷糠等作饵料，掺入适量敌百虫、辛硫磷等药剂制成毒饵来诱杀。诱杀地老虎、梨小食心虫的成虫时，常以糖醋液作饵料，以敌百虫作毒剂来诱杀。

②饵木诱杀：许多蛀干害虫，如天牛、小蠹虫等喜欢在新伐倒木上产卵繁殖，因而可在这些害虫的繁殖期，人为地放置一些木段，供其产卵，待卵全部孵化后进行剥皮处理，消灭其中的害虫。

③植物诱杀：利用害虫对某些植物有特殊的嗜食习性，人为种植或采集此种植物诱集捕杀害虫的方法。如在田园周围种植蓖麻，可使金龟甲误食后麻醉，从而集中捕杀。

(3)潜所诱杀　利用害虫在某一时期喜欢某一特殊环境的习性，人为设置类似的环境来诱杀害虫的方法称为潜所诱杀。如在树干基部绑扎草绳或麻布片，可引诱某些蛾类幼虫前来越冬;在蔬菜田内堆集新鲜杂草,能诱集地老虎幼虫潜伏草下,便于集中消灭。

(4)色板诱杀 将黄色黏胶板设置于植物栽培区域,可诱黏到大量有翅蚜、白粉虱、斑潜蝇等害虫,其中以在温室保护地内使用时效果较好。田园设置蓝板可诱杀蓟马。

3.阻隔法

人为设置各种障碍,以切断病虫害的侵害途径,这种方法称为阻隔法,也叫障碍物法。

(1)涂毒环、涂胶环 对有上、下树习性的幼虫可在树干上涂毒环或涂胶环,以阻隔和触杀幼虫。毒环可用2.5%溴氰菊酯10 mL、氧化乐果10 mL加废机油1 kg混合,在树干离地面2 m左右处,涂3～5 cm宽的环,可达到防治目的。胶环的制作可用以下配方:蓖麻油10份、松香10份、硬脂酸1份。

(2)挖障碍沟 对不能迁飞只能靠爬行扩散的害虫,为阻止其迁移为害,可在未受害区周围挖沟,害虫坠落沟中后予以消灭。对紫色根腐病等借助菌索蔓延传播的根部病害,在受害植株周围挖沟能阻隔病菌菌索的蔓延。

(3)设障碍物 有的害虫雌成虫无翅,只能爬到树干上产卵。对这类害虫,可在其上树前在树干基部设置障碍物阻止其上树产卵,如在树干上绑塑料布或在干基周围培土堆,制成光滑的陡面。

(4)土壤覆膜或盖草 许多叶部病害的病原物是在病残体上越冬。蔬菜、花木栽培地早春覆膜或盖草(稻草、麦秸草等)可大幅度地减少叶部病害的发生。其原理是地膜或干草对病原物的传播起到了机械阻隔作用。

(5)纱网阻隔 对于保护地内栽培的植物,采用40～60目的纱网覆罩,可以隔绝蚜虫、叶蝉、粉虱、蓟马等害虫的为害,有效地减轻病毒病的侵染。

此外,在目的植物周围种植高秆且害虫喜食的植物,可以阻隔外来迁飞性害虫的为害;土表或苗床覆盖银灰色薄膜,可使有翅蚜远远躲避,从而保护植物免受蚜虫的为害并减少蚜虫传毒的机会。

4.汰选法

利用健全种子与被害种子外形大小、比重上的差异进行器械或液相分离,剔除带有病虫的种子。常用的方法有手选、筛选、盐水选等。带有病虫的种苗或苗木,有的用肉眼便能识别,因而引进、购买时,要汰除有病虫害的种苗或苗木,尤其是带有检疫对象的材料,一定要彻底检查,拒之门外。

5. 温度处理法

利用高温或低温来防治病虫害的方法称温度处理法。生产上常用的是热处理法。

(1)种苗的热处理　种苗热处理的关键是温度和时间的控制，一般对休眠器官处理比较安全。热处理前应先进行试验。试验时升温要缓慢，使之有个适应温热的过程。

温汤浸种是生产上最常用的热处理。有根结线虫病的植物可在 45～65℃的温水中处理(先在 30～35℃的水中预热 30 min)处理 0.5～2 h，然后将植株用凉水淋洗；有病虫的苗木可用热风处理，温度为 35～40℃，处理时间为 1～4 周。

(2)土壤的热处理　现代温室土壤热处理是使用 90～100℃热蒸汽，处理时间为 30 min。蒸汽处理可大幅度降低地下害虫及多种土传病害的发生程度。在发达国家，蒸汽热处理已成为常规管理。

利用太阳能热处理土壤也是有效的措施。在 7～8 月份将土壤摊平做垄，垄为南北向，浇水并覆盖塑料薄膜(5 μm 厚为宜)，在覆盖期间要保证有 10～15 d 的晴天，耕层温度可高达 60～70℃，能基本上杀死土壤中的病原物。温室大棚中的土壤也用此法处理，当夏季棚室休闲后，将门窗全部关闭并在土壤表面覆膜，能彻底地消灭棚室中的病虫害。

6. 近代物理技术的应用

近几年来，原子能、超声波、紫外线、红外线、激光、高频电流等，普遍应用于生物物理范畴，其中很多成果在病虫害防治中得到应用。

(1)原子能的利用　原子能可用来防治病虫害，例如，直接用 32.2 万 R(伦琴)①的 ^{60}Co γ 射线照射仓库害虫，可使害虫立即死亡。也可使用 6.44 万 R 剂量，仍有杀虫效力，部分未被杀死的害虫，虽可正常生活和产卵，但生殖能力受到了损害，所产的卵粒不能孵化。

(2)高频、高压电流的应用　每秒 3 000 万 Hz 的电流称为高频率电流，超过每秒 3 000 万 Hz 以上的电流称为超高频电流。在高频率电场中，由于温度增高等原因，可使害虫迅速死亡。该法主要用于防治仓储害虫、土壤害虫等。

高压放电也可用来防治害虫，如国外设计一种机器，两电极之间可以形成 5 cm 的火花，在火花的作用下，土壤表面的害虫在很短时间内就可死亡。

(3)超声波的应用　利用振动在 2 万次/s 以上的声波所产生的机械动力或化

①1 R(伦琴)$=2.58\times10^{-4}$ C/kg(库/千克)。

学反应来杀死害虫，例如，对水源的消毒灭菌、消灭植物体内部害虫等。也可利用超声波或微波引诱雄虫远离雌虫，从而阻止害虫的繁殖。

(4)光波的利用　一般黑光灯诱集的昆虫中有害虫也有益虫，近年来，根据昆虫复眼对各种光波具有很强鉴别力的特点，采用对波长有调节作用的“激光器”，将特定虫种诱入捕虫器中加以消灭。

(四)生物防治

利用有益生物及其代谢物质来控制病虫害称为生物防治法。

生物防治的特点是对人畜、植物安全，害虫不产生抗性，天敌来源广，且有长期抑制作用。但局限于某一虫期，作用慢，成本高，人工培养及使用技术要求比较严格。必须与其他防治措施相结合，才能充分发挥其应有的作用。

1.利用天敌昆虫防治害虫

(1)捕食性天敌昆虫　专以其他昆虫或小动物为食物的昆虫，称为捕食性天敌昆虫。这类昆虫用它们的咀嚼式口器直接蚕食虫体的一部分或全部；有些则用刺吸式口器刺入害虫体内吸食害虫体液使其死亡。这类天敌，一般个体较被捕食者大，在自然界中抑制害虫的作用十分明显。例如，螳螂、瓢虫、草蛉、猎蝽、食蚜蝇、虎甲、蜻蜓等是最常见的捕食性天敌昆虫。

(2)寄生性天敌昆虫　一些昆虫种类，在某个时期或终身寄生在其他昆虫的体内或体外，以其体液和组织为食来维持生存，最终导致寄主昆虫死亡，这类昆虫称为寄生性天敌昆虫。其个体一般较寄主小，数量比寄主多，在1个寄主上可育出1个或多个个体。常见的类群有赤眼蜂、姬蜂、小茧蜂、蚜茧蜂、土蜂、肿腿蜂、黑卵蜂及寄蝇类等。

(3)天敌昆虫利用的途径和方法

①当地自然天敌昆虫的保护和利用：自然界中天敌的种类和数量很多，要善于保护和利用。如化学防治时，选用选择性强或残效期短的杀虫剂，选择适当的施药时期和方法，以减少杀虫剂对天敌的伤害；搜集瓢虫、螳螂等越冬成虫在室内保护，翌年春再放回田间，以保护天敌安全越冬；适当种植蜜源植物，改善天敌的营养条件等。

②人工大量繁殖释放天敌昆虫：人工大量繁殖天敌，在害虫发生初期释放，可取得较显著的防治效果。已繁殖利用成功的有赤眼蜂、异色瓢虫、黑缘红瓢虫、草蛉、平腹小蜂、管氏肿腿蜂等。

③移植、引进外地天敌：天敌移殖是指天敌昆虫在本国范围内移地繁殖。天敌

引进是指从一个国家移入另一个国家。1978 年我国从英国引进的丽蚜小蜂，在北京等地试验，控制温室白粉虱的效果十分显著。1953 年湖北省从浙江移殖大红瓢虫防治柑橘吹绵蚧，获得成功，之后，四川、福建、广西等地也引入了这种瓢虫，均获成功。

2.利用其他有益动物防治害虫

(1)蜘蛛和捕食螨治虫　蜘蛛为肉食性，主要捕食昆虫。捕食螨是指捕食叶螨和植食性害虫的螨类。重要科有植绥螨科、长须螨科。如尼氏钝绥螨、拟长毛钝绥螨已能人工饲养繁殖并释放于温室和田间，对防治叶螨收到良好效果。

(2)蛙类治虫　青蛙、蟾蜍等主要以昆虫及其他小动物为食，所捕食的昆虫，绝大多数为农林害虫。蛙类食量很大，如泽蛙 1 d 可捕食叶蝉 260 头。为发挥蛙类治虫的作用，除严禁捕杀蛙类外，还应加强人工繁殖和放养蛙类，保护蛙卵和蝌蚪。

(3)鸟类治虫　据调查，我国现有 1 100 多种鸟，其中食虫鸟约占半数，对抑制植物害虫的发生起到了一定作用。

3.利用有益微生物防治病虫害

(1)以菌治虫　人为利用病原微生物防治害虫的方法称为以菌治虫，能使昆虫得病而死的病原微生物有真菌、细菌、病毒、立克次氏体、原生动物及线虫等。生产上应用较多的是真菌、细菌、病毒。

①细菌：昆虫病原细菌已经发现的有 90 余种，多属于芽孢杆菌科、假单胞杆菌科和肠杆菌科。在害虫防治中应用较多的是芽孢杆菌属和芽孢梭菌属。病原细菌主要通过消化道侵入虫体内，导致败血症或由于细菌产生的毒素使昆虫死亡。被细菌感染的昆虫，食欲减退，口腔和肛门具黏性排泄物，死后虫体颜色加深，并迅速腐败变形、软化、组织溃烂，有恶臭味，通称软化病。

我国应用最广的细菌制剂主要有苏云金杆菌(包括松毛虫杆菌、青虫菌均为其变种)。这类制剂无公害，可与其他农药混用。并且对温度要求不严，在温度较高时发病率高，对鳞翅目幼虫防效好。

②真菌：病原真菌的类群较多，约有 750 种，但研究较多且实用价值较大的主要是接合菌中的虫霉属、半知菌中的白僵菌属、绿僵菌属及拟青霉属。病原菌以其孢子或菌丝从体壁侵入昆虫体内，以虫体各种组织和体液为营养，随后虫体上长出菌丝，产生孢子，随风和水流进行再侵染。感病昆虫常出现食欲锐减、虫体萎缩，死后虫体僵硬，体表布满菌丝和孢子。

应用较为广泛的真菌制剂是白僵菌，可有效地控制鳞翅目、同翅目、膜翅目、直翅目等害虫，而且对人畜无害，不污染环境。

③病毒:昆虫的病毒病在昆虫中很普遍,利用病毒来防治害虫,其主要特点是专化性强,在自然情况下,常寄生1种害虫,不存在污染与公害问题。昆虫感染病毒后,虫体多卧于或悬挂在叶片及植株表面,后期流出大量液体,但无臭味,体表无丝状物。

在已知的昆虫病毒中,防治应用较广的有核型多角体病毒(NPV)、颗粒体病毒(GV)和质型多角体病毒(CPV)3类。这些病毒主要感染鳞翅目、双翅目、膜翅目、鞘翅目等幼虫。

④线虫:有些线虫可寄生地下害虫和钻蛀害虫,导致害虫受抑制而死亡。被线虫寄生的昆虫通常表现为褪色或膨胀、生长发育迟缓、繁殖能力降低,有的出现畸形。国外利用线虫防治害虫的研究正在形成生防热点,我国线虫研究工作,起步虽晚,但进度很快。可以预料利用线虫进行生物防治,不久就会取得满意的效果。

⑤杀虫素:某些微生物在代谢过程中能够产生杀虫的活性物质,称为杀虫素。取得一定成效的有杀蚜素、T21、44号、7180、浏阳霉素等。近几年,大批量生产并取得显著成效的有阿维菌素、浏阳霉素等。该类药剂杀虫效力高、不污染环境、对人畜无害,符合当前无公害生产的原则,因而受到欢迎。

(2)以菌治病　某些微生物在生长发育过程中能分泌一些抗菌物质,抑制其他微生物的生长,这种现象称拮抗作用。利用有拮抗作用的微生物来防治植物病害,有的已获得成功。如利用哈氏木霉菌防治茉莉花白绢病,有很好的防治效果。目前,以菌治病多用于土壤传播的病害。

4.利用昆虫激素防治害虫

昆虫的激素分外激素和内激素两大类型。

(1)昆虫外激素的应用　昆虫的外激素是昆虫分泌到体外的挥发性物质,是昆虫对它的同伴发出的信号,便于寻找异性和食物。已经发现的有性外激素、结集外激素、追踪外激素及告警激素,目前,研究应用最多的是雌性外激素。某些昆虫如棉铃虫、马尾松毛虫、桃小食心虫、梨小食心虫、苹小卷叶蛾等的雌性外激素已能人工模拟合成,称之为性诱剂,在害虫的预测预报和防治方面起到了重要的作用。

①诱杀法:利用性引诱剂将雄蛾诱来,配以粘胶、毒液等方法将其杀死。

②迷向法:成虫发生期,在田间喷洒适量的性引诱剂,使其弥漫在大气中,使雄蛾无法寻找雌蛾,从而干扰正常的交尾活动。

③绝育法:将性诱剂与绝育剂配合,用性引诱剂把雄蛾诱来,使其接触绝育剂后绝育,从而起到灭绝后代的作用。

④应用于害虫的预测预报,利用性诱剂引诱某种害虫,可掌握该种害虫发生初期、盛期、末期及发生量,对防治有着指导作用。

(2)昆虫内激素的应用　昆虫内激素是分泌在体内的一类激素,用以控制昆虫的生长发育和蜕皮。昆虫内激素主要有保幼激素、蜕皮激素及脑激素。在害虫防治方面,如果人为地改变内激素的含量,可阻碍害虫正常的生理功能,造成畸形,甚至死亡。人们合成多种人工模拟内激素特异性杀虫剂应用于生产中,如保幼炔(保幼激素类似物)、抑食肼(蜕皮激素)、灭幼脲及扑虱灵(几丁质合成抑制剂)等。

(五)化学防治

化学防治是指用各种有毒的化学药剂来防治病虫害、杂草等有害生物的防治方法。

化学防治具有快速高效,使用方法简单,不受地域限制,便于大面积机械化操作等优点。但是,容易引起人畜中毒,污染环境,杀伤天敌,引起次要害虫再猖獗,并且长期使用同一种农药,可使某些害虫产生不同程度的抗药性等缺点。人们可以通过选用选择性强、高效、低毒、低残留的农药以及通过改变施药方式、减少用药次数等措施逐步加以解决,同时还要与其他防治方法相结合,扬长避短,充分发挥化学防治的优越性,减少其毒副作用。

四、操作方法及考核标准

(一)操作方法与步骤

(1)在实习实训前,要熟悉病虫害防治的各种方法,为实习实训打下良好的基础。

(2)本实习实训可与生产实习、生产劳动结合进行,以达到掌握病虫害防治措施的目的。

(二)技能考核标准

病虫害综合防治技术技能考核标准见表5-1-1。

表5-1-1　病虫害综合防治技术技能考核标准

考核内容	要求与方法	评分标准	标准分值	考核方法
植物检疫25分	1.植物检疫的任务	准确说出植物检疫的3项任务,每项5分	15	单人考核口试评定成绩
	2.植物检疫的类型	准确说出植物检疫2种类型,每种类型5分	10	
	3.对内植物检疫的步骤	准确说出植物检疫的4个步骤,每项2.5分	10	

续表 5-1-1

考核内容	要求与方法	评分标准	标准分值	考核方法
农业防治 15分	1. 农业防治5种方法	准确说出农业防治5种具体的方法，每种方法 2分	10	单人操作考核
	2. 间作和轮作	能正确说出间作和轮作 5分	5	
物理机械防治 40分	1. 物理机械防治6种方法	准确说出物理机械防治6种方法，每种方法 2分	12	单人操作考核
	2. 灯光诱杀	正确说出黑光灯诱杀害虫的使用时间、条件、诱杀效果 10分	10	
	3. 毒饵诱杀	能正确使用毒饵诱杀方法 8分	8	
	4. 涂毒环	能正确使用涂毒环防治害虫 10分	10	
生物防治 20分	1. 天敌昆虫利用的途径和方法	能准确说出3种天敌昆虫利用的途径和方法 15分	15	单人操作考核
	2. 有益微生物防治病虫害	能准确说出两大类微生物防治病虫害 5分	5	

五、练习及思考题

1. 病虫害综合治理措施包括哪些具体内容？

2. 植物检疫的任务是什么？对内检疫的步骤是什么？

3. 如何理解合理耕作？

4. 什么是间作？什么是轮作？

5. 食物诱杀的方法有哪些？各有什么特点？

项目2 综合防治方案制订

一、技能目标

通过实训，学生应掌握制订综合防治方案的方法，能结合病虫害发生的实际情况，撰写出技术水平较高的综合防治方案，并能指导植物病虫害防治工作。

二、教学资源

1. 材料与工具

当地有关病虫害的历史资料、气象资料、植物种类、植物生产技术方案、病虫害种类及分布情况等资料。

2. 教学场所

教室、实验室或实训室。

3. 师资配备

每20名学生配备一位指导教师。

三、原理、知识

综合防治是对有害生物进行科学管理的体系。综合防治要求调节环境条件、充分利用自然控制因素、协调各种防治措施以降低主要病虫害的危害程度。

(一)基本原则和要求

(1)制订植物病虫害防治方案要贯彻“预防为主、综合防治”的植保工作方针，防治病虫害要保证服从于植物高产、优质、高效的生产目标。

(2)从植物生态学的观点出发，全面考虑植物生态平衡、保护环境、社会效益和经济效益。

(3)从实际出发，目的明确，内容具体，语言简明、流畅。量力而行，有可操作性。

(4)因地制宜地将主要害虫的种群和病害的发生危害程度控制在经济危害水平以下。

(5)充分利用植物生态系统中各种自然因素的调节作用，因地制宜地将各种防治措施，如植物检疫、物理机械防治、农业防治、生物防治和化学防治等纳入当地植物生产技术措施体系中，以获得最高的产量、最好的产品质量、最佳的经济和社会效益。

(二)植物病虫害综合防治方案的类型

(1)以一种主要害虫为对象的综合防治方案，如制订“蝼蛄综合防治方案”。

(2)以一种植物所发生的主要病害为对象的综合防治方案，如制订“杨树病害综合防治方案”。

(3)以某一地区植物发生病虫害为对象，制订病虫害综合防治方案。

(三)植物病虫害综合防治方案的基本内容

标题:×××综合防治方案

单位名称:略。

前言:概述本区域、植物、病虫害的基本情况。

正文包括:

①基本条件:分析土壤肥力、气候条件、灌溉和施肥水平等基本生产条件;

②主要栽培技术措施:前茬植物种类、栽培品种的特性、肥料使用计划、灌水量及次数、田间管理的主要技术措施指标等;

③分析发生的主要病虫害种类及天敌控制情况;

④综合防治措施:根据当地具体情况,依据植物及主要病虫害发生的特点统筹考虑、确定整合各种防治措施。

在正文中,以综合防治措施为重点,按照制订植物病虫害综合防治方案的原则和要求具体撰写。

四、操作方法及考核标准

(一)操作方法与步骤

1.基本情况调查

(1)了解当地植物的丰产栽培技术情况。

(2)了解掌握当地植物栽培品种的抗病性和抗虫性等情况。

(3)了解掌握当地植物主要常发生病虫害的种类、发生情况和发生规律。

(4)了解分析当地气候条件对该植物生长发育和对主要病虫害种类发生情况的影响。

(5)了解地势情况、土壤类型、机器设备、灌溉条件、资金状况、植物分布、技术人员水平、历年防治措施等。

(6)了解分析当地前茬植物种类、土壤状况及对植物生产和主要病虫害发生发展的影响。

2.编写《某作物病虫害综合防治方案》

编写你所在村的《某作物病虫害综合防治方案》,并结合生产实践的环节,指导农民实施。

(二)技能考核标准

综合防治方案制订技能考核标准见表5-2-1。

表 5-2-1　综合防治方案制订技能考核标准

考核内容	要求与方法	评分标准	扣除分值	考核方法
综合防治措施的确定 60 分	1. 基本生产条件清楚	基本生产条件阐述得不清楚酌情扣分	10	单人模拟考核报告评分
	2. 确定符合生产实际的防治措施	主要防治措施不符合要求酌情扣分	20	
	3. 制订的防治措施全面、具体	制订的防治措施不全面、不具体酌情扣分	20	
	4. 措施可操作性强	措施可操作性不强酌情扣分	10	
文章结构 40 分	1. 方案结构合理	文章结构不符合要求酌情扣分	20	
	2. 语言流畅、内容具体	语言不流畅、空洞不具体酌情扣分	20	

五、练习及思考题

1. 以一种主要害虫为对象，制订害虫的综合防治方案。
2. 以一种主要病害为对象，制订病害的综合防治方案。
3. 以某一地区植物发生病虫害为对象，制订病虫害综合防治方案。
4. 制订综合防治方案应考虑哪些要素？
5. 综合防治方案结构包括哪几部分？

典型工作任务六 农药应用技术

项目1 农药配制及使用

一、技能目标

农药应用技术对植物病虫害防治起着重要的作用。通过实训,学生应了解农药的分类,掌握具体农药品种的性能、防治对象、使用方法等知识,在进行植物病虫害防治时,能安全用药、正确选药、适时用药、适量用药、交互用药、混合用药,从而,达到有效防治植物病虫害的目的。

二、教学资源

1.材料与工具

当地常用的农药品种、天平、牛角匙、试管、量筒、烧杯、玻璃棒等。

2.教学场所

教室、实验室、实训室和农药经销店。

3.师资配备

每20名学生配备一位指导教师。

三、原理、知识

(一)农药的种类

农药按其防治对象分为杀虫剂、杀菌剂、杀螨剂、杀线虫剂、杀鼠剂、除草剂。

1. 杀虫剂类型

(1)胃毒剂　通过消化系统进入虫体内,使害虫中毒死亡的药剂。如敌百虫,适合于防治咀嚼式口器的昆虫。

(2)触杀剂　通过与害虫虫体接触,药剂经体壁进入虫体内使害虫中毒死亡的药剂。如大多数有机磷杀虫剂、拟除虫菊酯类杀虫剂。触杀剂对各种口器的害虫均适用,但对体被蜡质分泌物的介壳虫、木虱、粉虱等效果差。

(3)内吸剂　药剂易被植物组织吸收,并在植物体内运输,传导到植株的各部分,或经过植物的代谢作用而产生有毒的代谢物,当害虫取食时使其中毒死亡的药剂。如氧化乐果、吡虫啉等。内吸剂对刺吸式口器的昆虫防治效果好,对咀嚼式口器的昆虫也有一定效果。

(4)熏蒸剂　药剂以气体分子状态充斥其作用的空间,通过害虫的呼吸系统进入虫体,而使害虫中毒死亡的药剂。如磷化铝、溴甲烷等。熏蒸剂应在密闭条件下使用,效果才好。如用磷化铝片剂防治蛀干害虫时,要用泥土封闭虫孔;用溴甲烷进行土壤消毒时,须用薄膜覆盖等。

(5)其他杀虫剂　忌避剂,如驱蚊油、樟脑;拒食剂,如拒食胺;黏捕剂,如松脂合剂;绝育剂,如噻替派、六磷胺等;引诱剂,如糖醋液;昆虫生长调节剂,如灭幼脲Ⅲ。这类杀虫剂本身并无多大毒性,而是以其特殊的性能作用于昆虫。一般将这些药剂称为特异性杀虫剂。

实际上,杀虫剂的杀虫作用并不完全是单一的,多数杀虫剂兼有几种杀虫作用,如敌敌畏具有触杀、胃毒、熏蒸 3 种作用,但以触杀作用为主。在选择使用农药时,应注意选用其主要的杀虫作用。

2. 杀菌剂类型

(1)保护剂　在植物感病前,把药剂喷雾于植物体表面,形成一层保护膜,阻碍病原微生物的侵染,从而使植物免受其害的药剂,如波尔多液、代森锌等。

(2)治疗剂　在植物感病后,喷雾药剂,以杀死或抑制病原物,使植物病害减轻或恢复健康的药剂。如三唑酮、甲基托布津。

(二)常用农药剂型与使用方法

1. 农药的剂型

常见的农药剂型如下。

(1)粉剂　是用原药加入一定量的惰性粉,如黏土、高岭土、滑石粉等,经机械加工成为粉末状物,粉粒直径在 100 μm 以下。粉剂不易被水湿润,不能兑水喷雾用,一般高浓度的粉剂用于拌种,制作毒饵或土壤处理用,低浓度的粉剂用作喷粉。

(2)可湿性粉剂　在原药中加入一定量的湿润剂和填充剂,经机械加工成的粉末状物，粉粒直径在70 μm以下。并加入一定量的湿润剂，如皂角、拉开粉等。可湿性粉剂可兑水喷雾用，一般不用作喷粉。

(3)乳油　原药加入一定量的乳化剂和溶剂制成的透明状液体。如40%氧乐果乳油。乳油适于兑水喷雾用，用乳油防治害虫的效果比同种药剂的其他剂型好，残效期长，是目前生产上应用最广的一种剂型。但乳油中含有毒的挥发性有机溶剂，存在着安全和污染环境等问题。因此，以水乳剂和微乳剂替代乳油已成必然趋势。

(4)颗粒剂　原药加入载体(黏土、煤渣、玉米芯等)制成的颗粒状物。粒径一般在250～600 μm之间，如3%呋喃丹颗粒剂，主要用于土壤处理，残效长，用药量少。

(5)烟雾剂　原药加入燃料、氧化剂、消燃剂、引芯制成。点燃后燃烧均匀，成烟率高，无明火，原药受热气化，再遇冷凝结成漂浮的微粒作用于空间，一般用于防治温室大棚、林地及仓库病虫害。

(6)超低容量制剂　原药加入油质溶剂、助剂制成。专门供超低容量喷雾，使用时不用兑水而直接喷雾，单位面积用量少，工效高，适于缺水地区。

(7)可溶性粉剂(水剂)　用水溶性固体农药制成的粉末状物。可兑水使用，成本低，但不宜久存，不易附着于植物表面。

(8)片剂　原药加入填料制成的片状物。如磷化铝片剂。

(9)其他剂型　熏蒸剂、缓释剂、胶悬剂、毒笔、毒绳、毒纸环、毒签、胶囊剂等。随着农药加工技术的不断进步，各种新的制剂被陆续开发利用，如微乳剂、固体乳油、悬浮乳剂、可流动粉剂、漂浮颗粒剂、微胶囊剂、泡腾片剂等。

2.农药的使用方法

农药的品种繁多，加工剂型也多种多样，同时，防治对象的为害部位、为害方式、环境条件等也各不相同，因此，农药的使用方法归纳以下8种。

(1)喷雾　借助于喷雾器械将药液均匀地喷布于防治对象及被保护的寄主植物上。适合于喷雾的剂型有乳油、可湿性粉剂、可溶性粉剂、胶悬剂等。在进行喷雾时，雾滴大小会影响防治效果，一般喷雾直径最好在50～80 μm之间，喷雾时要求均匀周到，使目标物上均匀地有一层雾滴，并且，不形成水滴从叶片上滴下为宜。喷雾时最好不要选择中午，以免发生药害和人体中毒。

(2)喷粉　利用喷粉器械产生的风力，将粉剂均匀地喷布在目标植物上的施药方法。此法最适于干旱缺水地区使用。适于喷粉的剂型为粉剂。此法的缺点是用药量大，粉剂黏附性差，效果不如同药剂的乳油和可湿性粉剂好，而且易被风吹流失和雨水冲刷，污染环境。因此，喷粉时，宜在早晚叶面有露水或雨后叶面潮湿且无风条件下进行，使粉剂易于在叶面沉积附着，以提高防治效果。

（3）土壤处理　将药粉用细土、细沙、炉灰等混合均匀，撒施于地面，然后进行耧耙翻耕等，主要用于防治地下害虫或某一时期在地面活动的昆虫。如用5%辛硫磷颗粒剂1份与细土50份拌匀，制成毒土。

（4）拌种、浸种或浸苗、闷种　拌种是指在播种前用一定量的药粉或药液与种子搅拌均匀，用以防治种子传染的病害和地下害虫。拌种用的药量，一般为种子重量的0.2%～0.5%。

浸种和浸苗是指将种子或幼苗浸泡在一定浓度的药液里，用以消灭种子幼苗所带的病菌或虫体。

闷种是把种子摊在地上，把稀释好的药液均匀地喷洒在种子上，并搅拌均匀，然后堆起重闷并用麻袋等物覆盖，经一昼夜后，晾干即可。

（5）毒谷、毒饵　利用害虫喜食的饵料与农药混合制成，引诱害虫前来取食，产生胃毒作用将害虫毒杀而死。常用的饵料有麦麸、米糠、豆饼、花生饼、玉米芯、菜叶等。饵料与敌百虫、辛硫磷等胃毒剂混合均匀，撒布在害虫活动的场所。主要用于防治蝼蛄、地老虎、蟋蟀等地下害虫，毒谷是用谷子、高粱、玉米等谷物作饵料，煮至半熟有一定香味时，取出晾干，拌上胃毒剂，与种子同播或撒施于地面。

（6）熏蒸　熏蒸是利用有毒气体来杀死害虫或病菌的方法。一般应在密闭条件下进行。主要用于防治温室大棚、仓库、蛀干害虫和种苗上的病虫。例如，用磷化锌毒签熏杀天牛幼虫、用溴甲烷熏蒸棚内土壤等。

（7）涂抹、毒笔、根区撒施　涂抹是指利用内吸性杀虫剂在植物幼嫩部分直接涂药，或将树干刮去老皮露出韧皮部后涂药，让药液随植物体内运输到各个部位。此法又称内吸涂环法。如在树干上涂40%氧乐果5倍液，用于防治杨尺蛾效果显著。

毒笔是采用触杀性强的拟除虫菊酯类农药为主剂，与石膏、滑石粉等加工制成的粉笔状毒笔，用于防治具有上、下树习性的幼虫。毒笔的简单制法是用2.5%的溴氰菊酯乳油按1∶99与柴油混合，然后将粉笔在此油液中浸渍，晾干即可。药效可持续20 d左右。

根区施药是利用内吸性药剂埋于植物根系周围，通过根系吸收运输到植物全身，当害虫取食时使其中毒死亡。如用3%呋喃丹颗粒剂埋施于根部，可防治多种刺吸式口器的害虫。

（8）注射法、打孔法　此法主要用于林木和果树。用注射机或兽用注射器将内吸性药剂注入树干内部，使其在树体内传导运输而杀死害虫。一般将药剂稀释2～3倍，可用于防治天牛、木蠹蛾等。

打孔法用木钻、铁钎等利器在树干基部向内打一个45°角的孔，深约5 cm，将5～10 mL的药液注入孔内，再用泥封口，药剂浓度一般稀释2～5倍液。

总之，农药的使用方法很多，在使用农药时，可根据药剂的性能及病虫害的特点灵活运用。

3. 农药的稀释计算

农药浓度表示法有倍数法、百分比浓度(%)和摩尔浓度法(百万分浓度法)。生产上最常用的是倍数法。倍数法是指药液(药粉)中稀释剂(水或填料)的用量为原药剂用量的多少倍，或者是药剂稀释多少倍的表示法。通常有内比法和外比法2种配法。用于稀释100倍(含100倍)以下时用内比法，即稀释时要扣除原药剂所占的1份。如稀释10倍液，即用原药剂1份加水9份。用于稀释100倍以上时用外比法，计算稀释量时不扣除原药剂所占的1份。如稀释1 000倍液，即可用原药剂1份加水1 000份。

(1)按有效成分的计算　通用公式为

$$\text{原药剂浓度}\times\text{原药剂质量}=\text{稀释药剂浓度}\times\text{稀释药剂质量}$$

①求稀释剂质量：

计算100倍以下时，计算式为

$$\text{稀释剂质量}=\frac{\text{原药剂质量}\times(\text{原药剂浓度}-\text{稀释药剂浓度})}{\text{稀释药剂浓度}}$$

例：用40%福美砷可湿性粉剂10 kg，配成2%稀释液，需加水多少？

计算：

$$10\times(40-2\%)\div 2\ \% =190(\text{kg})$$

计算100倍以上时，计算式为

$$\text{稀释药剂质量}=\frac{\text{原药剂质量}\times\text{原药剂浓度}}{\text{稀释药剂浓度}}$$

例：用100 mL 80%敌敌畏乳油稀释成0.05%浓度，需加水多少？

计算：

$$100\times 80\%\div 0.05\% =160(\text{kg})$$

②求用药量：

$$原药剂质量=\frac{稀释药剂质量\times稀释药剂浓度}{原药剂浓度}$$

例：要配制 0.5%氧乐果药液 1 000 mL，求 40%氧乐果乳油用量。

计算：

$$1\,000\times0.5\%\div40\%=12.5(\text{mL})$$

(2)根据稀释倍数的计算法　此法不考虑药剂的有效成分含量。

①计算 100 倍以下时：

$$稀释药剂质量=原药剂质量\times稀释倍数-原药剂质量$$

例：用 40%氧乐果乳油 10 mL，加水稀释成 50 倍药液，求稀释液质量。

计算：

$$10\times50-10=490(\text{mL})$$

②计算 100 倍以上时：

$$稀释药剂质量=原药剂质量\times稀释倍数$$

例：用 80%敌敌畏乳油 10 mL，加水稀释成 1 500 倍药液，求稀释液质量。

计算：

$$10\times1\,500=15(\text{kg})$$

(三)绿色农产品的农药使用要求

1.合理使用农药

农药的合理使用就是要求贯彻"经济、安全、有效"的原则，从综合治理的角度出发，运用生态学的观点来使用农药。在生产中应注意以下几个问题：

(1)正确选药　各种药剂都有一定的性能及防治范围，即使是广谱性药剂也不可能对所有的病害或虫害都有效。因此，在施药前应根据实际情况选择合适的药剂品种，切实做到对症下药，避免盲目用药。

(2)适时用药　在调查研究和预测预报的基础上，掌握病虫害的发生发展规律，抓住有利时机用药。既可节约用药，又能提高防治效果，而且不易发生药害。如一般药剂防治害虫时，应在初龄幼虫期。药剂防治病害时，一定要用在植物发病之前或发病早期，尤其需要指出保护性杀菌剂必须在病原物接触侵入植物之前使用，除此之外，还要考虑气候条件及物候期。

(3)适量用药　施用农药时，应根据用量标准来实施，如规定的浓度、单位面积用量等，不可因防治病虫心切而任意提高浓度、加大用药量或增加使用次数。否则，不仅会浪费农药，增加成本，而且还易使植物产生药害，甚至造成人畜中毒。另外，在用药前，还应搞清农药的规格，即有效成分的含量，然后再确定用药量。如常用的杀菌剂福星，其规格有10%乳油与40%乳油，若10%乳油稀释2 000～2 500倍液使用，40%乳油则需稀释8 000～10 000倍液使用。

(4)交互用药　长期使用一种农药防治某种害虫或病菌，易使害虫或病菌产生抗药性，降低防治效果，病虫害越治难度越大。这是因为一种农药在同一种病虫上反复使用一段时间后，药效会明显降低，为了提高防治效果，不得不增加施药浓度、用量和次数，这样反而更加重了抗药性的发展。因此，应尽可能地轮换用药，所用农药品种也应尽量选用不同作用机制的类型。

(5)混合用药　将2种或2种以上的对病虫害具有不同作用机制的农药混合使用，以达到同时兼治几种病虫、提高防治效果、扩大防治范围、节省劳力的目的。如灭多威与菊酯类混用、有机磷制剂与拟除虫菊酯混用、甲霜灵与代森锰锌混用等。

农药之间能否混用，主要取决于农药本身的化学性质。农药混合后它们之间应不产生化学和物理变化，才可以混用。

2.安全使用农药

在使用农药防治植物病虫害的同时，要做到对人畜、天敌、植物及其他有益生物的安全，要选择合适的药剂和准确的使用浓度。防治工作的操作人员必须严格按照用药的操作规程，规范工作。

(1)农药的毒性　农药对人的毒性分为急性与慢性。急性毒性是指一次性或短时间里大量摄入农药而发生的急性病理反应。农药一般是通过消化道、皮肤、呼吸系统三个途径进入人体。

慢性毒性是指长期连续少量摄入农药最终发生病理反应。这种情况下农药主要是通过饮食进入体内。慢性毒性中致癌、致畸、致突变的“三致毒性”特别值得注意。有的农药品种有毒的有效成分及其有毒的降解物、衍生物、代谢物、合成副产物，被人体长期微量摄入，代谢与排泄量总少于摄入量，而在某些器官、组织中不断积存，称作“富积性毒性”；或者在植物上及在环境中长期滞留、迁移与扩散，污染了农、畜产品及水源，污染了环境，形成农药残留问题，恶化了人们赖以生存的环境，毒物进入环境中的各种食物链并在食物中较高层次的生物体内富集，这些情况都会对人体构成慢性毒性的威胁。

(2)防止用药中毒　为了安全使用农药，防止出现中毒事故，须注意下列事项。

①用药人员必须身体健康，如有皮肤病、高血压、精神失常、结核病患者，药物过敏者，孕期、经期、哺乳期的妇女等，不能参加该项工作。

②用药人员必须做好一切安全防护措施，配药、喷药时应穿戴防护服、手套、风镜、口罩、防护帽、防护鞋等标准的防护用品。

③喷药应选在无风的晴天进行，阴雨天或高温炎热的中午不宜用药；有微风的情况下，工作人员应站在上风头，顺风喷洒，风力超过 4 级时，停止用药。

④配药、喷药时，要按照配药和喷药的规定操作，工作完毕时，须用肥皂洗净手和脸，工作服也要洗涤干净。

⑤喷药过程中，如稍有不适或头疼目眩时，应立即离开现场，寻找一通风荫凉处安静休息，如症状严重，必须立即送往医院，不可延误。

(3)选择使用高效、低毒、低残留农药　在植物生产中除贯彻综合治理方针和优先使用安全级和较安全级农药外，还要强调选用高效或超高效农药。其优点为：一是减少一次施药的用量，从而减少农药对生物和环境的毒性负荷；二是减少农药在植物上的起始残留浓度。

(4)严格遵守有关规定，做到安全用药　国家和农业部对农药的安全使用作出了明确规定，并有《农药安全使用标准》和《农药合理使用准则》的法规颁布，至 1997 年涉及农药 140 种，植物 19 种。在这些规定中明确了某种农药在具体植物上的使用剂型、常用药量或稀释倍数、最高用药量或稀释倍数、施药方法、最多使用次数和安全间隔期(即最后一次施药距收获的天数)，在“准则”中还提出了该农药在植物上的最高残留限量(MRL)参照值。按这些规定使用农药一般不会造成农药对环境的严重污染和导致植物中农药残留量超标，更不会发生农药的食品急性中毒事件。

(5)植物药害及其预防　药害是指因用药不当对植物造成的伤害，有急性药害和慢性药害之分，急性药害指的是用药几小时或几天内，叶片很快出现斑点、失绿、黄化等；果实变褐，表面出现药斑；根系发育不良或形成黑根、鸡爪根等。慢性药害是指用药后，药害现象出现相对缓慢，如植株矮化、生长发育受阻、开花结果延迟等。

植物发生药害的原因很多，可从以下几个方面来分析：

①药剂种类选择不当。如波尔多液含铜离子浓度较高，在用于果园、蔬菜、花卉时，因组织幼嫩，易产生药害。

②部分植物对某些农药品种过敏。如碧桃、寿桃、樱花等对敌敌畏敏感，桃、梅类对乐果敏感，桃、李类对波尔多液敏感等。

③在植物敏感期用药。如植物开花期是对农药最敏感的时期之一，用药宜

慎重。

④高温、雾重及相对湿度较高时易产生药害。温度高时，植物吸收药剂及蒸腾较快，使药剂很快在叶尖、叶缘集中过多而产生药害；雾重、湿度大时，药滴分布不均匀也易出现药害。

⑤浓度高、用量大。为克服病虫害的抗性等原因而随意加大浓度、用量，易产生药害。

为防止植物出现药害，除针对上述原因采取相应措施预防之外，对于已经出现药害的植株，应先进行清水冲洗，去除残留毒物，再施用能够促进植物健康生长、提高抗逆作用或解除药害的营养物质、排毒解害等药剂，同时加强肥水管理，使之尽快恢复健康，消除或减轻药害造成的影响。

四、操作方法及考核标准

(一)操作方法与步骤

(1)常见农药物理性状的辨识　利用给定的农药品种，正确地辨识粉剂、可湿性粉剂、乳油、颗粒剂、水剂、烟雾剂、悬浮剂等剂型在物理外观上的差异。

(2)粉剂、可湿性粉剂的简易鉴别　取少量药粉轻轻撒在水面上，长期浮在水面的为粉剂，在 1 min 内粉粒吸湿下沉，搅动时可产生大量泡沫的为可湿性粉剂。

(3)乳油质量简易测定　将 2～3 滴乳油滴入盛有清水的试管中，轻轻振荡，观察油水融合是否良好，稀释液中有无油层漂浮或沉淀。稀释后油水融合良好，呈半透明或乳白色稳定的乳状液，表明乳油的乳化性能好；若出现少许油层，表明乳化性尚好；出现大量油层，表明乳油被破坏，则不能使用。

(4)液体农药的稀释方法　药液量少时可直接进行稀释。正确的方法是在准备好的配药容器内盛好所需要的清水，将定量药剂慢慢倒入水中，用木棍等轻轻搅拌均匀即可使用。若需要配制较多的药液量时，最好采取二次稀释配制法：即先用少量的水将农药原液稀释成母液，再将配制好的母液按稀释比例倒入准备好的清水中，充分搅拌均匀。

(5)可湿性粉剂的稀释方法　采取二次稀释配制法，即先用少量水配制成较为浓稠的母液，然后再倒入盛有水的容器中进行最后稀释。但应注意二次稀释配制所用水量要与理论所用水量相等。

(6)粉剂农药的稀释　主要是利用填充料进行稀释。先取填充料(草木灰、煤灰、米糠等)将所需的粉剂农药混入搅拌，再反复添加，直至达到所需倍数。

(7)颗粒剂农药的稀释　利用适当的填充料与之混合，稀释时可采用干燥的沙土或同性化肥作填充料，按一定的比例搅拌均匀即可。

(二)技能考核标准

农药的配制及使用技能考核标准见表6-1-1。

表6-1-1 农药的配制及使用技能考核标准

考核内容	要求与方法	评分标准	标准分值	考核方法
农药的种类14分	1.说出5种杀虫剂类型	准确说出杀虫剂类型,每种类型2分	10	单人考核
	2.说出2种杀菌剂类型	准确说出杀菌剂类型,每种类型2分	4	口试评定成绩
常用农药剂型与使用方法34分	1.说出常用农药9种剂型	准确说出农药9种剂型,每种剂型2分	18	单人操作考核
	2.说出农药的8种使用方法	准确说出农药的8种使用方法,每种方法2分	16	
农药的稀释计算30分	1.100倍以下稀释剂质量计算	正确计算100倍以下稀释剂质量,10分,不正确的酌情扣分	10	单人操作考核
	2.100倍以上稀释剂质量计算	正确计算100倍以上稀释剂质量,10分,不正确的酌情扣分	10	
	3.原药剂质量计算	正确计算原药剂质量,10分,不正确的酌情扣分	10	
农药使用原则22分	1.安全使用农药原则	准确说出安全使用农药,每项2分,不正确的酌情扣分	10	单人操作考核
	2.合理使用农药原则	准确说出合理使用农药原则,不正确的扣2分	12	

五、练习及思考题

1.农药按防治对象分几种类型?

2.杀虫剂常见的类型有哪些?

3.杀菌剂常见的类型有哪些?

4.农药的剂型有哪几种?

5.农药的使用方法有哪些?

6.如何合理使用农药?

7.如何安全使用农药?

8.简述毒土制作和使用的技术要点。

9.黑光灯如何使用?

项目2 药械的使用与维护

一、技能目标

通过本技能实训，学生能够认识当地防治病虫害常用的药械类型，掌握当地防治病虫害常用的药械的维护技术，为防治植物病虫害打下良好的基础。

二、教学资源

1. 材料与工具

背负式喷雾器、背负式机动喷雾喷粉机、维修工具、有关的挂图、彩色照片及多媒体课件等。

2. 教学场所

教室、实验室或实训室、基地。

3. 师资配备

每20名学生配备一位指导教师。

三、原理、知识

用于植物病虫害防治的植保机械一般分为喷雾机、弥雾机、超低量喷雾机、喷粉机和喷烟机等。其中，根据动力方式不同，又分为手动式、机动式、机引式和航空防治机械等。机动式采用固定的发动机带动植保机械工作，而机器本身的移动，须靠人力搬运。机引式则由拖拉机或自身供给动力，并被牵引作业。航空植保是指利用飞机及喷洒装置喷洒化学药剂的措施。目前，我国使用最广泛的植保机械为背负式喷雾器和背负式机动喷雾喷粉机。

1. 背负式喷雾器

背负式喷雾器是由操作者背负，用摇杆操作液泵的液力喷雾器，是我国目前使用最广泛、生产量最大的一种手动喷雾器。虽然，各种喷雾器的型号、品牌和生产厂家不同，结构却大同小异，基本上都是由药箱、唧筒和喷管、喷头等几部分组成。

(1)工作原理　操作人员上下揿动摇杆，通过连杆机构的作用，使塞杆在泵筒内作往复运动。当塞杆上行时，皮碗从下端向上运动，皮碗下面，由于皮碗和泵筒所组成的腔体容积不断增大，而形成局部真空，这时，药液箱内的药液在液面和腔体内的压力差作用下，冲开进水球阀，沿着进水管路进入泵筒，完成吸水过程。当皮碗从上端下行时，泵筒内的药液开始被挤压，致使药液压力骤然增高，进水阀关闭，出水阀被压开，药液即通过出水阀进入空气室。空气室里的空气被压缩，对药液产生压力，打开开关后，液体即经过喷头喷洒出去。

(2)使用与维护　背负式喷雾器除严格按照产品使用说明书的要求进行使用维护外，还应着重注意以下几点。

①喷雾器上的新牛皮碗在安装前应浸入机油或动物油（忌用植物油），浸泡 24 h，向泵筒中安装塞杆组件时，应注意将牛皮碗的一边斜放在泵筒内，然后，使之旋转，将塞杆竖直，用另一只手帮助将皮碗边沿压入泵筒内，就可顺利装入，切忌硬行塞入。

②根据需要选用合适的喷杆和喷头。

③背负作业时，应每分钟揿动摇杆 18～25 次，不可过分弯腰，以防药液从桶盖处溢出溅到身上。

④加注药液，不许超过桶壁上所示水位线。如果加注过多，工作中泵筒盖处将出现溢漏现象。空气室中的药液超过安全水位线时，应立即停止打气，以免空气室爆炸。

⑤所有皮质垫圈，贮存时应浸足机油，以免干缩硬化。

⑥每天使用结束，应加少许清水喷射，并清洗喷雾器各部，放在室内通风干燥处。

⑦喷洒除草剂后，必须将喷雾器，包括药液箱、胶管、喷杆、喷头等彻底清洗干净，以免在下次喷洒其他农药时对植物产生药害。

2. 背负式机动喷雾喷粉机

背负式机动喷雾喷粉机是采用气流输粉、气压输液、气力喷雾原理，由汽油机驱动的机动植保机具。主要由机架、离心风机、汽油机、油箱、药箱和喷洒装置等部件组成。具有操纵轻便、灵活、生产效率高等特点，广泛用于较大面积的农林植物的病虫害防治工作。

(1)工作原理　背负式机动喷雾喷粉机种类较多，结构略有不同，但其工作原理基本相似。其喷雾的工作原理是：

离心风机与汽油机输出轴直连，汽油机带动风机叶轮旋转，产生高速气流，并在风机出口处形成一定压力，其中大部分高速气流经风机出口流经喷管，而少量气流经出风筒、进气塞、进气管、过滤网组合流进药箱内，使药箱中形成一定的气压。药液在压力的作用下，经粉门、出水塞、输液管、开关流到喷头，从喷嘴周围的小孔以一定的流量流出，先与喷嘴叶片相撞，初步雾化，再与高速气流在喷口中冲击相遇，进一步雾化，弥散成细小雾粒，并随气流吹到很远的前方。

(2)操作步骤　机具作业前应先按汽油机有关操作方法，检查其油路系统和电路系统后进行启动。确保汽油机工作正常。

喷雾作业时，机具必须处于喷雾作业状态。加药前先用清水试喷一次，保证各连接处无渗漏；加药时不要过急过满，以免从过滤网出气口溢进风机壳里；药液必须干净，以免喷嘴堵塞；加药后要盖紧药箱盖。

启动发动机，使之处于怠速运转。背起机具后，调整油门开关使汽油机稳定在额定转速左右，开启药液手把开关即可开始喷药作业。

(3)喷药注意事项

①开关开启后，严禁停留在一处喷洒，以防对植物产生药害。

②应采用侧向喷洒方式，以免人身受药液侵害。

③喷药前首先校正背机人的行走速度，并按行进速度和喷量大小，核算施液量。喷药时严格按预定的喷量大小和行走速度进行。前进速度应基本一致，以保证喷洒均匀。

④田间作业喷洒可变换弯管方向，喷洒灌木丛时，可将弯管口朝下，防止雾粒向上飞扬。

⑤在机具使用过程中，必须注意防毒、防火、防机器事故发生，尤其防毒应十分重视。作业时应注意：背机时间不要过长，应以 3～4 人组成一组，轮流背负作业；背机人必须佩戴口罩，口罩应经常洗换；避免顶风作业，禁止喷管在作业者前方以“八”字形交叉方式喷洒；发现有中毒症状时，应立即停止背机，求医诊治。

(4)故障排除　背负式机动喷雾喷粉机常见故障、故障原因、故障排除方法如表 6-2-1 所示。

表 6-2-1　背负式机动喷雾喷粉机常见故障及排除方法

故障	故障原因	故障排除方法
不能启动或启动困难	油箱无油	加油
	各油路不畅通	清理油路
	燃油过脏或油中有水	更换燃油
	汽缸内进油过多	拆下火花塞空转数圈并将火花塞擦干
	火花塞不跳火，积炭过多或绝缘体被击穿	清除积炭或更新绝缘体
	火花塞、白金间隙调整不当	重新调整

续表 6-2-1

故障	故障原因	故障排除方法
能启动但功率不足	白金上有油污或烧坏	清除油污或打磨烧坏部位
	电容器击穿，高压导线破损或脱解，高压线圈击穿等	修复或更新
	火花塞未拧紧，曲轴箱体漏气，缸垫烧坏	应紧固有关部件或更新缸垫
	曲轴箱两端自紧油封磨损严重	更换
	主风阀未打开	打开主风阀
	供油不足，主量孔堵塞，空滤器堵塞等	应清洗疏通
	白金间隙过小或点火时间过早	应进行调整
	燃烧室积炭过多(特征是机体温度过高)	应清除积炭
	混合油过稀	提高对比度
	汽缸套、活塞(环)磨损严重	更换新件
发动机运转不平稳	主要部件磨损严重，运动中产生抖动现象	更换部件
	点火时间过早，有回火现象	检查调整
	浮子室有水或沉积了机油造成运转不平稳	清洗浮子室
	白金磨损或松动	更换或紧固
运转中突然熄火	燃油烧完	加油
	高压线脱落	接好高压线
	火花塞被击穿	更换火花塞
	油门操纵机构脱解	修复
农药喷射不雾化	转速低	加速
	风机叶片角度变形，限风门未打开	视情况处理
	超低量喷头内的喷嘴轴弯曲，高压喷射喷头中有杂物或严重磨损	采取相应措施处理

四、操作方法及考核标准

(一)操作方法与步骤

(1)了解背负式喷雾器工作原理，学会背负式喷雾器使用与维护。

(2)了解背负式机动喷雾喷粉机工作原理，学会背负式机动喷雾喷粉机操作步骤和故障排除技术。

(3)认真撰写实训报告。

(二)技能考核标准

药械的使用与维护技能考核参考标准见表 6-2-2。

表 6-2-2　药械的使用与维护技能考核参考标准

考核内容	要求与方法	评分标准	标准分值	考核方法
背负式喷雾器 40 分	1. 背负式喷雾器工作原理	准确说出背负式喷雾器工作原理，不符合要求的酌情扣分	20	单人考核
	2. 背负式喷雾器使用与维护	准确说出背负式喷雾器使用与维护要点，不符合要求的酌情扣分	20	口试评定成绩
背负式机动喷雾喷粉机 60 分	1. 背负式机动喷雾喷粉机工作原理	准确说出背负式喷雾器工作原理，不符合要求的酌情扣分	15	单人操作考核
	2. 背负式机动喷雾喷粉机操作步骤	准确说出背负式机动喷雾喷粉机操作步骤，不符合要求的酌情扣分	15	
	3. 背负式机动喷雾喷粉机喷药注意事项	准确说出背负式机动喷雾喷粉机喷药注意事项，不符合要求的酌情扣分	15	
	4. 背负式机动喷雾喷粉机故障排除	准确说出背负式机动喷雾喷粉机故障排除方法，不符合要求的酌情扣分	15	

五、练习及思考题

1. 简述背负式喷雾器工作原理。
2. 简述背负式喷雾器使用与维护要点。
3. 简述背负式机动喷雾喷粉机工作原理。
4. 简述背负式机动喷雾喷粉机操作步骤。
5. 使用背负式机动喷雾喷粉机喷药有哪些注意事项？
6. 如何排除背负式机动喷雾喷粉机的故障？

【拓展知识】农药田间药效试验

农药田间药效试验，是在完全开放的自然条件下，检验某种农药防治某种有害生物的实际效果，评价其是否具有推广价值的主要环节。可分为两类，即以药剂为主体的系统田间试验和以某种防治对象为主体的试验。

一、试验条件

试验区应安排在防治对象经常发生的地区，所有试验小区的栽培条件须均匀一致。试验地点选定后，试验小区一般在大田作物中规划，以体现有害生物的自然分布。试验地块要求地势平坦，土壤质地一致，农作物长势均衡，其他非试验对象发生较轻。试验地避免受到不必要的干扰。

二、试验设计和安排

1. 试验药剂

试验药剂设为处理，每种药剂不少于 3 个剂量，每个剂量 3 次重复，一个清水设为对照区。

2. 试验区选择

小区应尽量与大田条件一致，小区设计采取随机排列，使调查时的各个抽样单位有均等的选择机会。试验需要设置对照区、隔离区和保护行。试验必须设置重复，为了克服各重复间的差异，可采取局部控制的方法。比较农药不同种类、不同剂型(或不同使用浓度)的防治效果。药效试验的小区面积一般为 15～50 m^2，小区形状以狭长形为好，每个处理重复 3 次，并设清水处理为对照(以 CK 表示)，常用随机区组设计，如设计两种农药的两种使用浓度(代号分别为 1、2、3、4)，试验小区的设计(图 6-2-1)。

3	1	CK	4	2
1	3	2	4	CK
4	2	3	CK	1

图 6-2-1　试验小区的设计图

在药效试验时应保证农药配制浓度准确、施药均匀，所有处理应在短时间内完成，最长不可超过 1 天。

3. 药效调查

施药前对供试对象进行虫口调查，施药后第 1、3、5、7 天分别对样株数进行调查，并做详细记录。

4.药效计算方法

(1)杀虫剂药效计算方法

$$害虫死亡率或虫口减退率=\frac{防治前活虫数-防治后活虫数}{防治前活虫数}\times 100\%$$

$$校正死亡率或校正虫口减退率=\frac{防治区虫口减退率-对照区虫口减退率}{1-对照区虫口减退率}\times 100\%$$

$$校正死亡率=\frac{对照组存活率-处理组存活率}{对照组存活率}\times 100\%$$

$$相对药效=\left(1-\frac{处理区病情指数}{对照区病情指数}\right)\times 100\%$$

(2)杀菌剂药效计算方法　将处理区和空白对照区的被调查作物按病害程度进行分级,然后根据病情指数计算防治效果。

杀菌剂药效试验一般要调查处理区和对照区的发病率(病情级别、病情指数等),并按下式计算防治效果:

$$相对药效=\left(1-\frac{处理区病情指数}{对照区病情指数}\right)\times 100\%$$

(3)除草剂　对除草剂药效常采用受害症状、杂草种类、杂草覆盖度或杂草重量等表示。采用数测调查法或目测调查法进行统计。数测调查法,调查计算单位面积上每种杂草总株数或重量,对整个小区进行调查或在每小区随机选取3~4个样点,每个样点0.25~1 m^2 进行抽样调查。目测调查法,为每个处理区同临近的空白对照区或对照带进行比较,估计相对杂草种群量。包括杂草群落总体和单种杂草,可用杂草数量、覆盖度、高度和长势等指标来表示。

$$防治效果=\frac{CK-PT}{CK}\times 100\%$$

式中:CK为空白对照区存活杂草数(或鲜重);PT为药剂处理区存活杂草数(或鲜重)。

5.试验结果的整理与分析

试验报告应包括试验名称,试验单位,试验目的,试验地点,试验材料(包括供试农药品种、剂型、生产厂家),供试植物种类、品种、生育期,试验方法(包括试验设计如处理浓度和用量、空白对照、小区面积、排列方式、重复次数,施药方法如施药工具型号、施药时间、施药方式等),施药量(以 kg/hm^2 表示),施药条件(如施药时的温度等气候条件),试验结果(包括防治效果、药害情况等),小结与讨论(包括对供试农药做出总体评价,提出相应的用药技术)。

第三篇　专业技能

态度目标

- 热爱专业，学习态度积极、认真。
- 团结协作，善于思考、创新，具备安全环保意识。

知识目标

- 了解当地植物常发生病虫草害的种类及为害情况。
- 掌握常发生病虫草害的发生规律及特点。
- 掌握常发生病虫草害的主要防治技术。

能力目标

- 能够识别诊断当地常发生植物病虫草害种类。
- 能够开展常发生植物病虫草害的田间调查，制订切实可行的综防措施。
- 能够根据常发生植物病虫草害种类采取有效的综防措施开展防治。

典型工作任务七　地下害虫及储粮害虫防治技术

项目1　地下害虫防治技术

一、技能目标

通过实训，学生能够识别常发生的主要地下害虫种类，能够掌握主要地下害虫的发生规律及综合防治技术。

二、教学资源

1.材料与工具

小地老虎、黄地老虎、大地老虎、大黑鳃金龟、暗黑鳃金龟、铜绿丽金龟、细胸金针虫、宽背金针虫、东方蝼蛄、华北蝼蛄、蟋蟀、拟地甲、根蛆、根蝽、根象甲、根蚜等当地常见地下害虫成、幼虫及为害状标本。

体视显微镜、放大镜、挑针、镊子、培养皿等；有关的挂图、彩色照片及多媒体课件。

根据防治需要确定的施药材料与器械。

2.教学场所

教室、实验(训)室及地下害虫为害重的田块。

3.师资配备

每20名学生配备一位指导教师。

三、原理、知识

地下害虫是指活动危害期间生活在土壤中，主要为害植物的地下部分（如种子、地下茎、根等）和近地面部分的一类害虫，是农业害虫中的一个特殊生态类群。我国已知地下害虫有320多种，主要包括蛴螬、蝼蛄、金针虫、地老虎、拟地甲、根蛆、根蝽等。

（一）地老虎类

地老虎属鳞翅目、夜蛾科，是农作物的重要害虫。地老虎的食性较杂，可为害多种粮食作物、棉花、蔬菜、烟草、中药材及果树、林木的幼苗。低龄幼虫昼夜活动，取食子叶、嫩叶和嫩茎，3龄后昼伏夜出，可咬断近地面的嫩茎，造成缺苗断垄甚至毁种。

1. 形态特征

（1）小地老虎　成虫体长16～23 mm，暗褐色。前翅黑褐色；翅中部有明显环形斑和肾状纹；在肾状纹外有一尖端向外的剑状纹，外缘内侧有2个尖端向内的剑状纹。幼虫体长37～50 mm，体表布满大小不等的黑色颗粒；臀板黄褐色，有两条深褐色纵带（见彩图7-1-1）。

（2）黄地老虎　成虫体长14～19 mm，黄褐色或灰褐色。前翅黄褐色；肾状纹和环形斑较明显，均有黑褐色边，斑中央暗褐色；翅面上散生褐色小点，幼虫体长33～43 mm，体表颗粒不明显；臀板为两块黄褐色斑（见彩图7-1-2）。

（3）大地老虎　成虫体长20～25 mm，暗褐色，颜色较小地老虎浅。前翅灰褐色；肾状纹和环形斑明显，但肾状纹外无黑色剑状纹；前缘靠基部2/3处呈黑色。幼虫体长41～60 mm，体表多皱纹，颗粒不明显，臀板深褐色。

2. 发生规律

（1）小地老虎　在我国1年发生1～7代，多数地区以第1代为害严重。成虫有迁飞性，在北方不能越冬，其虫源是从南方迁飞而来，在南方可以幼虫、蛹和成虫越冬。成虫喜趋甜酸味的液体、发酵物、花蜜及蚜虫排泄物等，并以此补充营养，对黑光灯趋性强。卵散产或堆产，多数产在土块及地面缝隙内，少数产在土面的枯草茎或须根、幼苗的叶背或嫩茎上。小地老虎1～2龄幼虫白天和夜间均在地面上生活，大多集中在植物心叶和嫩叶上，啃食叶肉，残留表皮。3龄后白天躲在表土层下，夜间活动为害，造成豆粒大小的洞孔或造成叶缘缺刻。4龄以后为害时咬断幼苗嫩茎。5～6龄幼虫食量剧增，每头一夜可咬断幼苗3～5株。

（2）黄地老虎　1年发生2～4代。主要以幼虫，少数以蛹在麦田、绿肥田、菜田以及田埂、沟渠、堤坡度等处10 cm左右土层中越冬。春季均以第1代幼虫发生多,危害严重。主要为害棉花、玉米、高粱、烟草、大豆、蔬菜等春播作物。末代为害冬麦较重。成虫对黑光灯有一定趋性,但对一般的白炽灯趋性很弱。趋化性弱,对糖醋酒液无明显趋性,但喜在洋葱花蕊上取食,补充营养。卵散产在干草、根须、土块及麻类、杂草的叶片背面。

(3)大地老虎　1年发生1代,以3～6龄幼虫在表土或草丛中越冬。来年3～4月份越冬幼虫开始活动为害,5月下旬至6月间,老熟幼虫在土壤中滞育越夏。9月中旬以后化蛹羽化并产卵。成虫趋光性不强,对糖醋液有较强趋性,喜食花蜜,不能高飞。卵一般散产于土表或产在生长幼嫩的杂草茎叶上。幼虫4龄前不入土,常在草丛间啮食叶片,4龄后白天潜伏在表土下,夜间出土活动为害。

3. 防治技术

(1)除草灭虫　在春播前进行春耕、细耙等整地,可消灭部分卵和早春的杂草寄主。在作物幼苗期或幼虫1～2龄时结合松土,清除田内外杂草,均可消灭大量卵和幼虫。

(2)诱杀成虫　利用黑光灯、糖醋液(酒、水、糖、醋按1∶2∶3∶4,加少量敌百虫,傍晚将盆置于田间1 m高处)、杨树枝把或性诱剂等在成虫发生期诱杀,能诱到大量小地老虎成虫。黑光灯还能诱到黄地老虎,糖醋液可诱到大地老虎成虫。

(3)捕杀幼虫　对高龄幼虫,可在清晨扒开被害株的周围或畦边、田埂阳坡表土,进行捕杀,也可用新鲜泡桐叶诱集捕杀。

(4)药剂防治　当虫口密度达到1头/m^2,作物被害叶率(花叶)达10%时,应及时用药防治。一般在第1次防治后,隔7 d左右再用药防治1次,连续2～3次。防治1～2龄幼虫可喷粉、喷雾或撒毒土,防治3龄以上幼虫可撒施毒饵诱杀。常用药剂和使用方法主要有以下几种:

①毒土、毒砂。可选用75%辛硫磷、50%敌敌畏或20%除虫菊酯等乳油分别以1∶300、1∶1 000、1∶2 000的比例拌成毒土或毒砂,按300～375 kg/hm^2进行撒施,对低龄幼虫和高龄幼虫均有效。

②幼虫3龄前用48%毒死蜱乳油1 500倍液、50%辛硫磷乳油1 000倍液、或2.5%溴氰菊酯3 000倍液进行地面喷洒,或90%敌百虫晶体800～1 000倍液、80%敌敌畏乳油1 000～1 500倍液在作物幼苗(高粱禁用)或杂草上喷雾。

③毒饵诱杀。将谷子、麦麸、豆饼或谷糠炒香,可用90%晶体敌百虫,按饵料重的1%药量和10%水稀释后拌入制成毒饵,傍晚顺垄撒于地面,用量为60～75 kg/hm^2;或将药剂稀释10倍,喷拌在切碎的鲜草或小白菜上制成毒草,分成小堆于傍晚置放于田间,用量225～300 kg/hm^2。

(5)生物防治　地老虎的天敌种类很多,应加以保护利用。

(二)蛴螬

蛴螬是鞘翅目,金龟甲幼虫的总称,是地下害虫中种类最多、分布最广、危害最大的一个类群。

蛴螬主要为害麦类、玉米、高粱、豆类、薯类、花生、棉花、甜菜等农作物和蔬菜、果树、林木的种子、幼苗及根茎等。蛴螬始终在地下为害,咬断幼苗根茎,断口整齐,使幼苗枯死,造成缺苗断垄甚至毁种;蛀食薯类、甜菜的块根、块茎,影响产量和品质,而且容易引起病菌侵染,造成腐烂。成虫主要取食叶片,尤喜食大豆、花生及各种果树、林木叶片,有些种类还为害果树的嫩芽、花和果实。

1.形态特征

(1)东北大黑鳃金龟　成虫体长 16~22 mm,黑褐色,有光泽;鞘翅有 4 条纵隆线,翅面及腹部无短绒毛,前足胫节外侧有 3 个尖锐齿突,臀节背板包向腹面。幼虫体长 35~45 mm,头部前顶刚毛每侧 3 根,冠缝侧 2 根,额缝侧上方 1 根;肛腹板覆毛区无刺毛列;钩状毛散生,排列不均匀,达全节的 2/3(见彩图 7-1-3)。

(2)暗黑鳃金龟　成虫体长 17~22 mm,暗黑色,无光泽;鞘翅纵隆线不明显,翅面及腹部有短小绒毛,前足胫节外侧有 3 个较钝齿突,背、腹板相会于腹末。幼虫体长 35~45 mm,头部前顶刚毛冠缝两侧各 1 根;肛腹板覆毛区无刺毛列;钩状毛排列散乱,但较均匀,仅占全节的 1/2。

(3)铜绿丽金龟　成虫体长 19~21 mm,铜绿色,有光泽;鞘翅有 4 条明显纵隆线,前胸背板及鞘翅铜绿色,前足胫节外侧有 2 个齿状突起,臀节背板不包向腹面。幼虫体长 30~33 mm,头部前顶刚毛冠缝两侧各 6~8 根,排成 1 纵列;肛腹板覆毛区钩毛区中央有 2 列长针状刺毛相对排列,每侧 15~18 根(见彩图 7-1-4)。

2.发生规律

(1)东北大黑鳃金龟　2 年完成 1 代。以成虫及幼虫越冬。越冬成虫 4 月份至 5 月中旬开始出土,盛期在 5 月中、下旬至 6 月初。成虫于傍晚出土活动,20~21 时活动最盛,有趋光性,但雌虫很少扑灯。卵多散产于 10~15 cm 的土中,孵化盛期在 7 月中、下旬。幼虫共 3 龄,当 10 cm 深土温降至 12℃以下时,下迁至 50~150 cm 处做土室越冬。翌年 4 月下旬当 10 cm 深处平均土温达 10.2℃以上时,幼虫全部上迁至耕作层,食量大,为害严重。

(2)暗黑鳃金龟　在东北 2 年发生 1 代,其余地区 1 年 1 代,多以 3 龄幼虫在 20 cm 左右的土层中越冬,少数以成虫越冬。翌年 4 月底至 5 月为化蛹始期,5 月中、下旬为化蛹盛期,5 月下旬或 6 月初始见成虫,7 月中、下旬至 8 月上旬为产卵期,7 月中旬至 9 月为幼虫为害期。主要为害花生、大豆、甘薯和秋播麦苗。9 月中旬前后,老熟幼虫开始下移越冬。

成虫黄昏时出土，有隔日出土习性。成虫趋光性强，有假死和群集习性。晚上8～9时活动最盛。成虫的活动高峰也是交尾盛期。雌虫交尾后5～7天产卵。卵多产在土下3～17 cm处。卵经8～10 d孵化为幼虫。成虫喜食榆、杨、槐、柳、桑、梨、苹果等乔木树叶，也偶尔取食玉米和大豆叶。幼虫有自相残杀习性。

(3)铜绿丽金龟　1年发生1代，以3龄幼虫在土中越冬。次年5月开始化蛹，6～7月为成虫出土为害期，7月中旬逐渐减少，8月下旬终止。成虫白天隐伏于灌木丛、草皮中或表土中，傍晚飞出交尾产卵、取食危害。5、6月份雨量充沛，成虫出土较早，盛发期提前。成虫有假死性和趋光性。卵散产，多产于5～6 cm深土壤中。1、2龄幼虫多出现在7、8月份，食量较小，9月份后大部分变为3龄，食量猛增，越冬后又继续为害到5月份。幼虫一般在清晨和黄昏由深处爬到表层，咬食苗木近地面的基部、主根和侧根。

铜绿丽金龟成虫产卵和幼虫对土壤湿度要求较高，幼虫孵化的适宜温度为25℃，土壤含水量为8%～15%；适宜幼虫活动为害的10 cm土温为23.3℃，土壤含水量为15%～20%。在淮北，以果林和水稻混种地区发生的数量较多。

3.防治技术

当虫口密度达到防治指标3～5头/m²，作物受害率达10%～15%，及时开展药剂防治。未达指标时加强管理，采用诱杀、生物防治等控制危害。

(1)防治成虫　在成虫发生盛期，设置频振式杀虫灯诱杀成虫，人工振落捕杀成虫，或用90%敌百虫晶体或80%敌敌畏乳油1 000倍液、或20%甲氰菊酯（灭扫利）乳油、或50%杀螟松乳油、或50%辛硫磷乳油1 500倍液任一种，于18:00后树冠喷雾。

(2)防治幼虫　播种前可选用5%辛硫磷颗粒剂30 kg/hm² 拌细土300～750 kg，均匀撒于地面，随即耕翻耙耘；育苗时可选用50%辛硫磷乳油拌种，按1份药加50份水稀释，然后与500份种子混匀，闷3～4 h，待种子干后播种；苗木生长期发现蛴螬为害，可用25%辛硫磷乳油或90%敌百虫晶体1 000倍液灌根；加强管理，不使用未腐熟的有机肥，中耕除草，冬季翻耕灌水，或于5月上、中旬生长期间适时浇灌大水，均可减轻为害。

(3)保护利用天敌　如各种益鸟、刺猬、青蛙、蟾蜍、步甲及寄生蜂、寄生蝇和乳状芽孢杆菌等。

(三)蝼蛄

蝼蛄属直翅目，蝼蛄科。为害严重的有东方蝼蛄（*Gryllotalpa orientalis* Burmeister）和华北蝼蛄（*G. unispina* Saussure）（表7-1-1）。东方蝼蛄在全国都有分

布，是农田的优势种群；华北蝼蛄主要分布在北方各省，尤以华北、西北地区干旱瘠薄的山坡地和塬区为害严重。

表 7-1-1　两种蝼蛄成虫形态特征主要区别

（引《作物病虫害防治》张学哲，2005）

种类	华北蝼蛄	东方蝼蛄
体长	39～50 mm	30～35 mm
体色	黑褐色	黄褐色
腹部	近圆筒形	近纺锤形
后足	胫节背面内缘有刺 1～2 根	胫节背面内缘有刺 3～4 根

1. 形态特征

成虫头小，前胸背板发达呈卵圆形；生有一对强大粗短的开掘足；前翅短，仅达腹部的一半，后翅扇形，折叠于前翅之下，超过腹部末端；有一对较长的尾须。若虫与成虫相似。

2. 发生规律

(1)东方蝼蛄　在华北以南地区 1 年发生 1 代，在东北则需 2 年完成 1 代。以成虫或中老龄若虫在地下越冬。翌年 3～4 月份移至地表活动取食。昼伏夜出，以 21:00～23:00 为取食高峰。5 月份是为害盛期。越冬若虫 5～6 月羽化为成虫，5 月下旬至 7 月份交尾产卵。越冬成虫 4～5 月份产卵。喜欢潮湿，多集中在沿河两岸、池塘和沟渠附近产卵。产卵前先在腐殖质较多或未腐熟的厩肥土下 5～20 cm 处筑土室产卵，每室产卵 25～40 粒。1 头雌虫可产卵 60～80 粒。卵期约 15 d。若虫 8～9 龄。初龄若虫群集于卵室，稍大后分散取食，约经 4 个月羽化为成虫。秋季天气变冷后即以成虫及老龄若虫潜至 60～120 cm 土壤深处越冬（见彩图 7-1-5）。

(2)华北蝼蛄　约 3 年发生 1 代。以成虫和 8 龄以上的各龄若虫在土中越冬，有时深达 150 cm。来年 3～4 月间，开始上升为害。越冬成虫于 6～7 月间交配。卵期 20～25 d。初孵若虫最初较集中，以后分散活动，至秋季达 8～9 龄时即入土越冬。第 2 年春季，越冬若虫上升为害，到秋季达 12～13 龄时，又入土越冬。第 3 年春再上升为害，到 8 月上、中旬开始羽化为成虫，入秋即以成虫越冬（见彩图 7-1-6）。具趋光性，但因体大，飞翔力差，因此在灯下的诱杀率不如东方蝼蛄高。

两种蝼蛄对具有香、甜味的物质都具有趋性，嗜食煮至半熟的谷子、棉籽、炒香的豆饼、麦麸等。对马粪、有机肥等未腐熟的有机物也有一定的趋性。喜欢湿润的土壤，盐碱地虫口密度大，壤土次之，黏土最少。

3. 防治技术

当蝼蛄达 0.5 头/m^2 以上，作物被害率在 10%左右时，采取措施进行防治。

(1)农业防治　有条件的地区，可实行水旱轮作。加强田间管理，结合中耕，挖虫灭卵。施用腐熟有机肥料。

(2)灯光诱杀　利用该虫趋光性，在成虫盛发期，选晴朗无风闷热的夜晚利用频振式杀虫灯或黑光灯诱杀成虫。

(3)毒饵诱杀　利用其趋化性，在成虫盛发期，选晴朗无风闷热的夜晚，用炒香的米糠或花生麸 30 份，加 1 份敌百虫，洒上清水搓匀，做成黄豆大的毒饵撒在地上。

(4)药剂拌种　用 50%辛硫磷乳油 100 倍液拌种。保苗效果长达 20 d。

(5)土壤处理　发生重的地区，可结合播种，用 3%氯唑磷颗粒剂或 5%辛硫磷颗粒剂拌干细土混匀后撒于苗床上、播种沟或移栽穴内后覆土，可兼治多种地下害虫。

(四)金针虫

金针虫是鞘翅目，叩头甲科幼虫的总称。金针虫长期生活于土壤中，可为害麦类、玉米、高粱、谷子、薯类、豆类、棉花、甜菜、甘蔗等农作物和蔬菜以及果树、林木幼苗等。咬食种子的胚乳使之不能发芽；咬食幼苗根系或地下茎导致生长不良甚至枯死。被害部很少被咬断，伤口不整齐而呈麻丝状，还能蛀食薯类的块根、块茎，诱发细菌性腐烂。

1. 形态特征

成虫多暗色，体狭长，末端尖削，略扁。当虫体被压住时，头和前胸能做叩头状的活动。触角多锯齿状。幼虫体细长，圆柱形，略扁，体壁光滑坚韧，头和末节特别硬(见彩图 7-1-7，彩图 7-1-8，彩图 7-1-9)。4 种常见金针虫的形态区别见表 7-1-2。

表 7-1-2　4 种常见金针虫的形态区别

(引《作物病虫害防治》张学哲，2005)

种类		沟金针虫	细胸金针虫	褐纹金针虫	宽背金针虫
成虫	体长	长 14～18 mm 宽 3～5 mm	长 8～9 mm 宽约 2.5 mm	长约 9 mm 宽约 2.7 mm	长 9～13 mm 宽约 4 mm
	体色	栗褐色	暗褐色	黑褐色	黑色
	鞘翅	长为前胸 4～5 倍；纵列刻点不明显	长约头胸部的 2 倍；上有 9 条纵列刻点	长约前胸的 2 倍；9 条纵列刻点明显	长约前胸的 2 倍纵沟窄，沟间突出
幼虫	体长	20～30 mm	约 23 mm	约 25 mm	20～22 mm
	体色	金黄色	淡黄色	茶黄色	棕褐色
	尾节	二分叉；叉的内侧各有一小齿	圆锥形不分叉近基部两侧各有一圆斑	不分叉；尖端有 3 个齿状突起	分叉；叉上各有 2 个结节 4 个齿突

2. 发生规律

沟金针虫在北京地区3年以上完成1代、河南2年以上完成1代。以成虫及幼虫在土中越冬。在北京地区,4月上旬当10 cm深土温达6℃左右成虫上升活动,当10 cm深土温达10～20℃时为害种子幼苗,15～16℃时为害最烈。雄成虫善飞,有趋光性。雌成虫无飞翔能力,卵产于土中,以3～7 cm深处居多,产卵近百粒,到第3年8月份,老熟幼虫在土中13～20 cm作土室化蛹,成虫羽化后即在原处越冬。

细胸金针虫在东北约需要3年完成一个世代,在内蒙古6月上旬土中有蛹,多在7～10 cm深处,6月中、下旬羽化成虫,在土中产卵,卵散产。细胸金针虫在旱地几乎不发生,早春土壤解冻即开始活动,10 cm深土温达7～12℃时为为害盛期。

3. 防治技术

当虫口密度达5头/m^2时,用药防治。播种或移植前,用氯唑磷颗粒剂或辛硫磷颗粒剂拌细土,均匀撒于地面,深耙20 cm。用种子重量1%的50%辛硫磷乳油拌种。发生较重时还可用50%辛硫磷乳油1 000～1 500倍液等灌根。其他防治技术参考蛴螬类防治。

四、操作方法及考核标准

(一)操作方法与步骤

(1)选择地下害虫发生较为严重的地块,调查地下害虫发生种类、为害状况及为害特点。

(2)结合调查结果,查阅学习资料,获得相关知识。

(3)结合教师讲解及对为害状的仔细观察,识别常见地下害虫种类。

(4)通过放大镜或体视显微镜,识别蛴螬、金针虫及地老虎幼虫形态特征。

(5)根据地下害虫发生规律,制订综合治理措施。

(6)认真撰写实训报告。

(二)技能考核标准

地下害虫防治技术技能考核参考标准见表7-1-3。

五、练习及思考题

1. 在播前或秋收后组织学生到实训基地采用挖土调查法进行地下害虫种类调查。

2. 观察小地老虎、黄地老虎及当地其他常见地老虎的形态,比较成虫的大小、体色、前翅颜色、斑纹及幼虫的大小、体色、体背毛瘤、臀板等特征,有什么区别?

表 7-1-3　地下害虫防治技术技能考核参考标准

考核内容	考核标准	评分标准	标准分值	考核方法
地下害虫发生情况调查	基本能够说出地下害虫发生种类、为害状况及为害特点	根据所述与实际符合程度酌情扣分	20	以组为单位考核
常见地下害虫识别	能够正确识别常见地下害虫,形态特征描述准确	形态特征描述不清的酌情扣分	30	单人考核
地下害虫综合防治措施的制订	综合防治措施与生产实际相吻合,符合生态需求,可操作性强	综防措施不符合要求,措施不全面、不具体、可操作性不强的酌情扣分	30	单人考核与报告评分相结合
实训报告的撰写	认真书写实训报告,仔细分析实训中出现的问题	书写报告不够认真、问题分析不够透彻的酌情扣分	20	

3. 观察东方蝼蛄、华北蝼蛄的形态,比较成虫的大小、体色、前足腿节、后足胫节及若虫的特征,有什么区别?

4. 如何根据地下害虫发生的种类进行综合防治?

项目 2　储粮害虫防治技术

一、技能目标

通过实训,学生能够识别常发生的主要储粮害虫种类,掌握主要储粮害虫的发生规律及防治技术。

二、教学资源

1. 材料与工具

玉米象、麦蛾、印度谷螟、豌豆象、绿豆象等及其他当地常见其他地下害虫的成、幼虫及为害状标本。

体视显微镜、放大镜、挑针、镊子、培养皿等;有关的挂图、彩色照片及多媒体课件。

根据防治需要确定的施药材料与器械。

2. 教学场所

教室、实验(训)室。

3.师资配备

每20名学生配备一位指导教师。

三、主要内容及操作步骤

(一)玉米象

玉米象(*Sitophilus zeamais* Motschulsky)属鞘翅目,象甲科。我国各地均有发生,成虫主要取食禾谷类种子及其加工品,还取食花生仁、豆类、干果等。玉米象为重要的初期害虫,储藏的粮食被其取食造成的碎粒及粉屑,易引起后期性害虫发生。

1.形态特征

成虫体长2.5～4.2 mm,圆筒形、暗褐色、有光泽;膝状触角,末端膨大;前胸背板前缘比后缘宽,有许多圆形小刻点;每个鞘翅上有数条纵凹纹,凹纹间纵列小圆点,近基部及末端各有1个赤褐色的近圆形大斑;后翅发达。幼虫体长2.5～3.0 mm,乳白色;足退化;体肥大粗短,多横皱,背面隆起,腹面平坦,略呈半球形。

2.发生规律

1年发生1～7代,主要以成虫在仓库内黑暗潮湿的各种缝隙中,少数幼虫在粮食籽粒内越冬;次年早春天气转暖,成虫多分布在粮堆的上层为害;每头雌成虫可产150粒卵,每天产3粒;产卵一般集中在离粮面7 cm以内的上层。幼虫孵化后,将粮粒蛀食一空;幼虫分4龄,老熟后,在粮粒内化蛹;成虫羽化后在粮粒内停留大约5 d,钻出粮粒。成虫善爬,有向上爬、假死、趋温、趋湿等习性,遇光则向暗处聚集。

生长发育的适宜温度为24～30℃,当温度低于7.2℃和高于35℃时,不能产卵;成虫在粮堆内随粮温的变化而移动,当气温上升到15℃时,越冬成虫大部分在离粮堆面30 cm以内的上层或向阳面粮温较高的部位活动。环境温度达30℃以上,粮堆上层及向阳面的粮温超过成虫的适宜温度时,向粮堆下层以及阴面或其他通风凉爽的地方移动。适宜的相对湿度90%～100%,粮食含水量15%～20%。

(二)印度谷螟

印度谷螟[*Plodia interpunctella* (Hübner)],属鳞翅目,螟蛾科。我国大部分省(市、区)都有分布,在东北和华北地区危害严重,幼虫几乎取食所有的植物性仓库储藏物。

1.形态特征

雌蛾体长5～9 mm,雄蛾体长5～6 mm,小型蛾类。头灰褐色,腹灰白色。下唇须发达，伸向前方。前翅狭长，基半部约 2/5 为黄白色，外半部约 3/5 为棕褐色，并带铜色光泽。后翅灰白色，半透明。幼虫体长 10～13 mm，淡黄白色，腹部背面浅粉红色。体呈圆筒形，中间稍膨大。趾钩双序全环。

2. 发生规律

1 年发生 3～8 代；有世代重叠现象。成虫多在粮粒上产卵，卵期 1～8 d，产卵量 152 粒/头。初孵幼虫先蛀食粮粒的胚部，再剥食种皮。幼虫常在粮面上吐丝结网，潜伏其中取食；幼虫老熟后，多离开粮堆爬向墙壁、梁柱、天花板、包装物等缝隙处，或者在背风角落里吐丝结茧越冬或化蛹，常污染粮食。生长发育的适宜温度为 24～30℃。

(三)麦蛾

麦蛾[*Sitotroga cerealella* (Olivier)]，属鳞翅目，麦蛾科。我国大部分省(市、区)都有分布，以长江以南发生最普遍，危害严重。幼虫多在禾本科作物种子内取食，将粮粒蛀空，可使储粮损失达 56%～75%。麦蛾在仓库内及田间都能繁殖为害，是典型的初期性储粮害虫。

1. 形态特征

成虫淡黄色，体长 4.5～6.5 mm，翅展 12～15 mm；下唇须发达，向上弯曲并超过头顶，3 节；丝状触角；前翅竹叶形，后翅菜刀形，前后翅缘毛很长，相当于翅的宽度。幼虫体长 5～8 mm，淡黄白色。体光滑，略有皱纹，刚毛细小。胸部较粗，腹部各节依次向后逐渐变细。胸足短小，腹足退化成小突起，趾钩微小、褐色。

2. 发生规律

在炎热地区或仓库内 1 年发生 10～12 代；寒冷地区 1 年发生 2 代。多数以老熟幼虫在粮粒内越冬，少数以蛹及初龄幼虫在粮粒内越冬。越冬幼虫于次年化蛹，羽化后一部分成虫仍在仓库内粮堆表层产卵，大部分飞到田间在小麦穗上产卵。幼虫孵化后，钻蛀麦粒内取食，老熟后在籽粒内化蛹，随同收获的小麦带进仓库，在仓库内羽化为 1 代成虫。

成虫羽化后多在小麦种子的腹沟或稻谷的护颖内产卵；在仓库内，卵多产在粮堆表层 20 cm 以内；幼虫孵化后，多从籽粒的胚部蛀入，籽粒被蛀空；幼虫老熟后，在籽粒内结薄茧化蛹。羽化后，成虫从羽化孔钻出，成虫的飞翔力弱。

麦蛾发育适宜温度为 21～35℃。卵、幼虫和蛹在 44℃条件下 6 h 即全部死亡；幼虫在－17℃条件下 25 h 死亡。

(四)豆象

在我国，常见的豆象有蚕豆象(*Bruchus rufimanus* Boheman)、豌豆象(*Bru-*

chus pisorum L.)、绿豆象[*Callosobruchus chinensis*(L.)]。其中，绿豆象在全国各地均有发生，以幼虫取食豆类、莲子等，其中以绿豆、赤豆、豇豆被害最重；蚕豆象发生在长江中、下游及西南、华南各省，以幼虫取食蚕豆；豌豆象国内大部分省(区)均有发生，以幼虫取食豌豆。

1. 形态特征

蚕豆象、豌豆象和绿豆象的成虫及幼虫的外部形态很相似。成虫体小，卵圆形，被有鳞片。蚕豆象鞘翅末端1/3处有排成"八"字形的白色毛斑1列；豌豆象鞘翅末端1/3处有斜直线形的白色毛斑1列；绿豆象鞘翅后半部有排成横列的白色斑纹。幼虫柔软肥胖，头尾向腹部弯曲，腹足退化(图7-2-1，图7-2-2)。

图 7-2-1 豌豆象

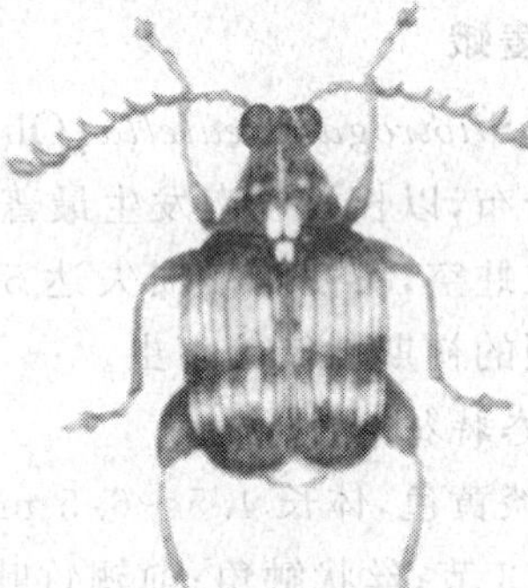

图 7-2-2 绿豆象

2. 发生规律

绿豆象1年发生4～5代，在低纬度地区或仓库内，每年最多可发生11代。以幼虫在豆粒内越冬，次年春天在豆粒中化蛹和羽化，后不久钻出豆粒；交尾后在仓库内的豆粒上产卵，幼虫孵化后再钻蛀豆粒取食、化蛹和羽化。一般在仓库内繁殖2～3代，产卵量100粒/头。田间绿豆快成熟时，成虫从仓库内飞到田间，在豆荚上产卵，繁殖数代后，又随同收获的绿豆粒进入仓库为害，部分成虫直接飞回仓库繁殖，直到越冬。当温度低于10℃或高于37℃时，绿豆象停止发育；温度在31℃左右及相对湿度为68%～79%的条件下发育最快。

蚕豆象1年发生1代；以成虫在豆粒内、仓库角落、包装物缝隙、田间及晒场内的作物残体、杂草或砖石下越冬。蚕豆开花时，蚕豆象大量飞往田间活动、取食、交尾和产卵。成虫取食蚕豆花粉和花瓣后才能产成熟的卵。在蚕豆植株中、下部的嫩荚上产卵，单产，每荚2～6粒。幼虫孵化后从卵壳下钻入荚内，再钻蛀到豆粒内取食，每个蚕豆粒内有1～6头幼虫。蚕豆收获后，幼虫随蚕豆粒带入仓库继续为害。幼虫分4龄。蚕豆粒被蛀后，表面留有小黑点。老熟幼虫在豆粒内化蛹。成虫飞翔力较强；耐饥力较强；有假死性。

豌豆象1年发生1代；成虫飞翔能力强，春天先飞到麦田、油菜田活动，豌豆开花时，再飞到豌豆田取食花粉、交尾、产卵。平均产卵150粒/头，单产在豌豆荚表面，每荚1～12粒，卵期8 d。在一个豆粒内的多头幼虫，只有1头能完成发育。豆粒受害后被蛀空，表面多皱纹，呈淡红色。幼虫分4龄，在豆粒中化蛹；部分成虫羽化后钻出豆粒，但有一部分成虫留在豆粒内越冬。

此外，常见的储粮害虫还有赤拟谷盗、长角扁谷盗、大谷盗、锯谷盗、谷蠹、粉斑螟等。

(五)储粮害虫综合防治技术

1.植物检疫

为了杜绝对外、对内检疫对象及其他储粮害虫随粮食和粮食包装物进入仓库，必须把住检验、检疫关。

2.加强粮食仓库的管理

(1)防潮和防鼠　仓库要防潮和防鼠，地面、墙壁光滑无缝隙。

(2)整洁干净　仓库要整洁干净，包括包装物、工具及清选、输送机械等。

(3)做好隔离工作　严格做到有虫粮与无虫粮、原粮与成品粮、成品粮与糠麸、商品粮与种子等不同的粮食分开储藏。

3.物理机械防治

(1)利用筛网、风力等机械筛选　清除粮食中的杂质和害虫，降低粮食含水量和温度。

(2)高温处理　除大米、花生仁之外的粮食，可曝晒、烘干杀虫；用热水烫死绿豆、蚕豆、豌豆籽粒内的豆象；高温蒸汽、红外线加温处理仓储工具和包装器材中的害虫。

(3)低温处理　如机械通风、机械制冷、地下仓库及北方冬季晾晒等防治害虫。

(4)缺氧保管　为经济有效好方法，可分为密封自行缺氧、微生物辅助缺氧、真空、充氮、充二氧化碳等。

4.药剂防治

(1)消灭在仓库中栖息的害虫　空仓库可选用敌百虫、敌敌畏、辛硫磷等喷雾。加工粮食场所可结合机械检修，用熏蒸剂熏蒸。各种器材可利用暴晒、冷冻、蒸汽、敲打等办法进行防治，也可选用50%敌敌畏乳油加水10倍喷在麻袋等器材表面。

(2)喷施防虫带　在粮食外围或仓库四周，喷施防虫带。可选用1%的马拉硫磷粉剂50 g/m²，喷成宽约30 cm的药带。

(3)施用谷物保护剂　可选用粮虫净、仓虫净、粮宝等。

(4)药剂熏蒸　在密封良好的仓库，散装粮可选用磷化铝3～5片/t，空仓可用0.2～0.4片/m³；密闭条件一般的仓库，散装粮可用5～7片/t，空仓用0.3～0.5片/m³。密闭5昼夜或延长到半个月。每个投药点不超过200 g，投药点均匀设在粮面上，把药片放在报纸上，药片不能互相接触。熏蒸结束，通风后再清除药渣。

四、操作方法及考核标准

(一)操作方法与步骤

(1)选择储粮害虫发生较为严重的仓库，调查储粮害虫发生种类、为害状况及为害特点。

(2)结合调查结果，查阅学习资料，获得相关知识。

(3)结合教师讲解及对为害状的仔细观察，识别常见储粮害虫。

(4)通过放大镜或体视显微镜，识别玉米象、麦蛾、印度谷螟及豆象的形态特征。

(5)根据储粮害虫发生规律，制订综合治理措施。

(6)认真撰写实训报告。

(二)技能考核标准

储粮害虫防治技术技能考核参考标准见表7-2-1。

表7-2-1　储粮害虫防治技术技能考核参考标准

考核内容	考核标准	评分标准	标准分值	考核方法
储粮害虫发生情况调查	基本能够说出储粮害虫发生种类、为害状况及为害特点	所述与实际不符的酌情扣分	20	以组为单位考核
常见储粮害虫识别	能够正确识别常见储粮害虫，为害特点描述准确	形态特征描述不清的酌情扣分	30	单人考核
储粮害虫综合防治措施的制订	综合防治措施与生产实际相吻合，符合生态需求，可操作性强	综防措施不符合要求，措施不全面、不具体、可操作性不强的酌情扣分	30	单人考核与报告评分相结合
实训报告的撰写	认真书写实训报告，仔细分析实训中出现的问题	书写报告不够认真、问题分析不够透彻的酌情扣分	20	

五、练习及思考题

1. 调查家乡粮食中常发生储粮害虫的种类。

2. 观察麦蛾、印度谷螟的形态，比较成虫的大小、体色、双翅的特征，各有什么区别？

3. 观察玉米象的形态，成虫的大小、体色、前胸背板、鞘翅刻点等，有什么特征？

4. 观察3种豆象的形态，找出它们的特征区别。

5. 如何对储粮害虫进行综合防治？

典型工作任务八
水稻病虫害防治技术

项目1 水稻主要病害防治技术

一、技能目标

通过实训，掌握水稻主要病害的诊断要点、发病规律及主要防治技术；能够识别常发生的水稻病害种类；能够制订切实可行的综合防治方案；能够根据发生病害的种类采取有效的防治。

二、教学资源

1.材料与工具

水稻绵腐病、水稻立枯病、稻瘟病、水稻纹枯病、稻曲病、水稻恶苗病、水稻细菌性条斑病、稻条纹叶枯病、水稻白叶枯病、稻胡麻斑病、水稻鞘腐病等实物标本、新鲜材料，病原菌玻片、挂图、教学课件（包括幻灯片、录像带、光盘等影像资料）。

多媒体教学设备（投影仪、计算机）、显微镜、载玻片、盖玻片、挑针、纱布、蒸馏水、刀片、徒手切片夹持物、镜头纸、0.1%升汞、无菌水等。

2.教学场所

教室、实验（训）室及水稻病害严重的田块。

3.师资配备

每20名学生配备一位指导教师。

三、原理、知识

(一)水稻苗期病害

水稻苗期病害是水稻育苗期间多种生理性病害和侵染性病害的总称，俗称烂秧。常见的有生理性烂种、漂秧、黑根、死苗以及侵染性的绵腐病、立枯病等。

1. 症状识别

(1)绵腐病　发生在水育秧田，播种后 5～6 d 就可发生，主要为害幼根和幼芽。最初在稻种颖壳裂口处或幼芽的胚轴部分出现乳白色胶状物，以后逐渐向四周长出白色棉絮状菌丝，呈放射状，常因氧化铁沉淀或藻类、泥土黏附而呈铁锈色、泥土色或绿褐色。病苗常因基部腐烂而枯死。在秧田中，此种烂秧多先呈星点分布状、面积如碗口大小的烂秧中心，随着病中心的扩大和相互连合，出现连片烂秧死苗的严重情况。

取水稻绵腐病标本，观察病部有无白色棉絮状菌丝且呈放射状，注意病苗基部是否腐烂，病株是否枯死。

(2)立枯病　多发生在旱秧田、半旱秧田和薄膜育秧田，一般成片发生。早期发病，秧苗枯萎，潮湿时茎基部呈水浸状腐烂，手拔时易断。后期发病，病株逐渐萎蔫、枯黄，仅心叶残留少许青色而卷曲。开始时茎不腐烂，根毛无或稀少，可连根拔起，以后茎基部变褐甚至软腐，易拔断(见彩图 8-1-1)。

观察水稻立枯病症状，注意病苗是否呈现萎蔫、枯黄，茎基部是否变褐、软腐、易拔断。

2. 病原

(1)绵腐病　由层出绵霉[*Achlyo prolifera* (Nees) de Bary]、稻绵霉(*A. oryzae* Ito et Nagal)、鞭绵霉(*A. flagellata* Coder)等真菌引起，属鞭毛菌亚门，绵霉属。菌丝无隔膜，发达有分枝，管状，无色。无性繁殖形成棒状孢子囊及肾形具鞭毛的游动孢子，有性繁殖产生球形，厚膜的卵孢子。

(2)立枯病　病原包括多种腐霉菌(*Pythium* spp.)、镰孢菌(*Fusarium* spp.)和丝核菌(*Rhizoctonia solani* Kühn)等真菌，其中腐霉菌致病力最强，其次是镰孢菌，丝核菌最弱。

①腐霉菌(*Pythium* spp.)：属鞭毛菌亚门，腐霉属。菌丝发达，无隔，呈白色絮状，孢子囊球形或姜瓣状，萌发产生肾形、双鞭毛的游动孢子。

②镰孢菌(*Fusarium* spp.)：属半知菌亚门，镰刀菌属。大型分生孢子镰刀状，弯曲或稍直、无色、多分隔。小型分生孢子卵圆形、无色、双胞或单胞。厚壁孢子椭圆形、无色、单胞。

③立枯丝核菌(*Rhizoctonia solani* Kühn):属半知菌亚门,丝核菌属。不产生孢子,只有菌丝和菌核。成熟菌丝褐色,分枝与母枝呈直角,分枝处有缢缩。离分枝不远处有一分隔。菌核褐色、形状不规则。

3.发病规律

(1)腐霉菌　以菌丝、卵孢子在土壤中越冬,菌丝或卵孢子产生游动孢子囊,孢子囊成熟后萌发产生游动孢子,游动孢子靠水传播和侵染。低温时秧苗的生活力减弱,容易发病。

(2)镰孢菌　以菌丝、厚壁孢子的形式在多种寄主病残体上及土壤中越冬,条件适宜时产生分生孢子,借气流传播进行初侵染,在病苗上产生分生孢子进行再侵染。

(3)丝核菌　以菌丝、菌核在病残体上和土壤中越冬,以菌丝蔓延传播和菌核随流水传播。

4.防治技术

防治水稻苗期病害的关键是重抓育秧技术,改善栽培条件,增强水稻秧苗的抗病力,必要时辅以药剂防治。

(1)农业防治　精选种子,避免使用带有伤口的种子播种;适时播种;做好种子处理,培育壮苗,提高播种和育苗技术;若秧田水层过深,播种后发生"浮秧"、"翻根"、"倒苗"等造成烂秧的,应立即排水,以促进秧苗扎根;搞好肥水管理,避免用冷水直接灌溉,在3叶期前早施断奶肥,切实掌握"前控后促"和"低氮高磷钾"的施肥原则。

(2)药剂防治

①防治立枯病:可选用5.5%浸种灵Ⅱ号5 000倍液浸种,对水稻立针期的立枯病有显著防治效果;播种覆土后,还可选用5.5%浸种灵Ⅱ号3 000～5 000倍液2～3 kg/m^2 药液喷洒;也可选用30%土菌消水剂3～4 mL/m^2 加水3 kg,在播前浇透水后喷雾。

②防治绵腐病:在发病初期及时喷洒0.2%硫酸铜液1 500 kg/hm^2,喷药时应保持浅水层;如绵腐病严重时可将秧田换水冲洗2～3次后再施药,或在进水口处用纱布袋装硫酸铜100～200 g,随着水的流动溶入秧田。

(二)稻瘟病

稻瘟病又称稻热病、火烧瘟等,我国南北稻区每年均有发生,其发生为害程度因品种、栽培技术以及气候条件不同而有差别,流行年份一般发病田块损失在10%～30%,严重的可达40%～50%以上,甚至颗粒无收。

1. 症状识别

稻瘟病在水稻各生育期，各个部位均可发生。根据其发病时期和发病部位可分为苗瘟、叶瘟、节瘟、叶枕瘟、穗颈瘟、枝梗瘟和谷粒瘟等，其中以叶瘟、穗颈瘟最为常见，危害较大。

(1)苗瘟　发生在三叶期前，初期芽和芽鞘上产生水渍状斑点，随后苗基部变成黑褐色，上部淡红色或黄褐色，病苗卷缩枯死。潮湿时病部出现灰绿色霉层。

(2)叶瘟　发生在三叶期以后，病斑因水稻品种和气候条件不同划分为 4 种类型。

①慢性型：为典型的稻瘟病病斑，病斑呈梭形或纺锤形，边缘褐色称为坏死部，中央灰白色称为崩溃部，最外层淡黄色晕圈称为中毒部，两端有沿叶脉延伸的褐色坏死线。天气潮湿时，病斑背面产生灰绿色霉状物(见彩图 8-1-2)。

②急性型：多发生在感病品种上，病斑暗绿色，近圆形或不规则形，针头至绿豆大小，病斑扩展很快，中心灰绿色，外缘呈水渍状，正反两面密生灰绿色霉层。急性型病斑的出现常是叶瘟流行的预兆。当天气转晴或经药剂防治后，也可转变为慢性型病斑。

③白点型：病斑为白色或灰白色圆形小点，不产生霉层，土壤十分干燥时在感病品种的嫩叶上发生，若短期内气候条件转为适宜，可很快发展为急性型；若条件不适则向慢性型转变。

④褐点型：病斑为褐色小点，多局限于叶脉间，常发生在抗病品种或稻株下部老叶上，不产生分生孢子。

(3)节瘟　常发生在穗颈下第 1、2 节，最初稻节上产生针头大小的褐色小点，之后扩大，使全节变黑腐烂，干燥时病节凹陷缢缩，易折断。潮湿时病部长出灰绿色霉层。由于水分和养分输送受阻，可形成白穗。

(4)叶枕瘟　常发生于剑叶的叶耳、叶舌、叶环上，并逐步向叶鞘、叶片扩展。病斑形状不规则，初为污绿色，后呈灰白色至灰褐色，潮湿时病部产生灰绿色霉层。叶枕瘟的大量出现，常是穗颈瘟的前兆。

(5)穗颈瘟和枝梗瘟　发生在穗颈、穗轴和枝梗上。病斑初为水浸状褐色小点，后逐渐围绕穗轴和枝梗扩展，病部呈褐色或灰黑色，潮湿时病部产生灰绿色霉层。穗颈瘟发病早的多形成白穗，发病晚的则导致部分稻粒形成秕粒(见彩图 8-1-3，彩图 8-1-4)。

(6)谷粒瘟　发生在稻壳和护颖上，乳熟期症状最为明显。病斑椭圆形或不规则形，外缘褐色或黑褐色，中央灰白色。发病严重时谷粒空瘪，米粒变黑。

观察水稻不同时期、不同部位稻瘟病的症状特点，区别比较 4 种叶瘟，注意病斑的形状、大小、颜色及病斑正反面是否产生灰绿色霉层。

2. 病原

稻瘟病病菌的无性态为半知菌亚门梨孢属的灰梨孢[*Pyricularia grisea* (Cooke) Sacc.],病部的灰绿色霉层即为病菌的分生孢子梗和分生孢子。分生孢子梗多从气孔伸出,单生或3~5根丛生,不分枝,有2~8个隔膜,基部膨大稍带淡褐色,顶端渐尖色淡,呈屈曲状,屈曲处有孢子痕,其顶端可陆续产生分生孢子5~6个,多的可达9~20个。分生孢子梨形,无色,有二横隔,隔膜处稍向内缢缩。

病原菌的有性态为灰色大角间座壳菌[*Magnaporthe grisea* (Hebert) Barrnov],属子囊菌亚门大角间座壳属,仅在人工培养基上产生,自然界尚未发现。稻瘟病病菌极易变异,对水稻不同品种的致病性有明显差异,据此可将病菌分为多个生理小种。

3. 发病规律

病菌主要以菌丝体和分生孢子在病谷粒和病稻草上越冬,成为来年稻瘟病的初侵染源。病谷粒播种后引起苗瘟,病稻草上菌丝在来年气温回升到20℃左右时,遇雨可产生大量分生孢子。分生孢子借气流、雨水传播到秧田和本田,萌发侵入水稻叶片,形成叶瘟的中心病株。温湿度适宜时,病斑上产生大量分生孢子继续传播为害,进行多次再侵染。叶瘟发生后,相继引起节瘟、穗颈瘟乃至谷粒瘟。

水稻品种抗病性差异很大,存在高抗至感病各种类型。同一品种不同生育期抗性也有差异,以四叶期、分蘖盛期和抽穗初期最感病。气温在20~30℃,尤其在24~28℃,阴雨多雾,露水重,田间高湿,易引起稻瘟病严重发生。抽穗期如遇到20℃以下持续低温7 d或者17℃以下持续低温3 d,常造成穗瘟流行。氮肥施用过多或过迟、密植过度、长期深灌或烤田过度都会诱发稻瘟病的严重发生。

4. 防治技术

稻瘟病的防治应采取以种植高产优质抗病品种为基础,加强肥水管理为中心,药剂防治为辅的综合防治策略。

(1)种植高产抗病品种　应注意品种的合理布局,避免品种的单一化种植,同时还应注意品种的定期轮换。当抗病品种在一地种植2~3年后,应用新的抗病品种替换老品种,不可采用单一抗病品种长期种植。

(2)加强栽培管理　合理施肥,不偏施氮肥,注意氮、磷、钾配合,适当施用含硅酸的肥料,以增强水稻的抗病性,做到施足基肥,早施追肥,中后期看苗、看天、看田,酌情施肥。管水方面必须与施肥密切配合,做到开设明沟暗渠,降低地下水位,合理排灌,以水调肥,促控结合,分蘖后期适度搁田,抽穗期不断水,后期干干湿湿。

(3)减少菌源　不播种带菌种子,病稻草及时处理。收获时,对病田的稻草和谷物应尽量分别堆放，室外堆放的病稻草应在春播前处理完毕，不用病草催芽和扎秧苗；如病草还田，应犁翻于水和泥土中沤烂；用作堆肥和垫栏的病草，应在腐熟后施用。

(4)种子消毒　可选用1%石灰水浸种，浸种时间因气温高低而异，15～20℃浸3 d，25℃浸2 d，并保持水层深20 cm左右，不搅动水层，病菌便在水层和石灰形成膜层下窒息而死。还可选用20% 三环唑可湿性粉剂800～1 000倍液、或80%乙蒜素(抗菌剂402)乳油8 000倍液浸种1～2 d、或25%施保克乳油2 000～3 000倍液浸种1～2 d，兼防其他真菌性种传病害，如稻恶苗病。

(5)药剂防治　防治苗瘟或叶瘟要掌握在发病初期用药，及时消灭发病中心。防治穗颈瘟应在破口至始穗期施第一次药，然后根据天气情况在齐穗期施第二次药。可选用20%三环唑(克瘟唑)可湿性粉剂1 000倍液、或用40%稻瘟灵(富士一号)乳油1 000倍液、或50%多菌灵、或50%甲基托布津可湿性粉剂1 000倍液、或50%稻瘟肽可湿性粉剂1 000倍液、或40%克瘟散乳剂1 000倍液、或50%异稻瘟净乳剂500～800倍液、或5%菌毒清水剂500倍液。上述药剂添加40 mg/kg春雷霉素或展着剂效果更好。

(三)水稻纹枯病

水稻纹枯病俗称“花脚病”，是我国水稻三大病害之一。该病在水稻中普遍发生，引起鞘枯和叶枯，结实率降低，千粒重减轻，一般造成减产10%～20%，严重时减产30%以上。

1.症状识别

水稻各生育期均可发病，一般以分蘖盛期、末期至抽穗期发病为盛，抽穗期前后发病最重。该病主要为害叶鞘和叶片，严重时达穗部和深入到茎秆内部。

叶鞘发病先在近水面的叶鞘基部产生暗绿色水浸状边缘模糊的小病斑，后逐渐扩大成椭圆形或云纹状，病斑中部灰绿色或灰褐色，边缘暗绿色。随后，在新形成的病斑处长出许多菌丝，向上部叶鞘、叶片蔓延。天气干燥时，病斑中央草黄色至灰白色，边缘褐色，一般不产生或很少产生菌丝，几个病斑常联合成云纹状大斑块，重病叶鞘上的叶片常发黄或枯死。叶片发病的病斑与叶鞘相似，也呈云纹状，边缘褪绿或变黄，发病快时病斑呈污绿色，好似开水烫过，叶片很快腐烂。穗部受害，初为污绿色，后变灰褐色，孕穗至破口期严重受害时，不能抽穗而造成“胎里死”，抽穗的秕谷较多，千粒重下降。湿度大时，病部产生白色蛛丝状菌丝体，后汇聚成白色菌丝团，最后形成菌核，菌核深褐色，易脱落。高温条件下，病斑上产生一层白色粉末状子实层，即病菌的担子和担孢子(见彩图8-1-5)。

2. 病原

无性态为半知菌亚门、丝核菌属的立枯丝核菌(*Rhizoctonia solani* Kühn)。菌丝蛛丝状,初无色,后浅褐色,具分枝,分枝与主枝近似直角,近分枝处明显缢缩,离分枝不远处具分隔。菌核由菌丝纠结而成,老熟菌核馒头状,表面粗糙,茶褐色,直径 1～5 mm。有性态为担子菌亚门、亡革菌属的瓜亡革菌[*Thanatephorus cucumeris* (Frank)Donk.],担子棍棒状,单胞,无色。其上生 2～4 个小梗,每梗着生 1 个卵圆形、单胞、无色担孢子。

3. 发病规律

病菌主要以菌核在土壤中越冬,也能以菌核和菌丝体在病残体上或在田间杂草等其他寄主上越冬。翌春春灌时菌核飘浮于水面与其他杂物混在一起,插秧后菌核黏附于稻株近水面的叶鞘上,条件适宜时生出菌丝侵入叶鞘组织为害,气生菌丝又侵染邻近植株。水稻拔节期病情开始激增,病害向横向、纵向扩展,抽穗前以叶鞘为害为主,抽穗后向叶片、穗颈部扩展。早期落入水中菌核也可引发稻株再侵染。早稻菌核是晚稻纹枯病的主要侵染源。菌核数量多,发病重。纹枯病为高温高湿病害,温度高于 22℃,相对湿度达 90%以上即可发病,温度在 25～31℃,相对湿度达 97%以上时发病最重。生长前期雨日多、湿度大、气温偏低,病情扩展缓慢,中后期湿度大、气温高,病情迅速扩展,后期高温干燥则会抑制病情扩展。长期深灌,田间湿度偏大,有利病害发展。偏施、迟施氮肥,造成水稻生长过旺,田间郁闭,促进纹枯病发生和蔓延。水稻品种对纹枯病的抗性有一定差异,但未发现免疫品种。总体而言,抗性表现为籼稻＞粳稻＞糯稻;高秆窄叶品种＞矮秆阔叶品种;常规稻＞杂交稻。

4. 防治技术

水稻纹枯病的防治应实施以农业防治为基础,适时药剂防治的综合防治策略。

(1)选用品种　选用抗病品种,选用不带病种子。

(2)清除菌源　在秧田或本田翻耕灌水时,大多数菌核浮在水面,混杂在“浪渣”内,被风吹集到田角和田边,应捞出菌核,深埋或烧毁;不直接用病稻草和未腐熟的病草还田;铲除田边杂草,均可有效减少菌源。

(3)科学管水施肥,合理密植　按照水稻不同生育期对水分的不同要求,严格水位管理,避免长期深灌或过度晒田,做到浅水发根、薄水养胎、湿润长穗,其中尤以分蘖末期至拔节前进行适时搁(晒)田、后期干干湿湿的排灌管理,降低株间湿度,促进稻株生长健壮。施肥方面应施足基肥,早施追肥,适当增施磷钾肥,使水稻前期不披叶,中期不徒长,后期不贪青;做到农家肥与化肥,长效肥与速效肥相结合,氮肥应早施,切忌偏施氮肥和中、后期大量施用氮肥。在确保基本苗的情况下,适当放宽行距，改善稻田群体通透性，降低田间湿度，减轻病害危害。

(4)药剂防治　一般在水稻分蘖末期丛发病率达15%或拔节至孕穗期丛发病率达20%的田块，需用药防治。分蘖末期用药可抑制病菌菌丝生长，控制病害水平扩展；孕穗期至抽穗期用药可抑制菌核的形成和控制病害垂直扩展，保护稻株顶部功能叶。每667 m^2 用量可选用5%井冈霉素100 mL、或50%甲基硫菌灵、或50%多菌灵可湿性粉剂100 g、或30%纹枯利可湿性粉剂50～75 g、或50%甲基立枯灵(利克菌)、或33%纹霉净可湿性粉剂200 g兑水50～60 kg，重点针对稻株中下部喷雾。病情严重时，可间隔10～15 d再次施药，连续施用2～3次。

(四)稻曲病

稻曲病在我国各稻区普遍发生，一般穗发病率为4%～6%，严重达50%以上；粒发病率为0.2%～0.4%，最高可达5%以上，局部田块减产可达20%～30%，稻曲病不仅使秕谷率、青米率、碎米率增加，而且病菌能产生稻曲毒素，当稻谷中含有0.5%病粒时能引起人畜中毒。

1.症状识别

主要在水稻开花以后至乳熟期的穗部发生，大多分布在稻穗的中下部。病菌侵入稻粒后，在颖壳内形成菌丝块。菌丝块逐渐增大，颖壳合缝处微开，露出淡黄色块状的孢子座。孢子座逐渐膨大，最后包裹颖壳，形成比健粒大3～4倍表面光滑的近球形体，黄色并有薄膜包被。薄膜破裂后，转为黄绿或墨绿色粉状物(厚垣孢子)。一般稻穗中仅有部分籽粒受害，病粒中心为菌丝组织密集构成的白色肉质块，外围为产生厚垣孢子的菌丝层。菌丝层又可分为3层，外层墨绿色或橄榄色，最早成熟，第二层为橙黄色，第三层为黄色(见彩图8-1-6)。

2.病原

病菌有性态为稻麦角菌(*Claviceps oryzae-sativae* Has.)，属子囊菌亚门麦角菌属；无性态为稻绿核菌[*Ustilaginoidea virens* (Cooke) Takahashi]，属半知菌亚门绿核菌属。

病粒上形成的橄榄色或墨绿色稻曲球为病菌的孢子座，孢子座内含厚垣孢子。厚垣孢子墨绿色，球形或椭圆形，表面有疣状突起。厚垣孢子萌发后产生短小、单生或分枝、有分隔的菌丝状分生孢子梗，其尖端着生数个椭圆形或倒鸭梨形的分生孢子。孢子座中的黄色部分常可形成菌核1～4粒。菌核扁平，质地较硬，长椭圆形，初为白色，后呈黑褐色，成熟时易脱落。落入土中的菌核于第二年萌发，产生一到数个柄头状(有一长柄和一球形或帽状的顶部)子座。子囊壳球形，埋生于子座顶部表层，具孔口，外露。子囊壳含几百个无色、圆柱形子囊，内含8个单胞、无色、丝状的子囊孢子。

3.发病规律

病菌以落入土中的菌核或附于种子上的厚垣孢子越冬。第2年菌核萌发产生子座,并形成子囊壳及子囊孢子;厚垣孢子萌发产生分生孢子。子囊孢子和分生孢子都可借气流、雨水传播,侵害花器和幼颖,引起谷粒发病。北方水稻栽培区一年只发生一次,南方水稻栽培区则以早稻上的厚垣孢子为再侵染源为害晚稻,早抽穗水稻上的厚垣孢子也可能成为迟抽穗水稻的再侵染源,厚垣孢子在再侵染中起决定作用。带菌种子的调运是主要的远距离传播方式。

不同水稻品种间的抗性存在较明显差异。矮秆、叶片宽、角度小、枝梗数多的密穗型品种较感病,反之则较抗病;抗病性一般表现为早熟＞中熟＞晚熟,糯稻＞籼稻＞粳稻;耐肥抗倒伏和适宜密植的品种,有利于稻曲病的发生。在水稻孕穗至抽穗期,连续低温、多雨、寡日照,有利于病害发生。沿海和丘陵山区雾大、露重,病害往往较重。长期深灌,田水落干过迟病害发生严重。偏施氮肥,尤其穗期追施氮肥过多的田块会加重病害发生,氮、磷、钾合理搭配,可以明显减轻病害发生。高密度和多栽苗的田块发病重于低密度和少栽苗的田块。

4.防治技术

稻曲病的防治应采取以抗病品种为主,化学防治为辅,合理调节农业栽培管理的综合措施。

(1)农业防治　因地制宜地选用抗病品种,建立无病留种田,选用不带病种子。合理密植,适时移栽。灌水上应干干湿湿,适时适度晒田,以增强稻株根系活力,降低田间湿度。施肥上应施足基肥,早施追肥,合理使用氮、磷、钾肥,增强稻株抗病能力。

(2)药剂防治

①种子处理:可结合防治水稻其他病害进行,可选用85%强氯精300～500倍液、或25%施保克(咪鲜胺)乳油2 000～3 000倍液浸种。也可选用40%多菌灵胶悬剂、或1%石灰水浸种48 h,可减少部分侵染源。还可选用50%苯菌灵可湿性粉剂500～800倍液浸种,早稻浸72 h,晚稻浸48 h。

②药剂喷雾:水稻孕穗末期即水稻破口抽穗前5～7 d为防治关键期,可选用井冈霉素、或18%纹曲清(井冈霉素＋烯唑醇)、或50%稻后安(氧化亚铜＋三唑酮)、络氨铜、胶氨铜、可杀得、多菌铜等喷雾防治,但应注意穗期用药的安全性。

(五)水稻恶苗病

水稻恶苗病又称徒长病,全国各稻区均有发生,近年来随着粳稻面积的扩大和旱育秧技术的推广,病害在很多稻区又有回升,甚至发生严重。

1. 症状识别

从苗期至抽穗期均可发生。病株徒长，细弱，叶片、叶鞘狭长，淡黄绿色；节间显著伸长，节部外露，在基部数节上长出倒生的不定根，病株分蘖少或不分蘖，轻病株能提早抽穗，但穗形小而不实，谷粒也可受害，严重的变为褐色，颖壳夹缝处生有淡红色霉。剥开病株叶鞘，茎秆上呈现暗褐色条斑，剖开病茎可见白色蛛丝状菌丝。湿度大时，近地表病部或枯死病株表面产生淡红色或白色粉状物（即病菌的分生孢子梗和分生孢子），后期产生蓝黑色针头状小颗粒（为病菌的子囊壳）（见彩图8-1-7，彩图8-1-8）。

2. 病原

病菌无性态为半知菌亚门镰刀菌属的串珠镰孢菌（*Fusarium moniliforme* Sheldon），有性态为子囊菌亚门赤霉菌属的藤仓赤霉菌[*Gibberella fujikurio* (Saw.) Wr.]。分生孢子有大小两型。大型分生孢子多为镰刀形，细长，顶端渐尖，具3～5个隔膜，聚集时呈淡红色，干燥时呈粉红色或白色；小型分生孢子卵形或扁椭圆形，无色单胞，链状着生。子囊壳球形，蓝黑色，表面粗糙。子囊长椭圆形，基部细而上部圆，内生子囊孢子4～8个，排成1～2行；子囊孢子双胞，无色，长椭圆形，分隔处稍缢缩。

在水稻恶苗病的死株上，刮取少量淡红色粉状物，制片镜检，观察病菌大、小孢子的形态。

3. 发病规律

病菌以菌丝体和分生孢子在种子和病稻草上越夏、越冬。浸种时带菌种子上的分生孢子污染无病种子而传染，播带菌种子或催芽时用病稻草覆盖，在谷种发芽后，病菌即可从芽鞘、根部或伤口侵入，导致幼苗发病，病重时引起苗枯。病株和枯死株表面产生的分生孢子成为再侵染源，分生了孢子借风雨、昆虫传播，茎部伤口侵入。在健株抽穗开花时，则从花器侵入，造成秕谷或畸形，脱粒时与病种子混收。病菌也可以黏附在健康谷粒上成为带菌种子。一般籼稻较粳稻发病重，糯稻发病轻，晚播发病重于早稻。土温30～50℃时易发病，高温干旱促进发病，伤口有利于病菌侵入；旱育秧较水育秧发病重；增施氮肥刺激病害发展，施用未腐熟有机肥发病重。

4. 防治技术

恶苗病以种子带菌为主要初侵染源，因此建立无病留种田和进行种子处理是防病的关键措施。

(1)减少菌源　建立无病留种田，选用无病种子。

(2)种子处理　可选用10%抗菌剂401醋酸液1 000倍液、或80%抗菌剂402

乳油8 000倍液浸种2～3 d后直接催芽。也可选用35％恶苗灵200倍液，或45％三唑酮福美双可湿性粉剂300～600倍液，或25％施保克乳油200～300倍液，或强氯精500～1 000倍液，浸种24 h(晚稻)至48 h(早稻)，水洗后催芽播种。

(3)减少初侵染源　不用病稻草作为催芽时的覆盖物，也不用病稻草捆秧把。

(4)加强栽培管理　催芽不能太长，以免下种时受伤，拔秧要尽量避免秧根损伤过重，肥床旱育秧要尽量缩短苗床盖膜时间，发现病株应及时拔除等。

(六)水稻细菌性条斑病

水稻细菌性条斑病是水稻生产中的一个重要细菌性病害，为国内检疫对象。东南亚各国及非洲中部均有发生，国内主要分布在华南稻区，在长江流域晚稻上有大面积发生。近十多年来，已上升为一种多发性的水稻主要病害，一般减产15％～25％，严重的减产40％～60％。

1.症状识别

条斑病主要为害水稻叶片，也为害叶鞘。苗期即可出现典型的条斑型症状，初为深绿色水渍状半透明小点，很快沿叶脉扩展为暗绿色至黄褐色纤细条斑，病斑两端呈浸润型绿色。病斑条状笔直，半透明，边缘不呈波纹状。病斑上常溢出大量串珠状黄色菌脓，干燥后呈胶状小粒，粘着紧不易脱落。感病品种上的病斑纵向扩展快，长达4～6 cm，两端菌脓多，呈鱼子状，干燥后呈琥珀状附于病叶表面，不易脱落，严重时多个病斑相互连成大枯斑，扩展后整叶变为红褐色、枯死；抗病品种上病斑较短，小于1 cm，且病斑少，菌脓也少。病情严重时叶片卷曲，田间呈现一片黄白色(见彩图8-1-9)。

观察患有条斑病的水稻叶片，注意病斑及病斑上的菌脓或胶粒的形状、大小、颜色、分布特点等。

2.病原

病原菌为稻黄单胞菌稻生致病变种[*Xanthomonas oryzae* pv. *oryzicola* (Fang et al.) Swings et al.]，属薄壁菌门，黄单胞杆菌属。菌体短杆状，单生，偶成对，但不成链，有极生鞭毛1根，革兰氏染色阴性，不形成芽孢和荚膜。在肉汁胨琼脂培养基上菌落圆形，有光泽，边缘整齐，中部稍隆起，蜜黄色。

3.发病规律

病菌主要在病谷和病草上越冬，通过灌溉水、雨水接触秧苗，从气孔或伤口侵入。田间病株病斑上溢出的菌脓，借风、雨、露滴、水流及叶片之间的接触传播，进行再侵染，引起病害扩展蔓延。农事操作也可引起病害传播。带菌种子的调运是远距离传播的主要途径。

该病发生流行需高温高湿条件，一般温度在25～30℃，相对湿度在85％以上时，有利于该病的发展。台风暴雨的侵袭，造成叶片大量伤口，有利于病菌的侵入和传播，病害容易流行。一般深灌、串灌、漫灌，偏施和迟施氮肥，均有利于此病的发生与危害。

4. 防治技术

水稻细菌性条斑病的防治必须从加强检疫、杜绝病菌来源入手，通过选用抗病品种、培育无病壮秧、加强肥水管理和适时用药等途径来控制病害的发生与流行。

(1)严格实行植物检疫　无病区不从病区调运稻种，确需引种时必须严格实行产地检疫，封锁带病种子。病区种子、稻草不要外运。

(2)减少菌源　病区因地制宜地选用抗病品种。

(3)加强栽培管理　做好肥水管理，促进水稻健康生长。

(4)减少初侵染源　及时处理带病稻草、田间病残体，不宜用带病稻草作浸种催芽覆盖物或扎秧把等。对零星发病的田块，应及时摘除病叶、病株并烧毁。

(5)药剂防治

①种子消毒：先将种子用清水预浸 12 h，然后用 85％强氯精 300 倍液浸种 24 h，或用 500 倍 50％代森铵溶液浸种 24 h，洗净药液后催芽。

②秧田及大田的药剂防治：应于始病期前施药，将病害控制在初发阶段。秧苗在 3 叶期统一用药，保护苗期不受侵染。大田孕穗期喷药 1～2 次，对抑制和扑灭病害有重要作用。主要药剂有 25％叶青双 400～500 倍液，25％叶枯灵 300 倍液，50％代森铵 1 000 倍液。

(七)水稻其他病害防治技术

水稻其他病害防治技术见表 8-1-1。

表 8-1-1　水稻其他病害

病害名称	病原	症状要点	发病规律	防治要点
稻条纹叶枯病	水稻条纹病毒(rice stripe virus，RSV)，属纤细病毒属(*Tenuivirus*)	病株心叶沿叶脉呈断续的黄绿色或黄白色短条斑，以后常合并成大片，病叶一半或大半变成黄白色，边缘仍呈现褪绿短条斑。高秆品种发病后心叶细长柔软，成纸捻状弯曲下垂的“假枯心”；矮秆品种发病后心叶展开较正常。发病早的植株枯死	病毒主要在灰飞虱若虫体内越冬，部分在大麦、小麦和杂草病株内越冬。麦田越冬的若虫羽化后先在原麦田繁殖，之后迁至稻田传毒为害	合理布局，防止灰飞虱迁移传病；种植抗(耐)病品种；调整播期，避开灰飞虱迁飞期；传毒迁飞前期集中治虫，可选用 10％吡虫啉等喷雾

续表 8-1-1

病害名称	病原	症状要点	发病规律	防治要点
水稻白叶枯病	稻生黄单胞菌白叶枯致病型[*Xanthomonas oryzae* pv. *oryzae* (*Ishiyama*) Dye],属薄壁菌门黄单胞杆菌属	①叶枯型:叶尖或叶缘先出现暗绿色水浸状线状斑,之后沿叶缘或中脉向下延伸成波纹状的黄绿或黄褐色病斑,最终呈枯白色,病斑边缘界限明显。②急性型:叶片产生暗绿色病斑,如沸水烫状,叶片因迅速失水而向内卷曲呈青枯状,多见于上部叶片。③凋萎型:心叶及下部1~2叶片失水,以主脉为中心,从叶缘向内紧卷,枯死。病重时,主茎及分蘖的茎叶相继凋萎,稻田出现大量死丛。三类型的病部常溢出黄色菌脓	病稻草、病稻桩、带菌谷种是主要初侵染源。细菌在种子内越冬,播后由叶片水孔、伤口侵入,形成中心病株,病菌借风雨、露水、灌水、昆虫、人为等因素传播。高温高湿、多露、台风、暴雨是病害流行条件	选育推广抗病品种;用强氯精或80%"402"浸种;清除初侵染源;培育无病壮苗、合理科学肥水管理;关键期进行药剂防治,主要药剂72%农用链霉素可溶性粉剂、50%克菌壮可湿性粉剂等
稻胡麻斑病	无性态为稻平脐蠕孢[*Bipolaris oryzae*],半知菌亚门,平脐蠕孢属;有性态为宫部旋胞腔菌[*Cochliobolus miyabeanus*]	叶部病斑椭圆形,褐色,边缘明显,病健分界清晰,外围常有黄色晕圈,后期病斑呈灰黄或灰白色。穗颈、枝梗受害,病部深褐色,变色部较长。谷粒病斑灰黑色。潮湿时,病部产生黑色绒毛状霉	病菌以菌丝体或分生孢子在谷粒和病稻草上越冬。分生孢子通过气流传播,土壤瘠薄,缺肥尤其缺钾易诱发此病	增施有机肥,注意氮、磷、钾的配比,尤其是缺钾田要增施钾肥;科学用水;药剂防治参照稻瘟病
稻叶鞘腐败病	无性态为稻帚枝霉[*Sarocladium oryzae*],半知菌亚门,丝孢目	主要为害叶鞘。病斑褐色至暗褐色,不规则,中间色浅,边缘黑褐色较清晰,形似虎斑纹状。叶鞘内幼穗部分或全部枯死,不能抽穗。湿度大时病斑内外出现白色至粉红色霉状物	病菌以菌丝体或分生孢子在病稻谷和病稻草上越冬。分生孢子借气流传播,引起初侵染与再侵染	农业措施及种子处理可参考稻瘟病;药剂防治应于幼穗分化期至孕穗期使用多菌灵或百菌清等

四、操作方法及考核标准

(一)操作方法与步骤

(1)选择病害发生较为严重的稻田,调查病害发生种类、为害状况及为害特点。

(2)结合调查结果,查阅学习资料,获得相关知识。

(3)结合教师讲解及对症状的仔细观察,识别水稻常见病害种类。

(4)通过显微镜镜检,识别水稻常见病害的病原物形态特征。

(5)根据水稻病害发生规律,制订综合治理措施。

(6)认真撰写实训报告。

(二)技能考核标准

水稻病害防治技术技能考核参考标准见表 8-1-2。

表 8-1-2　水稻病害防治技术技能考核参考标准

考核内容	考核标准	评分标准	标准分值	考核方法
水稻病害发生情况调查	基本能够说出病害发生种类、为害状况及为害特点	所述与实际不符的酌情扣分	10	以组为单位考核
常见水稻病害识别	能够正确识别水稻常见病害,症状特点描述准确	症状特点描述不清的酌情扣分	30	单人考核
常见水稻病害的病原物形态识别	显微镜操作熟练,镜中病原菌形态清晰,特征明显	病原菌不够清晰,特征不明显的酌情扣分	20	单人考核
水稻病害综合防治方案的制订	综合防治措施与生产实际相吻合,符合生态需求,可操作性强	综防措施不符合要求,措施不全面、不具体、可操作性不强的酌情扣分	20	单人考核与报告评分相结合
实训报告的撰写	认真书写实训报告,仔细分析实训中出现的问题	书写报告不够认真、问题分析不够透彻的酌情扣分	20	

五、练习及思考题

1. 区别比较水稻苗期病害、稻瘟病、水稻纹枯病、水稻恶苗病、稻曲病、水稻细菌性条斑病的症状。

2. 绘制稻瘟病、稻纹枯病、稻恶苗病、稻曲病等病害的病原菌形态图。

3. 调查当地水稻常见病害种类及发生情况,制订水稻病害的综合防治措施。

4. 如何根据水稻烂秧的发病原因制订烂秧的综合防治措施?

5. 怎样才能有效地防治水稻纹枯病?

6. 水稻细菌性条斑病的症状有何特点?

7. 如何对稻瘟病进行综合防治?

项目2　水稻主要害虫防治技术

一、技能目标

通过本技能实训，使学生认识当地常发生的水稻害虫的种类，掌握当地主要水稻害虫识别特征，了解水稻主要害虫的分布与发生规律，能结合害虫发生的实际情况制订综合防治方案，并能指导水稻害虫的防治工作。

二、教学资源

1. 材料与工具

当地气象资料、有关水稻害虫的历史资料、作物生产技术方案、害虫种类及分布情况等资料。

稻螟虫、稻飞虱、稻叶蝉、稻水象甲、稻苞虫、稻负泥虫、稻纵卷叶螟、稻蝗等当地常发生的水稻害虫成虫、幼虫盒装标本和浸渍标本。

体视显微镜、显微镜、放大镜、镊子、挑针、蒸馏水、培养皿、载玻片、泡沫塑料板、有关的挂图、彩色照片及多媒体课件等。

2. 教学场所

教室、实验(训)室及水稻害虫为害重的田块。

3. 师资配备

每20名学生配备一位指导教师。

三、原理、知识

(一)水稻螟虫

在我国，水稻螟虫主要指三化螟[*Tryporyza incertulas* Walker，异名 *Scirpophaga incertulas* Walker]、二化螟[*Chilo suppressalis* Walker]和大螟[*Sesamia inferens* Walker]等水稻钻蛀类害虫，其中大螟属鳞翅目夜蛾科，另外两种属鳞翅目螟蛾科。3种螟虫均以幼虫钻蛀水稻茎秆，前期造成枯心、叶鞘变黄，中后期为害造成枯孕穗、白穗或虫伤株，严重影响水稻产量。三化螟为单食性害虫，仅为害水稻和野生稻。二化螟和大螟除为害水稻外，还为害茭白、玉米、高粱、甘蔗等作物以及芦苇、稗、李氏禾等杂草，未发育成熟的越冬幼虫冬后也可钻蛀小麦、油菜、蚕豆等作物的茎秆。

1. 形态特征

3 种水稻螟虫的形态区别见表 8-2-1。

表 8-2-1　3 种水稻螟虫形态比较

虫态	三化螟	二化螟	大螟
成虫	雌黄白色,体长约 12 mm,前翅三角形,中央有 1 黑点;雄灰褐色,体长约 9 mm,前翅中央有 1 小黑点,翅顶角有 1 列黑点组成的斜纹,外缘有 7 个小黑点	淡灰色,体长 10～15 mm,前翅长方形,翅面有褐色不规则小点,外缘有 7 个小黑点,雌蛾腹部纺锤形,雄蛾腹部细圆筒形(图 8-2-1)	灰褐色,体肥大,体长 11～15 mm,前翅近长方形,自翅基部向外缘有 1 条暗褐色纵纹,其上下方各有 2 个小黑点,后翅银白色
卵	卵扁平椭圆形,分层排列成椭圆形卵块,上覆有棕黄色绒毛	卵扁平椭圆形,鱼鳞状单层排列;卵块长椭圆形,外覆胶质	卵扁球形,顶端稍凹,表面有放射状隆线,卵粒常排列成 2～3 行
幼虫	老熟幼虫体长约 21 mm,淡黄绿色,背面只有 1 条半透明背线,腹足趾钩椭圆形单序全环	老熟幼虫体长 20～30 mm,淡褐色,体背有 5 条棕红色纵纹,腹足趾钩异序全环	老熟幼虫体长约 30 mm,体肥大,胴部背面紫红色,腹足趾钩 1 行单序半环形
蛹	瘦长,长约 13 mm,黄白色,后足伸出翅芽外,雄蛹伸出较长	圆筒形,黄褐色,长 11～17 mm,腹背有 5 条紫色纵纹,后足末端与翅芽等长	肥壮,体长 13～18 mm,淡黄至褐色,头胸部有白粉状分泌物,翅芽近端左右接触

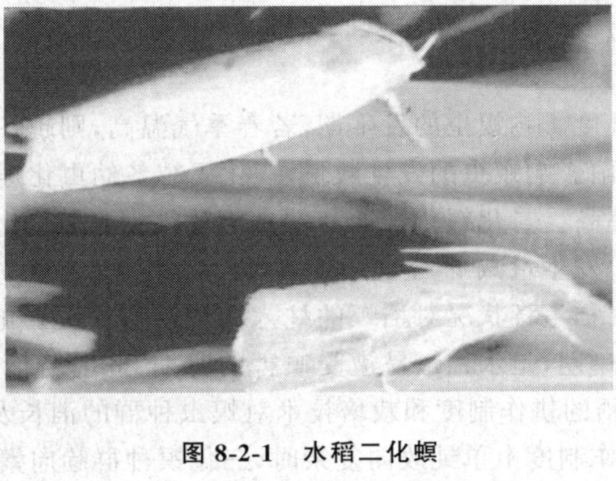

图 8-2-1　水稻二化螟

观察3种水稻螟虫成虫的形态特征，注意体色、体型、翅面特点、雌雄差异，3种螟虫幼虫体色、体线、趾钩有何不同？观察蛹、卵块及为害状特征。

2.发生规律

(1)生活史及习性

①三化螟：1年发生2～7代，以老熟幼虫在稻桩内滞育越冬。翌年气温回升至16℃以上时开始化蛹、羽化，成虫昼伏夜出，趋光性强，雌蛾喜在生长茂密、嫩绿的稻株上产卵，卵块多产于叶片的中上部正反两面。蚁螟孵化后，通过爬行或吐丝下垂随风飘落到附近稻株，寻找适宜部位蛀茎，幼虫可转株为害1～3次，老熟幼虫在稻茎内化蛹。

②二化螟：1年发生1～5代，以4～6龄幼虫在稻桩、稻草、茭白遗株及田边杂草茎秆内越冬，有世代重叠现象。成虫趋光性强，喜在稀植、茎粗、秆高、叶色浓绿的稻田中产卵。在水稻苗期和分蘖初期，卵多产在叶片正面距叶尖3～6 cm处，以基部2～3叶上最多；分蘖后期至抽穗期，卵多产在离水面7 cm以上的叶鞘上，每头雌蛾可产卵2～4块。秧苗小时，蚁螟一般分散蛀食叶鞘内部；稻苗5～6叶龄后蚁螟先群集在叶鞘内侧取食，受害叶鞘2～3 d后变色，7～10 d后枯黄，即为枯鞘期，此时幼虫尚未侵入心叶或稻茎，是查治的有利时机。3龄后幼虫开始频繁转株为害，一般转株3～5次，多的10次以上。幼虫老熟后在稻茎中或叶鞘内侧化蛹。

③大螟：1年发生2～8代，以幼虫在稻桩、其他寄主残株及杂草茎秆或根部越冬，无滞育现象。越冬代成虫发生早，多在春玉米、甘蔗、茭白或田边杂草上产卵为害，第2代才主要为害水稻。成虫喜欢在茎秆粗壮、叶鞘包茎较松的稻株上产卵，孕穗期主要产卵于剑叶鞘内(即穗苞)，其他时期则产在叶鞘内侧，且以近田埂2 m内稻株上产卵最多。大螟还喜产卵于稻田四周的稗草上，尤以分蘖期为甚。转株为害较二化螟频繁。

(2)发生条件

①气候因素：温度影响螟虫的发生期，若春季气温高，则越冬代成虫发生早，反之则迟。湿度和降雨影响螟虫的发生数量，三化螟越冬幼虫化蛹阶段，如果经常阴雨，越冬幼虫死亡率高。二化螟化蛹期和幼虫孵化期遇暴雨，田间积水深，会淹死大量蛹和初孵幼虫，发生量减少。

②食物因子：水稻生育状况对稻螟的蛀入和成活有明显影响，水稻分蘖期，特别是孕穗期末到破口期，是水稻最易遭受螟害的时期，此时若恰逢螟卵盛孵期，螟虫为害就严重。水稻的耕作制度和栽培技术对螟虫种群的消长及为害程度也有很大影响。当水稻耕作制度由单纯改向复杂时，三化螟种群趋向繁荣，二化螟种群随之趋向凋落；耕作制度由复杂改为单纯，则相对地有利于二化螟而不利于三化螟的

发生。一般粳稻比籼稻有利于三化螟的发生，籼稻比粳稻适合二化螟的发生，杂交稻上二化螟、大螟发生较重。因品种混杂，管理不当，追肥过多过迟，以致水稻生长参差不齐，抽穗期拉得长，螟害就会加重。

③天敌因子：稻螟的天敌很多，包括多种寄生蜂、寄生菌、寄生线虫等寄生性天敌以及蜘蛛、青蛙、鸟类等多种捕食性天敌，这些对螟虫的发生都有一定的抑制作用。

3.防治技术

水稻螟虫的防治，应根据螟虫的发生规律和水稻栽培制度、生长情况，采取防、避、治相结合的综合治理措施。

(1)农业防治　因地制宜，合理布局，选用水稻抗虫良种，并统一主栽品种及栽培技术，科学肥水管理，使水稻生长整齐，易受害的危险期错开螟虫盛发期。清除稻桩、稻草，处理田边、沟边杂草等，减少螟虫的越冬基数。水稻收割后及时翻耕灌水，淹死稻桩内螟虫。防治大螟还可在田边栽稗诱卵，在卵块盛孵 5～7 d，幼虫分散前拔除销毁，同时拔除田边 1 m 内的稗草。

(2)物理防治　使用黑光灯、双波灯、频振式杀虫灯等诱杀成虫。秧田期在螟虫成虫盛发期间，覆盖无色防虫网，可阻隔螟蛾进入产卵繁殖。还可采取摘除卵块、拔除枯心苗等措施。

(3)生物防治　合理用药，减少化学药剂对天敌的杀伤，尽量使用微生物农药，发挥天敌的自然控制作用。

(4)药剂防治　孵化高峰期后 3～5 d 为防治二化螟和大螟枯心苗的施药适期，而防治三化螟枯心苗的适期一般在孵化高峰期，如果苗情好、螟卵多，则宜在孵化率达 30%时用药，隔 5～6 d 后再防治 1 次。防治白穗在螟卵盛孵期内掌握早破口早用药，迟破口迟用药的原则，一般在破口抽穗 5%～10%时用药 1 次，如果螟虫发生量大或水稻抽穗期长，则隔 4～5 d 再用药 1 次。螟卵盛孵前已经抽穗而尚未齐穗的稻田，掌握在螟卵孵化始盛期用药。可选用 25%杀虫双水剂 3 000～3 750 mL/hm^2、20%三唑磷乳油 1 500～2 250 mL/hm^2 或 48%毒死蜱乳油 1 200～1 500 mL/hm^2 加水 750 kg 喷雾。采用药剂防治时，田间应保持 3～5 cm 深的水层，让其自然落干。需注意，杀虫双对家蚕毒性高，在稻桑混栽区使用杀虫双时应格外慎重。

(二)稻飞虱

稻飞虱属同翅目，飞虱科害虫。国内为害水稻的飞虱主要有褐飞虱[*Nilaparvata lugens* (Stal)]、白背飞虱[*Sogatella furcifera* (Horvath)]和灰飞虱[*Laodelphax striatellus*(Fallén)]等。其中褐飞虱食性单一，白背飞虱和灰飞虱寄主种类较多，除水稻外，还有大麦、小麦、玉米等。

稻飞虱成虫、若虫在稻丛下部刺吸汁液为害，其唾液腺分泌有毒物质，能阻塞输导组织或引起稻株萎缩。产卵时刺伤茎叶组织，形成大量伤口，造成稻株水分和养分散失。稻飞虱的分泌物常招致霉菌滋生，对稻株的光合作用和呼吸作用产生影响。受害严重时，稻丛下部变黑、发臭、腐烂，导致枯死倒伏。水稻孕穗、抽穗期受害，稻叶发黄，生长低矮，影响抽穗或结实；乳熟期受害，稻谷千粒重明显下降，瘪粒增加。褐飞虱和灰飞虱还能传播病毒病。由灰飞虱传播的水稻黑条矮缩病、条纹叶枯病，小麦丛矮病，玉米矮缩病等引起的经济损失常大于灰飞虱的直接为害。

1. 形态特征

稻飞虱为小型昆虫，体长不足 5 mm，头部较尖，稍向前突，触角粗短，末端锥状，着生于头侧方复眼之下，后足胫节末端内侧有一个刀状大距，成虫有长翅型和短翅型之分。3 种飞虱成虫的主要区别见表 8-2-2。

表 8-2-2 3 种飞虱的主要区别

种类	褐飞虱	白背飞虱	灰飞虱
体长/mm	3.6～4.8	3.8～4.5	3.5～4.0
头顶、前胸背板及中胸背板	头顶至中胸背板暗褐色，中胸背板 3 条中隆线明显	头顶略突出、前胸背板黄白色，中胸背板中央黄白色，两侧黑褐色	雄虫前中胸背板黑色，雌虫淡褐色，两侧较深
头部正面	颜面中央不凹陷，额及颊均黄褐色	雄额颊区沟为黑褐色，雌额颊区为黄褐色	雌雄额颊沟均为黑褐色
雄性外生殖器阴茎侧突及其他特征	不分叉 后足第一附节内侧有 2～3 个小刺	分叉 内侧无小刺，短翅型成虫只有雌虫	不分叉呈小鸟形

观察飞虱头部形态、触角特点、着生位置、后足胫节末端是否有距？观察比较 3 种稻飞虱的主要区别。

2. 发生规律

(1)生活史及习性

①褐飞虱：为远距离迁飞性害虫，仅在冬季有水稻栽培或有再生稻、自生稻苗生长的少数南方地区越冬，我国稻区的初发虫源，多是由南方终年繁殖区，随着春夏暖湿气流，由南向北渐次迁飞而来；在秋季，则随南向气流由北向南回迁。褐飞虱一年发生 1～12 代，各地发生的世代数因纬度和年总积温、迁入时期、水稻栽培期而不同。在海南省南部每年发生 12 代，广东、广西中南部、福建南部，每年发生 8～9 代；江淮之间年发生 3～4 代；北纬 35°以北的其他稻区，常年发生 1～2 代。

褐飞虱喜阴湿环境，成、若虫多聚集在稻丛基部栖息、取食，穗期以后，逐渐上移。成虫、若虫都不很活泼，如无外扰，很少移动，受到惊扰就横行躲避，或落于水面或飞(跳)到他处。成虫有趋嫩性、趋光性。卵成条产于稻株组织内，在嫩绿稻株上多产于叶鞘的肥厚部分，在黄老植株上则多产于叶片基部中脉组织内，产卵痕初呈长条形裂缝，不太明显，以后逐渐变为褐色条斑。

②白背飞虱：亦属迁飞性害虫，发生的世代数因地而异。海南省南部年发生11代，长江以南4～7代，淮河以南3～4代，东北地区2～3代，新疆、宁夏两自治区1～2代。在北纬26°左右地区以卵在自生稻苗、晚稻残株、游草上越冬，在此以北地区的虫源由越冬地迁飞而来。各地均以成虫迁入田间后的第2代若虫高峰为主要为害世代，大发生时迁入成虫即可造成明显危害，即"落地成灾"现象。白背飞虱的习性与褐飞虱相似，成、若虫在稻株栖息的部位比褐飞虱略高，部分低龄若虫可在幼嫩心叶内取食。

③灰飞虱：在我国由北向南年发生4～8代，华北地区4～5代，各地均可越冬。在福建、广东、广西和云南南部，冬季可发现3种虫态，其他各地主要以3、4龄若虫在麦田、绿肥田、沟边、河边的禾本科杂草上越冬，尤以背风向阳处为多。气温高于5℃时，能爬上寄主取食；低于5℃时，潜伏在寄主根际和土壤缝隙中不食不动。华北地区1代若虫主要在麦田生活，5月下旬至6月中旬羽化，迁入水稻秧田、早栽本田和玉米田。2代成虫6月下旬至7月下旬羽化，大量迁入水稻本田繁殖危害。秋后水稻成熟收割时转到越冬寄主上越冬。灰飞虱有趋光、趋嫩绿和趋边行的习性，边行虫口密度远高于田中，生长嫩绿茂密的稻田中着卵量多。

(2)发生条件　褐飞虱和白背飞虱均为迁飞性害虫，影响发生的首要条件是迁入虫量的多少。若虫源基地虫量大，迁入季节雨日频繁、雨量大，则有利其降落迁入。褐飞虱喜温暖高湿，生长发育的适温为20～30℃，26～28℃最适，相对湿度80%以上时有利其发生。白背飞虱对温度的适应范围比褐飞虱广，15～30℃均能正常生长发育。灰飞虱耐寒怕热，适宜温度为15～28℃，冬暖夏凉有利大发生。稻飞虱的天敌种类很多，寄生于卵的有稻虱缨小蜂、褐腰赤眼蜂等；寄生于成虫的有稻虱螯蜂、稻虱线虫等。捕食性天敌有黑肩绿盲蝽、蜘蛛、步甲、瓢虫等。

3.防治技术

(1)农业防治　清除田间杂草，减少灰飞虱的越冬虫源；选用抗虫品种；科学肥水管理，促进稻株正常生长，防止徒长或贪青倒伏。

(2)生物防治　注意合理使用农药，保护利用天敌，人工搭桥助迁蜘蛛或稻田放鸭等措施，对稻飞虱也有较好防效。

(3)药剂防治　当主要为害世代的前一代平均每丛稻有虫1头，主要为害世代每丛有虫10头左右时，需进行药剂防治。一般在低龄若虫高峰期，可选用25%扑虱灵可湿性粉剂450～600 g/hm^2、25%吡蚜酮可湿性粉剂300～450 g/hm^2、10%吡虫啉可湿性粉剂300～450 g/hm^2、48%毒死蜱乳油1 200～1 800 mL/hm^2、25%速灭威可湿性粉剂2 250～3 000 g/hm^2、20%异丙威乳油2 250～3 000 mL/hm^{2}或50%混灭威乳油1 500～2 250 mL/hm^2，兑水750～900 kg/hm^{2}喷雾。此外，还可选用20%啶虫脒可湿性粉剂兑水2 000～4 000倍液喷雾防治稻飞虱，作用速度快、持效期长、安全性好。

(三)稻水象甲

稻水象甲(*Lissorhoptrus oryzophilus* Kuschel)属鞘翅目，象甲科，是我国二类植物检疫对象，1988年首先发现于唐山地区，现已在黑龙江、吉林、辽宁、河北、北京、天津、山东、浙江、安徽、福建、湖南、山西等十余个省市陆续发生。稻水象甲成虫取食水稻嫩叶，沿叶脉啃食表皮和叶肉，仅留另一面表皮，由此形成纵向细短条斑。幼虫取食水稻根部，甚至钻入根内为害，数量多时造成根系和分蘖减少，发育迟缓，延迟成熟。为害严重时，根变黑腐烂，下部叶片枯死，甚至整株死亡。一般减产10%～20%，严重时可达50%。

1.形态特征

(1)成虫　体长约3 mm，体褐色，被覆浓密的灰绿色鳞片。前胸背板近梯形，两侧缘中部向外拱突，两侧灰色鳞片区之间有一条黑褐色的鳞片带，向下延伸至鞘翅的3/4处，形成一个似瓶状的暗斑。鞘翅基部与前胸背板等宽，从基部到肩部急剧加宽，翅肩以下两侧几乎平行至翅端又急剧缩窄，臀板微露翅外(见彩图8-2-1)。

(2)卵　长0.8 mm，宽0.16 mm，近圆柱形，乳白色。

(3)幼虫　老熟时体长约10 mm，体细长，略向腹面弯曲，体白色，头褐色，无足，腹部第2～7节背面各有1对略前弯的钩状呼吸管，气门位于管中。

(4)蛹　白色，复眼红褐色，大小及形态似成虫。蛹在土茧中形成，土茧黏附于根上，灰色近球形，直径约5 mm。

观察稻水象甲为害状，成虫体型、颜色、体背暗斑形状，幼虫颜色、腹部背面呼吸管特征。

2.发生规律

一年发生1～2代，以成虫在田边坡地、沟渠边及田埂上的杂草丛中(成虫蛰伏于表层土中)滞育越冬。成虫一般在水淹后开始产卵。新孵化的幼虫在叶鞘内经短暂钻蛀取食后离开叶鞘掉入土中，在植物体外待一段时间，这时是它生活史中最薄弱的环节。幼虫在发育过程中，可从一个根钻出转入另外根危害，造成一系列穿孔。3龄幼虫取食常可造成断根，妨碍根的发育生长。一株水稻根部可发现几头，多至几十头幼虫。老熟幼虫结土茧附着于根上化蛹，7月初成虫羽化，8月末大量成虫转移至越冬场所。

稻水象甲成虫有明显的趋光性并有较强的飞翔力，可借风力作远距离传播。成虫也可在水中游泳，随水流跨江越海传播。人为方面，可随稻秧、稻草、稻草制品，杂草寄主制成的包装物、填充物，草饲料，交通工具等远距离传播。

3. 防治技术

(1)加强植物检疫　禁止从疫区调运秧苗、稻草、稻谷和其他寄主植物及其制品，凡用寄主植物做填充材料的，应彻底销毁。

(2)农业防治　选用抗虫品种，及时移栽健壮秧苗，加强肥水管理，利用不同品种成熟期差异减轻危害；秋耕翻土、冬灌、铲除杂草，消灭越冬成虫；春耕沤田，多犁多耙，打捞消灭成、幼虫。

(3)物理防治　利用黑光灯诱杀成虫；也可设置诱杀田，夜间灯光诱集成虫产卵，然后集中消灭。

(4)生物防治　如利用索科线虫或白僵菌等防治稻水象甲。

(5)药剂防治　可选用4%DJ复合粒剂，于水稻缓秧后7～10 d撒施45 kg/hm^2，该药扩散溶解的药膜对成虫产在近水层的卵有杀伤力，残效期30 d以上，对根际幼虫控制效果达85%左右，且可兼治二化螟和水稻潜叶蝇。还可选用20%多来宝乳油450～600 mL/hm^2、40%水胺硫磷乳油1 500 mL/hm^2、25%噻虫嗪水分散粒剂30～60 g、20%辛·唑乳油、20%阿维·唑乳油、20%三唑磷乳油或1%苦参碱可溶液剂750 mL，兑水喷雾。

(四)直纹稻弄蝶

直纹稻弄蝶[*Parnara guttata*(Bremer et Grey)]属鳞翅目，弄蝶科，以幼虫为害稻叶，将叶片食成缺刻或吃光，并吐丝将稻叶缀合成苞。除为害水稻外，还取食高粱、玉米、麦类、茭白等作物及多种杂草。

1. 形态特征

(1)成虫　体长16～20 mm，翅展36～40 mm，黑褐色，前翅有7～8个半透明白斑排成半环形，后翅有4个白斑排成"一"字形(图8-2-2)。

(2)卵　半球形，直径0.9 mm，初淡绿色，后褐色，孵化前为紫黑色。

(3)幼虫　老熟幼虫体长35 mm，绿色，体表密布小颗粒，体形两端较小，中间粗大，呈纺锤形。

图8-2-2　稻弄蝶

头正面中央有"W"形褐纹，前胸颈状。

(4)蛹　体长22～25 mm，淡黄色，近圆筒形，头平尾尖。

观察直纹稻弄蝶的为害状，成虫前后翅的白斑数目和排列情况；幼虫体色、体形及头部斑纹，卵、蛹的形态及结苞特征。

2. 发生规律

直纹稻弄蝶在我国每年发生2～8代，南方稻区以老熟幼虫在背风向阳的沟、塘边杂草中结苞越冬，黄河以北则以蛹在向阳处杂草丛中越冬。成虫白天活动，有补充营养习性，吸食花蜜。卵多散产于稻叶背面，分蘖期的稻株着卵多。初孵幼虫先取食卵壳，然后爬至稻叶端部吐丝将叶卷成筒状，虫龄越大，结叶越多。幼虫白天躲在苞内取食，傍晚或阴雨天爬出苞外取食稻叶。喜欢取食处于分蘖、圆秆期的水稻。幼虫有更换虫苞的习性。老熟幼虫在苞内或爬至稻丛基部植株间吐丝结薄茧化蛹。该虫发生适温为24～28℃，相对湿度为80%以上。6、7月份雨量和雨日数多，有利害虫发生，高温干旱则发生轻。在山区或水稻与棉花等旱田作物混作的地区，成虫有充足的蜜源植物，繁殖率高，为害较重。直纹稻弄蝶的天敌种类较多，应加以保护利用。

3. 防治技术

(1)人工防治　铲除田边、沟边等处杂草，消灭越冬幼虫；虫龄较大或幼虫发生密度低时，可采用人工剥虫苞，捏死幼虫和蛹。

(2)天敌防治　保护利用寄生蜂、蓝蝽等天敌昆虫。

(3)药剂防治　在2～3龄幼虫高峰期，百穴有虫30头左右的田块，应及时用药防治。可选用50%杀螟松乳油、80%敌敌畏乳油、50%辛硫磷乳油1～1.5 L/hm^2，加水900 kg/hm^2喷雾。也可喷洒生物制剂苏云金杆菌水剂1 500～2 250 mL/hm^2，加水750 kg/hm^2喷雾。因幼虫傍晚出苞或换苞取食，最好在傍晚喷药，阴天可全天喷雾。

(五)稻纵卷叶螟

水稻稻纵卷叶螟(*Cnaphalocrocis medinalis* Guenee)又名刮青虫，鳞翅目，螟蛾科。以幼虫缀丝纵卷水稻叶片成虫苞，幼虫隐匿其中取食叶肉，仅留表皮，形成白色条斑，致使水稻千粒重降低，秕粒增加，造成减产。以孕、抽穗期受害损失最大。为害水稻，有时为害小麦甘蔗、粟以及一些禾本科杂草。北起黑龙江、内蒙古，南至台湾、海南的全国各稻区均有分布。

1. 形态特征

(1)成虫　体长7～9 mm，翅展17 mm，淡黄褐色，前翅有两条褐色横线，两线间有1条短线，外缘有暗褐色宽带；后翅有2条横线，外缘亦有宽带；雄蛾前翅前缘中部，有闪光而凹陷的“眼点”，雌蛾前翅则无“眼点”。

(2)卵　长约 1 mm，椭圆形，扁平而中稍隆起，表面具细网纹，初产白色透明，近孵化时淡黄色。

(3)幼虫　末龄幼虫体长 14～19 mm，低龄幼虫绿色，后转黄绿色，老熟时橘红色。中、后胸背面具小黑圈 8 个，前排 6 个，后排 2 个。

(4)蛹　长 7～10 mm，初黄色，后转褐色，长圆筒形，具钩刺 8 个。

观察稻纵卷叶螟的为害状，成虫前后翅的横线数目和雌雄区别；幼虫体色、体型及头部斑纹，卵、蛹的形态及结苞特征。

2.发生规律

东北一年发生 1～2 代，长江中下游至南岭以北 5～6 代，海南南部 10～11 代。南岭山脉一线以南，常年有一定数量的蛹和少量幼虫越冬，北纬 30°以北稻区不能越冬，故广大稻区初次虫源均自南方迁来。稻纵卷叶螟成虫有趋光性，喜荫蔽和潮湿，且能长距离迁飞。白天栖于荫蔽、高湿的作物田。喜吸食花蜜。成虫羽化后 2 d 常选择生长茂密的稻田产卵，历时 3～4 d，卵散产，少数 2～5 粒相连。每雌产卵量 40～50 粒，最多 150 粒以上。产卵位置因水稻生育期而异。卵多产在叶片中脉附近。1 龄幼虫在分蘖期爬入心叶或嫩叶鞘内侧啃食。在孕穗抽穗期，则爬至老虫苞或嫩叶鞘内侧啃食。2 龄幼虫可将叶尖卷成小虫苞，然后叶丝纵卷稻叶形成新的虫苞，幼虫潜藏虫苞内啃食。幼虫蜕皮前，常转移至新叶重新作苞。第 4、5 龄幼虫食量占总取食量 95％左右，为害最大。每头幼虫一生可卷叶 5～6 片，多的可达 9～10 片。老熟幼虫在稻丛基部的黄叶或无效分蘖的嫩叶苞中化蛹，有的在稻丛间，少数在老虫苞中。该虫生长、发育和繁殖的适宜温度为 22～28℃，适宜相对湿度 80％以上。30℃以上或相对湿度 70％以下，不利于它的活动、产卵和生存。在适温下，湿度和降雨量是影响发生量的一个重要因素，雨量适当，成虫怀卵率大为提高，产下的卵孵化率也较高；少雨干旱时，怀卵率和孵化率显著降低。但雨量过大，特别在盛蛾期或盛孵期连续大雨，对成虫的活动、卵的附着和低龄幼虫的存活率都不利。

3.防治技术

(1)农业防治　选用抗(耐)虫水稻品种，合理施肥，使水稻生长发育健壮，防止前期猛发旺长，后期贪青迟熟。科学管水，适当调节搁田时间，降低幼虫孵化期田间湿度，或在化蛹高峰期灌深水 2～3 d，杀死虫蛹。

(2)保护利用天敌，提高自然控制能力　如拟澳洲赤眼蜂、稻螟赤眼蜂、纵卷叶螟绒茧蜂等寄生性天敌；蜘蛛、青蛙等捕食性天敌，对纵卷叶螟都有很大控制作用。

(3)化学防治　根据水稻分蘖期和穗期易受稻纵卷叶螟为害，尤其是穗期损失更大的特点，药剂防治的策略，应狠治穗期为害代，不放松分蘖期为害代的原则。施药时期应根据不同农药残效长短略有变化，击倒力强而残效较短的农药在孵化高峰后1～3 d施药，残效较长的可在孵化高峰前或高峰后1～3 d施药，实际生产中，应根据实际，结合其他病虫害的防治，灵活掌握。可选用的药剂：5%阿维菌素乳油、48%毒死蜱乳油或者5%氟铃脲乳油等。

(六)水稻其他害虫防治技术

水稻其他害虫防治技术见表8-2-3。

表8-2-3 水稻其他害虫防治技术

害虫种类	形态特征	发生规律	防治要点
中华稻蝗[*Oxya chinensis* (Thunberg)] 直翅目，蝗科	成虫体长30～44 mm，黄绿色或黄褐色，复眼后有褐色纵带伸至后胸后缘；若虫与成虫相似，体绿色至黄褐色	1年1代，以卵囊在土中越冬；3龄前就近取食杂草，3龄以后迁入稻田为害，成、若虫主要取食水稻叶片	治理荒滩，恶化稻蝗生存环境；铲除田边杂草，清除水面卵囊；严重时，可在若虫3龄以前施药防治
稻负泥虫[*Oulema oryzae* (Kuwayama)] 鞘翅目，负泥甲科	成虫体长3.7～4.6 mm，头黑色，前胸背板黄褐色，鞘翅青蓝色，有金属光泽，鞘翅上有纵行刻点，足黄褐色，体腹面黑色(见彩图8-2-2)	1年1代，以成虫在水田附近田埂、沟边等处越冬。成、幼虫食害水稻叶肉，残留叶脉或表皮。幼虫粪便排于体背	铲除田边、沟边杂草。幼虫盛发时用25%爱卡士乳油1 000倍液或用50%杀螟松乳油1 000倍液喷雾
白翅叶蝉(*Thaia rebiginosa* Kuoh)和黑尾叶蝉[*Nephotettix bipunctatus* (Fabricius)]，均属同翅目、叶蝉科	白翅叶蝉，体长3.5 mm，头胸部橙黄色，前翅膜质半透明，被有白色蜡质物。黑尾叶蝉，体长4.5～5.5 mm，黄绿色，头顶部近前缘有一条黑色横带纹	在我国中南部稻区白翅叶蝉1年发生3～6代，黑尾叶蝉1年2～8代，以成虫或若虫在田边、沟边禾本科杂草上越冬，成虫有趋光性和趋嫩性，多于稻株上部吸食，产卵于稻叶中脉内	成虫盛发期灯光诱杀，狠抓早稻秧田集中为害期，压低虫源。做好晚稻本田防治，控制猖獗为害。药剂防治参见稻飞虱部分
稻象甲(*Echinocnemus squameus* Billherg)鞘翅目、象甲科	成虫体长约5 mm，暗褐色，头部伸长成象鼻，触角黑褐色，末端膨大。两鞘翅上各有10条纵沟，下方各有一长形小白斑。幼虫无足型，稍向腹面弯曲，肥壮多皱纹。头部褐色，胸、腹部乳白色	1年1～2代，以成虫、少数以蛹在稻桩周围土中越冬。成虫有趋光性、假死性。成虫取食秧苗茎叶，抽出的心叶上出现横排小孔。幼虫食害稻株幼嫩须根，造成生长不良，叶尖发黄	春耕灌水，消灭越冬虫源。药剂防治成虫，每公顷用90%巴丹原粉750 g、40%水胺硫磷乳油1 500 mL等加水喷雾。或用40%甲基异柳乳油2 600 mL配成毒土撒施

四、操作方法及考核标准

(一)操作方法与步骤

(1)选择害虫发生较为严重的稻田,调查害虫种类及为害情况。

(2)结合调查结果,查阅学习资料,获得相关知识。

(3)结合教师讲解及对害虫为害状、害虫形态的仔细观察,识别水稻常见害虫的为害状,掌握水稻常见害虫的识别要点。

(4)根据水稻害虫的发生规律,制订综合治理措施。

(5)认真撰写实训报告。

(二)技能考核标准

水稻害虫防治技术技能考核参考标准见表 8-2-4。

表 8-2-4　水稻害虫防治技术技能考核参考标准

考核内容	考核标准	评分标准	标准分值	考核方法
水稻害虫发生情况调查	能够说出害虫发生种类、为害状及为害程度	根据所述与实际发生情况酌情扣分	20	以组为单位考核
常见水稻害虫识别	能够正确识别水稻常见害虫,识别要点描述准确	识别要点描述不清的酌情扣分	30	单人考核
水稻害虫综合防治方案的制订	综合防治措施与生产实际相吻合,符合生态需求,可操作性强	综防措施不符合要求,措施不全面、不具体、可操作性不强的酌情扣分	30	单人考核与报告评分相结合
实训报告的撰写	认真书写实训报告,仔细分析实训中出现的问题	书写报告不够认真、问题分析不够透彻的酌情扣分	20	

五、练习及思考题

1. 绘图比较二化螟、三化螟、大螟成虫形态特点。

2. 绘制稻水象甲成虫及幼虫形态特征图。

3. 调查当地水稻常见害虫种类及发生状况,制订水稻害虫的综合防治措施。

4. 如何根据二化螟、三化螟和大螟的发生规律进行防治?

5. 稻田主要发生哪几种稻飞虱? 哪些具有迁飞性? 哪些能传播病毒病?

6. 如何防治稻纵卷叶螟和稻水象甲?

【拓展知识】水稻病虫害综合防治技术

水稻病虫害的综合防治要从农田生态系整体情况出发，以水稻为中心，明确各生育期主要病虫害的发生规律，因地制宜地协调应用各种必要措施，将病虫害控制在经济允许水平以下，以获得最佳的经济效益、生态效益和社会效益。

1. 播种前防治

（1）因地制宜地选用抗、耐病虫良种　目前，我国已经选育出一批高产、多抗或兼抗多种病虫的品种，如水源290和丙620，可抗稻瘟病、白叶枯病、褐飞虱和白背飞虱；汕优63，中抗稻瘟病、白叶枯病和纹枯病。各地可根据病虫发生情况选用，还应注意品种的定期轮换，以保持品种抗性，减轻病虫为害。

（2）采用合理的耕作制度　因地制宜地安排好茬口，尽量减少混栽面积，以减少害虫辗转为害的桥梁田。同时还可采用种养（稻鸭、稻鱼、稻蟹等）结合、健身栽培等多项农艺措施。

（3）消除越冬病虫源　包括清理稻桩、稻草、沟边杂草及茭白残株，以减少螟虫的越冬基数及稻瘟病、纹枯病、白叶枯病等的初侵染源；及时春耕灌水，闷杀稻根内螟虫虫蛹；打捞田边四角浪渣，减少纹枯病菌源等。

2. 秧田期防治

（1）药剂浸种　根据当地水稻病虫害发生情况，选用强氯精、菌虫清、施保克、三环唑、浸种灵Ⅱ号等药剂处理种子。

（2）培育无病壮秧　选择远离稻场、避风向阳、地势较高的田块作为秧田，合理施肥，湿润灌溉，促进秧苗健壮早发，增强抗、耐病虫能力。

（3）喷药保护　秧苗在三叶期和移栽前3～4 d各喷药一次，病毒病发生区还应早期治虫。施药种类，应根据病虫对象加以选择，尽量考虑兼防兼治。防治水稻苗病可在旱育秧田中使用恶霉灵等土壤杀菌剂进行秧田消毒，也可在发病初期药剂洒施；防治稻蓟马可用杀虫双；防治稻瘿蚊可用3%氯唑磷颗粒剂拌湿润细土撒施。

3. 大田期防治

（1）农业措施　合理密植，低群体栽培，改善通风透光条件；适时搁田，科学管水，控制前期纹枯病的发展，生长后期田间要干干湿湿，防止长期深灌或脱水过早；增施磷、钾肥，避免偏施或迟施氮肥，增强稻株抵抗力，减轻病虫为害。

（2）物理防治　可用黑光灯、频振式杀虫灯等进行灯光诱蛾，也可考虑利用色板诱杀小型害虫。

(3)合理使用农药　根据病虫及天敌发生消长规律,水稻生长前、中期少用或不用化学农药,必要时施用高效、低毒、选择性强的农药,以减少农药对天敌的伤害。施药时挑重点,兼顾一般;治小面积,保大面积;通过前期降低病虫基数,控制后期为害。先选出适宜农药,再根据防治指标适时施药。目前我国水稻产量损失的经济允许水平为5%左右,各植保部门结合本地实际情况确定了主要病虫害防治指标,施药人员可参考当地农业信息网提供的相关信息进行防治。在对症下药的同时,尽量选用高效低毒低残留的农药品种,如螟虫用三唑磷;稻纵卷叶螟用丙溴磷;稻飞虱用噻嗪酮、噻虫嗪;稻瘟病用三环唑、稻瘟灵;纹枯病、稻曲病用苯醚·甲环唑;细菌性条斑病用噻菌酮、三氯异氰尿酸。配药时可在药液中混加氮酮、有机硅等增效剂,以增强农药的黏着性、扩散性和渗透性,提高药效,减少农药用量。病虫混发时,应考虑使用农药混剂或混合用药,统防统治,尽量减少用药次数,提高防治效果。

典型工作任务九 麦类病虫害防治技术

项目1 麦类主要病害防治技术

一、技能目标

通过实训，使学生能够认识麦类作物上主要病害的症状特点及病原菌的形态特征；掌握麦类作物主要病害的诊断要点、发病规律及主要防治技术；能够识别麦类作物常见病害种类；能够制订切实可行的综合防治方案；能够根据发生病害的种类采取有效的防治。

二、教学资源

1. 材料与工具

小麦锈病、小麦白粉病、小麦赤霉病、麦类黑穗病，小麦纹枯病、小麦黄矮病、小麦丛矮病、小麦根腐病、小麦粒线虫病等实物标本、新鲜材料、病原菌玻片、挂图、教学课件(包括幻灯片、录像带、光盘等影像资料)。

多媒体教学设备(投影仪、计算机)、显微镜、载玻片、盖玻片、挑针、纱布、蒸馏水、刀片、徒手切片夹持物、镜头纸、0.1%升汞、无菌水等。

2. 教学场所

教室、实验(训)室及小麦病害严重的田块。

3. 师资配备

每20名学生配备一位指导教师。

三、原理、知识

(一)小麦锈病

小麦锈病分为条锈病、秆锈病、叶锈病3种，是小麦重要病害，在我国小麦产区普遍发生，流行年份减产可达20%～30%，严重田块甚至绝收。3种锈病以秆锈病对产量影响最大，条锈病次之，叶锈病较小。

1. 症状识别

3种锈病前期均产生铁锈色的"夏孢子堆"，后期产生黑色的"冬孢子堆"，但孢子堆的大小、形状、颜色、排列方式等方面有一定差异，其区别常被概括为"条锈成行、叶锈乱、秆锈是个大红斑"(见彩图9-1-1，彩图9-1-2，彩图9-1-3)。

(1)叶锈病　主要发生在叶片上，叶鞘、茎秆上很少。夏孢子堆橘红色，圆形至长椭圆形，不规则散生，四周表皮开裂。后期在叶片背面和叶鞘上，散生圆形至长椭圆形的黑色冬孢子堆，表皮不破裂。

(2)秆锈病　主要发生在茎秆和叶鞘上。夏孢子堆较大，长椭圆形、深褐色，排列不规则，常数个愈合成大斑，周围可见破裂翻卷的表皮。小麦成熟前，夏孢子堆及其附近出现椭圆至长条形的黑色冬孢子堆，后期表皮破裂。

(3)条锈病　主要为害叶片，也为害叶鞘、茎秆和穗。夏孢子堆鲜黄色，较秆锈病和叶锈病的小，成株期排列成行，与叶脉平行，幼苗期不成行，表皮开裂不明显。小麦近成熟时，病部产生短线状黑色冬孢子堆，表皮不破裂。

观察小麦3种锈病症状，注意比较夏孢子堆和冬孢子堆的大小、形状、颜色、排列方式、表皮破裂程度等方面的差异。

2. 病原

3种锈病的病原均属于担子菌亚门柄锈菌属。

小麦条锈病病菌为条形柄锈菌(*Puccinia striiformis* West. f. sp. *tritici* Erikss et Henn.)，夏孢子单胞，球形，表面有细刺，鲜黄色；冬孢子双胞，褐色，棍棒形，顶部扁平或斜切，柄短，有色。

小麦叶锈病病菌为隐匿柄锈菌(*Puccinia recondita* Rob. ex Desm. f. sp. *tritici* Erikss et Henn.)，夏孢子单胞，黄褐色，球形至近球形，表面具细刺；冬孢子双胞，暗褐色，棍棒状，顶平，柄短无色。

小麦秆锈病病菌为禾柄锈菌(*Puccinia graminis* Pers. f. sp. *tritici* Erikss et Henn.)，夏孢子单胞，暗黄色，长椭圆形，表面有细刺；冬孢子双胞，黑褐色，棍棒形或椭圆形，顶端壁厚，圆形或略尖，柄很长，上端黄褐色，下端无色。

用挑针从病组织上挑取少量锈粉制片或取已制好的病原玻片标本，在显微镜下观察小麦3种锈病的夏孢子和冬孢子形态,注意其区别。

3.发病规律

3种锈菌均属活体营养生物,靠夏孢子传播为害。其病害循环包括越夏、秋苗感染、越冬和春季流行4个环节。条锈菌喜凉不耐热,麦收后夏孢子随气流远程传播到甘肃、青海等高寒地区的小麦上越夏,初秋再传到平原冬麦区为害早播秋苗,以潜伏菌丝越冬或在冬季气温较高地区以不间断侵染方式越冬,早春再长出孢子进行再侵染。叶锈菌对温度的适应性较强,因而其越冬和越夏的地区也都比较广。在我国大部分麦区,小麦收获后病菌转移到自生麦苗上越夏,冬小麦秋播出土后,病菌又从自生麦苗上转移到秋苗上为害、越冬,其越冬方式与条锈菌相似,越冬后继续扩大为害。秆锈菌对高温、低温都比较敏感,夏孢子主要在福建、广东等南方冬麦区越冬,春、夏季越冬区的夏孢子由南向北、向西逐步传播,经由长江流域、华北平原到东北、西北及内蒙古等地的春麦区,造成全国大范围的春、夏季流行。麦收后又传至西北、西南等高寒地区越夏。3种锈病都是典型的气传病害,传播范围广,并可形成多次再侵染。3种锈菌都需要饱和湿度,小麦叶片及孢子表面必须有持续4~6 h的水膜存在,病菌才能侵入寄主植物。因此菌源多、气候适宜、管理不当等因素会加重小麦锈病的发生。

4.防治技术

应采用以种植抗病品种为主,以加强栽培管理和适时药剂防治为辅的综合防治措施。

(1)选用抗病品种　这是防治小麦锈病最经济有效的措施,但应注意抗病品种的合理布局,避免品种单一化。

(2)加强栽培管理　适时播种,避免冬小麦播种过早,减轻秋苗发病;消除自生麦苗,减少越夏菌源;施足基肥,早施追肥,增施磷钾肥,提高小麦抗病性;锈病发生时,南方多雨麦区及时排水,北方干旱麦区及时灌水,可减轻损失。

(3)药剂防治　条锈病和叶锈病在小麦拔节至抽穗期,病叶率达2%~5%时,开始喷药;秆锈病在小麦扬花灌浆期,病秆率达1%~5%时,开始喷药。可用药剂:20%三唑酮乳油、12.5%烯唑醇(速保利)可湿性粉剂1 000~2 000倍液、25%敌力脱(丙环唑)乳油2 000倍液等。此外还可使用三唑酮、烯唑醇(分别用种子重量0.03%、0.01%有效成分)等药剂拌种,控制秋苗发病。

(二)小麦白粉病

小麦白粉病是一种世界性病害,各小麦产区均有发生,严重时减产20%~30%,个别地块高达50%以上。

1. 症状识别

幼苗至抽穗均可发病，主要侵染叶片，严重时叶鞘、茎秆和穗也可受害。初在叶片上产生黄色小点，而后扩大成圆形或椭圆形病斑，叶片表面生有白色粉状霉层（菌丝体和分生孢子），以后霉层逐渐变为灰白色至淡褐色，上面生有许多黑色小点（闭囊壳）。通常植株下部叶片较上部叶片多，叶片背面较正面多。病斑多时常愈合成片，病叶变褐枯死，严重影响小麦产量（见彩图 9-1-4）。

观察小麦白粉病症状，注意叶片表面是否存在白色粉末状霉层，霉层中有无黑色小点。

2. 病原

病菌有性态为禾本科布氏白粉菌[*Blumeria graminis*(DC.)Speer. f. sp. *tritici* Marchal]，为子囊菌亚门布氏白粉菌属真菌；无性态为串珠状粉孢菌[*Oidium monilioides* (Nees)link]，为半知菌亚门粉孢属真菌。该菌为表面寄生菌，菌丝生于寄主体表，无色，仅以吸器伸入寄主细胞。菌丝向上垂直着生分生孢子梗，基部膨大成球形，梗上生有成串的分生孢子，一般可有六七个乃至 10 多个。分生孢子单胞、无色、卵圆形。闭囊壳黑色、球形，外有发育不全的丝状附属丝，内含子囊 9～30 个。子囊长椭圆形，内含子囊孢子 8 个或 4 个。子囊孢子椭圆形、无色、单胞。

用挑针从病组织上挑取少量白粉制片或取已制好的病原玻片标本，在显微镜下观察白粉病菌的分生孢子梗和分生孢子形态；挑取黑色小点制片镜检，观察闭囊壳特征。

3. 发病规律

在我国，小麦白粉病菌的越夏有两种方式：一种是以分生孢子在夏季气温较低地区（最热一旬的平均气温在 23.5℃以下）的自生麦苗上越夏；另一种是以混杂在小麦种子内或病残体上的闭囊壳在低温干燥的条件下越夏。病菌越夏后侵染秋苗，导致秋苗发病，并以菌丝体或分生孢子在秋苗上越冬。翌年春季病菌恢复活动，产生大量分生孢子，气流传播，多次再侵染。通常感病品种在适温（15～20℃）、高湿（相对湿度 70%以上）条件下发病重。早播、密植、氮肥施用过多或地势低洼、排水不良等因素加重发病发生。缺水、过分干旱，小麦抗病性降低，发病也重。

4. 防治技术

采取以农业防治为主，化学防治为辅的综合防治措施。

(1)农业防治　种植抗、耐病品种；越夏区麦收后及时耕翻灭茬，铲除自生麦苗，妥善处理带病麦秸；合理密植，控制适当株数；适量增施磷、钾肥，不偏施氮肥，提高植株抗病能力；雨季及时排水，降低田间湿度。

(2)药剂防治

①药剂拌种:秋苗发病重的地区,用三唑酮(按种子重量的0.03%)或烯唑醇(按种子重量的0.02%)拌种,可兼治苗期小麦锈病及根部病害。

②春季喷药:发病初期(病叶率达到10%时)应及时喷药。可选用20%三唑酮乳油450~600 mL/hm^2、25%三唑酮可湿性粉剂360~480 g/hm^2、25%丙环唑胶悬剂、25%戊唑醇可湿性粉剂150~225 g/hm^2 或33%纹霉清可湿性粉剂750 g/hm^2,加水750 kg/hm^2喷雾。一般喷雾1次即可基本控制白粉病为害。此外,甲氧基丙烯酸酯类的阿米西达、翠贝等药剂对白粉病防效好,可与三唑类杀菌剂交替使用。

(三)小麦赤霉病

小麦赤霉病是麦类作物的主要病害之一,全国各麦区均有分布。小麦受害后一般减产10%~40%,严重的可达80%~90%,甚至绝收。感病麦粒中含有毒素,食后能使人畜产生呕吐、头晕、腹痛等急性中毒症状。

1.症状识别

自幼苗至抽穗均可发生,引起苗枯、基腐、秆腐和穗腐,其中以穗腐危害最重,苗枯及基腐较少见。穗腐一般先从个别小穗颖壳尖端出现水渍状褐色斑点,后逐渐扩展使整个小穗枯黄。湿度大时,病部产生粉红色胶质霉层(分生孢子座及分生孢子)。后期穗部出现蓝黑色小颗粒(子囊壳)。受害籽粒皱缩、变小,表面有白色至粉红色霉层。苗枯则是幼苗的芽鞘和根鞘变褐腐烂,出土前后多死亡,病残苗上有粉红色霉层。茎基腐主要表现为幼苗或成株基部变褐腐烂,最后整株枯萎死亡,病部产生粉红色霉层。秆腐包括鞘腐、节腐和穗颈腐,先在剑叶的叶鞘上产生褪绿斑点,后扩大变褐,严重时蔓延至茎秆和节部,遇风易折断。穗颈部受害,初现水渍状褪绿斑,后扩大为青灰色至褐色,最后呈草黄色的枯穗或半枯穗(见彩图9-1-5)。

2.病原

有性态为玉蜀黍赤霉[*Gibberella zeae*(Schw.)Petch.],为子囊菌亚门赤霉属真菌;无性态主要为禾谷镰刀菌(*Fusarium graminearum* Schw.),为半知菌亚门镰孢属真菌。分生孢子多为镰刀状,有3~7个隔膜,稍弯曲,顶端钝,基部有明显足胞,单个孢子无色,聚集时粉红色,通常不产生小型分生孢子和厚垣孢子。子囊壳散生或聚生于感病组织表面,圆形或卵圆形,深蓝至紫黑色,表面光滑,顶部略突起,有孔口;子囊棍棒状,无色,内生8个子囊孢子;子囊孢子纺锤形,多胞(3个居多),无色。

3.发病规律

小麦赤霉病病菌腐生能力强,可在多种植物残体上越夏、越冬。带菌种子和病残体上的子囊壳、分生孢子是下一个小麦生长季节的主要初侵染来源。种子带菌引起苗枯，土壤中的病菌多引起茎基腐烂。小麦抽穗前后病菌产生大量子囊孢子，借风雨传播，从花药侵入或直接从颖片内侧壁侵入，导致穗腐。潮湿条件下，病部产生分生孢子，还可引起再侵染。小麦赤霉病的发生和流行与气象条件、菌源数量、寄主抗病性及生育期、栽培条件等因素有密切关系。该病发生的最适温度为24～28℃，最适相对湿度为80%～100%；小麦扬花期最易感病，抽穗期次之，乳熟期病菌侵染明显降低。小麦抽穗扬花期，如遇阴雨连绵，潮湿多雾，天气闷热，极易造成赤霉病的发生和流行。此外，偏施氮肥，植株贪青徒长，田间郁蔽，种子混杂等皆有利于病害的发生流行。

4. 防治技术

应采取以农业防治为基础，适时进行化学防治为保证的综合防治措施。

(1)农业防治　选用抗耐病品种，提高种子纯度，避免混杂；清除病残体，减少菌源；合理密植，避免田间过于郁蔽；加强肥水管理，增强植株抗病性，尤其在小麦扬花期不能大水漫灌，多雨地区应及时排水；收割后要及时脱粒、晒干，减少霉垛造成的损失。

(2)药剂防治

①种子处理：每100 kg种子用50%多菌灵可湿性粉剂100～200 g湿拌能有效防治芽腐和苗枯。

②喷药保穗：小麦齐穗期至盛花期是药剂防治的关键时期，通常首次施药在扬花初期(扬花率10%左右)。可选用25%施保克(咪鲜胺)乳油800～1 000 mL/hm^2、40%多菌灵胶悬剂1 500 g/hm^2、12.5%治萎灵(水杨酸多菌灵)3 000 g/hm^2、70%甲基硫菌灵可湿性粉剂750～1 200 g/hm^2或50%多菌灵、福美双合剂1 500～1 875 g/hm^2，兑水750 kg/hm^2常量喷雾或兑水150～225 kg/hm^2低容量喷雾，施药时要对准小麦穗部。

(四)麦类黑穗病

常见的麦类黑穗病包括小麦散黑穗病和小麦腥黑穗病，小麦受害后病部形成大量黑粉，不仅造成减产，而且降低麦粒和面粉的品质，尤其小麦腥黑穗病病菌孢子含有有毒物质及腥臭的三甲胺等，使面粉不能食用。

1. 症状识别

(1)小麦散黑穗病　小麦整穗变成黑色粉状物，初期病穗外包一层灰白色薄膜，膜破裂后散出黑粉，只留下一个空穗轴。有的病穗可能保留少数结实小穗，个别情况下，叶及叶鞘上产生小疱状、疣状或条纹状的孢子堆（见彩图 9-1-6）。

（2）小麦腥黑穗病　病株一般较矮，分蘖多，病穗较短且直立，开始为灰绿色，后渐变为灰白色，麦穗松散，颖壳外张，病粒微露。病粒短而肥，外包一层灰褐色膜，内充满黑粉，其膜不易破裂，有鱼腥味（见彩图 9-1-7）。

对比观察小麦散黑穗病和小麦腥黑穗病症状，注意为害部位、病穗特点、籽粒特征等方面的区别。

2. 病原

均为担子菌亚门黑粉菌目真菌，小麦散黑穗病菌[*Ustilago nuda*（Jons）Rostr]冬孢子球形，褐色，一边色稍浅，表面布满细刺。小麦腥黑穗病的病原主要有两种，一种是小麦网腥黑粉菌[*Tilletia caries*（DC.）Tul]，另一种是小麦光腥黑粉菌[*Tilletia foetida*（Wallr.）Liro]，小麦腥黑穗病病菌的孢子堆生在子房内，外包果皮，与种子同大，内部充满黑紫色粉状孢子，具腥味。其中小麦网腥黑粉菌冬孢子球形或近球形，浅灰褐色至深红褐色，具网状花纹；小麦光腥黑粉菌冬孢子球形或椭圆形，有的长圆形至多角形，浅灰色至暗橄褐色，表面平滑。

取制好的病原菌切片，观察 3 种黑穗病菌冬孢子的形态特征，注意 3 种黑粉菌的形态区别。

3. 发病规律

（1）小麦散黑穗病　为花器侵入的单循环系统侵染病害，带菌种子是唯一的侵染源。小麦扬花期病穗散出冬孢子，借气流传至健穗并侵入花器，蔓延到胚的生长点并潜伏其中。籽粒成熟时，病菌以厚壁休眠菌丝状态潜伏于种胚越冬。病种子播种后，胚里的菌丝随之生长，并达生长点，形成系统侵染。孕穗期病菌到达穗部，形成冬孢子，随风传到健穗继续侵染。

小麦扬花期间阴雨多雾，有利冬孢子萌发侵入，微风有利于孢子传播。扬花期高湿，小麦颖片开张角度大，植物易感病。若开花期恰逢暴风雨，冬孢子被淋于地下则发病较轻。

（2）小麦腥黑穗病　初侵染源有种子带菌、粪肥带菌和土壤带菌 3 个方面，但以种子带菌为主，这也是该病病菌远距离传播的主要途径。小麦脱粒时，病粒破裂，孢子粘于种表越夏或越冬。小麦播种后，孢子萌发，由叶鞘侵入至生长点，病菌随着小麦的生长而生长，最后到达穗部，破坏穗部的正常发育。抽穗时，子房内的菌丝形成黑色的冬孢子，充满整个麦粒。小麦腥黑穗病为单循环系统侵染病害，温度低不利于种子萌芽和幼苗生长，延长了幼苗出土时间，增加了病菌侵染的机会。土壤含水量过低或过高皆不利于冬孢子萌发，通常土壤含水量低于 40%，有利于冬孢子萌发和病菌侵染。此外，播种过深影响麦苗出土，增加染病机会，导致病害加重。

4. 防治技术

麦类黑穗病的防治应采取以加强植物检疫和种子处理为主，农业防治为辅的综合防治措施。

(1)加强检疫　小麦矮腥黑穗病和印度腥黑穗病是我国对外检疫对象，应加强检疫工作，防止病害传入我国。

(2)种子处理　药剂拌种是防治麦类黑穗病经济有效的措施，每 10 kg 种子可选用 75%萎锈灵 30 g、20%三唑酮乳油 15 mL、40%拌种双可湿性粉剂 15 g、50%多菌灵可湿性粉剂 10～20 g、2%戊唑醇(立克秀)干拌种剂 10～15 g、10%咯菌腈悬浮种衣剂 2.5 mL 等拌种。先将药剂加少量水调成糊状，再与麦种混匀，晾干后播种。此外，还可选用三唑醇、烯唑醇等药剂拌种。

(3)农业防治　建立无病留种田，繁育使用无病种子。留种田要与生产田隔离 200 m 以上，精选的种子还应进行种子处理，注意施用无病肥，及时拔除病株等。选用抗病良种，适时播种，冬麦不宜过迟，春麦不宜过早，播种不宜过深，促使幼苗早出土，减少病菌侵染的机会。也可采用与非寄主植物实行 1～2 年轮作，或 1 年水旱轮作。

(五)麦类作物其他病害防治技术

小麦其他病害及防治技术见表 9-1-1。

表 9-1-1　小麦其他病害及防治技术

病害名称	病原	症状要点	发病规律	防治要点
小麦纹枯病	有性态为担子菌亚门的喙角担菌[*Ceratobasidium cornigerum* (Borud.) Rogers]，无性态为半知菌亚门的禾谷丝核菌(*Rhizoctonia cerealis* Vander Hoeven)第一菌丝融合群 CAG-1 等真菌	①烂芽：由芽鞘变褐发展为芽枯腐烂；②苗枯：幼苗第一叶鞘上病斑中间灰色、四周褐色，新叶不能抽出，导致枯死；③花秆烂茎：基部叶鞘上病斑中间灰色、边缘浅褐色，呈云纹状，病斑融合后，呈云纹花秆状；④枯株白穗：病菌侵入茎壁后，造成茎壁失水坏死，最终形成枯株白穗	以菌丝或菌核在土壤和病残体上越冬或越夏。冬、春季偏暖、阴雨多发病重。冬小麦播种过早，发病重。高砂土地纹枯病重于黏土地、黏土地重于盐碱地	选用抗病、耐病品种；合理施肥，改善土壤理化性状；不过早播种，适当降低播种量；及时清除田间杂草；雨后及时排水。播前用纹霉净、三唑酮、烯唑醇等药剂拌种。小麦生长期适时药剂喷雾

续表 9-1-1

病害名称	病原	症状要点	发病规律	防治要点
小麦黄矮病	大麦黄矮病毒(Barley yelow dwarf virus,BYDV),为黄症病毒属(*luteorirus*)	先是新叶的叶尖发黄,后渐向叶基扩展,黄化部分占全叶的 1/3～1/2,叶基仍为绿色。植株明显矮化,分蘖少,不能抽穗	蚜虫传毒,对传毒昆虫有利的种植制度、栽培措施、气象条件,均有利于该病发生	选用高产抗病品种;清除杂草;加强栽培管理;药剂治蚜
小麦丛矮病	北方禾谷花叶病毒(Northern cereal mosaic virus),属弹状病毒组	上部叶片有黄绿相间条纹,分蘖增多,植株矮缩,呈丛矮状。植株一般不能抽穗或穗很小,形成秕粒	灰飞虱传毒,病毒可在虫体内、小麦或大麦体内越冬,凡有利于灰飞虱发生的条件,均对小麦丛矮病发生有利	清除杂草,精耕细作,创造不利于灰飞虱的生存环境;药剂拌种或喷药灭虫。可用 25% 扑虱灵可湿性粉剂 1 000 倍液喷雾
小麦根腐病	无性态为麦根腐平脐蠕孢菌[*Bipolaris sorokiniana* (Sacc.) Shoemakey],属半知菌亚门,平脐蠕孢属;有性态为(*Cochlibolus sativus*)	幼苗染病后,在芽鞘上产生黄褐色梭形斑,边缘清晰,扩展后引起根基部、根间、分蘖节和茎基部变褐色,病组织坏死,上生黑霉状物,形成根腐。成株期还可引起叶斑、穗腐或黑胚	以菌丝体或分生孢子在种胚内或病残体上越夏、越冬。小麦播种后,病菌直接侵染幼芽及幼苗,引起芽腐和苗枯	合理轮作;选用抗(耐)病品种;用退菌特、福美双、三唑酮等药剂拌种;成株发病初期及时喷药
小麦粒线虫病	小麦粒线虫[*Anguina tritici* (Steinbuch) Chitwood]	叶片皱缩、扭曲,叶色浅而肥嫩。病穗颖片张开,子粒变为虫瘿。虫瘿短而粗,油绿色至黑褐色,较坚硬	种子中的虫瘿为主要侵染源,雨水多、土壤潮湿发病较重	加强植物检疫;精选种子,剔除种子中的虫瘿并将其集中烧毁

四、操作方法及考核标准

(一)操作方法与步骤

(1)选择病害发生较重的麦田,调查病害发生种类、为害状况及为害特点。

(2)结合调查结果,查阅学习资料,获得相关知识。

(3)结合教师讲解及对症状的仔细观察,识别小麦常见病害种类。

(4)通过显微镜镜检,识别小麦常见病害病原物的形态特征。

(5)根据小麦病害发生规律,制订综合治理措施。

(6)认真撰写实训报告。

(二)技能考核标准

麦类病害防治技术技能考核参考标准见表 9-1-2。

表 9-1-2　麦类病害防治技术技能考核参考标准

考核内容	考核标准	评分标准	标准分值	考核方法
小麦病害发生情况调查	基本能够说出病害发生种类、为害状况及为害特点	所述与实际不符的酌情扣分	20	以组为单位考核
常见小麦病害识别	能够正确识别小麦常见病害,症状特点描述准确	症状特点描述不清的酌情扣分	20	单人考核
常见小麦病害的病原物形态识别	显微镜操作熟练,镜中病原菌形态清晰,特征明显	病原菌不够清晰,特征不明显的酌情扣分	20	单人考核
小麦病害综合防治方案的制订	综合防治措施与生产实际相吻合,符合生态需求,可操作性强	综防措施不符合要求,措施不全面、不具体、可操作性不强的酌情扣分	20	单人考核与报告评分相结合
实训报告的撰写	认真书写实训报告,仔细分析实训中出现的问题	书写报告不够认真、问题分析不够透彻的酌情扣分	20	

五、练习及思考题

1. 列表比较小麦 3 种锈病症状。

2. 绘制小麦锈病、小麦白粉病、小麦赤霉病、类麦黑穗病等病害的病原菌形态图。

3. 调查当地小麦常见病害种类及发生情况,制订小麦病害的综合防治措施。

4. 如何根据小麦锈病的发病规律制订综合防治措施?

5. 叙述小麦白粉病的症状特点。

6. 小麦黑穗病的发病规律有何特点?

7. 如何防治小麦赤霉病?

项目2　小麦主要害虫防治技术

一、技能目标

通过本技能实训，使学生认识当地常发生的麦类害虫的种类，掌握当地主要麦类害虫识别特征，了解小麦主要害虫的分布与发生规律，能结合小麦害虫发生的实际情况制订综合防治方案，并能指导麦类害虫的防治工作。

二、教学资源

1.材料与工具

当地气象资料、有关麦类害虫的历史资料、作物生产技术方案、害虫种类及分布情况等资料。

麦蚜、小麦吸浆虫、小麦害螨、麦叶蜂、麦秆蝇等当地常发生的麦类害虫成虫、幼虫盒装标本和浸渍标本。

体视显微镜、显微镜、放大镜、镊子、挑针、蒸馏水、培养皿、载玻片、泡沫塑料板、有关的挂图、彩色照片及多媒体课件等。

2.教学场所

教室、实验(训)室及小麦害虫为害重的田块。

3.师资配备

每20名学生配备一位指导教师。

三、原理、知识

(一)麦蚜

麦蚜属同翅目，蚜科。我国为害麦类作物的蚜虫主要有麦长管蚜[*Macrosiphum avenae* Fabr.]、麦二叉蚜[*Schizaphis graminum* (Rondani)]、禾谷缢管蚜(*Rhopalosipum Padi* Linnaeus)、麦无网蚜[*Acyrthosiphon dirhodum* (Walker)]等，均以成、若蚜刺吸小麦等作物叶、茎、穗的汁液，影响作物发育，同时传播多种病毒病，尤其是小麦黄矮病。除为害麦类作物外，还为害玉米、高粱、马唐、看麦娘等多种禾本科作物及杂草。

1. 形态特征

(1)麦长管蚜　有翅成蚜体长 2.4～2.8 mm，身体椭圆形，淡绿至绿色；触角较体长，暗褐色；前翅中脉有 3 个分支；腹管黑色、圆筒形、极长，端部有网纹。复眼红色(图 9-2-1)。

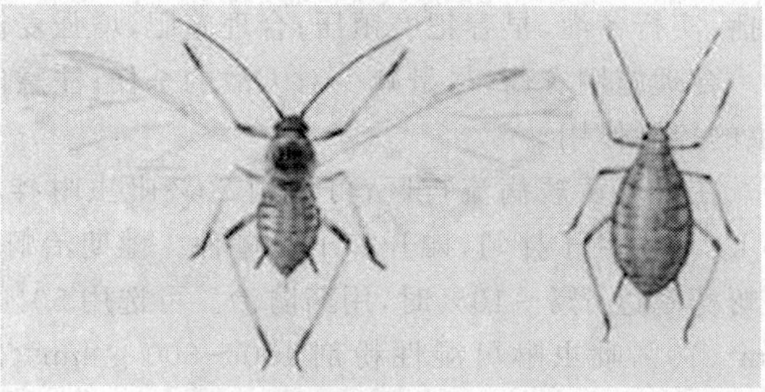

图 9-2-1　麦蚜(麦长管蚜)

(2)禾谷缢管蚜　有翅成蚜体长 1.4～1.8 mm。身体卵圆形，深绿色，后端有赤色至深紫褐色横带；触角短，约为体长一半，黑色；前翅中脉有 3 个分支；腹管黑色、短小，圆筒形，近端部呈瓶口状缢缩。复眼黑色。

(3)麦二叉蚜　有翅成蚜体长 1.4～1.7 mm，身体椭圆形或卵圆形，淡绿色或黄绿色，背面有绿色纵条带；触角短，约为体长的 3/5；前翅中脉有 2 个分支；腹管黄绿色，较短，圆锥形，顶端稍膨大，基部有横皱纹；复眼漆黑色。

2. 发生规律

一年发生 10～20 代，禾谷缢管蚜在北方多以卵在蔷薇科木本植物上越冬，麦长管蚜和麦二叉蚜以成蚜、若蚜、卵在冬麦或禾本科杂草上越冬，翌年春暖开始活动为害，为害期间均进行孤雌胎生。气候、营养条件适宜时，产生无翅蚜；营养条件恶化或虫口密度过大时则多产生有翅蚜迁移到适宜的寄主上继续繁殖。温度在 15～25℃、相对湿度在 40%～80%，即中温低湿有利于麦蚜发生，但种类不同，温湿度的适宜范围略有差异。麦二叉蚜喜干旱，相对湿度 35%～67%；麦无网蚜及麦长管蚜喜湿，40%～80%；禾谷缢管蚜则喜湿而不耐旱，年降雨量 250 mm 以下地区不会大发生。暴风雨的机械冲刷作用可使蚜量显著减少，麦长管蚜尤为明显；秋季早播麦田蚜量多于晚播麦田；小麦抽穗扬花后，田间蚜量激增，乳熟期种群数量达到最高峰，这是麦蚜直接为害最严重的时期；麦蚜的天敌很多，包括瓢虫、草蛉、食蚜蝇、蚜茧蜂、蚜小蜂和蚜霉菌等，其中以瓢虫和蚜茧蜂最为重要，这些天敌对蚜虫都有一定的抑制作用。

3.防治技术

在非小麦黄矮病流行区，重点抓小麦穗期防治；而小麦黄矮病流行区，为了做好治蚜防病工作，除进行穗期防治外，还应重点抓好苗期防治。

(1)农业防治　选用抗耐蚜良种；清除麦田内外杂草；适时集中播种，春麦适当早播，冬麦适当晚播；实行冬灌，早春耙磨镇压；合理施肥，增强麦株抗蚜能力。

(2)生物防治　合理施用农药，尽量减少对天敌的杀伤；注意保护利用天敌，充分发挥天敌对蚜虫的控制作用。

(3)药剂防治　在小麦黄矮病流行区，可选用70%吡虫啉拌种剂60～180 g，加水10 L，与100 kg小麦种子拌匀，摊开晾干后播种。穗期治蚜一般在小麦扬花至灌浆初期，当有蚜穗率达5%～10%时，用药防治。可选用50%抗蚜威可湿性粉剂150～225 g/hm^2、10%吡虫啉可湿性粉剂150～300 g/hm^2、25%唑蚜威乳油300～600 mL/hm^2、2.5%溴氰菊酯乳油600 mL/hm^2、48%毒死蜱乳油600 mL/hm^{2}或25%辛·氰乳油600 mL/hm^2，兑水750 kg/hm^{2}喷雾。

(二)小麦吸浆虫

我国小麦上发生的吸浆虫有麦红吸浆虫(*Sitodiplosis mosellana* Gehin)和麦黄吸浆虫(*Contarinia tritci* Kirby)2种，均属双翅目，瘿蚊科。其中麦红吸浆虫发生最普遍、危害最严重。以幼虫为害小麦花器，吸食灌浆期麦粒浆液，造成籽粒秕瘦而减产，严重时造成绝收，为毁灭性害虫。

1.形态特征

(1)成虫　体长2.0～2.5 mm，橘红色，密被细毛。头小，两黑色复眼在上方愈合，触角细长、14节、念珠状，各节呈长圆形膨大，膨大部各有1圈刚毛。中胸发达，足细长，前翅透明，有4条发达翅脉，后翅退化为平衡棒。腹部略呈纺锤形，产卵管全部伸出。雄虫体稍小，触角比雌虫长，每节具2个球形膨大部分，环生刚毛，腹部末端略向上弯曲(见彩图9-2-1)。

(2)卵　长椭圆形，长0.32 mm，约为宽度的4倍，浅红色。

(3)幼虫　体长2～3 mm，椭圆形，橙黄色，头小，无足，蛆形，前胸腹面有1个"Y"形剑骨片，前端分叉，凹陷深。

(3)蛹　长约2 mm，裸蛹，橙褐色，头前方具白色短毛2根和长呼吸管1对。

先观察小麦吸浆虫的为害状，然后利用放大镜或体视显微镜观察麦红吸浆虫成虫体色、触角、翅脉，幼虫体色、前胸腹面等处特征。

2.发生规律

小麦吸浆虫1年发生1代，以老熟幼虫在土中结圆茧越夏、越冬。翌年春天气候适宜时，破茧为活动幼虫，上升至土表化蛹、羽化。小麦拔节期，越冬幼虫大量破茧上移;小麦孕穗期,于表土下作土室化蛹。抽穗期成虫羽化、交尾,在穗部产卵。成虫畏强光和高温,早晨和傍晚活动为盛。幼虫孵化时,正值小麦扬花、灌浆期,即可从颖壳缝隙侵入吸浆为害。小麦渐近黄熟时,大部分幼虫老熟,脱颖落地,结圆茧越夏、越冬。小麦吸浆虫有多年休眠习性,如遇春旱不能破茧化蛹则继续休眠至下年或多年后再化蛹羽化,这是该虫多年发生一代的主要原因。小麦吸浆虫喜湿怕干,成虫产卵、幼虫孵化和侵入、老熟幼虫离穗入土都需要较高的湿度。如果春季缺雨,土壤板结,小麦吸浆虫很少化蛹,当年发生量少,受害轻。小麦连作受害重。凡抽穗整齐、灌浆迅速、抽穗盛期与成虫盛发期错开的品种受害轻,反之则受害重。壤土比黏土和沙土的小麦害重,碱性土壤适宜小麦红吸浆虫发生,而酸性土壤适宜小麦黄吸浆虫发生。

3.防治技术

应采用以农业防治为基础,选用推广抗虫品种为主与药剂防治相结合的综合防治措施。

(1)农业防治　选用抗虫良种,一般内外颖壳扣合紧密、灌浆速度快、皮厚的品种可阻碍成虫产卵和幼虫侵入;抽穗整齐,可减少成虫产卵;调整作物布局,实行轮作,使吸浆虫失去寄主,可减轻为害。

(2)药剂防治　化蛹盛期及成虫羽化盛期用药最佳。化蛹盛期以撒毒土为主,每样方(10 cm×10 cm×20 cm)平均蛹数1头以上时,即需防治。可选用50%辛硫磷乳油1 500 mL/hm^2,加水15～30 kg,拌细土300 kg撒施。成虫盛发期,若平均网捕10复次有成虫10～25头即需防治。也可选用20%氰戊菊酯乳油300 mL/hm^{2}加水喷雾,或用48%毒死蜱乳油1 500～2 000倍液、或71%吡·单可湿性粉剂2 500～3 000倍液等喷雾。还可选用80%敌敌畏乳油1 500 mL/hm^{2}拌细土300 kg撒施。

(三)小麦害螨

小麦害螨主要有麦岩螨(即麦长腿蜘蛛)[*Petrobia Latens* (Müller)]和麦叶爪螨(即麦圆蜘蛛)[*Penthaleus major* (Duges)]2种,均属于蛛形纲、蜱螨目,前者属叶螨科,后者属叶爪螨科。2种害螨均以成、幼、若螨在麦苗期至抽穗期吸食叶片汁液,被害麦叶出现褪绿斑点,严重时斑点成片,被害麦株矮小,穗少粒轻,甚至干枯死亡。

1.形态特征

(1)麦岩螨　成螨体长0.62～0.85 mm,体纺锤形,两端较尖,紫红色至褐绿色。足4对,橘红色,第一对及第四对特别长。幼螨足3对,体圆形,初为鲜红色,取食后呈黑褐色。若螨足4对,形似成螨。

(2)麦叶爪螨　雌成螨椭圆形,深红色或黑褐色,体长 0.6～0.98 mm,体背有横刻纹 8 条,体背后部有隆起的肛门。4 对足长度相似,其上密生短刚毛,红色。幼螨足 3 对,初为淡红色,取食后呈暗绿色。若螨足 4 对,体形与成螨大体相似。

2.发生规律

(1)麦岩螨　1 年 3～4 代,以成螨或卵在麦田土块下、土缝中越冬。翌年春季成螨开始活动,越冬卵相继孵化。小麦孕穗至抽穗期,田间虫口密度最大,为害最重。小麦进入黄熟期,害螨将卵产于 1～4 cm 深的表土中越夏。冬小麦出苗后,越夏卵孵化,开始为害小麦幼苗,最后以成螨或卵越冬。麦岩螨喜温暖干燥,生长适温 15～20℃,相对湿度 50%以下。秋雨少,春季干旱的年份发生严重。

(2)麦叶爪螨　1 年 2～3 代,以雌成螨和卵在小麦植株或田间杂草上越冬。次年春季越冬螨活动,越冬卵孵化。小麦分蘖至拔节期,为害最盛,之后产卵于麦茬及附近土块上越夏。10 月上旬越夏卵孵化,在小麦幼苗或田边杂草上为害繁殖,最终以雌成螨及卵越冬。麦叶爪螨喜阴湿,怕高温干燥,发育适温 8～15℃,相对湿度 80%以上,因此水浇地、地势低洼、春秋季阴凉多雨受害较重。

3.防治技术

(1)农业防治　清除田边杂草和麦田内的枯枝落叶及麦茬,减少虫源;害螨发生高峰期适时灌水,结合敲打麦株,将害螨淹死;可考虑轮作。

(2)药剂防治　于小麦害螨为害初盛期用药防治也可减轻为害。可选用 20%哒螨灵可湿性粉剂 2 000 倍液、或 73%克螨特乳油 2 000～3 000 倍液、或 15%哒螨酮乳油 3 000 倍液等药剂喷雾,也可用 1.8%阿维菌素乳油 300 mL/hm^2 或 50%硫磺悬浮剂 3 750 g/hm^2 等加水 750 kg 喷雾。

(四)麦类作物其他害虫防治技术

小麦其他害虫及防治技术见表 9-2-1。

四、操作方法及考核标准

(一)操作方法与步骤

(1)选择害虫发生较为严重的麦田,调查害虫种类及为害情况。

(2)结合调查结果,查阅学习资料,获得相关知识。

(3)结合教师讲解及对害虫为害状、害虫形态的仔细观察,识别小麦常见害虫的为害状,掌握小麦常见害虫的识别要点。

(4)根据小麦害虫的发生规律,制订综合治理措施。

(5)认真撰写实训报告。

表 9-2-1　小麦其他害虫及防治技术

害虫种类	形态特征	发生规律	防治要点
小麦叶蜂(*Dolerus tritici* Chu),属膜翅目,叶蜂科	成虫体长约 9 mm,体黑色有光泽,前胸背板、中胸前盾板、翅基片、侧板为锈红色,后胸背面两侧各有 1 白斑。老熟幼虫体长约 18 mm,圆筒形,头深褐色。胸腹部灰绿色,背面带暗蓝色。各节多横皱,腹足 8 对	1 年 1 代,以蛹在土中结茧越冬。4 月中旬幼虫危害最盛,老熟幼虫入土滞育越夏。冬季温暖,土壤湿润,春季冷湿,成虫羽化期无大雨,有利于麦叶蜂发生为害。成虫、幼虫具假死性	秋播前深耕翻土,破坏化蛹越冬场所;水旱轮作;幼虫 3 龄前选用 50%辛硫磷乳油 1 500 倍液、80%磷胺乳油 2 000 倍液等喷雾。傍晚或上午 10 时前施药
麦秆蝇[*Meromyza saltatrix* (Linnaeus)]属双翅目,秆蝇科	雄成虫体长 3.0～3.5 mm,雌成虫 3.7～4.5 mm,黄绿色,复眼黑色,有青绿色光泽。翅脉黄色。胸部背面有 3 条纵纹,两侧纵纹各在后端分叉为二。老熟幼虫体长 6.0～6.5 mm,细长。黄绿或淡黄色,口钩黑色	以幼虫在麦苗中越冬,晴天上午 10 时及下午 17～18 时为成虫活动高峰。成虫对糖蜜有较强趋性,小麦拔节末期着卵及幼虫入茎最多,幼虫有转株危害习性,老熟时爬到叶鞘上部外层化蛹	适时早播,合理密植,加强水肥管理,提高小麦抗虫能力;选用抗虫良种;越冬代成虫始盛期尚未产卵或产卵极少时喷药防治

(二)技能考核标准

麦类害虫防治技术技能考核参考标准见表 9-2-2。

表 9-2-2　麦类害虫防治技术技能考核参考标准

考核内容	考核标准	评分标准	标准分值	考核方法
小麦害虫发生情况调查	基本能够说出害虫发生种类、为害状及为害程度	所述与实际不符的酌情扣分	10	以组为单位考核
常见小麦害虫识别	能够正确识别小麦常见害虫,识别要点描述准确	识别要点描述不清的酌情扣分	50	单人考核
小麦害虫综合防治方案的制订	综合防治措施与生产实际相吻合,符合生态需求,可操作性强	综防措施不符合要求,措施不全面、不具体、可操作性不强的酌情扣分	20	单人考核与报告评分相结合
实训报告的撰写	认真书写实训报告,仔细分析实训中出现的问题	书写报告不够认真、问题分析不够透彻的酌情扣分	20	

五、练习及思考题

1.绘图比较麦长管蚜和麦二叉蚜形态上的主要区别。

2.调查当地小麦常见害虫种类及发生状况并制订小麦害虫的综合防治措施。

3.如何区分麦岩螨和麦叶爪螨成螨?

4.小麦吸浆虫是怎样为害小麦的?如何防治?

5.麦蚜的防治措施有哪些?

【拓展知识】小麦病虫害综合防治技术

小麦病虫害综合防治应从麦田生态系整体情况出发,综合考虑小麦、病虫、天敌、气象等多方面因素,以农业防治为基础,协调使用物理防治、生物防治、化学防治等多种综合防治措施,将小麦病虫害长期稳定地控制在经济损失允许水平以下。

1.农业防治

(1)压低病虫源　小麦收获后及播种前翻耕土壤,深埋土表病残体,清除自生麦苗及田边杂草,减少锈病、白粉病等菌源以及灰飞虱、叶蝉、蚜虫等害虫数量。

(2)轮作及间作套种　轮作对防治小麦全蚀病、根腐病、腥黑穗病、纹枯病等病害有效;水旱轮作可减轻地下害虫、吸浆虫的危害;小麦与油菜间作能招引天敌,控制麦蚜数量。

(3)选用抗(耐)病虫良种　特别是对锈病、白粉病、病毒病、吸浆虫等有较好抗(耐)性的品种,使用优质种子。

(4)适期适量播种　小麦条锈病区秋后适当晚播,黑穗病区冬麦适期早播、春麦适期晚播,可减轻发病。推广机械精量、半精量播种技术,使播种均匀、深浅一致,苗齐、苗全、苗壮,播种密度适宜,避免成株期田间郁蔽。

(5)加强肥水管理　使用充分腐熟的粪肥,注意氮、磷、钾的平衡施用,不偏施氮肥,增强植株抗性。灌水时避免田间湿度过大,特别是不要让水由病田流向无病田。

2.药剂处理种子

(1)推广种子包衣　如使用10%咯菌腈悬浮种衣剂可防治麦类黑穗病、纹枯病、全蚀病等多种病害。

(2)药剂拌种　可选用25%三唑酮(粉锈宁)可湿性粉剂60 g干拌麦种50 kg,防治锈病、白粉病,兼治黑穗病、纹枯病、全蚀病等;也可选用2%戊唑酮(立克秀)

100～150 g 干拌麦种 100 kg 或 50%多菌灵可湿性粉剂 200 g、或 70%甲基托布津 100 g 拌种 100 kg，防治黑穗病和纹枯病；还可选用 50%辛硫磷乳油 50 mL 加水 4～5 kg，拌麦种 40～50 kg，也可做土壤药剂处理或施毒饵，防治地下害虫。

3. 田间药剂防治

(1)冬前苗期　防治条锈病、白粉病可选用 20%三唑酮乳油 750 mL/hm^2、或 12.5%烯唑醇可湿粉剂 300 g/hm^2，加水 750 kg 喷雾；防治蚜虫、灰飞虱、叶蝉等传毒害虫可选用 50%抗蚜威可湿性粉剂 90～120 g/hm^2 加水 750 kg 喷雾，或 10%吡虫啉可湿性粉剂 600～1 000 g/hm^2，或 3%啶虫脒乳油 600 ～750 mL/hm^2 加 4.5%高效氯氰菊酯乳油 300～375 mL/hm^2，加水 50 kg 喷雾。

(2)返青拔节期　主要防治小麦害螨、纹枯病、条锈病、白粉病等。

①小麦害螨：当每 33 cm 单行麦蜘蛛数量达 500 头时，可选用 20%哒螨酮乳油 750 ～1 050 mL/hm^2，加水 750 kg 喷雾。也可选用15%扫螨净乳油、或 20%哒螨灵可湿性粉剂、或 20%螨克乳油等喷雾。

②纹枯病：当病株率达 15%～20%，病情指数达 6%～7%时，可选用 5%井冈霉素水剂 2 250～3 750 mL/hm^2 兑水 1 500～2 250 kg 大水喷雾或加水 4 500～6 750 kg 泼浇；也可选用 40%戊唑双可湿性粉剂 900 g/hm^2 加水 750 kg 喷雾。

③锈病和白粉病：当条锈病田间发病普遍率达到 0.5%～1%时，白粉病田间病株率达 15%、病叶率达 5%时，可选用 15%三唑酮（粉锈宁）可湿性粉剂 750 g/hm^2、或 12.5%烯唑醇可湿性粉剂 300 g/hm^2，兑水 750 kg 喷雾。

(3)孕穗至扬花灌浆期　除锈病、白粉病外，还应注意赤霉病、吸浆虫、穗蚜等多种病虫害的防治。

①小麦赤霉病：小麦扬花初期，气温高于 15℃，若气象预报后续 3 天有雨或 10 天内多于 5 天有雨，则应开始施药。可选用 50%多菌灵可湿性粉剂 1 500 g/hm^2，或 70%甲基硫菌灵 750～1 050 g/hm^2 兑水 750 kg 喷雾，重病区 1 周左右再施药一次。

②吸浆虫：小麦孕穗期撒施 3%辛硫磷颗粒剂 45～75 kg/hm^2，洒后浇水或中耕，可以控制吸浆虫化蛹、羽化；扬花期可选用 48%乐斯本乳油加水喷雾补治成虫。

③麦蚜：根据蚜虫种类、蚜虫数量及益害比确定是否施药，防治时可选用 50%抗蚜威可湿性粉剂、或 10%吡虫啉可湿性粉剂 150～225 g/hm^2、或 48%毒死蜱乳油 450～500 mL/hm^2 等，兑水 750 kg/hm^2 喷雾。

当多种病虫混发时，应考虑药剂的混用或使用复配药剂，以达到一次用药防治多种病虫的目的，同时减少了成本，保护了天敌。

典型工作任务十
杂粮病虫害防治技术

项目1 杂粮病害防治技术

一、技能目标

通过实训,使学生能够认识玉米、高粱、谷子等杂粮作物上主要病害的症状特点及病原菌的形态特征;掌握杂粮主要病害的诊断要点、发病规律及主要防治技术;能够识别常发生杂粮病害种类;能够制订切实可行的综合防治方案;能够根据发生病害的种类采取有效的防治措施。

二、教学资源

1.材料与工具

玉米大斑病、玉米小斑病、玉米丝黑穗病、玉米黑粉病、玉米炭疽病、玉米茎腐病、玉米弯孢霉叶斑病、玉米粗缩病,高粱丝黑穗病、高粱散黑穗病、高粱坚黑穗病、高粱炭疽病、谷子白发病等实物标本、新鲜材料,病原菌玻片、挂图、教学课件(包括幻灯片、录像带、光盘等影像资料)。

多媒体教学设备(投影仪、计算机)、显微镜、载玻片、盖玻片、挑针、纱布、蒸馏水、刀片、徒手切片夹持物、镜头纸、0.1%升汞、无菌水等。

2.教学场所

教室、实训室、实训基地。

3.师资配备

每20名学生配备一位指导教师。

三、原理、知识

(一)玉米大斑病

玉米大斑病是我国玉米产区普遍发生的重要病害之一，主要分布于北方春玉米产区和南方玉米产区的冷凉山区。一般减产 15%～20%，大发生年份可减产 50%以上。

1. 症状识别

玉米大斑病在整个生育期均可发生，但苗期很少发病，抽雄后发病逐渐加重。从植株下部叶片开始发病，逐渐向上扩展。病菌主要侵染叶片，严重时也可侵染叶鞘、苞叶和籽粒。叶片发病，先出现水渍状或灰绿色的小斑点，后沿叶脉迅速扩大，形成黄褐色或灰褐色梭形大斑，病斑中间颜色较浅，边缘较深。严重发病时，多个病斑相互连片，使植株过早枯死。大雨过后或露水较重时，田间湿度较大，病斑表面常密生一层灰黑色的霉状物(病菌的分生孢子梗和分生孢子)。叶鞘、苞叶和籽粒发病，病斑多呈梭形，黄褐色或灰褐色。枯死株根部腐烂，果穗松软而倒挂，籽粒细小干瘪(见彩图 10-1-1)。

2. 病原

病原物有性态为大斑刚毛座腔菌[*Setosphaeria turcica* (Luttrell) Leonard et Suggs]，属子囊菌亚门，毛球腔菌属。无性态为玉米大斑凸脐蠕孢菌[*Exserohilum turcicum* (Pass.) Leonard et Suggs]，属半知菌亚门，凸脐蠕孢属。分生孢子梗橄榄色，单生或 2～6 根丛生从气孔中伸出，一般不分枝，直立或上部膝状弯曲，有 2～8 个隔膜。分生孢子有直的或弯的，灰橄榄色，多数分生孢子有 4～7 个隔膜，两端渐细，中间宽，呈梭形，着生在分生孢子梗顶端或弯曲处。基部细胞尖锥形，顶端细胞钝圆或呈长椭圆形；脐点明显且突出于基细胞之外。

3. 发病规律

病菌主要以分生孢子或菌丝体在病残体中越冬；种子上和堆肥中尚未腐烂的病菌也能越冬，成为次年的初侵染来源。越冬期间的分生孢子，因细胞壁加厚，原生质浓缩而成为厚壁孢子。一个分生孢子可以形成 2～3 个厚壁孢子，厚壁孢子的抗逆性较强。

越冬后的分生孢子萌发产生侵入丝从玉米表皮直接侵入，少数也可从气孔侵入，在潮湿的条件下，病部可产生大量的分生孢子，随风雨传播进行再侵染，玉米大斑病在玉米整个生长期内可进行多次再侵染。特别是在春玉米和夏玉米混作区内，由于前者为后者提供了大量菌源，再侵染次数更加频繁。种植感病品种是玉米大斑病发生大流行的主要原因，不同玉米品种抗病性有明显差异。大斑病适于发病的温度为20～25℃，超过28℃就不利于其发生；北方各玉米产区，6～8月气温大多适于发病，降雨就成为大斑病发病轻重的决定因素。7～8月份温度偏低，多雨高湿，日照不足，均有利于大斑病的发生和流行。无论春玉米还是夏玉米，晚播、密植、连作、靠近村庄及地势低洼的地块发病均重。

4. 防治技术

以农业防治为主，田间发病时根据发病程度进行必要的药剂防治。

(1)农业防治　种植抗病品种是防治玉米大斑病经济有效的措施。根据品种特性和栽培条件实施合理密植，降低田间湿度；施足基肥，适期追肥，合理配合氮、磷、钾肥。利用该病存在阶段抗病性的特性，适期早播可避免病害的发生和流行。减少菌源，及时处理带病秸秆。

(2)药剂防治　可选用50%多菌灵可湿性粉剂500倍液、或90%代森锰锌可湿性粉剂1 000倍液、或25%三唑酮可湿性粉剂1 000倍液，或90%代森锰锌可湿性粉剂1 000倍液、在发病初期适时喷雾，每隔7～10 d喷一次，连续2～3次。也可选用10%世高、或70%可杀得、50%扑海因、50%菌核净等药剂。

(二)玉米小斑病

玉米小斑病是温暖潮湿玉米栽培区的重要叶部病害。随着抗病品种的推广，小斑病的发生为害基本得到控制，但由于大面积种植单一品种，在一些玉米产区小斑病仍发生严重。

1. 症状识别

玉米小斑病从苗期到成株期都可发病，抽穗灌浆期后发生严重。主要危害叶片，严重时也可侵染叶鞘、苞叶、果穗及籽粒。常从下部叶片开始发病，逐渐向上蔓延。叶片病部初为水渍状小点，后变为红褐色或黄褐色，边缘颜色较深。叶部病斑因品种感病性不同表现为3种类型，一是病斑为黄褐色坏死小点，一般不扩展，周围明显有黄褐色晕圈。二是病斑椭圆形或纺锤形，扩展不受叶脉限制，灰色或黄色，一般无明显的边缘，有时病斑上出现轮纹。三是病斑椭圆形或长椭圆形，扩展受叶脉限制，黄褐色，有明显的紫褐色或深褐色边缘。第一种为抗病型病斑，后两种为感病型病斑，在潮湿的情况下产生灰黑色的霉层(见彩图10-1-2)。

2. 病原

有性态为异旋孢腔菌(*Cochliobolus heterostrophus* Drechsl.)，属子囊菌亚门，旋孢腔菌属。无性态为玉蜀黍平脐蠕孢[*Bipolaris maydis* (Nisikado et Miyake) Shoem.]，属半知菌亚门，平脐蠕孢属。病菌的分生孢子梗2～3根，束生，从叶片气孔中伸出，褐色，直立或曲膝状弯曲，具3～15个隔膜，不分枝，上端有明显孢痕，基部细胞稍膨大。分生孢子着生在分生孢子梗顶端或侧方，褐色，长椭圆形，多向一端弯曲，中间粗两端细而钝圆，具 3～13 个隔膜，脐点凹陷于基细胞之内。子囊壳黑色，球形，喙部明显，常埋在寄主病组织中，内部着生近圆筒状的子囊。子囊顶端钝圆，基部具柄；子囊内有 4 个线状无色透明的子囊孢子，具 5～9 个隔膜，子囊孢子在子囊内相互缠绕成螺旋状。

3. 发病规律

玉米小斑病菌主要以菌丝体在病残体内越冬，病菌的初侵染来源主要是上年玉米收获后遗留在田间、地头和玉米秸垛中尚未腐熟的病残体。分生孢子也可越冬，但存活率很低。

在病残体中越冬的病菌，第二年玉米生长季节在适宜的温湿度条件下便可产生分生孢子。分生孢子通过气流传播到玉米植株上，在有水膜的条件下可萌发产生芽管，从叶片上气孔或表皮细胞直接侵入，在潮湿条件下病部可产生大量分生孢子，病菌借助气流传播进行再侵染。在一个生长季节中小斑病菌可以进行多次再侵染。

不同品种间对玉米小斑病的抗病性存在着明显差异，大面积推广和种植感病杂交种是导致部分地区该病大发生和流行的主要原因。在 7～8 月份，如果雨日、雨量多、露水大的年份和地区，月平均温度在 25℃以上，小斑病发生重；小斑病菌对氮肥敏感，如果玉米拔节期肥力不足发病重；地势低洼、湿度大通风透光差的地块发病重；植株生长不良，发病早的病重；此外，由于菌量的逐渐积累，一般夏玉米比春玉米发病重。

4. 防治技术

以农业防治为基础，适时进行药剂防治。

(1)农业防治　利用抗病、优质和高产的玉米杂交种是保证玉米稳产增收的重要措施。适期早播，玉米与大豆、花生、小麦、棉花间作效果较好；注意低洼地及时排水，降低田间湿度；合理施肥，在施足基肥的基础上，及时追肥，氮、磷、钾合理配合施用，尤其是要避免拔节和抽穗期脱肥，促进植株生长健壮，提高抗病力；玉米收获后要及时翻地，将田间病残体翻入土中使其加速腐烂分解；秸秆不宜作篱笆，不要堆放在田间地头；秸秆做堆肥时要充分进行高温发酵。大面积实行 1～2 年轮作可减少发病。

(2)药剂防治　药剂防治玉米小斑病是该病大流行年份的补救措施，在发病初期适时喷雾，每隔 7～10 d 喷一次，连续 2～3 次。可选用 50%硫菌灵胶悬剂 600～700 倍液、或 25%三唑酮可湿性粉剂 1 000 倍液、或 50%多菌灵可湿性粉剂 500 倍液。还可选用 10%世高、50%扑海因、50%菌核净、50%敌菌灵、50%硫菌灵胶悬剂、77%可杀得或 70%代森锰锌等药剂。

(三)玉米丝黑穗病

玉米丝黑穗病是玉米产区的重要病害,尤其以华北、西北、东北和南方冷凉山区的连作玉米地块发病较重,发病率2%～8%,严重发生的地块可达60%～70%,造成严重减产。

1.症状识别

玉米丝黑穗病是苗期侵染的系统性侵染病害。主要为害玉米的雄穗和雌穗(果穗),发病率等于损失率。有些杂交种或自交系在6～7叶期开始出现非典型症状,如病苗矮化,叶片密集丛生,叶色浓绿,节间缩短,株形弯曲,基部稍粗,分蘖增多,重则甚至早死,有的第5片叶以上开始出现与叶脉平行的黄条斑等。穗期表现典型症状,病果穗上的症状主要表现两种类型:一是黑穗型:病果穗较短,基部膨大,端部尖而向外弯曲,多数不抽花丝,除苞叶外,整个果穗变成黑粉包,内夹杂有丝状寄主维管束组织,初期外面包被白膜,后期白膜破裂后露出黑粉;二是变态畸形穗:受害较轻的雌穗,可保持灌浆前的粒形,但籽粒压破后仍为黑粉,或少数中、上部破坏,基部籽粒呈3～5 cm长的芽状物或畸形成丛生的小叶状物,内含有少量黑粉。雄穗花器被害变形,颖片呈多叶状,为害轻分枝少,无花粉,重的全部或部分的雄花被破坏,外面包有白膜,膜破裂后,露出结团的黑粉不易飞散(见彩图10-1-3)。

诊断要点:除苞叶外,整个果穗变成一个大黑粉苞,黑粉常黏结成块,内部夹杂丝状的寄主维管束组织。

2.病原

病原为丝轴黑粉菌[*Sphacelotheca reiliana* (Kühn) Clint.],属担子菌亚门,轴黑粉菌属。果穗散出的黑粉为冬孢子,冬孢子球形或近球形,表面有微刺。冬孢子间混杂有球形或近球形的不育细胞,表面光滑近无色。在成熟前冬孢子常集合成孢子球,外面由菌丝组成的薄膜包围着,成熟的冬孢子分散后遇适宜条件萌发产生有隔的担子(先菌丝),侧生担孢子。担孢子可芽殖产生次生担孢子。担孢子单孢,无色,椭圆形。

3.发生规律

病原菌以冬孢子散落在土中、混入粪肥中或沾附在种子表面越冬,成为次年的初侵染来源,其中以土壤带菌为主。病菌在土壤中可以存活两年以上。带菌种子是远距离传播的重要途径,但由于种子自然带菌量小,传病作用明显低于粪肥和土壤带菌。冬孢子通过牲畜消化道后仍能保持活力,施用病株残体未经腐熟的粪肥可引起田间发病。冬孢子萌发从玉米幼芽鞘侵入,侵入后,菌丝随着生长点生长,在寄主的组织中蔓延,当花芽分化时,进入花器破坏雌穗和雄穗,产生大量的冬孢子越冬。当 5 cm 土层温度在 15℃左右，土壤含水量 18%～20%时，有利于病菌侵入。玉米不同品种的抗病性有明显差异，抗病品种很少发病；使用未腐熟的厩肥，种子带菌未经消毒，病株残体未被妥善处理等都会使土壤菌量增加，导致该病的严重发生；连作地发病重，轮作地发病轻；播种过深、种子生活力过弱时发病重；在土壤含水量 20%条件下发病率最高。

4. 防治技术

以种子处理为主，采用及时消灭菌源、种植抗病品种等农业措施相结合的综合防治措施。

(1)农业防治　杜绝和减少初侵染源，不从病区调运种子；及时拔除田间病株能有效地减少土壤中越冬菌源；育苗移栽的要选不带菌的地块或经土壤处理后再育苗，最好在玉米苗 3～4 片叶以后再移栽定植大田，可有效避免丝黑穗病菌的侵染；进行高温堆肥，厩肥充分发酵，杀死病原菌后再施用；一般实行 1～3 年的合理轮作，可有效地控制丝黑穗病的发生和危害。切忌将病株散放或喂养牲畜、垫圈等；利用抗病品种是防治丝黑穗病的根本措施，由于丝黑穗病与大斑病的发生和流行区一致，要选用兼抗这两种病害的品种。调整播期，要求播种时气温稳定在 12℃以上，整地保墒，提高播种质量，一切有利于种子快发芽、快出土、快生长的因素都能减少病菌侵染的机会。

(2)药剂防治　在选择抗病良种的前提下，播前要晒种，选籽粒饱满、发芽势强、发芽率高的种子，再进行药剂拌种处理。可选用 40%卫福胶悬剂 270～330 mL 加水 1.2 L 拌种 100 kg，也可选用 50%萎锈灵，或 50%多菌灵，每 100 kg 种子用药量为 250～350 g；还可选用 5.5%浸种灵Ⅱ号，每 100 kg 种子用药量为 1 g；或用 12.5%速保利可湿性粉剂拌种，用种子量的 0.15%，在播种前 2～3 d 按每 1 kg 种子用清水 250～300 g，选用 12.5%速保利可湿性粉剂 5～7.5 g 药倒入水中稀释均匀，然后倒入种子中，搅拌数次，使种子将药液吸干净，晾干后待播，切忌干拌，以确保防治效果。

(四)玉米黑粉病

玉米黑粉病又称瘤黑粉病，是玉米的重要病害。一般山区比平原、北方比南方发生普遍而且严重。一般发病率在 5%～10%，产量损失程度与发病的时期、发病的部位及病瘤的大小有关，发生早、病瘤大，在果穗上及植株中部发病的对产量影响大。

1. 症状识别

此病为局部侵染性病害，玉米植株地上任何部分的幼嫩组织均可受害。苗期发病较少，抽雄后迅速增加。叶片受害常出现成串排列的病瘤，雄穗受害时，大部分或个别小花形成长囊状或角状病瘤，雌穗被侵染后多在果穗上半形成病瘤，严重时全穗形成大的病瘤。茎部发病，在节的下部产生银白色略带紫红的瘤状物，瘤的直径大小不同，大的可达15 cm，后期瘤表皮破裂，散出黑粉；其他部位发病也产生大小不等的银白色略带紫红的瘤状物（见彩图10-1-4，图10-1-1）。

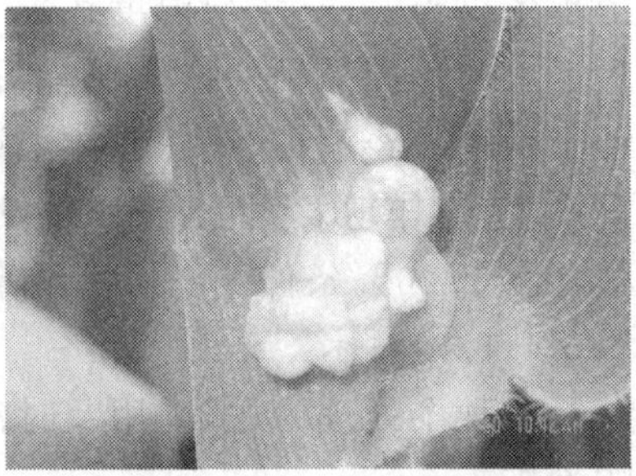

图 10-1-1 玉米瘤黑粉病

2.病原

病原为玉米瘤黑粉菌[*Ustilago maydis* (DC.) Corda]，属担子菌亚门，黑粉菌属。冬孢子椭圆形或球形，壁厚，暗褐色，表面有细刺状突起。冬孢子萌发时，产生4个细胞的担子（先菌丝），担子顶端或分隔处侧生4个无色、梭形的担孢子，担孢子还能以芽殖的方式产生次生担孢子。

3.发病规律

病菌以冬孢子在病残体、土壤中越冬，为次年侵染的主要初侵来源。春、夏季遇到适宜的温、湿度，冬孢子萌发可侵染玉米。病菌多从伤口或幼嫩的组织处侵入，经过8～12 d可形成病瘤，20～24 d病瘤成熟，散出黑粉（冬孢子），进行再侵染。高温多湿有利于冬孢子的萌发，病菌萌发适温为26℃。同时寄主组织生长柔弱，容易受害。多年连作发病重，在干旱少雨的地区，在缺乏有机质的沙性土壤中发病较重。一般杂交种较抗病。硬粒玉米较抗病，马齿型次之，甜玉米较感病。机械伤、虫伤多，病害加重。

4.防治技术

采取以种植抗病品种、减少菌源为主的综合防治措施。

(1)农业防治　重病田要实行2～3年的轮作；积极培育和因地制宜地利用抗病品种；秋季翻地，彻底清除田间病残体，玉米秸秆用堆肥时要充分腐熟，在病瘤未变色时及早割除，并带出田外深埋处理；合理密植，及时灌溉，尤其是抽雄前后要保证水分供应充足；避免偏施、过量施氮肥，适时增施磷钾肥；发现有玉米螟为害时要及时防虫治病；尽量减少耕作造成的机械损伤。

(2)药剂防治　可选用的种子处理药剂有：用401抗菌剂1 000倍液浸种48 h；每100 kg种子拌12.5%烯唑醇12～16 g，或50%福美双可湿性粉剂按种子重量0.5%的比例拌种，也可选用35%菲醌粉剂、或三唑酮（粉锈宁）可湿性粉剂等。玉米出苗前可选用50%克菌丹200倍液，或25%三唑酮750～1 000倍液1 500 kg/hm^2 进行土表喷雾，消灭初侵染源。在病瘤未出现前喷洒药剂可选用的有 12.5%烯唑醇、或 15%三唑酮等。

(五)杂粮作物其他病害防治技术

杂粮作物其他病害防治技术见表 10-1-1。

表 10-1-1　杂粮作物其他病害防治技术

病害名称	病原	症状特点	发病规律	防治要点
玉米茎基腐病	鞭毛菌亚门，瓜果腐霉(*Pythium aphanidermatum*)、半知菌亚门禾谷镰刀菌(*Fusarium graminearum*)和串珠镰刀菌(*F. monili*)	多种病原菌单独或复合侵染造成根系和茎基腐烂。植株茎基部先发黄变褐，后变软，内部空松，病株果穗下垂，苞叶呈青枯状，根系发育不良，变黑腐烂，茎基髓部因病原不同可见白色绒毛状霉(腐霉菌)、红色粉状霉(镰刀菌)、或有黄褐色臭液(软腐细菌)	病原菌在病株残体组织内外、土壤中存活越冬，成为次年的主要侵染源。借气流传播进行初次侵染，分生孢子和菌丝体借风雨、灌溉机械和昆虫进行传播，在温暖潮湿条件下进行再侵染	选用抗病品种；清理病残体，集中处理，减少初侵染来源；轮作倒茬，并适时晚播；种子处理；合理施肥；发病时喷淋茎基部可选用 50%福·异菌(灭霉灵)可湿性粉剂 800 倍液，或 30%氯溴异氰尿酸(消菌灵)水溶性粉剂 1 000 倍液
玉米褐斑病	鞭毛菌亚门节壶菌属，玉米褐斑病菌(*Physoderma maydis* Miyabe)	病斑初期为红褐色或黄褐小斑，以叶和叶鞘交接处居多，严重时整片叶布满病斑，发病后期叶肉细胞组织坏死，叶脉和维管束残存如丝状，且多发生于节的附近	病菌在土壤或病残体中越冬，次年病菌靠气流传播到玉米植株上，条件适宜萌发产生大量的游动孢子，游动孢子形成侵染丝，侵害玉米的嫩组织。若温度高、湿度大，阴雨日较多时，有利于发病	彻底清除病残体组织；实行 3 年以上轮作；并深翻土壤；施足底肥，适时追肥；选用抗病品种，适当密植，提高通透性；初发病时用 25%的三唑酮可湿性粉剂 1 500 倍液喷洒茎叶
玉米弯孢霉叶斑病	半知菌亚门，弯孢霉属，新月弯孢[*Curvularia lunata* (Wakker) Boed.]	主要侵染叶片，也可侵染叶鞘和苞叶。病斑初为黄色半透明水渍状小点，扩大后为椭圆形、圆形、梭形或长条形，潮湿时病斑正反面均可产生灰黑色霉状物	病菌以菌丝体潜伏于病残体组织中越冬，也可以分生孢子越冬，玉米秸秆带菌是次年玉米发病的主要初侵染源，分生孢子借气流和雨水传播进行再侵染	选用抗病品种；加强栽培管理；玉米收获后及时清理病株和落叶，集中处理，减少初侵染来源；可选用 50%多菌灵或 50%甲基硫菌灵等药剂防治

续表 10-1-1

病害名称	病原	症状特点	发病规律	防治要点
高粱北方炭疽病	半知菌亚门，球梗孢属，玉蜀黍球梗孢菌（*Kabatiella zeae* Narita et Hiratsaka）	重点危害叶片、叶鞘和籽粒。叶片和叶鞘染病现紫红色小病斑，后期中间略呈灰白色，大小仅（1.0～2.5）mm×（0.5～1.5）mm。发生严重的，叶片上布满病斑，整个叶片变成火红色，迅速干枯	病菌在种子和病残体上越冬，发病程度与品种及当年7～8月份气象条件有关。东北三省7～8月份气温低、降雨次数多、降雨量大可能大流行，引致高粱“翻秸”	选用抗病品种，选用无病包衣的种子；合理轮作；化学防治，可选用50%苯菌灵可湿性粉剂，25%炭特灵可湿性，80%炭疽福美可湿性粉剂，孕穗期开始喷药
高粱丝黑穗病	担子菌亚门，轴黑粉菌属，丝轴黑粉菌［*Sphacelotheca reiliana*（Kühn）Clint］	病株较矮、色稍深、病穗下部稍为膨大。有的病穗略歪向一侧，剥去苞叶，穗部成为白色的棒状物，即“乌米”。病穗外面有一层白膜，破裂后散出黑粉，内有残存成束的黑色丝状物	病菌以冬孢子在土壤和粪肥中越冬，也可以混在种子中或沾附在种子表面越冬。该病为幼苗侵染的系统性侵染的病害，病菌冬孢子萌发后从幼芽侵入，后进入分化的花芽中	选用抗病良种；大面积与非寄主作物进行3年以上的轮作；种子处理（温汤浸种或药剂拌种）；适期播种，提高播种质量；在灰苞未破裂之前早期拔除病株
高粱散黑穗病	担子菌亚门，轴黑粉菌属，高粱轴黑粉菌［*Sphacelotheca cruenta*（Kühn）Potter］	病株稍矮，茎较细，叶片稍窄，抽穗较早，分蘖增加，但较细小。花器多被破坏，子房形成黑粉，初病粒外有一层灰白色的薄膜，膜破裂后，黑粉散出	为芽期侵入系统性侵染病害。以冬孢子附着在种子上传播为主，土壤中的冬孢子不是主要初侵染源，高粱种子萌发时，冬孢子也萌发形成双核侵入丝，侵入幼苗	同高粱丝黑穗病
谷子白发病	鞭毛菌亚门，指梗霉属，禾生指梗霉［*Sclerospora graminicola*（Sacc.）Schrot.］	苗期至成株期均可发病。在不同的生育阶段和器官上表现出不同的症状：芽腐、灰背、白尖、枪秆、白发和看谷佬。心叶组织薄壁细胞破坏后，散出大量黄色粉末，仅留一把细丝、白色、略卷曲，称白发	病菌以卵孢子在土壤中越冬，是病害的主要初侵染来源；其次是带菌粪肥和种子表面沾附着的卵孢子。当谷种发芽时，土壤、粪肥和种子表面的卵孢子萌发从幼芽、胚芽鞘、幼根表皮侵入	种子处理和土壤处理；进行3年以上的合理轮作；适期播种；拔除灰背、白尖病株；施用无菌肥料

续表 10-1-1

病害名称	病原	症状特点	发病规律	防治要点
谷子红叶病	大麦黄矮病毒(Barley yellow dwarf virus)	紫秆品种发病后叶片、叶鞘、穗部颖壳和芒变为红色、紫红色。青秆品种叶片上产生黄色条纹，叶片黄化	谷子红叶病毒主要由玉米蚜进行持久性传毒，麦二叉蚜、麦长管蚜、苜蓿蚜等也能传毒，但传毒能力较低。该病毒不能经由种子、土壤传播，也不能通过机械传播	选育和种植抗病、耐病品种；清除田间及四周杂草；及时喷施除虫灭菌药，防治好蚜虫、灰飞虱等害虫，断绝虫害传毒途径；选用排灌方便的田块，降低田间湿度；合理施肥

四、操作方法及考核标准

(一)操作方法与步骤

(1)选择病害发生较为严重的玉米田，调查病害发生种类、为害状况及为害特点。

(2)结合调查结果，查询学习资料，获得相关知识。

(3)结合教师讲解及对病害症状的仔细观察，识别玉米等杂粮常见病害种类。

(4)通过显微镜镜检，识别玉米常见病害的病原菌形态特征。

(5)根据玉米病害发生规律，制订综合治理措施。

(6)认真撰写实训报告。

(二)技能考核标准

杂粮病害防治技术技能考核参考标准见表 10-1-2。

表 10-1-2　杂粮病害防治技术技能考核参考标准

考核内容	要求与方法	评分标准	标准分值	考核方法
杂粮病害识别	1. 说出 10 种病害的名称	病害名称错误每种扣 1 分	10	单人考核口试评定成绩
	2. 说出真菌性病害的亚门和属的名称	真菌性病害的亚门和属的名称错误每种扣 2 分	20	
	3. 描述病害的识别要点	描述病害症状不正确每种扣 1 分	10	

续表 10-1-2

考核内容	要求与方法	评分标准	标准分值	考核方法
病原菌形态识别	1.玻片标本制作	根据玻片擦拭、病菌挑取、盖盖玻片等符合要求情况酌情扣分	15	单人操作考核
	2.病菌观察识别	根据显微镜操作熟练程度,镜中病原菌形态清晰程度,特征明显与否酌情扣分	15	
综合防治方案制订	1.制订综防措施	根据杂粮发生病害的种类制订综合防治措施是否符合要求情况酌情扣分	15	单人操作考核
	2.可行性和可操作性	根据制订的综防措施是否具有可操作性和可行性酌情扣分	15	

五、练习及思考题

1.选择1～2块玉米田进行田间调查,调查玉米病害种类和发病率及为害情况。

2.根据玉米田发生病害种类制订综合防治方案。

3.参与防治工作,如割除病瘤,拔除玉米丝黑穗病株,药剂防治玉米大、小斑病等。

4.怎样采取综防措施防治玉米黑粉病和玉米丝黑穗病?

5.简述玉米大、小斑病的发生规律,应怎样进行防治?

6.对于杂粮类黑穗病应选用哪些药剂进行拌种?

7.到玉米地查一查玉米丝黑穗病与玉米瘤黑粉病在发病部位和症状上有什么不同?

8.玉米大、小斑病在发病部位和症状上有何不同?

项目2 杂粮害虫防治技术

一、技能目标

通过本技能实训,使学生认识当地常发生的杂粮害虫的种类,掌握当地主要杂粮害虫识别特征,了解杂粮主要害虫的分布与发生规律,能结合杂粮害虫发生的实际情况制订综合防治方案,并能指导杂粮害虫的防治工作。

二、教学资源

1. 材料与工具

当地气象资料、有关杂粮害虫的历史资料、作物生产技术方案、害虫种类及分布情况等资料。

玉米螟、黏虫、玉米蚜、玉米叶螨、东亚飞蝗、高粱蚜、高粱条螟、粟灰螟、粟茎跳甲等当地常发生的杂粮害虫成虫、幼虫盒装标本和浸渍标本。

体视显微镜、显微镜、放大镜、镊子、挑针、蒸馏水、培养皿、载玻片、泡沫塑料板、有关的挂图、彩色照片及多媒体课件等。

2. 教学场所

教室、实验室或实训室、基地。

3. 师资配备

每 20 名学生配备一位指导教师。

三、原理、知识

杂粮害虫主要包括玉米、高粱、谷子、糜子等禾本科作物上发生的害虫。玉米上发生的害虫,全国记载有 227 种;高粱上发生的害虫,全国记载有 129 种。杂粮害虫主要发生的种类有黏虫、亚洲玉米螟、玉米蚜、玉米叶螨、东亚飞蝗、高粱蚜、高粱条螟、粟灰螟、粟茎跳甲等。

(一)黏虫

黏虫[*Mythimna separata* (Walker)]属鳞翅目,夜蛾科。俗名五彩虫、麦蚕,又名粟夜盗虫、剃枝虫等,为世界著名的禾谷类作物的暴食性、多食性、迁飞性、食叶性害虫。除为害玉米、谷子、高粱外,还为害小麦和水稻。黏虫以幼虫取食寄主的叶片,1～2 龄幼虫仅食叶肉形成小孔,3 龄后沿叶缘取食成缺刻;大发生时常将作物叶片全部吃光,造成严重减产或绝收。当一块作物被吃光后,幼虫常成群迁到另一块田为害,故称行军虫。

1. 形态特征

(1)成虫　为淡黄色或灰褐色中型蛾子,体长 17～20 mm,翅展 35～45 mm。前翅中央近前缘处有 2 个淡黄色圆斑,外侧圆斑下方有 1 个小白点,小白点两侧各有 1 个小黑点,顶角有 1 条伸向后缘的黑色斜纹。雌蛾翅缰 3 根,腹部较粗,手捏时伸出管状产卵器,雄蛾腹部较细,用手指轻捏腹部,腹端可伸出 1 对长鳞片状抱握器(见彩图 10-2-1)。

(2)幼虫　幼虫随龄期增长体色由淡绿色至浓黑色不一,幼虫共分6龄,老熟幼虫体长38 mm。头部黄褐色,沿蜕裂线有棕黑色“八”字纹。腹部圆筒形有5条纵线,背线白色、较细,边缘绕有细黑线,亚背线稍带蓝色,边缘绕以白色线纹,气门下线污黄色。气门黑色,气门线黄色,其上下有白色带纹。腹足基部外侧有黑褐色斑,趾钩单序中带(见彩图10-2-2)。

2.发生规律

(1)生活习性　黏虫在我国各地发生的世代数因纬度而异,1年发生1～8代。东北及华北北部1年发生2～3代,华中中南部地区3～4代,江淮流域4～5代发,长江流域5～6代,华南6～8代。黏虫无滞育特性,在我国东部的1月份8℃等温线以南地区,黏虫可终年繁殖为害;4～8℃等温线之间,黏虫冬季虽能取食,但数量少;0～4℃等温线之间,以蛹和幼虫越冬;0℃等温线以北的地区,越冬代成虫是从南方远距离随气流迁飞来的,目前已掌握了其迁飞规律,在我国每年有4次较大规模的迁飞。

成虫昼伏夜出,成虫从羽化到产卵前趋化性强,对糖、醋、酒混合液的趋性很强,还有趋向枯黄叶片产卵的习性。产卵后趋化性减弱而趋光性很强。有傍晚日落后、半夜前后和黎明前3个活动高峰,与成虫取食、交尾、产卵和寻找栖息场所等活动有关。卵馒头形,单层排列成行,形成卵块,每块20～40粒卵,每头雌性成虫可产1 000～2 000粒卵。在稻田,枯黄叶尖产卵最多,但也有产在叶鞘内侧的。在小麦田,卵多产在植株中、下部枯黄叶片的尖端、叶背或叶鞘内,以及稻桩叶鞘的内侧。

初龄幼虫多潜伏在寄主的心叶、叶鞘、叶腋内,有吐丝下垂习性。1～2龄幼虫啃食叶肉形成透明条纹斑;3龄后沿叶缘取食成缺刻;3龄后有假死性,多在夜间取食,气温高时,潜伏在作物根际土块下。5～6龄进入暴食期,食量占整个幼虫期的90%以上。大发生时,可将植株叶片吃光。在食料缺乏时,大龄幼虫可成群向田外转移。幼虫老熟后,在植株附近表土下3 cm处筑土室化蛹,在水田多在稻桩中化蛹。

(2)温湿度条件　黏虫发生数量受虫源基数、气候条件、蜜源植物和天敌等因素的综合影响。在同一年份不同地块的受害程度,取决于农田小气候状况。黏虫发生的最适温度为19～22℃,相对湿度70%以上。温度低于15℃或高于25℃,相对湿度低于65%,对成虫产卵、幼虫孵化不利。在黏虫越冬地,日平均气温上升至5℃时,成虫开始出现,日平均温度稳定在10℃以上时,成虫进入盛发期。在成虫产卵和幼虫孵化期,气温比常年偏高,阴雨天多,有利于黏虫的发生。低温且降雨量大或长期干旱,都会导致产卵量减少和幼虫死亡率增加。密植和肥力、灌溉条件好的小麦田，田间小气候有利于黏虫的生长发育，受害重。临近江河、湖泊，地势低洼、田间湿度大的地块受害重。黏虫成虫需要补充营养，取食各种植物的花蜜、蚜虫（介壳虫）的蜜露、腐烂的果汁液、粉浆和含发酵淀粉的各种污水等。

3.防治技术

黏虫具有远距离迁飞习性，利用诱蛾器诱集成虫和谷草把诱集成虫产卵，根据诱集成虫和卵块的数量预测发生量，了解异地虫源和本地虫源的动态。若田间幼虫数量较多，采取措施将幼虫消灭在3龄以前。

（1）农业防治　若第1代幼虫发生量较大，第2、3代黏虫发生区，结合夏收夏种及时耕耙、中耕除草，清除草害，减少黏虫食源，清除田间及地边杂草，减少黏虫潜藏场所。耕翻整地可将部分幼虫翻入土中，也可达到不利于幼虫化蛹和消灭一部分蛹的作用。

（2）人工防治

①谷草把诱卵：在成虫产卵盛期前，选叶片完好的稻草、高粱干叶、玉米干叶10～20根扎成小把插在田中，500～800个/hm^2草把，3 d更换1次，可将黏虫密度压低50%左右。也可进行人工采卵、捕杀幼虫，能在短期内压低虫口密度。

②诱杀成虫：用糖醋酒液或其他发酵有甜酸味的食物配成诱杀剂，盛于盆、钵、碗等容器内，每0.5 hm^2放一盆，盆要高出作物30 cm左右，诱剂保持在3 cm深，清晨收集成虫盖好盖，黄昏开盖，3 d加半量，5 d换一次。糖醋酒液的配制按酒1份，水2份，糖3份，醋4份，调匀后加1份敌百虫。另外也可采用黑光灯和杨树枝把诱杀成虫。

（3）化学防治　对于喜欢昼伏夜出的黏虫，防治技术要求比较高，尤其是对一些虫龄大的黏虫要适当加大用药量。麦秸秆比较多的田块，还需要加大水量，压低喷头向地面均匀喷药，确保防治效果。另外防治时需要统一防治，否则一块地打完药而邻近的地没施药，黏虫幼虫就会迁移危害，待药效降低时还会迁回危害。施药时间最好选在傍晚，以提高防治质量。最佳防治时期为大部分幼虫在3龄以前。田间查幼虫，小麦田少于15头/m^2，要进行挑治；多于15头/m^2的地块要在3龄前全面防治。

可选用2.5%敌百虫粉22.5～37.5 kg/hm^2喷粉；也可选用40%乐果乳油、或50%辛硫磷乳油600～900 mL/hm^2，还可选用25%甲萘威可湿性粉剂1.5 kg/hm^2，或10%氯氰菊酯乳油、或2.5%溴氰菊酯乳油300～600 mL/hm^2，以及25%灭幼脲悬浮剂450～600 mL/hm^2等，加水1 125 L常规喷雾。

（二）玉米螟

玉米螟可分为亚洲玉米螟［*Ostrinia furnacalis*（Guenée）］和欧洲玉米螟［*O.*

nubilalis (Hübner)],属鳞翅目,螟蛾科。俗称玉米钻心虫,我国以亚洲玉米螟为优势种,大部分省(市、自治区)均有发生。欧洲玉米螟仅分布在我国西北等地区。春玉米受害株率常年为30%左右,减产10%左右,夏玉米受害较重,被害株率可达90%。一般减产20%~30%。

玉米螟为多食性害虫,主要为害玉米、高粱、粟等禾本科旱粮作物。主要以幼虫钻蛀寄主的心叶丛、茎秆及果实。玉米心叶期,初孵幼虫啃食叶肉,留下表皮俗称"花叶";后钻蛀到纵卷的心叶为害,心叶展开后,在叶片上形成整齐的横排圆孔,俗称"排孔";4龄以后蛀食茎秆。玉米抽雄期,幼虫先取食雄穗,抽雄后转移钻蛀雄穗柄,雄穗枯死或折断;玉米抽丝期,幼虫取食雌穗的花丝、穗轴。大龄幼虫向下转移蛀入穗柄和茎节,也可蛀入雌穗取食籽粒。高粱受害情况与玉米相似。为害谷子则从茎基部蛀入,造成苗期枯心,穗期折茎。

1.形态特征

(1)成虫　黄褐色,雄蛾体长10~14 mm,翅展20~26 mm。前翅内横线暗褐色、波状;外横线暗褐色、锯齿状;内、外横线间有2个褐色斑,外横线与外缘线之间有1褐色带。后翅灰黄色,中央和近外缘处各有1褐色带。雌蛾翅颜色比雄蛾淡,前翅内、外横线及斑纹为淡褐色,后翅灰白色。雄蛾翅缰1根,雌蛾翅缰2根(见彩图10-2-3)。

(2)幼虫　淡灰褐色或淡红褐色,体长20~30 mm。有纵线3条,其中背线明显,暗褐色,中后胸毛片每节4个,腹部1~8节每节6个,前排4个较大,后排2个较小。趾钩三序缺环(见彩图10-2-4)。

2.发生规律

(1)生活习性　因纬度、海拔不同,玉米螟每年发生1~6代。北纬45°以北的黑龙江为1~2代区;北纬40°~45°间的河北北部、吉林、辽宁及内蒙古大部地区,属于2代区,长江以北的河北、河南、山东、陕西、安徽、江苏为3代区,湖北、湖南、四川、江西及浙江为4代区,广西、广东中北部为5~6代区。以老熟幼虫在玉米、高粱秆内及玉米穗轴或根茬中越冬,次年生长季节开始化蛹、羽化为成虫。成虫白天多潜伏在茂密的作物间或杂草丛中,夜间活动。多在玉米叶片背面中脉附近产卵。卵块呈鱼鳞状排列。喜欢在玉米,其次是高粱、谷子植株上产卵。在玉米田,多选择生长茂密、叶色浓绿的植株上产卵,在中、下部叶片产卵最多。初孵幼虫爬行敏捷,在分散爬行过程中常吐丝下垂,随风飘到邻近植株上取食。在玉米心叶期、抽雄初盛期和雌穗抽丝初期群集为害,4龄以前多选择含糖量较高、湿度大的心叶丛、雄穗苞、雌穗的花丝基部、叶腋等处取食,4龄以后钻蛀取食。幼虫多数分5龄,老熟后大多在玉米茎秆内,少数在穗轴、苞叶和叶鞘内化蛹。

(2)温湿度条件　温度除影响发生世代数和发生期外，也影响发生量。在25～30℃范围内，旬平均相对湿度60%以上，越冬幼虫基数大时，可能大发生。越冬幼虫化蛹前需从潮湿的秸秆等处获得水分才能化蛹。成虫羽化后必须饮水才能正常产卵。因此，在成虫交尾产卵和幼虫孵化阶段都需要较高的相对湿度。在此期间，如雨量充沛、均匀，相对湿度高，温暖，则适于玉米螟的发生；反之，少雨干燥、湿度过低、气温偏高，对成虫交尾、产卵不利，产卵量减少，孵化率低，初孵幼虫死亡率高。但雨量过多，遇到连续大雨或暴雨，由于不利于成虫交尾产卵、卵孵化和初孵幼虫的存活，对玉米螟发生量有明显的抑制作用。

(3)耕作制度　春夏玉米混种地区比单作玉米地区发生重。改春播为夏播玉米地区，1代玉米螟食料不足，缺乏繁殖场所，压低了虫源基数，2、3代发生量减少。在玉米面积缩小和新种植玉米的地区，常会导致玉米螟集中而加重危害。另外，玉米螟的天敌有70多种，其中以卵寄生蜂和白僵菌的控制作用大。

3.防治技术

玉米螟的防治应以农业防治为基础，大力开展生物防治技术。协调好药剂防治与生物防治的矛盾，保护利用自然天敌。力求把螟害控制到最低限度。具体措施如下：

(1)农业防治

①处理越冬寄主，压低虫源基数：各地区可因地制宜，采取烧掉、沤肥、封垛等办法，把越冬幼虫数量压低到最低限度。常用80%敌敌畏乳油封垛熏蒸成虫，在越冬代玉米螟羽化期前进行封垛，药量为25 mL/m^3。用喷雾器卸掉喷头盖将喷头插入垛内喷洒，每1 m^3 为一个喷药点，然后将垛全部用药喷一遍。

②种植诱集作物，进行集中防治：利用雌蛾选择生长良好丰产田产卵的习性，有计划的种植诱集田，然后，在诱集田中适时采取有效防治措施，可减轻大面积受害程度。

根据玉米螟的趋光性，田间设置黑光灯或高压汞灯诱杀大量成虫。在越冬代成虫发生期，用诱蕊剂量为20 μg 的亚洲玉米螟性诱剂，在田间按15个/hm^2 设置水盆诱捕器。

(2)生物防治

①利用白僵菌治螟：主要有两种施用方式，一是心叶期撒颗粒剂，可用孢子含量50亿～100亿/g，拌颗粒10～20倍，于心叶期撒入心叶丛中，每株1～2 g；二是白僵菌封垛，用土法生产的白僵菌粉，秸秆喷粉100 g/m^3。

②利用苏云金杆菌治螟：此类杆菌某些变种如苏云金杆菌变种、蜡螟变种、库尔斯塔克变种等对玉米螟致病力很强，制成含芽孢1亿～2亿/g的颗粒剂，心叶末

期撒入心叶丛中,每株1～2 g。

③以蜂治螟:松毛赤眼蜂和玉米螟赤眼蜂已在生产上应用。分别在玉米螟产卵始、初盛和盛期进行3次放蜂,每次放蜂15万～30万头/hm^2,设放蜂点75～150个/hm^2,蜂卡经变温锻炼后,夹在玉米植株下部第五或第六叶的叶腑处。如果气候适宜,卵的寄生率达70%～90%以上。

(3)化学防治

①心叶期防治:心叶期是药剂防治螟虫的重点时期,一般年份当预测玉米心叶末期花叶株率达10%时,应集中防治1次,重发生年可在心叶中期加治1次。常用的成品颗粒剂有3%辛硫磷颗粒剂,或5%杀虫双大粒剂于心叶末期施入心叶丛中,每株2 g,一般用75 kg/hm^2。

②穗期防治:当预测玉米穗虫穗率达10%或百穗花丝有虫50头时,在抽丝盛期应防治1次,若虫穗率超过30%,6～8 d后需再防治1次。在抽丝盛期将前述颗粒剂撒在玉米的"4叶1顶",即雌穗着生节的腋叶及其上2叶和下1叶的叶腋、雌穗顶的花丝上。可用50%敌敌畏乳油600～800倍液滴在穗顶。也可在发生严重地区剪去花丝,在穗头上抹一层药泥。药泥配方为:40%的辛硫磷1份,水260份,干细黏土500份,调成泥糊即可。

(三)玉米蚜

我国为害玉米的蚜虫有玉米蚜(又名玉米缢管蚜)、禾谷缢管蚜、高粱蚜和荻草谷网蚜等,均属同翅目,蚜科。但以玉米蚜[*Rhopalosiphum maidis* (Fitch)]为害最重,分布遍及全国主要玉米产区。

玉米蚜主要为害玉米,也为害谷子、高粱等。玉米苗期开始受害,至扬花期蚜量猛增,为害加重,此后叶片、叶鞘甚至雌、雄穗均可布满蚜虫,玉米蚜以成、若蚜刺吸汁液,常导致叶面生霉变黑,影响光合作用。还能传播玉米病毒病,危害极大(见彩图10-2-5)。

1.形态特征

(1)有翅孤雌胎生雌蚜　长卵形,体长1.8～2.0 mm,深绿色或黑绿色。头部黑色稍亮,复眼暗红褐色。触角6节,长度为体长的1/2;翅透明,前翅中脉分叉。腹部第3、4节两侧各有1个小黑点。尾片两侧各着生刚毛2根。

(2)无翅孤雌胎生雌蚜　长椭圆形,体长1.8～2.2 mm,暗绿色。复眼红褐色,触角较短,为体长的2/5,第6节长为基部的2.5倍。腹管长圆筒形,基部周围有黑色的晕纹,端部收缩。尾片和腹管均为黑色。尾片圆锥形,中部微收缩。

2.发生规律

玉米蚜在我国北部的辽宁一年发生9～11代,在浙江嘉兴1年可发生26代。

冬季在小麦和马唐、李氏禾、狗尾草及芦苇等禾本科杂草的心叶和叶鞘内越冬。春季气温回升后在越冬寄主上繁殖为害，待小麦近成熟时产生有翅蚜，迁飞到春玉米、夏玉米上为害，秋季再迁回越冬寄主。高温干旱是玉米蚜大发生的重要气候条件。玉米蚜在7～28℃均能繁殖后代，适宜温度为22～24℃。适宜玉米蚜发生的相对湿度为85%。由于玉米蚜多在寄主心叶内为害，在干旱年份，心叶中仍能保持较高的湿度，有利于其发生为害；而多雨年份心叶中容易积水，常不利于其发生。

3.防治技术

(1)农业防治　铲除玉米田边杂草，减少虫源。玉米抽穗时，拔除中心蚜株的雄穗，减少虫量。

(2)利用天敌　玉米苗期，玉米蚜天敌（瓢虫、蜘蛛、草蛉）数量较多的情况下，尽量避免使用药物，或选用对天敌无害的药物进行防治。

(3)化学防治　可选用25%吡虫啉乳油1 000～1 500倍液喷雾；或50%辛氰乳油，用药300～450 g/hm²，兑水450 L喷雾；或4.5%高效氯氰菊酯乳油1 500倍液喷雾。防治穗期蚜虫时，由于玉米植株高大不利于喷雾，可制成颗粒剂撒施。可选用40%乐果每1 500 mL/hm²，兑水15 L，拌沙土225 L；或50%辛硫磷每1 125 mL/hm²，兑水15 L，拌沙土225 kg；或3%克百威每22.5 L/hm²，拌沙土75 kg。拌匀后的颗粒剂于清晨或傍晚撒施玉米穗部。

(四)东亚飞蝗

飞蝗在我国有3个亚种：即东亚飞蝗[*Locusta migratoria manilensis*(Meyen)]、亚洲飞蝗(*L. m. miratoria*)和西藏飞蝗(*L. m. tibetensis*)，属直翅目蝗科。其中东亚飞蝗分布最广，危害最大。东亚飞蝗喜欢取食小麦、玉米、粟、稻、高粱等禾本科作物和禾本科、莎草科杂草。一般不取食双子叶植物。以成虫和若虫（蝗蝻）咬食植物叶片、嫩茎、幼穗，大发生时可将作物地上部分的绿色植物吃光，造成颗粒无收。经常发生及适合发生飞蝗的地区称蝗区，飞蝗迁入后不能定居繁殖的地区称扩散区。根据蝗区的生态环境，我国将蝗区分为滨湖蝗区、沿海蝗区、内涝蝗区和河泛蝗区4种类型。

1.形态特征

(1)成虫　绿色或黄褐色，雄虫体长32.4～48.1 mm，前翅度34.0～43.8 mm，雌虫38.6～52.8 mm，前翅长44.65～55.9 mm。头顶与颜面形成圆弧状，颜面垂直。触角丝状，淡黄色。前胸背板马鞍形，中隆线发达，略呈弧状隆起（散居型）或较平直（群居型）。前翅褐色，有许多暗色斑；后翅透明。后足腿节内侧的基半部黑色，近端部有黑环，胫节红色。群居型体色较固定，呈赤褐色或黑褐色，黑褐色斑较多而色深；散居型体色随环境变化而呈草绿色或淡绿色，黑褐色斑少而色淡(图 10-2-1)。

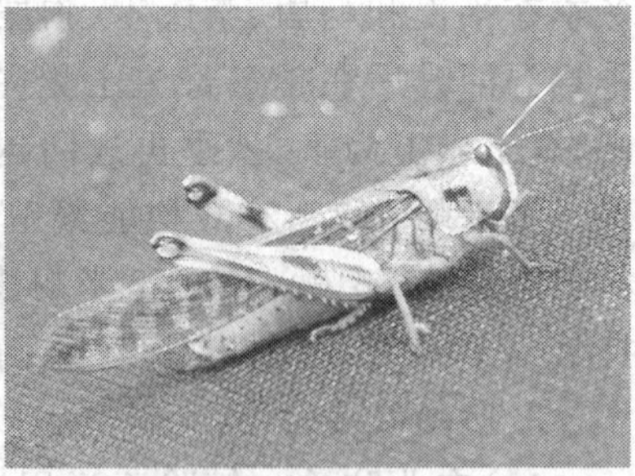

图 10-2-1 东亚飞蝗

(2)若虫 若虫称蝗蝻,分 5 龄。群居型蝗蝻体型较小,体色随龄期变化,1 龄灰黑色;2 龄黑灰色或黑色,头部稍显红褐色;3 龄黑色,头部红褐色部分扩大;4、5 龄红褐色。散居型体形较大,体色与所处环境有关,不随龄期变化,多为绿色或黄绿色。

2. 发生规律

(1)生活习性 在我国的发生区内,从北到南 1 年发生 1～4 代,在北京以北地区每年发生 1～2 代;渤海湾与淮河流域、黄河下游等地一般发生 2 代;长江流域每年可发生 2～3 代;江西、广东岭南一带每年发生 3 代;海南岛每年发生 4 代。各地均以卵在 4～6 cm 深的土壤中越冬。

飞蝗白天取食,中午因气温过高停止取食,下午 4 时至日落前取食量最大,夜间和气温低的白天取食量小。蝗蝻虫龄越大,食量越大,成虫期食量更大,尤其交配前期食量最大。飞蝗的食量与气候和龄期有关,飞蝗需要从食物中获取大量的水分维持其生命活动,因此在干旱季节,食量大,危害重。防治时,要根据其取食规律使用农药和毒饵。

雌性成虫产卵时多选择植被覆盖度在 25%～50%,土壤含水量 10%～22%,含盐量 0.1%～1.2%,且土壤结构较坚硬的向阳地带。先用产卵瓣钻孔,然后产卵,分泌腺液黏成卵块,卵室平均深度为 4～6 cm,每头雌成虫产卵 4～5 块,平均每块 65 粒卵,1 头蝗虫可产卵 300～400 粒。

群居型蝗蝻 2 龄以前常集中在植物上部取食。2 龄以后常群聚在裸地或植被稀少的地方。先由少数蝗蝻跳动,引起条件反射,四周的蝗蝻随之跳跃群聚,由小群汇成大群,然后向与阳光垂直的同一方向迁移。迁移途中,飞蝗群体不断扩大。迁移时间多在晴天的 9～16 时,如遇阴雨天,中午地面温度超过 40℃或日落后,停止迁移。

群居型成虫有群聚、跳跃、迁移和迁飞习性。在正常天气下,成虫羽化后,性器官即将成熟时,在晴天傍晚作试飞活动。迁飞前先有少数飞蝗在空中盘旋,然后大多数飞蝗跟着起飞,试飞 2～3 d 后,沿一定方向飞去。一经起飞,可连续 1 d 以上,夜间也可飞行,如遇下雨则强迫停飞。飞行中需要取食、饮水时即下降,这时成片庄稼很快被吃光。微风时逆风飞,风力大时顺风飞,飞行距离可达数百千米。

(2)温湿度条件 东亚飞蝗发育最适宜温度为 28～34℃。飞蝗多发生在水旱交替的低海拔地区。这些地区年降雨量较少，多集中于夏季，当雨季或汛期来临，江河、湖泊和水库水位急剧上升，地势低洼的农田积水内涝。汛期过后，水位迅速下降，形成大面积滩地，生长芦苇、稗草、荻草和莎草等飞蝗喜欢取食的植物，或因内涝造成耕作粗放，形成荒地，有利于飞蝗产卵繁殖。

3. 防治技术

防治东亚飞蝗必须贯彻"改治并举，根除蝗患"的方针。根据蝗情监测，当种群密度达到防治指标时，及时采用药剂防治技术抑制群居型种群的形成。改造蝗虫发生基地的自然环境，形成不利于飞蝗发生的生态环境，从根本上控制飞蝗为害。

(1)改造蝗区　完善排灌系统，涝能排，旱能灌，从根本上治理因旱涝形成的蝗区。精耕细作，提高植被覆盖率，改善田间小气候条件和昆虫种群结构，增加天敌数量，发挥天敌控制蝗虫种群的作用。

(2)药剂防治　东亚飞蝗的防治指标为 0.45 头/m^2，防治适期为蝗蝻 3 龄以前，狠治夏蝗，减少秋蝗虫源基数。点片发生时，用毒饵或机动喷雾器进行药剂防治；大面积发生，可采用飞机喷雾，防止迁移或迁飞。

为防止蝗群大量迁入农田为害，进行药剂封锁，保护农田。可选用 50%马拉硫磷或甲基对硫磷乳油，在农田周边常规或超低容量喷雾，用量为 1 500～2 250 mL/hm^2，药带 20 m 宽。常规地面喷雾可选用 40%乐果乳油、或 40%氧化乐果乳油、或 80%敌敌畏乳油、或 40%久效磷乳油、或 50%甲基对硫磷乳油、或 50%马拉硫磷乳油、或 40%甲基异柳磷乳油、或 50%稻丰散等，用量为 1 500 mL/hm^2。

飞机喷药可选用 75%马拉硫磷乳油超低容量喷雾，用量为 1 500 mL/hm^2，或 75%马拉硫磷乳油与 2.5%溴氰菊酯乳油 1∶1 混合，用量为 300～600 mL/hm^2。

毒饵诱杀蝗虫可将麦麸 100 份、清水 100 份、90%敌百虫或 40%氧化乐果 0.15 份拌匀，用量(以干料计)15～22.5 kg/hm^2；也可用飞蝗喜食的鲜草 100 份，切碎加水 30 份，拌入以上药剂，用量 112.5 kg/hm^2。毒饵随配随用，阴雨天、大风天和气温过高或过低时不宜使用。

(五)玉米叶螨

玉米叶螨在我国北方大部分地区为害重，局部地区有暴发成灾的趋势，已成为新疆、宁夏、甘肃、山西、陕西、河南、辽宁等 7 个省(区)玉米的主要害虫之一，给粮食生产带来了严重影响。

1. 形态特征

玉米叶螨种类有多种，但优势种主要有朱砂叶螨、二斑叶螨和截形叶螨 3 种，不同生态地区其优势种不同。其中二斑叶螨为宁夏地区优势种；截形叶螨是新疆地区的优势种。玉米叶螨体型极小，红色，但体色常因寄主和虫态的不同有所变化。

(1)朱砂叶螨　雌成螨体长0.48～0.55 mm,宽0.32 mm,椭圆形,体色常随寄主而异,多为锈红色至深红色,体背两侧各有1对黑斑,肤纹突三角形至半圆形。雄成螨体长0.35 mm,宽0.2 mm,前端近圆形,腹末稍尖,体色较雌淡。卵球形,直径约0.13 mm,淡黄色,孵化前微红。幼螨3对足。若螨4对足,与成螨相似。

(2)二斑叶螨　该螨与朱砂叶螨有下列区别:体色为淡黄或黄绿色;后半体的肤纹突呈较宽阔的半圆形;卵初产时为白色;雌螨有滞育。

(3)截形叶螨　雌成螨体长0.5 mm,体宽0.3 mm;深红色,椭圆形,颚体及足白色,体侧具黑斑。雄成螨体长0.35 mm,体宽0.2 mm;阳具柄部宽大,末端向背面弯曲形成一微小端锤,背缘平截状,末端1/3处具一凹陷,端锤内角钝圆,外角尖削。

2.发生规律

玉米叶螨寄主广泛,除危害玉米外,还危害其他农作物和杂草,在玉米和其他寄主间进行季节性转移;繁殖极快,一年发生1～20代。一般行两性生殖,也可孤雌生殖。每雌产卵50～110粒。若螨有向上爬的习性,先为害下部叶片,而后向上蔓延。喜群集叶背主脉附近并吐丝结网于网下为害,大发生或食料不足时常千余头群集叶端成一团。有吐丝下垂借风力扩散传播的习性。

玉米叶螨喜高温低湿的发育环境。高温、干旱有利于叶螨的发生,低温、降水对叶螨有抑制作用,秋冬季及早春气温偏高利于叶螨越冬。寄主结构影响叶螨的发生危害程度,玉米品种的抗螨性存在差异。大面积种植感螨玉米品种,发生螨量比其他品种大2～3倍以上。

玉米叶螨的天敌种类很多,主要是深点食螨瓢虫、草蛉;其次是食螨蓟马、捕食性螨、蜘蛛等。

3.防治技术

防治玉米叶螨应根治越冬代,控制害螨扩散为害,协调运用农业、生物、化学等防治措施,因地制宜,分类实施。

(1)农业防治　清洁田园,坚持秋耕冬灌 秋季玉米收获后,要立即清洁田园,玉米秆、枯枝落叶要集中处理或结合冬春积肥加以处理。及时秋耕冬灌,压低越冬虫口基数。

合理调整种植结构,创造有利于玉米生长,不利于叶螨发生的环境条件。玉米田要适当集中种植,便于秋耕冬灌及喷药作业。压缩早播玉米和套豆面积,合理地轮作倒茬,留适当的面积播种春麦,以便提高水的利用率,扩大秋耕冬灌面积。

(2)化学防治　科学使用农药,做到及时、合理轮换,均匀喷洒,尤其是叶片背面,一是采取药剂挑治,二是做到适时施药,三是突出一个“早”字,早查、早治。早播玉米以6月上、中旬为宜,晚播玉米可酌情推后,常用的药剂种类和方法如下。

选用20%三氯杀螨醇乳油,用药量1 500 mL/hm²,兑水1 050～1 125 kg;或选用50%苯丁锡可湿性粉剂,用药量600～900 g/hm²,兑水1 050～1 125 kg;或20%螨克(双甲脒)乳油,用药量900～1 200 mL/hm²,兑水1 050～1 125 kg;或5%噻螨酮乳油,用药量1 050～1 500 mL/hm²,兑水1 050～1 125 kg。

(六)杂粮作物其他害虫防治技术

杂粮作物其他害虫防治技术见表10-2-1。

表10-2-1　杂粮作物其他害虫防治技术

害虫种类	形态特征	发生规律	防治要点
高粱条螟 鳞翅目,螟蛾科 [*Proceras uenosaus* (Walker)]	成虫体长10～14 mm,翅展25～34 mm;前翅灰黄色,翅面有20多条暗色纵皱纹,中央有1个小黑点;外缘有7个小黑点。老熟幼虫体长20～30 mm乳白至淡黄色,具紫褐色纵纹4条	东北、华北,华东和华南大部分省区均有发生;在华北1年发生2代,南方3～5代,以老熟幼虫在高粱、玉米等茎秆或叶鞘中越以幼虫钻蛀为害作物的茎秆	在越冬幼虫化蛹与羽化之前,将高粱或玉米秸秆处理完毕;心叶期防治,可施用颗粒剂,撒入喇叭口内;在卵盛期释放赤眼蜂
粟灰螟 鳞翅目,螟蛾科 [*Chilo infuscatellus* (Snellen)]	成虫体长8～10 mm,翅展18～25 mm,雄蛾体淡黄褐色,前翅浅黄褐色具有小黑斑1个;后翅灰白色,外缘浅褐色。雌蛾色较浅,前翅无小黑点。老熟幼虫体长15～23 mm,头红褐色或黑褐色,体背具有紫褐色纵线5条	北方每年发生2～3代,南方每年发生4～6代,世代重叠,以老熟幼虫在谷茬内或谷草、玉米茬及玉米秸秆里越冬。幼虫钻蛀茎秆造成谷子苗期枯心苗和生育后期茎秆折倒,形成瘪穗而减产;干旱地区极易发生	选用生长期短、茎秆较细及分蘖多的高产抗虫品种;秋季耕翻谷田,将根茬暴露在地面,在冬季低温干燥条件下越冬幼虫会大量死亡,以减少越冬虫源;用黑光灯、高压汞灯或频振灯在夜间诱杀成虫;药剂防治
粟茎跳甲 鞘翅目,叶甲科 [*Chaetocnema ingenua* Baly]	成虫体长3～4 mm,黑褐色,有光泽,后足腿节膨大,善跳跃。幼虫体长4～6.5 mm,头黑褐色,体白色,具褐色斑点	北方谷子苗期重要害虫;1年发生1～3代,以成虫在土缝中越冬;越冬代成虫为害谷苗叶片,呈白色纵斑;幼虫蛀害谷苗呈枯心苗	播种前药剂土壤处理;苗期成虫较多时,药剂喷粉或喷雾,把成虫消灭在产卵前;结合间、定苗,拔除被害苗

续表 10-2-1

害虫种类	形态特征	发生规律	防治要点
高粱蚜 同翅目，蚜科[*Longiunguis sacchari* (Zehntner)]	体长 2 mm，长卵形，淡黄色；触角长度为体长 2/3，第三节感觉圈 8～13 个；腹部有黑色斑纹	以卵在荻草叶背或叶鞘内越冬；初期在植株下部叶背为害，后蔓延到中部和穗部为害；气温 24～28℃，相对湿度 50%～60%，可能大发生	实行间、套作保护天敌，可减轻蚜虫为害；冬春季铲除荻草减少越冬虫源；利用药剂早期挑治蚜害中心株，高粱孕穗前后和蚜虫扩散前全面防治

四、操作方法及考核标准

(一)操作方法与步骤

(1)选择害虫发生较为严重的玉米田，调查杂粮害虫发生种类、为害状及为害程度。

(2)结合调查结果，查询学习资料，获得相关知识。

(3)通过体视显微镜镜检，对害虫形态特征进行仔细观察，识别玉米常见害虫种类。

(4)根据玉米害虫发生规律，制订综合治理防治方案。

(5)认真撰写实训报告。

(二)技能考核标准

杂粮病害防治技术技能考核参考标准见表 10-2-2。

表 10-2-2　杂粮病害防治技术技能考核参考标准

考核内容	要求与方法	评分标准	标准分值	考核方法
杂粮害虫识别	1. 说出杂粮害虫的名称	害虫名称错误酌情扣分	10	单人考核 口试评定成绩
	2. 说出杂粮害虫目、科名称	害虫目、科名称错误酌情扣分	20	
	3. 描述主要害虫的识别要点	描述害虫形态特征不正确酌情扣分	20	
综合防治方案制订	1. 制订综防措施	根据杂粮害虫种类制订综合防治措施是否符合要求情况酌情扣分	30	单人操作考核
	2. 可行性和可操作性	根据制订的综防措施是否具有可操作性和可行性酌情扣分	20	

五、练习及思考题

1. 选择1～2块玉米田进行田间调查，调查玉米害虫种类和为害情况。

2. 根据玉米田发生害虫种类制订综合防治方案。

3. 参与防治工作，如采用颗粒剂防治玉米螟、人工去雄治螟、灯光诱杀等。

4. 为什么可利用草把诱集黏虫卵？应怎样实施和管理？

5. 根据玉米螟幼虫有短期群集为害的习性，怎样采取措施进行防治？

6. 绘玉米螟和黏虫成虫的前翅图。

7. 根据黏虫的生活史和习性拟定综合防治黏虫的方案。

8. 玉米螟为害有何特点？如何对玉米螟进行综合防治？

9. 玉米螟和黏虫成虫的识别要点是什么？

10. 简述近年来蝗虫大发生的原因，应如何治理？

11. 调查你所在地为害玉米蚜虫种类、有蚜株率和百株蚜量，是否应防治？如要防治打算采取哪些措施？

【拓展知识】杂粮病虫害综合防治技术

一、杂粮病害综合治理

1. 选育和推广应用抗病品种

推广种植高产抗病品种是防治杂粮病害最经济有效的措施。选择适宜的抗病品种并有针对性地配置和轮换，切忌大面积单一化种植。

2. 减少菌源

重病地块应与豆类作物实行3年以上轮作。杂粮作物收获后应及时耕翻整地，将病残体翻埋土中，清除田间、地头病残体和杂草。割除病瘤能防治玉米瘤黑粉病。对症状明显的可拔除田间病苗和病株，如玉米和高粱黑穗病类拔除病株后，携出田外烧毁。

3. 加强田间管理

玉米适期盖膜早播，避过抽穗灌浆期多雨季节；合理密植，有条件的地方实行间作套种，以利于通风透光；合理施肥灌水，施足基肥，有机肥应充分腐熟，及时追肥，实行配方施肥。开好排水沟，降低田间湿度。甘薯要适时收获，勿受霜冻。

4.物理防治

用45～55℃温水浸种5 min后接着闷种,待种子萌发后马上播种,既可保苗又可降低发病率。

5.药剂防治

选用10%烯唑醇乳油20 g湿拌玉米种100 kg,堆闷24 h后播种,防效优于三唑酮;或用种子重量0.3%～0.4%的三唑酮乳油拌种;或用种子重量0.2%的50%多菌灵可湿性粉剂拌种;或用12.5%速保利可湿性粉剂拌种;拌种时先喷清水把种子湿润,然后与药粉拌匀后晾干即可播种。选用25%瑞毒霉可湿性粉剂或25%霜霉威可湿性粉剂等拌谷种防治谷子白发病。喷药防治选用50%多菌灵可湿性粉剂防治玉米大、小斑病等。

防治玉米矮花叶病、粗缩病,谷子红叶病等病毒类病害,可选用8%宁南霉素(菌克毒克)200倍液 ,或5%菌毒清水剂250倍液;或0.5%菇类蛋白多糖水剂300倍液,或1.5%植病灵Ⅱ号乳剂1 000倍液,隔10 d左右1次,防治1次或2次。

防治传毒害虫　可选用0.3%苦参碱水剂800～1 000倍液,或15%蓖麻油酸烟碱乳油800～1 000倍液;或70%艾美乐水分散粒剂10 000～15 000倍液,或5%啶虫脒乳油2 500～3 000倍液等。

二、杂粮害虫综合治理

1.越冬期

(1)杂粮作物合理布局,轮作倒茬　作物连作不仅地质损耗大,而且害虫为害严重。应统筹安排,尽可能与双子叶作物轮作。

(2)精选种子　选用抗虫作物品种,作物品种之间对玉米螟、黏虫、蚜虫等的抗性有较大差异,应选种适合当地的高产、优质、抗虫品种。

(3)深翻冬灌,清除田间杂草　杂粮作物田地必须在冬前进行深翻,破坏害虫的越冬场所,并清除田块周围的寄主杂草,压低越冬虫口基数。

(4)消灭越冬虫源　处理杂粮秸秆,彻底铲除害虫越冬寄主和场所,消灭越冬虫源。玉米、高粱和谷子秸秆是多种害虫的主要越冬场所,要及时处理,综合利用。各地可结合积肥、饲畜、燃料、造纸、酿酒、制醋等秸秆综合利用措施,采取封、碾、铡、压、沤、喂、烧、贮、蒸等办法,彻底处理越冬寄主。或用白僵菌封垛,或用敌敌畏熏杀。此外,还可采用秸秆还田、深翻冬灌、选用抗虫品种、轮作倒茬等措施。

2.播种期和苗期

(1)播种期种子处理　按种子重量的0.2%～0.3%拌种,或直接播种包衣种子。

(2)苗期施药　根据各地害虫发生的实际情况,针对主要害虫进行药剂防治。在苗期,可能造成危害的有黏虫、玉米蚜、蝗虫等,按常量喷洒辛硫磷、敌敌畏乳油等有机磷杀虫剂或拟除虫菊酯类杀虫剂。

3.心叶期至穗期

(1)药剂喷雾防治黏虫、蚜虫、叶螨　可选用40%乐果乳油或50%辛硫磷乳油,还可选用25%甲萘威可湿性粉剂,或2.5%溴氰菊酯乳油,或10%氯氰菊酯乳油,或20%螨克(双甲脒)乳油。

(2)投施颗粒剂或药液灌心防治玉米螟　可选用80%敌敌畏乳油5 000倍液,或90%晶体敌百虫1 000～2 000倍液,或50%辛硫磷3 000倍液,或20%氰戊菊酯5 000倍液,或2.5%溴氰菊酯5 000倍液等。

4.诱杀成虫

用高压汞灯或黑光灯诱杀玉米螟等有趋光性的成虫,或采用性诱剂或糖醋酒液等诱杀。

5.生物防治害虫

有条件的地区释放赤眼蜂防治玉米螟,近年来在东北地区已大面积推广。保护利用瓢虫、草蛉、蓟马、捕食性螨、蜘蛛等防治蚜虫和叶螨。

典型工作任务十一
棉麻作物病虫害防治技术

项目1　棉花病害防治技术

一、技能目标

通过实训，使学生能够认识棉花主要病害的症状特点及病原菌的形态特征；掌握棉花主要病害的诊断要点、发病规律及主要防治技术；能够制订切实可行的综合防治方案；能够根据发生病害的种类采取有效的防治措施。

二、教学资源

1. 材料与工具

棉花苗期病害、棉花枯萎病和黄萎病、棉铃病害等实物标本、新鲜材料，病原菌玻片、挂图、教学课件（包括幻灯片、录像带、光盘等影像资料）。

多媒体教学设备（投影仪、计算机）、显微镜、载玻片、盖玻片、挑针、纱布、蒸馏水、刀片、徒手切片夹持物、镜头纸、0.1％升汞、无菌水等。

2. 教学场所

教室、实验（训）室或大田。

3. 师资配备

每20名学生配备一位指导教师。

三、原理、知识

棉花病害种类很多，在我国对棉花生产影响较大的有棉花苗期病害、棉花枯萎病和黄萎病、棉铃病害等，其中以棉花枯、黄萎病对生产威胁最大。

(一)棉花苗期病害

棉苗病害种类很多，不同地区棉苗病害发生的种类及主次存在一定差异。北方棉区以立枯病、炭疽病、红腐病为主，南方棉区以炭疽病为主，在苗床上红腐病和猝倒病危害较重，新疆棉区则以立枯病和红腐病为主。

1. 症状识别

棉花苗期病害主要分为两类：一类以引起烂种、烂芽、烂根和茎基腐为主，多数棉苗病害属于此类；另一类以为害幼苗叶片和茎为主，如炭疽病等。

(1)立枯病　棉花播种后至出苗期前被病菌感染，内部变褐腐烂，即烂种；受害轻的种子虽能萌发，但幼芽被害呈黄褐色，不久腐烂，即烂芽；幼苗出土后，被病菌感染的幼苗，则在根部和近地面茎基部出现黄褐色长条形病斑，以后逐渐扩大呈黑褐色，并包围整个根茎基部，形成黑褐色环状缢缩，病苗很快萎蔫枯死，即烂根。

(2)红腐病　棉苗出土前感病也可造成烂籽和烂芽。出土后感病，一般先侵染根尖，使根尖呈黄褐色，以后扩展到全根和茎基部，病部变褐腐烂；病斑一般不凹陷，其地面以下受害的嫩茎常略肥肿，后呈黑褐色干腐，俗称“大脚苗”，也可产生褐色纵向条纹状病斑，有时侧根坏死形成肿胀的“光根”。子叶感病，多在叶缘产生半圆形或不规则形褐斑。高湿条件下，在病部可见粉红色霉状物。

(3)炭疽病　棉苗出土前感病可造成烂芽，出土后感病，则在幼苗根茎部产生褐色条纹，以后扩展成褐色、稍凹陷的梭形大斑，严重时纵裂、下陷，四周缢缩，幼苗枯死。子叶受害，多在叶缘产生褐色半圆形或近圆形病斑，潮湿时可扩展至整个子叶。真叶被害初为黑色小斑点，后扩展为圆形或不规则形暗褐色大斑。幼茎基部发病多产生红褐色凹陷病斑。

诊断要点：一般引起烂种、烂芽和烂根，病部变褐、缢缩、腐烂，病苗拔起时，茎基部以下皮层剥落，仅存细鼠尾状木质部为立枯病；以侵染叶片和茎为主，幼苗基部产生红褐色纵裂斑或梭形斑，病斑环绕茎基部扩展呈褐色腐烂，病苗拔起时，茎基部以下的皮层不易脱落为炭疽病；引起烂种和烂芽，但茎基部病斑一般不凹陷，受害幼茎近地处变粗肥肿，形成肿胀的“光根”为红腐病。

2. 病原

(1)立枯病　病原菌无性态为立枯丝核菌(*Rhizoctonia solani* Kühn)，属半知菌亚门丝核菌属；有性态为瓜亡革菌[*Thanatephorus cucumeris* (Frank) Donk.]，属担子菌亚门亡革菌属。菌丝初期无色，较细，近直角分枝，分枝不远处有一隔膜，老熟菌丝黄褐色，较粗，菌核黄褐色，不规则形。自然界中很少发现病菌的有性态，人工诱变可以产生担子和担孢子。

(2)红腐病　病原菌为多种镰刀菌，主要有串珠镰孢[*Fusarium moniliforme* Sheld.]和禾谷镰孢(*F. graminearum* Schw.)，属半知菌亚门镰刀菌属。大型分生孢子镰刀形，多为3～5个隔膜，小型分生孢子单胞，串生。

(3)炭疽病　病原菌无性态为棉炭疽菌[*Colletotrichum gloeosporioides* (Penz.) Penz. et Sacc.]，属半知菌亚门炭疽菌属；有性态为棉小丛壳菌[*Glomerella cingulata* (Stonern.) Spauld. et Schrenk]，属子囊菌亚门小丛壳属。病菌的分生孢子近圆形，浅盘状的分生孢子盘周围有褐色刚毛，分生孢子梗棍棒形，分生孢子单胞、无色，长椭圆形或短棒形，大量分生孢子堆集时多呈粉红色黏质物。

3. 发病规律

带菌土壤及病残体为其主要的初侵染源。如立枯病菌为土壤习居菌，其菌核可在土壤内存活2～3年；红腐病菌主要在土壤及病残体中越冬，种子也可带菌；病菌主要以分生孢子黏附在棉籽短绒上或以菌丝体潜伏在棉籽内部越冬，翌春棉籽萌发时即被感染。此外，立枯病菌、红腐病菌的其他寄主(包括栽培的和野生的发病植物)均可成为翌年发病的初侵染源。土壤中病菌主要通过农事操作、流水和地下害虫的活动等在田间扩散蔓延。带菌棉籽通过种子调运而作远距离传播。病部产生的分生孢子借气流和雨水等传播进行再侵染。病、健苗接触亦可传染病菌。

棉苗病害的发生主要与气候条件、棉种质量及耕作栽培措施等密切相关。棉苗出土前后的气候条件是影响棉苗病害发生蔓延的主导因素。低温阴雨有利于病菌的生长繁殖，而不利于棉苗的生长发育，棉籽萌发率低，出苗速度慢，棉苗抵抗力低，易被病菌侵染。棉种纯度低，籽粒不饱满，播种后出苗慢，棉苗生长衰弱，易感病，发病重。地势低洼，排水不良的棉田，土壤易黏结，通气性差，土温偏低，棉苗出土困难，易致烂种、烂芽，或出土后因生长不良，易受病菌侵害。连作多年的棉田，土壤中病菌积累过多，发病较重。连作年限越长，发病越重。另外，蚜虫危害严重的棉田或间作油菜或蚕豆的棉田发病亦重。播种过早、过深或覆土过厚，棉种萌发慢，出苗延迟，常造成大量烂种、烂芽。氮肥施用过多，雨前不及时松土，棉苗生长柔弱，也易感病。

4. 防治技术

棉花苗期病害的防治，应采取以加强栽培管理为主，棉种处理与药剂防治为辅的综合防治措施。

(1)农业措施　改良土壤，精耕细作，选用优良种衣剂包衣的抗病品种，适期播种，加强田间管理，增湿保墒，中耕松土，采用早间苗（一叶一心）、晚定苗（三叶后），以确保苗全苗壮。

（2）药剂防治　药剂防治棉花苗期病害有2个高峰期。一是出苗后半个月左右，棉苗长出1片真叶时；二是棉苗三叶期。因此，在加强田间管理的同时，应在发病前进行预防。其有效防治药剂有：85%三氯异氰尿酸可湿性粉剂，苗期兑水喷洒525 g/hm^2；精甲霜灵、咯菌腈种衣剂1 000倍液，发病初期喷雾；多菌灵、代森锰锌、甲基托布津等500～800倍液，发病初期喷洒。

（二）棉花枯、黄萎病

棉花枯萎病是棉花重要病害之一。棉花黄萎病为我国B类植物检疫性病害。我国大部分省、市均有发生，其中以陕西、四川、江苏、云南、山西、山东、河南等省危害严重。该病具毁灭性，一旦发生很难根治。重病株于苗期或蕾铃期枯死，轻病株发育迟缓，结铃少，吐絮不畅，纤维品质和产量均下降。

1. 症状识别

枯萎病在棉苗3～4片真叶期或现蕾期达到发病高峰，病株大量萎蔫死亡。夏季高温时，病势停止发展，病状趋向隐蔽。秋季多雨时，温度下降，病株再次表现症状，叶片、蕾铃大量脱落，重者枯死。棉花枯萎病症状类型较多，以下3种类型较为常见。

（1）黄色网纹型　为棉花枯萎病早期典型症状。子叶或真叶叶脉变黄，叶肉仍保持绿色，形成黄色网纹状，叶片萎蔫，枯死脱落。

（2）青枯型　子叶和真叶叶色不变，全株或植株一边的叶片萎蔫下垂，最后枯死。

（3）矮缩型　病株节间缩短，株型矮小，叶片深绿，叶面皱缩、变厚。

枯萎病株的共同特征是根、茎内部的导管变黑褐色。纵剖茎部，可见导管呈黑色条纹状。早春气温较低且不稳定时常出现紫红型和黄化型症状。条件适宜时，尤其在温室中多出现黄色网纹型。夏季雨后骤晴，易出现青枯型。秋季多雨潮湿条件下，枯死的病株茎秆及节部产生粉红色霉层（分生孢子梗和分生孢子）。

棉花黄萎病的发生较枯萎病晚，苗期3～5片真叶时，开始显症，开花结铃期为发病盛期。病害由病株下部向上发展，病株不矮化或略矮。发病初期，病叶边缘和主脉间叶肉出现不规则淡黄色斑块，叶缘向下卷曲，叶肉变厚发脆。以后病斑扩大，呈黄色斑驳。严重时，病叶除主脉及其附近仍保持绿色外，其余部分均变黄褐色，呈掌状斑驳。最后叶片发病部分变褐枯死。病叶一般不脱落，但强毒菌株侵染后叶片则脱落，病株成光秆，或仅留顶叶 1～2 片。夏季暴雨后，常出现急性萎蔫症状，叶片下垂，叶色暗淡。病株茎秆及叶柄木质部导管淡褐色。秋季多雨时，病叶斑驳处产生白色粉状霉层(菌丝体及分生孢子)。

枯萎病和黄萎病混发区，需对同一棉田发生的具有萎蔫症状病株作出准确诊断。

诊断要点：整个生育期均可危害，现蕾期达发病高峰；症状可由下而上，也可由上而下形成“顶枯”；植株明显矮化、枯死；叶脉可变黄；病株根、茎维管束变为黑褐色为枯萎病。发病较晚，现蕾后始发，花铃期达高峰；症状一般由下而上，无“顶枯”；不产生严重矮化和早期死亡；没有叶脉变黄症状；维管束变色较浅为黄萎病。

2. 病原

棉花枯萎病病原菌为尖镰孢萎蔫专化型[*Fusarium oxysporium* f. sp. *Vasinfectum* (Atk.) Synder et Hansen]，属半知菌亚门镰孢属。病菌产生 3 种类型孢子：大型分生孢子无色，镰刀型，略弯曲，两端稍尖，足胞不明显，有 2～5 个隔膜，多数具 3 个隔膜；小型分生孢子无色，卵圆形或肾形，多数为单胞，少数为双胞；厚垣孢子圆形，淡灰黄色，单胞，壁厚，单生或串生于菌丝中段或顶端，也可由大型分生孢子中的细胞形成。病菌生长温度范围为 10～33℃，最适温度为 27～30℃，最适 pH 3.5～5.3。病菌有明显的生理分化现象，我国分为 3 个小种，其中 7 号小种分布于黄河流域及长江流域棉区，为我国棉花枯萎病菌的优势生理小种。棉花枯萎病菌的寄主范围较广，除能危害棉花、秋葵外，人工接种时还能感染玉米、高粱、大麦、芝麻等多种植物。

棉花黄萎病病原菌为大丽轮枝孢(*Verticillium dahliae* Kleb.)和黑白轮枝孢(*V. alboatrum* Reinke et Berthold)，属半知菌亚门轮枝孢属。我国棉区分布的是大丽轮枝孢。分生孢子梗轮状分枝，一般每轮有 3～5 个小枝，多时可达 7 枝；分生孢子无色，单胞，长卵圆形。病菌生长最适温度为 22.5℃，最适 pH 5.3～7.2。棉花黄萎病菌存在生理分化现象，不同地区菌种的致病力差异显著。棉花黄萎病菌的寄主范围极广，除侵染棉花外，还可侵染锦葵科、茄科等植物。

3. 发病规律

棉花枯萎病菌以菌丝体、分生孢子和厚垣孢子在棉籽、病残体(包括棉籽壳、饼)、土壤和未腐熟的粪肥中越冬，成为翌年的初侵染源，其中带菌土壤尤为重要。棉籽外部短绒带菌率高于种壳和内部种胚带菌率。病菌主要靠流水、农事操作及地下害虫的活动在田间传播蔓延。施用未腐熟的带菌粪肥也能传病。病菌可通过带菌种子、棉籽壳和棉籽饼的调运作远距离传播。棉花枯萎病的发生流行与气候条件、棉花品种的抗病性、土壤线虫的危害和耕作栽培措施等有密切关系。在病菌存在的前提下，气温是影响该病发生的关键因素之一，气温为 20～28℃时发病严重，气温高于 28℃则对病害发展不利。雨水较多，分布均匀，土壤湿度大，发病重，干旱年份，发病较轻。连作多年的棉田，土壤中累积大量病菌，病情逐年加重。地势低洼，排水不良的棉田，不利于棉花生长，发病较重。不同棉花种对枯萎病的抗、感病性不同，一般中棉抗病性最强，陆地棉中度感病，木棉和海岛棉高度感病。棉花生育期与发病有一定的关系。一般棉花苗期易感染枯萎病菌，但发病盛期在现蕾前后；现蕾期过后，往往遇夏季高温，轻病株常可恢复生长，症状趋向隐蔽；蕾铃中后期，秋季气温下降，则又形成第二个发病高峰。土壤线虫危害重的棉田发病重于一般棉田。

棉花黄萎病病菌以菌丝体及菌核在棉籽短绒及病残体中越冬，亦可在土壤中或田间杂草等其他寄主植物上越冬。微菌核抗逆能力强，可在土壤中存活 8～10 年。土壤中的病叶等病残体是病菌近距离传播的重要菌源。棉花黄萎病的发生、发展与温度、湿度关系密切。病害发生最适温度为 25～28℃，低于 25℃或高于 30℃则发展缓慢，35℃以上时即有隐症现象。花蕾期降雨较多而温度适宜，发病往往严重。连作棉田土壤中积累大量病菌，发病严重。偏施氮肥或施用带菌粪肥往往加重病害的发生。大水漫灌，有利于病害的发生。棉花现蕾期后较感病。棉花种间抗病性有显著差异，一般海岛棉抗病、耐病能力较强，陆地棉次之，中棉较感病。

4. 防治技术

采取加强植物检疫，种植抗病品种和加强栽培管理为主的综合防治措施。

（1）加强检疫　主要措施是检疫，杜绝从病区调种子，防止病菌随种子传播蔓延。

（2）农业防治

①选用抗病丰产良种是防治枯、黄萎病，提高棉花产量的经济有效措施之一。抗枯萎病的品种有中棉所 27、中棉所 35、中棉所 36、豫棉 19 等，抗黄萎病的品种有辽棉 5 号、川 737、淮 910 等抗性品种。

②实行轮作换茬，采用小麦、玉米、油菜等轮作 3～4 年，防病效果显著。采用稻棉轮作 1～2 年，效果更佳。

③无病土育苗移栽也是一项行之有效的措施。

④改进农业栽培条件，适时播种，清洁棉田，增施基肥和磷、钾肥；早中耕，及时除草、整枝打杈；合理灌溉，及时排水等措施，都能增强抗病力，减轻枯、黄萎病造成

的危害。

(3)药剂防治　对棉种进行消毒处理，方法是用硫酸将种子脱绒，再用药剂402抗菌剂浸种。用比重1.8以上的工业硫酸100 mL加温至110～115℃，倒入10 kg棉籽，迅速搅拌至全部脱光(1～2 min)，立即用水冲洗，至水的味道不酸为止。再用402抗菌剂2 000倍热液(55～60℃)浸闷种子30 min，捞起洗净播种，或用0.3%多菌灵胶悬剂(含量35%)冷浸半小时。药剂处理土壤，可用70%二溴乙烷500倍液处理病区。也可以每平方米土壤用棉隆原粉70 g，拌入30～40 cm深的土壤中，然后用净土覆盖或浇水封闭土表。也可用50%棉隆可湿性粉剂140 g，加水45 kg稀释后浇灌。

(三)棉铃病害

棉花在结铃期常受到多种病原菌的侵染危害，引起烂铃或形成僵瓣。一般南方棉区发病重于北方棉区。主要铃病有炭疽病、疫病、红腐病、黑果病，其次为红粉病、软腐病和曲霉病。值得注意的是，近年来南方棉区铃病的危害逐年加重。秋雨较多的年份，长江流域棉区烂铃率在10%～20%，严重的田块达30%～40%。铃病流行年份，皮棉产量每年损失10%～20%。此外，铃病还影响棉花品质，使纤维缩短，强度下降，种子变劣。

1.症状识别

(1)炭疽病　棉铃初生暗红色或褐色斑点，扩大后病斑呈圆形、绿褐色或黑褐色，表面皱缩，略凹陷，有时病斑边缘呈明显的暗红色。潮湿时，病斑迅速扩展，产生橘红色黏质物(分生孢子团)(见彩图11-1-1)。

(2)疫病　多发生自棉铃基部、尖端及铃缝。病斑初期暗绿色，水渍状，后迅速扩展至全铃，呈青绿色至青褐色，深入铃壳内部呈青褐色，潮湿时，2～3 d后病铃表面生一层白色至黄白色霉层(菌丝体及孢囊梗、孢子囊)。

(3)红腐病　病斑多从铃尖、铃缝或铃基部发生。病部初为墨绿色、水渍状小斑点，迅速扩展，致全铃呈黑褐色腐烂，并在铃缝及病部表面产生粉红色至粉霉层(分生孢子梗和分生孢子)，常使纤维黏结在一起。

(4)黑果病　病铃及内部棉絮均变黑且僵硬，病铃不易开裂，铃壳表面生许多突起的小黑点(分生孢子器)，并布满黑色煤粉状物(分生孢子)。

(5)红粉病　多在铃缝处产生粉红色霉层(分生孢子梗和分生孢子)，霉层厚而疏松，色泽较淡。发病严重时，铃壳内也产生粉状霉层。棉铃不易开裂，纤维黏结成僵瓣。

(6)软腐病　又称黑霉病。多在铃缝处发生。病斑梭形，褐色或黑褐色，略凹陷，边缘红褐色，表面产生许多白色短毛状物(孢囊梗)，每根顶端可见一小黑点(孢子囊)。病铃内部呈湿腐状。

诊断要点：棉铃被害后，生出暗红色小点，后扩大凹陷，边缘呈暗红色的黑褐色斑，潮湿时病斑生橘红色或红褐色黏质物，严重时全铃腐烂呈黑色僵瓣为炭疽病；疫病主要危害棉株下部的大铃，产生暗绿色水渍状小斑，后变成青绿色或黑褐色，一般不软腐，潮湿时生黄白色霉层；发病后初呈墨绿色、水渍状小斑，后扩至全铃，变黑腐烂，潮湿时生白色至粉红色霉层，重病铃不开裂成僵瓣为红腐病；棉铃被害后僵硬变黑，铃棉密生黑色小点，后期布满煤粉状物为黑果病；病部产生深绿色斑点，后生粉红色霉层，病部扩展使铃面布满粉红色厚密霉层，高湿时腐烂，铃内纤维上生淡红色粉状物，病铃不开裂，常干枯脱落为红粉病；病斑梭形、褐色，表生白色短毛状物，顶现黑色小点为软腐病。

2.病原

(1)炭疽病　见棉苗炭疽病菌。

(2)疫病　病原菌为苎麻疫霉(*Phytophthora boehmeriae* Sawada)，属鞭毛菌亚门疫霉属。

(3)红腐病　见棉苗红腐病菌。

(4)黑果病　病原菌为棉色二孢(*Diplodia gossypina* Cooke.)，属半知菌亚门色二孢属。分生孢子近球形，黑褐色，顶部小孔明显；分生孢子卵圆形或椭圆形，初期无色单胞，后转褐色、双胞。

(5)红粉病　病原菌为玫红复端孢[*Cephalothecium roseum* (Link et Fr.) Corda]，属半知菌亚门复端孢属。分生孢子梗直立不分枝，无色、线状，顶部稍弯曲，有2～3个隔膜；分生孢子簇生于梗端，呈头状，单个孢子无色，聚集时粉红色，双胞，梨形或卵圆形。有资料报道，粉红聚端孢[*Trrichothecium roseam* (Bull.) Link]也可危害棉铃，引起红粉病。

(6)软腐病　病原菌为黑根霉(*Rhizopus nigricans* Ehr.)，属接合菌亚门根霉属。菌丝无分隔，生于基物表面或内部，有匍匐丝和假根，孢囊梗与假根对生；孢囊梗直立，暗褐色，顶端单生暗绿色、球形孢子囊。

3.发病规律

病菌主要随病残体在土壤中越冬，亦可以孢子附在种子表面或以菌丝体潜伏于种子内部越冬。病菌可在土壤中营腐生生活，根霉病菌还广泛存在于空气中。翌春，炭疽病菌先危害幼苗，病部产生孢子，借风雨和昆虫等传播，经多次再侵染，于铃期侵染棉铃；而软腐病菌在生长期产生孢子直接侵染棉铃，引起烂铃。病菌的侵入方式可分为两类，一类侵染力较强的棉炭疽病菌、疫病菌和黑果病菌从棉铃苞叶和角质层直接侵入引起发病；另一类侵染力较弱的红腐病菌、红粉病菌和软腐病菌常从铃尖裂口、铃壳缝隙、虫孔、伤口或从先期直接侵入的病菌引起的病斑处侵入。

气候条件是影响铃病发生的主要因素，其次虫害、品种、铃龄及栽培管理与棉铃病害的发生也密切相关。棉花结铃吐絮期间，常遇阴雨连绵，田间湿度大，有利于病菌的繁殖和侵染。同时，久雨低温致使棉株长势衰弱，纤维发育不良，铃壳相对增厚，开裂延迟或不能充分开裂，从而促进铃病发生。红铃虫、棉铃虫和金刚钻等钻蛀性害虫对棉铃造成的伤口为病菌创造了有利的侵入途径。不同品种间铃病发生程度有一定差异。一般陆地棉铃病较重，亚洲棉较轻。同一棉种不同品种间的发病程度也有差异，陆地棉中的小苞叶品种或翻卷苞叶品种发病轻；鸡脚棉和窄卷苞叶品种的铃病较轻；有袖腺品种虫害轻，铃病也轻。氮肥施用过迟或过量，往往造成棉株枝叶徒长，行间郁蔽，通风透光不良，铃壳变厚，开裂迟缓，增加病菌侵染机会，加重病情。不及时整枝、打顶、摘叶的棉株，营养生长过分茂盛，棉田环境郁蔽潮湿，铃病发生也重。棉田积水，排水不良，田间湿度大，有利于病菌的繁殖和侵染，不利于棉株的根系生长，棉株生长发育不良，抗病力弱。夏、秋干旱年份，大水漫灌或泼浇的棉田，铃病也重。

4. 防治技术

防治棉铃病害，应根据当地铃病种类，有针对性地采用农业防治为主的综合措施。

(1)品种　选育抗病或耐病品种。

(2)加强栽培管理　创造有利于棉株健壮生长不利病菌繁殖侵染的环境。合理施肥，一般掌握施足底肥，适当施蕾肥，重施花铃肥的原则，注意氮、磷、钾配合施用。搞好排灌，低洼易积水地块应挖沟排水，防止长期积水，以免加剧铃病。及时整枝摘叶，打顶，抹边心等，对生长密闭、小气候过湿的地块进行“推株并垄，通风通光”减轻铃病。抢摘、早剥病铃，在雨季必须对病铃和开口铃抢摘，及时晾晒或烘干剥絮，既可挽回损失，又可清除病源。

(3)药剂防治　在改善管理基础上，适当加以喷药保护措施。但由于棉花植株高大，棉铃分散，大范围施药效果不理想，对发病中心，应把药剂防治作为辅助措施。可选用40%乙磷铝可湿性粉剂300倍液或25%甲霜灵可湿性粉剂500～700倍液喷雾防治棉铃疫病效果较好。

(四)棉麻作物其他病害防治技术

棉麻作物其他病害防治技术见表 11-1-1。

表 11-1-1　棉麻作物其他病害防治技术

病害名称	病原	症状特点	发病规律	防治要点
红、黄麻根结线虫病	病原线虫为根结线虫属(*Meloidogyne*),其优势种为南方根结线虫1号、2号小种,其次是花生根结线虫2号小种和爪哇根结线虫。雌雄异形,幼虫呈细长蠕虫状。雄成虫线状,雌成虫梨形	苗期、成株期均可受害。根部初生很多细小根瘤,后可长到绿豆至大豆或蚕豆粒大小。虫瘿初为黄白色,后变褐或全根腐烂。严重时每株根系上生数十个根瘤,有的相互融合引起全根或侧根肿胀扭曲变形,细根毛很少,地上部叶色变黄或变枯	该虫多在土壤 5～30 cm 处生存,常以卵或 2 龄幼虫随病残体遗留在土壤中越冬,病土、病苗及灌溉水是主要传播途径。土壤湿度是影响孵化和繁殖的重要条件。雨季利于孵化和侵染,但在干燥或过湿土壤中,其活动受到抑制,在砂土中为害常较黏土重	清除田间病残体;深耕改土,灌水浸泡过冬;水旱轮作;重病地播前 7～10 d,用 10%硫线磷颗粒剂或 5%涕灭威颗粒剂沟施
红麻炭疽病	病原菌为木槿刺盘孢菌(*Colletotrichum hibisci* Pollacci),属半知菌亚门刺盘孢属,病菌有1号、2号两个生理小种	红麻苗期、成株期均可受害。幼芽染病胚轴呈黄褐色腐烂,子叶染病为近圆形至不规则形黄褐色或灰白色病斑,四周紫红色。真叶染病使叶片局部扭曲。茎部染病产生黄褐色近椭圆形略凹陷病斑,四周红褐色或紫红色。顶芽染病变黑腐烂,蕾、花染病常腐烂脱落,蒴果变为畸形	病菌在病残体或在种子内外越冬并成为翌年初侵染源。病部产生的分生孢子通过风雨飞溅或昆虫传播进行再侵染。该病扩展程度主要取决于品种的抗病性、种子带菌率及气候条件。春秋两季适温多雨易发病。麻田低洼或地下水位高,偏施过施氮肥发病重	选用抗病品种,种子消毒,或 80%炭疽福美拌种,发病初期用 50%退菌特或 80%炭疽福美 800 倍液喷洒

四、操作方法及考核标准

(一)操作方法与步骤

(1)选择病害发生较为严重的棉田,调查病害发生种类、为害状况及为害特点。

(2)结合调查结果,查询学习资料,获得相关知识。

(3)结合教师讲解及对病害症状观察,识别棉麻常见病害种类。

(4)通过显微镜镜检,识别棉麻常见病害的病原菌形态特征。

(5)根据棉麻病害发生规律,制订综合治理措施。

(6)撰写实训报告。

(二)技能考核标准

棉麻病害防治技术技能考核参考标准见表 11-1-2。

表 11-1-2 棉麻病害防治技术技能考核参考标准

考核内容	要求与方法	评分标准	标准分值	考核方法
棉麻病害识别 40 分	1. 采集、识别 10 种病害	根据采集病害标本特征、病害识别情况每错一种扣 2 分	20	单人考核口试评定成绩
	2. 判断 10 种真菌性病害病原分类(亚门、属)	病原物亚门和属的名称每错一种扣 1 分	10	
	3. 描述病害的识别要点	症状描述不正确每种扣 1 分	10	
病原菌形态识别 30 分	1. 玻片标本制作	根据玻片擦拭、病菌挑取、盖玻片放置等符合要求情况酌情扣分	15	单人操作考核
	2. 病菌观察识别	根据显微镜操作熟练程度、病原菌形态清晰度、特征明显与否酌情扣分	15	
综合防治技术 30 分	1. 制订综防措施	根据棉麻病害发生的种类制订综合防治措施是否符合要求情况酌情扣分	15	单人操作考核
	2. 可行性和可操作性	根据制订的综防措施是否具有可操作性和可行性酌情扣分	15	

五、练习及思考题

1. 选择 1～2 块棉田,调查棉花病害发生种类、发病率及为害情况。

2. 根据棉田病害发生种类制订综合防治方案。

3. 参与棉花主要病害全程综合防治工作,如苗床及苗期、蕾铃期、采收期病害控制等。

4. 如何采取综防措施控制棉花苗期病害?

5. 棉花枯、黄萎病发生规律是什么?应怎样进行综合控制?

6. 棉花种子包衣技术对病害发生有何意义?

7. 田间实地比较棉花枯、黄萎病症状的区别。

8. 棉花苗期立枯病和炭疽病在发病部位和症状上有何不同?

项目 2　棉花害虫防治技术

一、技能目标

通过实训，使学生能够认识当地常发生的棉花害虫种类，了解其分布与发生规律，制订切实可行的综合防治方案，并组织实施。

二、教学资源

1. 材料与工具

当地气象资料、棉花主要害虫的历史资料、栽培品种及生产技术方案、害虫种类及分布危害情况等资料。

棉蚜、棉铃虫、棉叶螨、棉红铃虫等当地常发害虫成虫、幼虫（若虫）盒装标本和浸渍标本。

体视显微镜、显微镜、放大镜、镊子、挑针、蒸馏水、培养皿、载玻片、泡沫塑料板、挂图、彩色照片及多媒体课件等。

2. 教学场所

教室、实验（训）室或大田。

3. 师资配备

每 20 名学生配备一位指导教师。

三、原理、知识

（一）棉蚜

棉蚜（*Aphis gossypii* Glover）属同翅目，蚜科，俗称腻虫、油汗、蜜虫，是世界性分布的害虫。在我国各棉区均有分布和为害。以北方棉区常发而严重，黄河流域棉区又是棉蚜发生为害最严重的区域，不仅在棉苗期普遍而严重发生，而且有些年份的夏季“伏蚜”暴发，对棉花生产影响很大。近年来棉蚜秋季在西北内陆棉区连年发生“秋蚜”为害，长江流域棉区为害次之，华南棉区干旱年份发生较重，一般年份较轻。

棉蚜以成、若蚜群集于棉叶背面和嫩尖上刺吸汁液。叶片向背面卷曲,棉株矮缩呈拳头状。同时引起棉株发育不良,植株矮小、叶数和蕾铃数减少、生育期推迟,造成减产和品质下降。棉蚜在吸食过程中,排出大量蜜露,招致霉菌寄生,影响棉株光合作用的正常进行。棉蚜又是传播多种病毒的媒介,据统计可传播各种作物病毒病达 60 多种,造成更大的为害和损失。

1. 形态识别

(1)无翅胎生雌蚜　体长 1.5～1.9 mm,卵圆形,春、秋季深绿色,体表具清楚的网纹构造。前胸、腹部第 1 及第 7 节有缘瘤。触角不及体长的 2/3。尾片常有毛 5 根。盛夏常发生小型蚜,俗称伏蚜,触角可见 5 节;尾片有毛 4 或 5 根,体黄色(图 11-2-1)。

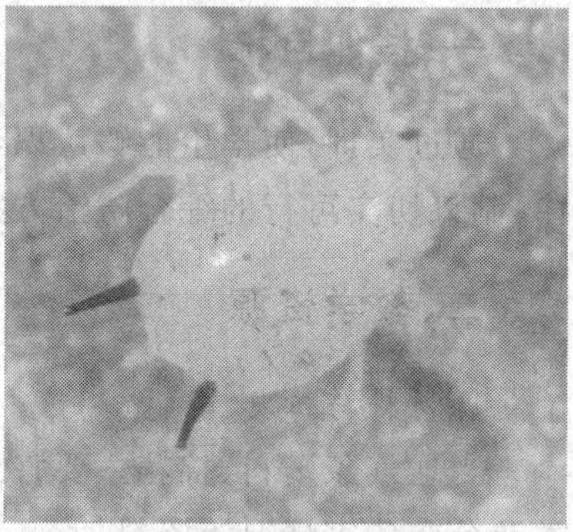

图 11-2-1　棉蚜

(2)有翅胎生雌蚜　体长 1.2～1.9 mm,腹背各节间斑明显。第 3 节常有次生感觉圈 6～7 个。尾片常有毛 6 根。

(3)若蚜　复眼红色,无尾片,共 4 个龄期。1 龄若蚜触角 4 节,腹管长宽相等;2 龄、3 龄触角 5 节,腹管长为宽的 2 倍 4 龄触角 6 节,腹管长为 2 龄的 2 倍。

(4)卵　长 0.5～0.7 mm,椭圆形,初产时橙黄色,后变漆黑色,有光泽。

2. 发生规律

棉蚜在辽河流域棉区每年发生 10～20 代,黄河流域、长江流域及华南棉区每年发生 20～30 代。

在北方以受精卵在越冬寄主上(木本植物多在冬芽内侧及其附近或树皮裂缝中,草本植物多在根部)越冬。早春卵孵化产生干母、干雌、有翅迁移蚜,成长后迁飞到夏季寄主(棉花、瓜类等)上,产生有翅侨蚜和无翅侨蚜,在棉田或其他夏季寄主上迁飞和蔓延为害,至晚秋夏季寄主衰老,侨蚜产生性母,有翅雌性母迁回越冬寄主,在夏季寄主上产生的有翅雄蚜,长成后飞回越冬寄主,与无翅雌蚜交配产卵越冬。

在棉苗出土至现蕾阶段发生的棉蚜,常称苗蚜。苗蚜在黄河流域和辽河流域棉区发生最普遍而严重,在长江流域棉区也较为常发。严重为害阶段一般在 5 月下旬至 6 月上旬。伏蚜是棉蚜种群在盛夏形成的生物型,体型小、色黄、耐高温,黄河流域和长江流域棉区在 7～8 月间经常发生。棉株上蚜虫分泌的蜜露如同油腻展布，枝叶卷缩，蕾铃脱落，损失十分严重。一般持续为害 20～40 d。在 9～10 月间的吐絮期，棉田秋蚜虫口密度迅速增长，造成较严重的为害，同时加大性蚜的虫量，增加了越冬卵量。

3. 防治技术

(1)药剂拌种　可选用 3% 呋喃丹颗粒剂或 5% 涕灭威颗粒剂 22.5～30 kg/hm^2，于棉花浸种后，晾至大半干时拌入，然后催芽或播种，可控制蚜害 30 d 左右。

(2)苗期点涂药剂　可选用 50%久效磷乳油 100～200 倍液，或用 40%氧化乐果乳油 100 倍液滴棉苗顶心，也可用上述内吸剂 5 倍液点涂苗茎红绿交界处。

(3)田间喷药保护　可选用 50%久效磷乳油 1 500 倍液、或 20%灭多威乳油 1 000 倍液、或 10%吡虫啉可湿性粉剂 2 000 倍液、或 20%丁硫克百威乳油 1 000 倍液等喷雾，可有效控制伏蚜。

(4)保护和利用益虫　提倡麦棉或棉油间作，有利于瓢虫等益虫的自然迁移。当田间瓢蚜比达到 1∶120 时可不用药，发挥益虫的自然控制作用。

(二)棉叶螨

棉叶螨是世界性棉花害虫，我国国内各棉区亦均有分布。在我国棉花上发生的叶螨有朱砂叶螨[*Tetranychus cinnarinus*(Bots)]、截形叶螨(*Tetranychus truncates* Ehara)、二斑叶螨(*Tetranychus urticae* Koch)、土耳其斯坦叶螨(*Tetranychus torkestani* Ugarov et Nikolski)和敦煌叶螨(*T. dunhuangensis* Wang) 5 种。俗称棉红蜘蛛，均属蛛形纲，蜱螨目，叶螨科。一般认为，朱砂叶螨是在我国分布最广泛、为害最严重的种类，其次为截形叶螨和二斑叶螨，三者分布几乎遍及国内各棉区，尤以黄河流域棉区、西北内陆棉区和长江流域棉区部分地区发生为害严重，是当地棉花生产中的突出虫害问题之一。

棉叶螨不仅是棉花的重要害虫，而且也严重为害玉米、高粱、豆类、瓜类、芝麻、红麻、向日葵、茄子、辣椒、烟草、苹果、梨、桃、葡萄以及多种杂草。棉叶螨为害棉花，一方面以口针刺吸汁液，使寄主组织造成机械伤害；另一方面分泌有害物质进入寄主体内，对植物组织产生毒害作用。

棉叶螨以成螨、若螨刺吸植物汁液为害，使棉株营养恶化，代谢强度减弱，生理机能失调，棉叶先出现失绿的红斑，继而出现红叶干枯，甚至在叶柄和蕾、花、铃的基部产生离层而脱落，状如火烧。

1. 形态识别(朱砂叶螨)

(1)成螨　雌螨体椭圆形，长 0.42～0.56 mm，宽 0.32 mm，锈红色或深红色。

体躯两侧有黑斑两对。雄螨较雌螨小，红色或淡红色。体长 0.35 mm，宽 0.19 mm。

(2)卵　圆球形，直径 0.13 mm。初产时无色透明或略带乳白色，孵化前呈浅红色。

(3)幼螨　卵初孵的幼螨，体近圆形，长约 0.15 mm，浅红色、稍透明，具足 3 对。

(4)若螨　具 4 对足。体椭圆形，体色较若螨深，体侧出现深色斑点。

2. 发生规律

1 年发生代数因地区气候条件而异。在北方棉区 1 年发生 12～15 代；长江流域棉区 18～20 代；华南棉区在 20 代以上。10 月中、下旬由棉田迁至干枯的棉叶、棉秆、杂草根际、土块、树皮缝隙等处，雌性成螨开始吐絮结网，聚集成块越冬。

朱砂叶螨通常以间作套种棉田内和靠近棉田的渠边、路边杂草根际越冬虫口密度最大。次年 2 月中旬至 3 月初，5 日平均气温达 6℃时，越冬成虫开始活动取食。3 月上、中旬气温达 7～8℃时开始产卵；3 月底气温达 10℃以上时，卵开始孵化；4 月底至 5 月初出现第一代成虫。第一、二代棉叶螨主要在豌豆、扁豆、小麦、苜蓿、苕子、草木樨、夏至草、旋花、紫花地丁等越冬寄主上生活。5 月上、中旬至 6 月初大部分越冬寄主衰老时，陆续迁到棉苗上为害。5 月上、中旬气温较低时，繁殖速度缓慢，棉苗受害较轻。此时如气温较高、雨水少、湿度低，繁殖速度迅速，会造成灾害。一般年份，在 6 月下旬至 7 月上旬的繁殖速度最快，7 月中、下旬常达全年为害的最高峰。通常 6～8 月是棉叶螨的发生为害盛期，大量虫口随时都可以从豆类、芝麻、夏玉米、瓜类、茄类及多种杂草上迁入棉田造成为害。直到 9 月中旬气温下降、棉株衰老，逐渐转移到秋播作物和杂草上为害，并准备越冬。

3. 防治技术

(1)农业防治　合理安排茬口，冬耕冬灌，冬春清除杂草，消灭越冬棉叶螨。

(2)药剂控制　在田间棉叶螨点片发生时挑治。除结合防治棉蚜滴心、涂茎外，还可选用 5%噻螨酮(尼索朗)乳油 1 500～2 000 倍液、或 1.8%阿维菌素乳油 2 000 倍液、或 20%哒螨灵乳油 2 000～2 500 倍液于初发时喷洒控制棉叶螨。

(三)棉铃虫

棉铃虫[*Helicoverpa armigera*(Hübner)]属鳞翅目，夜蛾科，又名棉铃实夜蛾，是世界性棉花生产重要害虫。我国各棉区普遍发生，黄河流域棉区、辽河流域和西北内陆棉区为常发区，长江流域棉区为间歇性发生区。大发生时，使棉花大幅度减产，造成惨重损失。棉铃虫是一种多食性的害虫，寄主植物达 30 多科 200 余种。

棉铃虫为害棉花，主要在棉花蕾铃期蛀食蕾、花、铃，其中花蕾被蛀，苞叶张开发黄脱落；蛀花食害柱头和花药，不能授粉结铃；蛀害青铃造成孔洞，影响棉铃生长并诱发病害，造成污染烂铃。每头幼虫一生可食害蕾、花、铃 10 个左右，是棉花蕾、花、铃期重要的钻蛀性害虫。其次食害棉花嫩叶，造成孔洞或缺刻；取食嫩尖后造成无头棉，严重影响棉花的正常生长发育。

1. 形态识别

(1)成虫　体长 15～20 mm，翅展 31～40 mm。雌蛾赤褐色，雄蛾灰绿色。前翅翅尖突伸，外缘较直，斑纹模糊不清，中横线由肾形斑下斜至翅后缘，末端达环形斑正下方；外横线也很斜，末端达肾形斑正下方；亚缘线锯齿较均匀，与外缘近于平行。后翅灰白色，脉纹褐色明显；沿外缘有黑褐色宽带，宽带中部 2 个灰白斑不靠外缘(见彩图 11-2-1)。

(2)卵　半球形，较高。卵高 0.51～0.55 mm，直径 0.44～0.48 mm。

(3)幼虫　初孵幼虫青灰色，末龄幼虫体长 40～50 mm。体表密生长而尖的小刺。气门上线白斑连成断续的白纹。幼虫体色多变，有淡红色、黄白色、淡绿色、绿色、黄绿色 5 个类型。

(4)蛹　纺锤形，赤褐色，体长 17～20 mm。腹部末端有 1 对基部分开的刺。

2. 发生规律

棉铃虫在我国各棉区，因气候条件的差异，每年发生的世代数各不相同。在辽河流域棉区和新疆大部棉区，每年发生 3 代；黄河流域棉区和部分长江流域棉区，每年发生 4 代；长江流域棉区，每年发生 5 代；华南棉区，每年可发生 6～7 代。各地一般均以蛹在土中越冬。

在辽河流域和新疆棉区以第 2 代为害为主；黄河流域棉区一般以第 2 代为害最重，3 代次之；长江流域棉区以第 3、4 代为害重；华南棉区则以第 3、4、5 代为害重。

棉铃虫全年的发生过程，以黄河流域棉区为例。9 月下旬至 10 月中旬老熟幼虫入土，在 5～15 cm 深处筑土室化蛹越冬。次年 4 月下旬至 5 月中旬当气温升至 15℃以上时，越冬代成虫羽化，并产卵。第 1 代幼虫主要在小麦、豌豆、苜蓿、春玉米、番茄等作物上为害。6 月上、中旬入土化蛹，6 月中、下旬第 1 代成虫盛发，此时棉花进入现蕾期，大量成虫迁入棉田产卵和为害。6 月底至 7 月中、下旬为第 2 代幼虫化蛹盛期，7 月下旬至 8 月上旬第 2 代成虫盛发，主要集中于棉花上产卵和为害，少量迁至番茄、玉米上产卵、为害，为害盛期在8月上、中旬。第3代成虫盛发期在8月下旬至9月上旬，大部分成虫仍在棉花上产卵、为害。一部分转移至夏玉米、番茄、辣椒、高粱等作物上产卵、为害，直至9月下旬第四代幼虫开始陆续入土化蛹越冬。

3.防治技术

(1)农业防治　采取种植转Bt基因的抗虫棉、越冬耕翻、蛹期培土或锄地灭蛹、灌水灭蛹等措施，以减少虫源。在产卵盛期，结合整枝打杈，采卵灭虫，把打下的枝杈、嫩头等带出田外沤肥，可消灭卵和1、2龄幼虫。或种植玉米诱集带，诱集棉铃虫产卵，再采取措施消灭。

(2)诱杀防治　成虫高峰期，将长60～70 cm的杨树枝条7～8枝扎成一把，于每天傍晚插到棉田，枝把高出棉株，每公顷150把左右，次日日出前用塑料袋套把捕杀成虫。也可每3 hm^2 棉田安装1盏佳多牌频振式杀虫灯，灯距地面1.6 m，在成虫盛发期，每天19时开灯，次日7时关灯，杀虫效果优于黑光灯、高压汞灯几倍。

(3)生物防治　产卵盛期田间释放赤眼蜂，幼虫孵化盛期喷施苏云金杆菌(Bt)乳剂200倍液或棉铃虫核多角体病毒(NPV)(10%棉烟灵)1 000倍液。

(4)药剂防治　根据虫情预报，按照防治指标统一施药。黄淮流域棉区药剂防治策略是“弃治1代、控制(棉田)2代、严治3代、重视4代”；长江流域棉区“巧治3代、控制4、5代”；新疆棉区主要防治3代。防治指标：2代一般掌握在百株累计卵量达100～150粒或百株有1,2龄幼虫10～15头；3代百株累计卵量达40～60粒或百株有1,2龄幼虫5～8头；4、5代百株有1,2龄幼虫10～15头。可选用40%丙溴磷乳油1 500～2 500倍液、或25%喹硫磷乳油800倍液、或52.25%毒死蜱·氯氰菊酯乳油1 000倍液等喷雾。

(四)棉红铃虫

棉红铃虫[*Pectinophora gossypiella* (Saunders)]属鳞翅目，麦蛾科，是世界性棉花生产重要害虫。我国除西北内陆棉区的新疆和甘肃的河西走廊未发现外，其他各棉区都有发生，以长江流域棉区为害最重，其次是黄河流域棉区。

棉红铃虫文献记载的寄主植物有8科77种。

棉红铃虫主要为害棉花的蕾、花和铃，尤其是在青铃上为害最重。幼蕾受害后不久即脱落；中、大型蕾受害后仍能开花，但因幼虫吐丝缠绕花瓣，被害花冠扭曲，花瓣不能正常展开。蛀食子房造成落花。青铃受害，破坏嫩籽、纤维发育不良，造成烂铃或僵瓣。棉籽受害造成空壳或双连籽。

1. 形态识别

(1) 成虫　体棕黑色，长 6.5 mm，翅展 12 mm；触角棕色；前翅尖叶形，暗褐色，从翅基到外缘有 4 条不规则的黑褐色横带；后翅菜刀形，银灰色(图 11-2-2)。

图 11-2-2　棉红铃虫

(2) 卵　长椭圆形，长 0.4～0.6 mm，宽 0.2～0.3 mm，初产时乳白色，孵化前变为粉红色。

(3) 幼虫　者熟幼虫体长 11～13 mm，头部红褐色，体白色，体背各节有 4 个浅黑色毛片。毛片周围红色，腹足趾钩为单序缺环。

(4) 蛹　长 6～9 mm，宽 2～3 mm。淡红褐色，尾端尖，末端有短而向上弯曲的钩状臀棘，周围有钩状细刺 8 根。蛹茧灰白色，椭圆形，柔软。

2. 发生规律

在我国由北向南 1 年发生 2～7 代。辽宁与河北北部棉区，1 年发生 2 代；黄河流域大部棉区，1 年发生 2～3 代；长江流域棉区，1 年发生 3～4 代；华南棉区一般每年发生 5 代，多的可达 7 代。

各地均以老熟幼虫结茧在仓库的墙缝、屋顶、棉子堆、晒花工具和棉柴、枯铃中越冬，其中以贮花库中越冬虫量最多。5 月底 6 月初气温升到 20℃以上时，越冬幼虫陆续开始化蛹，6 月上、中旬成虫开始羽化。其越冬代成虫的出现时间大体上与各地棉花的现蕾期相吻合。

3. 防治技术

(1) 消灭越冬虫源

①晒场灭虫：收、晒花期间，将当天采收的棉花集中堆放，上覆麻袋等物诱虫，次晨收集杀死。晒场周围开沟、沟内灌水或放草把围阻，每天清沟杀虫。

②低温灭虫：北方利用冬季室外低温储棉，消灭越冬幼虫。

③放蜂灭虫：早春气温达 14℃时在棉仓内释放红铃虫金小蜂，一般 20～30 m^2 棉仓内放蜂 2 400～10 000 头。

(2) 棉田防治

①诱杀成虫：成虫盛发期在田间设置红铃虫性诱剂诱杀棉红铃虫。

②药剂防治：为控制 2、3 代红铃虫为害，在第 1、2 代成虫盛发期可选用 80% 敌敌畏乳油 2.25～3.0 kg/hm^2，兑水 30 kg，拌细土 275 kg，傍晚撒于棉垄间，以熏杀害虫。2、3 代卵孵盛期可用药喷雾防治幼虫，所用药剂同棉铃虫。

(五)棉麻作物其他害虫防治技术

棉麻作物其他害虫防治技术见表 11-2-1。

表 11-2-1　棉麻作物其他害虫防治技术

害虫种类	形态识别	发生规律	防治要点
棉叶蝉[*Empoasca biguttula* (Ishida)],同翅目、叶蝉科	成虫体长 3 mm 左右,淡绿色。头部近前缘处有 2 个小黑点,四周有淡白色纹。前胸背板黄绿色,前缘有 3 个白色斑点。前翅端部近爪片末端有 1 明显黑点。末龄若虫体长 2.2 mm 左右。头部复眼内侧有 2 条斜走的黄色隆线。前胸背板后缘有 2 个淡黑色小点,四周环绕黄色圆纹	在南方 1 年 8～15 代;全年危害。长江以北地区不能越冬。在华南以成虫在木棉上越冬。成虫多在白天羽化、交尾、产卵。卵散产于棉株上、中部的嫩叶背面中脉组织内,有时在侧脉及叶片组织内	清除田边、沟边杂草;选用叶片多毛、毛长的品种;棉田适时早播,促进早发早熟,盛花期封行;适当密植;合理施肥,消灭瘦苗,防止疯长。常用 80%敌敌畏乳油 2 000 倍液或 50%西维因可湿性粉剂 1 000 倍液喷洒
麻天牛[*Thyestilla gebleri* (Falderman)],鞘翅目、天牛科	成虫体长 10～15 mm,宽 3～5 mm。体黑色或浅灰至黑棕色,上被有浓密的黑、白相杂的绒毛和竖起的毛,色深个体被毛较稀。前胸背板中央及两侧共有 3 条灰白色纵条。小盾片被灰白色绒毛。鞘翅沿中缝及肩角以下各有灰白色纵条 1 根	1 年发生 1 代,以老熟幼虫在被害麻株根中越冬。成虫先在主茎上咬下一个"八"字形伤痕,然后把 1 粒卵产在其中,初孵幼虫先在皮下取食,蜕皮后蛀入髓部,逐渐向下蛀至根部后,幼虫以虫粪和黏性分泌物封堵蛀孔越冬,也有部分幼虫在麻秆内越冬	收麻后进行秋耕,挖烧麻根,杀死幼虫。利用成虫假死性,人力捕杀成虫。成虫发生盛期喷洒 90%晶体敌百虫 900 倍液或 50%马拉硫磷乳油、80%敌敌畏乳油 1 500 倍液
棉小造桥虫[*Anomis flava* (Fabricius)],鳞翅目、夜蛾科	成虫体长 10～13 mm。雌蛾触角丝状,前翅土黄色;雄蛾触角栉齿状,前翅端半部褐色,基半部金黄色较鲜艳。老熟幼虫体长 35 mm,体色多为灰绿、黄绿、绿色等。第一对腹足退化,第二对腹足较小,第三、第四对腹足发达;尾足 1 对	在黄河流域棉区每年发生 3～4 代,长江流域 5～6 代。成虫夜间羽化,白天多隐藏在棉株中、下部叶背或草丛中,卵散产于叶背,初孵幼虫仅食叶肉,3～4 龄造成孔洞或缺刻,5～6 龄则食尽叶片,只残留粗的叶脉,有时还能食害花蕾和幼铃	处理棉秸上枯铃和田内外落叶,清除越冬蛹。黑光灯、树枝把诱杀成虫。幼虫期用 4%敌马粉剂或 4%甲敌粉剂每公顷 22.5～30 kg 喷粉

续表 11-2-1

害虫种类	形态识别	发生规律	防治要点
棉金刚钻[以鼎点金刚钻(*Earias cupreoviridis* Walk)为例]	成虫前翅大部黄绿，外缘角橙黄外缘波状褐色翅上有鼎足三小斑点。卵鱼篓形，初产鲜绿，后变灰白，最后变黑色。幼虫体除前胸与末节外，各节有 6 个肉庞，唇基橘红色，上有褐色圆斑。蛹触角长于或短于后足，肛门两侧突起 3 个	黄河流域棉区 3～4 代；长江流域棉区 4～5 代；华南棉区 5～7 代。各地均以结茧化蛹在棉秆、枯铃和铃壳等处越冬。第一代幼虫蛀食嫩茎，嫩头枯萎变黑下垂，侧枝丛生。以后各代幼虫蛀食蕾、花、铃，受害后枯萎脱落。成虫昼伏夜出，飞翔力不强，有趋光性	处理棉秆、枯铃、落叶，消灭越冬蛹。早春于田边种植蜀葵、黄秋葵、冬葵、猪屎豆等诱集金刚钻在上产卵繁殖。在 1～2 龄幼虫期，用药着重喷洒嫩头、蕾、幼龄。现蕾前应着重喷射嫩头，现蕾后应着重喷射棉株上、中部
烟蓟马(*Thrips tabaci* Lindeman)，缨翅目、蓟马科	成虫体长 1.2 mm，淡棕色。翅淡黄。腹部第 2～8 节背片前缘有两端略细的栗棕色横条。前胸稍长于头，后角有 2 对长鬃。中胸腹片内叉骨有刺，后胸无。前翅前脉基鬃 7 或 8 根，端鬃 4～6 根，后脉鬃 15 或 16 根。腹部背片第 5～8 节两侧有微型弯梳，第 8 节后缘有梳，两侧缺。腹片无附属鬃	1 年可发生 6～10 代。以成、若虫潜伏在土缝、土块、枯枝落叶及未收获的大葱、洋葱、大蒜的叶鞘内，或以蛹在土内越冬。成虫飞翔力强，行动活泼，怕强光。白天多在叶背或缝隙处取食。行孤雌生殖。雌虫把卵散产在植物幼苗的叶或茎的组织内。在棉株上多产于棉叶表皮下、叶脉内	在春季寄主上防治，烟蓟马可在葱蒜上用药剂防治，花蓟马可在蚕豆向棉田转移盛期，开始用药防治。棉田内防治可用药剂拌种；苗期可用 3.5% 甲敌粉喷粉，每公顷 22.5～30 kg 喷粉
棉盲蝽[以绿盲蝽(*Lygus lucorum* Meyer-Dur)为例]，半翅目、盲蝽科	体长约 5 mm，触角比体短，虫体绿色。前胸背板有黑色小点。前翅绿色，膜区暗灰色。五龄若虫鲜绿色，翅尖端蓝色。卵约 1 mm，卵盖淡黄色	1 年发生 4～7 代。成虫昼夜均可活动，飞翔力强，行动活泼。有趋光性。在棉花上多产在幼叶主脉、叶柄、幼蕾或苞叶的表皮下。产卵方式为聚产，排列呈一字形	棉田内防治应选用对天敌杀伤力小的农药，如 90% 晶体敌百虫 1 500 倍液、50% 马拉硫磷乳油 1 000 倍液等

四、操作方法及考核标准

(一)操作方法与步骤

(1)选择害虫发生较为严重的棉田,调查棉花害虫发生种类、为害状及为害程度。

(2)结合调查结果,查询学习资料,获得相关知识。

(3)通过体视显微镜镜检,对害虫形态特征进行仔细观察,识别棉花常见害虫种类。

(4)根据棉花主要害虫发生规律,制订综合治理方案。

(5)撰写实训报告。

(二)技能考核标准

棉麻害虫防治技术技能考核参考标准见表 11-2-2。

表 11-2-2 棉麻害虫防治技术技能考核参考标准

考核内容	要求与方法	评分标准	扣除分值	考核方法
棉花害虫识别50分	1.识别10种害虫	害虫名称每错一种扣1分	10	单人考核口试评定成绩
	2.列出10种害虫目名称	害虫目名每错一种扣1分	10	
	3.列出10种害虫科名称	害虫科名称每错一种扣1分	10	
	4.描述主要害虫的识别要点	描述害虫形态特征不正确酌情扣分	20	
综合防治技术50分	1.制订综防措施	根据棉花害虫发生种类制订综合防治措施是否符合要求情况酌情扣分	30	单人操作考核
	2.可行性和可操作性	根据制订的综防措施是否具有可操作性和可行性酌情扣分	20	

五、练习及思考题

1.选择1～2块棉田,调查棉花害虫种类和为害情况。

2.根据棉田主要害虫发生种类制订综合防治方案。

3.参与棉花主要害虫防治工作,如结合整枝打杈,采卵灭虫;种植玉米诱集带,诱集棉铃虫产卵杀灭;杨树枝条诱杀;设置频振式杀虫灯诱杀;田间释放赤眼蜂寄生;药剂防治等。

4.根据棉蚜的生活史和习性拟定综合防治方案。

5. 采用种子包衣技术处理的棉种，对控制棉蚜有何意义？

6. 绘制棉铃虫成虫前翅图。

7. 如何防治棉叶螨？

8. 如何防治棉红铃虫？

【拓展知识】棉麻作物病虫害综合防治技术

一、棉麻作物病害综合治理

采取加强植物检疫、种植抗病品种、加强栽培管理为主，辅以药剂防治的综合防治措施。

1. 加强植物检疫、保护无病区

重视产地检疫，禁止从病区调种；建立无病良种繁育基地，做到种子自育、自选、自繁。

2. 抗(耐)病品种的推广利用

种植抗病品种是防治棉麻类病害最经济有效的措施。应用抗病品种的同时，要注意品种的提纯复壮和生理小种的变化。同时要加强各类抗病品种的选育工作。

3. 加强栽培管理

增施底肥和磷钾肥，适期播种，合理密植，及时定苗，及时整枝，拔除病苗，用无病土育苗，并严禁播种来自病区的棉种和施用带菌棉籽饼肥，以防发病面积扩大。冬季深耕，将病残体翻入土壤深层，实行作物轮作换茬，对减轻病害有明显的效果。加强中耕除草，及时排涝。

4. 药剂防治

在无抗病品种等情况下，药剂防治是防治棉麻类病害的主要措施。首先，要严格执行种子消毒，播种前做到“一选二晒三消毒”；其次，适期进行喷药防治，在喷药过程中注意防治时期、防治次数及防治对象的兼治等问题。

5. 生物防治

利用某些拮抗菌也能在一定程度上控制病害的发生。如某些芽孢杆菌和假单胞菌能有效抑制大丽轮枝孢菌丝体生长，木霉菌肥具防病增产的作用。

二、棉麻作物害虫综合治理

1. 越冬期防治

冬春季节，棉花害虫多处于越冬或活动初期阶段，是它们生活周期中的薄弱环节，也是预防棉虫为害的有利时机，要采取一切可行措施，压低虫口基数，为全年防治打好基础。

(1)合理安排作物布局，实行轮作倒茬，棉田宜与小麦、油菜等夏熟作物插花种植或条带种植。

(2)清除棉田枯枝落叶，搞好深翻冬灌。

(3)提倡药架晒花，搞好晒场、贮花库灭虫工作；3～4 月份释放棉红铃虫金小峰，控制越冬棉红铃虫虫口基数。

2. 播种期防治

主要预防棉蚜、棉叶螨、棉盲蝽和地老虎等害虫。

(1)药剂拌种或盖种　用 3% 呋喃丹颗粒剂、5% 涕灭威颗粒剂等每公顷 22.5～30 kg，棉花播种时进行盖种，可预防棉蚜、棉叶螨、棉蓟马、种蝇及其他地下害虫的早期为害。

(2)棉田播种油菜繁瓢控蚜　每隔 8～12 行，在棉行间插播 1 行甘蓝型油菜，在繁殖菜蚜的同时招引繁殖瓢虫等天敌，让其转移控制棉蚜。

(3)棉苗出土前，清除田内和田边杂草　预防地老虎和棉叶螨的为害。

(4)苜蓿地喷药消灭盲蝽　4 月下旬在苜蓿地棉盲蝽孵化盛末期时，用 50% 丙溴磷 50 mL 喷雾或 48% 乐斯本乳油 1 000 倍液喷雾。

3. 苗期防治

主要防治对象是棉蚜、棉蓟马、地老虎。

(1)撒施毒土，挑治地老虎　当地老虎幼虫正处于 1～2 龄盛期，叶被害株率达 10%～15% 时，可选用 3.5% 甲敌粉 22.5 kg/hm^2，对细土 300～375 kg，撒施棉苗行间。

(2)以瓢治蚜　在 5 月中旬从麦田、油菜田、苜蓿田扫捕瓢虫向棉田转移控制蚜害。

(3)内吸杀虫剂涂茎　主治棉蚜，兼治棉蓟马、棉叶螨、棉盲蝽等害虫。

(4)喷药治蚜　用吡虫啉、久效磷等农药防治，兼治其他害虫。

4. 蕾铃期防治

主要防治对象为棉铃虫、棉盲蝽、棉叶螨、棉尖象甲、伏蚜、棉红铃虫、棉小造桥虫等。

(1)诱蛾灭虫　用杨树枝把或黑光灯可诱到大量棉铃虫、棉红铃虫、造桥虫和棉尖象甲等害虫,在发生初盛期至盛末期可以使用。

(2)释放赤眼蜂　在棉铃虫产卵初盛期至盛末期放蜂 2～3 次,每次每公顷释放 15 万～22.5 万头。

(3)喷细菌农药或病毒制剂　主治棉铃虫和棉红铃虫,兼治小造桥虫和其他鳞翅目害虫。

(4)及时喷药防治　当害虫达防治阈值时,根据主要害虫种类,选用适宜药剂及时防治。

典型工作任务十二 油料作物病虫害防治技术

项目1 油料作物主要病害防治技术

一、技能目标

(1)通过实训,使学生在田间能够正确识别、诊断油料作物主要病害,掌握其发生规律,制订切实可行的防治方案并组织实施。

(2)具备查找资料、获取知识、更新知识的能力,能够以理论为先导,因地制宜的应用于实践。

(3)具备团队和协作精神,能够在田间做好病虫害的调查和预测预报工作。

(4)具备安全环保意识,有吃苦在先的专业精神。

二、教学资源

1.材料与工具

当地气象资料、有关病虫害的历史资料、栽培品种介绍、作物生产技术方案、病虫害种类及分布情况等资料。

大豆菌核病、大豆疫病、大豆花叶病、花生根结线虫病、花生叶斑病、油菜霜霉病、油菜菌核病、向日葵锈病、向日葵斑枯病等各种病害的实物标本、新鲜材料,病原菌玻片、挂图、教学多媒体课件(包括幻灯片、录像带、光盘等影像资料)。

多媒体教学设备(投影仪、计算机)、显微镜、载玻片、盖玻片、挑针、纱布、蒸馏水、刀片、徒手切片夹持物、镜头纸、0.1%升汞、无菌水等。

2. 教学场所

教室、实验室或实训室。

3. 师资配备

每 30 名学生配备一位指导教师。

三、原理、知识

(一)大豆花叶病

大豆花叶病是一种世界性的病害，也是我国大豆产区最重要的病害，在全国各地都有发生。

1. 症状识别

大豆花叶病的症状受品种、病毒株系和环境的影响比较大，主要表现在花叶、黄斑花叶、曲叶、卷叶、畸形叶、皱缩、矮化和顶枯。典型症状为植株矮化，叶片呈黄绿相间的花叶并皱缩，叶缘向下卷或叶片扭曲，叶脉变褐，沿叶脉两侧有许多疱状突起。轻病株叶片外形基本正常，仅叶脉颜色较深，重病株则叶片皱缩，向下卷，出现浓绿、淡绿相间，起伏成波状，甚而变窄狭呈柳叶状。接近成熟时叶变成革质，粗糙而脆。

播种带病种子，病苗真叶展开后变呈现花叶斑驳，以后在成株上也表现典型花叶症状，有时先发生明脉现象，老叶症状不明显，但到后期，病株上发现老叶黄化或叶脉变黄现象。

在感病品种上，受害病叶 6～14 d 后出现明脉现象，后逐渐发展为各种花叶斑驳，叶肉隆起，形成疱斑，叶片皱缩。严重时，植株显著矮化，花荚数减少，结实率降低。在抗病力强的品种上症状不明显。

2. 病原

大豆花叶是一种病毒病，由大豆花叶病毒(SMV)引起，SMV 可由汁液摩擦传染，在田间主要由蚜虫传染。能传毒的蚜虫很多，大豆蚜、豆蚜、棉黑蚜、桃蚜及玉米缢管蚜等。自然情况下该病毒可由种子传带。

3. 发病规律

大豆花叶病的初次侵染源主要是带毒的种子。种子带毒也是远距离传播的主要方式。在田间病毒主要通过蚜虫传播。

一般高温干旱的年份，有利于蚜虫的迁飞好活动，发病较重。花叶病的发病适温为 20～30℃。在蚜虫迁飞期若遇持续的降雨、低温，不利于其迁飞，一般发病较轻。

大豆品种间对花叶病的抗性有明显差异，感病品种发病早，病情重；其抗病品种发病晚，病情轻。

一般春播大豆病重，而复播(夏播)大豆几乎不发病。与高秆作物间作的大豆，一般发病也比较轻。

4. 防治技术

大豆花叶病的防治应采用使用无毒或低毒种子、选育抗耐病良种、淘汰种传病苗和药剂治蚜等综合措施。

(1)农业防治　选用无毒种子，建立无病田，提倡用无病田留种；播种前严格筛选，清除褐斑粒；大豆生长期间彻底拔除病株；种子田应与周围毒源(大豆及其他寄主作物)隔离 100 m 以上，以防外源传播；避免晚播，使大豆易感期避开蚜虫高峰期；选育抗病品种；改善栽培措施，重病区可适当增加复播面积，也可采取与玉米间作的方式，可减轻病情。

(2)生物防治　银灰色或乳白色反光塑料薄膜拒蚜防病。

(3)药剂防治　由于大豆花叶病可由蚜虫传播，在生产中，可以通过消灭蚜虫来防治。防治蚜虫可选用 40%乐果乳油 1 000 倍液、或 25%亚胺硫磷乳油、或 50%灭蚜净、或 2.5%溴氯菊酯乳油，也可选用 10%吡虫啉可湿性粉剂，或 3%啶虫脒乳油。

(二)大豆霜霉病

大豆霜霉病在全国大豆产区均有发生，以大豆生育期冷凉多雨的地区发病重。受害叶片过早枯黄脱落。在多雨年份造成的损失较大。种子受害后，百粒重下降 4%～16%，发芽率也降低。

1. 症状识别

霜霉病可为害大豆幼苗、叶片、豆荚和豆粒。

幼苗发病，子叶不显症状。当第一片真叶展开后，不论单叶还是复叶，均从叶柄基部中肋沿叶脉两侧出现褪绿色斑，扩大后叶片全部变黄，病叶背面出现灰色霉层。气候潮湿，病斑扩展迅速，霉层厚，病叶由外缘向内干枯，叶片脱落，重病苗生长停止，植株矮化，可早期死亡。

成株期叶片上的病斑散生，呈圆形或不规则形的黄绿色斑，周围深褐色，与健部分界明显，背面密生灰色霉层。发病严重的，病斑可汇合成更大斑块，病叶干枯，叶片薄而脆，呈黄褐色，引起叶片大量脱落(见彩图 12-1-1)。

病荚表面常无明显症状，剥开后可见不定形的块状灰色霉层。病粒的全部或大部均黏附有块状灰色霉层。

2. 病原

大豆霜霉病的病原为东北霜霉菌［*Peronospora manshurica* (Naum) syd］，属

鞭毛菌亚门霜霉属。该菌除侵染大豆外，还侵染野大豆。卵孢子球状、黄褐色、厚壁，表面光滑或有突起物。孢囊梗二叉状分枝、末端尖锐，顶生一个孢子囊、无色，椭圆形或卵形。最适发病温度为20～22℃，10℃以下或30℃以上不能形成孢子囊，15～20℃为卵孢子形成的最适温度。湿度也是重要的发病条件，7月至8月多雨高湿易引发病害，干旱、低湿、少露则不利病害发生。

3.发病规律

病菌以附着在病粒上和病组织上越冬，以在种子上的卵孢子为主。病粒上黏着的卵孢子越冬后萌发产生游动孢子，侵染大豆幼苗的胚茎，菌丝随大豆的生长点上升，而后蔓延到真叶及腋芽，形成系统侵染。病苗上产生的孢子囊借风雨传播进行扩大再侵染。结荚后，病株内的菌丝通过茎和果柄的髓侵入到荚内造成种子发病。

大豆霜霉病的发生、发展和气候条件、品种抗病性以及菌源量的多少有很大关系。在有一定菌源的条件下，如感病品种面积大，气候条件适宜，易流行成灾。大豆幼苗期感病，随着幼苗龄期增长，抗性提高。成株期叶片发病最严重的时期是在大豆开花后，此期多雨最易引起病害流行。连作发病重。多雨潮湿，温度高低交替时有利于病害的发生。

4.防治技术

(1)品种　选育和推广抗病品种。

(2)选种和种子处理　严格选种，清除病粒。药剂拌种可选用50%福美双，用量为种子量的0.5%、或70%敌克松、或90%乙膦铝、或35%甲霜灵(瑞毒霉)粉剂拌种，用量为种子量的0.3%。

(3)轮作　针对该菌卵孢子可在病茎、叶上残留并在土壤中越冬，提倡实行轮作，减少初侵染源。

(4)加强田间管理　锄地时注意铲除系统侵染的病苗，减少田间侵染源。

(5)药剂防治　发病初期可选用40%百菌清悬浮剂600倍液、或25%甲霜灵可湿性粉剂800倍液、或58%甲霜灵·锰锌可湿性粉剂600倍液、或64%杀毒矾可湿性粉剂500倍液、或72%杜邦克露或克霜氰可湿性粉剂700～800倍液等喷雾。对上述杀菌剂产生抗药性的地区，还可选用69%安克锰锌可湿性粉剂900～1 000倍液喷雾。

(三)大豆胞囊线虫病

1.症状识别

大豆胞囊线虫病又称萎黄线虫病，俗称“火龙秧子”。苗期染病病株子叶和真叶变黄、生育停滞枯萎。被害植株矮小、花芽簇生、节间短缩，开花期延迟，不能结荚或结荚少，叶片黄化。重病株花及嫩荚枯萎、整株叶由下向上枯黄似火烧状。根系染病被寄生主根一侧鼓包或破裂，露出白色亮晶微如面粉粒的胞囊，被害根根瘤很少或不结瘤，由于胞囊撑破根皮，根液外渗，致使次生土传根病加重或造成根腐（见彩图 12-1-2，彩图 12-1-3）。

2. 病原

病原为大豆胞囊线虫（*Heterodera glycines* Ichinoche），属异皮科异皮线虫属（又称胞囊线虫属）。卵呈蚕茧状，向一侧微弯，在雌虫体内形成，贮存于胞囊中。幼虫分 4 龄，蜕皮 3 次后变为成虫。线虫的 1 龄幼虫在卵内发育；2 龄幼虫破壳而出，1、2 龄雌雄线虫均为线状；3 龄幼虫雌雄可辨，雌虫腹部膨大成囊状，雄虫仍为线状；4 龄幼虫形态与成虫相似。雄成虫线状，雌成虫梨形。

3. 发生规律

大豆胞囊线虫在东北地区 1 年发生 3～4 代，上海地区发生 10 代左右。大豆胞囊线虫主要以在土壤中越冬的胞囊，或混杂在种子中土块内的胞囊作为初侵染源。种子的远距离调运是该病传播到新区的主要途径，田间传播主要通过田间作业的人、畜和农机具携带胞囊，或含有线虫的土壤，其次为灌水、排水和施用未充分腐熟的粪肥。胞囊中的卵在春季气温转暖时，1 龄幼虫在卵壳内孵化，2 龄幼虫破卵壳进入土壤中，雌性幼虫从根冠侵入寄主根部，经皮层进入中柱，其唾液使原生木质部或附近组织形成愈合细胞，堵塞导管。线虫则以吻针插入愈合细胞吸收营养。4 龄后的幼虫就发育为成虫，即大豆根上所见的白色或黄白色的球状物。雌成虫重新进入土壤中自由生活，性成熟后与雄虫交尾。雌虫体随着卵的形成而膨大呈柠檬状，后期雌虫体壁加厚，形成越冬的褐色胞囊。

连作地发病重，与禾本科作物轮作，土壤中线虫数量急剧下降，这是因为禾谷类作物的根能分泌刺激线虫卵孵化的物质，使幼虫从胞囊中孵化后找不到寄主而死亡（称这类作物为“诱捕作物”）。通气良好的沙壤土、沙土或干旱瘠薄的土壤有利于线虫生长发育；线虫适于在碱性土壤中生活。

4. 防治技术

（1）品种　选用抗病品种。

（2）合理轮作　避免连作、重茬，病田种玉米或水稻后，胞囊量下降 30%以上。

（3）药剂防治　胞囊线虫长期栖居在土壤中，药剂防治应采取土壤施药。防治胞囊线虫的药剂主要有甲基异柳磷、呋喃丹、涕灭威等。提倡施用甲基异柳磷水溶性颗粒剂，每 667 m^2 有效成分 300～400 g，于播种时撒在沟内，湿土效果好于干土，中性土比碱性土效果好，要求用器械施不可用手施，更不准溶于水后用手沾药施。此外也可用 3%克线磷 5 kg 拌土后穴施，效果明显。虫量较大地块用 3%呋喃丹(克百威)颗粒剂每 667 hm^2 施 2～4 kg 或 10%涕灭威(铁灭克)颗粒剂 2.5～5 kg 沟施,沟深 5～6 cm 以上。也可用 98%棉隆(必速灭)5～10 kg 或 D-D 混剂 40 kg。后两种药剂须在播前 15～20 d 沟施,前几种颗粒剂与种子分层施用即可。

(四)大豆疫霉根腐病

1.症状识别

出苗前发病引起种子腐烂。出苗后病根或茎基部腐烂萎蔫或立枯,根变褐,软化。真叶期发病,茎上可出现水渍斑,叶片萎蔫、黄化,死苗。侧根腐烂、主根变为深褐色(咖啡色)。并可沿主茎向上延伸几厘米,甚至有的可达第十节。成株发病,枯死较慢,先是下部叶片脉间变黄,上部叶片褪绿,植株逐渐萎蔫,叶片凋萎仍悬挂在植株上。后期病茎的皮层及维管束组织均变褐(见彩图 12-1-4)。

2.病原

大豆疫霉根腐病病原为大豆疫霉(*Phytophthora sojae* M. J. Kaufman & J. W. Gerdemann.),属鞭毛菌亚门疫霉属。

3.发生规律

土壤中病残体上的卵孢子是主要初侵染来源。当土壤中有自由水时,卵孢子萌发产生大量游动孢子,随水传播,遇上大豆根以后,先形成休止孢,后萌发侵入寄主根部引起发病。带菌土壤飞溅引起叶部侵染。在大豆生长期内可进行多次再侵染。湿度高或多雨天气发病重,重茬地、地势低洼、黏土、排水不良地块发病重。在病区土壤温度达 15～20℃后,遇大雨田间积水,此病严重发生。

4.防治技术

防治上采取种植抗、耐病品种,加强田间管理,做好种子及土壤药剂处理等综合措施。雨后及时排除积水防止湿气滞留。播种时沟施甲霜灵颗粒剂,播种前选用 35%甲霜灵粉剂按种子重量 0.3%进行拌种。或利用瑞毒霉进行种子处理控制早期发病,但对后期无效。必要时喷洒或浇灌 25%甲霜灵可湿性粉剂 800 倍液或 58%甲霜灵・锰锌可湿性粉剂 600 倍液。因病菌可随种子远距离传播,还应做好种子调运的检疫工作。

(五)花生叶斑病

花生叶斑病是花生叶部斑点类型病害的通称,在 20 世纪 80 年代中期以前包括黑斑病和褐斑病两种,80 年代中后期以来国内各花生产区相继报道发生了一种新的叶斑病,称为网斑病,以山东发生最重,其次是河南、陕西和东北,而且有逐年加重的趋势。这几种病害都是危害叶片,使叶片提早脱落,严重影响光合效能,使荚果不饱满,降低产量和品质。对产量影响很大,一般减产 10%～

20%,严重的减产30%~35%。

1.症状识别

3种病害症状的共同特点都是主要发生在叶片上,引起局部斑点类型的病害,其次危害叶柄、托叶、果针、茎秆。其不同点是黑斑病和褐斑病发生在花生生长的中后期而网斑病是发生在花生生长中期,黑斑病和褐斑病病斑稍小,病斑形状不规则。另外从病征表现上也有不同,几种病斑可在单张叶片上混生(图12-1-1)。

图 12-1-1　花生叶斑病

(1)黑斑病　主要发生叶片上,也可为害叶柄、托叶和茎秆。叶片上病斑圆形或近圆形暗褐色、黑褐色,周围有明显或不明显的淡黄色晕圈,背面有许多黑色小点,呈同心轮纹状排列。潮湿时,病斑上产生一层灰褐色霉状物。叶柄和茎秆上的病斑椭圆形,黑褐色,病斑多时连成不规则大斑,严重时整个叶柄或茎秆变黑枯死。

(2)褐斑病　叶片上病斑较大;颜色较黑斑病的浅,正面棕褐色至褐色,背面黄褐色,周围的黄色晕圈宽而明显。潮湿时,病斑上也产生灰褐色霉层。病斑多时也联合成不规则的斑,叶片枯死脱落。茎秆上的病斑褐色,长椭圆形,病斑多时,也致茎秆枯死。

(3)网斑病　叶片病斑表现有两种类型,一种是网斑型,初在叶片表面呈星芒状小黑点后扩大成边缘网状、中央不规则的黑褐色病斑。病斑直径2~5 mm,病斑仅限于叶片表皮细胞;另一种是污斑型,病斑较大,7~15 mm,近圆形,黑褐色,可穿透叶片,但背面病斑稍小。病斑坏死部分可形成黑色小粒点(分生孢子器),此种病斑多发生在湿度较大时。叶片上病斑以网斑型为主。

2.病原

(1)黑斑病　黑斑病病原为球座尾孢菌(*Cercospora personata* Berk. et Curt),属于半知菌亚门球座尾孢属。该菌子座生于病斑两面,以背面为多;子座半球形,褐色至黑色,埋生于寄主表皮下。

(2)褐斑病　褐斑病病原为花生尾孢菌(*C. arachidicola* Hori),属于半知菌亚门花生尾孢属。子座主要产生在叶斑正面,暗褐色,不明显。

(3)网斑病　网斑病病原为(*Phoma arachidicola* Marasas pauer & Boerema),属半知菌亚门,茎点霉属。病斑上的小黑点为分生孢子器、分生孢子器黑褐色,近球形,有孔口。分生孢子椭圆形或近圆形,单孢,无色。据西北农大研究,分生孢子有单、双、三胞,以双胞为主。条件不适宜时,菌丝体上产生具有纵横分隔的厚垣孢子。

3.发病规律

3种病害病害循环基本相同，只是网斑病比黑斑病和褐斑病发生稍早一些，以黑斑病发生最晚。主要以子座或菌丝团在病株残体内越冬，也可以在分生孢子和病组织内的子囊腔越冬，为初侵染源。病组织中的子座第二年遇到合适的气候条件，产生分生孢子，随风雨和昆虫传播，侵染花生并造成发病，可引致再侵染。

花生叶斑病的发生与流行和气候条件、栽培管理、品种等因素都有一定关系。

(1)温、湿度　决定病害发生轻重的主导气象因素是降雨及湿度。秋季多雨，气候潮湿，病害重；少雨干旱的年份发病轻。从温度影响看，黑斑病菌的生长适宜温度为10～30℃，而褐斑病的适温为10～33℃，所以黑斑病在田间发病稍早于褐斑病，一般在8月中旬进入发病高峰；网斑病在田间发生则更早。在温度适宜的条件下，湿度是决定发病程度的重要因素，在大于80%以上的湿度条件下温度越高，发病越重。尤其是降雨次数多，更有利于病害发生。一般每次降雨后5～10 d即可出现一次发病高峰。

(2)菌源量　连作田发病重，轮作田发病轻。

(3)生育期　黑斑病和褐斑病，在生育前期发病轻，中后期发病重；幼嫩器官发病轻，衰老叶片发病重。8月中旬至收获前20～30 d是发病盛期，也是防治的关键时期。

(4)品种、生育期及叶龄　一般蔓生型品种或半蔓生型品种较直立型品种感病。

4.防治技术

(1)农业防治

①品种：选育和种植抗病品种。

②轮作：实行2年以上的轮作换茬，加强水、肥管理，清沟排渍，降低田间湿度；病地深翻。花生是喜肥作物，肥料不足生长势弱，病害加重。要在施足基肥的基础上，及时追施速效性肥料，促使花生生长健壮，提高抗病力，以减轻病害程度。花生不能种植过密，以利通风透光。

③清除菌源：花生收获后及时清除田间病株残体，集中销毁或做饲料。粪肥一定要充分腐熟，收后要及时进行深翻，把田间未清除的残余落叶翻入土中，加速其腐烂，减少翌年发病的初侵染来源。

(2)药剂防治　可用50%多菌灵可湿性粉剂、70%甲基托布津可湿性粉剂、75%百菌清喷雾，每7～10 d喷雾1次，连喷2～3次，可达到较好的防治效果。花生叶面蜡质层较厚，药液不易附着，药液中加入一些洗衣粉可提高药剂的展着性，增强药效。应用药剂防治时，喷药时间和次数，要根据发病情况和气候条件而定。一般降雨次数多，气候潮湿，喷药次数适当增多，间隔时间缩短；少雨的年份或季节，喷药次数可减少，间隔时间可延长。通常是每隔 15～29 d 喷药 1 次，喷药 2～4 次。可达到较好的防治效果。

(六)花生根结线线虫

花生根结线虫病，生产上习惯称为"地黄病"、"地落病"、"小秧病"。根结线虫病是花生上发生危害最重的病害之一，国内除西南地区外，其他各花生产区都有不同程度的发生，以山东、河北等省市发病最重。此病是花生上一种具有毁灭性的病害，一旦发生，会给生产造成极大损失。

根结线虫病主要侵染花生根系，其次侵染花生荚果、果柄等入土部位。从根部侵入，根的输导组织被破坏，影响水分和养分的正常吸收和运转。受害部位膨大，形成纺锤状，即虫瘿，初呈乳白色，后变淡黄色至深褐色，在虫瘿上生出很多不定毛根。线虫再次侵入，又形成虫瘿。经多次重复侵染，使花生整个根系形成乱头发状的"须根团"。侵染荚果，在果壳上形成疮痂状的褐色突起，即虫瘿。

1.形态识别

花生根结线虫(*Meloidogyne arenaria* Neal)雌雄异体。幼虫呈细长蠕虫状。雄成虫线状，尾端稍圆，无色透明，大小(1.0～1.5) mm×(0.03～0.04) mm。雌成虫梨形，多埋藏在寄主组织内，大小(0.44～1.59) mm×(0.26～0.81) mm。

2.发生规律

(1)生活习性　根结线虫多分布在 0～20 cm 土壤内，特别是 3～9 cm 土壤中线虫数量最多，常以卵或 2 龄幼虫随植株残体遗留在土壤中或粪肥中越冬，翌年环境适宜时以 2 龄幼虫从嫩根侵入，繁殖为害。可通过带虫土或苗及灌溉水传播。土温 25～30℃，土壤湿度为 40%～70%条件下线虫繁殖很快，易在土壤中大量积累。

(2)发生条件

①土壤温度：幼虫侵染根系的最低土壤温度为 11.3℃，最高为 34℃，最适为 15～20℃。幼虫生长发育适温为 25～28℃，最高致死温度为 45℃。

②土壤湿度：幼虫侵入的最适土壤含水量为 70%。

③土壤性质：沙土、沙壤土及透气性好、质地疏松的土壤发病重；低洼、黏性及透气性差的土壤发病轻。

④栽培措施：早播花生较晚播发病重，连作较轮作发病重。

3.防治技术

(1)严格检疫　花生根结线虫是一种检疫对象。异地调种时,一定要做好种子检疫工作,同时,根结线虫寄主范围广,调运其他寄主作物时也要严格实行检疫制度。

(2)农业防治

①清理田园,消灭病源:病地花生收获后不带出田外,病残体就地晒干,集中烧毁。花生收获时要深挖细收,做到病根、病果不遗留于土壤中。同时将杂草寄主连根拔出,集中烧毁。另外,不用病残体沤肥、喂牲畜,以防根结线虫混入粪肥,传播危害。

②合理轮作:可与小麦、玉米、谷子等作物轮作,能显著减少土壤内的虫口密度。轮作年限愈长,虫口密度愈小。

③加强田间管理:要合理施肥,增施有机肥,深翻改土,合理灌水,精细耕作,均能减轻根结线虫病的危害。

(3)药剂防治　花生播种时,用防线剂 1 号 37.5～45 kg/hm^2;或 15%涕灭威颗粒剂 15.0～22.5 kg/hm^2;或 3%呋喃丹颗粒剂 1.0～2.9 kg/hm^2,混适量沙土,施于播种沟内。

(七)油菜菌核病

油菜菌核病是我国油菜产区的重要病害,发生普遍而严重,尤以长江流域和东南沿海的冬油菜地发生最重。油菜感病后,一般较健株减产 10%～70%,种子含油量降低 1%～5%。特别是花期至成熟期如遇多雨的气候条件,常导致毁灭性的减产。

1.症状识别

油菜菌核病从苗期至结果期均可发生,以开花后发病最盛。苗期感病,近地面的茎基与叶柄形成红褐色斑点,扩大后变成白色,病组织湿腐,长出白色絮状菌丝。重者病斑绕茎 1 周,后幼苗死亡,病组织外长出许多黑色菌核。成株期感病,茎、叶、花、角果及种子均可感病。叶发病后,初为暗青色水渍状斑块,后扩展成为圆形或半圆形斑,有 2～3 种不同颜色轮层,中央黄褐或灰褐色,中层暗青色,外围淡黄色。潮湿时病斑迅速扩展,全叶腐烂;干燥时病斑破裂穿孔。茎与分枝发病,初为淡褐色长椭圆形、棱形、长条形绕茎大斑,稍凹陷,有同心轮纹,水渍状。后变为灰白色,边缘深褐色。组织腐烂,髓部消解,皮层碎裂,维管束外露呈纤维状,病部长有白色菌丝,故称“白秆”、“霉秆”等,后期转为黑色菌核。角果发病,形成水渍状褐色斑,后变白色,边缘褐色。潮湿时全果变白腐烂,长有白色菌丝,后形成褐色菌核。种子发病,表面粗糙,瘪瘦,无光泽(见彩图 12-1-5)。

2.病原

病原为核盘菌[*Sclerotinia sclerotiorum*（Lib）de Bary]，属子囊菌亚门核盘菌属。菌核球形或鼠粪状，不规则形，萌发可产生1～4个子囊盘，子囊盘肉质，浅肉色至褐色，子实层由子囊与侧丝栅状排列。子囊无色，棍棒状或圆柱形，内生8个子囊孢子；子囊孢子单胞，无色透明，椭圆形。菌核对干旱和低温的不良条件抵抗能力强。光照不足时，菌核萌发只长出子囊盘柄，而不能形成子囊盘。

3.发病规律

油菜菌核病的初侵染源主要是混有菌核的土壤、病残体、种子和堆肥。越夏菌核在秋季有少量萌发，产生子囊盘或菌丝侵染油菜幼苗。大多数菌核越夏越冬后，至翌年2～3月份才萌发。在温湿度适宜的条件下，菌核大量萌发形成子囊盘，子囊孢子成熟后弹射出来随气流传播。子囊孢子不能直接侵染健壮茎叶，而极易侵染花瓣和老叶。病部外表产生的白色菌丝，通过植株间的接触，如通过花瓣飘落，病健搭附等途径进行再侵染，引起病害逐渐扩大蔓延。

越冬的菌核数量多，发病重。油菜开花期最感病，如开花期与子囊盘盛发期相吻合，则病害将大量发生。温度在20℃左右，相对湿度85%以上，有利于病菌的发育和侵入危害。在油菜开花期，遇多雨天气则病害严重。连作地菌源多，发病重。地势低洼、排水不良、大水漫灌、栽植过密、偏施氮肥造成枝叶徒长，通风不良的地块均有利于发病。

4.防治技术

(1)农业防治

①轮作和深翻：旱地油菜应和禾本科作物轮作2年以上，水稻和油菜轮作防病效果最好，油菜收获后深耕，将带菌表土翻到土壤下层，以减少田间菌源。

②平地窄畦和清沟排渍：油菜地应该搞好土地平整工作，地势低或排水不良的油菜地应特别注意整畦，防治渍水，做到明水能排，暗水能滤。

③合理施肥：重施基肥和苗肥，早施蕾苔肥，避免苔花期过度施用氮肥，配合施用适量的磷钾肥。

④品种选择：要种植抗病品种，并适期播种。

⑤摘除病、黄叶和清除病残体在油菜盛花和终花期，根据病情分2～3次摘除病叶和黄叶，并带出田外，以增加田间通气透光，减少再侵染菌源，可减轻发病。

⑥选留无病种子，在收获前2～3 d剪去无病株主轴，干燥后将其角果中种子留种。

(2)药剂防治　在做好农业防治的基础上，做好药剂保护，仍是控制菌核病为害的关键性措施。可选药剂有80%多菌灵超微粉1 000倍液或40%多硫悬浮剂

400倍液，7 d后进行第二次防治。此外，还可选用12.5%治萎灵水剂500倍液或40%萎灵粉剂1 000倍液、50%复方菌核净可湿性粉剂1 000倍液。

(八)油菜病毒病

油菜病毒病又名花叶病，分布范围很广。为害程度因地区、年份、品种类型和栽培技术条件等不同而有差异。

1.症状识别

不同油菜类型上症状差别很大。

(1)甘蓝型油菜

——黄斑型　先在叶面产生黄色或淡黄色，圆形或不规则形病斑，然后在病斑中央出现黑褐色枯点。

——枯斑型　叶片正面产生淡褐色枯斑，中心有一黑点，枯斑周围略褪色。

——花叶型　新生叶上，支脉明脉，叶片出现黄绿相间的花叶，有时出现疱斑、皱缩，茎秆上产生长短不一的长条形褐斑，蔓延后成长条形枯斑，植株矮化，结实不良。

(2)白菜型及芥菜型油菜　苗期产生明脉和花叶，叶片皱缩。重病株在越冬前死亡，轻病株植物矮化不能开花结实。

2.病原

由芜菁花叶病毒、油菜花叶病毒以及烟草花叶病毒侵害引起。

3.发病规律

油菜病毒病主要由蚜虫(包括桃蚜、萝卜蚜、甘蓝蚜等)传播。蚜虫在病原寄主上吮吸3～5 min，便带上了病毒，再转移到油菜苗上吮吸3～5 min，就传毒于油菜苗上，尤其是有翅蚜虫，活动能力很强，范围更广，是主要的传毒媒介。病毒也可以通过病株与健株接触摩擦而传病。油菜苗期是易感病期，病害发生与气候条件、栽培管理也有很大的关系，若气温在15～20℃，相对湿度70%以下，有利于蚜虫繁殖危害，加速病毒的传播；施氮肥过多，田边杂草多，排水不良的田块发病也重。

4.防治技术

(1)选用抗病品种　一般甘蓝型油菜较芥菜型油菜、白菜型油菜抗病性强，而且产量高。

(2)适期播种　油菜苗期处于高温干燥的条件，病毒病发生重，故适当调整播期是减轻病害的有效措施之一。

(3)药剂防治　蚜虫不仅直接为害油菜，而且是传毒媒介。由于蚜虫传病迅速，从田外迁飞来的蚜虫，往往在被药剂杀死之前，即以传毒。为达到防蚜治病的目的，须将蚜虫消灭在毒源植株上。尤其在油菜播种前，应普遍加强对蚜虫的防治。可使用的药剂有50%抗蚜威4 000倍液、10%吡虫啉可湿性粉剂2 000倍液、1%阿维菌素乳油1 500倍液、5%增效抗蚜威液剂2 000倍液、2.5%联苯菊酯乳油3 000倍液等。抗蚜威有利于保护天敌，但由于蚜虫易产生抗药性，应注意轮换使用。

(九)油料作物其他病害防治技术

油料作物其他病害防治技术见表12-1-1。

表12-1-1 油料作物其他病害防治技术

病害名称	病原	症状特点	发病规律	防治要点
大豆灰斑病	半知菌亚门尾孢属真菌(*Cercospora sojina* Hara)	子叶上的病斑圆形，深褐色凹陷，有裂纹。成株期叶片病斑散生，上生灰色霉状物，荚上病斑中间灰边缘褐色。种粒上病斑圆形至不规则形，中央灰色，边缘红褐色，形成蛙眼(见彩图12-1-6)	以菌丝体在种子和病株残体上越冬，带菌种子和病残体是初侵染，病株上的分生孢子借风雨进行再侵染。湿度大、连作病害重	选育抗病品种；合理轮作；清除田间病株残体；用50%福美双可湿性粉剂拌种，剂量为种子量的0.3%；可在大豆结荚期喷药，药剂有40%多菌灵胶悬剂，50%多菌可湿性粉剂等
大豆菟丝子	菟丝子科菟丝子属	以藤茎缠绕在大豆茎上为害，被害植株茎变细而弯曲，株型矮，叶片小而黄，花芽枯萎，结荚少而秕荚增多，重者茎上缠绕菟丝子藤茎，大豆全株变黄，直至死亡	以种子在土壤内和种子上越冬，含有种子的土壤和大豆种子是菟丝子的初侵染源。可通过人为携带、大雨及贸易运输远距离传播。温度高、湿度大、菟丝子生长快，危害重	严格检疫；清除菟丝子种子；深翻土地，合理轮作；在大豆田间勤检查，发现有菟丝子寄生，立即连同大豆一起拔出烧毁。可用鲁保1号喷雾
花生枯萎病	花生枯萎病是花生青枯病、茎腐病、根腐病、黑霉病等病害的总称，各花生产区均有发生	初发病时茎基部表面产生不规则褐色斑块，渐发展成黑褐色病斑，病斑纵向、横向扩展，最后绕茎基部一周形成环状病斑，使维管束变褐色坏死，地上萎蔫死亡	病原菌在土壤、粪肥、种子表面越冬，作为第二年的主要侵染来源。可通过雨水、施肥、耕作等传播再侵染。连作病重，地力瘠薄，易积水的地块病重	选用抗病品种；合理轮作；适时排、灌水；及时清除田间植株和病残体

续表 12-1-1

病害名称	病原	症状特点	发病规律	防治要点
向日葵锈病	担子菌亚门葵柄锈菌	叶片染病，初在叶片背面出现褐色小疱是病菌夏孢子堆，表面破裂后散出褐色粉末，即病原菌的夏孢子，后病部生出许多黑褐色的小疱，即病菌冬孢子堆，散出黑色粉末，即冬孢子，发生严重的致叶片早期干枯	寒冷地区病菌以冬孢子在病残体上越冬。翌年条件适宜时，冬孢子萌发产生担孢子侵入幼叶，形成性子器，后在病斑背面产生锈子器，器内锈孢子飞散传播，侵入叶片，形成夏孢子，夏孢子借气流传播，进行多次再侵染。湿度大病害重	选育和推广抗病品种；收获后彻底清除田间病株残体，消灭初侵染，增施P、K 肥，增强植物抗病性；在发病期用 20% 三唑酮乳油 1 000 倍液、75%代森锰锌 300～400 倍液；20% 萎锈灵乳油 400～600 倍液，以上药剂使用一种或两种混配交替使用，连续用药 2～3 次，每次间隔 7 d 左右
向日葵菌核病	子囊菌亚门，核盘菌属	整个生育期均可发病，造成茎秆、茎基、花盘及种仁腐烂。常见的有根腐型、茎腐型、叶腐型、花腐型 4 种症状，其中根腐型、花腐型受害重	病菌以菌核在土壤内，病残体中及种子间越冬。翌年气温回升至 5℃以上，土壤潮湿，菌核萌发产生子囊盘，子囊孢子成熟由子囊内弹射出去，借气流传播，遇向日葵萌发并侵入。连作田土壤中菌核量大，病害重	种植抗病品种；与禾本科作物实行 5～6 年轮作；将地面上菌核翻入深土中使其不能萌发；清除田间病残体，发现病株拔除并烧毁，适当晚播，增施磷钾肥；种子处理用 35～37℃温水浸种 7～8 min 并不断搅动，菌核吸水下沉，捞出上层种子晒干。药剂防治可用 50% 速克灵可湿性粉剂或 50% 多菌灵可湿性粉剂
向日葵斑枯病	半知菌亚门向日葵壳针孢	苗期、成株期均可发病。子叶和幼苗染病叶片上生近圆形褐色病斑，外围生有黄色晕圈，病斑背面灰白色。成株染病病斑多角形，褐色，也有黄色晕圈，后期病斑上生出小黑点，多雨潮湿，病斑易脱落或穿孔，发病重的病斑融合枯死	病菌以分生孢子器或菌丝在病残体上越冬，翌春温湿度条件适宜，分生孢子从分生孢子器中逸出，借风雨传播蔓延进行初侵染和再侵染，扩大为害。秋季发病较普遍。多雨年份，湿度大发病重	选育抗病品种；深翻地、铲除自生苗等清除病残株，重病地轮作 4～5 年；加强栽培管理，适期早播，合理密植；发病初期打底叶、病叶，同时喷 50%多菌灵可湿性粉剂 500 倍液或 70%甲基托布津可湿性粉剂 1 000 倍液，或喷洒 30%碱式硫酸铜胶悬剂 400～500 倍液

续表 12-1-1

病害名称	病原	症状特点	发病规律	防治要点
油菜霜霉病	鞭毛菌亚门霜霉目霜霉属	油菜整个生育期均可受害，病害可侵染叶、茎、花、花梗和角果。发病初期叶面出现淡黄绿色小斑点，后扩大为受叶脉限制的多角形或不规则形黄褐色大斑，病斑的叶背面生有霜状霉层，以后病部逐渐变成褐色枯斑，严重时叶片枯黄脱落	病菌以卵孢子随病残体在土壤中、粪肥里和种子内越夏，秋季萌发后侵染幼苗，病斑上产生孢子囊进行再侵染。冬季病害以菌丝在病叶中越冬，翌春气温升高，借风雨传播再次侵染叶、茎及角果，油菜进入成熟期，病部又产生卵孢子，可多次再侵染	种植抗病品种；与禾本科作物进行 2 年轮作，加强田间管理，做到适期播种，播种前用种子重量 1% 的 35% 瑞毒霉或甲霜灵拌种。药剂防治可用 58% 甲霜灵·锰锌可湿性粉剂 500 倍液或 40% 百菌清悬乳剂 600 倍液

四、操作方法及考核标准

(一)操作方法与步骤

(1)选择病害发生较为严重的油料作物田，调查病害发生种类、为害状况及为害特点。

(2)结合调查结果，查询学习资料，获得相关知识。

(3)结合教师讲解及对病害症状的仔细观察，识别大豆等油料作物常见病害。

(4)通过显微镜镜检，识别大豆等油料作物常见病害病原菌的形态特征。

(5)根据大豆等油料作物病害发生规律，制订综合治理措施。

(6)认真撰写实训报告。

(二)技能考核标准

油料作物病害防治技术技能考核参考标准见表 12-1-2。

表 12-1-2 油料作物病害防治技术技能考核参考标准

考核内容	要求与方法	评分标准	标准分值	考核方法
油料作物病害识别 40 分	1. 说出 10 种病害的名称	病害名称错误每种扣 1 分	10	单人考核口试评定成绩
	2. 说出真菌性病害亚门和属的名称	真菌性病害亚门和属的名称错误每种扣 2 分	20	
	3. 描述病害的识别要点	描述病害症状不正确每种扣 1 分	10	

续表 12-1-2

考核内容	要求与方法	评分标准	标准分值	考核方法
病原菌形态识别 30 分	1. 玻片标本制作	根据玻片擦拭、病菌挑取、盖盖玻片等符合要求情况酌情扣分	15	单人操作考核
	2. 病菌观察识别	根据显微镜操作熟练程度、镜中病原菌形态清晰程度，特征明显与否酌情扣分	15	
综合防治技术 30 分	1. 制订综防措施	根据油料作物病害种类制订的综合防治措施是否符合要求情况酌情扣分	15	单人操作考核
	2. 可行性和可操作性	根据制订的综防措施是否具有可操作性和可行性酌情扣分	15	

五、练习及思考题

1. 带领学生到实训基地调查大豆病害发生种类及为害情况。
2. 简述大豆菌核病发生规律与综合防治的关系。
3. 简述大豆疫病的发生特点。
4. 大豆胞囊线虫病的发生条件是什么？如何防治？
5. 如何在田间诊断油菜霜霉病？如何防治该病害？
6. 以小组为单位，对当地主要油料作物的病害发生做诊断和防治，并制订一套切实可行的防治方案。
7. 简述花生叶斑病 3 种病害的症状异同点。
8. 花生枯萎病的发病条件是什么？其防治关键要点是什么？
9. 花生青枯病的发病条件是什么？发病条件与防治的关系如何？
10. 简述向日葵锈病的发病条件与防治的关系。

项目 2 油料作物主要害虫防治技术

一、技能目标

(1)根据学习任务，采取理实一体的授课方式，学生能够通过“做中学、学中做”掌握油料作物虫害的种类、害虫形态特征及基本防治措施，制订切实可行的防治方案。

(2)通过实践获得、资料查询和网上收集等途径,对油料作物虫害的发生,拟定出综合防治方案。

二、教学资源

1. 材料与工具

当地气象资料、有关油料作物虫害的历史资料、栽培品种介绍、作物生产技术方案、虫害种类及分布情况等资料。

大豆食心虫、大豆蚜、豆荚螟、花生蚜、黄曲条跳甲、豆天蛾等等当地常发生的油料作物害虫成虫、幼虫盒装标本和浸渍标本。

体视显微镜、显微镜、放大镜、镊子、挑针、蒸馏水、培养皿、载玻片、泡沫塑料板、有关的挂图、彩色照片及多媒体课件等。

2. 教学场所

教室、实验室或实训室。

3. 师资配备

每20名学生配备一位指导教师。

三、原理、知识

(一)大豆食心虫

大豆食心虫[*Leguminivora glycinivorella* (Matsumura)]俗称大豆蛀荚虫、小红虫,别名豆卷叶螟。属于鳞翅目小卷蛾科。在我国主要分布于东北、华北、西北和湖北、江苏、浙江、安徽、山东等地,以东北3省、河北、山东受害较重。

大豆食心虫食性较单一,主要为害大豆,也取食野生大豆和苦参。以幼虫蛀入豆荚咬食豆粒,轻者沿瓣缝咬成沟,重者把豆粒吃掉大半,被害粒失去原形,豆荚内充满虫粪,降低产量和质量。

1. 形态识别

成虫体长5~6 mm,翅展12~14 mm,黄褐至暗褐色。幼虫体长8~10 mm,初孵时乳黄色,老熟时变为橙红色。蛹长约6 mm,红褐色,纺锤形。由幼虫吐丝缀合土粒做成土茧,长椭圆形(见彩图12-2-1)。

2. 发生规律

(1)生活习性　每年发生1代。在我国北部发生偏早,南部偏晚,以老熟幼虫在地下结茧越冬。蛹期对环境抵抗力弱。成虫于夜间、上午及中午前后均隐蔽在茂密的大豆叶片背面,叶柄或茎枝等处不动,只有受到惊动时才做短暂飞行,飞翔力很弱。下午3时到日落以前在豆田活动，有成团飞翔现象。雌蛾喜产卵在有毛豆荚上，散产。幼虫孵化后多从豆荚边缘合缝处蛀入。土壤含水量低于5%时成虫不能羽化。天敌有赤眼蜂、中国齿腿姬蜂、食心虫白茧蜂等。

(2)发生条件　大豆食心虫在适温下，如果化蛹期雨量多，土壤湿度大，则有利于化蛹和成虫出土，发生期较早，发生量也大。高温干燥及低温多雨均不利于成虫产卵。不同的大豆品种具有不同的抗虫性。无荚毛且荚毛弯曲的品种抗虫。大豆连作田受害重，轮作发生轻。

3.防治技术

防治大豆食心虫，应在选种抗病品种的基础上，推行农业技术防治，辅以药剂防治和生物防治，使抗虫品种与农业措施，化学药剂与天敌作用协调起来，达到综合防治的目的。

(1)农业防治

①品种选择：种植早熟或叶毛较多的抗虫品种。

②合理轮作：推行秋翻秋耕和作物结荚后的管理中增加一次翻耙，可大量消灭幼虫和蛹。

③适当调整播种期，使寄主结荚期与成虫产卵盛期错开。

(2)生物防治　在成虫产卵期释放赤眼蜂30万～45万头/hm^2。在老熟幼虫入土前地面施用白僵菌粉22.5 kg/hm^2。

(3)物理防治　设置黑光灯诱杀。

(4)药剂防治　成虫发生期用敌敌畏熏蒸，或喷洒2%杀螟硫磷粉剂防治初入荚幼虫。成虫产卵盛期，喷施2%天达阿维菌素3 000倍液＋25%天达灭幼脲1 500倍液，不仅能毒杀成虫而且能杀死一部分卵和初孵幼虫；幼虫入荚盛期之前，再喷一次，还能杀死大部分入荚的幼虫。

(二)豆荚螟

豆荚螟[*Etiella zinckenella* (Treitschke)]又名豆蛀虫，属鳞翅目螟蛾科。在我国分布广泛，以华东、华中、华南及陕西受害最重，豆荚螟为寡食性，其寄主多为豆科作物。幼虫在豆荚内蛀食豆粒。被害粒轻则成缺刻，重则被蛀空，其中充满虫粪。受害豆荚味苦，不堪食用。

1.形态识别

成虫体长10～12 mm，翅展20～24 mm。全体灰褐色。前翅前缘有1条明显的白色纵带，近翅基1/3处有1条金黄色横带；沿后翅外缘有1条褐纹。卵椭圆形，初产时乳白色，孵化前呈暗红色。老熟幼虫长14～18 mm，初龄时淡黄白色，其后变灰绿直至紫红。蛹长约 10 mm，黄褐色（图 12-2-1）。

图 12-2-1　大豆豆荚螟

2. 发生规律

（1）生活习性　豆荚螟在各地发生的代数不同。各地主要以老熟幼虫在寄主植物附近土表下 5～6 cm 深处结茧越冬。豆荚螟成虫喜欢在豆荚有毛的大豆品种上产卵。将卵产于荚毛间，一般一荚一卵。未结荚的大豆则产卵于幼嫩叶柄、花梗、嫩芽及嫩叶背面。卵经 3～4 d 孵化。初孵幼虫先在荚面上爬行 1～3 d，在原豆荚上蛀入，或吐丝在他处找豆荚蛀入。1 头幼虫平均可食豆 3～5 粒。在食料不足或环境不适时可转荚为害 1～3 次。幼虫转荚为害时蛀孔处有丝囊，而脱荚处无丝囊。

（2）发生条件　豆荚螟在温度适宜时，雨水多的年份发生轻，干旱年份发生重。地势高的豆地因土壤湿度小而较地势低的豆地发生重。在大豆品种中，结荚期长的比结荚期短的受害重；荚毛多的比荚毛少的受害重。在中间寄主面积大，种植期长、距离豆田近的情况下也可使虫口数量大增。其天敌赤眼蜂、白僵菌等均对其有一定的控制作用。

3. 防治技术

（1）农业防治

①选种抗虫品种：选早熟丰产，结荚期短，豆荚毛少或无毛品种种植，可减少豆荚螟的产卵。

②灌溉灭虫：在水源方便的地区，可在秋、冬灌水数次，提高越冬幼虫的死亡率，在夏大豆开花结荚期，灌水 1～2 次，可增加入土幼虫的死亡率，增加大豆产量。

③合理轮作：避免豆科植物连作，可采用大豆与水稻等轮作，或玉米与大豆间作的方式，减轻豆荚螟的为害。

④翻耕沤肥：豆科绿肥在结荚前翻耕沤肥，种子绿肥及时收割，尽早运出本田，减少本田越冬幼虫的量。

（2）生物防治　于产卵始盛期释放赤眼蜂，对豆荚螟的防治效果可达 80%以上；老熟幼虫入土前，田间湿度高时，可施用白僵菌粉剂，减少化蛹幼虫的数量；在老熟幼虫入土前，田间湿度高时，施用白僵菌粉剂，用 22.5 kg/hm^2 加细土 67.5 kg/hm^2 撒施。也可喷洒 25%灭幼脲 3 号悬浮液 1 000 倍液。

（3）药剂防治　老熟幼虫脱荚期，毒杀入土幼虫，以粉剂为佳，主要有：2%杀螟松粉剂、2%倍硫磷粉剂等22.5～30 kg/hm²。在大豆堆垛地及周围1～2 m范围内，撒施上述药剂、低浓度粉剂或含药毒土，可使脱荚幼虫死亡90%以上。大豆现蕾开花后及时喷洒52.25%毒死蜱·氯氰菊酯乳油800倍液或0.6%阿维菌素乳油1 500倍液、20%氰戊菊酯乳油或10%溴虫腈乳油2 000倍液。从现蕾开始，每隔10 d喷蕾、花1次，可控制为害。

(三)大豆蚜

大豆蚜(*Aphis glycines* Matsumura)属于同翅目蚜科，俗名腻虫、蜜虫，是大豆的主要害虫之一，对大豆产量及品质造成一定影响。随着全球气候条件的改变，其发生面积和程度有逐年增加的趋势。大豆蚜以成虫、若虫吸食大豆嫩枝叶的汁液，受害植株常幼叶卷缩，根系发育不良，生长停滞，结果枝和结荚数减少，产量降低。

1.形态识别

有翅孤雌蚜，卵圆形，黄或黄褐色，胸前生2对透明的翅，前翅大后翅小。体侧有明显的乳突。触角淡黑色与身体同长。腹管黑色，基部宽约为末端的2倍。无翅孤雌蚜，长椭圆形，黄或黄绿色。体侧有乳突，触角比身体短，腹管基部略宽。若虫形态与成虫基本相似，腹管短小。

2.发生规律

大豆蚜为乔迁类蚜虫，第一寄主有鼠李、牛藤等，第二寄主有大豆、黑豆和野生大豆。在东北、华北、山东以卵在鼠李枝条芽腋或隙缝间越冬。大豆蚜的寄主为老鸹眼等鼠李属植物、大豆、黑豆和野生大豆等。此蚜还能传带麻花叶病和甜菜花叶病等植物病毒。

3.防治技术

(1)农业防治　及时铲除田边、沟边、塘边杂草，减少虫源。

(2)物理防治　利用银灰色膜避蚜，利用蚜虫对黄色的趋性，采用黄板诱杀。

(3)生物防治　利用瓢虫、草蛉、食蚜蝇、小花蝽、烟蚜茧蜂、菜蚜茧蜂、蚜小蜂、蚜霉菌等控制蚜虫。

(4)化学防治　蚜虫发生量大，农业防治和天敌不能控制时，要在苗期或蚜虫盛发前及时防治，当有蚜株率达10%或平均每株有虫3～5头，即应防治。提倡选用1%苦参碱2号可溶性液剂1 200倍液或5%天然除虫菊素乳油1 000倍液、2.5%鱼藤酮乳油500～600倍液、10%吡虫啉可湿性粉剂2 000倍液、1%阿维菌素乳油1 500倍液、70%吡虫啉水分散粒剂10 000倍液、5%增效抗蚜威液剂2 000倍液、2.5%联苯菊酯乳油3 000倍液。

(四)草地螟

草地螟(*Loxostege sticticalis* Linnaeus)属于鳞翅目螟蛾科。别名黄绿条螟、甜菜网螟。主要分布在我国北方,食性杂,初孵幼虫取食嫩叶,残留表皮,3 龄后食量大增,可将叶片吃成缺刻,孔洞,仅留下叶脉。大发生时,也为害花和幼荚。

1. 形态识别

成虫体长 6～12 mm,翅展 24～30 mm,身体灰褐色。头部颜面突起呈圆锥形,触角丝状。前翅灰褐色至暗褐色,翅中近前缘有 1 块近长方形淡黄或淡褐色斑,翅外缘黄白色,有一串淡黄色小斑连成的条纹,后翅黄褐色或灰色,翅基色较淡,沿外缘有 2 条平行的黑色波状条纹。卵椭圆形,乳白色有光泽,在植物表面呈覆瓦状排列。幼虫 5 龄,各龄幼虫的体色有变化。老熟幼虫体长 19～21 mm,头黑色有白斑,胸、腹部黄绿或暗绿色,有明显的纵行暗色条纹,周身有毛瘤。蛹长 14 mm,淡黄色。土茧长 40 mm,宽 3～4 mm(见彩图 12-2-2)。

2. 发生规律

我国北方一年发生 2～4 代,以老熟幼虫在土表内越冬。一般越冬代成虫发生量大,其他各代成虫发生数量不多,为害也不明显。成虫昼伏夜出,低温、阴雨或有风天多潜伏,遇惊作短暂低飞成虫趋光性强,产卵喜在光滑的叶面,以离地面 2～8 cm 的茎叶处较多。成虫具群集性,通常在黄昏后出现。微风时,成虫大量迁飞。越冬代幼虫早春化蛹,温度达 14～15℃时开始羽化,18℃以上开始产卵,以 24～30℃为最适温区,在温度高,降雨量大的情况下产卵量也大。

3. 防治技术

(1)农业防治

①清除杂草:及时清除田间杂草,消灭部分虫源。

②秋耕冬灌:消灭部分在土壤中越冬的老熟幼虫。

③生态控制:种植非喜食作物,实行生态控制。

(2)物理方法

①灯光诱杀:用频振式杀虫灯诱杀草地螟成虫,每盏灯控制面积 3 hm^2 左右。灯应安置在视线较开阔,周围无遮挡物,种植玉米、豆类、向日葵、苜蓿等作物田附近的场所。

②拉网捕捉:用宽 3 m,高 1 m,深 4～5 m 的纱网,贴地迎风拉动捕杀成虫。第一次在羽化后 3～7 d 拉网,以后每 5 d 拉网捕杀 1 次。

(3)药剂防治　可选用 2.5％溴氰菊酯 1 000 倍液、48％毒死蜱乳油 1 000 倍液、52.25％农地乐乳油 2 500 倍液、10％氯氰菊酯乳油 2 000 倍液、2.5％三氟氯氰乳油 1 000 倍液、20％杀灭菊酯乳油 1 000 倍液、2.5％功夫菊酯乳油 1 000 倍液喷雾防治。也可用含 10^9 活孢子/g 的杀螟杆菌粉剂或 10^{10} 活芽孢/g 青虫菌粉剂 2 000～3 000 倍液于幼虫低龄期喷雾。

(五)花生蚜

花生蚜(*Aphis medicaginis* Koch)属同翅目蚜科,又称苜蓿蚜、豆蚜、槐蚜。普遍分布于全国各地,但受害程度不一,有的减产 20%～30%,严重的可达 60%以上。花生蚜又是花生病毒病的传毒介体,其食性甚广,除为害花生外,还为害苜蓿、豇豆等作物。

成群集中在花生嫩叶、嫩芽、花柄上吸汁,致叶片变黄卷缩,生长缓慢或停止,植株矮小,影响花芽形成和荚果发育,造成花生减产。严重时茎叶变黑,蚜虫排出大量"蜜露",而引起霉菌寄生,重者可造成植株枯死。

1. 形态识别

有翅胎生雌蚜,体长 1.6～1.8 mm,黑绿色,有光泽。触角 6 节,淡黄色,复眼黑褐色。翅茎、翅痣和翅脉均为橙黄色,后翅具中脉和肘脉。各腹节背面有条纹斑,第 1 节和第 7 节各有一对腹侧突。腹管漆黑色,圆筒状,端部稍细。尾片细长,茎部缢缩,两侧各有刚毛 3 根。无翅胎生雌蚜,若虫灰紫色,体节明显。成蚜黑色,有亮光,少数个体为黑绿色,有的胸部和腹部前半部有灰色斑,有的体被薄的蜡粉卵长椭圆形,较肥大,初产淡黄色,后变草绿色至黑色等。

2. 发生规律

发生代数因地而异。主要以无翅胎生若蚜于避风向阳处的荠菜、苜蓿、地丁等寄主上越冬,也有少量以卵在枯死寄主的残株上越冬。在华南各省能在豆科植物上继续繁殖,无越冬现象。

北方于翌春气温回升到 10℃时开始活动,3 月上、中旬即繁殖为害。先在越冬寄主上繁殖产生有翅蚜,迁移到附近的豌豆、刺槐、国槐等植物上为害,花生出苗后,即迁入花生田为害。5 月底至 6 月下旬花生开花结荚期是该蚜虫为害盛期。花生收获前产生有翅蚜,迁飞到夏季豆科植物上越夏,秋播花生出苗后又迁入花生田为害,一直到晚秋产生有翅蚜交尾产卵越冬。春末夏初气候温暖,雨量适中利于该虫发生和繁殖。旱地、坡地及生长茂密地块发生重。主要天敌有瓢虫、食蚜蝇、草蛉等。

3. 防治技术

(1)农业防治　作物收获后要及时清理前茬病残体,铲除田间、畦埂、地边杂草。保护地提倡用防虫网进行防治。

(2)物理防治　采用黄板诱杀或银灰色反光塑料薄膜忌避。

(3)药剂防治　在蚜虫点片发生阶段,喷洒 50%抗蚜威可湿性粉剂 2 000 倍液或 5.7%百树菊酯乳油 4 000 倍液、10%吡虫啉可湿性粉剂 2 500 倍液、4.5%高效顺反氯氰菊酯乳油 2 000 倍液等。蚜虫多着生在心叶及叶背皱缩处，药剂难于全面喷到，所以，除要求喷药时周到细致之外，还要求在用药上尽量选择兼有触杀、内吸、熏蒸三重作用农药。喷药液 750～900 L/hm^2，隔 7～10 d 喷 1 次，连续防治 2～3 次。

(六)油料作物其他虫害防治技术

油料作物其他虫害防治技术见表 12-2-1。

表 12-2-1 油料作物其他虫害防治技术

害虫种类	分布与为害	形态识别	发生规律	防治要点
银纹夜蛾，[*Argyrogramma agnata* (Staudinger)] 鳞翅目夜蛾科	分布于全国各地。主要为害甘蓝、芜菁、萝卜、白菜等十字花科作物。还可为害豆类、生菜等。以幼虫咬食叶片呈空洞或缺刻。严重时食成网状或者光秆	体长 14～17 mm，前翅深褐色，有两天银色横纹，中央有一“U”字形银边褐色斑纹和一个近三角形的银白色斑。后翅暗褐色，有金属光泽。幼虫头绿色，体淡绿色，体前端细后端粗，行走时体背拱曲	一年发生多代。均以蛹在菜地枯枝落叶下或土壤中越冬。一般以春、秋发生的幼虫为害蔬菜、豌豆，夏季发生的世代主要为害大豆等。成虫昼伏夜出，有趋光性，喜在生长茂密的田中产卵。发育温度为 25～27℃，高温时发生重	加强田间管理，铲除杂草，合理轮作，秋耕冬灌，消灭越冬卵。用黑光灯和糖醋液诱杀成虫；人工采卵和扑杀幼虫，在幼虫 1～3 龄可用药防治，10%氯氰菊酯乳油，5%抑太保乳油、1.8%阿维菌素乳油等喷雾
黄曲条跳甲，[*Phyllotreta striolata* (Fabricius)] 鞘翅目叶甲科	主要分布在内蒙古、甘肃、新疆、河北、山东、河南等省区。成虫、幼虫均为害。成虫食叶成小孔洞、缺刻，幼虫剥食菜根、蛀食根皮成弯曲虫道，咬断须根，使叶片萎蔫枯死，还能传播软腐病	成虫体长约 2 mm，长椭圆形，黑色有光泽，前胸背板及鞘翅上有许多刻点，排成纵行。鞘翅中央有一黄色纵条。老熟幼虫体长 4 mm，前胸背板淡褐色，胸腹部黄白色，各节有不显著的肉瘤(见彩图 12-2-3)	一年多代，成虫在落叶、杂草及土缝中越冬。成虫善跳跃，高温时还能飞翔，中午前后活动最盛，有趋光性，趋黄色、绿色的习性，成虫喜食幼嫩部分，卵多产在潮湿的表土层也有产在土下须根上或菜株茎基部。老熟幼虫多在 3～7 cm 深的土中作土室化蛹。秋季发生严重，湿度大的菜田发病重，连作的地区发生最重	实行与非十字花科蔬菜轮作；清除残株落叶铲除杂草，消除其越冬场所和食源，播前深翻晒土灭蛹。减少虫口基数；苗期早治、消灭成虫是药剂防治的关键。消灭幼虫可用 50%辛硫磷 2 500 倍液；成虫可用 2.5%阿维菌素 3 000 倍液、40%菊杀或菊马乳油 2 000～3 000 倍液，从田块的四周向田的中心喷雾，可防止成虫跳至相邻田块，以提高防效

续表 12-2-1

害虫种类	分布与为害	形态识别	发生规律	防治要点
豆天蛾(*Clanis bilineata tsingtauica* Mell)鳞翅目天蛾科	除西藏外，其他各省市都有发生。幼虫食叶，严重时将全株叶片吃光，不能结荚	成虫体长 40～45 mm，翅展 100～120 mm。体、翅黄褐色，头及胸部有较细的暗褐色背线，前翅狭长，老熟幼虫体长约 90 mm，黄绿色，体表密生黄色小突起。胸足橙褐色	一年发生 1～2 代，均以老熟幼虫在土层中越冬。成虫飞翔力很强，但趋光性不强，喜在空旷而生长茂密的豆田产卵，一般散产于第 3、4 片豆叶背面，每叶 1 粒或多粒，幼虫转株为害	秋季翻耕，消灭越冬虫源；用黑光灯诱杀成虫；产卵盛期释放赤眼蜂；人工捕蛾和 4 龄以后幼虫。药剂可选用 90% 的敌百虫晶体 700～1 000 倍液、2% 的西维因可湿性粉剂、2.5% 的溴氰菊酯乳油 2 000 倍液等喷雾
油菜茎象甲，(*Ceuthorrhynchus asper* Roel)鞘翅目象甲科	分布我国各油菜产区，西北地区为害重。幼虫在茎中钻蛀为害，成虫为害叶片和茎皮。严重时受害茎达 70%，造成植株倒折	成虫灰黑色，密生灰白色绒毛。触角膝状，前胸背板上具粗刻点，中央具一凹线，每个鞘翅上各生纵沟 9 条，中胸后侧片大。末龄幼虫体纺锤形，头大，无足，黄褐色	1 年 1 代，以成虫在油菜田土缝中越冬。初孵幼虫在茎中向上、下蛀食为害，油菜收获前，幼虫落入土中，筑土室化蛹，成虫有假死性。油菜收获后，成虫于 9～10 月还为害一段时间后越冬	收获后及时深翻整地，减少来年虫源基数。药剂防治可选择 90% 晶体敌百虫 1 000 倍液或 80% 敌敌畏乳油 1 000 倍液、40% 乐果乳油 1200 倍液、25% 爱卡士乳油 1 500 倍液等进行喷雾
番茄斑潜蝇，[*Liriomyza bryoniae* (Kaltenbach)]双翅目潜蝇科	嗜食番茄、瓜类、莴苣和豆类，是高杂食性害虫。幼虫孵化后潜食叶肉，呈曲折婉蜒的食痕，严重的潜痕密布，致叶片发黄、枯焦或脱落。虫道的终端不明显变宽	翅长约 2 mm，除复眼、单眼三角区、后头及胸、腹背面大体黑色，其余部分和小盾板基本黄色；卵米色，稍透明，幼虫蛆状，初孵无色，渐变黄橙色，老熟时长约 3 mm；蛹卵形，腹面稍平，橙黄色	降雨少适其发生。幼虫老熟后咬破表皮在叶外或土表下化蛹。卵多产在真叶上，基部叶片最多，偏喜成熟的叶片，由下向上，较有规律，少部分产在子叶上。该虫在田间分布属扩散型，发生高峰期，全田被害。天敌有蛹寄生蜂	加强检疫；药剂防治可用 48% 乐斯本(毒死蜱)乳油 1 500～2 000 倍液、10% 烟碱乳油 1 000 倍液、5% 锐劲特悬浮剂 1 500 倍液，也可用昆虫生长调节剂 5% 抑太保 2 000 倍液或 5% 卡死克乳油 2 000 倍液进行喷雾，老熟幼虫多从虫道中钻出是喷药最有利时机

四、操作方法及考核标准

(一)操作方法与步骤

(1)选择害虫发生较为严重的大豆等油料作物田,调查不同害虫发生种类、为害状及为害程度。

(2)结合调查结果,查询学习资料,获得相关知识。

(3)通过体视显微镜镜检,对害虫形态特征进行仔细观察,识别大豆等油料作物常见害虫种类。

(4)根据大豆害虫发生规律,制订综合防治方案。

(5)认真撰写实训报告。

(二)技能考核标准

油料作物害虫防治技术技能考核参考标准见表12-2-2。

表12-2-2 油料作物害虫防治技术技能考核参考标准

考核内容	要求与方法	评分标准	标准分值	需要时间	考核方法
油料作物害虫识别 50分	1.说出油料作物害虫的名称	害虫名称错误酌情扣分	10	训练2 d 考核10 min	单人考核口试评定成绩
	2.说出油料作物害虫目、科名称	害虫目、科名称错误酌情扣分	20		
	3.描述主要害虫的识别要点	描述害虫形态特征不正确酌情扣分	20		
综合防治技术 50分	1.制订综防措施	根据油料作物发生害虫种类制订综合防治措施是否符合要求情况酌情扣分	30	训练2 d 考核10 min	单人操作考核
	2.可行性和可操作性	根据制订的综防措施是否具有可操作性和可行性酌情扣分	20		

五、练习及思考题

1.选择1～2块大豆田,调查常发生害虫种类及为害情况。

2.大豆蚜的发生有何特点?如何进行有效防治?

3.花生蚜的防治要点是什么?

4.豆荚螟的为害有哪些特点?如何防治?

5.查阅资料,了解大豆菟丝子的危害特点和防治的关键要点。

6.查阅大量资料,比较银纹夜蛾、斜纹夜蛾和甘蓝夜蛾的异同点。

7.番茄斑潜蝇为害特点是什么？结合当地发生情况,制订防治方案。

8.以小组为单位,根据当地生产情况,分别制订切实可行的大豆害虫综合防治方案。

9.查阅资料,了解虫瘿和根瘤的区别。

10.如何有效控制油菜蚜虫的发生？

【拓展知识】油料作物病虫害综合防治技术

一、大豆病虫害综合防治技术

1.农业措施

(1)深翻整地　秋季耕翻,清除病残体可有效降低越冬虫源和病源基数,减少地下害虫、苗期害虫及土传病害的发生。对大豆原茬地,实行多耕多耙,可破坏大豆食心虫的地下生活环境,减少羽化率。

(2)轮作倒茬,间作套种　进行水旱轮作,能有效控制蛴螬、大豆食心虫、豆荚螟和豆天蛾等害虫的发生,同时可防治大豆胞囊线虫病、大豆疫霉根腐病和花生青枯病等土传病害。

(3)选种抗病虫品种　针对大豆食心虫、豆荚螟、豆秆黑潜蝇、大豆灰斑病、大豆花叶病等多种病虫害,因地制宜地选种高产抗病虫或耐病虫品种,可有效地减轻病虫害发生及为害。

(4)加强田间管理　成虫产卵之前,及时清除田间、地头的杂草并深埋处理,可有效地减少田间虫口密度。在草地螟幼虫入土后,及时采取中耕、灌水等措施,对压低种群数量也有明显效果。

2.保护和释放天敌

在大豆田每 10 m^2 挖 1 个长、宽、深各 12 cm 的小坑,内覆盖杂草,可有效地引诱步甲、蜘蛛、蟾蜍等天敌栖息,增加豆田天敌数量。对大豆造桥虫、豆天蛾、黑点银纹夜蛾、豆小卷叶蛾、大豆卷叶螟等还可用赤眼蜂、苏云金杆菌制剂、灭幼脲等进行防治,对大豆食心虫、豆荚螟可用白僵菌防治。

3.灯光诱杀

对那些趋光性较强的蛾类,发蛾盛期在田间设置黑光灯、高压汞灯等诱杀成虫,可显著降低田间的落卵量。

4.加强检疫

在引种或调运种子时,要加强对种子进行检疫,防止危险性病、虫随种子调运进行传播。

5.合理施用农药

(1)播前药剂处理种子　用辛硫磷进行闷种,可防治豆根潜蝇、二条叶甲、象甲、黑绒鳃金龟及网目沙潜等。施用毒土、毒粪、毒颗粒也是防治苗期害虫的好方法。利用敌百虫配制毒饵,可诱杀地老虎和蝼蛄等。播种时沟施呋喃丹颗粒剂,可兼治多种苗期害虫和大豆胞囊线虫病。种子包衣可防治大豆灰斑病及大豆霜霉病等。

(2)生长期喷药防治　对大豆蚜、叶螨、蓟马等害虫要控制在点片发生阶段;对草地螟、豆天蛾、大豆食心虫、造桥虫类、夜蛾类、灯蛾、毒蛾、豆卷叶蛾等食叶害虫,达到防治指标(如草地螟 28 头/m^2 以上,豆天蛾百株 10 头以上,造桥虫百株 80 头以上)进行防治。

二、油菜病虫害综合防治技术

1.农业措施

选种抗病虫品种。合理轮作,适时换茬。坚持与非十字花科作物轮作,避免十字花科作物重茬,在南方冬油菜产区,应提倡稻油水旱轮作和麦油轮作,轮作年限 2 年以上。实施丰产栽培,改进管理技术。精选种子,适时早播,合理施肥,可促进形成壮苗,提高耐害性,增强抗逆性能;适期播种和移栽可避免蚜虫为害传毒;油菜花期摘除底部老黄叶,并集中销毁,可减少油菜菌核病菌源,消灭油菜跳甲幼虫;油菜收获后及时清洁田园,尽早进行秋耕,可减少越冬病菌和虫源。

2.合理使用农药

(1)隐蔽施药　播种时或油菜移栽后,沟施或穴施呋喃丹颗粒剂,可防治蚜虫、苗期跳甲、靛蓝龟象甲等,且对天敌安全。

(2)喷药封锁　春播油菜区,防止早春跳甲等害虫从田边迁移至油菜田,在油菜子叶期于田边四周喷 10～20 m 宽的药带封锁侵入,效果很好。

(3)全田喷药应根据害虫种类、虫情,抓住关键时期用药　油菜苗期以控制蚜虫、菜粉蝶和跳甲为主,一般全田喷药 1 次即可。在抽薹期和初荚期各施药 1 次,兼治多种害虫,盛花期选用菌核净等防治油菜菌核病。

三、花生病虫害综合防治技术

1.农业措施

在有水浇条件的地区，实行小麦、玉米、花生两年三茬轮作制或水旱轮作，对花生蛴螬有明显的控制作用；无水浇条件的地区，实行花生与谷子或甘薯隔年轮作，对减少蛴螬数量也有明显的效果。在花生田边、地头零散种植蓖麻毒杀成虫，也可控制蛴螬的发生。清除越冬寄主，可减少虫源。收获后彻底清除田间病残体，可防治花生青枯病。

2.诱杀捕杀害虫

在蛴螬成虫盛发期用黑光灯诱杀成虫，秋翻或花生收获时人工捕杀幼虫，可有效减少次年的虫源。

3.合理使用农药防治

药剂拌种或撒施颗粒剂，可防治越冬蛴螬，兼治蚜虫或其他苗期病虫害。采用土壤熏蒸、沟施颗粒剂和毒土等可防治花生根结线虫病。生长期蛴螬严重的田块可在成虫产卵盛期顺垄撒施颗粒剂。

典型工作任务十三　薯类、烟草及糖料作物病虫害防治技术

项目1　薯类、烟草及糖料作物病害防治技术

一、技能目标

通过实训，使学生能够认识薯类、烟草及糖料作物主要病害的症状特点及病原菌的形态特征；掌握薯类、烟草及糖料作物主要病害的诊断要点、发病规律及主要防治技术；能够制订切实可行的综合防治方案；能够根据病害发生的种类开展有效的防治。

二、教学资源

1. 材料与工具

马铃薯病毒病、马铃薯晚疫病、甘薯黑斑病、甘薯软腐病、烟草黑胫病、烟草赤星病、烟草病毒病、甘蔗凤梨病、甜菜褐斑病、甜菜根腐病等实物标本、新鲜材料，病原菌玻片、挂图、教学课件(包括幻灯片、录像带、光盘等影像资料)。

多媒体教学设备(投影仪、计算机)、显微镜、载玻片、盖玻片、挑针、纱布、蒸馏水、刀片、徒手切片夹持物、镜头纸、0.1%升汞、无菌水等。

2. 教学场所

教室、实验(训)室或大田。

3. 师资配备

每20名学生配备一位指导教师。

三、原理、知识

薯类主要病害包括马铃薯病毒病、马铃薯晚疫病、甘薯黑斑病等；烟草主要病

害包括烟草黑胫病、烟草赤星病、烟草病毒病等；甜菜及甘蔗主要病害包括甘蔗凤梨病、甜菜褐斑病、甜菜根腐病等。全世界已报道的马铃薯病害有近百种，在我国为害较重，造成损失较大的有15种。我国由于马铃薯病害的为害，一般减产10%～30%，严重的可达70%以上。各种植区病害的种类和分布有所不同，其中以病毒病和晚疫病发生最为普遍。全世界已报道甘薯病害50多种，我国已发现近30种。发生普遍而为害较重的有黑斑病、根腐病、甘薯瘟、茎线虫病和软腐病等。

(一)马铃薯病毒病

马铃薯病毒病是马铃薯的主要病害。在我国大部分地区发生均十分严重，一般使马铃薯减产20%～50%，严重的达80%以上。感染病毒的马铃薯通过块茎无性繁殖进行世代积累和传递，致使块茎种性变劣，产量不断下降，甚至失去利用价值，不能留种再生产。

1.症状识别

(1)普通花叶病　植株感病后，生长正常，叶片平展，但叶脉间轻花叶，表现为叶肉色泽深浅不一。叶片易见黄绿相间的轻花叶。在某些品种上，有隐症现象。但随着马铃薯品种、环境条件及病毒株系的不同而有一定的差异，毒性强的株系也可引起皱缩、条纹、坏死等。

(2)重花叶病　发病初期，顶部叶片产生斑驳花叶或枯斑，以后叶片两面都可形成明显的黑色坏死斑，叶脉坏死可蔓延到叶柄、主茎，形成褐色条斑，使叶片坏死干枯，植株萎蔫。不同品种反应不同，也可表现为如植株矮小、节间缩短、叶片呈普通花叶状、叶和茎变脆等。带毒种薯长出的植株可严重矮化皱缩或出现条纹花叶状，也可隐症。病株薯块变小。

(3)皱缩花叶病　病株矮化，叶片小而严重皱缩，花叶严重，叶尖向下弯曲，叶脉和叶柄及茎上有黑褐色坏死斑，病组织变脆。为害严重时，叶片严重皱缩，自下而上枯死，顶部叶片可见斑驳。病株的薯块较小，亦可有坏死斑。

(4)卷叶病　典型的症状是叶缘向上弯曲，病重时成圆筒状。初期表现在植株顶部的幼嫩叶片上，先是褪绿，继而沿中脉向上卷曲。扩展到老叶，叶片小，厚而脆，叶脉硬，叶色淡，叶背面可呈红色或紫红色。病株不同程度的矮化，因韧皮部被破坏，在茎的横切面可见黑点，茎基部和节部更为明显。块茎组织表现导管区的网状坏死斑纹。

(5)纺锤块茎病　受害植株分枝少而直立，叶片上举，小而脆，常卷曲。靠近茎部，节间缩短，现蕾时明显看出植株生长迟缓，叶色浅，有时发黄，重病株矮化。块茎变小变长，两端渐尖呈纺锤形。芽眼数增多而突出，周围呈褐色，表皮光滑。

诊断要点：叶片受害后，出现褪绿、花叶、斑驳、皱缩、卷曲、枯死等症状，有“隐症”现象；块茎受害，呈纺锤形。

2.病原

马铃薯病毒病由多种病毒侵染引起，存在病毒复合侵染现象。在我国，马铃薯病毒病的毒源种类主要有：马铃薯X病毒(PVX)、马铃薯Y病毒(PVY)、马铃薯卷叶病毒(PLRV)、马铃薯皱缩花叶病毒(PVM)、马铃薯纺锤块茎病毒(PSTV)等。

(1)普通花叶病　PVX属马铃薯X病毒组。PVX接触摩擦传毒，贮藏期间通过幼芽接触也可传毒。PVX的寄主植物很广，除马铃薯外，还可侵染番茄、辣椒、茄子、曼陀罗、龙葵等。

(2)重花叶病　PVY属马铃薯Y病毒组。PVY可以侵染马铃薯、番茄、烟草、酸浆、矮牵牛、龙葵等，可隐存于芜菁、甘蓝、红苜蓿及豌豆等植物上。

(3)皱缩花叶病　由PVX和PVY复合侵染。在我国发生的马铃薯退化，主要是由PVX和PVY病复合侵染引起的。

(4)卷叶病　PLRV属黄矮病毒组。

(5)纺锤块茎病　PSTV属类病毒。也可侵染苋科、沙参科、石竹科、菊科、旋花科、无患子科、玄参科和缬草属等植物。

3.发病规律

(1)普通花叶病　初侵染来源主要是带毒种薯，其次是田间自生苗和其他寄主植物。在田间主要通过病株、带毒农具、人手、衣服等与健株接触摩擦及蝗虫取食等扩大再侵染。结薯期遇高温时容易发病；高温干燥有利于传毒介体昆虫的大量繁殖，发病加重。

(2)重花叶病　初侵染来源主要是带毒种薯，其次是其他寄主植物。可借汁液摩擦传染，主要由桃蚜等多种蚜虫传染。干旱温暖年份，蚜虫发生量大，有利于病害发生；在海拔较高的地区，由于多雾、高湿、风大，不利于蚜虫繁殖，病害发生轻。

(3)皱缩花叶病 初侵染来源主要是带毒种薯，其次是其他寄主植物；种薯一般都带PVX，调运到长城以南各地种植区后，若再感染上PVY，则当年此病发病率高达30%～50%。高海拔、低温、昼夜温差大的生态环境对病毒的繁殖有抑制作用。

(4)卷叶病　由种薯传带作为初侵染来源。主要靠蚜虫(桃蚜、棉蚜、马铃薯蚜等)传染，带毒蚜虫可持久传毒，甚至可以终生传毒，但不能传给下一代。汁液接触不能传染，二十八星瓢虫及椿象也可传毒。天气干旱、高温有利于蚜虫生长繁殖，发病重。在海拔高的山区，由于夜间温度低、湿度大，不利于蚜虫生长繁殖，发病轻。

(5)纺锤块茎病　主要是机械传播，可经切刀和嫁接传染；咀嚼式口器昆虫如马铃薯甲虫也可传毒；刺吸式口器昆虫传播还未被证实。

4.防治技术

(1)选用抗病良种　马铃薯病毒病种类很多，且一种病毒往往有几个株系，各株系在马铃薯各品种上反应不同,因而抗病毒育种十分复杂,很难得到兼抗多种病毒的品种。目前种植广泛的抗病毒品种有:内薯7号、大西洋、中薯2号等。

(2)夏播和两季作留种　这是防止种薯退化,解决就地留种的有效方法。在无霜期短的地区,可将正常的春播推迟到夏播留种(6月下旬至7月上中旬播种);在无霜期长的地区,一年种两茬马铃薯,即春秋两季播种,以秋播马铃薯作种薯用。这种种薯既有利于马铃薯生长健壮,又可以控制病毒增殖扩展的速度。

(3)化学防治　在留种地及时防蚜对减轻退化有显著效果,尤其对卷叶病毒效果明显。也可选用病毒钝化剂,如20%病毒灵、2%宁南霉素等。

(4)加强栽培管理　目的是促早熟,保证增产,并避免在高温下结薯。为此,须因地制宜适时播种,高畦栽培,合理用肥,拔除病株,中耕培土。

(二)马铃薯晚疫病

马铃薯晚疫病又称疫病、马铃薯瘟,是一种导致马铃薯茎叶死亡和块茎腐烂的毁灭性病害。凡是种植马铃薯的地区都有发生,在我国中部和北部大部分地区发生较普遍。

1.症状识别

可为害叶片、叶柄、茎和块茎。下部叶片出现最早症状。叶片发病,病斑多在叶尖和叶缘处,初为水浸状褪绿斑,后扩大为圆形暗绿色斑,病斑边缘界限不明显。在空气湿度大时,病斑扩展迅速,可扩及叶的大半以及全叶。边缘有一环白色稀疏的霉轮,在叶背或雨后清晨尤为明显。块茎发病,初为褐色或紫褐色不规则的病斑,稍凹陷。病斑下的薯肉不同深度的褐色坏死,与健康薯肉没有整齐的界限,病部易受其他病菌侵染而腐烂(见彩图13-1-1)。

诊断要点:叶片发病,多在叶缘或叶尖初呈水渍状退绿斑,扩展后病斑暗褐色,潮湿时病斑背面产生白色霉层,严重时植株枯死;块茎感病,初生淡褐色不规则形病斑,后病斑稍凹陷,病斑下薯肉变褐坏死。

2.病原

病原菌为致病疫霉[*Phytophthora infestans*(Mont.)de Bary],属鞭毛菌亚门疫霉属真菌。菌丝无色,无隔膜。孢囊梗2～3丛从寄主的气孔伸出,纤细,无色,1～4分枝,每个分枝的顶端膨大产生孢子囊。孢子囊无色,单胞,卵圆形,顶部有乳状突起,基部有明显的脚胞。孢囊梗顶端形成一个孢子囊后,可继续生长,而将孢子囊推向一边,顶端又形成孢子囊,最后孢囊梗成为节状,各节基部膨大而顶端尖细。

3.发病规律

病菌主要以菌丝体在病薯和病残体中越冬,也可以卵孢子越冬。番茄也可能是初侵染源之一,或成为病菌的中间寄主植物。病菌的孢子囊主要借助气流进行传播,流水、起垄、耕地等农事操作也能传播。

马铃薯的不同品种对晚疫病的抗病性有很大差异。低温多雨条件适于发病，病害可迅速暴发。此病在多雨年份容易流行成灾，忽冷忽暖，多露、多雾或阴雨有利于发病。

地势低洼、排水不良、密度大的地块发病重，平地较垄地重。偏施氮肥引起植株徒长，土壤瘠薄、缺氮或黏土等使植株生长衰弱，有利于病害发生，增施钾肥可减轻为害。

4. 防治技术

马铃薯晚疫病的防治应采取以农业防治、加强栽培管理和药剂保护相结合的措施。

(1)选用抗病品种　目前生产上已培育出很多抗病品种，大大减轻了晚疫病的威胁。

(2)减少菌源　首先要从无病留种开始。留种田除严格进行化学保护外，还应增高培土，注意排水，防止病菌随雨水渗入土中侵染新薯。提倡割蔓晒地两周后收获，在入窖、播种前淘汰并处理好病薯。

(3)化学保护　根据气象条件和发病中心的出现进行晚疫病流行的预测预报，及时对发病中心附近及低洼地进行化学防治，逐步扩大范围。喷药次数因药剂种类和气象条件而定。药剂种类有波尔多液、代森锌、代森铵等保护剂和内吸杀菌剂瑞毒霉等。

(三)甘薯黑斑病

甘薯黑斑病又称甘薯黑疤病，世界各甘薯产区均有发生。1890 年首先发现于美国，1905 年传入日本，1937 年由日本鹿儿岛传入我国辽宁省盖县。目前是我国甘薯产区为害普遍而严重的病害之一，常年损失为 5%～10%，此外，病薯中可产生甘薯黑疤霉酮等物质，家畜食用后，引起中毒，严重者死亡。用病薯块做发酵原料时，能毒害酵母菌和糖化酶菌，延缓发酵过程，降低酒精产量和质量。

1. 症状识别

苗期、生长期及贮藏期均可发生。主要为害薯苗、薯块，不为害绿色部分。

苗期受害，幼芽基部产生凹陷的圆形或梭形小黑斑，后逐渐纵向扩大至 3～5 mm，重时则环绕苗基部形成黑脚状。地上部病苗衰弱，矮小，叶片发黄，重病苗死亡。湿度大时，病部可产生灰色霉状物(菌丝体和分生孢子)，后期病斑丛生黑色刺毛状物及粉状物(子囊壳和厚垣孢子)。病苗移栽到大田后，病重的不能扎根而枯死，病轻的在接近土面处长出少数侧根，但生长衰弱，叶片发黄脱落，遇干旱易枯死，造成缺苗断垄；即使成活，结薯也少。薯蔓上的病斑可蔓延到新结的薯块上，多在伤口处产生黑色斑块，圆形或不规则形，中央稍凹陷，生有黑色刺毛状物及粉状物。病斑下层组织墨绿色，病薯变苦。贮藏期薯块上的病斑多发生在伤口和根眼上，初为黑色小点，逐渐扩大成圆形、椭圆形或不规则形膏药状病斑，稍凹陷，直径 1～5 cm 不等，轮廓清晰。病部组织坚硬，可深入薯肉 2～3 cm，薯肉呈黑绿色，味苦。温湿度适宜时病斑上可产生灰色霉状物或散生黑色刺状物（子囊壳），顶端常附有黄白色蜡状小点（子囊孢子）。贮藏后期常与其他真菌、细菌病害并发，引起腐烂（图 13-1-1）。

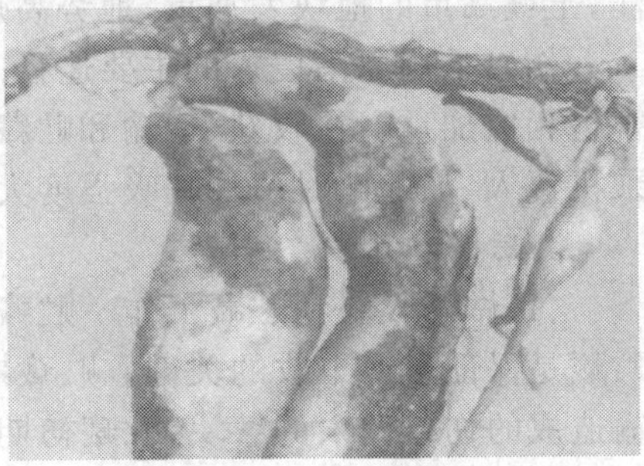

图 13-1-1　甘薯黑斑病

诊断要点：受害薯块病斑黑褐色，圆形或不规则形，中央稍凹陷，轮廓清晰，病斑上常生灰色霉层和黑色刺状物，切开病薯，可见病斑下组织呈黑色或墨绿色，薯肉有苦味。

2. 病原

病原菌为甘薯长喙壳（*Ceratocystis fimbriata* Ellis et Halsted），属子囊菌亚门长喙壳属真菌。菌丝体初无色透明，老熟后深褐色或黑褐色，寄生于寄主细胞间或偶有分枝伸入细胞内。无性繁殖产生内生分生孢子和内生厚垣孢子。分生孢子无色，单胞，圆筒形或棍棒形。厚垣孢子暗褐色，球形或椭圆形，具厚壁。有性生殖产生子囊壳，子囊壳呈长颈烧瓶状，基部球形，颈部极长，称壳喙。子囊梨形或卵圆形，子囊壁薄，成熟后自溶，子囊孢子散生在子囊壳内。子囊孢子无色，单胞，钢盔形。

3. 发病规律

病菌以子囊孢子、厚垣孢子和菌丝体在薯块或土壤中病残体上越冬。在田间 7～9 cm 深处的土壤内，病菌能存活 2 年以上。带菌种薯和种苗是主要的初侵染来源，其次是带有病残组织的土壤和肥料。鼠害、地下害虫、收获和运输过程中人的操作、农机具、种薯接触有利于病菌的传播和侵染。入窖前，如果已造成大量创伤，入窖后温湿度适宜病菌侵入，可造成大量潜伏侵染，春季出窖病薯率明显增加。

甘薯品种之间抗病性存在着差异，薯块易发生裂口的或薯皮较薄易破裂、伤口愈合速度较慢的品种发病较重。植株不同部位感病差异明显。种苗地下部的白色部分组织幼嫩，易于病原菌侵入，较地上部的绿色部位感病。

温度影响寄主木栓层的形成和植物保卫素的产生，从而影响寄主的抗病性，在 20～38℃以内，温度越高，寄主抗病性越强。甘薯贮藏期间，15℃以上利于发病，最适发病温度为 23～27℃，10～14℃较轻，35℃抑制发病。

田间发病与土壤含水量有关。在适温范围内，土壤含水量在 14%～60%时，病害随湿度的增高而加重，超过 60%，又随湿度的增加而递减。多雨年份，地势低洼，土壤黏重的地块发病重；地势高燥，土质疏松的发病轻。

伤口是病原菌侵入的主要途径。薯块裂口多或虫鼠为害重，有伤口的薯块，病害也相应加重。在收获、运输和贮藏过程中造成大量伤口，附着在薯块表面的病菌乘机侵入，加之此时薯块呼吸强度大，散发水分多，病害蔓延较快。

4. 防治技术

(1)做好收获和贮藏工作　贮藏期是黑斑病为害重、损失大的时期，做好安全贮藏是保证丰产丰收的关键。贮藏期菌源主要来自田间的带病薯块，病菌通过运输造成的伤口侵入的薯块，贮藏初期，高温高湿能促使病害发展，在15℃以上病菌发展较快，10℃以下薯块易受冻。所以贮藏适温应控制在10～14℃之间，相对湿度在80％～90％之间，这是安全贮藏防治黑斑病的关键。

(2)培育无病种苗　育苗时要严格挑选无病种薯，并对种薯、种苗进行消毒处理。

①温汤浸种：用51～54℃温水浸10～12 min，在种薯下种后要大量吸热降温，所以在下水前水温应调节在58～60℃之间，从种薯下水时计算浸种时间，然后维持51～54℃，浸够规定时间后立即取出。浸种时将精选的种薯装在漏水的筐里，浸种过程中，应上下提动薯筐，使水温均匀。

②药液浸种：用50％代森铵200～300倍液浸种10 min或用50％甲基托布津500倍液浸种5 min或10％多菌灵可湿粉剂300～500倍液浸种10 min。

为了抑制黑斑病在苗床内扩展蔓延，应采取高温育苗，即在种薯入床后3 d内把床温保持在38℃左右，出苗前床温保持在28～32℃，出苗后可将床温降到25～28℃，有利于种薯伤口愈合和抑制黑斑病菌侵入。由于土壤和粪肥也能染病，因此育苗所用土壤及粪肥应清洁无菌。

(3)杜绝种苗向大田侵染

①高剪苗：根据黑斑病菌在苗期侵害薯苗靠近地面的白色部分，而很少侵染绿色部分的特点，实行高剪苗可减少大田病菌来源。1次高剪苗在离地面5 cm以上剪苗；2次高剪苗在离地面2 cm以上剪苗，将剪下的苗插在苗圃中，待栽甘薯时，再在苗圃中离地面5 cm以上处剪苗。

②药剂处理种苗：将薯苗基部2 cm左右，用50％代森铵或50％甲基托布津500～800倍液或多菌灵800～1 000倍液浸苗基部3～5 min，随即栽插，防病效果显著。

(4)建立无病留种基地　在黑斑病严重的地区，应建无病留种地，要求做到净地、净苗、净肥、净水，防治地下害虫。一般要在3年以上未种过甘薯的地块用作留种基地。

(5)轮作　对发病重的地块，实行2年以上轮作，防病效果好。

(四)甘薯软腐病

甘薯软腐病为甘薯贮藏期的主要病害之一。分布广泛,全国各甘薯生产区均发生严重。

1. 症状识别

甘薯软腐病,俗称水烂,是采收及贮藏期重要病害。薯块染病,初在薯块表面长出灰白色霉,后变暗色或黑色,病组织变为淡褐色水浸状,后在病部表面长出大量灰黑色菌丝及孢子囊,黑色霉毛污染周围病薯,形成一大片霉毛,病情扩展迅速,2～3 d整个块根即呈软腐状,发出恶臭味。

诊断要点:薯块发病,初表生灰白色霉,后变暗色或黑色,病组织变为淡褐色水浸状,最后病部生大量黑色霉毛,薯块软腐,有恶臭味。

2. 病原

病原菌为黑根霉(*Rhizopus nigricans* Ehr.),属接合菌亚门根霉属真菌。菌丝初无色,后变暗褐色,形成匍匐根,无性态由根节处簇生孢囊梗,直立,暗褐色,顶端着生球状孢子囊1个,囊内产生很多暗色圆形孢子,单胞,由匍匐根的根节处又形成孢囊梗;有性态产生黑色接合孢子,球形表面有突起。

3. 发病规律

该菌存在于空气中或附着在被害薯块上或在贮藏窖越冬,由伤口侵入。病部产生孢子囊借气流传播进行再侵染,薯块有伤口或受冻易发病。发病适温15～25℃,相对湿度76%～86%;气温29～33℃,相对湿度高于95%不利于孢子形成及萌发,而利于薯块愈伤组织形成,发病轻。

4. 防治技术

(1)适时收获　避免冻害,夏薯应在霜降前后收完,秋薯应在立冬前收完,收薯宜选晴天,小心从事,避免伤口。

(2)入窖前精选健薯　汰除病薯,把水气晾干后适时入窖。提倡用新窖,旧窖要清理干净,或把窖内旧土铲除露出新土,必要时用硫磺熏蒸,每立方米用硫磺15 g。

(3)加强管理　对窖贮甘薯应根据甘薯生理反应及气温和窖温变化进行三个阶段管理。一是贮藏初期,即甘薯发干期,甘薯入窖10～28 d应打开窖门换气,待窖内薯堆温度降至12～14℃时可把窖门关上。二是贮藏中期,即12月至翌年2月低温期,应注意保温防冻,窖温保持在10～14℃,不要低于10℃。三是贮藏后期,即变温期,从3月份起要经常检查窖温,及时放风或关门,使窖温保持在10～14℃之间。

(五)烟草黑胫病

烟草黑胫病是烟草上常见的重要病害,俗称"瘟兜"、"地下症"、"黑根"、"黑杆疯",常年发病率为1%～8%,严重地区可达25%～35%。

1.症状识别

此病可发生在烟草的整个生育期,但为害重的是在烟草定植后至团棵期,主要受害部位是成株茎基部,发病后通常整株死亡。

苗期发病先在茎秆基部产生黑斑,以后向上蔓延至茎部。气候干燥时,病株变黑干缩枯死;气候潮湿时黑斑迅速蔓延,病部产生白色菌丝,严重的可由土表传染至附近烟苗,造成成片枯死。

大田成株期发病主要在茎秆基部和根部,先是茎基变黑,再向上蔓延,叶片从脚叶依次变黄下垂,气温高时常萎蔫,俗称"穿大褂",数日后枯死。烟田湿度大或积水时,下部叶常产生圆形、近圆形大型褐色斑块,俗称"猪屎斑",上呈水渍状浓淡相间轮纹。病斑发展快,数日内可通过主脉叶基到达茎秆,造成"烂腰"至全株枯死。病株根部常变黑,部分侧根、须根腐烂,髓部呈黑褐色干缩碟片状,碟片之间长满白色菌丝,这一特征在剖检茎部时可与茎褐腐病区别开来。黑胫病无论在茎上、叶上发病,湿度大时病部表面均可产生一层白色菌丝层,这是与其他根、茎病的区别。

诊断要点:苗期发病常引起猝倒;成株期病株常表现为黑胫、穿大褂、碟片状。

2.病原

病原菌为寄生疫霉烟草变种[*Phytophthora parasitica* var. *nicotianae*(Breda de Haan)Tuker],属鞭毛菌亚门疫霉属。菌丝无色透明,无隔膜,有分枝。孢囊梗分化不明显,菌丝状,从气孔伸出,孢子囊顶生或侧生,梨形或椭圆形,顶部有乳状突。游动孢子圆形或肾形,侧生两根不等长的鞭毛。

3.发病规律

以厚垣孢子或休眠菌丝体在土壤中、病株残体上可存活3年左右。大田初次侵染源主要来自带菌土壤及带菌肥料。部分老病区,育苗时土壤消毒不严,常致幼苗带病,植入大田后,发展为发病中心。病株上产生的孢子囊和游动孢子可通过流水或雨水溅散至健株进行再侵染,而蔓延扩展。烟叶成熟采收后,病菌随病株残体落入田间、肥料中越冬,成为第二年的初次侵染源。

黑胫病发生的有利气候条件是高温高湿。一般平均气温低于20℃时发病较少,幼苗在16℃以下很少发病,24～32℃时有利侵染,28～32℃时发病最快。雨季来得越早,降雨量越大,发病亦严重。6～7月份的雨量对本病流行起重大作用,每次降雨后常出现发病高峰期,冬烟期、春烟期发病较轻。

地势低凹、排水性差、黏重的土壤有利发病；田烟发病较地烟重；土壤碱性过大有利发病；土壤中钙镁离子增加，此病加重；重氮轻磷发病严重；连作田发病亦重。

4. 防治技术

防治黑胫病采取种植抗病品种和轮作为中心的综合防治措施。

(1)选用抗病品种　云南推广种植的抗病品种有 G28、K326，国内其他烟区有 G140、G28、NC82、G70、G80、郴桂 1 号，晒烟抗病品种有金英、青梗等；白肋烟有 B104、B105 等。

(2)加强栽培管理

①适时早栽：云南烟区近几年于 2 月底至 3 月初育苗，4 月底 5 月初定植。一般烟株进入旺长期后雨季来临，此时烟株已木栓化，对黑胫病抗性明显增强，从而减轻发病，使感病阶段躲过高温多雨季节。

②合理轮作：实行 3 年以上轮作可有效减少土壤的菌源，减轻发病，轮作时不与豆科、茄科、葫芦科作物轮作，而实行水旱轮作。平整土地，高畦种植：栽培上采用高畦独垄种植，发病减轻。

③适当稀植：一般密度可据各地情况灵活掌握，适当稀植，有利植株生长，增强抗性，可减轻发病。云南田烟达 1 100 株/667 m^2，地烟达 1 300 株/667 m^2。

④加强管理：及时中耕除草烟苗移栽后及时施肥，促烟苗健壮；畦垄间的杂草及时拔除，特别是封行后应加强；对病叶和病株及时清除，以防蔓延；病残体不落入田间，应带出田外，集中后深埋。

⑤高垄栽培：使地面流水不与茎基部接触。

(3)药剂防治

①苗床用药：播种后 2～3 d，用 25％甲霜灵可湿粉剂 2 kg/hm^2，加水喷洒苗床；移栽前再喷 25％甲霜灵可湿粉剂，可带药移栽。

②移栽时穴施：可用 95％敌磺钠可湿粉剂 5.25～7.5 kg/hm^2 与干细土拌匀移栽时穴施。

③发病初期用药：可用 25％甲霜灵可湿粉剂 1.8～2.7 kg/hm^2 或 72％普力克、64％杀毒矾喷防，每隔 10～15 d 用药 1 次，连续 2～3 次。

(六)烟草病毒病

烟草病毒病在烟区普遍发生，发病率一般为 5％～20％，少数严重田块可达 90％以上。苗期受害损失大，严重导致绝收，现蕾后受害，对产量影响较小，但还影响烟叶品质。

1. 症状识别

因引起烟草病毒病的种类和品种抗病性不同及存在不同病毒复合侵染现象，

症状表现有差异。发病初期新叶叶脉变浅，形成明脉。明脉出现后，叶脉两侧褪绿，呈黄绿相间状，褪绿面积小的称为斑驳；褪绿面积大的称为花叶。若花叶叶片厚薄不匀、形成泡状突起、叶片皱缩、扭曲畸形、叶片细长状，有时叶向叶背纵卷的称为重花叶。幼苗受侵染，使植株节间缩短，明显矮化，不能正常开花结实。叶脉呈灰褐色或红褐色坏死，叶柄维管束变褐，茎秆上有红褐色或黑褐色坏死条斑（见彩图 13-1-2）。

诊断要点：叶脉退绿呈明脉，叶片斑驳、花叶、皱缩、卷曲，植株矮化，维管束变褐。

2. 病原及发病规律

烟草病毒病的病原主要有烟草花叶病毒（TMV）、黄瓜花叶病毒（CMV）和马铃薯病毒（PVY），TMV 可由汁液、土壤和大型线虫传毒，CMV 可由汁液传播或蚜虫作非持久性传毒，PVY 可由蚜虫、汁液摩擦和嫁接传毒。

TMV 在土壤、肥料、种子、病残体及烘烤过的烟叶上越冬，成为次年的初侵染源。在干燥的病组织中可存活 50 多年；在田间病健株接触，田间管理中的手、工具、衣物等接触病株后，再接触健株可传播病毒，引起多次再侵染。最适合发生的温度为 25～27℃。CMV 在越冬的农作物、蔬菜、杂草和树木等寄主上越冬，在田间主要由蚜虫传播，传毒蚜虫有桃蚜和棉蚜，春天以有翅蚜带毒迁移至烟田传毒并蔓延。PVY 在马铃薯种薯、越冬蔬菜和田间杂草上越冬，传毒蚜虫有烟蚜、马铃薯长管蚜等。

持续高温干旱，蚜虫发生量大，前茬为茄科、十字花科蔬菜的烟草田块，连作田块，施用带病残体肥料，靠近蔬菜田的烟地，管理粗放烟地都会加重病毒病发生。

3. 防治技术

（1）农业防治　选用抗烟草花叶病毒（TMV）和黄瓜花叶病毒属（CMV）的品种。苗床远离烟叶晾晒场和烤烟房，选非烟草、蔬菜地块的表土作床土。在无病株上采种，剔除种子中的病毒残屑。不移栽病苗，避免连作，与非茄科、十字花科作物实行 2～3 年轮作，安排烟田远离菜田，合理的烟草与小麦套种。田间农事活动中的工具和手要用肥皂水消毒。

（2）药剂防治　发病初期，用 1.5％的植病灵、2％宁南霉素喷雾，苗期用药 2～3 次，移栽前用药 1 次，移栽后用药 1～2 次。或用 50％抗蚜威等喷药防防治蚜虫，控制病毒病。

（七）甘蔗凤梨病

甘蔗凤梨病是甘蔗生产的重要病害，发生严重时造成发芽率低，可达到 50％以上。

1. 症状识别

受害蔗株初期在切口处变红,并有凤梨味,以后切口组织变黑,内部组织变红,节间中心部分变煤黑色呈微粒状,在切口外部可长出黑色针刺状物,继而节间内的薄壁组织腐烂,蔗皮内仅剩黑色发状纤维和大量煤黑色粉状物。

诊断要点:初期切口处变红,有凤梨味;后切口组织变黑,内部组织变红,节间中部呈黑色微粒状,在切口外有黑色刺状物;最后蔗皮内仅剩黑色发状纤维和大量煤黑色粉状物。

2. 病原

病原菌无性态为奇异根串珠霉[*Thielaviopsis paradoxa*(de Seynes)V. Höhn],属半知菌亚门根串珠霉属真菌;有性态为奇异长喙壳菌[*Ceratocystis paradoxa*(Dode)Moreau],属子囊菌亚门长喙壳属真菌。无性态有大小两种类型孢子。小型孢子为内生分生孢子,圆筒形,无色。大型分生孢子壁厚,单生或串生,椭圆形,初色浅,老熟后呈黑褐色,表面有刺状突起。子囊壳近球形,深褐色,具长喙,喙部开口处裂成须状。子囊卵形,内含 8 个子囊孢子。子囊孢子椭圆形,无色,单胞。成熟时子囊壁消解,子囊孢子从长喙孔口释出。

3. 发病规律

该菌是伤口寄生菌,主要为害种蔗、宿根蔗和受伤蔗茎。病菌从切口侵入,种蔗受害重。病菌以菌丝体或大型分生孢子在病组织中或落在土壤内越冬,存活时间长,条件适宜大型分生孢子萌发从伤口侵入。初侵染源是带菌种蔗、土壤及蔗田旁其他寄主。低温或高湿有利发病,连作地发病重。

4. 防治技术

(1)农业防治　选用抗病品种。选蔗茎大小中等、节间无病的梢头苗留种;窖贮蔗种,在入窖前要防止霜冻,窖藏期间加强温湿管理。加强栽培管理。蔗种用 2%石灰水浸 12～24 h,可起促萌发、早发根、早生长、减少病菌侵染。催芽是防治此病的重要措施,冬季可使用地膜覆盖、栽植时宜浅土覆盖可促早萌发。黏重或地下水位高地块搞好排水,重病区实行 1～2 年水旱轮作。

(2)药剂防治　可用 50%多菌灵可湿粉剂或 50%甲基托布津或 50%苯来特 1 000 倍浸种 10 min;窖贮种蔗,在入窖前也可用 50%多菌灵或 50%甲基托布津可湿粉剂 500 倍浸种切口,可防腐烂。

(八)甜菜褐斑病

甜菜褐斑病是甜菜生产的重要病害,一般发生可造成甜菜减产 10%～20%,含糖量降低 1 度左右,严重时减产 30%～40%,含糖量降低 3～4 度。

1. 症状识别

叶片发病初期，产生褐色至紫褐色圆形至不规则形小斑点，以后扩大为3～4 mm的病斑。病斑四周形成褐色或赤褐色边缘，病斑中间薄而易碎，中央产生灰白色霉状物，连片使叶片枯死。病菌可为害叶柄、根头、花枝、种球。叶柄上病斑呈卵形或梭形（见彩图13-1-3）。

诊断要点：发病初期，叶片产生褐色斑点，后病斑扩展，四周呈褐色，中央生灰白色霉状物，严重时叶片枯死。

2. 病原

病原菌为甜菜生尾孢（*Cercospora beticola* Sacc.），属半知菌亚门尾孢属真菌。菌丝橄榄色，集结成菌丝团。分生孢子梗褐色，2～17根束生，顶端色淡或无色，不分枝。分生孢子着生于梗顶端，无色，鞭形或披针形，具6～12个隔膜。分生孢子发育适温25～28℃，高于37℃或低于5℃发育停滞，45℃处理10 min死亡。萌发最适湿度98%～100%，在水滴中最好。

3. 发病规律

病菌以菌丝体在病残体、留种株根头、种球上越冬，条件适宜可形成分生孢子。分生孢子可借风、雨水传播，从气孔侵入，在叶片细胞间蔓延，形成病斑。降雨、大雾或灌水能形成分生孢子，田间湿度大，病害加重，连作地发生也重。

4. 防治技术

(1)农业防治　选用抗病品种；清除病残体，做饲料、沤肥或烧毁；深翻地块；实行轮作；当年甜菜田与去年甜菜田要保持500～1 000 m距离，采种田也必须远离原料甜菜生产田。

(2)药剂防治　发病初期，可用50%多菌灵1 000倍液或50%扑海因或65%甲霜灵1 500～2 000倍液喷雾防治，隔10～15 d喷1次，连喷2～3次。

（九）甜菜根腐病

甜菜根腐病是由多种真菌和细菌侵染后引起生长期块根腐烂的总称。其危害性严重，损失大，一般受害株呈全株性死亡，很难控制，易造成无收成。一般发生减产达10%～30%，若遇多雨或低湿地块发生严重。

1. 症状及病原

甜菜根腐病为土传病害，不同病原菌引起的根腐病症状不同，常见的有5种：

(1)镰刀菌根腐病　病原菌主要为黄色镰刀菌［*Fusarium culmorum*（W. G. Smith）Sacc.］，属半知菌亚门镰刀菌属。是块根维管束病害，病菌侵染根部使维管束呈浅褐色，木质化；病菌侵染主根和侧根使导管褐变或硬化，块根呈黑褐色干腐状，根内出现空腔。发病轻病株生长缓慢，叶丛萎蔫，发生重病株块根腐烂，叶丛干枯死亡。

(2)丝核菌根腐病(根茎腐烂病)　病原菌为立枯丝核菌(*Rhizoctonia solani* Kühn),属半知菌亚门丝核菌属。先在根冠部及叶柄基部产生褐色斑点,逐渐从上向下扩展,腐烂处凹陷,形成裂痕,病部呈褐色或黑色,可见稠密褐色菌丝。发生严重整个块根腐烂。

(3)蛇眼菌黑腐病　病原菌无性态为甜菜茎点霉(*Phoma betae* Frank),属半知菌亚门茎点霉属,有性态为甜菜格孢腔菌(*Pleospora betae*),属子囊菌亚门格孢腔菌属。先从根部出现黑色云纹状斑块,略凹陷,从根内向外腐烂,表皮烂穿后出现裂口,除导管外全部变黑。

(4)白绢型根腐病(菌核病)　病原菌无性态为 *Sclerotium rolfsii* Sacc.,属半知菌亚门小核菌属。根头先发病,向下蔓延,病部软凹陷,呈水渍状腐烂,块根表皮和根冠土表处有白色绢丝状菌丝体,后期产生油菜籽大小的深褐色菌核。

(5)细菌性根腐(根尾腐烂病)　病原菌为胡萝卜欧文氏菌甜菜亚种(*Erwinia carotovora* sub sp. *betavasculorum* Thomson,Hildebrad et Schroth),属薄壁菌门欧文氏杆菌属细菌。病菌先从根尾开始侵染,由下向上扩展蔓延,病部变为暗灰色至铅黑色水浸状软腐,严重时全根腐烂,常溢有黏液,并有腐败酸臭味。

诊断要点:发病根部变黑、腐烂,严重时整株死亡。

2.发病规律

引起甜菜根腐病的真菌以菌丝、菌核或厚垣孢子在土壤、病残体上越冬,而细菌是在土壤、病残体中越冬,第二年借雨水、灌溉水及耕作传播。主要是从根部损伤和其他伤口处侵染。田间的畸形根、虫伤根、人为机械创伤根、生育不良根有利病菌侵入;黑土、黑黏土,土壤湿度大,低畦地块,排水不良地块发病重。

3.防治技术

(1)农业防治　选育抗病品种,选地下水位低、土壤肥沃田块;采取轮作,4 年与禾本科作物轮作;不用蔬菜、大豆作前茬;深耕,及时中耕;干旱及时灌水;增施速效磷肥。

(2)药剂防治　用福美双、恶霉灵(土菌消)、敌克松按种子重量 0.8%拌种。

(3)综合防治　加强防治地下害虫。

(十)薯类、烟草及糖料作物其他病害防治技术

薯类、烟草及糖料作物其他病害防治技术见表 13-1-1。

表 13-1-1 薯类、烟草及糖料作物其他病害防治技术

病害名称	病原	症状特点	发病规律	防治要点
马铃薯环腐病	密执安棒杆菌马铃薯环腐致病变种[*Clavibacter michiganense* pv. *sepedonicum* (Spieckermanm & Kotthoff) Davis et al.]	初期症状为叶脉间褪绿，呈斑驳状，以后叶片边缘或全叶黄枯，并向上卷曲。引起地上部茎叶萎蔫和枯斑，地下部块茎维管束发生环状腐烂。块茎受害皮色变暗，芽眼发黑枯死，也有表面龟裂，切开后可见维管束呈乳白色或黄褐色的环状部分，轻者用手挤压，流出乳黄色细菌黏液，重病薯块病部变黑褐色，生环状空洞，用手挤压薯皮与薯心易分离	环腐病菌在种薯中越冬，成为翌年初侵染来源。主要靠切刀传播，经伤口侵入，温暖干燥的天气有利于病害发展。贮藏期温度对病害也有影响，在温度20℃上下贮藏比低温1～3℃贮藏发病率高得多。播种早发病重，收获早则病薯率低	严格执行检疫制度，建立无病留种基地，选用健薯，汰除病薯，培育和选用抗病品种，施用磷酸钙作种肥，在开花后期，加强田间检查，拔除病株及时处理，防治田间地下害虫，减少传染机会
甘薯茎线虫病	甘薯茎线虫(*Dityleachus destructor* Thorne)	苗期受害出苗率低、矮小、发黄。纵剖茎基部，内有褐色空隙，剪断后不流乳液或很少。严重苗内部糠心可达秧蔓顶部。大田期受害，主蔓茎部表现褐色龟裂斑块，内部呈褐色糠心，病株蔓短、叶黄、生长缓慢，甚至枯死。薯块受害症状有3种类型：①糠皮型：薯皮皮层呈青色至暗紫色，病部稍凹陷或龟裂。②糠心型：薯块皮层完好，内部糠心，呈褐、白相间的干腐。③混合型：生长后期发病严重时，糠皮和糠心两种症状同时发生呈混合型	种薯直栽地发病重于秧栽春薯地。春薯生长期长，线虫繁殖代数多，发病重于夏薯。连作地土壤中虫量积累多，发病重。甘薯适当提前收获，可缩短线虫侵染时期，减轻为害。湿润、疏松、通气及排水好的沙质土发病较重；黏土地、有机质多的地块，极端潮湿和过分干燥的土壤发病较轻。品种间抗病性差异很大，腐烂茎线虫严重发生往往与大面积长期种植高感品种有关	加强植物检疫，保护无病区；病区应建立无病留种地，选用抗病品种。实行轮作，清除病残体；药剂浸种、浸苗及土壤消毒

续表 13-1-1

病害名称	病原	症状特点	发病规律	防治要点
甘蔗黑穗病	甘蔗鞭黑粉菌（*Ustilago scitaminea* Syd.）	染病甘蔗植株梢头呈黑色鞭状物，长达数厘米至数十厘米。黑穗中间有一条白色至褐色的心柱，外为一层黑色的厚垣孢子，外披银白色薄膜。厚垣孢子成熟后薄膜破裂，释放出大量黑色粉末	病菌主要在带菌种蔗上越冬。冬孢子由气流传播。夏、秋季高温多雨常造成病害暴发流行。品种间抗病性差异很大。宿根蔗较新植蔗发病重。蔗芽受伤利于病菌侵入。土壤贫瘠、干旱、管理差、甘蔗生长不良，发病重	选用抗病品种。实行甘蔗与水稻、花生、黄豆或甘薯等作物轮作。加强田间管理，拔除病株。如黑穗已形成应用塑料袋套住黑穗扎紧袋口，再拔除病株，集中烧毁。收获时入土低砍。发病严重地块不留宿根，蔗茎不作种用
烟草炭疽病	烟草炭疽菌（*Colletotrichum nicotianae* Av.）	发病初期叶上病斑呈暗绿色、水渍状小点，后扩展成赤褐色圆斑，中间凹陷，边缘稍隆起。潮湿条件下，病斑上生轮纹或小黑点，即分生孢子盘。干燥时病部硬化，黄色或白色，无轮纹和黑点。病斑多时常合并成大斑或焦枯似火烧状，或叶片扭缩干枯。茎部、叶柄、叶脉上的病斑为菱形，凹陷开裂，黑褐色。花和蒴果病斑圆形，褐色，较小	病菌主要在残株、残叶、土壤中越冬，或混在土杂肥中越冬。平均气温 12℃以上便可发病，以 25～30℃最适宜，35℃以上病情受到抑制。苗期雨天多，发病较快。水分对病菌的繁殖和传播起决定性作用	加强育苗管理。施足基肥，开好排水沟，雨天薄膜覆盖，晴天揭开，对预防苗病有明显作用。发病前用 1∶1∶150 波尔多液或 50%代森锌乳剂 2 250～3 000 mL/hm²，兑水 900～1 050 kg 喷雾，起到保护作用

四、操作方法及考核标准

(一)操作方法与步骤

(1)选择病害发生较为严重的马铃薯、甘薯、烟草、甘蔗等田块，调查病害发生种类、为害状况及为害特点。

(2)结合调查结果，查询学习资料，获得相关知识。

(3)结合教师讲解及对病害症状观察，识别薯类、烟草及糖料作物常见病害。

(4)通过显微镜镜检，识别薯类、烟草及糖料作物常见病害的病原菌形态特征。

(5)根据薯类、烟草及糖料作物主要病害发生规律，制订综合治理措施。

(6)撰写实训报告。

(二)技能考核标准

薯类、烟草及糖料作物病害防治技术技能考核参考标准见表 13-1-2。

表 13-1-2 薯类、烟草及糖料作物病害防治技术技能考核参考标准

考核内容	要求与方法	评分标准	标准分值	考核方法
薯类、烟草及糖料作物病害识别 40 分	1. 采集、识别 10 种病害	根据采集病害标本特征、病害识别情况酌情扣分，每错一种扣 2 分	20	单人考核口试评定成绩
	2. 判断 10 种病害病原分类(属)	病原物属的名称每错一种扣 1 分	10	
	3. 描述病害的识别要点	症状描述不正确每种扣 1 分	10	
病原菌形态识别 30 分	1. 玻片标本制作	根据玻片擦拭、病菌挑取、盖玻片放置等不符合要求情况酌情扣分	15	单人操作考核
	2. 病菌观察识别	根据显微镜操作熟练程度，病原菌形态清晰度，特征明显与否酌情扣分	15	
综合防治技术 30 分	1. 制订综防措施	根据薯类、烟草及糖料作物病害发生的种类制订综合防治措施是否符合要求情况酌情扣分	15	单人操作考核
	2. 可行性和可操作性	根据制订的综防措施是否具有可操作性和可行性酌情扣分	15	

五、练习及思考题

1. 选择 1～2 块马铃薯、烟叶或甘蔗田及 1～2 个甘薯窖，调查薯类、烟草及糖料作物病害发生种类、发病率及为害情况。

2 制订烟草黑胫病的综合防治方案。

3. 参与甘薯病害全程综合防治工作，如选用无病种薯、种薯及苗床消毒、高剪苗、种苗消毒及生长期和窖藏期药剂防治等病害防治技术。

4. 如何采取综防措施控制马铃薯病毒病？

5. 马铃薯晚疫病发生规律是什么？应怎样进行综合控制？

6. 比较甘薯黑斑病和软腐病的症状特点、病原特征和发生条件之区别。

项目2　薯类、烟草及糖料作物害虫防治技术

一、技能目标

通过实训,使学生能够认识当地薯类、烟草及糖料作物常发性害虫的种类,了解其发生规律,制订综合防治方案,并指导防治工作。

二、教学资源

1.材料与工具

当地气象资料、薯类、烟草及糖料作物主要害虫的历史资料、栽培品种及生产技术方案、害虫种类及分布为害情况等资料。

马铃薯瓢虫、甘薯麦蛾、烟蚜、烟青虫、甘蔗螟虫、甜菜跳甲、甜菜夜蛾等当地常发性害虫成虫、幼虫(若虫)盒装标本和浸渍标本。

体视显微镜、显微镜、放大镜、镊子、挑针、蒸馏水、培养皿、载玻片、泡沫塑料板、挂图、彩色照片及多媒体课件等。

2.教学场所

教室、实验(训)室或大田。

3.师资配备

每20名学生配备一位指导教师。

三、原理、知识

薯类作物主要是指甘薯和马铃薯。甘薯害虫有100多种,为害较重的有甘薯麦蛾、甘薯叶甲、甘薯天蛾、甘薯锥象甲、斜纹夜蛾等,另外蛴螬、小地老虎等地下害虫也严重为害甘薯。马铃薯害虫有60多种,其中以马铃薯瓢虫、马铃薯块茎蛾为害最大,蛴螬、蝼蛄等地下害虫常食害块茎,造成许多孔洞,影响产量和品质。

(一)马铃薯瓢虫

马铃薯瓢虫(*Henosepilachna vigintioctomaculata* Motschulsky)也称二十八星瓢虫、花大姐,属鞘翅目瓢甲科。主要分布在北方。马铃薯瓢虫的寄主种类很多,主要为害马铃薯、茄子、青椒、枸杞、番茄、烟草等,也可为害豆类、瓜类及十字花科蔬菜等,以马铃薯、茄子受害最重。马铃薯瓢虫以成虫、幼虫取食寄主植物的叶

片，也可为害果实和嫩茎。被害叶片仅残留上表皮及叶脉，形成许多不规则的透明密集的条痕，后变褐色、枯萎；茄果实受害处常破裂，后变硬、味苦，品质下降。

1.形态特征

(1)成虫　体长7～8 mm，半球形，赤褐色。体表密生黄褐色细毛，前胸背板中央有一纵行剑状大黑斑，其两侧各有黑色斑点2个。两鞘翅上各有大小不等的黑斑14个，鞘翅基部3个黑斑后方的4个黑斑不在一条直线上，两翅合缝处有1对或2对黑斑相连(见彩图13-2-1)。

(2)卵　长约1.5 mm，弹头形，初产时鲜黄色，后变成黄褐色，卵块中的卵粒排列较松散。

(3)幼虫　老熟幼虫体长约9 mm，纺锤形，鲜黄色。头部淡黄色，口器及单眼黑色。体表生有整齐的黑色枝刺。

(4)蛹　长约7 mm，椭圆形，淡黄色，全体被有棕色细毛，背面隆起，有较深的黑色斑纹。

2.发生规律

马铃薯瓢虫在北方一年发生2代，在南方一年发生3～6代，各地均以成虫群集在背风向阳的石缝内、树皮下、墙缝及篱笆等处越冬。越冬成虫于第二年春5月开始活动，先在附近的枸杞、龙葵等野生茄科植物上取食，当马铃薯苗高17 cm时，大部分成虫转移到马铃薯上为害。成虫早晚静伏，取食和产卵都在白天，以10～16时最活跃，午前多在叶背取食，16时后转向叶面取食。晴天气温高时飞翔力最强，阴雨天很少活动。成虫有假死性，受惊后落地不动并可分泌黄色黏臭液。成虫产卵于叶片背面，常20～30粒产在一起，直立成块。卵期5～7 d。成虫寿命长，最长可达320 d，因此，田间常出现世代重叠现象。幼虫有4龄，夜间孵化，初孵幼虫群集于叶背取食为害，2龄后逐渐分散为害。成虫、幼虫都有残食同种卵的习性。幼虫老熟后，多在植株基部的茎上或叶背以及附近杂草、地面上化蛹。马铃薯瓢虫成虫产卵的最适温度为22～28℃，30℃以上即使产卵也不能孵化，所以夏季高温季节成虫常隐蔽于荫凉处，停止取食。故该虫大多在山区和夏季气温较低的地方大量发生。成虫必须取食马铃薯才能顺利完成发育，不吃马铃薯就不能产卵，幼虫不吃马铃薯也不能正常发育。马铃薯瓢虫的捕食性天敌有草蛉、胡蜂、蜘蛛等，成虫期常被白僵菌寄生。

3.防治技术

(1)人工捕捉成虫　利用成虫假死习性，用薄膜承接并叩打植株使之坠落，收集灭之。

(2)人工摘除卵块　此虫产卵集中成群，颜色鲜艳，极易发现，易于摘除。

(3)药剂防治　要抓住幼虫分散前的有利时机,可用灭杀毙(21%增效氰·马乳油)3 000 倍液、20%氰戊菊酯或 2.5%溴氰菊酯 3 000 倍液、10%溴·马乳油 1 500 倍液、50%辛硫磷乳剂 1 000 倍液、2.5%氯氟氰菊酯乳油 3 000 倍液等。

(二)甘薯麦蛾

甘薯麦蛾(*Brachmia macroscopa* Meyrick),又名甘薯卷叶虫,属鳞翅目,麦蛾科。甘薯麦蛾除新疆、宁夏、青海、西藏等地未见报道外,全国各地发生普遍,而以南方各省发生较重。甘薯麦蛾主要为害甘薯、蕹菜(空心菜)、月光花和牵牛花等旋花科植物。以幼虫吐丝卷叶,在卷叶内取食叶肉,留下白色表皮,状似薄膜。幼虫尚能食害嫩茎和嫩梢,发生严重时大部分薯叶被卷食,叶肉几乎被食尽,整片地呈现"火烧"现象,严重影响甘薯产量和品质。蕹菜受害后,其叶片、嫩梢被卷食,不但影响蕹菜生长,而且严重影响其品质,降低了食用价值和商品价值。

1. 形态特征

(1)成虫　体长 5～7 mm,翅展 15～16 mm,体黑褐色。前翅狭长,暗褐色或锈褐色,中室内有 2 个黑色小点,翅外缘有 5 个小黑点。后翅宽,淡灰色,缘毛长。

(2)卵　长约 0.6 mm,椭圆形,表面具细纵横脊纹。初产时灰白色,后变为淡黄色。

(3)幼虫　老熟幼虫体长 18～20 mm,头稍扁,黑褐色。前胸背板褐色,两侧暗褐色,呈倒"八"字形。中胸至第二腹节背面黑色,以后各节乳白色,亚背线黑色,第二至第六腹节每节两侧各有 1 条黑色斜纹。

(4)蛹　体长 7～8 mm,纺锤形,头钝尾尖,黄褐色,末端有钩刺 8 个。

2. 发生规律

甘薯麦蛾在不同的地区每年发生的世代数不同,我国从北到南 1 年发生 3～9 代,在北方以蛹在残株落叶下越冬,在南方多以成虫在田间杂草丛中或屋内阴暗处越冬。世代重叠。甘薯麦蛾的成虫趋光性强,且行动活泼,喜食花蜜。白天潜伏于薯叶背面或茎蔓基部隐蔽处,夜间进行交尾、产卵。卵通常散产于叶背面的叶脉之间,也有少数卵产于新芽和嫩茎上。幼虫共 4 龄,其中 1 龄幼虫只在叶面剥食叶肉,不进行卷叶,但吐丝下坠;2 龄幼虫即开始吐丝作小部分卷叶,并在卷叶内取食叶肉;3 龄以后,幼虫的食量大增,卷叶程度也增大,且有转移为害的习性,一头幼虫从小到大能为害十几片叶子,影响薯株正常生长和薯块膨大。幼虫除主要为害叶片外,也取食嫩茎和嫩梢。幼虫老熟后在卷叶或土缝里化蛹。

高温低湿是甘薯麦蛾严重发生的重要因子,在气温 25～28℃,相对湿度 60%～65%的条件下,发育繁殖最为旺盛。甘薯植株在生长前期受害会影响营养的供应,延缓甘薯的生长;甘薯块根膨大时期如虫口密度增大,大量的叶片被害,光合作用降低，会阻碍薯块膨大，产量损失可达10%以上。甘薯品种不同，受害程度不同，一般叶片肥厚的品种比叶片薄的品种受害重。甘薯麦蛾的天敌有步甲、茧蜂、白僵菌等，这些天敌对其发生有一定的抑制作用。

3.防治技术

(1)农业防治　秋后要及时清洁田园，处理残株落叶，清除杂草，消灭越冬蛹，降低田间虫源；田园内初见幼虫卷叶为害时，要及时捏杀新卷叶中的幼虫或摘除新卷叶。

(2)化学防治　药物防治应掌握在幼虫发生初期施药，喷药时间以16～17时为宜，此时防治效果较好。首选药剂48%乐斯本乳油1 000～1 500倍液喷雾防治，防效可达90%以上。蕹菜上选用20%除虫脲悬浮剂1 500～2 000倍液、Bt乳剂(100亿孢子/mL)400～600倍液喷雾防治，效果均较好。

(三)烟蚜

烟蚜[*Myzus persicae*(Sulzer)]又称桃蚜，为同翅目，蚜科。分布广，寄主种类多，形态多变，除烟草外，可取食茄科、十字花科、黎科、蔷薇科植物、属多食性。

烟蚜成、若虫均可在烟株幼嫩叶片和嫩茎吸食汁液，造成植物生长缓慢、矮小，叶片卷缩、变小、变薄，单叶面积减少，干重及烘烤性能下降。烟蚜在取食同时分泌蜜露诱发烟霉病发生，影响光合作用，且能传播病毒病。一般年份造成经济损失达10%～15%，大发生年份或病毒病重时损失达到50%～80%。

1.形态特征

(1)有翅胎生雌蚜　体长约为2 mm，头胸腹、尾片均黑色，腹部色变化大，其背中央有1个大型淡黑色斑块，两侧各有1列小斑。额瘤显著，内倾，触角第3节有9～17个感觉圈排成一行，腹管长，末端有缢缩，尾片圆锥形。

(2)无翅胎生雌蚜　体长约为2 mm，鸭梨形，体色多样，有光泽，触角第3节无感觉圈(图13-2-1)。

图13-2-1　烟蚜

2.发生特点

一年发生多代，各地不同；有趋嫩习性，有翅蚜有趋黄性；对银灰色、白色有负趋性；在冬、夏寄主间迁飞，在夏寄主间扩散为害；高温干旱、天敌少有利发生。天敌有瓢虫、草蛉、食蚜蝇、蜘蛛、寄生蜂(菌)如蚜茧蜂和蚜霉菌等。

3.防治技术

(1)农业防治　采取用银灰色地膜覆盖苗床或田间避蚜；及时打顶抹杈；实行小麦、烟草套作有利麦蚜天敌向烟田转移。

(2)生物防治　有条件的在烟草生长期间，释放蚜茧蜂或保护利用天敌可控制蚜虫。

(3)药剂防治　可用50%辛硫磷乳油1 000～1 500倍液或20%杀灭菊酯等菊酯类乳油3 000倍液喷雾防治，重点喷植株上部幼嫩叶片背面。

(四)烟青虫

烟青虫(*Helicoverpa assulta* Guenee)又叫烟夜蛾，属鳞翅目、夜蛾科。分布广，寄主多，除烟草外，可取食辣椒、棉花、番茄、玉米、麻类、豌豆等多种植物。

以幼虫为害，多集中在烟草植株上部叶片取食，造成透明斑痕、孔洞、缺刻或无头苗，严重时吃光叶肉，仅留下叶脉。

1.形态特征

(1)成虫　虫体黄褐色，前翅黄褐色，斑纹及横线明显，中横线较直，未达到环形纹正下方，外横线末端达肾形纹边缘下方，亚外缘线锯齿排列参差不齐，亚外缘线至外缘线之间为褐色宽带；后翅黄褐色，外缘黑褐色横带较窄，外侧有黄斑直达外缘(见彩图13-2-2)。

(2)幼虫　体色常随气候和食料变化，夏季为绿色或青绿色，秋季为黄褐、红褐、绿褐或黑褐色，体背散生小白点。

2.发生特点

一年发生2～6代，云南、华南部分烟区可全年繁殖；世代重叠明显；成虫昼伏夜出，趋光性弱，趋蜜源性强；在叶正、反面具绒毛处、嫩茎、花蕾和果实上产卵；后期成虫对杨树枝把有明显趋性；初孵幼虫先食卵壳，后吐丝下垂转移，取食烟叶，现蕾后蛀食花蕾、青果，取食花蕊和未成熟种子；3龄白天潜伏，夜间、清晨取食，4～6龄食量大增，占幼虫总食量的90%以上，幼虫有假死性、自残性，老熟后在土中作室化蛹越冬。一般白肋烟草品种、长势茂密浓绿和套种辣椒地块受害重。

3.防治技术

(1)农业防治　在部分地区可改夏烟为春烟，能减轻为害；秋翻地块或冬灌水淹地；及时打顶抹杈；移栽缓苗后可在8～9时人工捕捉幼虫；成虫发生期可用杨树枝把诱成虫，于每天清晨套袋捕杀。

(2)生物防治　保护天敌；喷洒Bt乳剂(100亿活孢子/mL)或杀螟杆菌粉(100亿活孢子/g)300～400倍液，防3龄前幼虫；可用棉铃虫核型多角体病毒防治，一般比化学农药提前3～4 d喷施。

(3)药剂防治　最佳时期在3龄前，百株虫量为24.5头时喷药。可用90%敌百虫800～1 000倍液；50%辛硫磷、80%敌敌畏乳油1 000～2 000倍液；25%溴氰菊酯乳油3 000～4 000倍液等。

(五)甘蔗螟虫

甘蔗螟虫是一类蛀食害虫的总称，常见有5种，均属鳞翅目，其中黄螟(*Argyroploce schistaceana* Snellen)属卷叶蛾科；大螟(*Sesamia inferens* Walker)属夜蛾科；二点螟(*Chilo infuscatellus* Snellen)、白螟(*Scirpophaga nivella* Fabricius)、条螟(*Proceras venosatum* Walker)均属螟蛾科。甘蔗螟虫发生普遍，为害严重。甘蔗从苗期至收获前均可受害。苗期受害幼虫蛀食生长点，形成枯心苗；生长中、后期，幼虫蛀入蔗茎，造成螟害节，易遭风折，虫伤处常引起赤腐病发生，造成甘蔗糖分降低，影响甘蔗产量和品质。

1.形态特征

甘蔗螟虫形态比较见表13-2-1。

表13-2-1　甘蔗螟虫形态比较

种类		黄螟	二点螟	条螟	白螟	大螟
成虫	体色	暗灰黄褐色	雌为灰黄色 雄为暗灰褐色	灰黄色	白色，有光泽	除腹部黄白色，其余淡黄褐色
	前翅	深褐色，斑纹复杂，翅中央有“Y”形黑纹	灰褐色，长三角形，顶角较锐，外缘近圆形，中室顶端有2个暗灰色斑点，外缘有7个小黑点	灰褐色，翅脉明显，有黑褐色纵条纹，顶角尖锐，中室有1个小黑点，外缘有一列小黑点	白色，有光泽，长而顶角尖	略呈长方形且较宽阔；翅中朵及外缘暗褐色
	后翅	暗灰色	白色，有光泽	白色	白色	黄白色
幼虫	体色	淡黄至灰黄色，头部赤褐色	淡黄色，背线暗灰色，亚背线及气门上线淡紫色，头部红褐色	淡黄色，亚背线及气门上线粗在紫色，头部黄褐色至褐色	体乳黄白色，前胸背板淡橙黄色	体背面淡紫色，腹面淡黄色，气门黑色
	胸腹部	前胸背板黄褐色，臀板暗灰黄色，体生小毛瘤	腹背两侧生梯形排列的淡黄色小毛瘤	腹背两侧有正方形排列的暗褐色粗大毛瘤	虫体肥大而柔软，多横皱，胸足短小，腹足退化	体形较肥大

2. 发生特点

黄螟主要分布于我国的广东、广西、福建等省（区）的主要蔗区，每年可发生6～7代，世代重叠，昼伏夜出，趋光性弱；卵散产，在春季甘蔗拔节前，多产在蔗苗基部枯老蔗鞘上，8月份以后多产在蔗茎表面；初孵幼虫由叶鞘间隙下潜至芽或根带处入蛀，蛀口外常留有虫粪堆，幼虫老熟后在蛀孔处作茧化蛹越冬；在冬季南方蔗区卵多产在近地面的干叶鞘上，幼虫、蛹多在地面下10 cm内的蔗茎内。1、2、3代主要为害蔗苗，4、5、6代主要为害蔗茎。

二点螟是大部分蔗区的主要害虫，卵块多产在蔗株1～4叶的叶背面；初孵幼虫吐丝下垂，爬行至叶鞘组织间取食入蛀蔗茎，蛀口周缘不枯黄，茎内蛀道直，老熟幼虫在受害茎内化蛹，以幼虫、蛹在蔗茎地上部越冬。1、2代为害蔗苗，3代以后为害蔗茎。

条螟在全国各蔗区都有分布，卵多产在叶面，以老熟幼虫在叶鞘内侧及蔗茎内越冬。初孵幼虫有取食卵壳习性，群集在心叶取食，被害叶上留有半透明不规则小斑点，3龄后幼虫由叶鞘蛀入蔗茎取食，多为数头幼虫蛀入同一茎，蛀口有虫粪，老熟幼虫多在叶鞘间或叶鞘外结白茧化蛹。

白螟主要分布我国华南地区和台湾省，每年发生4～5代，有趋光性，飞行力弱，1个块平均14～15粒卵，喜欢在蔗苗上产卵，多产在第2～5叶内侧中部，卵面被有橙黄色绒毛；初孵幼虫吐丝下垂，由心叶蛀入取食，向下食成一条直道，被蛀心叶展开，蛀孔呈带状横列排孔，食痕周围呈褐色而逐渐枯死；甘蔗受害呈枯心时，抽出大量侧芽，使被害株呈扫帚状。1、2代为害蔗苗，3、4代为害蔗茎，第4代以老熟幼虫，少数以第5代老熟，在生长蔗株梢部隧道内越冬。发株早的甘蔗受害较重。

大螟在全国各蔗区都有分布，除甘蔗外，还可取食其他的禾本科作物和杂草。卵块多产在叶鞘内侧；初孵幼虫有群集性（与条螟相同），先食害叶鞘内侧（与条螟不同），2～3龄后分散蛀入蔗茎，被害叶鞘内侧常有新鲜虫粪，茎道内有腐臭味，老熟幼虫在叶鞘间化蛹；一年中以3、4月份发生数量多，5月份后锐减，转移为害水稻，12月份又为害秋植蔗苗。冬季温暖干燥，连作和宿根蔗地，以小麦、水稻为前作或蔗稻混栽、蔗麦套种，枯心率高；叶阔下垂品种，蔗茎较软，纤维量少品种，均受害重。

较干燥坡地上甘蔗以二点螟发生为主，条螟和黄螟其次；低洼地或水田蔗地则以黄螟为主，二点螟和条螟其次。

3. 防治技术

（1）农业防治　收获后，使用开垄倒蔗、低斩蔗茬、火烧残茎、水浸蔗头等方法处理；选无螟虫害的健壮种苗；在当地螟虫盛发时及时剥枯叶，以减少幼虫钻蛀；选栽抗虫品种；适时早栽，减少甘蔗地插花种植或套种高粱、玉米、小麦、水稻等禾本科植物；实行稻蔗轮作或与豆类、蔬菜、番薯等轮作。

(2)药剂防治　选择在螟卵盛孵期用药，注意保护和利用天敌。苗期防治，以蚁螟孵化始盛期和高峰期各施药1次，用50%杀螟丹水剂1.125(新植蔗)～1.875(宿根蔗)kg/hm²，兑水40 kg，或90%敌百虫晶体1.125 kg兑水75 kg喷雾，连喷2～3次，间隔15 d一次，重点喷甘蔗三叉口以下部位；甘蔗下种后先盖上基肥或薄土，后用3%呋喃丹颗粒剂均匀撒入种植沟内再按正常厚度覆土。

(六)甜菜跳甲

为害甜菜的跳甲常见的有南方跳甲(*Chaetocnema breviuscula* Faldermann)和甜菜凹胫跳甲(*Chaetocnema discreta* Baly)，均属鞘翅目，叶甲科。此虫除取食甜菜外，还可取食野生的藜科和蓼科杂草，以成虫食害甜菜幼苗，将子叶和真叶咬成孔洞和缺刻，或咬断幼苗，造成毁种。

1. 形态特征

两种跳甲的形态比较见表13-2-2。

表13-2-2　两种跳甲的形态比较

种类	南方跳甲	甜菜凹胫跳甲
体形体色	椭圆形，末端稍尖，黑色暗绿有光泽	体端较圆，其余相似南方跳甲
头部	触角间不隆起	触角间隆起成脊形
前胸	前胸背板密布刻点，后缘不向下凹陷，鞘翅刻点成列	前胸背板后缘有粗刻点，向下凹陷
足	各足胫节及遗传跗节棕黄色，中后足胫端有着生短毛凹槽，后足腿节肥大	前中足胫、跗节暗褐色

2. 发生特点

南方跳甲分布于新疆甜菜栽培区，每年发生2代；甜菜凹胫跳甲在各甜菜区均有分布，特别以黑龙江西部及北部干旱地区发生普遍，在黑龙江每年发生1代。均以成虫在田边、地埂土块下、草丛根际土层中越冬，次年春甜菜苗出土后，向甜菜田转移。未向甜菜转移前以藜科等野生杂草为食。成虫产卵于寄主根附近2～5 cm土层中或侧根上，经两周后孵化，幼虫在20 cm以上土层内活动，取食细根，老熟幼虫在土层中作茧化蛹。春季干旱少雨，土壤干燥，靠近森林、护田林边缘及荒草滩的地块，发生重。

3. 防治技术

(1)农业防治　消灭田内外杂草，特别是藜科杂草；实行轮作；配合春耕秋翻精耕细作。

(2)药剂防治　以药剂拌种防治最有效,可用35%呋喃丹种衣剂2.5 L拌种100 kg,或35%多克福种衣剂4 L拌种100 kg。

甜菜幼苗期也可田间喷药防治,可用80%敌敌畏乳油1 500倍液或50%辛硫磷乳油1 000倍液。也可用2%杀螟松粉剂1～1.5 kg,拌细土15～20 kg制成毒土,撒在甜菜苗周围,均有防效。

(七)甜菜夜蛾

甜菜夜蛾(*Spodopteraexigua* Hübner),又名贪夜蛾,玉米夜蛾,属鳞翅目,夜蛾科。为世界性、多食性、暴发性害虫。该虫寄主植物达35科138种。近年来,随着我国蔬菜种植面积的扩大和复种指数的提高,甜菜夜蛾的为害更为广泛和严重。甜菜夜蛾在各地区为害程度不一,江淮、黄淮流域为害较为严重,受害面积较大。该虫属间歇性猖獗为害的害虫,不同年份发生情况差异较大,近年该虫为害呈上升的趋势。

1.形态特征

成虫体长8～10 mm,灰褐色,头、胸有黑点。前翅灰褐色,基线仅前段可见双黑纹;内横线双线黑色,波浪形外斜;中横线黑色,波浪形;外横线双线黑色,锯齿形,前、后端的线间白色(见彩图13-2-3);末龄幼虫体长约22 mm,体色变化很大,由绿色、暗绿色、黄褐色、褐色至黑褐色,背线有或无,颜色亦各异。较明显的特征为:腹部气门下线为明显的黄白色纵带,有时带粉红色,此带直达腹部末端,不弯到臀足上,是区别于甘蓝夜蛾的重要特征,各节气门后上方具一明显白点(见彩图13-2-4)。

2.发生特点

初孵幼虫群集叶背,吐丝结网,在其内取食叶肉,留下表皮,形成透明的小孔。3龄后可将叶片吃成孔洞或缺刻,严重时仅余叶脉和叶柄,致甜菜苗死亡,造成缺苗断垄,甚至毁种。使甜菜糖分下降,质量降低。成虫昼伏夜出,有强趋光性和弱趋化性,大龄幼虫有假死性,老熟幼虫入土吐丝化蛹。

北京、陕西年生4～5代,山东5代,湖北5～6代,江西6～7代,世代重叠。江苏、河南、山东以蛹在土内越冬,江西、湖南以蛹在土中、少数未老熟幼虫在杂草上及土缝中越冬,冬暖时仍见少量取食。在亚热带和热带地区可周年发生,无越冬休眠现象。

3.防治技术

(1)耕翻、除草　秋末初冬耕翻甜菜地可消灭部分越冬蛹。春季3～4月除草,消灭杂草上的初龄幼虫。

(2)摘除卵块　卵块多产在叶背，其上有松软绒毛覆盖，易于发现，且1、2龄幼虫集中在产卵叶或其附近叶片上，结合田间操作摘除卵块，捕杀低龄幼虫。

(八)薯类、烟草及糖料作物其他害虫的防治技术

薯类、烟草及糖料作物其他害虫防治技术见表13-2-3。

表13-2-3　薯类、烟草及糖料作物其他害虫防治技术

害虫名称	为害特点	生活史及习性	防治要点
甘薯天蛾［*Herese convolvuli*（linnaeus）］鳞翅目，天蛾科	在国内分布很普遍，凡有甘薯栽培的地区均可能发生。主要为害甘薯，也可取食蕹菜、牵牛花、月光花等旋花科植物。幼虫为害甘薯的叶和嫩茎，食量很大，严重时能把甘薯叶吃光，只剩薯蔓，严重影响产量	发生世代因地而异，一年发生2～5代。以蛹在土中越冬。卵多散产于甘薯叶背面的边缘，也可以在叶正面和叶柄上。成虫产卵趋向于叶色深绿生长茂盛的薯田和单作薯田。当食料缺乏时，幼虫能成群迁往邻近薯田为害，老熟的幼虫不完全都在薯田入土化蛹，也在周围作物地、路边、沟边等处入土化蛹	冬春季甘薯田要适时翻耕，破坏蛹的越冬环境，增加蛹的越冬死亡率；早期结合甘薯的提蔓除草，捕杀幼虫。成虫羽化盛期，设置黑光灯进行诱杀，减少田间落卵量。化学防治，可选用晶体敌百虫、敌敌畏、辛硫磷等药剂喷雾防治，也可用敌百虫粉剂喷粉
甘薯叶甲（*Colasposoma dauricum* Mammerheim）鞘翅目，叶甲科	全国各省区均有分布。除为害甘薯外，还为害蕹菜、五爪金龙、牵牛花、月光花及大、小旋花等旋花科植物。成虫吃薯汁，严重时植株枯死。幼虫生活在土壤中，啃食薯块表面，使薯块表面发生深浅不同的伤疤，或蛀食薯块内部，形成弯曲隧道，有助于黑斑病、软腐病菌等侵入为害	一般一年发生1代，多以幼虫在寄主田土中作土室越冬，少数在薯块中越冬，也有以成虫在土缝、石隙中及枯枝落下越冬的。成虫多在雨后出土，有假死性，耐饥力强，飞翔力弱。成虫在小麦扬花灌浆期盛发，在湿润的土表及小麦茎、枯薯藤等处咬孔产卵。幼虫喜潮湿，当地温降到20℃以下时，幼虫自薯块表层钻入深土层中越冬	宜稻、薯轮作，田间秸秆要及时妥善处理。利用成虫假死性和活动习性，在黄昏和清晨，当多数害虫聚集在幼茎叶上觅食活动时，进行捕杀。化学防治，可用呋喃丹和敌百虫粉剂制成毒土或毒肥防治幼虫；在成虫大发生时，也可在薯苗或薯株上用晶体敌百虫等喷雾

续表 13-2-3

害虫名称	为害特点	生活史及习性	防治要点
马铃薯麦蛾[*Phthorimaea opeculella* (Zeller)]鳞翅目,麦蛾科	分布我国10多个省、自治区。寄主有马铃薯、茄子、番茄、青椒等茄科蔬菜及烟草等。幼虫潜入叶内,沿叶脉蛀食叶肉,余留上下表皮,呈半透明状,严重时嫩茎、叶芽也被害枯死,幼苗可全株死亡。田间或贮藏期可钻蛀马铃薯块茎,呈蜂窝状甚至全部蛀空,外表皱缩,并引起腐烂	各地发生世代数不同,在我国最多可发生9～11代,以幼虫或蛹在枯叶或贮藏的块茎内越冬。成虫昼伏夜出,有趋光性,飞翔力强。卵产于叶脉处和茎基部,薯块上卵多产在芽眼、破皮、裂缝等处。幼虫孵化后四处爬散,吐丝下垂,随风飘落在邻近植株叶片上潜入叶内为害,在块茎上则从芽眼蛀入。幼虫有转移为害习性,耐饥力强,可随调运材料、工具等远距离传播	加强检疫。及时培土,在田间勿让薯块露出表土,以免被成虫产卵。对有虫的种薯,用溴甲烷或二硫化碳熏蒸,也可用晶体敌百虫或喹硫磷乳油1 000倍液喷种薯,晾干后再贮存。药剂防治,在成虫盛发期可喷洒晶体敌百虫、敌敌畏、氰戊菊酯等
甘薯锥象甲(*Cylas formicarius* Fabricius)鞘翅目,象甲科	主要为害甘薯、蕹菜、砂藤、三裂叶藤及月光花、牵牛花、小旋花等。以成虫食害植株的嫩梢、嫩芽、茎蔓,啃食叶柄的皮层,还可蛀食块根,造成许多孔洞,严重地影响作物生长及薯块品质;幼虫蛀食薯块及粗蔓,形成隧道并排有虫粪,受害薯块有腥味,不能食用	各地发生世代数不同,一年发生2～7代,以成虫、幼虫及蛹越冬。成虫多在薯块、薯梗、枯叶、杂草、石缝、土缝等处越冬,幼虫和蛹多在薯块中越冬。成虫昼夜均可活动、取食为害,但怕烈日晒,白天多在叶背面隐蔽处为害叶脉、叶梗、茎蔓。成虫有假死性,耐饥饿力强,30～40 d不取食仍能存活。此虫发生的轻重与气候条件、栽培管理均有关系	加强检疫,实行水旱轮作,避免连作;及时培土,防止薯块露出土面。初冬或早春,用小鲜薯、鲜薯块或新鲜薯藤,在乐果或晶体敌百虫或杀螟松乳油500倍液中浸12～24 h,捞出晾干制成毒饵。甲基异柳磷或呋喃丹颗粒剂拌细土制成毒土,撒于藤头周围畦面后,再覆一层薄土
甘蔗棉蚜(*Ceratovacuna lanigera* Zehntner)同翅目,棉蚜科	以成、若虫吸食汁液,受害叶枯黄萎缩,影响甘蔗生长,降低糖分,降低产量;同时棉蚜分泌蜜露在叶上,易引起烟煤(霉)病发生,影响光合作用	在我国南方地区一年可发生20代左右,成、若虫群集于甘蔗叶背中脉附近吸食汁液,以有翅成虫在禾本科植物或秋、冬植甘蔗株上越冬。繁殖的最适温度为20～23℃,避风地区,受害重;秋植蔗比春植蔗和宿根蔗受害重;宿根蔗比新植蔗重;叶宽、气孔大品种受害重	选用抗蚜品种;保护利用天敌,其天敌有七星瓢虫、双星瓢虫、澳洲瓢虫、食蚜蝇、草蛉等。在尚未大量发生,用40%乐果乳油1 000倍液或80%敌敌畏乳油1 500倍液,加适量洗衣粉进行喷雾

四、操作方法及考核标准

(一)操作方法与步骤

(1)选择害虫发生较为严重的田块或薯窖，调查薯类、烟草及糖料作物害虫发生种类、为害状及为害程度。

(2)结合调查结果，查询学习资料，获得相关知识。

(3)通过体视显微镜镜检，对害虫形态特征进行仔细观察，识别薯类、烟草及糖料作物常见害虫种类。

(4)根据薯类、烟草及糖料作物主要害虫发生规律，制订综合治理方案。

(5)撰写实训报告。

(二)技能考核标准

薯类、烟草及糖料作物其他害虫防治技术技能考核标准见表 13-2-4。

表 13-2-4 薯类、烟草及糖料作物其他害虫防治技术技能考核标准

考核内容	要求与方法	评分标准	标准分值	考核方法
薯类、烟草及糖料作物害虫识别 50 分	1. 识别 10 种害虫	害虫名称每错一种扣 1 分	10	单人考核口试评定成绩
	2. 列出 10 种害虫目名称	害虫目名每错一种扣 1 分	10	
	3. 列出 10 种害虫科名称	害虫科名称每错一种扣 1 分	10	
	4. 描述主要害虫的识别要点	描述害虫形态特征不正确酌情扣分	20	
综合防治技术 50 分	1. 制订综防措施	根据薯类、烟草及糖料作物害虫发生种类制订综合防治措施是否符合要求情况酌情扣分	30	单人操作考核
	2. 可行性和可操作性	根据制订的综防措施是否具有可操作性和可行性酌情扣分	20	

五、练习及思考题

1. 选择 1～2 块马铃薯、烟草及甘蔗田或 1～2 个甘薯窖，调查薯类、烟草及糖料作物害虫发生种类和为害情况。

2. 根据烟草主要害虫发生种类制订综合防治技术方案。

3. 参与马铃薯主要害虫防治工作。

4. 根据甘蔗螟虫的生活史和习性拟定综合方案。

5. 如何防治烟蚜？

6. 制订马铃薯瓢虫的综合防治技术。

【拓展知识】薯类、烟草及糖料作物病虫害综合防治技术

一、薯类作物害虫的综合治理措施

薯类害虫的综合治理，在策略上应以农业防治技术为基础，提高薯类作物自身的抗逆性和补偿能力，尽量保护和利用天敌，发挥天敌的自然控制作用，在害虫发生的关键时期，合理施用农药，把害虫的为害控制在经济允许水平以下。

1. 植物检疫

控制危险性害虫如马铃薯甲虫、马铃薯块茎蛾等的传播蔓延。

2. 农业技术措施

(1)清洁田园　薯类作物收获后，及时清除田间的残株落叶，随时清除杂草，特别是茄科杂草，以消灭害虫的各越冬虫态。

(2)合理轮作，翻耕灌溉　采用合理轮作倒茬，冬春季节深翻整地，多犁多耙，秋冬灌水等措施，破坏害虫的越冬场所，减少越冬虫口，减轻为害。

3. 诱杀害虫

利用害虫的趋性，用黑光灯、毒饵等进行诱杀。对于个体较大、容易发现的害虫，可结合栽培管理，进行人工捕杀。

4. 合理使用农药

(1)药剂处理土壤，可参照地下害虫的防治。

(2)在栽薯苗前先用乐果乳油或晶体敌百虫或辛硫磷乳油或杀螟松乳油浸薯苗，可防治甘薯锥象甲等多种害虫。

(3)当害虫进入盛发期，或食叶害虫幼虫3龄前，应抓住有利时机，进行喷雾或喷粉防治。

5. 生物防治

注意保护和利用天敌，提倡使用灭幼脲、Bt乳剂、白僵菌等生物农药。

二、烟草、糖料作物害虫的综合治理措施

采取农业防治、生物防治与药剂防治相结合的防治策略。具体方法有：

(1)农业防治　选用抗虫品种加强栽培管理，如对烟草及时打顶抹杈以减轻蚜虫、烟青虫为害；对甘蔗适期早植，及时剥除枯叶以减轻螟害；实行轮作；秋翻春耕，破坏越冬栖息场所。

(2)利用趋性防治　如采用铺银灰色地膜可避烟蚜;人工捕杀烟青虫;利用杨树枝把诱集烟青虫成虫;利用低斩蔗茬、火烧残茎、水浸蔗头或收获后采用开垄倒蔗,可减少越冬蔗螟虫源;利用毒土防甜菜跳甲。

(3)生物防治　在生长期,保护利用或人工繁殖、释放蚜茧蜂等蚜虫天敌,可控制烟蚜、甘蔗棉蚜。

(4)药剂防治　选择适宜的杀虫剂,掌握防治最佳适期,喷雾防治,详见各类害虫药剂防治技术。

典型工作任务十四 蔬菜病虫害防治技术

项目1 蔬菜主要病害防治技术

一、技能目标

通过本技能实训，使学生认识当地常发生的蔬菜病害的种类，掌握当地主要蔬菜病害识别特征。了解其发生规律，能制订综合防治方案，并能指导蔬菜病害的防治工作。

二、教学资源

1.材料与工具

苗期病害、白菜软腐病、番茄病毒病、番茄灰霉病、茄子褐纹病、茄子黄萎病、辣椒炭疽、黄瓜霜霉病、黄瓜枯萎病、菜豆锈病、萝卜白斑病、番茄早疫病和晚疫病等病害的新鲜标本、干制标本及病原玻片标本；显微镜、解剖镜、镊子、挑针、载玻片、盖玻片等观察用具；多媒体教学设备、课件、挂图等学习用具；根据防治需要确定的施药材料与器械。

2.教学场所

多媒体教室、实验（训）室及蔬菜病害发生严重的田块及温室。

3.师资配备

每20名学生配备一位指导教师。

三、原理、知识

(一)蔬菜苗期病害

蔬菜苗期病害是育苗期间经常发生的一大类病害。主要发生在黄瓜、辣椒、茄子、番茄、甘蓝等幼苗上，严重时造成幼苗成片死亡，延误农时。主要有猝倒病、立枯病、炭疽病、灰霉病、沤根等。

1. 症状识别

(1)猝倒病　该病在出苗前后均可发病，在幼苗出土前发病时，会导致胚根和子叶腐烂，使幼苗不能正常出土。若在幼苗出土后发病，幼苗的基部会出现水浸状的病斑，随后病斑变黄褐色，干缩变细，幼苗随之倒伏在地。

(2)立枯病　该病多发生在幼苗生长的中后期。发病时幼苗茎基部产生椭圆形的暗褐色病斑，病苗初期往往白天萎蔫，夜间尚能恢复正常，随着病情的不断发展，病斑环绕茎基一周时，开始向内凹陷、干缩，最终导致整株幼苗死亡。

(3)炭疽病　幼苗发病时，多在子叶边缘出现半圆形的褐色病斑，发病组织最终枯死破裂，严重时病部腐烂扩大，造成落叶。病苗茎基部接近地面处，起初出现红色纵条裂痕，后来扩大成褐色长条状皱缩的病斑，略凹陷。若遇阴雨连绵时，病苗根茎部分和根变黑腐烂而死。

(4)沤根　苗期常见的生理病害，幼苗出土后长期不发新根和不定根，根外皮是锈褐色，逐渐腐烂，地上部萎蔫，容易拔起，叶缘枯焦，严重时成片干枯似缺素症。沤根主要是由于低温(地温低于12℃)、高湿、阴雨天光照不足、肥料过多或者沤肥未腐熟造成。

(5)灰霉病　该病主要在开花结果期发病严重，但在蔬菜出苗后如遇低温高湿的条件也极易发病。先在近地面的叶片开始发病，起初在叶片或幼茎上出现水浸状绿斑，在湿度大时，病斑上可出现灰色霉状物，进一步发展可造成叶片或幼茎腐烂，致使幼苗死亡。

2. 病原

(1)猝倒病　该病由多种腐霉菌(*Pythium* spp.)引起，属于鞭毛菌亚门的真菌。较常见的是瓜果腐霉菌和德巴利腐霉菌。病菌的菌丝体丝状，无分隔，菌丝上产生不规则形、瓣状或卵圆形的孢子囊。孢子囊萌发产生有双鞭毛的游动孢子。病菌的有性繁殖产生圆球形、厚壁的卵孢子。

(2)立枯病　病原菌是立枯丝核菌(*Rhizoctonia solani* Kühn)，属于半知菌亚门的真菌。病菌一般没有有性世代，它的无性世代不产生孢子，有发达的菌丝，具分隔，淡褐色，菌丝近直角形分枝，分枝处稍缢缩。老熟菌丝常集结成质地较松散的浅褐色菌核。

3.发病规律

(1)猝倒病　孢子囊中产生的游动孢子萌芽后侵染寄主组织，病菌能营寄生生活，也能营腐生生活。条件不良时，以卵孢子在土壤中越冬。同时也能以菌丝体随病残组织在土中营腐生生活。在田间借降雨水流传播蔓延。孢子囊成熟后萌发产生游动孢子，游动孢子靠水传播和侵染。低温时秧苗的生活力减弱，容易发病。

(2)立枯病　主要以菌丝体或菌核残存在土壤和病残体上越冬。越冬的菌体在土壤中可存活2～3年。病菌能营寄生生活，也能营腐生生活。条件适宜时，直接侵染造成病害。

苗期病害的发病条件是:育苗期遇到寒流低温或阴雨天日照不足时，幼苗生长不良，易受病害侵染，尤其多年连作的菜地因病原菌积累较多，常造成苗期发病严重。一般管理粗放，苗床保温差，不通风易导致幼苗长势弱发病重。

4.防治技术

(1)苗床选择　应选择未种植过蔬菜作物的地块做苗床，最好不要选用旧苗床的床土育苗，否则土壤中积累的病菌多，极易诱发各种病害。所选的苗床要地势高燥，土壤疏松、通气、透水、保水保肥能力强。

(2)床土消毒　选用50%的多菌灵可湿性粉剂，每平方米用10 g，将药剂与少量的过筛细土搅拌均匀，将1/3的药土均匀撒在苗床上，播种后将剩下的药土撒盖在上面。这样整个育苗床的上下都有药土，杀菌的效果可达90%以上。

(3)种子处理　播前进行温水浸种或药剂拌(浸)种，可杀死种子表面的病菌，预防和减轻苗期病害的发生。浸种温度和时间以蔬菜种类不同而不同。一般黄瓜种子用50℃温水浸20 min，番茄种子用52℃温水浸30 min，茄子种子用53～55℃温水浸15 min或50℃温水浸30 min，辣椒种子用55℃温水浸10 min。也可用50%多菌灵可湿性粉剂加3～5倍细土混匀拌种，或50%多菌灵可湿性粉剂500倍液浸种10 min，浸种后，要将种子用清水洗净，才可播种。

(4)苗床管理　建造高质量的苗床，使苗床既能保温又能降温排湿，防止冷风侵入。当遇到阴雨连绵的天气时，要及时挖沟排水，防止苗床积水。连阴天转晴后，应加强苗床通风换气。

(5)药剂防治　当发现苗床上有少数病株后，应及时拔除。可在苗床上喷洒75%的百菌清可湿性粉剂800倍液，每隔7～10 d喷1次，连续用药2～3次。也可在苗床上撒干的草木灰，不仅可以降低苗床内的湿度，还可以吸热增温、提高土壤中的含钾量，有利于幼苗健壮生长，提高抗病能力。

(二)白菜软腐病

1. 症状识别

大白菜软腐病症状因受病部位和环境条件的不同而稍有差异，常见症状类型有3种：

(1)基腐型　植株基部腐烂，外叶萎垂贴地，包球暴露，稍触动即全株倒地，北方菜农称之为“脱大挂”(见彩图14-1-1)。

(2)心腐型　植株从顶部向下或从基部向上腐烂，北方菜农俗称之为“烂疙瘩”或“烂葫芦”。

(3)叶焦型　植株外叶叶缘焦枯，病叶迅速失水干枯呈薄纸状，北方菜农俗称之为“烧边”。该病在田间多始见于包心期，在采收后贮藏期可继续扩展而造成“烂窖”，病部初呈水渍状半透明，后转呈灰白色，表皮稍下陷，其上渗出污白色细菌黏液(菌脓)，内部组织除维管束外则完全腐烂，并散发恶臭味。

2. 病原

病原为细菌，称胡萝卜欧氏杆状细菌胡萝卜软腐致病型[*Erwinia carotovora* ssp. *carotovora* (Jones) Bergey]。

3. 发病规律

病原细菌主要随病残组织在土中越冬，营腐生生活。其侵染来源广泛，其中病土、病肥、窖内的病残组织(在北方地区)、田间感病寄主、带菌的昆虫(如甘蓝蝇等)，甚至粘有病菌的运输工具和农具，都可成为该病的初侵染来源。病菌借风雨、灌溉水及昆虫(跳甲、小菜蛾、菜青虫等)活动而传播，从伤口侵入导致白菜发病。病菌发育适温为25～30℃，要求高湿度，不耐干燥和日晒。连作地、低洼排水不良地、漫灌地、施用未腐熟堆肥地易发病。品种间抗病性与植株生育期、株型、色泽、组织愈伤能力等有密切关系。一般疏心直筒型(外叶直立，垄间通风良好)菜抗病性强；青帮比白帮抗病。近年在国内推广种植的近60个大白菜品种中，对软腐病表现高抗的有绿宝、北京106(北京)；豫白1号、豫白4号(河南)；秦白3号(陕西)等。一般抗病毒病和抗霜霉病的品种也抗软腐病。

4. 防治技术

(1)品种　因地制宜选育和选用抗病品种。

(2)做好防虫治病　生长前期应以防地下害虫(50%辛硫磷1 000倍液淋施)和防黄条跳甲、菜青虫、小菜蛾等害虫(喷施2.5%功夫、敌杀死4 000～5 000倍液)为中心，减少害虫对病菌的传播。

(3)栽培防治　减少连作；整地翻晒或盖地膜；高畦栽培，降低湿度；配方施肥，勿施未充分腐熟肥料；增施石灰，调节土壤酸碱度；因地制宜适期播种，推行带状合理密植。

(4)播前种子处理　播前用“丰灵”50～100 g 拌种子 150 g,或按种子量 1%～1.5%农抗 751 拌种。苗期及定植成活后淋施“丰灵”300～500 倍液 1～2 次。

(5)及时施药　在植株进入包心期加强检查,一旦发现病株,立即拔除初发病株,淋喷氯霉素、链霉素或新植霉素 200 单位,或“丰灵”300～500 倍液,或 401 抗生素 500 倍液,或 77%可杀得悬浮剂 800 倍液,或 50%代森铵 800 倍液,或 14%络氨铜水剂 350 倍液,或敌克松 700 倍液,3～4 次,隔 7～10 d 喷 1 次,交替施用,喷足淋透。

(三)番茄病毒病

番茄病毒病是发生比较普遍的一种病害,引起该病的病原很多,由于不同年份和不同季节其症状表现有所不同。

1. 症状识别

该病症状主要有 3 种表现:

(1)花叶型　叶片上出现黄绿相间或深浅相间斑驳,叶脉透明,叶略有皱缩,植株略矮。

(2)蕨叶型　植株不同程度矮化,由上部叶片开始全部或部分变成线状,中、下部叶片向上微卷,花冠变为巨花(见彩图 14-1-2)。

(3)条斑型　可发生在叶、茎、果上,在叶片上为茶褐色的斑点或云纹,在茎蔓上为黑褐色条形斑块,斑块不深入茎、果内部。此外,有时还可见到巨芽、卷叶和黄顶型症状。

2. 病原

引致番茄病毒病的毒原有 20 多种,主要有烟草花叶病毒(TMV)、黄瓜花叶病毒(CMV)、烟草卷叶病毒(TLCV)、苜蓿花叶病毒(AMV)等。

烟草花叶病毒(TMV)主要引起番茄花叶症状。在高温强光照下,或与马铃薯 X 病毒混合侵染时,产生条斑症症状。病毒粒体杆状,约 280 nm×15 nm,失毒温度 90～93℃,处理 10 min,稀释限点 1 000 000 倍,体外保毒期 72～96 h,在无菌条件下致病力达数年,在干燥病组织内存活 30 年以上。该病毒在田间存有不同株系,因其致病力的差异及与其他病毒的复合侵染,形成症状的多样性。

黄瓜花叶病毒(CMV)主要引起番茄蕨叶症状 病毒粒体球状,直径约 35 nm;失毒温度 65～70℃,10 min,稀释限点 1 000～10 000 倍,体外保毒期 3～4 d,不耐干燥。与其他病毒混合侵染也会出现条斑或花叶的症状,表现出多种症状。

巨芽病其病原是一种类菌原体,存在于番茄的韧皮部、筛管及伴胞内,近圆形或椭圆形,哑铃形或不规则形,(147～195) nm×(240～390) nm,单位膜厚度约

11 nm。

卷叶型病株是由烟草卷叶病毒(TLCV)侵染引起,其寄主范围较窄,主要侵染茄科、菊科。病毒粒体双球形,大小(25～30) nm×(15～29) nm;靠粉虱传毒,汁液接触不传播,主要发生在气温高的南方或北方的高温季节。

苜蓿花叶病毒(AMV)粒体杆菌状,直径 18 nm,长 58.3 nm。该病毒寄主范围广,除侵染豆科外,还侵染茄科、葫芦科、藜科等 47 科植物;病汁液稀释限点 1 000～100 000 倍,钝化温度 55～60℃,体外保毒期 3～4 d。

3. 发病规律

烟草花叶病毒可在多种植物上越冬,也可附着在番茄种子上、土壤中的病残体上越冬。田间病残体是该病的主要初侵染源。主要通过汁液接触传染,只要寄主有伤口,即可侵入。黄瓜花叶病毒主要由蚜虫传染,此外用汁液摩擦接种也可传染。冬季病毒多在宿根杂草上越冬,春季蚜虫迁飞传毒,引致发病。番茄病毒病的发生与环境条件关系密切,一般高温干旱天气利于病害发生。此外,施用过量的氮肥,植株组织生长柔嫩或土壤瘠薄、板结、黏重以及排水不良发病重。番茄病毒的毒源种类在一年里往往有周期性的变化,春夏两季烟草花叶病毒比例较大,而秋季黄瓜花叶病毒为主。因此,生产上防治时应针对病毒的来源,采取相应的措施,才能收到较满意的效果。

4. 防治技术

防治番茄病毒病,采用以农业防治为主的综防措施。

(1)选用抗病品种　生产当中栽种抗病品种是有效的防治手段。近年来国内育成的抗烟草花叶病毒的丰产品种有:佳粉 15、佳粉 17、中杂 9 号、早丰(秦菜 1 号)、兰优早红、中丰、542 粉红番茄、苏抗 5 号、苏抗 7 号、东农 702、东农 703、东农 704、河南 3 号、新番 1 号、皖红 1 号、西粉 3 号、晋红 1 号等,可根据各地的消费习惯选用。耐黄瓜花叶病毒品种有毛粉 802、毛粉 542 粉红番茄、中蔬 5 号等。

(2)种子消毒　播种前用清水浸种 3～4 h,再放入 10%磷酸三钠溶液中浸 30～50 min,捞出后用清水冲净再催芽播种。或用 0.1%高锰酸钾溶液浸种 30 min。

(3)实行轮作　定植田要进行两年以上轮作,有条件的结合深翻,施用石灰,促使土壤中病毒钝化。

(4)田间管理　采用配方施肥等多项栽培技术,增强寄主抗病力。其中包括适期播种、适时早定植、早中耕锄草、及时培土促进发根、晚打杈、及时浇水等。

(5)药物防治　发病初期喷洒 1.5%植病灵乳剂 1 000 倍液,或 20%病毒 A 可湿性粉剂 500 倍液,或抗毒丰(抗毒剂 1 号)200～300 倍液,"NS-83"增抗剂 100 倍液,或高锰酸钾 1 000 倍液。

(6)早期治蚜　尤其是高温干旱年份要注意及时喷药治蚜，预防 TMV 侵染。可选用 20%菊马乳油 2 000 倍液、10%吡虫啉乳油 2 000 倍液、50%抗蚜威可湿性粉剂 3 000～3 500 倍液进行治蚜，防止传播病毒。

(四)番茄灰霉病

灰霉病在我国北方菜区是一种危害性很大的病害。塑料大棚、温室、小拱棚等保护设施栽培的番茄、辣椒、黄瓜、菜豆等蔬菜常发生灰霉病的流行，严重时减产达 20%～30%及以上。我国南方菜区，过去较少发生此病，但近年来由于保护设施栽培的发展，灰霉病也开始发生并有逐年加重的趋势。

1.症状识别

番茄灰霉病主要为害果实，也可以侵害叶片和茎等部位。果实受害一般先从残留的花瓣、花托等处开始，出现湿润状，灰褐色不定形的病斑，逐渐发展成湿腐，从萼片部向四周发展，可使 1/3 以上的果实腐烂，病部长出一层鼠灰色茸毛状的霉层，此为病菌的分生孢子梗和分生孢子。一般幼果发病较多，但即将转熟的大果也可受害，且常见整穗果实都发病受害。叶片染病多从叶尖或叶缘开始，发生不定形的湿润状、灰褐色病斑，可造成叶片湿腐凋萎。茎部染病发生长椭圆形或不定形的长条状、灰褐色病斑，潮湿时亦长出灰色霉层，严重时可引致病斑以上的茎、叶枯死。

2.病原

番茄灰霉病的病原是灰葡萄孢菌(*Botrytis cinerea* Pers.)，属于半知菌亚门真菌。分生孢子梗细长，有分隔和分枝，灰至灰褐色，成丛从寄主表皮长出。分生孢子近球形或卵形，单细胞、淡色。病菌还可产生黑褐色、不规则形的菌核。病菌寄主范围较广，除侵染茄科蔬菜外，还可侵染瓜类、甘蓝、菜豆、莴苣、洋葱、苹果等作物，引起灰霉病。

3.发病规律

病菌主要以菌丝体或微菌核随病残体在土壤中越冬，成为下一个生长季初侵染的菌源。在我国南方的病菌也可以在保护栽培设施内终年存活。病菌的分生孢子可通过风雨、昆虫、甚至农事操作而传播，遇到适宜环境条件时萌发，多从伤口或衰老、坏死组织侵入。初侵染发病后又长出大量新的分生孢子，通过传播可不断进行再侵染。

保护设施内环境潮湿，通风透光条件差，在 20～24℃的温度，有利于此病发生和流行。近年来发展的棚架或小拱棚覆盖栽培，因通风换气条件不好，连阴雨天气易诱发灰霉病的流行。

4. 防治技术

防治番茄灰霉病最主要的措施是搞好棚室内的通风、透光、降湿，但同时还要保持温度不要太低。其次要加强肥水管理，使植株长势强壮，防止早衰及各种因素引起的伤口。发现病株、病果应及时清除销毁；收获后彻底清园，翻晒土壤，可减少病菌来源。田间初发现病株、病果应随即摘除。药剂防治可选用 50％速克灵可湿性粉剂 1 500～2 000 倍液、40％多硫悬浮剂 400 倍液、50％扑海因可湿性粉剂 1 000～1 500 倍液、70％甲基托布津 800～1 000 倍液等。隔 7～10 d 喷 1 次，连续喷 3～4 次。注意轮换交替使用上述药剂。

(五)茄子褐纹病

茄子褐纹病又称褐腐病、干腐病，是茄子上常见病害之一。主要为害茄子，也可侵染辣椒和番茄，常造成较大损失。

1. 症状识别

该病在茄子的叶、茎、果实上，苗期、成株期均可发病。

(1)幼苗受害　茎基部出现凹陷病斑，上生黑色小粒点，条件适宜时，病斑迅速扩展，茎基部缢缩变细，造成幼苗猝倒或立枯。

(2)叶片受害　先在下部叶片上出现苍白色圆形斑点，发展扩大后，病斑呈近圆形或不规则形，边缘变褐色，中间浅褐色或灰白色，其上轮生许多小黑粒点，后期病斑扩大连片，常造成干裂、穿孔、脱落。

(3)茎枝发病　病斑梭形，边缘深紫褐色，中间灰白色凹陷，上生许多黑色小粒点，病斑发展后，病组织干腐，皮层脱落，露出木质部，容易折断。病斑多时，可联结成大的坏死区域。

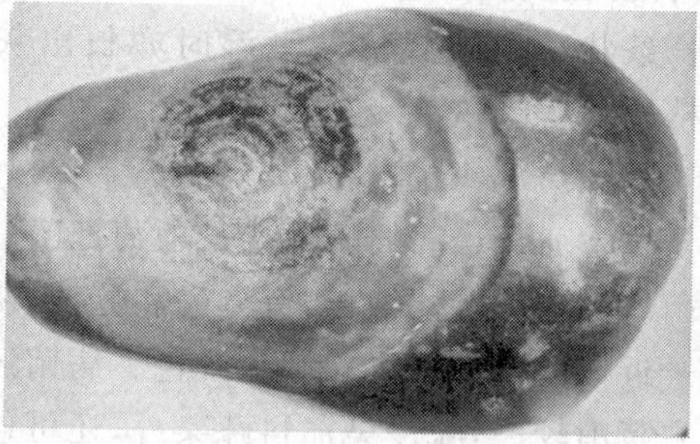

图 14-1-1　茄子褐纹病

(4)果实受害　初期表现为浅褐色椭圆形凹陷斑，上生许多黑色小粒点，病斑不断扩大，可达半个果实，后期病斑发展为灰白色。发病严重的，果实上可布满病斑(图 14-1-1)。

2. 病原

病原物为茄褐纹拟茎点霉[*Phomopsis vexans*(Sacc. et Syd.)Harter]，属半知菌亚门拟茎点霉属。分生孢子器扁球形，壁厚，黑褐色，具孔口，可产生两种不同形状的无色、单孢的分生孢子，一种为椭圆形，一种为丝状并一端弯曲为钩形，椭圆形孢子较常见，两端各有一油球，可萌发；丝状孢子少见，不能萌发。有性态自然条件下少见，偶发于枝条或果实的老病斑上。

3. 发病规律

病菌以菌丝体和分生孢子器在土表病残体上或以菌丝体潜伏在种皮内、以分生孢子附着在种子表面越冬，一般病菌在种子上可存活 2 年，在土表病残体上可存活 2 年以上。成为来年的初侵染源。播种带病种子，能引起幼苗直接发病，土壤带菌能引起茎基部溃疡。植株感病，病斑上产生分生孢子，通过风雨、昆虫及农事操作进行传播和重复侵染。种子是远距离传播的主要途径之一。

病菌发育最适温度为 28～30℃，相对湿度高于 80%，连续阴雨条件下，病害容易流行。植株生长衰弱，多年连作，地势低洼，土壤黏重，排水不良，偏施氮肥病害常偏重发生。在山东，七八月份为为害高峰期。

4. 防治技术

(1)选用抗病品种　长茄较圆茄抗病，白皮茄、绿皮茄较紫皮茄抗病。

(2)种子消毒　用 55℃温水浸种 15 min，捞出后，置 30℃以下水中浸种 6～8 h，然后催芽播种，可消除种子上携带的病原菌。

(3)苗床消毒　每平方米苗床用 50%多菌灵可湿性粉剂 10 g，或 50%福美双可湿性粉剂 8 g，与细干土 10～20 kg 充分拌匀，用 1/3 药土铺底，播种后，将剩余药土覆在种子上。

(4)加强苗期管理　育苗床选 2 年以上未种过茄子的地作苗床。有条件的可进行无土育苗。尽可能早播种、早定植，使茄子生育期提前，减少茄子生长后期与褐纹病发生适期重叠的时间。苗期或定植前喷 50%多菌灵可湿性粉剂 500 倍液 1～2 次。

(5)加强栽培管理　要多施腐熟优质有机肥，一般要求每亩施腐熟圈粪 5 000 kg 以上，配合腐熟大粪干或鸡粪 1 000 kg，过磷酸钙 50 kg，硫酸钾 25 kg 一起混合发酵后施入田间深翻耙平作基肥，还要及时追肥，提高植株抗性。夏季高温干旱，适宜傍晚浇水，降低地温。雨季及时排水，防止地面积水，以保护根系。适时采收，发现病果及时摘除。

(6)药剂防治　结果期开始喷洒 70%代森锰锌可湿性粉剂 500 倍液，或 50%苯菌灵可湿性粉剂 800 倍液，或 75%百菌清可湿性粉剂 600 倍液，或 50%甲霜铜可湿性粉剂 500 倍液，或 58%甲霜灵锰锌可湿性粉剂 400 倍液，或 64%杀毒矾可湿性粉剂 500 倍液，隔 7～10 d 喷一次，连喷 2～3 次。

(六)茄子黄萎病

茄子黄萎病俗称半边疯、黑心病，是茄子生产中的主要病害之一。日本、美国都曾经暴发茄子黄萎病，对生产造成巨大损失，我国 20 世纪 50 年代该病仅局限在北方局部地区,80年代中期以后该病发病范围不断南扩,现我国大部分茄子生产区都有该病发生,一般发病后产量损失20%～30%,严重时损失达60%以上,有的地块近于绝收。

1. 症状识别

茄子各个生长期均可发生茄子黄萎病,一般5～6叶开始发病,门茄坐果后出现症状,进入盛果期病株急剧增加,下部叶片叶脉间或叶缘产生淡黄色斑点,并逐渐发展到半边叶或整叶变黄。初期病叶在天气干旱或中午表现萎蔫,早晚恢复。后期病叶萎蔫不再恢复,颜色由黄变褐,叶缘向上卷曲,最后叶片枯死脱落,病害由下向上扩展,可发展至全株发病,有时只半边叶或半边植株发病,俗称半边疯。发病植株矮小,果小且少,质硬,味差。剖视病株根、茎、叶柄、果等部位,可见维管束变褐色至黑褐色,有时茎基部腐烂。

2. 病原

病原菌为大丽轮枝菌(*Verticillium dahliae* Kleb),属半知菌亚门。其所有菌株均可产生轮状分生孢子梗,孢子梗基部无色,常由2～6层轮状的枝梗及上部的顶枝构成,每轮梗数1～6根,通常2～4根。分生孢子椭圆形,无色单胞。该菌在PDA培养基上生长缓慢,菌落黑色,气生菌丝白色,微菌核球形或长条形,厚垣孢子扁圆形,菌丝生长最低温度为5℃,最高生长温度为33℃,最适生长温度为22.5℃,孢子萌发适温为25℃,菌丝在pH4～9范围内均可生长,以pH 6生长最适。茄子黄萎病菌菌丝对紫外线有较强的忍受性。

该菌有明显的生理分化现象,Kuzier F. S根据不同的菌落形态及致病力将按致病力强弱分为三个类型,即Ⅰ型,致病力最强,产量损失最大;Ⅱ型致病力中等,产量损失居中;Ⅲ型致病力最弱,产量损失最小。

3. 发病规律

病菌以微菌核、厚垣孢子和休眠菌丝体在土壤病残体中越冬,成为第二年主要初侵染来源。带菌的有机肥、田间操作、农具、灌水、气流、雨水均可传播病菌。病菌通过伤口,幼根表皮或根毛直接侵入,沿维管束向上扩展,并在维管束内生长繁殖,堵塞导管,分泌毒素,致使植株萎蔫。

温暖高湿有利于该病害的流行,发病适温为20～25℃,气温在高于28℃病害受到抑制。在茄子始花期至盛果期若雨水多,或地势低洼,容易积水,漫灌,或灌水后遇暴晴天气,水分蒸发快,造成土壤干裂伤根,土质黏重,多茬连作,地温偏低或过高,施用未腐熟有机肥或缺肥,生长不良及土壤线虫和地下害虫为害均有利于病害的发生发展;另外,定植或中耕除草等农事操作伤根多,病害发生重。

4.防治技术

茄子黄萎病是一种维管束病害,应采取以农业防治为主的综合防治措施。

(1)选用无病种苗并进行土壤消毒　应选用无病种子和无病苗床育苗,并进行种子消毒处理,可用55℃温水浸种30 min,或用50%多菌灵可湿性粉剂500倍液浸种2 h,或用60%防霉宝可湿性粉剂600倍液加0.01%平平加液浸种1 h,清水冲洗干净,或用70%五氯硝基苯粉剂以种量0.2%的用量拌种。土壤消毒可用50%多菌灵可湿性粉剂1 kg拌细土5 kg可撒22 m^2 苗床,70%五氯硝基苯8～10 g/m^2,并翻入10～15 cm的土中。大棚还可用55%氯化苦乳剂进行土壤处理,7～9 kg/667 m^2。

(2)选育抗病品种　苏长茄1号、龙杂茄1号,辽茄3号,济南早小长茄,湘茄4号等较抗病,另外日本的米特和VF品种较抗病、耐病。

(3)大田防治　从定植到盛果期是防治关键时期。保护地实行轮作,可与十字花科、百合科等蔬菜轮作5年以上,水旱轮作效果最好,不能轮作的保护地应进行土壤消毒;适时定植,铺盖地膜,提高地温,合理灌水及中耕,茄子生长期间要小水勤浇,保持地面湿润,防止大水漫灌,避免冷井水直接浇灌,中耕在植株周围要浅些、细些,尽量少伤根;清洁田园 及时把病叶、病果、病株清出田外,深埋或烧毁;带药移栽,采用定植沟施或穴施50倍液的50%多菌灵,用药30 kg/hm^2,定植后发现个别病株,立即进行灌药治疗。每株浇500 mL药液,10 d后再浇一次,可选用的药剂有10%双效灵水剂200倍液,15%防萎蔫生态液300倍液、50%治枯灵500倍液等。

(4)嫁接防治　日本采用毒茄,红茄作砧本与茄子进行嫁接,已大面积推广应用,我国北京等地采用野生茄作砧本,栽培丰产茄作接穗,在病地定植后,发病较轻,收到很好的效果,但该项技术在砧本的选择,嫁接成活率,嫁接对产量和质量的影响等方面有待更深入地研究。

(七)辣椒炭疽病

辣椒炭疽病主要为害将近成熟的辣椒果实,是辣椒上的常发病害,特别在高温季节,果实受灼伤,极易并发炭疽病使果实完全失去商品价值。

1.症状识别

(1)黑色炭疽病　果实及叶片均能受害,特别是成熟的果实及老叶易被侵害。果实受害,病斑为褐色、水渍状的长圆形或不规则形、凹陷、有稍隆起的同心环纹斑,其上生出无数的黑色小点,周缘有湿润性的变色圈、干燥时病斑常干缩似羊皮纸易破裂。叶片上病斑初呈褪绿水渍状斑点,逐渐变成褐色,稍呈圆形斑而中间为灰白色,上面轮生黑色小点,即病菌的分生孢子盘。茎及果梗上产生褐色病斑,稍凹陷，不规则形，干燥时容易裂开(见彩图14-1-3)。

(2)黑点炭疽病 主要是成熟果实受害严重，病斑很像黑色炭疽病，但病斑上生出的小黑点较大，色更深，潮湿条件下小黑点处能溢出黏质物。

(3)红色炭疽病 成熟果及幼果均能受害。病斑圆形，黄褐色，水渍状，凹陷，斑上着生橙红色小点略呈同心环状排列，潮湿条件下整个病斑表面溢出淡红色黏质物。

2.病原

(1)黑色炭疽病 病原物为黑刺盘孢菌(*Colletotrichum nigrum* Ell. et Halst)，属半知菌亚门刺盘孢属。病斑上的黑色小点是病菌的分孢子盘，周缘生暗褐色刚毛，有2～4个隔膜，分生孢子为长圆形，无色，单胞；分生孢子梗圆柱形，无色，单胞。

(2)黑点炭疽病 由辣椒丛刺盘孢菌(*Vermicularia capsici* Syd.)侵染所致。本菌属半知菌亚门丛刺盘孢属真菌。分生孢子盘周缘及内部均密生刚毛，尤以内部刚毛特别多。刚毛暗褐色或棕色，有隔膜，分生孢子新月形，无色，单胞。

(3)红色炭疽病 由辣椒盘长孢菌(*Gloeosporium piperatum* Ell. et Ev.)侵染所致。本菌属半知菌亚门盘孢属真菌。分生孢子盘无刚毛。分生孢子椭圆形，无色，单胞。

3.发病规律

炭疽病菌以分生孢子附着在种子表面或以菌丝潜伏在种子内越冬。也可以菌丝体、分生孢子，特别是分生孢子盘在病株残体上遗留在土壤中越冬，成为第二年的初侵染来源。发病后病斑上产生新的分生孢子，通过雨水、昆虫等媒介物的传播进行再次侵染。孢子萌发后，其芽管多由伤口侵入，而红色炭疽病菌还可以从寄主表皮直接侵入。

本病发生与温湿度有密切的关系，一般温暖多雨有利于炭疽病的发生和发展。炭疽病菌发育温度为12～33℃，最适温度为27℃，相对湿度为95%左右，低于70%的湿度不适其发育。品种间抗病性是有差异的，灯笼辣椒(甜椒)最易感病，杭州鸡爪椒较抗病。凡是果实受日灼的炭疽病亦严重，成熟果或近成熟果容易受害，幼果很少发病。田间排水不良、种植过密、施肥不足或氮肥过多及各种引起果实受损伤的因素，都会加重炭疽病的发生。

4.防治技术

(1)选择抗病品种 凡是辣味强的品种都比较抗病，如杭州鸡爪椒。在留种时一定要选择无病果留种，及早剔除病果。

(2)种子消毒 采用种子消毒处理，先将种子在清水中浸泡6～15 h，再用1%

硫酸铜溶液浸泡 5 min，捞出后拌少量消石灰或草木灰，再进行播种。或进行温汤浸种，用 55℃温水浸种 10 min，然后立即移入冷水中冷却，再催芽播种。

(3)加强田间管理　由于土壤能带菌，要避免连作，可与瓜类、豆科等蔬菜进行 2～3 年轮作。当果实采收后，清除田间遗留的病果及病残体，集中烧毁或深埋，并进行一次深耕，将表层带菌土壤翻至深层，促使病菌死亡，可减少初侵染源、控制病害的流行。合理密植，注意田间排水，适当增施磷肥、钾肥，防止植株落叶和果实受日灼，促使植株生长健壮，提高植株的抗病力。

(4)药剂防治　田间发现病株时应及时喷药，可用 80%炭疽福美可湿性粉剂 600～800 倍液、50%多菌灵可湿性粉剂 500 倍液、70%甲基托布津可湿性粉剂 800～1 000 倍液、10%苯醚甲环唑水分散性颗粒剂 800～1 000 倍液。隔 7～10 d 喷 1 次，连续喷 2～3 次。还可以用波尔多液(0.5：1：100)、65%代森锌可湿性粉剂 500 倍液、65%福美锌可湿性粉剂 300～500 倍液、抗菌剂“401”500 倍液、50%甲基托布津可湿性粉剂 1 000 倍液和 65%百菌清可湿性粉剂 600 倍液等。

(八)黄瓜霜霉病

黄瓜霜霉病，俗称“跑马干”、“干叶子”，苗期成株都可受害，主要为害叶片和茎，卷须及花梗受害较少。

1. 症状识别

该病主要为害叶片，卷须、蔓和花梗也可受害。初在叶片背面形成水渍状小点，以后病斑逐渐扩大，因受叶脉限制，呈多角形、水渍状。潮湿时，病斑上生紫黑色霉层。叶正面病斑初黄色，边缘不明显，后变黄褐色。严重时病斑连片，全叶卷缩干枯，仅留心叶(见彩图 14-1-4，彩图 14-1-5)。

2. 病原

病原菌为古巴假霜霉病菌[*Pseudoperonospora cubensis* (Berk. & Curt.) Rostov.]属鞭毛菌亚门，卵菌纲，霜霉目，假霜霉属。

菌丝体在寄主细胞间生长，以指状吸器深入寄主细胞内吸取养分。孢囊梗由气孔伸出，1～5 根成簇丛生，无色。主干基部略膨大，上部双叉状锐角分枝 3～6 次，末端小梗直或微弯，上生孢子囊。孢子囊椭圆形或卵圆形，淡褐色，顶端具乳突。孢子囊在水中萌发时产生 6～8 个游动孢子。游动孢子椭圆形，生有双鞭毛，能在水中游动，游动一段时间后，鞭毛收缩，变成圆形静止孢子，静止后产生芽管，由气孔侵入寄主。卵孢子散生于叶组织中，球形，淡黄色，壁膜平滑在自然情况下不易出现。

3. 发病规律

我国北方地区，冬季霜霉病菌在温室、塑料大棚的黄瓜上越冬，病部产生的孢子囊借气流传播到阳畦和露地黄瓜上，依次引起夏黄瓜、秋黄瓜发病，最后又在棚室黄瓜上越冬。只要条件适宜，各茬黄瓜上可发生多次再侵染。田间孢子囊借气流和雨水传播，由寄主的气孔或表皮侵入。冬季严寒的东北北部，每年初侵染的菌源，一般认为是孢子囊随季风由外地传入的。

地势低洼、栽植过密、浇水过多也会加重病害。棚室黄瓜若管理不善，造成高湿的小气候，昼夜温差大，叶片上长时间保持水滴和露珠时，就会导致病害的严重发生。尤其是遇连阴天光照不足时病害更重。品种间抗病性也有差异，山东宁阳大刺瓜、唐山秋瓜和津研系统的品种抗病性较强。

黄瓜霜霉病的流行要求多雨、多露、多雾、昼夜温差大及阴雨天与晴天交替的气象条件。适宜病害流行的气温为 20～24℃。当气温 16℃以上，如遇降雨，空气湿度大，田间便可出现发病中心。此后若雨日多，晴雨交替，相对湿度 80％以上，病害就会流行。一般山东、河南 5 月上旬开始发生，5 月中、下旬至 6 月上旬为发病盛期；辽宁的发病盛期在 6 月下旬至 7 月上旬；黑龙江于 7 月上中旬流行。

4.防治技术

(1)选育抗病品种　各地可根据当地条件选种抗病品种：如津春 2 号、3 号、4 号、5 号，津杂 2 号、3 号，津研 4 号、6 号、7 号，中农 5 号、7 号，碧春，华黄 3 号、4 号等。

(2)加强栽培管理　选择地势较高、排水良好的地块建棚或栽植黄瓜。栽前施足基肥；适当控制浇水次数，加强中耕，露地黄瓜注意雨后排水。

(3)生态防治　棚室黄瓜要选用无滴膜，生长期控制浇水次数，适当放风通气，降低棚内湿度至 90％以下，叶面无结露现象。保护地黄瓜在发病普遍且较重时进行高温闷棚，采用高温杀菌的方法处理 2～3 次，能在一定程度上控制霜霉病的发展。方法是：在晴天中午，将大棚密闭，在黄瓜生长点附近，安放温度计，以检查温度的上升限度。使瓜秧上部温度上升至 44～45℃，保持 2 h，处理后放风降温并加强管理，要严格控制好温度，低于 43℃，抑制病菌的效果不好，高于 45℃，植株容易受伤。若闷棚过程中出现温度过高的现象，应及时轻度通风降温。闷棚结束时，逐渐揭膜通风降温，切忌温度的大起大落，闷棚后 2 d 内及时追施适量速效肥。每隔 10～15 d 闷棚 1 次，共进行 2～3 次。

(4)药剂防治　黄瓜霜霉病流行性强，蔓延迅速，必须在病害发生前或中心病株刚出现时开始喷药，间隔 7～10 d 喷 1 次。药剂可选用 25％嘧菌酯(阿米西达)悬浮剂 1 000～1 500 倍液，其还可兼治霜霉病和炭疽病，还可选用 72.2％霜霉威盐酸盐水剂 800 倍液、72％锰锌・霜脲可湿性粉剂 600～700 倍液、69％锰锌・烯酰可湿性粉剂 600～700 倍液、60％氟吗・锰锌可湿性粉剂 700 倍液、10％氰霜唑悬浮剂(科佳)2 000 倍液等进行喷雾。大棚、温室在结瓜后发病初期,用45%百菌清烟剂 3.75 kg/hm²,分放 6～7 处,用暗火点燃熏 1 夜,次晨通风,间隔 7 d。或于傍晚用 5%百菌清粉尘剂 15 kg/hm² 喷粉,间隔 9～11 d。喷雾应均匀周到,并特别注意喷叶背面。喷粉时施药人员要戴口罩和风镜,并由里向外喷施。

(九)黄瓜枯萎病

1.症状识别

黄瓜枯萎病属于土壤传染的维管束病害。主要侵害植株根部和茎基部维管束,病菌在维管束内繁殖蔓延,通过堵塞维管束导管和分泌有毒物质毒害寄主细胞,破坏寄主正常吸收输导机能,使养分水分转运受阻,造成植株地上部萎蔫,最终导致全株枯萎死亡。剖检病株茎基部,可见茎部皮层及木质部维管束呈褐色病变。潮湿时患部表面还可长出黄白色至粉红色粉状霉,此即为本病病征(见彩图 14-1-6)。

2.病原

黄瓜枯萎病由半知菌亚门的尖镰孢菌黄瓜专化型[*Fusarium oxysporum* (Schl.) f. sp. *cucumerinumowen*]侵染所致。本病菌专化型仅侵染黄瓜和甜瓜,自然条件下不侵染西瓜、瓠瓜、南瓜、丝瓜。

3.发病规律

病菌主要以厚垣孢子和菌丝体随病残体在土壤中或以菌丝体潜伏在种子内越冬。厚垣孢子在土中能存活 5 年以上。病菌远距离传播主要借助带菌种子和带菌肥料,田间近距离传播主要借助灌溉水、流水、风雨、昆虫及农事操作等,从伤口侵入致病。发病适宜土温为 20～23℃,低于 15℃或高于 35℃病害受抑制。黄瓜连作,低洼潮湿,水分管理不当,浇水过多或大水漫灌,或雨后积水等,致使根系呼吸减弱,发育不良,或施用未充分腐熟的肥料,皆易诱发本病。品种间抗病性有差异,杂交一代表现抗病。

4.防治技术

(1)良种选用　因地制宜选用抗耐病丰产良种。

(2)种子消毒　用 0.1%多菌灵盐酸盐+0.1%平平加溶液浸种 1 h,或用 50%多菌灵可湿粉 500 倍液浸种 30 min。

(3)轮作　重病地实行 3 年轮作,最好是水旱轮作。

(4)加强栽培管理　整治排灌系统,严防大水浸灌,配方施肥,增施磷钾肥,改善土壤理化性状,活化土壤微生物,发现病株及早拔除烧毁。

(5)药剂防治　定植成活后至初果期病害发生前,喷高锰酸钾 1 000 倍液、40%三唑酮、多菌灵可湿粉 1 000～1 500 倍液、10%双效灵水剂 500 倍液,2～3

次，以喷淋茎基部及地际为主。出现病株后在拔除烧毁病株基础上，继续淋施上述药剂封锁发病中心，控制蔓延。

(十)菜豆锈病

1. 症状识别

主要侵害叶片，严重时也为害叶柄和豆荚。发病初期叶片出现褪绿或淡黄色小斑点，稍突起，发病后期出现深黄褐色夏孢子堆，表皮破裂，散出褐色粉末，即夏孢子；后在夏孢子堆上或四周生紫黑色疱斑，即冬孢子堆。有时叶面或背面可见略凸起白色疱斑，即病菌锈子腔。豆荚染病也产生夏孢子堆和冬孢子堆(见彩图 14-1-7)。

2. 病原

病原菌为菜豆单胞锈菌[*Uromyces appendiculatus*（Pers.）Ung.，异名 *U. phaseoli*(Pers.)Wint.]，属担子菌亚门。

3. 发病规律

病菌以冬孢子在病残体上越冬，冬孢子萌发产生担子和担孢子，担孢子侵入寄主形成锈子腔，内有大量锈孢子，侵染菜豆并形成疱状夏孢子堆，夏孢子靠气流传播，在田间重复进行再侵染。深秋产生冬孢子堆和冬孢子越冬。

高湿是诱发菜豆锈病的主要因素。寄主表面上的结露和水滴是病菌孢子萌发和侵入的必要条件。夏孢子萌发的适宜温度为16～22℃，侵入的适宜温度为15～24℃。菜豆锈病多发生在夏秋之际，特别是开花期，气候凉爽、昼夜温差大、叶片结露，有利于夏孢子的萌发和侵染，病害容易流行。菜豆不同品种存在抗性差异，一般矮生品种较蔓生品种抗病。

4. 防治技术

(1)选用抗病品种　如鲁芸豆 2 号、芸丰架豆、春风 4 号、新秀 1 号、九粒白、紫秋豆、福三长丰、秋抗 6 号、细花、蒙阴秋不老、莱阳九粒白等。

(2)农业防治　选择地势高燥、排水良好的地块种植菜豆。合理布局，秋菜豆最好远离夏菜豆地种植。及时摘除中心病叶、收获后及时清除田间病残体，集中做深埋处理。

(3)药剂防治　发病初期喷洒 50%硫黄悬浮剂 200～300 倍液，或 50%萎锈灵乳油 800 倍液，或 25%敌力脱乳油 3 000 倍液，或 50%甲基托布津可湿性粉剂 800 倍液，或 75%百菌清可湿性粉剂 600 倍液，或 70%代森锰锌可湿性粉剂 500 倍液进行防治，每 10 d 左右防治一次，防治 1～2 次。

(十一)萝卜白斑病

该病主要为害萝卜、白菜、油菜、芥菜、芜菁、菜薹等十字花科蔬菜。

1.症状识别

主要为害叶片。发病初期,叶面散出灰褐色圆形斑点,很快扩大成圆形、近圆形至卵圆形病斑,大小 6～15 mm,颜色由灰褐渐转为灰白或枯白色。斑面上隐约可见 1～2 个轮纹,有的品种病斑周缘有浓绿色的晕环。潮湿时,病斑背面产生稀疏的淡灰色霉状物。发病严重时,病斑连片,形成不规则的大斑块,导致叶片失水枯萎。后期病部半透明状,组织变薄,易破裂穿孔。病重地块,病叶枯黄、卷皱,一般不脱落(见彩图 14-1-8)。

2.病原

本病由白斑小尾孢菌(*Cercosporella allo-maculans* Ell. et Ev. Sacc.)所致,属于半知菌亚门真菌。菌丝体纤细、无色、有隔。分生孢子梗数根甚至十数根成丛从叶背气孔伸出,短小,正直或稍弯曲,顶端着生分生孢子。分生孢子无色,线形或鞭状,细小,直或略弯,一般具 3～4 个横隔。

3.发病规律

病菌主要以菌丝体随病残体遗留在地表越冬,也可在采种株上越冬。翌年病菌借雨水或灌溉水溅冲到种株叶片上,侵染为害。之后在春菜、夏菜上接续发病传播到秋季萝卜上为害。种子也可带菌。田间发病后产生新的分生孢子,借风雨传播,进行再侵染。一般潜育期仅 10 d 左右。

病菌喜温暖潮湿条件。温度 11～23℃,60%以上的相对湿度,是病菌侵染必要条件。故秋雨连绵、温暖潮湿、昼夜温差大、重雾多露时发病重。此外,播种过早,连作地块或肥料不足的地块易于发病。植株长势弱、抗性下降,容易发病。

4.防治技术

(1)轮作　重病地与非十字花科蔬菜轮作 2～3 年。

(2)清除菌源　田间及时摘除病叶,萝卜收获后彻底清除病残株,随即深耕,消灭菌源。

(3)种子消毒　用 50℃温水浸种 20 min,或用种子重量 0.4%的 50%福美双拌种。

(4)加强管理　精细整地,适期晚播,合理灌水,增施磷、钾肥,提高植株抗病性能。

(5)药剂防治　发病初期及时用药。可喷布 50%托布津可湿性粉剂 500 倍液，或75%百菌清可湿性粉剂600倍液，或70%代森锰锌可湿性粉剂600倍液，或50%混杀硫悬浮剂600倍液，或80%大生可湿性粉剂800倍液，或50%扑海因可湿性粉剂1 000倍液。

(十二)番茄晚疫病

1. 症状识别

幼苗、叶、茎和果实均可受害，以叶和青果受害重。

(1)幼苗染病　病斑由叶片向主茎蔓延，使茎变细并呈黑褐斑色，致全株萎蔫或折倒，湿度大时病部表面生白色霉层。

(2)叶片染病　多从植株下部叶尖或叶缘开始发病初为暗绿色水浸状不整齐病斑，扩大后转为褐色，高湿时叶背病健交界处长白色霉层(见彩图14-1-9)。

(3)茎上染病　病斑呈黑褐色腐败状，引致植株萎蔫。

(4)果实染病　主要发生在青果上，病斑初呈油浸状暗绿色、后变成暗褐色至棕褐色、稍凹陷、边缘明显、云纹不规则，果实一般不变软、湿度大时其上长少量白霉，迅速腐烂。

2. 病原

由致病疫霉菌[*Phytophthora infestans*(Mont.)De Bary]侵染所致，属鞭毛菌亚门真菌。菌丝无色，无隔膜，在寄主细胞间隙生长，以很少的丝状吸器伸入寄主细胞内吸取营养。病斑上的白霉是病菌的孢囊梗和孢子囊。孢囊梗3～5根成丛，由叶背气孔伸出。孢囊梗纤细，上部常有3～4个分枝，其顶端膨大形成孢子囊。

3. 发病规律

番茄晚疫病菌主要在冬季栽培的番茄中越冬，有时可以厚垣孢子在落入土中的病残体上越冬，借气流或雨水传播到番茄的植株上，从气孔或表皮直接侵入，在田间形成中心病株，病部长出菌丝和孢子囊，借风雨传播蔓延，进行多次重复侵染，引起该病流行，尤其中心病株出现后，伴随雨季到来病势扩展迅速。此病多发生在白天气温24℃以下，夜间10℃以上，相对湿度75%～100%。因此，降雨的早晚，雨日多少，雨量大小及持续，时间长短是决定该病发生和流行的重要条件，地势低洼，排水不良，致田间湿度大，易诱发此病的大流行。

4. 防治技术

(1)选育抗病品种　因地制宜的选用当地种植的抗病品种。

(2)加强田间管理　加强通风透光，降低田间湿度；保护地栽培的要适时放风，降湿，合理施肥和灌水，保持植株健壮，增强抗病能力。

(3)药剂防治　发病前或发病初叶面喷施 72.2％普力克 800 倍液、70％乙膦-锰锌可湿性粉剂 500 倍液、64％杀毒矾可湿性粉剂 500 倍液、绿普安可湿性粉剂 400 倍液。

(十三)番茄早疫病

1.症状识别

该病在苗期，成株期均可染病，主要侵染为害叶、茎、花、果。

(1)叶片初呈针尖大的小黑点，后发展为不断扩展的轮纹斑，边缘多具浅绿色或黄色晕环。中部现同心轮纹(见彩图 14-1-10)。

(2)茎部染病多在分枝处产生灰褐色至深褐色不规则圆形或椭圆形病斑，表面生灰褐色霉状物，即分生孢子梗和分生孢子。

(3)叶柄受害、生椭圆形轮纹斑，深褐色或黑色，一般不将茎包住。

(4)青果染病，始于花萼附近，初为椭圆形或不规则褐色或黑色斑，凹陷，后期果实开裂，病部较硬，密生黑色霉层。

2.病原

属半知菌亚门真菌，称"茄链格孢"[*Alternaria solani*(Ellis et Martin)Jones et grout. 异名 *A. solani sorauer*]。菌丝丝状，有隔膜。分生孢子梗自气孔伸出，束生，每束 1～5 根，梗圆筒形或短杆状，暗褐色，具隔膜 1～4 个，直或较直，梗顶端着生分生孢子。分生孢子卵形或倒棒形，淡黄色，孢子纵隔 1～9 个，横隔 7～13 个，顶端长有较长的喙，无色，多数具 1～3 个横隔。病菌在 1～45℃下均可发育，26～28℃最适。

3.发病规律

以菌丝体或分生孢子在病残体或种子上越冬，可从气孔、皮孔或表皮直接侵入，形成初侵染，通过雨水传播，进行多次重复侵染，因此每年雨季到来的迟早，雨日的多少、降雨量的大小和分布均影响番茄早疫病的扩展。此外，该菌属兼性腐生菌，田间管理不当或大田改种番茄后常因基肥不足发病重。

4.防治技术

化学防治可选用 58％甲霜灵-锰锌 800 倍液、64％杀毒矾可湿性粉剂 500 倍液、50％扑海因可湿性粉剂 1 000 倍液叶面喷施。

(十四)蔬菜其他病害防治技术

蔬菜其他病害防治技术见表 14-1-1。

表 14-1-1　蔬菜其他病害防治技术

病害名称	病原	症状特点	发病规律	防治要点
白菜病毒病	芜菁花叶病毒(TuMV)、黄瓜花叶病毒(CMV)和烟草花叶病毒(TMV)	苗期发病,心叶叶脉透明,沿叶脉产生浅绿浓淡相间的斑驳,叶片皱缩不平。成株期发病,植株矮缩,叶色呈黄绿相间的花叶斑驳,心叶皱缩、扭曲畸形,严重时不包心	白菜病毒病的田间传播主要是桃蚜、棉蚜、萝卜蚜、甘蓝蚜等媒介,还可病健株接触摩擦、农事操作等途径进行传播	选用抗病、耐病品种;科学轮作;适时播种;注意查蚜;加强肥水栽培管理;施用生长促进剂和病毒抑制剂
白菜霜霉病	鞭毛菌亚门真菌的寄生霜霉菌[*Peronospora parasitica* (Pers.) Fr.]侵染所致	白菜霜霉病在整个生育期均易发病,主要为害子叶、真叶、花及种荚。苗期发病子叶或嫩茎变黄后枯死	病菌在病株根部或病叶越冬,来年构成侵染源。在病斑上生成分生孢子,借助于气流传播。菌丝从细胞接合处或气孔侵入,在叶组织内蔓延,形成病斑	选用抗病品种;加强栽培管理;可用25%瑞毒霉可湿性粉剂600～800倍液或72%克露可湿性粉剂600倍液
番茄斑枯病	半知菌亚门真菌番茄壳针孢菌(*Septoria lycopersici* Speg.)	典型症状是病斑小,呈鱼眼状,病斑上散生许多黑色小点,不同于斑点病和细菌性斑疹病症状	病菌在病残体、杂草、种子上越冬,成为翌年初侵染源。分生孢子,借风雨传播或被雨水反溅到番茄植株上,从气孔侵入,后在病部产生分生孢子器及分生孢子扩大为害	清洁田园和实行轮作;在发病前施药,可用25%代森锰锌悬浮剂150～250倍液、75%百菌清可湿性粉剂600倍液
辣椒疫病	鞭毛菌亚门、辣椒疫霉真菌(Phytophthora capsici Leonian)	病叶出现暗绿色圆形病斑,边缘不明显,潮湿时,其上可出现白色霉状物,病斑扩展迅速,叶片大部软腐,易脱落,干后成淡褐色	辣椒疫病属土传病害,以卵孢子和厚垣孢子随病残体在土壤中或地面的病残体组织上越冬,病菌借风、雨、灌水及其他农事活动传播	发病初期用72.2%普力克800倍液、70%甲霜灵锰锌500倍液、70%新万生600倍液喷雾防治
黄瓜细菌性角斑病	病原是细菌中的假单胞杆菌属(Pseudomonas Lachrymans),菌体呈短杆状,在一端生有1～5根鞭毛	病菌能够为害黄瓜的叶片、茎蔓和果实,叶片上因微小叶脉被切断而形成碎小的角状病斑,病部显得较薄,正面的病斑为褐色,背面开始呈水浸状,然后变白干枯,在病斑上有菌脓溢出,最后病部脱落	细菌引起的病害,病菌在种子内、外或随病残体在土壤中越冬。病菌通过灌水、风雨、气流、昆虫及农事作业在田间传播蔓延,由气孔、伤口、水孔侵入寄主。湿度大,发病重,暴风雨过后病害易流行	发病初期用50%琥胶肥酸铜可湿性粉剂500倍液,或72%农用链霉素可溶性粉剂4 000倍液喷洒

四、操作方法及考核标准

(一)操作方法与步骤

(1)在教师指导下学习相关的基础理论知识。

(2)深入田间、棚室、实验室,观察和调查病害发生种类、为害状况及为害特点。

(3)根据调查结果,通过多种途径,查询学习资料,获得相关知识。

(4)结合田间病害发生情况观察和实验室病害标本,对症状仔细观察,识别蔬菜常见病害。

(5)通过显微镜镜检,鉴别蔬菜常见病害的病原物形态特征。

(6)根据蔬菜病害发生规律,制订综合治理方案。

(7)认真撰写实习、实训报告。

(二)技能考核标准

蔬菜病害防治技术技能考核参考标准见表 14-1-2。

表 14-1-2　蔬菜病害防治技术技能考核参考标准

考核内容	考核标准	评分标准	标准分值	考核方法
蔬菜病害发生情况调查	基本能够说出病害发生种类、为害状况及为害特点	所述与实际不符的酌情扣分	20	以组为单位考核
蔬菜常见病害的识别	能够正确识别蔬菜常见病害,症状特点描述准确	症状特点描述不清的酌情扣分	20	单人考核
蔬菜常见病害的病原物形态识别	显微镜操作熟练,镜中病原菌形态清晰,特征明显	病原菌不够清晰,特征不明显的酌情扣分	20	单人考核
蔬菜病害综合治理方案的制订	综合防治措施与生产实际相吻合,符合生态需求,可操作性强	综防措施不符合要求、措施不全面、不具体、可操作性不强的酌情扣分	20	单人制订的综合治理方案
实习、实训报告的撰写	认真书写实训报告,仔细分析实训中出现的问题	书写报告不够认真、问题分析不够透彻的酌情扣分	20	单人考核与报告评分相结合

五、练习及思考题

1. 选择大田和温室,调查蔬菜病害种类、发生和为害情况。

2.根据蔬菜病害种类制订综合防治方案。

3.参与白菜软腐病的田间调查和防治工作。

4.如何采取综防措施控制黄瓜霜霉病的发生？

5.如何区别番茄早、晚疫病？应怎样进行防治？

6.黄瓜枯萎病的发病规律如何？如何控制？

项目2　蔬菜主要害虫防治技术

一、技能目标

通过实训，使学生能够了解当地常见的蔬菜害虫种类，并能够根据害虫形态特征、为害状及为害特点对害虫种类作出准确识别，熟练掌握蔬菜常见害虫的发生规律及防治技术，能够制订综合防治方案指导农业生产。

二、教学资源

1.材料与工具

菜蚜、小菜蛾、菜粉蝶、斜纹夜蛾、黄曲条跳甲、美洲斑潜蝇、温室白粉虱等害虫的新鲜标本、干制标本及玻片标本；显微镜、解剖镜、镊子、挑针、载玻片、盖玻片等观察用具；多媒体教学设备、课件、挂图等学习用具；根据防治需要确定的施药材料与器械。

2.教学场所

多媒体教室、实验(训)室及蔬菜病害发生严重的田块及温室。

3.师资配备

每20名学生配备一位指导教师。

三、原理、知识

(一)菜蚜

菜蚜[*Lipaphis erysimi* (Kaltenbach,1843)]属于同翅目，长管蚜科，又称菜缢管蚜、萝卜蚜。寄主有白菜、油菜、萝卜、芥菜、青菜、菜薹、甘蓝、花椰菜、芜菁等十字花科蔬菜，偏嗜白菜及芥菜型油菜。在全国各地均有分布。在蔬菜叶背或留种株的嫩梢嫩叶上刺吸汁液为害，由于蚜虫密度大，为害时并分泌毒素造成植株节间变短、弯曲，幼叶向下畸形卷缩，使植株矮小，影响包心或结球，造成减产；留种菜受害不能正常抽薹、开花和结籽。同时传播病毒病，造成的为害远远大于蚜害本身。

1. 形态特征

（1）有翅胎生雌蚜　头、胸黑色，腹部绿色。第1至第6腹节各有独立缘斑，腹管前后斑愈合，第1节有背中窄横带，第5节有小型中斑，第6至8节各有横带，第6节横带不规则。触角第3至5节依次有圆形次生感觉圈：21～29个，7～14个，0～4个。

（2）无翅胎生雌蚜　体长2.3 mm，宽1.3 mm，绿色至黑绿色，被薄粉。表皮粗糙，有菱形网纹。腹管长筒形，顶端收缩，长度为尾片的1.7倍。尾片有长毛4～6根。

2. 发生规律

在北方地区每年发生十余代，南方地区每年发生数十代。在温室内以无翅胎生雌蚜繁殖，终年为害。长江以北地区在蔬菜上产卵越冬，翌春3～4月间孵化为干母，在越冬寄主上繁殖几代后产生有翅蚜，向其他蔬菜上转移，扩大为害，无转寄主习性。到晚秋部分产生性蚜，交配产卵越冬。菜蚜的发育的适宜温度24℃，繁殖适宜温度15～26℃，适宜湿度75.8%，对有毛的十字花科蔬菜有趋性。

3. 防治技术

（1）黄板诱蚜　在田间挂黄板涂黏虫胶诱集有翅蚜，或距地面20 cm架黄色盆，内装0.1%肥皂水或洗衣粉水诱杀有翅蚜虫。

（2）银灰色驱蚜　在菜地内间隔铺设银灰色膜或挂拉银灰色膜条驱避蚜虫。

（3）保护和利用天敌　蚜虫的天敌很多，如瓢虫、食蚜蝇等。

（4）适时进行药剂防治　由于菜蚜世代多，繁殖速度快、蔓延迅速，多聚集在蔬菜心叶或叶背皱缩隐蔽处，喷药要求细致周到，尽可能选择兼具有触杀、内吸、熏蒸三重作用的药剂，保护地内宜选用烟雾剂或常温烟雾施药技术。喷雾可选用10%吡虫啉乳油2 000倍液、50%抗蚜威（辟蚜雾）可湿性粉剂2 000～3 000倍液、3.2%烟碱川楝素水剂200～300倍液、10%多来宝悬浮剂1 500～2 000倍液、2.5%保得乳油2 000～3 000倍液、10%氯氰菊酯乳油2 500～3 000倍液等药剂。

（二）小菜蛾

小菜蛾［*Plutella xylostella*（L.）］，属鳞翅目，菜蛾科，又称小青虫、两头尖、吊丝虫等，为世界性迁飞害虫。主要为害甘蓝、紫甘蓝、青花菜、薹菜、芥菜、花椰菜、白菜、油菜、萝卜等十字花科植物。初龄幼虫仅取食叶肉，留下表皮，在菜叶上形成一个个透明的小斑，俗称“开天窗”，3～4龄幼虫可将菜叶食成孔洞和缺刻，严重时全叶被吃成网状。在苗期常集中心叶为害，影响包心。在留种株上，为害嫩茎、幼荚和籽粒。

1. 形态特征

(1)成虫　体长6～7 mm，翅展12～16 mm，前后翅细长，缘毛很长，前后翅缘呈黄白色三度曲折的波浪纹，两翅合拢时呈3个接连的菱形斑，前翅缘毛长并翘起如鸡尾，触角丝状，褐色有白纹，静止时向前伸。雌虫较雄虫肥大，腹部末端圆筒状，雄虫腹末圆锥形，抱握器微张开(见彩图14-2-1)。

(2)幼虫　初孵幼虫深褐色，后变为绿色。末龄幼虫体长10～12 mm，纺锤形，体上生稀疏长而黑的刚毛。头部黄褐色，前胸背板上有淡褐色无毛的小点组成两个"U"字形纹。臀足向后伸超过腹部末端，腹足趾钩单序缺环。

2. 发生规律

由于世界各地气候条件、作物栽培情况，天敌等因子的不同，小菜蛾在各地的发生世代和种群消长动态也不尽相同。在我国，发生代数由北向南逐渐增加，在黑龙江年发生3～4代，广东广州18～20代，海南22代。小菜蛾有世代重叠现象，没有越冬、越夏现象。发育适温20～30℃。单雌产卵200～300粒。12月份至次年3月份为发生盛期。成虫沿叶脉产卵，孵化后幼虫潜入叶内，取食叶肉，而残留透明的上表皮，二龄以后食叶成孔。幼虫被惊动时，往往会吐丝下垂，老熟后沿叶脉作纺锤形网化蛹。成虫栖息于叶背。

3. 防治技术

(1)农业防治　合理布局，尽量避免大范围内十字花科蔬菜周年连作，以免虫源周而复始，对苗田加强管理，及时防治。收获后，要及时处理残株败叶可消灭大量虫源。

(2)物理防治　小菜蛾有趋光性，在虫发生期，可放置黑光灯诱杀小菜蛾，以减少虫源。

(3)生物防治　在田间挂性诱剂诱杀成虫，采用细菌杀虫剂，如Bt乳剂600倍液可使小菜蛾幼虫感病致死。采用阿维菌素和苏云金杆菌复配的农药(苏阿维和苏丹等品种)，具有强烈的胃毒作用，兼有触杀作用，对抗性小菜蛾有较高的活性，药效能持续10～15 d。

(4)药剂防治　在发生始期可用15%菜虫净乳油1 500倍液、2.5%天王星乳油或20%灭扫利乳油3 000倍液、20%速灭杀丁乳油或20%菊・马乳油2 000倍液。每隔10 d喷1次，连用2～3次。

(三)菜粉蝶

菜粉蝶[*Pieris rapae*(Linnaeus)]鳞翅目，粉蝶科别名：菜白蝶、白粉蝶。幼虫俗称菜青虫。为害的植物有十字花科、菊科、旋花科、百合科、茄科、藜科、苋科等9科35种，主要为害十字花科蔬菜，尤其偏嗜含有芥子油糖苷、叶表光滑无毛的甘蓝和花椰菜。菜粉蝶仅以幼虫为害，初孵幼虫啃食叶片，残留表皮，3龄以后将叶片咬成孔洞和缺刻，仅剩叶脉和叶柄，苗期受害严重时整株死亡，成株受害影响植株生长和包心，幼虫排出粪便污染叶面和菜心，引起腐烂，被害的伤口，易诱发软腐病，降低了蔬菜产量和质量。

1. 形态特征

(1)成虫　体长12～20 mm，翅展45～55 mm，体灰黑色，翅白色，顶角灰黑色，雌蝶前翅有2个显著的黑色圆斑，雄蝶仅有1个显著的黑斑(图14-2-1)。

(2)幼虫　体青绿色，腹面绿白色，体上各节均有4条到5条横皱纹，背部有一条不明显的断续黄色纵线，气门线黄色，每节的线上有两个黄斑，体表密布细小的黑色毛瘤(见彩图14-2-2)。

图 14-2-1　菜粉蝶成虫

2. 发生规律

菜粉蝶1年发生多代。由北向南世代逐渐增多，华北1年发生4～5代，上海、南京5～7代，杭州、武汉、长沙8～9代，再往南世代又有所减少，广西只7～8代。各地均以蛹在秋菜田附近的房屋墙壁、篱笆、风障、树干上，也有的在砖石、土缝、杂草或残株落叶间越冬，有滞育性。一般在干燥背阴面。越冬蛹羽化时间，华北4～5月份，东北5～6月份。由于越冬场所不同，羽化期可长达1个月之久，造成世代重叠，防治困难。

成虫夜间栖息在生长茂密的植物上，白天露水干后活动，以晴朗无风的中午最活跃，常在蜜源植物和产卵寄主之间来回飞翔。卵前期4 d。卵多散产在叶片上，每一雌虫可产卵10余粒至100多粒，最多可达500多粒。卵期3～8 d。初孵幼虫先吃卵壳再食叶肉，幼虫共5龄，4～5龄进入暴食期，食量约占幼虫期总食量的80%以上。老熟幼虫多在叶片上化蛹，化蛹时以腹部末端粘在附着物上，并吐丝系缚身体。菜青虫发育最适温度为20～25℃，相对湿度76%左右，与十字花科蔬菜栽培的适宜条件一致，发生盛期东北为7～9月份、华北5～6月份和8～9月份。

菜青虫的天敌很多，寄生在蛹上的有金小蜂、广大腿小蜂；寄生在幼虫上的有黄绒茧蜂；寄生在卵上的有广赤眼蜂；还有胡蜂及寄生性的细菌、真菌、病毒。以上天敌在抑制虫口上，起到很大作用。

3. 防治技术

(1)清洁田园　收获后及时清除田间残株败叶，集中烧毁，以减少越冬虫口密度。

(2)人工捕捉　人工捕捉幼虫和蛹，成虫可用网捕效果好。

(3)保护和利用天敌昆虫　此法既可防虫又保护环境，减少农药的污染。

(4)生物农药防治　用 100 亿活芽孢/g 苏云金杆菌可湿性剂喷雾；或用 100 亿活芽孢/克青虫菌粉剂 1 000 倍液喷雾；或用 100 亿活芽孢/克杀螟杆菌可湿性粉剂加水稀释成 1 000～1 500 倍液喷雾。以上药剂任用一种，于害虫初现期开始喷雾，7～10 d 喷 1 次，可连续喷 2～3 次。以上生物农药可兼杀蔬菜上其他蝶蛾类害虫，又可减少农药残留污染。但须注意的是，离桑园较近的蔬菜地不能使用以上生物农药，也不能与化学杀菌剂混用。

(四)斜纹夜蛾

斜纹夜蛾[*Prodenia litura* (Fabricius)]属鳞翅目，夜蛾科，又名莲纹夜蛾，俗称夜盗虫、乌头虫等。在国内各地都有发生，是一种暴食性害虫，主要发生在长江流域的江西、江苏、湖南、湖北、浙江、安徽；黄河流域的河南、河北、山东等省。它是一种杂食性害虫，对白菜、甘蓝、芥菜、马铃薯、茄子、番茄、辣椒、南瓜、丝瓜、冬瓜等蔬菜以及藜科、百合科等 300 多种作物都能为害。该虫以幼虫为害全株、低龄时群集叶背啃食叶肉，使叶片呈筛网状。3 龄后分散为害叶片、嫩茎、老龄幼虫可蛀食果实。

1. 形态特征

(1)成虫　体长 14～20 mm，翅展 35～46 mm，体暗褐色，胸部背面有白色丛毛，前翅灰褐色，花纹多，内横线和外横线白色、呈波浪状、中间有明显的白色斜阔带纹，所以称斜纹夜蛾(见彩图 14-2-3)。

(2)幼虫　体长 33～50 mm，头部黑褐色，胸部多变，从土黄色到黑绿色都有，体表散生小白点，各节有近似三角形的半月形黑斑一对(见彩图 14-2-4)。

2. 发生规律

该虫每年发生代数 4～5 代，以蛹在土下 3～5 cm 处越冬。成虫白天潜伏在叶背或土缝等阴暗处，夜间出来活动。每只雌蛾能产卵 3～5 块，每块约有卵粒 100～200 个，卵多产在叶背的叶脉分叉处，经 5～6 d 就能孵出幼虫，初孵时聚集叶背，4 龄以后和成虫一样，白天躲在叶下土表处或土缝里，傍晚后爬到植株上取食叶片。成虫有强烈的趋光性和趋化性，对糖、醋、酒味很敏感。

3. 防治技术

(1)诱杀成虫　利用成虫的趋光性、趋化性进行诱杀。可用黑光灯、杨柳枝把、糖醋液等诱杀成虫，也可结合诱杀小地老虎和棉铃虫成虫。

(2)人工捕杀　利用成虫产卵成块，初孵幼虫群集为害的特点，结合田间管理进行人工摘卵和消灭集中为害的幼虫。

(3)保护和利用天敌　天敌有小茧蜂、广大腿蜂、寄生蝇、步行虫，以及多角体病毒、鸟类等。

(4)化学防治　抓住幼虫3龄前群集为害和点片发生阶段，结合田间管理，进行定点防治，不必全田喷药。另外，4龄以后的幼虫白天不出外活动，因此，喷药宜在傍晚前后进行。可选用灭杀毙(21%增效氰·马乳油)6 000倍液、15%菜虫净乳油1 500倍液、2.5%天王星乳油或20%灭扫利乳油3 000倍液、20%速灭杀丁乳油或20%菊·马乳油2 000倍液、48%乐斯本乳油1 000倍液、5.7%百树菊酯乳油4 000倍液等，每隔10 d喷1次，连用2～3次。

(五)美洲斑潜蝇

美洲斑潜蝇[*Liriomyza sativae*(Blanchard)]属双翅目，潜蝇科，又称蔬菜斑潜蝇、蛇形斑潜蝇、甘蓝斑潜蝇等。美洲斑潜蝇原分布在巴西、加拿大、美国、墨西哥、古巴、巴拿马、智利等30多个国家和地区，我国1994年在海南首次发现后，现已扩散到广东、广西、云南、四川、山东、河北、北京、天津等20多个省(区)市。

为害寄主有黄瓜、番茄、茄子、辣椒、豇豆、蚕豆、大豆、菜豆、芹菜、甜瓜、西瓜、冬瓜、丝瓜、西葫芦、蓖麻、大白菜、棉花、油菜、烟草等22科110多种植物。美洲斑潜蝇以成、幼虫均可为害。雌成虫用产卵器把植物叶片正面刺伤，吸食汁液并产卵。幼虫孵化后取食叶肉，形成先细后宽的蛇形弯曲或蛇形盘绕虫道，其内有交替排列整齐的黑色虫粪，老虫道后期呈棕色的干斑块区，一般1虫1道，1头老熟幼虫1 d可潜食3 cm左右。发生严重时，每片叶可达20多个虫道，导致叶片脱落，引起果实日灼，造成减产。幼虫和成虫通过取食还可传播传播某些病毒病。

1.形态特征

(1)成虫　体长1.3～2.3 mm，浅灰黑色，胸背板亮黑色，体腹面黄色，雌虫体比雄虫大(见彩图14-2-5)。

(2)卵　米色，半透明，大小(0.2～0.3) mm×(0.1～0.15) mm。

(3)幼虫　蛆状，初无色，后变为浅橙黄色至橙黄色，长3 mm，后气门突呈圆锥状突起，顶端三分叉，各具一开口。

美洲斑潜蝇形态与番茄斑潜蝇极相似，其主要区别是美洲斑潜蝇成虫胸背板亮黑色，外顶鬃常着生在黑色区上，内顶鬃着生在黄色区或黑色区上，而番茄斑潜蝇成虫内、外顶鬃均着生在黑色区。

2.发生规律

美洲斑潜蝇在低纬度地区或在温室中全年都能繁殖，一年可发生10多代。而在长江以北广大地区，只能在温室和冬暖式大棚内越冬。美洲斑潜蝇成虫大部分在上午羽化，8时至14时是成虫羽化高峰期。一般雄虫较雌虫先出现，成虫羽化后24 h即可交尾产卵，雌虫一生只交尾一次。成虫以产卵器刺伤叶片，吸食汁液，雌虫把卵产在部分伤孔表皮下，卵经2～5 d孵化，幼虫期4～7 d，末龄幼虫咬破叶表皮在叶外或土表下化蛹，蛹经7～14 d羽化为成虫，每世代夏季2～4周，冬季6～8周，世代重叠现象明显。

3.防治技术

由于美洲斑潜蝇每年发生世代多并且世代重叠，抗药性发展迅速，给防治带来一定困难。

(1)严格检疫　严禁从疫区引进蔬菜和花卉，防止该虫扩大蔓延。

(2)生物防治　释放姬小蜂、反颚茧蜂、潜蝇茧蜂等。

(3)农业防治　在斑潜蝇为害重的地区，要考虑蔬菜布局，把斑潜蝇嗜好的瓜类、茄果类、豆类与其不为害的作物进行套种或轮作，蔬菜收获后及时清洁田园，把被斑潜蝇为害作物的残体集中深埋、沤肥或烧毁。

(4)诱杀成虫　在成虫始盛期至盛末期，用诱蝇纸和斑潜蝇诱杀卡，每667 m^2置15个诱杀点，每个点放置1张诱杀成虫，3～4 d更换一次。诱杀卡室外使用时15 d换1次。

(5)科学用药　在受害作物每叶片有幼虫5头时，幼虫2龄前，于8～11时露水干后喷洒25%斑潜净乳油1 500倍液或48%毒死蜱1 500倍液、1.8%爱福丁乳油3 000倍液、25%杀虫双水剂500倍液、1%增效7051生物杀虫素2 000倍液、44%速凯乳油1 000～1 500倍液。此外，提倡施用0.12%天力Ⅱ号可湿性粉剂1 000倍液、40%绿菜宝乳油1 000倍液、20%康福多浓可溶剂4 000倍液、5%抑太保乳油2 000倍液、36%克螨蝇乳油1 000～1 500倍液、5%卡死克乳油2 000倍液。防治时注意农药的交替使用，以降低抗药性的产生。

(六)温室白粉虱

温室白粉虱(*Trialeurodes vaporariorum*)属同翅目，粉虱科，又称白粉虱，小白蛾，白蝇。分布范围比较广，在东北、华北、华中、华东等地均有分布。寄主植物包括多种蔬菜、花卉、特用作物、牧草和木本植物等600种以上，尤偏嗜黄瓜、番茄、烟草、茄子和豆类。以成虫和若虫群集叶背面吸食叶片汁液，受害叶片褪绿变黄、萎蔫，严重时全株枯死；除直接为害外，粉虱成、若虫的排泄物，污染叶片和果实，诱发煤污病，影响植株的呼吸作用和光合作用，以致削弱长势，降低产量和品质。

1. 形态特征

(1)成虫　体长 1～1.5 mm,淡黄色。翅面覆盖白蜡粉,停息时双翅在体上合成屋脊状如蛾类,翅端半圆状遮住整个腹部,翅脉简单,沿翅外缘有一排小颗粒(见彩图 14-2-6)。

(2)卵　长约 0.2 mm,长椭圆形,基部有卵柄,淡绿色渐变褐色,覆有蜡粉。

(3)若虫　体长 0.3～0.5 mm,长椭圆形,淡绿色或黄绿色,足和触角退化,紧贴在叶片上。

2. 发生规律

温室白粉虱除在温室等保护发生较重外,对露地栽培植物为害也很严重。温室条件下一年发生 10 余代。在自然条件下不同地区的越冬虫态不同,一般以卵或成虫在杂草上越冬。繁殖适温 18～25℃,成虫有群集性,趋嫩性、对黄色也有趋性,营有性生殖或孤雌生殖。卵多散产于叶片上。若虫期共 3 龄。各虫态的发育受温度因素的影响较大,抗寒力弱。早春由温室向露地扩散,在田间点片发生。白粉虱的种群数量,由春至秋持续发展,夏季的高温多雨抑制作用不明显,到秋季数量达高峰,集中为害瓜类、豆类和茄果类蔬菜。在北方由于温室和露地蔬菜生产紧密衔接和相互交替,可使白粉虱周年发生,而且世代重叠严重。

3. 防治技术

(1)农业防治　育苗前清除棚室杂草残株并熏蒸棚室除去残余虫口;尽量避免黄瓜、西红柿、菜豆等混栽;调整生产茬口也是有效的方法,即头茬安排芹菜、甜椒等白粉虱为害轻的蔬菜,二茬再种黄瓜、番茄等;生产中打下的枝杈、枯老叶及时处理掉。老龄若虫多分布于下部叶片,茄果类整枝时适当摘除部分老叶,深埋或烧毁以减少种群数量。

(2)生物防治　当白粉虱成虫在 0.5 头/株以下时,释放丽蚜小蜂或草蛉。

(3)诱杀成虫　黄色对白粉虱成虫有强烈诱集作用,在温室设置黄板诱杀成虫。

(4)药剂防治　当平均每株成虫 3 头时用 25%噻嗪酮(扑虱灵)可湿性粉剂 2 000 倍液、3%啶虫脒乳油 1 200 倍液、25%噻虫嗪水分散粒剂 3 000 倍液、10%吡虫啉可湿性粉剂 1 500 倍液喷 1～2 次。

(七)蔬菜其他害虫防治技术

蔬菜其他害虫防治技术见表 14-2-1。

表 14-2-1 蔬菜其他害虫防治技术

种类	形态特征	发生规律	防治要点
甘蓝夜蛾(*Mamestra brassicae* Linnaeus)鳞翅目夜蛾科	成虫体长 15～25 mm,翅展 30～50 mm,翅和身体为灰褐色,在前翅的中间部位,靠近前缘附近有一个灰黑色的环状纹和一个相邻的灰白色的肾状纹,后翅灰白色。老熟幼虫体长 40 mm 左右,体色多变,背线两侧有多个倒"八"字形纹,在 1、2 龄时前两对腹足退化	在北方一年 3～4 代,以蛹在土表下 10 cm 左右处越冬,当气温回升到 15～16℃时,越冬蛹羽化出土。在辽宁为 5 月中旬至 6 月中旬,在山东是 5 月上旬至 6 月上旬	耕翻土地,消灭部分越冬蛹;糖醋液诱杀成虫;保护盒利用赤眼蜂、松毛虫、寄生蝇、草蛉。药剂防治可选用 4 000 倍液的杀灭菊酯或 2 000 倍液的二氯苯酸菊酯
黄守瓜[*Aulacophora femoralis* (Motschulsky)]鞘翅目叶甲科	成虫:体长 6～9 mm,橙黄或橙红色。前胸背板宽倍于长,中央有一条弯曲较深的横沟,鞘翅分布许多细密刻点,端部稍膨大。老熟幼虫体长约 12 mm,头部褐色,体黄白色,各节都有不太明显的小黑瘤,上生细毛	年发生 1～3 代,均以成虫在田间背风向阳的杂草根际和土缝内越冬。第二年春,土温达 6℃时开始活动,成虫喜阳光,阴雨天活动迟钝。成虫飞翔力强,有假死性和趋黄性。老熟幼虫在土表下 3～4 cm 处化蛹。初孵幼虫很快即潜入土内为害细根,老熟幼虫在被害根际附近筑土室化蛹	利用假死性,人工捕杀成虫。苗期毒杀成虫,药剂可选用 5%氯氰菊酯乳油 1 000～1 500 倍液或 48%毒死蜱乳油 1 000 倍液。防治幼虫可用 1.8%阿维菌素 4 000 倍液灌根
茶黄螨[*Polyphagotarsonemus latus* (Banks)]蛛形纲蜱螨目跗线螨科	成螨为卵形,约 0.2 mm,乳白色或淡黄色,有光泽,4 对足。幼螨更小,半透明。卵为椭圆形,长约 0.1 mm,表面有白色疣状小突起,呈纵向排列	在冬季生产的温室和大棚蔬菜上越冬,个别也有野外越冬的。高温季节 5 天繁殖 1 代,并为孤雌生殖。变为成螨后 1～3 天开始产卵,1 头雌虫可产卵 100 余粒,严重时 1 片叶子有螨 100 余头	铲除、消灭温室里的杂草,蔬菜收获后及时清除枯枝落叶。药剂防治或 73%克螨特乳油 1 500 倍液,或 5%尼索朗乳油 2 000 倍液

四、操作方法及考核标准

(一)操作方法与步骤

(1)在教师指导下学习相关的基础理论知识。

(2)深入田间、棚室、实验室,观察和调查害虫发生种类、为害状况及为害特点。

(3)根据调查结果,通过多种途径,查询学习资料,获得相关知识。

(4)结合田间害虫发生情况观察和实际调查,根据虫体特征和为害特点,识别蔬菜常见害虫。

(5)通过肉眼、放大镜及解剖镜观察,鉴别蔬菜常见害虫的形态特征。

(6)根据蔬菜害虫发生规律,制订综合治理方案。

(7)认真撰写实习、实训报告。

(二)技能考核标准

蔬菜害虫防治技术技能考核参考标准见表 14-2-2。

表 14-2-2　蔬菜害虫防治技术技能考核参考标准

考核内容	考核标准	评分标准	标准分值	考核方法
蔬菜害虫发生情况调查	基本能够说出害虫发生种类、为害状况及为害特点	所述与实际不符的酌情扣分	10	以组为单位考核
蔬菜常见害虫的形态识别	能够正确识别蔬菜常见害虫的成虫和幼虫特征	形态描述不清的酌情扣分	15	单人考核
蔬菜常见害虫为害特点识别	害虫为害特点描述清楚	害虫为害特点描述不够清楚的酌情扣分	15	单人考核
蔬菜害虫综合治理方案的制订	综合防治措施与生产实际相吻合,符合生态需求,可操作性强	综防措施不符合要求、措施不全面、不具体、可操作性不强的酌情扣分	20	单人制订的综合治理方案
农药器械及农药使用	农药器械使用正确,农药稀释计算准确,农药使用方法合理	根据操作过程的准确程度酌情扣分	20	单人考核
实习、实训报告的撰写	认真书写实习、实训报告,仔细分析实训中出现的问题	书写报告不够认真、问题分析不够透彻的酌情扣分	20	单人考核与报告评分相结合

五、练习及思考题

1. 选择田块和温室调查蔬菜害虫种类和发生为害情况。

2. 调查菜粉蝶发生和为害情况并制订防治方案。

3. 美洲斑潜蝇发生为害特点如何?有哪些防治技术?

4. 蔬菜蚜虫有哪些种类?生产中如何控制为害?

5. 如何根据温室白粉虱的为害习性,采取措施进行防治?

【拓展知识】蔬菜病虫害综合防治

蔬菜病虫害综合防治应在“预防为主，综合防治”的植保方针指导下，坚持“以蔬菜为对象，健身栽培为基础，优先采用农业、物理和生物防治措施，科学使用化学农药，严禁在蔬菜上使用高毒、高残留农药，协调各项防治技术，发挥综合效益，把病虫损失控制在经济允许水平以下”的病虫害综合防治技术体系。具体措施有：

1.植物检疫

近年来随着种子、果蔬等在国内外市场的流通及频繁调运，危险性生物在生产上传播的机会越来越多，某些危险性生物已传入我国并造成生产上的严重为害，加强检疫也显得越来越重要。例如，美洲斑潜蝇原属我国外检对象，1992 年在海南、广东部分地区发现之后，现已蔓延至全国 21 个省市，严重为害瓜、豆、茄、叶菜等蔬菜的生产，据广东有关部门统计，由于该虫的为害，1994 年广东省蔬菜等作物的产值损失及其他损失高达 40 亿元。

2.农业防治

(1)积极引进、选育和推广抗病虫害的优良品种，因地制宜选用抗病品种。

(2)培育无病虫壮苗。建立无病虫采种田和苗圃，减少种苗带菌或带虫，种子必须晒干入库，控制种子在储存期的含水量，避免种子霉变。播种前采用温汤浸种、药剂拌种或种子包衣剂等方法处理种子。

(3)对育苗地进行必要的消毒。对于大多数地下害虫和苗期害虫，如地老虎、斜纹夜蛾、跳甲类等，可用米乐尔、乐斯本、杀虫双等农药进行土壤杀虫处理，处理后当天或隔天播种，可以有效防治地下害虫和苗期害虫。

(4)适时播种。种子在催芽露白后要及时播种，以免造成伤芽，苗期要加强肥水管理，在中途必要时进行炼苗，提高菜苗自身抗性。适时移植，避免苗太小或太大而成活率下降，移植过程尽量减少菜苗的机械损伤，促成移植后种苗早成活。

(5)合理安排作物布局，作物的轮作、间作，在蔬菜收获后深耕晒田或引水浸田等可以杀灭多数病虫源，有效减少田间病原菌和虫口基数，从而减少作物病虫害的发生。

(6)及时清理田间病残体，人工摘除虫卵及病害虫害果，并将其集中深埋或烧毁；清理田间及周围有害杂草，有意识发展有利有益生物栖息的生态环境，恶化病虫害生存空间，提高田间自然天敌的控制作用。

3. 生物防治

(1)充分利用田间原有的天敌控制病虫害的发生，建立稳定的天敌群落，包括鸟类、青蛙、蜘蛛、昆虫、螨类、线虫、真菌、细菌、病毒等，创造有利于田间天敌发生的栖息环境，恶化病虫发生条件。

(2)必要时从外地引进天敌，进行繁殖和释放，以加强对病虫害的控制力度。例如可引进捕食性螨类防治有害的螨类等。

(3)加大生物生化农药的推广力度。如 Bt 粉在防治蔬菜螟虫、虫瘟一号(NPV)对防治斜纹夜蛾、阿维菌素防治小菜蛾、美洲斑潜蝇、农抗 120 防治蔬菜白粉病等。

4. 化学防治

尽可能选用无毒、无残或低毒、低残留的农药。目前，随着科技的进步，新农药品种、农药新剂型不断涌现，农药使用得当，可以有效控制病虫发生并取得明显经济效益。

典型工作任务十五 果树病虫害防治技术

项目1 果树主要病害防治技术

一、技能目标

通过实训，使学生能够认识果树主要病害的症状特点及病原菌的形态特征，识别果树常发生病害种类；掌握果树主要病害的诊断要点、发病规律及主要防治技术；能够制订切实可行的综合防治方案并组织实施。

二、教学资源

1. 材料与工具

苹果树腐烂病、苹果轮纹病、苹果斑点落叶病、梨黑星病、梨锈病、葡萄黑痘病、葡萄霜霉病、葡萄白腐病、桃褐斑穿孔病、柑橘溃疡病等病害的新鲜标本、干制标本及病原玻片标本；显微镜、解剖镜、镊子、挑针、载玻片、盖玻片等观察用具；多媒体教学设备、课件、挂图等学习用具；根据防治需要确定的施药材料与器械。

2. 教学场所

多媒体教室、实验(训)室及果树病害发生严重的果园。

3. 师资配备

每20名学生配备一位指导教师。

三、原理、知识

(一)苹果树腐烂病

苹果树腐烂病属于世界性病害,又称烂皮病,是苹果树树干上的重要病害,受害严重的果园,树干病疤累累,树势严重衰弱,死树和毁园现象时有发生。腐烂病除为害苹果外,还可感染沙果、海棠和山定子等苹果属植物。

1. 症状识别

(1)溃疡型　主要发生在树体的主干和主枝下部以及主枝与主干分杈处。病斑大小不等,红褐色,水渍状,组织松软,近圆形或不规则形。病皮组织腐烂,发出酒糟味,用手指按压即下陷,并流出红褐色汁液,掀开表皮可见树皮内层已完全腐烂。到发病后期病部失水下陷,病皮呈黑褐色,边缘开裂。在病组织内产生外子座突破表皮,露出黑色小粒点,外子座内的分生孢子器在雨后或天气潮湿时,涌出橘黄色卷须状孢子角。秋季以后,病斑上产生较大、颜色略深的黑色粒点(内子座及子囊壳)(见彩图 15-1-1)。

(2)枯枝型　多发生在小枝、果台或树势极度衰弱的大枝上,病变蔓延迅速,全枝迅速失水干枯死亡,病疤不隆起,不呈水渍状,边缘也不明显。后期病部也产生很多小黑点。

苹果腐烂病也能侵染果实。果实上的病斑暗红褐色近圆形或不规则形,具轮纹,边缘清晰,病组织软腐状,有酒糟味,病斑中部散生或集生有时略呈轮纹状排列的小黑点,潮湿时涌出橘黄色卷须状的分生孢子角。

2. 病原

病原物有性阶段为子囊菌亚门、黑腐皮壳属、苹果黑腐皮壳菌(*Valsa mali* Miyabe et Yamada);无性阶段为半知菌亚门、壳囊孢属、壳囊孢菌(*Cytospora mandshurica* Miura)。病部出现的小黑点为病菌的外子座,外子座内含有 1 个分生孢子器,分生孢子器成熟时形成几个腔室,各室相通,只有一个共同的孔口,其产孢能力可维持两年。分生孢子梗无色透明,分枝或不分枝,分生孢子无色单胞,腊肠形,两端圆,内有油球。分生孢子形成时与胶体物质混合在一起,遇雨水或高湿时,胶体物质吸水膨胀,连同孢子自孔口溢出,形成卷须状橘黄色的孢子角。秋季在外子座下面或其周围形成内子座,每个内子座中形成 3～14 个子囊壳,子囊壳烧瓶状,具长颈,顶端有孔口,子囊壳内壁着生子囊层,子囊长椭圆形或纺锤形,一端较宽,顶端钝圆或较平,内含 8 个子囊孢子,子囊孢子排成两行或不规则排列,腊肠状,无色,单胞,比分生孢子稍大。病菌菌丝生长温度范围为 5～38℃,最适温度为 28～32℃。分生孢子萌发最适温度为 24～28℃。子囊孢子最适萌发温度为 19℃

左右。分生孢子和子囊孢子在蒸馏水或雨水中不易萌发，当给予一定的补充营养(苹果汁、苹果树皮煎汁、麦芽糖或蔗糖等)后，萌发良好。

3. 发病规律

病菌以菌丝体、分生孢子器及子囊壳在病枝干、果园及其病残体上越冬，翌春遇雨时，大量分生孢子和子囊孢子从分生孢子器和子囊壳中溢出，通过雨水飞溅和昆虫活动传播，从伤口(冻伤、剪锯伤、环剥伤、虫伤等)侵入，潜育期 7～15 d，形成新的分生孢子器，散发出分生孢子，进行多次再侵染，具有潜伏侵染的特点。

该病菌的寄生性很弱，只能通过树皮伤口侵入已死亡的皮层组织，并在其中定殖扩展，苹果萌芽展叶进入生长旺盛期后，树体的抗病性增强，病斑扩展渐趋停止。到秋季随着树体营养的消耗，又出现一次发病小高峰。因此，腐烂病在春季(2～3月份)和秋季(8～9 月份)有两次发病高峰。有试验表明，健康枝条和组织带菌现象很普遍，树势强壮时不发病，一旦树势衰弱，马上表现症状。

4. 发病因素

(1)冻害　周期性的冻害是诱导腐烂病流行的主导因素之一。冬季冻害严重年份，到春季是腐烂病大发生之年。低洼积水和后期贪青的果园易遭冻害，常诱发病害流行。山地或砂地果园，向阳面的枝干易受日灼伤，发病也常较重。

(2)树势衰弱　果园栽培管理粗放、果树营养不良树势衰弱是腐烂病流行另一个重要因素。通常，苹果树进入结果期后，腐烂病才开始发生。随着树龄增加，产量提高，腐烂病逐年加重。另外，虫害及其他病害的为害也会导致树势衰弱，加重腐烂病的发生。

(3)伤口与愈伤能力　伤口多发病重，树体伤口愈伤能力与品种和树皮含水量密切相关，当枝条含水量在 80%(枝条正常含水量)时，愈伤速度最快，病斑扩展缓慢，含水量接近 100%(枝条含水量饱和)时，愈伤速度稍慢，含水量 67%以下(枝条呈失水状态)时，愈伤速度最慢，病斑扩展缓慢。

5. 防治技术

防治腐烂病应加强栽培管理、提高树体抗病力，及时清除病变组织和病残体，结合涂药保护和病斑治疗及防治枝干害虫等综合治理措施。

(1)加强栽培管理　合理修剪整枝，培养良好的树形和树势；合理施肥，做到有机肥和化肥及氮、磷、钾肥的配合施用；疏花疏果 控制合理负载量，以平衡营养生长和生殖生长，克服大小年现象；树体防冻秋季进行绑草、培土、树干涂白，以防冻害；预防蛀干害虫和早期落叶病；树干涂白，防止果树受冻。

(2)清洁果园　冬季和夏季修剪过程中，及时清除病残枝干、残桩、死树，烧毁或深埋，以减少果园病菌来源。

(3)病斑治疗　早春或秋季认真检查表面溃疡,发现后将病部树皮表层组织及周围少量健康组织刮除(对处于扩展高峰期的病斑,应刮掉 2 cm 左右的健皮),并集中烧毁。每次刮治后,伤口应涂抹加有 2%平平加的 40%福美砷或 50%退菌特可湿性粉剂 50 倍液或 5～10 波美度石硫合剂 1～2 次,还可以用 843-康复剂原液、2%腐殖酸钠、腐必清、治烂液等涂抹,以杀死残留在病部的病菌。也可用利刀以 0.5 cm 的间隔,在病斑上纵划几道,深至木质部表层,然后,用毛刷将上述药液涂抹于病部,每周 1 次,连续 3 次。

(4)药剂铲除　用 50%福美砷可湿性粉剂 100～200 倍液涂刷主干、主枝。施药前先刮除病疤及表层溃疡斑,并剪除病枝和干桩。对重病树也可在春季发芽前刮粗皮,清除病残体组织后,全树喷 1 次上述药剂,再对树体易发病部位涂抹 1～2 次。

(5)桥接　对主干、主枝上的大病斑刮除治疗后,可在 4 月中、下旬用桥接的方法接通输导组织。

(二)苹果轮纹病

苹果轮纹病又名粗皮病、轮纹褐腐病、水烂病,是我国乃至世界苹果产区的一种常见性病害。苹果枝干轮纹病导致树势衰弱,产量剧减或绝产,甚至死树毁园;苹果果实轮纹病可以导致产量下降,苹果溃烂。

1.症状识别

该病为害苹果、梨、桃、李、杏、枣、海棠等的枝干、果实,叶片受害较少。

(1)枝干受害　在皮孔上形成圆形或扁圆形的瘤状物,直径 3～30 mm,红褐色,坚硬,边缘龟裂与健康组织形成一道环沟。翌年病斑中间生黑色小粒点即分生孢子器。严重时,病组织翘起如马鞍状,许多病斑连在一起,使表皮粗糙,俗称“粗皮病”(见彩图 15-1-2)。

(2)果实受害　在成熟期或贮藏期,以皮孔为中心,生成水渍状褐色小斑点,很快形成同心轮纹状,并向四周扩大,呈淡褐色或褐色,整个果实软腐。后期在表面形成许多黑色小粒点,即分生孢子器。烂果多汁,有酸臭味。

(3)叶片受害　产生近圆形同心轮纹状褐色或不规则褐色病斑,大小 5～15 mm,渐变为灰白色,并生小黑点,病斑多时,叶片干枯早落。

2.病原

病原物有性世代属于子囊菌亚门核菌纲球壳菌目梨生囊孢壳菌(*Physalospora piricola* Nose.),无性世代为半知菌亚门球壳孢目轮纹大茎点菌(*Macrophoma kawatsukai* Hara)的真菌。

3. 发病规律

病菌以菌丝体、分生孢子器及子囊壳在被害枝干上越冬。菌丝在枝干病组织中可存活4～5年，每年4～6月份产生分生孢子，靠雨水飞溅传播，成为初侵染源。病菌从皮孔侵入。幼果期侵染，侵入后潜伏，到果实近成熟或贮藏期发病，潜伏的菌丝迅速蔓延形成病斑。枝干受害，新病斑当年不形成分生孢子器，第2～3年大量形成，第4年后减弱。病菌是弱寄生菌，老弱树易感病。品种不同感病性不同，苹果中富士、青香蕉、金冠、王林、红星、玉霰受害最重，元帅、印度、国光、祝光等易感柄，首红、新红星、红玉等感病轻。砧木中圆叶海棠抗性强。

4. 防治技术

(1)刮除病斑　在休眠期刮掉病粗皮，集中烧毁。亦可在5～7月份重刮皮，减少侵染来源。

(2)清除病果　在果实成熟期或采收时剔除病果深埋。果实入库前剔除病果、伤果。贮藏温度在5℃以下，以1～2℃为宜。

(3)适时喷药　发芽前喷1次5波美度石硫合剂，生长期可用1∶2∶240波尔多液、50%多菌灵可湿性粉剂800倍液、70%甲基硫菌灵可湿性粉剂800倍液。果实采收前喷1～2次内吸杀菌剂，如多菌灵等。

(三)苹果斑点落叶病

1. 症状识别

该病主要为害叶片，造成早落，也为害新梢和果实，影响树势和产量。叶片上出现很多斑点，圆形，有紫红或砖红色晕圈。扩至5～6 mm时，斑呈红褐色，中心具深色小点或同心轮纹。潮湿时叶片两面都长出墨绿或黑色霉层。幼果出现1～2 mm的小圆斑，有红晕，后期变黑褐色小点或成疮痂状(见彩图15-1-3)。

2. 病原

病菌属半知菌亚门、交链孢属，轮斑病菌强毒菌系(*Alternaria alternaria* f. sp. *maii* Roberts)。分生孢子梗从病斑表面生出，褐色，丝状，弯曲，有分隔，顶端串生数个分生孢子。分生孢子暗褐色，短棒槌形，或卵形。具2～5个横隔，1～3个纵隔，顶端有小突起或无。

3. 发病规律

病菌以菌丝在芽外部鳞片到内部叶原体上越冬，叶芽是重要初侵染源。翌春产生分生孢子，随气流、风雨传播，从伤口或直接侵入进行初侵染。分生孢子一年有两个活动高峰，第一高峰从5月上旬至6月中旬，孢子量迅速增加，致春梢和叶片大量染病，严重时造成落叶；第二高峰在9月份，这时会再次加重秋梢发病严重度，造成大量落叶。

该病的发生、流行与气候、品种密切相关。高温多雨病害易发生，夏季降雨多，发病重。苹果品种中，红星、红元帅、印度、玫瑰红、青香蕉易感病；富士系、金帅系、乔纳金、鸡冠、祝光发病较轻。此外，树势衰弱、通风透光不良、地势低洼、地下水位高、枝细叶嫩等均易发病。病害潜育期随温度不同而异，17℃时潜育期 6 h，20～26℃潜育期 4 h，28～31℃潜育期 3 h。

4. 防治技术

(1)严格检疫　尽量不从病区引进苗木、接穗。

(2)农业防治　选用抗病品种；秋末冬初剪除病枝，清除落叶，集中烧毁，以减少初侵染源；夏季剪除徒长枝，减少后期侵染源；改善果园通透性，低洼地、水位高的果园要注意排水；合理施肥，增强树势，提高抗病力。

(3)预测预报　可用孢子捕捉器监测。做法是用载玻片涂凡士林，绳拴悬挂于树枝上，距地 1.3～1.5 m，按地块近四角处及中心位置挂 5 片，每 3 d 换 1 次，取下于显微镜下检查。孢子高峰日第 4 天，可见病斑小米粒大小；高峰日后第 7 天，田间发现第一块病斑，即应打药防治。

(4)药剂防治　预防为主。根据预测可在发病前和发病始期用第一次药。常用药剂 1∶2∶200 倍式波尔多液或 10％世高水分散粒剂 2 000～2 500 倍液、3％克菌康 1 000 倍、50％扑海因可湿性粉剂 1 000 倍液、50％速克灵可湿性粉剂 1 000 倍液、10％宝丽安 800 倍液、70％代森锰锌可湿粉 400～600 倍液、10％多氧霉素可湿粉 1 000～1 500 倍液等，生产上可与波尔多液交替使用，隔 10～20 d 1 次，共防 3～4 次。

(四)梨黑星病

梨黑星病又称疮痂病、黑霉病，是梨树重要病害之一。在种植鸭梨、白梨等高度感病品种的梨区，病害流行频繁，造成重大损失。

1. 症状识别

病菌能为害叶片、新梢、果实、芽及花序等所有绿色幼嫩组织，其中以叶片和果实受害最重，为害期从落花后直到果实近成熟期。

芽最早发病，当早春萌芽后，从芽鳞片重合处露出的淡绿色部分即可见黑色有光泽的病斑，以后病斑上产生黑霉(分生孢子梗和分生孢子)。严重时致芽枯死。花序受害后，花萼和花梗基部呈现褐色坏死斑，并产生黑霉。病斑扩展至叶簇、花序基部，致使叶簇和花序萎蔫枯死。受害叶片初在背面产生圆形、椭圆形或不规则形黄白色病斑，病斑沿叶脉扩展，并产生黑色霉状物，发病严重时整个叶片布满黑霉，叶片正面常呈多角形或圆形褪色黄斑。新梢受害病斑初呈黄褐色，逐渐产生黑色或黑褐色、凹陷开裂的椭圆形溃疡斑，严重时枝梢易从病斑处折断。刚落花后的幼果受害后常不能膨大而脱落。较大果实受害后，病部停止生长，木栓化，形成果面凹凸不平、龟裂的畸形果；后期受害色、凹陷的圆形病疤，病疤坚硬，表面粗糙，常产生星状开裂。病部均可产生黑霉。

2. 病原

病原物有性态为子囊菌亚门、黑星菌属、纳雪黑星菌（*Venturia nashicola Tanaka* et Yamamoto），无性态为半知菌亚门、黑星孢属、黑星孢（*Fusicladium* sp.）。

病菌假囊壳一般在过冬后的落叶上产生，以叶背面居多，散生或聚生，圆球形或扁圆球形，子囊棍棒状，聚生在假囊壳底部，无色透明，每个子囊内含 8 个子囊孢子，子囊孢子淡黄绿色或淡黄褐色，双胞，上大下小，状如鞋底。生长季出现的黑色霉层为分生孢子梗和分生孢子，分生孢子梗 5～14 根丛生，从寄主角质层伸出，粗而短，暗褐色，无分枝，直立或弯曲，其上有许多分生孢子着生后脱落的疤痕（胞痕），分生孢子淡褐色或橄榄色，两端尖，纺锤形，单胞，但少数在萌发时可产生 1 个隔膜。

病菌生长温度范围为 5～28℃，以 22～23℃为最适。分生孢子形成的最适温度为 20℃，萌发的温度范围为 2～30℃，以 21～23℃为最适。

3. 发病规律

病菌主要以分生孢子或菌丝体在腋芽的鳞片内越冬，也能以菌丝体在枝梢病部越冬，或以分生孢子、菌丝体及未成熟的子囊果在落叶上越冬。病菌的分生孢子和子囊孢子主要通过风雨传播。孢子萌发后可直接侵入，潜育期为 14～25 d。幼嫩部位最先发病，并产生大量分生孢子，通过风雨传播到附近的叶片、果实和新梢上作多次再侵染，加重病情。由于各地的气候条件不同，梨黑星病在各地发生的时期也不一样。长江中下游地区一般在 4 月中下旬开始发病，梅雨季节为发病盛期，7～8 月份由于气温较高，组织老熟，病害受抑制，而 9～10 月间，气温下降，一般不再发病，但遇秋雨多时，秋梢上则可再度发病。

4. 防治技术

(1)消灭病菌侵染来源　秋末冬初清扫地面落叶和落果，冬季或早春结合修剪，清除病梢，集中烧毁。发病初期，及时连续地剪除中心病梢和花序，防止病菌扩散蔓延。在梨芽萌动时，对树上树下喷布硫酸铵或尿素 10～20 倍液，可明显减少新梢发病率。在花芽绽开时，喷布 1～3 波美度石硫合剂也有较好的防治效果。

(2)加强栽培管理　在病害常发区，栽种抗病性较强的优良品种，增施有机肥料，可提高植株抗病力。合理修剪，促使树冠内通风透光，降低梨园湿度，使之不利于病菌的繁殖和病害的蔓延。发现病梢及时剪除深埋。

(3)喷药保护　北方梨区，一般在梨芽刚刚萌动时喷第一次药，即白梨萼片脱落、病梢初现时。以后根据天气情况和病情确定喷药次数和时期，一般在 6 月中旬、6 月底至 7 月上旬以及 8 月上旬各喷药 1 次。有效药剂及使用的浓度为 1∶2∶200～240 波尔多液、70%代森锰锌可湿性粉剂 600～800 倍液、50%速克灵 1 500～2 000 倍液等。对波尔多液敏感、易产生药害的品种，可改用 30%百科乳油 125 mg/L 液等代替。

(五)梨锈病

梨锈病又称赤星病，俗名“羊毛丁”。分布于我国各梨产区，危害严重时引起早期落叶、落果，对产量影响很大。梨锈病菌除为害梨外，还能为害山楂、木瓜、海棠。该病菌是一种转主寄生菌，其转主寄主为松柏科的桧柏、欧洲刺柏、高塔柏、圆柏、龙柏和翠柏等。

1. 症状识别

该病主要为害叶片，也为害新梢和幼果。

(1)叶片　叶片受害初在其正面产生橙黄色小点，逐渐扩大成近圆形病斑。病斑中央橙黄色，边缘淡黄色，最外面有一层黄绿色晕圈，直径 4～5 mm。之后病斑表面密生橙黄色针头大小的小粒点(性孢子器)，潮湿时溢出淡黄色黏液(性孢子)。黏液干燥后小粒点变黑色。后期叶背面呈淡黄色疱状隆起，并在隆起部位产生数根灰黄色的毛管状物(锈孢子器)。不久，锈孢子器顶端破裂，散出黄褐色粉末(锈孢子)。最后病斑逐渐变黑干枯，毛管状物脱落。一张叶片上的病斑数目不等，多时可达数十个，同时叶片向内卷曲，叶色变淡，最后全叶变黑干枯脱落(见彩图 15-1-4)。

(2)幼果　受害幼果初期症状与叶片症状相似，病部微下陷，果实畸形。后期在同一部位产生毛管状物。

(3)新梢、叶柄和果柄　症状与果实相似，但病部肿大明显，黄绿色。叶柄、果柄受害后易引起落叶、落果。新梢受害后，常因病部龟裂而易折断。

(4)转主寄主症状　梨锈病在桧柏等转主寄主的针叶、叶腋或小枝上产生淡黄色斑点，病部于秋季黄化隆起，翌春形成球形或近球形瘤状菌瘿。菌瘿继续发育后，突破表皮露出红褐色的冬孢子角，直径 1～3 mm。冬孢子角成熟后，遇雨吸水膨大呈橙黄色的舌状胶质块，天气干燥时即干缩成污胶状物(见彩图 15-1-5)。

2. 病原

病原物为担子菌亚门、胶锈菌属、梨胶锈菌[*Gymnosprangium asiaticum* Miyabe ex Yamada]。病菌在整个生活史中可产生 4 种类型孢子，需要在两类不同的寄主上完成其生活史。在梨树上产生性孢子和锈孢子，在桧柏植物上产生冬孢子和担孢子。

性孢子器扁烧瓶形，基部埋生在梨叶片正面表皮下，上部突出，从孔口生出丝状受精丝，并释放性孢子；性孢子单胞、无色，纺锤形或椭圆形。锈孢子器丛生于梨叶病斑背面或病梢和病果的肿大病斑上，细长圆筒形，长 5～6 mm；锈孢子球形或近球形，橙黄色，表面有小瘤。冬孢子纺锤形，黄褐色，顶壁较厚，双胞，分隔处稍缢缩，柄细长，外被胶质，遇水胶化，萌发时产生一个具 3 个隔膜、4 个细胞的担子，每细胞生一小梗，每小梗顶端着生一个担孢子。担孢子卵形，淡黄褐色，单胞。冬孢子萌发的最适温度为 15～23℃，萌发时需要有水膜。

3. 发病规律

病菌以菌丝体在桧柏等转主寄主的病组织中越冬，翌春 2～3 月份形成冬孢子角。冬孢子萌发产生担孢子。担孢子随风传播，当散落在梨树幼叶、新梢、幼果上时，遇水萌发长出芽管，从气孔、皮孔或从表皮直接侵入。担孢子最大有效传播距离为 2.5～5 km。病菌侵入后，叶面产生橙黄色病斑，病斑表面长出性孢子器，在叶背形成锈孢子器和锈孢子。锈孢子通过风力传播至桧柏等转主寄主上为害，并在转主寄主上越夏、越冬，至翌春形成冬孢子角。该病的担孢子只能侵染梨，而锈孢子只能侵染桧柏，由于缺少夏孢子，属于单病程病害。

4. 防治技术

由于梨锈病侵染循环中无再侵染和病菌具有转主寄生的特点，因此消灭转主寄主是防治的关键。

(1)铲除转主寄主　在梨区周围 5 km 范围内，不栽植桧柏等植物，使病菌缺少转主寄主而无法完成生活史，避免梨树发病。

(2)抗病品种的利用　秋子梨系统、白梨系统、沙梨系统均感病，西洋梨抗病。

(3)药剂防治　早春在桧柏上喷洒 3～5 波美度石硫合剂、0.3%五氯酚钠或 1 波美度石硫合剂与 0.3%五氯酚钠的混合液等，抑制冬孢子萌发。

梨树上喷药应在梨树萌芽期至展叶后 25 d 内进行，一般药剂每隔 10 d 左右喷 1 次，连续喷 2～3 次。有效药剂有 20%三唑酮乳油 2 000～2 500 倍液、50%多菌灵可湿性粉剂 800 倍液或 70%甲基硫菌灵可湿性粉剂 1 000 倍液等。

(六)葡萄黑痘病

葡萄黑痘病又称疮痂病，是葡萄重要病害之一。各葡萄产区普遍发生，尤以春、夏两季多雨潮湿的长江中下游地区和淮河流域发病严重，常造成巨大的经济损失。

1. 症状识别

该病能够侵染葡萄的所有绿色幼嫩部分。

图 15-1-1　葡萄黑痘病

(1)受害的幼嫩叶片开始出现针头大小的红褐色小斑点，斑点周围有黄色晕圈。病斑逐渐扩大后呈圆形或不规则形，中间灰白色，周围暗褐色或紫色，边缘黄绿色，直径 1～4 mm，似“鸟眼”状。干燥时病斑自中央破裂穿孔。受害严重时幼叶常扭曲，皱缩畸形，坏死干枯。

(2)被害幼果上的病斑初为圆形、深褐色小斑点，扩大后直径可达 2～5 mm，中央凹陷，呈灰白色，外部深褐色，周缘呈紫色，似“鸟眼”状(图 15-1-1)。

(3)穗轴、果梗、叶柄、新梢和卷须发病时初显圆形或不规则的褐色小点，以后病斑中央呈灰褐色，开裂凹陷，边缘深褐色或紫褐色，严重时多个病斑联合成大斑，致使果穗、新梢生长停滞，萎缩，甚至枯死。空气潮湿时，病斑上呈现出粉红色黏质物(分生孢子团)。

2. 病原

病原物有性阶段为子囊菌亚门、痂囊腔菌属，葡萄痂囊腔菌[*Elsinoe ampelina* (de Bary) Shear]，我国尚未发现。无性阶段为半知菌亚门、痂圆胞属、葡萄痂圆孢(*Sphaceloma ampelimun* de Bary)。

病菌子囊果为子囊座，内有多个排列不整齐的腔穴，每个腔穴内着生 1 个子囊，子囊无色，近球形，内藏有 4～8 个子囊孢子，子囊孢子无色，香蕉形，具有 3 个隔膜。分生孢子盘瘤状，基部埋生于寄主组织内，外部突出角质层，分生孢子梗短小，无色、单胞，分生孢子椭圆形或卵形，无色，单胞，稍弯曲，两端各有 1 个油球。

病菌生长温度范围为 10～40℃，最适温度为 30℃。分生孢子在 25℃左右、高湿时最易形成。分生孢子的萌发温度范围为 10～40℃，以 24～25℃为最适。

3. 发病规律

病菌以菌丝体或分生孢子盘潜藏在多年或当年生病枝蔓的病痕及芽鳞内越冬，也可随病叶、病果和病梢等病残体遗留在地面上越冬。病菌的生活力很强，在病组织中可存活 3～5 年之久。越冬病菌翌春产生分生孢子，借风雨传播到新叶新梢上，萌发后从气孔或表皮直接侵入。侵入后菌丝体在表皮下蔓延，并形成分生孢子盘，突破表皮，条件适宜时，不断产生分生孢子，陆续侵染其他绿色幼嫩部位。秋末冬初，病菌又随病组织或病残体休眠越冬。

病害的潜育期长短受气温、感病组织的幼嫩程度和品种抗病性的影响，一般为 3～12 d。当温度为 24～28℃时，潜育期最短，只有 3～6 d。组织越幼嫩，越感病，潜育期也越短。品种抗性越差，潜育期也越短。

病菌远距离传播主要依靠带菌的苗木和接穗的调运。

4.防治技术

(1)选用抗病品种　根据品种抗病性的差异，选用园艺性状良好而又抗病的品种。

(2)清除病源　冬季葡萄落叶后及时扫除落叶、枯枝、病果穗，剪除病枝梢和残存病果，刮除病枝老皮，集中烧毁。

(3)加强栽培管理　夏季修剪时摘除病梢、病叶、病果，以减少再次侵染源。合理施肥，增施钾肥，控制氮肥，以增强树势，防止枝叶徒长。及时抹芽、摘心、去副梢，改善通风透光条件，降低田间湿度等措施均可减轻病害。

(4)喷药保护　在多雨年份或地区，一般应在萌芽后1周即开始防治，可用的药剂有1∶0.7∶(200～240)波尔多液、77%可杀得可湿剂600～800倍液、70%代森锰锌可湿性粉剂700倍液等。

(七)葡萄霜霉病

葡萄霜霉病是世界著名病害之一，19世纪70年代从北美洲传到欧洲，曾使法国葡萄减产50%～95%。该病在我国各葡萄产区均有发生。

1.症状识别

该病主要为害叶片，也能侵染嫩梢、花序、幼果等幼嫩组织。

(1)叶片受害　最初在叶面上产生半透明、油渍状、边缘不清晰的小斑点，空气潮湿时病斑背面产生白色霉状物(病原菌的孢子梗与孢子囊)，后逐渐扩大为淡黄色至黄褐色多角形病斑，病叶易提早脱落。

(2)嫩梢、卷须、叶柄、花穗梗感病　病斑初为半透明油渍状斑点，后逐渐扩大成黄褐色至褐色、稍凹陷的不定形病斑。空气湿度大时，病斑上产生较稀疏的白色霉状物。

(3)幼果感病　病斑近圆形、呈灰绿色，表面生有白色霉状物，后皱缩脱落，果粒长大后感病，一般不形成霉状物。穗轴感病，会引起部分果穗或整个果穗脱落。

2.病原

病原物为鞭毛菌亚门、卵菌纲、霜霉目、单轴霉属[*Plasmopara uiticola*(Berk. dt Curtis) Berl. Et de Toni]。该菌为专性寄生菌，只为害葡萄。病部的白色霉状物，即病菌的孢子囊梗和孢子囊。孢子囊梗无色，4～6根自寄主气孔成束伸出。单轴分枝，分枝末端具2～3根小梗，圆锥形末端钝，孢子囊生在小梗上。孢子囊无色，单胞，卵形，顶端具乳头状突起。孢子囊萌发产生游动孢子，游动孢子肾形，一侧生有两根鞭毛。后期在组织内部产生卵孢子，褐色，球形，壁较厚。卵孢子萌发时产生芽管，在芽管前端形成芽孢囊，其作用和无性时期产生的孢子囊相同，萌发后也产生游动孢子。

3.发病规律

病菌主要以卵孢子在落叶中越冬，在暖冬地区，附着在芽上和挂在树上的叶片内的菌丝体也能越冬。其卵孢子随腐烂叶片在土壤中能存活2年左右。次年春季至6月中旬，卵孢子萌发产生孢子囊和游动孢子，靠风雨传播到叶片上，通过气孔侵入叶内。菌丝在叶细胞间隙蔓延，以圆锥形吸器吸收叶细胞的营养物质，后从气孔伸出孢子囊梗，再产生孢子囊侵染，进行多次再侵染，病害在园中蔓延极快。一般3～4周时间全园大部叶片发病。秋后再产生卵孢子越冬。

冷凉潮湿气候有利发病。植株过密，架面通风透光不良，有利发病。品种间抗病性有差异，一般美洲种葡萄较抗病，欧洲种葡萄较感病。植物组织含钙的多少与抗病性有关，当钙/钾＞1时表现抗病，当钙/钾＜1时表现感病。老叶含钙多，嫩叶含钙少。因此，嫩叶易感病。

4.防治技术

(1)冬季搞好清园　收集病叶病果，剪除病梢，烧毁或深埋，以减少园中的病菌来源。

(2)加强果园管理　尽量剪去近地面不必要的蔓叶，使植株通风透光良好，以降低湿度，同时可减少土壤中越冬的卵孢子靠雨水溅上来的机会。此外，适当增施磷、钾肥，在酸性土壤中多施石灰，以提高葡萄对霜霉病的抵抗性。

(3)药剂防治　发病初期选喷1：0.5：200波尔多液或50%克菌丹500倍液、65%代森锌500倍液、40%乙膦铝可湿性粉剂200倍液、25%甲霜灵可湿性粉剂1 000倍液、58%甲霜灵锰锌可湿性粉剂600倍液，以后每隔10～15 d喷1次，连续2～3次，可以获得较好的防治效果。此外，选绿亨碱式硫酸铜500～800倍液也有较好效果、25%甲霜灵可湿性粉剂2 000倍液分别与代森锌、代森锰锌、福美双1 000倍液混用，比单用效果好，还可兼治其他葡萄病害。

(4)选用抗病品种　如巨峰等。

(八)葡萄白腐病

葡萄白腐病又称“水烂病”、“穗烂病”，是葡萄重要病害之一，我国南北葡萄产区均有分布。常年损失可达25%左右，流行年份可达50%～70%。

1.症状识别

该病主要为害果穗，也为害枝蔓和叶片。

(1)果穗　受害果穗往往从穗轴和小穗轴开始产生淡褐色、水渍状的不规则形病斑，迅速蔓延整个果粒，呈褐色软腐，果皮下密布初为灰白色小粒点(分生孢子器），使果粒呈灰白色腐烂，称为“白腐”。潮湿时，从小粒点上溢出灰褐色黏液（分生孢子）。失水之后果粒干缩成具有较大棱角表面粗糙的僵果，挂在树上。

（2）枝蔓　受害枝蔓多从伤口或接近地面部位开始发病，产生水渍状、椭圆形病斑。病斑边缘深褐色，中央灰褐色并凹陷，向上下扩展。后期病斑色泽加深，表面密生灰白色小粒点。最后枝蔓皮层组织纵裂，露出维管束组织，呈“麻丝状”。

（3）叶片　受侵叶片多从叶尖、叶缘的破伤处开始发病。初期病斑水渍状，淡褐色，近圆形或不规则形，逐渐扩大后略具环纹，其上也着生灰白色小粒点。

2. 病原

病原物为半知菌亚门、垫壳孢属、白腐垫壳孢［*Coniella diplodiella* (Speq.) Petrak & Sydow］。在病组织内菌丝密集成子座，子座内着生分生孢子器，分生孢子器球形或扁球形，壁较厚，灰褐色至暗褐色，底壁凸起呈丘状，表面着生无分枝、无分隔、淡褐色的分生孢子梗，分生孢子单孢，卵圆形，成熟后为淡褐色，内含1～2个油球。

分生孢子萌发的适宜温度范围为13～40℃，最适温度为25～30℃。相对湿度95%以上时分生孢子萌发良好，92%以下不能萌发。分生孢子在蒸馏水中萌发率很低。

3. 发病规律

白腐病菌是一种兼性寄生真菌。以分生孢子器和菌丝体随病残体遗留于地面和土壤20 cm内越冬，其中5 cm处最多，成为翌年的主要初侵染源。病菌也可在悬挂于树体的僵果上越冬。分生孢子器的基部有一些由密集的菌丝体组成的“壳座”组织，对不良环境有很强的抵抗力。在干燥条件下，分生孢子器可存活15年以上，分生孢子在土壤中也能存活2年以上。越冬后的分生孢子器在春末夏初产生分生孢子，借雨水飞溅传播，通过伤口侵染近地面的果穗、枝蔓。发病后，病斑上产生分生孢子引起再侵染，加重为害。病害潜育期一般为3～8 d。在最适条件下或在感病品种上，潜育期只有3 d，而在抗病品种上可达10 d。

葡萄白腐病具潜伏侵染现象。病菌在枝蔓发芽展叶后（5月上旬）即可对其绿色幼嫩组织进行侵染，以花序最易感病。葡萄白腐病的发病时间因各地气候条件不同而异。

4. 防治技术

（1）清除越冬菌源　冬季结合修剪，彻底剪除病果穗、病枝蔓，生长季节摘除病果、病蔓、病叶，并集中烧毁或深埋。

（2）加强栽培管理　提高结果部位，可以减少病菌的侵染机会，增施有机肥和钾肥，疏花疏果，及时摘心、抹副梢、绑蔓，调节植株挂果量。

（3）药剂防治　早春于地面撒福美双：硫黄粉：碳酸钙以1：1：2，均匀混合后，每公顷撒 30～45 kg，进行地面消毒。架面喷药第一次应掌握在病害的始发期，一般在 6 月中旬开始，以后每隔 7～10 d 喷一次，连续喷 3～5 次。有效药剂有 50％退菌特可湿性粉剂 600～800 倍液、70％代森锰锌可湿性粉剂 700 倍液、50％扑海因可湿粉剂 1 500 倍液等。

(4)套袋　对重病区可在最后一次疏果后，进行套袋，预防病菌感染。套袋前应对葡萄进行全面喷药，在果实采收前半个月，选择晴天(切忌雨天)去除纸袋，以利果实着色。开袋后及时喷药保护。

(九)桃细菌性穿孔病

1.症状识别

桃细菌性穿孔病为害桃以及李、杏、樱桃、梅等多种核果类果树的叶，也为害果实和枝。叶上初生水渍状小点，后渐扩大为圆形或不规则形、紫褐色至黑褐色斑点，直径约 2 mm，周围有水渍状黄绿色晕环，边缘有裂纹，最后脱落穿孔。孔的边缘不整齐(图 15-1-2)。

图 15-1-2　桃细菌性穿孔病

枝上病斑有两种，一为春季溃疡斑，发生在前一年夏季已被侵染发病的枝条上，病斑暗褐色小疱疹状，直径约 2 mm，后扩展可达 1～10 cm；二为夏季溃疡斑，夏末在当年嫩枝上发生，圆形水渍状，暗褐色，稍凹陷，边缘水渍状，潮湿时，其上溢出黄白色黏液。

2.病原

病原物为细菌，属黄单胞杆菌属、甘蓝黑腐黄单胞菌、桃穿孔致病型[*Xanthomonas campestris* pv . *prun* (Smith) Dye，异名 *Xanthomonas pruni* (Smith) *ddowson.*]。

3.发病规律

病原细菌在枝条皮层组织内越冬，翌春开始活动。桃树开花前后，病菌从病组织中溢出，借风雨和昆虫传播，经叶片的气孔、枝条的芽痕和果实的皮孔侵入，潜育期 7～14 d。春季溃疡斑是该病的主要初侵染源。当气温在 19～28℃，相对湿度 70％～90％利于发病。

4.防治技术

(1)加强栽培管理　增施有机肥，避免偏施氮肥，合理修剪，使桃园通风透光。建园时不与核果类果树混栽。

(2)清除病原　结合冬剪，剪除病枝，清除落叶，集中烧毁。

(3)喷药保护　发芽前喷 5 波美度石硫合剂或 45％晶体石硫合剂 30 倍液、

1∶1∶100 倍波尔多液、30%绿得保胶悬剂 400～500 倍液。发芽后喷 72%农用链霉素可溶性粉剂 3 000 倍液等。

(十)柑橘溃疡病

该病菌主要侵染芸香科野生和栽培的植物,在经济上造成损失最大的是柑橘,主要以甜橙、脐橙、酸橙等品种为重。

1.症状识别

(1)叶片症状　开始于叶背面产生圆形、针头大小微突起的油浸状中透明斑点,通常为深绿色,病斑周围组织褪色呈现黄色晕环。后斑点逐渐隆起,呈近圆形米黄色。随病情的发展,病部表面出现开裂,呈海绵状,隆起更显著,并开始木栓化,逐渐形成表面粗糙,灰白色或灰褐色,并现微细轮纹,中心凹陷的病斑。在紧靠晕圈外常有褐色的釉光边缘。后期病斑中央凹陷明显,似"火山口"状开裂。病斑大小依品种而异,一般直径在 3～5 mm,有时几个病斑连合,形成不规则的大病斑,严重时引起叶片早期脱落。

(2)枝梢症状　一般是夏秋梢受害严重,春梢受害较轻。病斑特征与叶片上的类似,只是病斑木栓化和隆起的程度,以及病斑中部分裂或下陷比叶片上症状更为明显,但枝梢上病斑周围无黄色晕环。幼苗及嫩梢被害后,导致叶片脱落,严重时甚至枯死。

(3)果实症状　果实被害,症状与叶片上相似,病斑通常较叶上大,一般直径为 4～5 mm,最大的可达 12 mm。病斑木栓化程度及病斑后期中部开裂或下陷状况都比叶片显著。病斑仅侵害果皮,很少深入到果肉部分。发生严重时常引起早期落果。

2.病原

病原物属于薄壁细菌门、假单胞杆菌科、黄单胞菌属(*Xanthomonas*),是一种黄极毛杆菌的细菌。菌体短杆状,两端圆,一端生有一条鞭毛,能运动,有荚膜,无芽孢,革兰氏染色阴性反应,好气性。在 PDA 培养基上,菌落呈亮黄色,圆形,表面光滑,周围有狭窄的白带。在牛肉汁蛋白胨培养基上,菌落圆形,蜡黄色,有光泽,全缘,微隆起,黏稠。病菌生长的最适温度为 20～30℃,酸度适应范围为 pH 6.1～8.8。

3.发病规律

该病菌在叶、枝梢及果实的病斑中越冬,第二年春季在条件适宜时借风雨、昆虫传播,从病部气孔,皮孔和伤口侵入。远距离传播主要是带病苗木,接穗,果实等。高温多雨季节有利于病菌的繁殖和传播,故此病在亚热带地区发生严重,在柑橘园以夏梢发病最重,秋梢次之。果实发病相对较重。在沿海地区,每年经台风和暴雨后,常有一个发病高峰期,台风雨造成寄主较多的伤口,有利于病菌侵入,同时又便于病菌的传播，潜叶蛾为害，也有利于该病严重发生。

4. 防治技术

(1)实行严格检疫　禁止从病区输入苗木 、接穗、种子、果实等。

(2)清除菌源　建立无病苗圃，培育抗病品种。

(3)加强果园管理　增施有机肥，合理灌溉，增强树势，提高树体的抗病力，结合修剪，将落叶及病残枝集体烧毁，减少病菌的侵入。

(4)化学防治　适时喷药保护新梢及幼果。喷药的重点是夏、秋梢抽发期和幼果期，一般梢长 3.3～3.61 cm 时喷第一次药，叶片转绿喷第二次药，连续喷 2～3 次，保护幼果在盛花后 10 d、30 d、50 d 各喷药一次。新梢生长期喷药是在萌芽后 15～20 d，果实生长期喷药是在谢花后 15 d 开始。有效药剂有 700 U/mL 链霉素＋1％酒精、40％氯氧化铜胶悬剂 500 倍液、77％可杀得可湿性粉剂 600 倍液、50％代森铵水剂 500～800 倍液等。

(十一)果树其他病害防治技术

果树其他病害防治技术见表 15-1-1。

表 15-1-1　果树其他病害防治技术

病害名称	病原	症状特点	发病规律	防治要点
苹果锈果病	类病毒，为一种环状结构的 RNA；或类似立克次氏体形状的细菌	锈果型，从果顶向果梗方向形成五条纵向铁锈色条斑，后龟裂。花脸型果面呈红绿相间的花脸状。锈果花脸复合型，着色前果顶有明显锈斑，着色后其余部分发生不着色斑块呈花脸状	梨树普遍带毒，但不显症状。故苹果与梨混栽或靠近梨树的苹果树发病重。嫁接和病、健树根部接触传染，潜育期为 3～27 个月。病树种子、花粉不带病毒	严格执行检疫；培育无病苗木，严格从无毒母本树上采取接穗，并嫁接在实生砧苗上。砍除病树、病苗。药物治疗。初夏时对病树主干进行半环剥，在环剥处包上蘸过 0.015％～0.03％浓度的土霉素、四环素或链霉素的脱脂棉，外用塑料薄膜包裹
桃褐斑穿孔病	半知菌亚门 丝孢纲 丝孢目 核果尾孢霉 (*Cecospora circumscissa* Sacc)	为害桃树叶片、新梢和果实。在叶片两面发生圆形或近圆形病斑，边缘紫色或红褐色略带环纹，后期病斑上长出灰褐色霉状物，中部干枯脱落，形成穿孔，穿孔的边缘整齐	病菌以菌丝体在病叶或枝梢病组织内越冬，翌春气温回升，降雨后产生分生孢子，借风雨传播，侵染叶片、新梢和果实。以后，病部产生的分生孢子进行再侵染	加强桃园管理。注意排水，增施有机肥，合理修剪，增强通透性。药剂防治。落花后，喷洒 70％代森锰锌可湿性粉剂 500 倍液、70％甲基硫菌灵超微可湿性粉剂 1 000 倍液、75％百菌清可湿性粉剂 800 倍液、50％混杀硫悬浮剂 500 倍液

四、操作方法及考核标准

(一)操作方法与步骤

(1)在教师指导下学习相关的基础理论知识。

(2)深入果园、实验室,观察和调查病害发生种类、为害状况及为害特点。

(3)根据调查结果,通过多种途径,查询学习资料,获得相关知识。

(4)结合田间病害发生情况观察和实验室病害标本,仔细观察症状,识别果树常见病害。

(5)通过显微镜镜检,鉴别果树常见病害的病原物形态特征。

(6)根据果树病害发生规律,制订综合治理方案。

(7)认真撰写实习、实训报告。

(二)技能考核标准

果树病害防治技术见表 15-1-2。

表 15-1-2 果树病害防治技术

考核内容	考核标准	评分标准	标准分值	考核方法
果树病害发生情况调查	基本能够说出病害发生种类、为害状况及为害特点	所述与实际不符的酌情扣分	10	以组为单位考核
果树常见病害的识别	能够正确识别果树常见病害,症状特点描述准确	症状特点描述不清的酌情扣分	20	单人考核
果树常见病害的病原物形态识别	显微镜操作熟练,镜中病原菌形态清晰,特征明显	病原菌不够清晰,特征不明显的酌情扣分	10	单人考核
果树病害综合治理方案的制订	综合防治措施与生产实际相吻合,符合生态需求,可操作性强	综防措施不符合要求,措施不全面、不具体、可操作性不强的酌情扣分	20	单人制订的综合治理方案
农药器械及农药使用	农药器械使用正确,农药稀释计算准确,农药使用方法合理	根据操作过程的准确程度酌情扣分	20	单人考核
实习、实训报告的撰写	认真书写实训报告,仔细分析实训中出现的问题	书写报告不够认真、问题分析不够透彻的酌情扣分	20	单人考核与报告评分相结合

五、练习及思考题

1. 选择1～2个大型果园调查果树病害种类、发生和为害情况，并制订综合防治方案。

2. 根据苹果树腐烂病发生特点，制订综合防治方案。

3. 苹果轮纹病发生特点如何？

4. 苹果斑点落叶病发生规律如何？怎样防治？

5. 梨锈病与其他病害有何不同之处？

6. 梨黑星病的为害特点如何？有效防治措施有哪些？

7. 葡萄霜霉病、葡萄黑痘病、葡萄白腐病的发病条件如何？怎样减轻病害发生？

8. 桃细菌性穿孔病如何防治？

9. 防治柑橘溃疡病的关键技术是什么？

项目2　果树主要害虫防治技术

一、技能目标

通过本技能实训，使学生认识当地常发生的果树害虫的种类，掌握当地主要果树害虫识别特征，了解果树主要害虫的分布与发生规律，能结合发生的实际情况制订害虫综合防治方案并组织实施。

二、教学资源

1. 材料与工具

桃小食心虫、梨小食心虫、梨星毛虫、苹果小卷叶蛾、顶梢卷叶蛾、苹果瘤蚜、绣线菊蚜、天牛类、朝鲜球尖蚧、桑白蚧、山楂叶螨、苹果叶螨、桃蛀螟、苹小食心虫、苹果绵蚜、梨黄粉蚜、二斑叶螨、天幕毛虫等害虫的新鲜标本、干制标本及玻片标本；显微镜、解剖镜、镊子、挑针、载玻片、盖玻片等观察用具；多媒体教学设备、课件、挂图等学习用具；根据防治需要确定的施药材料与器械。

2. 教学场所

多媒体教室、实验（训）室，果树害虫发生严重的田块及温室。

3. 师资配备

每20名学生配备一位指导教师。

三、原理、知识

(一)桃小食心虫

桃小食心虫(*Carposina sasakii* Matsumura)属鳞翅目蛀果蛾科。又称桃蛀果蛾、桃蛀虫、桃小食蛾、桃姬食心虫。为害寄主有苹果、梨、枣,还有海棠、花红、槟子、榅桲、山楂、桃、杏等。分布在我国东北、华北、华东、华中、西北。以幼虫由果实胴部或底部蛀入果内,2~3 d蛀孔流出水珠状的果胶,俗称"淌眼泪",干后形成白粉,随果生长蛀孔愈合成针头状大的小黑点,周围凹陷,幼虫在国内纵横取食造成畸形,称谓"猴头"果,在虫道内充满红褐虫粪,俗称"豆沙馅",刚入果的幼虫若被药杀死,入果孔愈合成绿色小点,俗称"青疔",幼虫老熟后脱果,脱果孔2~3 mm,孔外有虫粪。

1. 形态特征

(1)成虫　体长6~8 mm,翅展16~18 mm,前翅前缘中央处有一个近三角形蓝黑色有光泽的大斑纹,翅基部和中央有7簇蓝黑色斜立的鳞片,后翅灰白或青灰色,触角雌蛾丝状,雄蛾栉齿状。

(2)卵　椭圆形,深红色,卵壳上有不规则呈椭圆形刻纹,端部有2~3圈"Y"字形刺。

(3)幼虫　老熟幼虫体长13~16 mm,头褐色,体红色,腹足趾钩单序环10~24个,无臀栉。

(4)蛹　淡黄色,体长6.5~8.6 mm,翅、足、触角端部不紧贴蛹体。

(5)茧　有两种,一种为扁平形的老熟幼虫越冬茧,另一种为纺锤形的夏季蛹化茧。两种茧由幼虫吐丝缀合土粒而成,茧的端部有羽化孔。

2. 发生规律

一年发生1~2代,以老熟幼虫外结扁圆形冬茧在树盘3~15 cm深的土中越冬,第二年春5月中旬出蛰,6月初为出土盛期,土壤干燥(含水量<5%)出土困难,含水量达10%,大量出土,越冬茧垂直分布3~12 cm的土中,水平分布距树干70~210 cm最多。幼虫咬破冬茧出土后,在石块、草根、荫蔽处结夏茧化蛹,蛹期9~15 d,6月中旬出现成虫,直到8月上旬,成虫白天不活动,夜间活动交尾,产卵于萼洼处,卵期6~7 d,幼虫孵化后先咬破果皮放于旁边不食而后钻入果内,入孔周围流出胶状水滴,不久干涸,容易识别,幼虫在果内为害20余天开始脱果,若在8月中旬以前脱果就有一大部分继续结夏茧完成第2代,8月中旬以后脱果的幼虫

则结扁圆冬茧入土越冬。

3. 防治技术

5月份以前进行人工挖茧;6月下旬开始及时摘除虫果,挖土、换土、埋土使茧不能正常羽化;在堆果场上铺沙,幼虫脱果入沙后,进行集中消灭;实施果实套袋,防止害虫侵入;在成虫发生期利用黑光灯和性诱剂进行诱杀成虫;此外,要保护利用天敌,中国齿腿姬蜂和甲腹茧蜂等是桃小食心虫的寄生性天敌。

树下防治:5月中旬前在地面上撒施48%毒死蜱800倍液、或25%辛硫磷微胶囊剂200倍液、或50%地亚农乳剂200倍液等药液。

树上防治:可选用50%杀螟松乳油1 000倍液、或5%顺式氰戊菊酯(来福灵)乳油、或10%氯氰菊酯乳油、或2.5%溴氰菊酯乳油均为3 000倍液、或20%甲氰菊酯(灭扫利)乳油3 000倍液、或2.5%氟氯菊酯(天王星)乳油1 500倍液、或青虫菌6号、或灭幼脲3号500～1 000倍液。

(二)梨小食心虫

梨小食心虫[*Grapholitha molesta* (Busck)] 属鳞翅目小卷叶蛾科,又称桃折心虫、东方蛀果蛾、梨小、蛀虫、黑膏药等。为害寄主有梨、桃、苹果、李、杏、樱桃、欧李、枇杷、山楂等。以幼虫早春为害桃梢,多自顶端第二至三幼嫩叶柄的基部蛀入,向下蛀食髓部,直至木质化部分,蛀孔外有虫粪并流出胶液,受害桃梢很快萎蔫下垂。幼虫转移,每头幼虫可为害2～3个桃梢。

幼虫蛀食梨果多由果底部、果肩或两果交接处蛀入,晚期为害梨果时,蛀果孔很小,周围青绿色,果面稍微凹陷,幼虫入果后直达果心,然后蛀食果肉,虫粪堆积在果内,但早期为害梨果时,蛀果孔比较大,还有虫粪排除,蛀果孔周围常逐渐扩大腐烂变黑,稍稍凹陷,俗称"黑膏药",脱果孔较大3～4 mm,虫道有幼虫吐的丝。

1. 形态特征

(1)成虫　体长6～7 mm,翅展13～14 mm全身灰褐色,前翅前缘有8～10组白色短斜线,在翅中央近外缘1/3处有明显的白点一个(见彩图15-2-1)。

(2)卵　乳白色,半透明。

(3)幼虫　体长10～13 mm,粉红色,趾钩单序环状,臀栉4～7个。

(4)蛹　蛹长7 mm,黄褐色,腹部3～4节,背面后缘有两排小刺,腹末有8根钩刺。

2. 发生规律

一年发生3～4代,以老熟幼虫在树皮缝、根茎处外结茧越冬,根茎处占46.2%,主干上占38.5%,主枝占15.3%。4月上旬开始化蛹,蛹期16 d,4月中下旬至6月出现越冬代成虫,5月上旬为盛期,成虫傍晚活动,对糖蜜、果汁、黑光灯有一定趋性。1～2代卵主要产在桃叶上，3～4代卵产在梨果的萼洼处，从萼洼、梗洼处蛀入，遇水腐烂称“水眼”，幼虫老熟后从内爬出，到树干上化蛹。

3. 防治技术

(1)农业防治　春季刮除树上的翘皮，可消灭越冬幼虫。剪除被害桃梢、摘除被害虫果。

(2)诱杀成虫　可利用悬挂频振式杀虫灯从3月中旬至10月中旬，可以有效诱杀。也可采用糖醋液、性诱剂等诱杀成虫。

(3)生物防治　在成虫发生高峰期后1～2 d，人工释放松毛虫赤眼蜂防治。

(4)药物防治　自8月份开始进行卵果率调查，当卵果率达1%～2%时开始喷药防治，可选用2.5%溴氰菊酯乳油2 500倍液、10%氯氰菊酯2 000倍液及40%水胺硫磷1 000倍液或1.8%阿维菌素3 000～4 000倍液。

(三)苹小食心虫

苹小食心虫(*Grapholitha inopinata* Heinrich)属鳞翅目小卷叶蛾科，又称苹果小蛀蛾，寄主有苹果、梨、桃、花红、山楂、山荆子。以幼虫多由果实胴部蛀入，在果皮下浅处为害，被害部果皮干枯变色，形成1 cm左右的虫痕，俗称“干疤”，虫疤上有入果孔、脱果孔和排粪孔等小孔。

1. 形态特征

(1)成虫　体长4～4.5 mm，翅展10～11 mm，体暗褐色带紫光泽。前翅前缘处有7～9组白色短斜纹，翅上有很多白鳞毛，形成很多白色斑点。

(2)卵　在果实胴部每处一粒，无色，半透明，近孵化时琥珀色。

(3)幼虫　老熟时体长7～9 mm，头淡黄褐或红，有臀栉4～6个，腹背3～8节各有两条红纹，前条宽大，后条细小。

(4)蛹　长4.5～6.5 mm，黄褐色，腹背2～7节各有短刺两排。

2. 发生规律

在辽宁、山东、河北、河南、山西和陕西等地1年发生2代，以老龄幼虫在剪锯口、树皮缝隙里和枝干、果筐、果箱内作成平伸的灰色薄茧越冬。次年5月初化蛹，蛹期10余天，苹果落花后10多天越冬代成虫出现，6月中旬为盛期，第1代幼虫蛀果在6月中旬开始，第2代蛀果盛期在8月中旬，8月下旬老熟幼虫开始陆续脱果到潜伏场所越冬。成虫对果汁、糖蜜、糖醋有趋性，趋光性弱。

3. 防治技术

(1)诱杀　刮树皮，消灭越冬幼虫，或在越冬前绑草诱杀；成虫发生期用糖醋液诱杀。

(2)减少虫源　幼虫蛀果期及时摘除虫果，拾落地果。

(3)生物防治　苹小食心虫的天敌主要有(*Phaedrotonus* sp.)和(*Mesochorus* sp.)等2种姬蜂,另外还有步甲、蜘蛛和蚂蚁等。

(4)药剂防治　可参看梨小食心虫。

(四)苹果小卷叶蛾

苹果小卷叶蛾(*Adoxophyes orana* Fisher *von* Roslerstamm)属鳞翅目,卷叶蛾科。俗称卷叶虫、舔皮虫。食性很杂,能为害30多种植物,北方以苹果、桃和李为主。春季新叶长出后幼虫吐丝缀连叶片,潜居其中为害,当树上有果时常将叶片缀贴在果实上,幼虫啃食果皮及果肉,呈现一个个小坑洼或针孔状伤口,故称舔皮虫。

1.形态特征

(1)成虫　体长5～17 mm,翅展16～20 mm,体棕黄色。前翅基斑褐色,中带上半部狭窄,下半部向外部突然增宽,似倾斜的“h”形(见彩图15-2-2)。

(2)卵　椭圆形,浅黄色,数十粒排成毛鳞片卵块。

(3)幼虫　体长13～18 mm,体翠绿,头浅绿,臀栉6～8个。

(4)蛹　体长9～10 mm,黄褐色,腹部第2～7节各节背面有二横列刺突,后面一列较小而密,尾端有8个钩状刺毛。

2.发生规律

一年发生3代,以初龄幼虫潜伏在剪口、锯口、树丫的缝隙中、老皮下,做白色薄茧越冬。苹果花芽开绽时出蛰,金冠苹果盛花期为出蛰盛期,国光初花期为出蛰末期。出蛰后潜伏嫩芽、花蕾上为害,叶展开后缀叶形成虫苞,在内取食称为“紧苞期”,老熟后在苞内化蛹,越冬代成虫盛期在6月中下,寿命4～6 d,产卵于叶面及果实胴部,产卵量200粒左右,第1代成虫盛期8月上中旬,第2代成虫盛期9月中,第3代幼虫9～10月间发生,不久便寻找缝隙越冬。

幼虫非常活泼,稍受惊动,迅速前进或后退,吐丝下垂,随风飘荡,转移到其他新梢上为害,成虫白天潜伏于叶丛间,夜间活动,有趋光性,对糖醋、果醋趋性较强。喜湿,多雨年份发生严重,干旱年份发生较少。

3.防治技术

(1)人工防治　刮老翘皮,剪虫稍,消灭虫源,组织人工捏虫苞或剪虫苞。

(2)诱杀成虫　可采用黑光灯或糖醋液(糖5份∶酒5份∶醋20份∶水80份)诱杀成虫,也可选用性诱剂进行诱杀。

(3)生物防治　卵发生期释放赤眼蜂。

(4)药剂防治　可选用25%灭幼脲3号悬浮剂1 000～1 500倍液防治出蛰幼虫。6月中旬结合苹果套袋可选用10%氯氰菊酯乳油、或20%甲氰菊酯乳油2 000倍液杀灭1代初孵幼虫。8月上中旬结合防治2代桃小还可选用40%好劳力乳油

1 500 倍液。9 月中旬结合防治苹果绵蚜于摘袋前用 40%好劳力或毒死蜱乳油 1 500 倍液杀灭 3 代幼虫。

(五)顶梢卷叶蛾

顶梢卷叶蛾(*Spilonota lechriaspis*)属鳞翅目小卷叶蛾科,又称顶芽卷叶蛾、拟白卷叶蛾、梨白卷叶蛾、梢卷叶蛾。寄主有苹果、海棠、梨、杜梨、榅桲、枇杷等。冬季被害梢顶端由碎片、叶片、绒毛以虫丝缠卷成黄褐色疙瘩,似拳头状,很易识别,生长季节在苗木及新梢顶端吐丝将新梢嫩尖弯下,并将附近几片叶缠卷在一起用茸毛做成虫袋,静伏袋内,为害时爬出一半为害,被害的顶梢及嫩叶干枯,不脱落,容易识别。

1.形态特征

(1)成虫　体长 6～7 mm,翅展 13～15 mm,灰白色,斑纹暗褐,前缘具有一列暗褐短纹,距翅基 1/3 处及翅中部各有一弓形横带,后缘近臀角处具一褐色臀角斑,两翅合拢时,左右两斑构成以近于菱形的斑纹,前缘距臀角间具 6～8 个黑褐色平行纹(图 15-2-1)。

图 15-2-1　顶梢卷叶蛾

(2)卵　椭圆形,扁平而光滑,中央称隆起乳白色半透明,卵产于叶背。

(3)幼虫　体长 8～9 mm,头、前胸背板及胸足黑色,胴部污白色无臀栉。

(4)蛹　纺锤形黄褐色,外有黄白色绒毛状茧。

2.发生规律

一年发生 2 代,以 2～3 龄幼虫在枝梢顶端卷叶内结茧越冬,一个顶梢内往往有数条幼虫,次年苹果发芽时(4 月末至 5 月初)气温达 10℃以上越冬幼虫开始活动,由枯梢转移到嫩芽叶丛内为害,每梢内只有一头幼虫。幼虫老熟后就在虫袋内化蛹,越冬代成虫发生于 6 月中旬至 7 月上旬。第 1 代成虫发生于 7 月下旬至 8

月中旬，成虫具有弱趋光性，羽化后 1～4 d 产卵于叶片背面，卵期 4～5 d，幼虫孵化后爬至梢头第 2、3 叶片，吐丝缀叶做袋潜藏为害，造成顶梢束状，卷叶干枯不脱落，第 1 代为害春梢，第 2 代为害秋梢。

3. 防治技术

(1)人工防治　结合冬季修剪，彻底剪掉被害梢集中处理；在幼树及苗圃越冬代成虫羽化前可以进行人工摘除虫梢一次，减少一代的为害。

(2)药剂防治　在幼虫出蛰转梢期、越冬代成虫产卵盛期或各代幼虫孵化盛期喷药，药剂可选用 50%杀螟松乳剂 1 000 倍液、20%杀灭菊酯乳油 4 000 倍液或 75%辛硫磷乳剂 2 000～3 000 倍液等。

(六)果树红蜘蛛类

果树红蜘蛛类属蛛形纲，蜱螨目，叶螨科。红蜘蛛是果树主要害虫之一，以刺吸式口器吸食植物汁液，极易成灾。这类害虫虽然个体很小，行动能力有限，但繁殖力强，世代多。可以借风传播，对果树的为害也是相当严重的。

主要种类有 3 种：山楂红蜘蛛(*Tetranychus viennensis* Zacher)、苹果红蜘蛛(*Panonychusulmi* Koch)、苜蓿红蜘蛛(*Bryobiasp*)。山楂红蜘蛛为害苹果、梨、桃、李、杏、山楂等；苜蓿红蜘蛛为害苹果、梨、苜蓿等；苹果红蜘蛛主要为害苹果。苹果树上 3 种红蜘蛛常混合发生，不同地区有主次之分，梨树上主要是山楂红蜘蛛和苜蓿红蜘蛛，桃树上基本是山楂红蜘蛛。

3 种红蜘蛛均吸食叶片及嫩芽的汁液，严重年份也为害幼果。芽受害严重时不能继续萌发而死亡，叶片受害严重后最初呈现失绿斑点(山楂红蜘蛛褐色斑点，吐丝结网；苹果红蜘蛛黄色斑点，严重时也吐丝结网；苜蓿红蜘蛛灰白色点，灰绿色点)，而后扩大连片，最后全叶变为焦枯而脱落，大发生年份，7～8 月份叶片大部分脱落，甚至造成第二次开花，对当年和第二年产量均有影响。

1. 形态特征

3 种红蜘蛛成虫(雌)的主要形态区别见表 15-2-1。

表 15-2-1　3 种红蜘蛛成虫(雌)的主要形态区别

形态特征	山楂红蜘蛛	苹果红蜘蛛	苜蓿红蜘蛛
体形	椭圆、背部隆起	半卵形，整个背隆起	扁平椭圆，体周缘有宽边
体色	越冬雌鲜红有亮点，夏季雌虫深红，背面两侧有黑斑	深红，取食后变成褐红色	褐色，取食后变黑绿
刚毛	26 根细长，基部无瘤	26 根粗长，基部有黄白色瘤	26 根扁平，叶片状

2. 发生规律

(1)山楂红蜘蛛　均以受精雌螨在树体各种缝隙内及干基附近土缝里群集越冬。翌春日平均气温达 9～10℃，苹果芽膨大露绿时出蛰为害芽，展叶后到叶背为害，此时为出蛰盛期，整个出蛰期达 40 d。取食 7～8 d 后开始产卵，盛花期为产卵盛期，卵期 8～10 d，落花后 7～8 d 卵基本孵化完毕，同时第 1 代成螨出现，第 1 代卵落花后 30 余天达孵化盛期，此时各虫态同时存在，世代重叠。一般 6 月份前温度低完成 1 代需 20 余天，虫量增加缓慢，夏季高温干旱 9～15 d 即可完成 1 代，卵期 4～6 d，麦收前后为全年发生的高峰期，严重者常早期落叶，由于食料不足营养恶化，常提前出现越冬雌螨潜伏越冬。食料正常的情况下，进入雨季高湿，加之天敌数量的增长，致其虫口显著下降，至 9 月份可再度上升，为害至 10 月份陆续以末代受精雌螨潜伏越冬，不太活泼，喜欢群居叶背吐丝拉网，除进行两性生殖外，也可进行孤雌生殖，孤雌生殖的后代均为雌性。

(2)苹果红蜘蛛　一年发生 7～9 代，以卵在小枝背阴面(2 年生枝)，果台、轮痕、盲节处越冬。国光花序分离期(平均气温 12～13℃)是越冬卵孵化盛期，这时是药防关键时期，元帅品种盛花期为越冬代成虫发生盛期，落花后 1 周左右，第 1 代成虫出现尚未产卵，世代比较整齐，是药防的好时机，以后出现世代重叠，7 月份为害最严重，8 月份产生越冬卵，成虫比较活泼，在叶的正反面都有，喜欢在叶的主脉两侧及叶的基部产卵，发生多时也吐丝结网，生殖方式与山楂红蜘蛛相同。

(3)苜蓿红蜘蛛　一年发生 3～7 代，以卵在主侧枝背阴面及果台处越冬，苹果发芽时越冬卵孵化，初花期是孵化盛期，比较集中，是药防关键期，6～7 月份是为害盛期，7 月份以后产生越冬卵。成虫在叶正面为害，不拉网，很活泼，不断在叶和枝上来回爬动，常到叶柄和枝上蜕皮，孤雌生殖。

3. 防治技术

药剂防治时应掌握两个关键时期，一是越冬雌成虫出蛰盛期，二是第 1 代卵或苹果红蜘蛛越冬卵孵化盛期。

(1)消灭越冬虫源　在越冬雌虫出蛰前刮老翘皮进行消灭越冬雌成虫。

(2)人工诱杀　在越冬雌成虫进入越冬前，树干绑草，诱集其在草上越冬，早春出蛰前解除绑草烧毁。

(3)树干涂白　落叶后，在树干及各大枝的主干部位涂白。

(4)清理果园　秋季落叶后，将园内树下的枯枝、落叶、杂草等全部清理干净，消灭越冬成虫，减少虫口密度。

(5)生物防治　保护利用小黑瓢虫、塔六点蓟马、小黑花蝽、大草蛉、中华草蛉、小黑隐翅甲、异色瓢虫、捕食螨类等天敌。

(6)药剂防治　早春可选用 3～5 波美度石硫合剂喷雾防治越冬雌虫和越冬卵，或在花前花后选用 0.3～0.5 波美度石硫合剂、或 50%硫黄悬浮剂 150～200 倍液，并注意与其他杀螨剂交替使用和混合使用。也可选用 1%阿维菌素乳油 5 000 倍液、或 0.3%苦参碱水剂 800～1 000 倍液、或 10%浏阳霉素乳油 1 000 倍液、或 20%三氯杀螨醇 1 000 倍液、或 40%水胺硫磷 1 500 倍液(花后禁用)、或 20%灭扫利 2 000 倍液、或 50%溴螨酯 1 000 倍液等。

(七)果树蚜虫类

果树蚜虫类属同翅目、蚜科。蚜虫又称腻虫，全世界约有 30 000 种，我国有 150 种。蚜虫个体虽小，但繁殖量惊人，世代多，既可以两性生殖又可以孤雌生殖，一头成虫可产几十头甚至几百头幼虫，有群居习性，对新梢幼叶为害较重。为害果树的蚜虫主要有绣线菊蚜(*Aphis citricola* Van der Goot)、苹果瘤蚜(*Myzus malisutus* Matsumura)、苹果绵蚜[*Eriosoma lanigerum* (Hausmann)]、梨黄粉蚜(*Cinacium iakusuiensis* Kishida)桃蚜[*Myzus persicae* (Sulzer)]、桃黄粉蚜(*Hyalopterus amygdali* Blanchard)、桃瘤蚜(*Myzus momonis*)等。现以苹果瘤蚜为例阐述之。

苹果瘤蚜在我国东北、华北、华东、中南、西北、西南及台湾省，朝鲜，日本均有分布。主要为害苹果、梨、沙果、海棠、山荆子等。以成虫和若虫群集在嫩芽、叶片和幼果上吸食汁液。初期被害嫩叶不能正常展开。后期被害叶片皱缩，叶缘向背面纵卷，卷曲部分变色、变厚、变脆。幼果被害后，果面出现许多略凹陷的红斑。枝条受害扭曲生长，节间短，叶小，冬季不落。

1. 形态特征

(1)无翅胎生雌蚜　体近纺锤形，体长 1.4～1.6 mm，暗绿色或褐绿色。头部淡黑色，复眼红色，额瘤明显。胸、腹部背面均有黑色横带。腹管长圆筒形，末端稍细，黑色。

(2)有翅胎生雌蚜　体卵圆形，长 1.5 mm 左右。头胸部暗褐色，有明显的额瘤，且生有 2～3 根黑毛。触角黑色有感觉孔，尾片三角形，有 3 对毛。

(3)若虫　淡绿色，体小，似无翅蚜。

(4)卵　长椭圆形，长约 0.5 mm，黑绿色，有光泽。

2. 发生规律

一年发生 10 余代，以卵在 1 年生枝梢、芽腋或剪锯口等处越冬。翌年 4 月上旬孵化，4 月中旬达孵化盛期。6 月中下旬瘤蚜为害最重，成虫和若虫群聚在新芽、嫩叶或幼果上吸取汁液，被害叶皱缩，边缘向背面纵卷，叶片出现红斑，后又变成黑褐色，直至干枯死亡。

3. 防治技术

(1)生物防治　在生长季保护和利用好蚜虫的天敌，如瓢虫、草蛉和食蚜蝇等。

(2)人工防治　冬季修剪和生长季剪除虫梢。

(3)药剂防治　重点抓好蚜虫越冬卵孵化期的防治。在苹果萌芽至展叶期，可选用50%抗蚜威可湿粉800～1 000倍液、10%吡虫啉可湿粉5 000倍液、48%乐斯本乳油1 000～1 500倍液或10%蚜虱净可湿性粉剂3 000～4 000倍液。

(八)桃红颈天牛

桃红颈天牛(*Aromia bungii* Faldermann)属鞘翅目天牛科，别名红脖子老牛、铁炮虫、哈虫，为害桃、杏、李、梅、樱桃等。以幼虫蛀食树干，深达木质部造成中空，蛀道弯曲，孔外有红褐色虫粪和木屑。

1. 形态特征

(1)成虫　体长28～37 mm，宽8～10 mm，全体黑色，前胸背板大部分光亮棕红色或完全黑色。头顶部两眼间有深凹陷，前胸两侧各有与一尖锐的刺突。鞘翅表面光滑，基部较前胸宽，后部较窄，雄成虫比雌成虫小，雄成虫前胸腹面密布刻点，触角比体长4～5节，雌虫前胸腹面不具刻点，但密布横皱，触角超过体长2节(见彩图15-2-3)。

(2)卵　长圆形，乳白色，长约1.5 mm。

(3)幼虫　老熟幼虫体长约50 mm，初龄乳白色近老熟时稍带黄色，头小黑褐色，前胸背板扁平方形，前缘有两块中央凹入的黄褐色斑纹。

(4)蛹　初为淡黄白渐黄褐，体长36 mm，前胸两侧和前缘中央各有突起一个。

2. 发生规律

2～3年完成1代，以幼虫在蛀道内越冬，4～6月份老熟幼虫黏结粪便、木屑在木质部作茧化蛹，6～7月间出现成虫，晴天中午成虫多休息在枝上，雌虫受惊后多飞跑，雄虫则爬起躲避或掉落地上，交尾后雌虫多在主干和主枝基部缝隙处产卵，产卵前先咬一“丁”字形伤口，然后将卵产在其中，10 d左右可孵化，孵化后的幼虫先蛀食皮下，虫道纵横而无规则，蛀孔外有红褐色锯末状虫粪。

3. 防治技术

(1)树干涂白　成虫发生前在树干和树枝上涂白涂剂(生石灰10份、硫黄粉11份、水40份)，防成虫产卵。

(2)捕杀成虫　在6～7月份成虫发生期，利用中午静息于枝条的习性进行人工捕杀。用糖醋液(糖∶酒∶醋＝1∶0.5∶1.4)诱杀成虫，每隔30 m，高1 m，挂一个罐。

(3)刮出虫卵,挖掉幼虫　产卵期用小刀等刮去虫卵,幼虫刚蛀入树皮下,若有虫粪及时挖掉幼虫,用铁丝伸入虫道钩杀幼虫。

(4)药剂防治　成虫发生盛期和幼虫刚刚孵化期,在树体上喷洒杀50%螟松乳油1 000倍液、或10%吡虫啉2 000倍液。

幼虫为害期,向蛀孔灌注50%敌敌畏800倍液或10%吡虫啉2 000倍液,然后用泥封严虫孔口。也可往蛀道内塞入50%敌敌畏棉花球或磷化铝片封严蛀孔以毒杀幼虫。

(九)朝鲜球坚蚧

朝鲜球坚蚧(*Didesmococcus koreanus* Borchsenius)属同翅目蚧科,为害桃、李、海棠、苹果、杏等果树。以成虫和若虫寄生于树干和枝条上,吸食汁液,严重时可使枝条或全株枯死。

1.形态特征

(1)雄虫　介壳椭圆形,半透明,背面有龟甲状隆起线。雄成虫体长约1.5 mm,翅展约2.5 mm,暗红色。具翅一对,翅白色,末端有1对尾丝,1根性刺。

(2)雌虫蚧壳　近半球形,高约3.5 mm,横径约4.5 mm,暗红褐色,雌虫壳尾端略突出并有一纵裂缝,表面覆有薄层蜡质,略呈光泽。雌成虫初呈黄褐色,后呈浓褐色,半球形,直径约4.5 mm,并被有薄蜡粉。

(3)卵　椭圆形,橙黄色,长约0.3 mm。

(4)若虫　长椭圆形,褐色,眼赤色,全体被有白色蜡粉,腹末有2条尾丝。

2.发生规律

该虫1年发生1代,以若虫在寄主枝干蜡壳内越冬。3月中、下旬至4月初开始活动为害,成群固着于枝干上吸汁。4月中、下旬,成虫羽化交尾,受精雌虫体渐渐膨大成球形。5月中、下旬产卵,6月份卵孵化,初孵若虫从母虫体下爬出,1～2 d后固着于树枝上吸汁为害。

3.防治技术

(1)人工防治　在春季雌虫产卵前,用人工剪除虫枝或刮除虫体,集中烧毁。

(2)药剂防治　在初夏卵孵化盛期,可选用0.2～0.3波美度石硫合剂、或80%敌敌畏乳油1 000倍液喷杀初孵若虫、或50%杀螟松乳油1 000倍液。

(3)利用天敌　注意保护黑缘红瓢虫等捕食性天敌和寄生蜂。

(十)桑白蚧

桑白蚧[*Pseudaulacaspis pentagona* (Targioni)Tozzetti]属同翅目盾蚧科。又称桑介壳虫、桃介壳虫、桑白盾蚧、黄点介壳虫、桑盾蚧、树虱。为害桃、李、杏、樱桃、苹果、梨、葡萄、核桃、梅、柿、枇杷、醋栗、柑橘、桑等。以雌成虫和若虫群集固着在枝干上吸食养分，严重时灰白色的介壳密集重叠，形成枝条表面凹凸不平，树势衰弱，枯枝增多，甚至全株死亡。

1.形态特征

(1)雌成虫　橙黄或橙红色，体扁平卵圆形，长约1 mm，腹部分节明显。雌介壳圆形，直径2～2.5 mm，略隆起，有螺旋纹，灰白至灰褐色，壳点黄褐色，在介壳中央偏向一侧。

(2)雄成虫　橙黄至橙红色，体长0.6～0.7 mm，仅有翅1对。雄介壳细长，白色，长约1 mm，背面有3条纵脊，壳点橙黄色，位于介壳的前端。

(3)卵　椭圆形，长径仅0.25～0.3 mm。初产时淡粉红色，渐变淡黄褐色，孵化前橙红色。

(4)若虫　初孵若虫淡黄褐色，扁椭圆形、体长0.3 mm左右，可见触角、复眼和足，能爬行，腹末端具尾毛2根，体表有棉毛状物遮盖。蜕皮之后眼、触角、足、尾毛均退化或消失，开始分泌蜡质介壳。

2.发生规律

桑白蚧在不同地区发生世代不同，北方一年发生2～3代，以雌成虫在枝条上越冬，次年3月开始产卵，卵产于介壳下，每条雌虫产卵40～400粒，4月中下旬第一代若虫出现，6～7月份第2代若虫出现，9～10月份第3代若虫出现。出现后在附近的枝干上面群集固定吸汁为害，并分泌白色蜡粉，有世代重叠现象，一般以2、3年生枝条受害严重。

3.防治技术

(1)人工防治　冬季或春季树萌芽前，可用硬毛刷或破布刷掉密集枝干和枝条上的虫体，消灭越冬虫源，以减轻第一代虫口基数，并且结合修剪，剪除被害严重的枝条，带出田外集中烧毁。

(2)化学防治　在初孵若虫分散爬行期进行药剂防治。可选用50%混灭威乳剂、50%杀螟松可湿性粉剂1 000倍液、40%速扑杀乳剂700倍液。还可选用松碱合剂20倍液、融杀蚧螨80倍液。

(3)保护利用天敌　田间寄生蜂的自然寄生率比较高，有时可达70%～80%。此外，瓢虫、方头甲、草蛉等的捕食量也很大，均应注意保护。

(十一)桃蛀螟

桃蛀螟[*Dichocrocis punctiferalis* (Guenee)]属鳞翅目螟蛾科，又名桃蠹、桃斑蛀螟，俗称蛀心虫、食心虫。为害桃、柿、核桃、板栗、无花果、高粱、玉米、粟、向日葵、蓖麻、姜、棉花、葵花等。近年在一些省区为害高粱、玉米较重，应引起重视。幼虫孵化后多从果蒂部或果与叶及果与果相接处蛀入，蛀入后直达果心。被害果内和果外都有大量虫粪和黄褐色胶液。幼虫老熟后多在果柄处或两果相接处化蛹。

1. 形态特征

(1)成虫　体长约 12 mm，全体鲜黄色，前后翅上散生许多小黑斑，雄蛾尾端有一丛黑毛。

(2)卵　扁椭圆形，长约 0.6 mm，初产时乳白色，后渐变红褐色。

(3)幼虫　老熟幼虫体长 15～20 mm，体背淡红色，各体节都有粗大的灰褐色斑。

(4)蛹　长 12～15 mm，褐色，尾端有臀刺 6 个。

2. 发生规律

北方地区一年发生 2～3 代，南方地区一年发生 4～5 代，以老熟幼虫在向日葵籽及玉米、高粱果穗和残株内越冬，第 1 代和第 2 代幼虫蛀害桃果为主，第 3、4 代转害玉米、高粱、向日葵等作物。越冬代成虫发生期为 5 月中、下旬，5 月下旬至 6 月上旬是第 1 代卵高峰期，以后各代多世代重叠。成虫夜间活动，有较强趋光性；以枝叶较密及留果较多的树上，以及两果相接处产卵较多。早熟品种上见卵一般较中、晚熟品种为早。

3. 防治技术

(1)消灭越冬虫源　冬季及时烧毁玉米、高粱、向日葵等作物残株，消灭越冬幼虫。

(2)加强桃园管理　桃树要合理修剪，合理留果，避免枝叶和果实密接；桃园内不可间作玉米、高粱、向日葵等作物，减少虫源；掌握越冬代成虫产卵盛期前(5 月下旬前)及时套袋保护。可兼防桃小食心虫、梨小食心虫和卷叶蛾等多种害虫。

(3)药剂防治　掌握第 1、2 代成虫产卵高峰期喷药防治。可选用 50%杀螟松乳剂 1 000 倍液、50%辛硫磷乳油 1 000 倍液、2.5%溴氰菊酯乳油 5 000 倍液或 2.5%功夫乳油 3 000 倍液。桃树品种不同，成熟期早晚不同，受害的时间也不同。因此，喷药时间和次数也应有所不相同。

(十二)梨星毛虫

梨星毛虫(*Illiberis pruni* Dyar)属鳞翅目斑蛾科，俗称饺子虫、梨包虫、裹叶虫。除为害梨树外，还为害苹果、海棠、桃、杏、樱桃和沙果等果树。越冬幼虫蛀食花芽、花蕾。刚开绽的花芽被蛀食，花不能开放，部分被蛀花虽能张开，但歪扭不正，并有褐色伤口或孔洞。展叶期幼虫吐丝将叶片纵卷成饺子状，幼虫居内为害，啃食叶肉，留下表皮和叶脉成网状。6～7月份当年第一代幼虫多群居叶片上，啃食叶肉，但叶不卷，叶片呈筛网状。

1.形态特征

(1)成虫　体长11 mm左右，翅展20～30 mm。体黑色，翅半透明，翅脉清晰，翅面分布黑色绒毛。雄触角羽状，雌锯齿状。

(2)卵　椭圆形扁平状，长0.75 mm左右，初产乳白后变紫褐色，几十粒或百余粒排列成块状。

(3)幼虫　体长15～20 mm，头、胸、足黑褐色，体肥硕，略呈纺锤形，淡黄白色。头中段粗，中胸至腹部8节，每节具黑色圆斑2个，有横列毛簇6个，上生白色长毛和短毛。

(4)蛹　长11～14 mm。初黄白渐变黑褐色。腹背有1列刺突。蛹外有2层丝茧。

2.发生规律

梨星毛虫在北方大多1年发生1～2代，但均以2～3龄幼虫在树干粗皮缝内和根茎部结茧过冬，梨花芽膨大期开始活动，蛀食花蕾或芽基。展叶期则卷叶为害。叶向正面卷成饺子状，啃食正面叶肉，留叶脉和下表皮，每吃光一叶则转移到另一新叶，仍吐丝将叶纵卷为害，一幼虫可为害5～8片叶，严重时将全树叶片吃光。幼果期幼虫在最后一片包叶内结茧化蛹。蛹期约10 d，6月中旬出现成虫，傍晚活动，交尾产卵，卵期7～8 d，6月出现当年第1代幼虫，群居叶背，啃食叶肉，留上表皮成透明乳状，但不卷叶，叶呈筛网状。幼虫取食10～15 d，即转移树皮缝结长椭圆形似革质的厚茧越夏并越冬。

3.防治技术

秋冬季可刮树皮消灭越冬幼虫；摘叶杀死幼虫；花芽开绽吐蕾期喷药防治，以杀死出蛰的越冬幼虫。可选用灭扫利、功夫菊酯、速灭杀丁、溴氰菊酯2 000倍液，在开花前连喷2次，一般可控制为害；或在成虫盛发期和第1代幼虫在叶片上为害期各喷1次。

(十三)天幕毛虫

天幕毛虫(*Malacosoma neustria testacea* Motsch)属鳞翅目枯叶蛾科，俗称顶针虫、春黏虫，为害梨、苹果、海棠、沙果、桃、李、杏、樱桃、榅桲、梅，及杨、榆、柳、栎等。刚孵化幼虫群集于枝杈处，吐丝结成网幕，食害嫩芽、叶片，随生长渐下移至粗枝上结网巢，白天群栖巢上，夜出取食，5龄后期分散为害，严重时将全树叶片吃光。

1. 形态特征

(1)成虫　雌雄差异很大。雌虫体长 18～20 mm,翅展约 40 mm,全体黄褐色。触角锯齿状。前翅中央有 1 条赤褐色宽斜带,两边各有 1 条米黄色细线;雄虫体长约 17 mm,翅展约 32 mm,全体黄白色。触角双栉齿状。前翅有 2 条紫褐色斜线(见彩图 15-2-4)。

(2)卵　圆柱形,灰白色,高约 1.3 mm。每 200～300 粒紧密黏结在一起环绕在小枝上,如"顶针"状。

(3)幼虫　低龄幼虫身体和头部均黑色,4 龄以后头部呈蓝黑色。末龄幼虫体长 50～60 mm,背线黄白色,两侧有橙黄色和黑色相间的条纹,各节背面有黑色瘤数个,其上生许多黄白色长毛,腹面暗褐色。腹足趾钩双序缺环。

(4)蛹　初为黄褐色,后变黑褐色,体长 17～20 mm,蛹体有淡褐色短毛。化蛹于黄白色丝质茧中。

2. 发生规律

一年发生 1 代,以完成胚胎发育的小幼虫在卵壳内越冬。春季果树发芽时,幼虫钻出卵壳,为害嫩叶,以后转移到枝杈处吐丝结网,1～4 龄幼虫白天群集在网幕中,晚间出来取食叶片,5 龄幼虫离开网幕分散到全树暴食叶片,5 月中、下旬陆续老熟于叶间杂草丛中结茧化蛹。6～7 月份为成虫盛发期,羽化成虫晚间活动,产卵于当年生小枝上,幼虫胚胎发育完成后不出卵壳即越冬。

3. 防治技术

(1)人工防治　在幼虫未孵化前,人工摘除卵块,春季可人工捕杀幼虫。在幼龄、中龄幼虫期,折取在天幕状巢内群集的幼虫枝烧毁,或用竹竿尖绑缚布块、棉麻等物蘸上火油,用火直接烧巢内幼虫,效果更好。

(2)灯光诱杀　在成虫发生期,可利用灯光诱杀成虫。

(3)药剂防治　在幼虫发生期,选用 2.5%功夫或 2.5%敌杀死乳油 3 000 倍液、10%天王星乳油 4 000 倍液等。

(4)保护和利用天敌　现已发现的天敌有广大腿小蜂、齿腿长尾小蜂、姬蜂、毒蛾绒茧蜂、日本追寄生蝇等寄生蜂、寄生蝇 21 种,捕食虫 2 种。另外灰喜鹊、黄鹂等鸟类也取食其幼虫。

(十四)果树其他害虫防治技术

果树其他害虫防治技术见表 15-2-2。

表 15-2-2 果树其他害虫防治技术

种类	形态特征	发生规律	防治要点
金纹细蛾(*Lithocolletis ringoniella* Mats.)鳞翅目细蛾科	成虫体长 2～3 mm,翅展约 7 mm,前翅披针状,基部有 3 条银白色纵带,翅端前缘有 3 个银白色爪型纹。末龄幼虫体长约 6 cm,细长圆桶型,淡黄白色,胸足发达,缺第四对腹足	每年发生 5 代,以蛹在被害叶中越冬。越冬代成虫盛期在 4 月中旬,4 月下旬至 5 月上中旬发生第一代幼虫。6 月中旬为第二代幼虫发生期。10 月份第五代幼虫化蛹越冬	冬春彻底清除落叶及树上枯叶,消灭越冬蛹。4 月中下旬喷洒 40%水胺硫磷 600～800 倍液,杀灭成虫。卵孵化前或初龄幼虫蛀叶初期喷施 25%灭幼脲Ⅲ号悬浮剂
梨木虱(*Psylla chinensis* Yang et Li)同翅目木虱科	成虫分冬型和夏型,冬型体长 2.8～3.2 mm,体褐至暗褐色,具黑褐色斑纹。夏型成虫体略小,黄绿色,翅上无斑纹,复眼黑色,胸背有 4 条红黄色或黄色纵条纹。卵长圆形,一端尖细,具一细柄。若虫扁椭圆形,浅绿色,复眼红色,翅芽淡黄色,突出在身体两侧	在东北地区 1 年发生 3～5 代。以冬型成虫在落叶、杂草、土石缝隙及树皮缝内越冬。出蛰盛期在梨树发芽前,产卵于叶痕处,发芽展叶期将卵产于幼嫩组织茸毛内、叶片主脉沟内等处。若虫多群集为害,在果园内及树冠间均为聚集型分布。若虫有分泌黏液的习性	彻底清除枯枝落叶、杂草,刮老树皮,消灭越冬成虫。在 3 月中旬越冬成虫出蛰盛期喷洒菊酯类药 1 500～2 000 倍液;在梨落花 95%左右,第一代若虫较集中孵化期,选用 10%吡虫啉 4 000～6 000 倍液
梨圆蚧[*Quadraspidiotus perniciosus* (Comstock)]同翅目盾蚧科	雌成虫体鲜黄色、扁圆形,长 0.8～1 mm。口器丝状刺吸式,眼和足退化。体背覆盖有灰褐色的圆形介壳。雄成虫体橙黄色,有翅一对。复眼黄色。若虫 2 龄后雌雄分化。雄虫体长 0.6 mm,介壳长椭圆形,壳点在介壳的前端	一年发生 2～3 代,主要以 2 龄若虫及少数受精雌虫在寄主枝条上越冬,翌年继续发育为害,雌雄成虫于 4、5 月间交尾后,每雌产若虫百头左右。初生若虫在寄主枝条、果实适宜处固定刺吸汁液为害,并分泌蜡丝形成介壳,寄主受害严重时枯死	调运苗木、接穗和砧木要加强检疫。在果树休眠期,喷洒 5 波美度石硫合剂或 5%柴油乳剂
葡萄天蛾(*Arnpelophaga rubiginosa*)鳞翅目天蛾科	成虫体长约 45 mm,翅展 80～100 mm,茶褐色,体背有 1 条灰白色线条自胸背直通腹末,前翅有茶褐色横纹数条。幼虫体长约 80 mm,体绿色	北方每年发生 2 代,南方每年发生 2～3 代,以蛹在土内越冬。成虫白天潜伏,有趋光性,夜间活动、交尾和产卵。卵散产于叶背面或新梢上,每雌可产卵 400～500 粒	黑光灯诱捕成虫。虫口密度大时人工抓幼虫。发生初期可喷 2 000 倍杀灭菊酯、功夫菊酯、溴氯菊酯等或 80%敌百虫、敌敌畏 800 倍液

四、操作方法及考核标准

（一）操作方法与步骤

（1）在教师指导下学习相关的基础理论知识。

（2）深入果园、实验室，观察和调查害虫发生种类、为害状况及为害特点。

（3）根据调查结果，通过多种途径，查询学习资料，获得相关知识。

（4）结合田间害虫发生情况观察和实际调查，根据虫体特征和为害特点，识别果树常见害虫。

（5）通过肉眼、放大镜及解剖镜观察，鉴别果树常见害虫的形态特征。

（6）根据果树害虫发生规律，制订综合治理方案。

（7）认真撰写实习、实训报告。

（二）技能考核标准

果树害虫防治技术技能考核参考标准见表 15-2-3。

表 15-2-3　果树害虫防治技术技能考核参考标准

考核内容	考核标准	评分标准	标准分值	考核方法
果树害虫发生情况调查	基本能够说出害虫发生种类、为害状况及为害特点	所述与实际不符的酌情扣分	20	以组为单位考核
果树常见害虫的形态识别	能够正确识别果树常见害虫的成虫和幼虫特征	形态描述不清的酌情扣分	20	单人考核
果树常见害虫为害特点识别	害虫为害特点描述清楚	害虫为害特点描述不够清楚的酌情扣分	20	单人考核
果树害虫综合治理方案的制订	综合防治措施与生产实际相吻合，符合生态需求，可操作性强	综防措施不符合要求，措施不全面、不具体、可操作性不强的酌情扣分	20	单人制订的综合治理方案
实习、实训报告的撰写	认真书写实训报告，仔细分析实训中出现的问题	书写报告不够认真、问题分析不够透彻的酌情扣分	20	单人考核与报告评分相结合

五、练习及思考题

1. 选择 1～2 个大型果园，调查果树害虫种类和为害情况，制订综合防治方案。

2. 比较桃小食心虫、梨小食心虫和苹小食心虫的为害特点，制订综合防治措施。

3. 调查果树卷叶蛾的种类，比较为害特点，制订防治措施。

4. 为害果树的蚜虫有哪些？防治时应注意哪些事项？

5. 果树红蜘蛛为什么比较难防治？防治时应注意什么问题？

6. 调查果树食叶害虫种类，制订有效防治方案。

7. 为害果树枝干害虫有哪些？防治的关键是什么？

【拓展知识】果树害虫综合防治技术

果树的病虫害种类繁多，加之果树为多年生作物，每年气候条件的不同，病虫害发生的种类和时期也不尽相同；在果树各个生长阶段发生的病虫害的种类、数量和为害方式不同；另外，随着果树病虫害传播的速度加快，为害的范围扩大了；果树栽培方式的变革，环境条件的改变，带来了新的病虫种类等都增加了果树病虫害防治工作的难度。

1. 检疫

搞好苗木、接穗、插条、种子等繁殖材料及果品的调运、贸易管理和控制，防止危险性的病、虫、杂草（如葡萄根瘤病、棉蚜、美国白蛾等）传播蔓延，是防治好病虫的前提。

2. 农业防治

有目的地对果园生态系统进行调控，创造既有利于苹果树生长发育，使其生长健壮，增强对有害生物的抵抗能力，同时，又不利于有害生物活动、繁衍生存的环境条件，从而达到控制有害生物的发生发展。

(1)清洁果园

①清洁果园：及时清除果园内枯枝、落叶、僵果、落果、杂草等，并集中烧毁，可大大减少褐斑病、轮纹病、白粉病、叶螨、刺蛾、金纹细蛾等病虫害的越冬基数。

②果树刮皮：刮除果树老皮、粗皮、翘皮、病斑。剪除病枝、虫枝、虫果及尚未脱落的僵果，并将清理下的树皮、树枝集中烧毁，消灭潜藏在其中的病虫害。如梨茎蜂、梨瘤蛾等害虫用人工剪除的办法，大范围连续进行 2～3 年，不用打药，基本可以控制。

③果树涂白：在树干和主枝上刷涂白剂，既可杀灭越冬病虫，又能预防牲畜、鼠类、野兔啃食树干，还可以减少冬春昼夜温差，增强树体抗冻能力。

(2)消灭树盘中的害虫　许多害虫在寒冷季节有钻入地下冬眠的特性，入土深度大多在树盘内 10～15 cm 的表层土，冬前、早春结合施肥，深翻树盘 30～40 cm，将土壤中越冬的害虫暴露于地面冻死或被鸟禽啄食，可有效杀灭桃小食心虫、梨网蝽、舟形毛虫等越冬虫态；或在早春土壤中越冬害虫出土前，用塑料膜覆盖树盘，可有效阻止食心虫、金龟甲和部分鳞翅目害虫出土，使其死亡，并且有利于保温保墒。

3. 物理防治

(1)诱杀成虫　可采用光控杀虫灯诱杀桃小食心虫、苹小卷叶蛾、金纹细蛾等多种鳞翅目害虫有明显防治效果，年用药可减少 2～3 次，对害虫天敌诱杀力很少。

(2)黄色色板诱杀　购买或自制黄色板，在板上均匀涂抹机油或黄油等黏着剂。在有翅蚜迁飞期，利用蚜虫的趋黄性进行诱杀，一般果园挂 30～45/hm^2 块，每 3～5 d 清理并移动 1 次。

(3)糖醋液诱杀　按糖∶醋∶水＝1∶3∶16 的比例配置糖醋液，加入 1%的杀虫剂，在果树花期安放在果园中，可诱杀金龟子、种蝇、食心虫及夜蛾类害虫。

(4)果实套袋　果实套袋能有效防治轮纹病、桃小食心虫等病虫，而且还能有效提高果实的外观质量，是目前生产优质果品的一项重要技术措施。

(5)诱虫带　利用害虫沿树干下爬越冬的习性，在树干分枝下 5～10 cm 处绑扎诱虫带，可诱集叶螨、介壳虫、卷叶蛾等，越冬后销毁。

4. 生物防治

积极保护利用瓢虫、草蛉等捕食性天敌或赤眼蜂、丽蚜小蜂等寄生性天敌防治害虫。瓢虫主要捕食蚜虫，也可捕食红蜘蛛、梨园蚧等害虫；草蛉主要捕食蚜虫、红蜘蛛、介壳虫及鳞翅目虫卵；赤眼蜂主要产卵在鳞翅目害虫的卵内，幼虫以寄主的卵为食料，可防治卷叶蛾、梨小食心虫等；在果园操作时，要注意保护这些天敌。也可在果园内挂人工鸟巢箱，招引益鸟，控制害虫。

5. 化学防治

化学防治是目前果树病虫害防治的主要手段，有方法简便、效果明显，适宜大面积防治的特点。在病虫害大发生之前，或是已经大量发生为害时，化学药剂可以及时取得显著的效果。

典型工作任务十六
农田杂草防除技术

项目1　农田杂草种类识别

一、技能目标

农田杂草识别是一项应用性很强的技能。通过本项目实训，使学生了解农田常见杂草的种类、掌握主要杂草的形态特征特点及识别要点，并能指出杂草的分类地位，为农田化学除草奠定基础。

二、教学资源

1. 材料与工具

稗草、牛毛毡、水莎草、野慈姑、千金子、异型莎草、鸭舌草、狼把草、泽泻、藜、狗尾草、鸭跖草、刺儿菜、野燕麦、看麦娘、猪殃殃、苘麻、野西瓜苗、牛筋草、反枝苋、播娘蒿、马唐、铁苋菜、香附子、田旋花、苍耳、马齿苋等农田杂草新鲜幼苗标本或蜡叶标本。

放大镜、镊子、解剖针、载片、盖片、剪刀、解剖镜、显微镜，多媒体教学设备及课件、挂图等。

2. 教学场所

根据实际情况既可选择在实验室也可选择在田间。

3. 师资配备

每20名学生配备一位指导教师。

三、原理、知识

杂草作为植物的一类，其识别要遵循植物分类系统的特点。植物分类的单位有7个等级，从大到小依次为界、门、纲、目、科、属、种，种是植物分类的基本单位。因科处在7个分类等级中间，科的形态特征较为典型，所以，通常鉴别植物时主要指出科的识别要点。植物分类系统是杂草分类的基础，但从杂草防除的角度，其分类和识别又有与其他植物不同的地方。

（一）农田杂草的分类

1. 按亲缘关系分类

在长期进化过程中，杂草与杂草之间存在着亲疏远近关系，依据亲缘关系可将杂草分为5类：藻类植物如水绵，苔藓植物如钱苔，蕨类植物如问荆，裸子植物如草麻黄，被子植物如狗尾草等。其中被子植物占农田杂草的绝大多数。

2. 按生物学习性分类

(1)1年生杂草　整个生命周期在当年内完成。以种子繁殖，幼苗不能越冬，是农田的主要杂草类群。如藜、稗、马唐、狗尾草、萹蓄、独行菜等。

(2)2年生杂草　整个生命周期需要跨越2年，亦称越年生杂草。如野胡萝卜、益母草等。

(3)多年生杂草　生活周期可连续3年以上。

①简单多年生杂草：指新生的植株是从主茎上的不定芽长成的，如须根杂草车前，直根杂草蒲公英。

②匍枝多年生杂草：新生植株多从地下无性繁殖器官部分长出，如田旋花、狗牙根等。

③球(块)茎杂草：主要靠地下茎膨大呈球(块)茎状，再由球(块)茎上的芽长成植株，如水莎草等。

(4)寄生杂草　不含叶绿素或叶片退化呈鳞片状，不能进行光合作用制造营养物质，必须寄生在其他植物上产生吸器吸取寄主养分而生活的杂草。如列当、菟丝子等。

3. 按农田杂草防除对象分类

根据农田环境中水分含量的不同，可将农田杂草分为：旱田杂草，如藜、反枝苋等；水田杂草，如鸭舌草、萤蔺等。

（二）农田杂草的主要种类

水稻田常见杂草有稗草、牛毛毡、水莎草、野慈姑、千金子、异型莎草、鸭舌草、狼把草、泽泻等。

旱田常见杂草有稗、藜、狗尾草、鸭跖草、刺儿菜、野燕麦、看麦娘、猪殃殃、苘麻、野西瓜苗、牛筋草、反枝苋、播娘蒿、马唐、铁苋菜、香附子、田旋花、苍耳、马齿苋等。

常见农田杂草的形态特征如下：

(1)稗[*Echinochloa crusgalli*（L.）Beauv]　禾本科，1 年生草本。高 40～130 cm，直立或基部膝曲。叶鞘光滑，无叶耳、叶舌。圆锥形总状花序，小穗含 2 花，其一发育外稃有芒；另一不育，仅存内外稃。颖果卵形，米黄色。第一片叶条形，长 1～2 cm，自第二片叶始渐长，全体光滑无毛。第一片真叶带状披针形，有 15 条直出平行叶脉，无叶耳、叶舌，第二片叶与第一片叶相似(图 16-1-1)。

(2)千金子[*Leptochloa chinensis*（L.）]　禾本科，一年生草本。根须状，秆丛生，直立，基部膝曲或倾斜，着土后节上易生不定根，高 30～90 cm，平滑无毛。叶鞘无毛，多短于节间，叶舌膜质，长 0.1～0.2 cm，撕裂状，有小纤毛。叶片扁平或卷折，先端渐尖，长 5～25 cm，宽 0.2～0.6 cm。圆锥花序长椭圆形，长 10～30 cm，分枝细长，多数，长 2～9 cm，小穗多带紫色，长 0.2～0.4 cm，具 3～7 小花，无柄，呈两行着生于穗轴的一侧。颖果长圆形，长约 0.1 cm(图 16-1-2)。

图 16-1-1　稗

图 16-1-2　千金子

(3)泽泻[*Alisma orientale*（Sam.）Juzepcz.]　泽泻科，新出土 1～3 叶条状披针形，无柄，下部具肥厚的短叶鞘，边缘膜质；4～6 叶为卵状披针形，羽脉明显，具长柄。幼苗当年只进行营养生长，8～9 月份从根茎处产生越冬芽，次年 5 月上旬出苗形成叶丛。成株叶柄较长，常随水层加深而伸长，基部鞘状，具膜质边缘。叶片长椭圆形至椭圆形、阔卵形至狭卵形，长 5～19 cm，宽 2～7 cm，全缘，基部心形或圆形。根须状，有缩短根头。6～7 月间从叶丛中抽出花茎，高 50～100 cm；花枝轮生，基部有3～4个披针形至条形的苞片，通常3～5轮组成大圆锥状复伞形花序；种子于8月渐次成熟落地，漂浮于水面传播，经越冬休眠后萌发(图16-1-3)。

(4)野慈姑(*Sagittaria trifolia*)　泽泻科，多年生草本，具有地下匍匐茎，匍匐茎的末端为小球茎，圆球形。叶基生，叶片箭形，先端尖锐；花序总状，花茎长约30～70 cm，花3～5朵轮生，雌花再下，萼片形花被片反卷，花瓣长于萼，白色，心皮多，聚合成球形；雄花在上，雄蕊多数。瘦果斜倒卵形，扁平，背腹均有翅(图16-1-4)。

图16-1-3　泽泻

图16-1-4　野慈姑

(5)异型莎草(*Cyperus difformis* L.)　莎草科，1年生草本，高20～65 cm，秆丛生，扁三棱形。叶基生，条形，短于秆。叶鞘稍长，淡褐色，有时带紫色。苞片叶状2～3枚，长于花序；花序长侧枝聚伞形简单。小穗多数集成球形，具8～28朵花。小坚果倒卵状，椭圆形，淡黄色。幼苗淡绿色至黄绿色，基部略带紫色，全体光滑无毛；1～3片叶条形，略带波状曲折，长5～20 mm；4叶以后，开始分蘖。叶鞘闭合。

(6)牛毛毡[*Eleocharis yokoscensis* (Franch. et Sav.) Tang et Wang]　莎草科多年生小草本植物。地上茎直立，秆密丛生，细如牛毛。株高2～12 cm，绿色，叶退化，在茎基部2～3 cm处具叶鞘。茎顶生1穗状花序，狭卵形至线状或椭圆形略扁，浅褐色，花数朵。鳞片卵形，浅绿色，生3根刚毛，长短不一，鳞片内全有花，膜质；花柱头3裂，雄蕊3个，雌蕊1个。小坚果狭矩圆形，无棱，表生隆起网纹。靠根茎和种子繁殖。幼苗细针状，具白色纤细匍匐茎，长约10 cm，节上生须根和枝(图16-1-5)。

(7)水莎草(*Cyperus glomeratus* L.)　莎草科多年生草本，高35～100 cm。根状茎长，横走。秆粗壮，扁三棱形，光滑。叶片少，线形，短于或有时长于秆，宽3～10 mm，先端狭尖，基部折合，全缘，上面平展，下面中肋呈龙骨状突起。

(8)鸭舌草[*Monochoria vaginalis* (Burm. f.) Presl ex Kunth]　雨久花科，

一年生，株高 10～30 cm，全株光滑无毛。茎短，有分枝。叶从基部长出，具长柄，披针形或卵形，弧状脉；叶柄中部常有一个纺锤形的膨大部分，基部有紫红色膜质鞘。总状花序于叶鞘中抽出，有花 3～8 朵，花呈钟状，淡蓝色。蒴果卵形。初生叶 1 片，后生叶互生，披针形，基部两侧有膜质的鞘边，有 3 条直出平行脉，第一片互生叶与初生叶相似(图 16-1-6)。

图 16-1-5　牛毛毡

图 16-1-6　鸭舌草

(9)狼巴草(*Bidens tripartita* L.)　菊科，1 年生草本。高 20～100 cm。茎直立，近四棱形，无毛或上部疏被硬毛。基生叶及茎下部叶花期枯萎；茎中部叶对生，常 3～5 深裂，裂片长卵形、披针形或长圆状披针形，顶裂片基部楔形，先端长渐尖，侧裂片基部下延成柄，半抱茎，边缘具齿；茎上部叶互生，不裂，无毛或疏被毛。头状花序单生于茎或枝端，宽与高略相等；具长梗；瘦果倒卵状楔形，长 7～10 mm，宽 1.5～2.5 mm，先端截形，具 3 刺芒，稀 3～4，沿瘦果两侧和刺芒具倒生刺毛。以种子繁殖，常以芒刺钩附于动物体或漂浮于水面而传播。

(10)狗尾草[*Setaria viridis*(L.)Beauv]　禾本科，1 年生草本。成株高 20～100 cm，秆疏丛生，直立或基部膝曲上升。叶鞘圆筒形，叶鞘与叶片交界处有 1 圈紫色带。穗状花序狭窄呈圆柱状形似“狗尾”，常直立或稍向一方弯曲。小穗 2 至多枚簇生于缩短的分枝上，基部有刚毛，刚毛绿色或略带紫色。颖果长圆形，扁平。胚芽鞘紫红色，第一片真叶长椭圆形，具 21 条直出平行脉，叶舌呈纤毛状，叶鞘边缘疏生柔毛。叶耳两侧各有一紫红色斑(图 16-1-7，图 16-1-8)。

(11)马唐[*Digitaria sanguinalis*(L.)Scop]　禾本科，1 年生草本。成株高 40～100 cm，茎基部展开或倾斜丛生，着地后节部易生根，或具分枝，光滑无毛。叶鞘松弛包茎，大都短于节间，疏生疣基软毛。叶舌膜质，先端钝圆，叶片条状披针形，两面疏生软毛或无毛。第 1 片真叶卵形披针形，具 19 条平行叶脉，叶缘具睫毛。叶舌微小，顶端齿裂，叶鞘密被长柔毛。第2片叶带状披针形，叶舌三角形，顶端齿裂(图16-1-9)。

图16-1-7　狗尾草

图16-1-8　金狗尾草

(12)野燕麦(*Avena fatua* L.)　禾本科，1年生或越年生草本植物。成株高30～150 cm。茎直立，光滑，具2～4节，叶鞘松弛，光滑或基部被有柔毛。叶舌透明膜质，叶片宽条形。花序圆锥状开展呈塔形，分枝轮生，小穗含2～3朵花，疏生，柄细长而弯曲下垂，两颖近等长。颖果长圆形。初生叶片卷成筒状。叶片细长，扁平，略扭曲，两面均疏生柔毛。叶舌较短，透明膜质，先端具不规则齿痕。叶鞘具短柔毛及稀疏长纤毛(图16-1-10)。

图16-1-9　马唐

图16-1-10　野燕麦

(13)牛筋草[*Eleusine indica*(L.)Gaertn]　禾本科，1年生草本。成株高15～90 cm，植株丛生，基部倾斜向四周开展。须根较细而稠密，为深根性，不易整株拔起。叶鞘压扁而具脊，鞘口具柔毛；叶舌短，叶片条形。穗状花序，小穗含3～6朵花，颖果长卵形。第一片真叶呈带状披针形，具3条平行叶脉，第2、3片真叶与第1片真叶相似，叶耳缺。全株无毛（图16-1-11）。

(14)看麦娘(*Alopecurus aequalis* Sobol) 禾本科，1年生或越年生。须根细软。秆高15～40 cm，丛生，软弱光滑。叶鞘光滑，常短于节间；叶片扁平质薄，长3～10 cm；叶舌薄膜质。圆锥花序圆柱状，灰绿色；小穗椭圆形或卵状长圆形；花药橙黄色。颖果长椭圆形，暗灰色。第1片真叶带状，先端钝，长10～15 mm，宽0.4～0.6 mm，绿色，无毛；第2、3片叶线形，先端尖锐，长18～22 mm，宽0.8～1 mm，叶舌薄膜质(图16-1-12)。

图 16-1-11 牛筋草

图 16-1-12 看麦娘

(15)鸭跖草(*Commelina communis* L.) 鸭跖草科，1年生草本。成株高30～50 cm，茎披散，多分枝，基部枝匍匐，节上生根，上部枝直立或斜生。叶互生，披针形或卵状披针形。总苞片佛焰苞状，有长柄，与叶对生。聚伞形花序，花瓣3枚。蒴果椭圆形，2室，有种子4粒。子叶1片。子叶鞘与种子之间有1条白色子叶连接。第一片叶椭圆形，有光泽，先端锐尖，基部有鞘抱茎，叶鞘口有毛。第2～4片叶为披针形。后生叶长圆状披针形。

(16)反枝苋(*Amaranthus chinensis* L.) 苋科，1年生草本。成株高20～120 cm，茎直立，粗壮，上部分枝绿色。叶具长柄，互生，叶片菱状卵形，叶脉突出，两面和边缘具有柔毛，叶片灰绿色。圆锥状花序顶生或腋生，花簇多刺毛；苞叶和小苞叶膜质；花被白色。叶长椭圆形，先端钝，基部楔形，具柄，子叶腹面成灰绿色，背面紫红色，初生叶互生全缘，卵形，先端微凹，叶背面亦呈紫红色；后生叶有毛，柄长。

(17)马齿苋(*Portulaca oleracea* L.) 马齿苋科，1年生肉质草本，全体光滑无毛。茎自基部分枝，平卧或先端斜生。叶互生或假对生，柄极短或近无柄；叶片倒卵形或楔状长圆形，全缘。花瓣黄色，蒴果圆锥形，盖裂。幼苗紫红色，下胚轴较发达；子叶长圆形；初生叶2片，倒卵形，全缘(图16-1-13)。

(18)香附子(*Cyperus rotundus* L.)　莎草科,多年生草本。具地下横走根茎,顶端膨成块茎,有香味,高 20～95 cm。秆散生,直立,锐三棱形。叶基生,短于秆。叶鞘基部棕色。苞片叶状,3～5 枚,下 2～3 枚长于花序,小穗条形,具 6～26 朵花,果三棱状长圆形,暗褐色,具细点。第一片真叶线状披针形,有 5 条明显的平行脉,叶片横剖面呈"V"字形。第三片真叶具 10 条明显平行脉(图 16-1-14)。

图 16-1-13　马齿苋

图 16-1-14　香附子

(19)藜(*Chenopodium album* L.)　藜科,1 年生草本。成株高 30～120 cm,茎直立粗壮,有棱和纵条纹,多分枝,上升或开展。叶互生,有长柄;基部叶片较大,上部叶片较窄,全缘或有微齿,叶背均有灰绿色粉粒。圆锥状花序,有多数花簇聚合而成;花两性,花被黄绿色或绿色。胞果完全包于花被内或顶端稍露。初生叶 1 片,后生叶互生,披针形,基部两侧有膜质的鞘边,有 3 条直出平行脉,第一片互生叶与初生叶相似(图 16-1-15)。

(20)田旋花(*Convolvulus arvensis* L.)　旋花科,多年生。茎蔓生或缠绕,具条纹或棱,上部有柔毛。叶互生,有柄,叶形多变,全缘或 3 裂,中裂片开展,成耳形或戟形,微尖。花 1～3 朵,腋生。苞片 2 片,远离萼片。萼片 5 片,卵圆形,边缘膜质。花冠漏斗形,粉红色。初生叶 1 片,近矩圆形,先端圆,基部两侧稍向外突出成距。上下胚轴均发达(图 16-1-16)。

(21)播娘蒿[*Descurainia sophia* (L.)]　十字花科,1 年生或越年生。茎直立,圆柱形,多分枝。株高 20～100 cm,全体有叉状毛。叶狭卵形,长 3～5 cm,宽 2～2.5 cm,2～3 回羽状全裂,末回裂片条形或条状长圆形。下部叶有柄,上部叶无柄。花淡黄色,花瓣 4 片。幼苗灰绿色。子叶长椭圆形,长 0.3～0.5 cm,先端钝基部渐狭,具柄。初生叶 2,叶片 3～5 裂,中间裂片大,两侧裂片小,先端尖锐。上胚轴与下胚轴均不发达。后生叶片互生(图 16-1-17)。

图 16-1-15 藜

图 16-1-16 田旋花

(22)苘麻(*Abution theophrasti* Medic) 锦葵科。1 年生草本,高 0.5～2 m,茎绿色,被柔毛。叶片圆心形,长 5～12 cm,顶端长渐尖,叶基心形,边缘细圆锯齿,叶被柔毛。花单生于叶腋,或组成总状花序;花黄色,花瓣 5 枚,倒卵形,顶微凹;子房多心皮(15～20)联合,轮状排列,顶平截。分果半球形,径 2 cm。种子黑褐色,肾形(图 16-1-18)。

图 16-1-17 播娘蒿

图 16-1-18 苘麻

(23)野西瓜苗(*Hibiscus trionum* L.) 锦葵科。1 年生直立草本。叶掌状裂,再羽状深裂,叶外形极像西瓜,因而称为野西瓜苗。花单生叶腋,小苞片 12 枚,线形;萼钟状,裂片三角形;花冠 5 瓣,淡黄色,具紫色心。蒴果长圆状球形,被粗硬毛。种子黑色。4～5 月出苗,6～8 月为花果期。种子繁殖(图 16-1-19)。

(24)铁苋菜(*Acalypha australis* Linn.) 大戟科,1 年生草本,高 30～60 cm,被柔毛。茎直立,多分枝。叶互生,椭圆状披针形,长 2.5～8 cm,宽 1.5～3.5 cm,顶端渐尖,基部楔形,两面有疏毛或无毛,叶脉基部 3 出;叶柄长,花序腋生，有叶状肾形苞片1～3，不分裂，合对如蚌；通常雄花序极短，着生在雌花序上部，雄花萼4裂，雄蕊8；雌花序生于苞片内。蒴果钝三棱形，淡褐色，有毛。种子黑色（图16-1-20）。

图16-1-19　野西瓜苗

图16-1-20　铁苋菜

（25）刺儿菜（*Cirsium setosum*）　菊科，多年生草本，高25～50 cm，具匍匐根茎。茎直立，有纵槽，幼茎被白色蛛丝状毛。叶互生，椭圆形或长椭圆状披针形，长7～10 cm，宽1.5～2.5 cm，先端钝，边缘齿裂，有不等长的针刺，两面均被蛛丝状棉毛。头状花序顶生，雌雄异株；总苞钟状，总苞片5～6层，雄花序总苞长1.8 cm，雌花序总苞长约2.3 cm；花管状，淡紫色，雄花花冠长1.7～2 cm，雌花冠长约2.6 cm。瘦果椭圆形或长卵形，具纵棱，冠毛羽状。花期5～6月份，果期5～7月份。

（26）苍耳（*Xanthium sibiricum* Patrin.）　菊科，1年生草本植物。幼苗粗壮，子叶椭圆形披针状，肉质肥厚。成株茎直立分枝多，粗壮，具钝棱和长条状斑点，株高30～100 cm。叶互生有长柄；叶片三角状卵形或心形，边缘浅裂或具齿，两面均生有糙伏毛。花单性，浅黄绿色，雌雄同株；雄花头状花序球形，密集在枝端；雌花头状花序椭圆形，生在雄花序的下方，总苞具钩刺，内有2花。瘦果包在坚硬的、有钩刺的囊状总苞之中。种子繁殖。

（27）猪殃殃［*Galium aparine* L. var. *tenerum*（Gren. et Godr.）Rchb.］　茜草科，1年生或越年生。茎多自基部分枝，四棱形，棱上和叶背中脉及叶缘均有倒生细刺。叶4～6片，轮生，线状倒披针形，顶端有刺尖，表面有疏生细刺毛。聚伞花序腋生或顶生，有花3～10朵。花小，花萼细小，约1 mm，上有钩刺毛。花瓣黄绿色，4裂，裂片长圆形。雄蕊4枚。幼苗子叶长椭圆形，具长柄。下胚轴发达，带红色，上胚轴亦发达，呈四棱形，棱上生刺状毛，亦带红色。初生叶4片轮生，阔卵形，先端钝尖，具睫毛，基部宽楔形。

其他杂草，如稻稗（图16-1-21）、扁杆藨草、藨草、陌上菜、日照飘拂草、水绵、小茨藻、眼子菜、萤蔺、雨久花、紫萍、阿拉伯婆婆纳、凹头苋、萹蓄、打碗花、菟丝子、地肤、黄花蒿、空心莲子草、龙葵、萝藦、米瓦罐、问荆、葎草、荠菜、葶苈和臭荠等。

图 16-1-21 稻稗

四、操作方法及考核标准

(一)操作方法与步骤

1. 了解当地农田杂草种类

将供试的农田杂草标本或图片按科分类。通过识别供试标本、田间调查、查阅教材、笔记和有关资料,掌握当地农田杂草主要种类。

2. 按生物学习性分类识别

按生物学习性将农田杂草分为 1 年生、2 年生或多年生杂草。

3. 按农田杂草防除对象分类识别

在生物学习性分类识别的基础上,进一步按农田杂草防除对象分类,分为旱田杂草和水田杂草两大类。通过反复练习,达到能识别常见旱田杂草和水田杂草种类的要求。

4. 农田杂草识别

掌握农田常见杂草的形态特征,指出供试杂草标本所属的科及 1 年生、2 年生或多年生杂草、旱田杂草或水田杂草等种类名称。

例如,鸭跖草为鸭跖草科,1 年生草本植物,旱田杂草。

(二)技能考核标准

农田杂草识别技能考核参考标准见表 16-1-1。

五、练习及思考题

1. 当地水稻田常见杂草种类有哪些?

2. 当地旱田常见杂草种类有哪些?

表 16-1-1　农田杂草识别技能考核参考标准

考核内容	要求与方法	评分标准	标准分值	考核方法
分类识别 50 分	1. 以植物学分类正确分类	不能正确以植物学分类方法进行分类，酌情扣分	10	分组实训 单人考核
	2. 以生物学形态进行分类正确	不能以生物学形态进行分类，酌情扣分	20	
	3. 以农田杂草防除对象分类正确	不能以农田杂草防除对象分类，酌情扣分	20	
形态描述 50 分	1. 能根据杂草幼苗的形态特征指出所属科的名称	不能熟练指出供试杂草标本所属的科名酌情扣分	20	
	2. 能正确识别杂草种类	不能正确识别一年生、二年生或多年生杂草、旱田杂草或水田杂草等种类名称，酌情扣分	30	

项目 2　化学除草基础

一、技能目标

通过本项目实训，使学生了解除草剂的分类、吸收、传导及在生产中的应用等基础知识，掌握除草剂的选择性及主要使用技术，为农田化学除草奠定基础。

二、教学资源

1. 材料与工具

各种水稻、玉米、小麦及大豆田除草剂样品、使用说明书。喷雾器、烧杯、量筒、塑料桶等。多媒体教学设备及课件、光盘等。

2. 教学场所

根据实际情况既可选择在实验室也可选择在田间。

3. 师资配备

每 20 名学生配备一位指导教师。

三、原理、知识

除草剂是重要的农业生产资料，在农业生产中占有重要位置。对农业的增产增收具有重大意义。全世界每年生产除草剂总量70万～80万t(有效成分)，占化学农药总产量的40%～50%；据1990年统计，除草剂销售额达到71亿美元之多，超过了杀菌剂和杀虫剂的使用量。

(一)除草剂的分类

除草剂又称除莠剂，用来杀灭农田杂草或非耕地里生长的绿色植物的一类农药。就是能够抑制或杀灭杂草的农药。广义上是指防除所有不希望其存在植物的药剂。

除草剂的品种很多，目前常用的除草剂有几百个化合物，为研究和使用上的方便，可根据除草剂的作用方式、施用方式、在植物体内的移动性及化学结构等方面分几大类，分别进行阐述。

1.按作用方式分类

(1)灭生性除草剂　亦称为非选择性除草剂。指在正常使用剂量下无选择地对作物和杂草全部杀死的除草剂。如草甘膦、草铵膦、百草枯等。非选择性除草剂可通过"时差"和"位差"的选择性以及特殊的施药机械，安全地应用于农田除草。

(2)选择性除草剂　只能杀死杂草而不伤及作物，甚至只能杀死某一种或某类杂草的除草剂。其中又可细分为禾本科除草剂、阔叶除草剂、莎草科除草剂及广谱除草剂。大多数除草剂均属于选择性除草剂，如莎稗磷、精噁唑禾草灵、吡氟禾草灵、2,4-滴、灭草松等。

2.按施药方式分类

(1)土壤处理剂　作物播种前或播后苗前施于土壤表面或混入土壤中的除草剂，这类除草剂主要靠杂草的根、芽鞘或下胚轴等部位吸收并发挥杀草作用。如乙草胺、噁草酮等。

(2)茎叶处理剂　在作物和杂草出苗之后，直接喷施于杂草叶面及茎秆上，抑制或杀死杂草的除草剂，如精噁唑禾草灵、氰氟草酯等。茎叶处理剂主要是通过杂草的叶片吸收或渗透而起到杀草作用。

(3)茎叶处理兼土壤处理剂　既可用于作物苗前土壤处理也可于作物苗后进行茎叶处理的除草剂，如异噁草松、2,4-滴等。

3.按除草剂在植物体内的移动性分类

(1)触杀性除草剂　施药后通过与杂草的茎叶、幼芽、根系接触即可发挥杀草作用，药剂本身只进行渗透并不向其他部位移动的除草剂。如乳氟禾草灵、敌稗等。

(2)内吸传导性除草剂　施药后可被植物的根、茎、叶、芽鞘吸收，并在植物体内传导到其他部位而起到杀草作用。这类除草剂中的一些品种可以防除多年生块根或块茎类杂草。如精吡氟禾草灵、草甘膦等。

4.根据除草剂的杀草谱分类

(1)禾本科除草剂　主要用于防除禾本科杂草。如"二氯喹啉酸"仅对水稻田稗草及稻稗有效,对其他种类杂草无效或防效差,属于禾本科除草剂。

(2)阔叶除草剂　主要防除双子叶杂草及少数单子叶阔叶类型的杂草,对其他种类杂草无效或防效差。如"乳氟禾草灵"对苣荬菜、大蓟、小蓟及鸭跖草等多种阔叶杂草防效较好,对稗草、狗尾草等禾本科杂草基本无效,属于阔叶除草剂。

(3)莎草科除草剂　主要防除莎草科杂草,但对多种阔叶杂草也有较好的防效,对禾本科杂草则没有防效。通常莎草科除草剂也可作为阔叶除草剂使用,如"灭草松"防除萤蔺、扁秆藨草等多种莎草科杂草效果突出,对苍耳、大蓟、小蓟等多数阔叶杂草也有较好防效。又如"乙氧磺隆"既可防除水稻田阔叶杂草也可防除多种莎草科杂草。所以,往往阔叶除草剂与莎草科除草剂可通用。

(4)广谱除草剂　指对单、双子叶杂草均有良好的防效的除草剂。如"丙炔噁草酮"对水稻田禾本科、莎草科及阔叶杂草均可有效防除,灭生性除草剂也属于广谱除草剂的范畴。

5.按化学结构分类

按化学结构分类通常将除草剂分为两大类:无机除草剂和有机除草剂。由于无机除草剂的选择性差、用量大、环境污染及毒性等问题,目前几乎不再使用;有机除草剂又可分为多种类型,分别为苯氧羧酸类、酰胺类、磺酰脲类、二苯醚类、二硝基苯胺类、三嗪类、有机磷类、噁二唑酮类、三唑并嘧啶磺酰胺类、环己烯酮类、芳氧苯氧丙酸酯类、苯甲酸类、咪唑啉酮类、嘧啶氧(硫)苯甲酸酯类、三酮类、硫代氨基甲酸酯类、其他有机杂环类等。

(二)除草剂的吸收、传导及作用机制

1.杂草对除草剂的吸收

(1)茎叶处理剂的吸收　主要通过叶片吸收而进入植株体内。除草剂雾滴从叶表面到达表皮细胞的细胞质中需通过4个阶段:第一,渗入角质层;第二,渗入表皮细胞的细胞壁;第三,进入质膜;第四,释放于细胞质中。

(2)杂草对土壤处理剂的吸收　施于土壤中的除草剂通常溶于土壤溶液中以液态或气态通过杂草的根或幼芽组织而被吸收。

①根系吸收:杂草根系是吸收土壤处理除草剂的主要部位。根系一般不含角质层,且以相对多的游离间隙形成较大的吸附表面,因此根系对除草剂的吸收比叶片容易。土壤溶液中的除草剂分子或离子接触分生组织区的根毛后,通过扩散作用进入根内。

②幼芽吸收:杂草萌芽后出苗前,幼芽组织接触含有除草剂的土壤溶液或气体

时，便能吸收除草剂。幼芽是吸收土壤处理除草剂的重要部位，挥发性强的除草剂如硫代氨基甲酸酯类、二硝基苯胺类等更是以幼芽吸收为主。通常，禾本科杂草主要通过幼芽的胚芽鞘吸收，而阔叶杂草则以幼芽的下胚轴吸收为主。

2.除草剂在杂草体内的传导

(1)共质体系传导　叶片吸收的除草剂最先进入细胞壁，然后进入表皮与皮层细胞的原生质中，再通过胞间连丝进入内皮层、中柱及韧皮部。这样除草剂通过共质体途径从一个细胞向另一个细胞移动，而后进入维管组织，沿韧皮部筛管和光合作用形成的有机物向全株传导，并累积在旺盛的生长部位。水溶性除草剂还可通过维管束鞘的伸展，直接穿过叶脉进入维管组织。

(2)质外体系传导　由植物根系吸收的除草剂通过凯氏带后依次进入细胞壁、木质部，沿木质部导管内的蒸腾流向地上部传导。因为质外体系的主要构成是细胞壁和木质部，它们是无生命的物质，药剂对其并无毒害，甚至根系被杀死后仍有传导能力，这有利于药效的充分发挥。

(3)质外-共质体系传导　质外-共质体途径基本与共质体途径相同，但也可通过凯氏带，再进入细胞壁，然后进入木质部。属于光合抑制剂的除草剂被叶片吸收后，运转较短的距离，便可达到其作用靶标。表现为杀草迅速，药害症状出现快。

3.除草剂的作用机制

(1)抑制呼吸作用　对植物呼吸作用的各个生化反应过程产生抑制。表现为对 ATP(三磷酸腺苷)合成产生解偶联反应；抑制能量代谢；干扰电子传递或同时破坏偶联反应并抑制电子传递。

(2)抑制光合作用　对光合作用中二氧化碳的固定，氧的释放，以及光合产物形成产生抑制，造成植物体内糖的缺乏。其结果是植物只靠消耗贮存的养分维持生命，最后饥饿而死。也可抑制叶绿体的形成发育与结构的完整性，使其丧失光合作用能力。

(3)抑制核酸及蛋白质的合成　通过对氨基酸合成的抑制，造成蛋白质及其他含氮物质的合成受阻，从而干扰核酸代谢及蛋白质的合成，使植物在形态、生长发育及代谢活动等方面发生变化，抑制生长或畸形而死亡。

(4)干扰激素水平　激素是调节植物营养生长、组织分化、开花和结果不可缺少的物质，在植物的不同组织中都有适当的含量。苯氧羧酸类和苯甲酸类除草剂是典型的激素型除草剂，它们被吸收并在植物体内传导，打破植物体内的激素平衡，造成生长的不均衡性。当低浓度时对植物有刺激作用，高浓度时则产生抑制作用。受害植物的组织可以表现刺激与抑制 2 种症状，导致生长畸形或扭曲，如 2,4-滴对双子叶植物的毒害作用。

(5)抑制植物体内酶的活性　植物体内一系列生理与生物化学反应均受各种酶的诱导与控制,一旦某种酶的活性受阻,将导致其所催化的生物化学反应停止,造成与此相关联的许多生理和生物化学过程异常,代谢作用紊乱。

除草剂对酶的直接作用是抑制细胞核的生化过程,使酶分子结构发生变化;与酶活性部位的基质竞争;与酶或其基质形成复合物,影响酶的活性;与酶蛋白质的非蛋白辅因子竞争;改变酶辅因子的状态。对酶的间接作用包括:干扰ATP形成而抑制能量供应;影响辅酶和辅基形成所需物质的供应;抑制或改变酶反应过程的条件。

(6)抑制脂类合成　植物体内脂类是膜的完整性与机能以及一些酶活性所必需的物质,其中包括线粒体、质体与胞质脂类,每种脂类都要通过不同途径进行合成。除草剂对脂类合成的抑制,除了直接抑制酶活性之外,也能干扰脂类合成中的膜系统的质体合成。

(7)抑制色素合成　抑制色素合成主要是通过对类胡萝卜素生物合成的抑制,造成叶绿素进行光氧化作用,结果产生白化现象。随着色素丧失,叶绿体的超微结构破坏,影响脂类分解并抑制光合作用中电子传递,最终引起膜分解。

(三)除草剂的选择性及生产应用

1.除草剂的选择性

杂草与作物都是同时生长在同一农田的植物,除草剂施用后,不但是杂草接触除草剂,作物同样要接触或吸收除草剂。所以,要求所使用的除草剂必须具备高度的选择性,既能有效的防除杂草,又不能伤害到作物。除草剂的选择性原理主要有4种。

(1)位差和时差选择　利用除草剂在土壤中的部位和植物生育时间的差异,使除草剂只接触杂草而不接触作物,从而安全有效地防除田间杂草。除草剂施入不同深度土壤中或播后苗前施于土表,借助降雨或灌溉将药剂淋溶到一定深度的土壤中发挥杀草作用。

(2)形态差异选择　利用作物和杂草叶片构造、生长点位置及生育习性等形态上的差异防除杂草,这种选择性有一定的局限性,对作物的安全幅度也较窄。如子叶留土型植物和子叶出土型植物对土壤处理剂的反映差异较大,前者安全性差,而后者安全性明显好于前者。

(3)生理选择　指植物对除草剂吸收和传导因除草剂的品种特性和植物种类而异所产生的选择性。植物茎叶是通过角质层和气孔来吸收药剂,进入植物体内的药剂沿韧皮部的筛管向其他部位传导,而根部吸收的药剂沿木质部的导管随蒸腾流向地上部传导。

(4)生物化学选择　指除草剂在植物体内的生物化学反应的差异而产生的选择性。这些反应包括酶促活化作用和除草剂钝化作用。该选择性是稳定的，具有这种选择性的除草剂使用安全，效果稳定。

①酶促活化作用：2甲4氯丁酸本身对植物并无毒性，但经β-氧化酶的催化作用，便生成毒性强的2甲4氯而杀死杂草。

②钝化作用：有些除草剂本身对植物有毒害作用，但受到植物本身解毒物质的作用，使其钝化而失去活性。

2.除草剂的使用技术

(1)影响除草剂药效的因素

①草相及叶龄：除草剂的药效与杂草的种类、叶龄、及株高密切相关。一般不同种类的杂草对除草剂的敏感程度存在差异，所以同一除草剂用于不同杂草群落的地块，表现的除草效果不同；杂草在幼苗阶段，根系少，次生根尚未充分发育，抗性差，对药剂敏感，防效突出；随着植株的发育，叶龄加大，植株增高，耐药力及抗药性增强，因而药效下降。

②土壤条件：土壤有机质含量、质地、pH值、墒情(土壤湿度情况)、微生物等对除草剂的药效均有明显影响，尤其对土壤处理剂影响更加突出。

③气象条件：气象因素(温度、湿度、光照、降雨、风速等)主要通过影响除草剂雾滴的分布，雾滴滞留时间、吸收速度及利用率，而影响除草剂的药效。

④施药方法及技术水平：因除草剂的剂型(乳油、水剂、可湿性粉剂、悬浮剂、颗粒剂、可溶性粉剂、水分散粒剂等)不同，要求采用施药的方法不同，如颗粒剂可在水稻田进行直接撒施，而可湿性粉剂等则需用细土或其他载体拌匀后再进行撒施；随着农药合成工业的进步，除草剂已经进入超高效时代，所以使用的有效成分剂量非常低，要求施药技术水平愈来愈高。

(2)除草剂的使用原则

①对症下药：即选用药剂一定要有针对性。如防除阔叶作物田中多年生禾本科杂草必须采用内吸传导性好的禾本科除草剂，如精吡氟禾草灵。

②适宜的剂量：对于不同种类及叶龄的杂草，应使用不同的剂量；土壤处理剂在不同有机质含量的地块使用剂量差异较大，一般情况下，土壤有机质含量高，除草剂用量则应随之加大。

③适时施药：施药时期应根据作物及杂草的生育阶段，利用除草剂"时差"和"位差"选择性，选择恰当的施药时期。针对杂草的叶龄适时用药，可明显提高防效。

④均匀用药：在使用触杀型或传导性差的除草剂时均匀施药非常必要，同时均

匀用药也是提高防效、避免药害的需要。

⑤合理混用：除草剂的合理混用可扩大杀草谱、提高防效、减少用量、降低成本。

⑥轮换用药：可明显降低杂草产生抗药性的风险，有利于对恶性杂草的科学治理。

⑦安全使用：在运输、贮藏及使用中，要注意防护，保护人、畜安全，同时也要防止污染水源及周围环境。

(3)除草剂的使用方法

①喷雾法：采用农药制剂对水稀释成一定容量或浓度，以满足均匀喷雾或药效发挥的需求。喷雾法是除草剂的最常用的施用方法。通常所说的“喷液量”即为“对水量”。

对苗后茎叶喷雾法而言，适宜的施药条件为晴天、气温27℃以下、空气相对湿度65%以上、风速小于4 m/s，春天施药在上午9:00之前，下午3:00之后进行；夏季施药在上午8:00之前，下午6:00之后进行，一般要求施药后4个小时无降雨。晚上施药效果好于白天。某些超低用量的药剂或水分散粒剂和悬浮剂等剂型的药剂在对施药之前应先用少许水溶解或稀释成母液，然后再在喷雾器等施药器械中加一定量的水稀释到所需容量或浓度，搅拌均匀后施用。

②甩施法：适用于水稻田的一种施药方法，即将农药制剂直接甩施或用水稀释后甩施于保持有一定深度水层的田块中。用于甩施的除草剂剂型应能在水面或水中自然扩散。

③撒施法：剂型为颗粒剂的农药可直接撒施，其他剂型在必要时可用细土或细沙拌成药土(沙)混合物后进行撒施。

④药土法：很多除草剂在水稻本田施用时，往往需要将除草剂制剂与一定量的载体如细土或细沙混拌后进行均匀撒施(要求田间有水层)，称为药土法。该方法类似于撒施法。

⑤泼浇法：通常采用的一种施药方法，用容器将农药制剂对水成一定容量后均匀泼浇于田间。

⑥甩喷法：北方地区水稻田一种常用的施药方法，将农药制剂采用喷雾器对水稀释成所需要的容量后，在一定的压力条件下，将药液以非雾化状态相对均匀地喷射到保持有一定深度水层田间。该方法比泼浇法更加方便快捷。

⑦喷淋法：用容器将农药制剂兑水成一定容量后，在无压力条件下以“雨滴”状态均匀浇于田间。该方法类似泼浇法施药，但要比泼浇法施药更均匀，常用于育苗(秧)田。

⑧涂抹法：利用特制的绳索或海绵塑料携带药剂涂抹于杂草植株之上，主要用于防除高于作物的成株杂草。要求药剂的传导性好，配制药液浓度要高。

四、操作方法及考核标准

(一)操作方法与步骤

(1)选择草害发生严重的水稻田、玉米田或大豆田，进行杂草种类、为害状况及为害特点调查，并认真进行记载，掌握农田常发生杂草种类。

(2)结合教师讲解，选择水稻田进行甩施法、或药土法、或泼浇法、或甩喷法、或喷淋法实训，掌握水稻田不同除草剂的不同处理使用方法。

(3)选择道路两边杂草丛生的地块，选取灭生性除草剂(如草甘膦)和选择性的除草剂(如乙草胺)等进行药液喷雾对比实验处理，调查除草效果，了解除草剂选择除草效果，掌握对症下药的原则。

(4)认真撰写实训报告。

(二)技能考核标准

除草剂种类及使用技术技能考核参考标准见表 16-2-1。

表 16-2-1　除草剂种类及使用技术技能考核参考标准

考核内容	要求与方法	评分标准	标准分值	考核
除草剂分类40分	1. 说出除草剂分类名称	除草剂分类名称错误酌情扣分	10	单人考核口试评定成绩
	2. 说出除草剂选择原理	除草剂选择原理错误酌情扣分	10	
	3. 说出影响除草剂除草因素	影响除草剂除草因素不全的酌情扣分	20	
除草剂的使用技术60分	1. 说出除草剂使用原则	除草剂使用原则错误酌情扣分	20	单人笔试考核
	2. 说出除草剂的 8 种使用技术	除草剂的使用技术错误酌情扣分	40	

五、练习及思考题

1. 查阅相关资料或拜访农户，了解在当前常用的除草剂主要有哪些种类，除草效果如何？有何建议？

2. 选择选择性除草剂和灭生性除草剂各一种配制成药液在杂草上喷雾看除草效果。

3. 在实训基地进行除草剂各种施药方法实训，掌握除草剂的主要使用技术。

项目3　水稻田杂草防除技术

一、技能目标

通过实训，使学生能够识别水稻田主要杂草种类，了解水稻田杂草为害特点；掌握适用于水稻田的主要除草剂品种药剂、防除对象和施药技术；提出治理水稻田草害的解决方案，并能够根据水稻田发生的杂草群落实施有效的化学除草措施。

二、教学资源

1.材料与工具

水田杂草实物标本、干制标本及标本夹，移植铲、各种孔径筛子一套等标本采集工具；解剖镜、镊子等观察用具；多媒体教学设备、课件、挂图等学习用具；根据防治需要选择的水稻除草剂及量筒、烧杯、秤、塑料桶、喷雾器等。

2.教学场所

教室、实验(训)室，水稻杂草观察圃及水稻草害防除示范田。

3.师资配备

每20名学生配备一位指导教师。

三、原理、知识

我国水稻种植面积大、分布范围广，北至黑龙江省，南至海南省的广大地区均有水稻种植，全国每年水稻种植面积约3 500万 hm^2。在水稻栽培上分为移栽稻和直播田两种方式。水稻田杂草的防除又有秧田和本田(移栽田和抛秧田)之分。

(一)水稻秧田杂草防除技术

水稻秧田常见杂草为稗草、藜、蓼、荠菜、异形莎草、鳢肠、节节菜、陌上菜、牛毛毡等。其中以稗草发生数量大，为害较重，如果稗草不能在秧田除掉，则会被带入本田成为“夹心稗”。所以，防除稗草是水稻秧田防除的重点。南北方水稻秧田的育秧方式存在较大差异，旱育秧田以旱生型杂草为主，而水育秧田则以沼生型杂草为主。在除草剂品种的选择上应遵循对稻苗安全、针对性强的原则，因此提倡苗后茎叶处理防除水稻秧田杂草。

1. 旱育秧田杂草防除

(1)播后苗前土壤封闭处理　水稻播种覆土后，采用药土法封闭处理(按每 100 m^2 计算用药量)。

除草剂单用，防除稗草及小粒种子阔叶杂草如反枝苋、藜等，可选用 60%丁草胺(含安全剂)乳油 25 mL 或 33%二甲戊灵乳油 22.5～33 mL。

除草剂混用，防除稗草、藜、蓼、鳢肠等，可选用 60%丁草胺(含安全剂)25 mL＋25%扑草净可湿性粉剂 10 g 或 50%禾草丹乳油 40～50 mL＋25%扑草净 10 g。

施药方法为每 100 m^2 所需药量与湿润细土或细沙 10～15 kg 混拌均匀后撒施于苗床表面；也可兑水 3～5 kg 均匀喷雾。要求苗床床面整平，覆土厚度 0.75～1 cm，床面不可有积水，水稻秧苗 1.5 叶期之前不能浇水，否则将出现药害。

(2)苗后茎叶喷雾处理　水稻出苗后，采用喷雾法茎叶处理(按每 100 m^2 计算用药量)。

当防除对象为稗草时，在稻苗 1.1 叶期，选用 16%敌稗乳油 150～175 mL；或稻苗 1.5～3.5 叶期，选用 10%氰氟草酯乳油 7.5～9 mL。当防除对象为阔叶杂草时，可在稻苗 3～5 叶期，选用 48%灭草松水剂 25～30 mL；当防除对象为稗草、千金子和多种阔叶杂草时，选用 48%灭草松 25 mL＋10%氰氟草酯 10 mL。茎叶喷雾法施药兑水量均需 1～3 kg。

2. 水育秧田杂草防除

水育秧田杂草的防除应以茎叶处理为主，需依据苗床草相选用适宜的除草剂(按每 100 m^2 计算用药量)。稻苗 1.5～3 叶期，稗草小于 1.5～2 叶期，采用 90.9%禾草敌乳油 15～22.5 mL，秧床保持均匀水层，勿淹没秧苗心叶，施药方法为药土法，拌细土 3～4.5 kg；或采用 1%噁嗪草酮悬浮剂 15～30 mL，或 50%哌草丹乳油 22.5～33 mL，茎叶喷雾处理，兑水量为 1～3 kg。稗草 3 叶期以上时，采用 10%氰氟草酯 8～10 mL，茎叶喷雾处理，兑水量为 1～3 kg。在稻苗 2～5 叶期，采用 48%灭草松 25～30 mL，兑水茎叶均匀喷雾，兑水量为 1～3 kg，防除多种阔叶杂草。也可以氰氟草酯 10 mL＋灭草松 25 mL(桶混)茎叶喷雾法施药，同时防除稗草、千金子及阔叶杂草。

(二)水稻本田杂草防除技术

全国稻田杂草有 120 余种，其中发生普遍、为害严重的常见杂草约有 40 种，如稻稗、稗草、千金子、四叶萍、鸭舌草、雨久花、矮慈姑、野荸荠、野慈姑、泽泻、狼把草、节节菜、鳢肠、牛毛毡、水莎草、眼子菜、扁秆藨草、萤蔺、日照飘拂草、水苋菜、陌上菜、丁香蓼、水绵等。其中，稻稗和稗草是为害最重、分布最广的杂草。千金子、矮慈姑、野慈姑、泽泻、鸭舌草、雨久花、牛毛毡、萤蔺等杂草的发生为害呈明显的上升趋势，已经从次要杂草演变成了主要杂草。

从稻田杂草的消长规律看，北方地区从南向北，一般从 4 月中旬开始水整地，地温达到 7℃以上，稻稗、稗草、野慈姑宿生苗、泽泻宿生苗、扁秆藨草宿生苗等开始萌发，4 月末 5 月初陆续出土，5 月末 6 月初进入为害期；6 月上中旬，地温超过 15℃时，狼把草、野慈姑实生苗、鸭舌草、雨久花、泽泻实生苗开始萌发出苗，同时土层 15 cm 以下的杂草也陆续出土，6 月下旬至 7 月初造成危害；杂草的发生受温度及耕作栽培措施影响较大，一般情况下，杂草有 2 个发生高峰。第 1 个发生高峰出现在水稻移栽后 3～7 d，主要有稗草、稻稗、千金子、异形莎草、鳢肠、狼把草等一年生杂草以及多年生杂草的宿生根萌发的杂草(如野慈姑、泽泻、萤蔺、扁秆藨草等)；第 2 个发生高峰出现在移栽后 20 d 左右，主要是稻稗、鸭舌草、雨久花及多年生杂草实生苗(如野慈姑、泽泻等)。因此，水稻移栽田杂草的防除策略为狠抓前期(封闭)，挑治中期和后期(视草情用药)，即移栽前(后)土壤封闭处理，防除第 1 个高峰期发生的杂草，如稗草、一年生阔叶杂草和莎草科杂草等，水稻分蘖期(充分缓苗后)再进行一次土壤处理，以防除第 2 个高峰期发生的一年生和多年生莎草科杂草、眼子菜以及多种阔叶杂草。在水稻有效分蘖末期视草情采取茎叶喷雾处理进行局部挑治(补救措施)。

1. 移栽前土壤处理

(1)除草剂单用　防除稗草、稻稗及一年生阔叶草等多种杂草。

①采用 12%噁草酮乳油 2 500～3 000 mL/hm²，采用甩施法均匀施药，间隔 3～7 d 移栽；

②80%丙炔噁草酮可湿性粉剂 90 g/hm²，采用甩喷法均匀施药，间隔 3～7 d 移栽。移栽后要求田间保持浅水层，不要断水或晒田。

(2)除草剂混用　移栽前 3～7 d 封闭处理，防除稗草、稻稗、阔叶草等多种杂草。

①80%丙炔噁草酮 90 g/hm²＋10%吡嘧磺隆可湿性粉剂 225 g/hm² 或 30%苄嘧磺隆可湿性粉剂 300 g/hm²。

②60%丁草胺乳油 1 600 mL/hm²＋30%苄嘧磺隆 225 g/hm²。

③50%丙草胺乳油 900 mL/hm²＋30%苄嘧磺隆 300 g/hm²；50%苯噻酰草胺可湿性粉剂 1 000 g/hm²＋30%苄嘧磺隆 150～300 g/hm² 或 10%吡嘧磺隆 150～300 g/hm²，采用药土法或甩喷法均匀施药，保持水层但不淹没稻苗心叶。移栽后要求田间保持浅水层，不要断水或晒田。

2. 移栽后土壤处理

(1)除草剂单用　移栽后 5～9 d，稻苗返青后，稗草、稻稗 1.5 叶期之前，用

60%丁草胺 1 600 mL/hm^2、50%丙草胺 1 000 mL/hm^2、30%莎稗磷乳油 750～1 000 mL/hm^2。施药时要求田间水层 3～5 cm,施药后保持水层 5 d 以上。

(2)除草剂混用　移栽后 5～9 d,稻苗返青后,稗草、稻稗 2 叶期之前,用 30%莎稗磷 900 mL/hm^2 +10%吡嘧磺隆 225 g/hm^2、50%丙草胺 750～1 000 mL/hm^2 +10%吡嘧磺隆 225 g/hm^2,采用药土法施药,拌土量为 100 kg/hm^2,施药时要求田间水层 3～5 cm,施药后保持水层 5 d 以上。

另外,南方水稻移栽田,在水稻移栽后 7 d,稗草 1.5 叶期前,可用 50%异丙甲草胺乳油 225～300 mL/hm^2 +30%苄嘧磺隆可湿性粉剂 250 g/hm^2 或 50%乙草胺乳油 200 mL/hm^2 +30%苄嘧磺隆 250 g/hm^2,或乙草胺·苄嘧磺隆复配剂或异丙草胺·苄嘧磺隆复配剂或苄嘧磺隆·乙草胺·甲磺隆复配剂防除稗草、一年生阔叶草及莎草科杂草。但异丙甲草胺(包括异丙草胺)、乙草胺及甲磺隆及其复配制剂对应用技术要求高,对小苗及弱苗安全性差,在低温条件下对水稻敏感,研究结果表明这四种有效成分的除草剂对水稻存在隐性药害的风险。特别是东北单季稻由于早春气温低,小苗(3.1～3.5 叶)移栽,对乙草胺、异丙草胺、异丙甲草胺及甲磺隆等敏感,药害较重,延迟生长发育,影响产量,所以,该技术仅适用于南方大苗移栽田。

3. 茎叶喷雾处理

水稻分蘖盛期至拔节之前,防除 4～7 叶期大龄稗草、稻稗和千金子,可采用 2.5%五氟磺草胺油悬浮剂 1 000～1 200 mL/hm^2;防除稗草、稻稗及阔叶杂草,可用 48%灭草松水剂 2 250～3 000 mL/hm^2 +50%二氯喹啉酸可湿性粉剂 900～1 000 g/hm^2、2.5%五氟磺草胺 1 000～1 200 mL/hm^2 +48%灭草松 2 000～2 250 mL/hm^2,茎叶喷雾兑水量 150 kg/hm^2。喷药前需排出水层或待水层自然落干后喷药,施药后 1～2 d 复水。

对于水稻移栽田恶性杂草防除,东北三省及宁夏等省区水稻田杂草野慈姑、泽泻、雨久花、牛毛毡、萤蔺、水莎草、稻稗等杂草适应性广,繁殖力和竞争力强,生长旺盛,能很快蔓延成优势种群;难以防除,所以称其为"恶性杂草",也叫"难治杂草"。野慈姑、长瓣慈姑及泽泻等为多年生杂草,既能种子繁殖,也可以宿生根繁殖,5 月中下旬宿生根先开始出苗,6 月上中旬种子开始萌发,持续发生期达 40 d 以上,有较强的抗药性,常规药剂很难奏效。雨久花为一年生杂草,种子繁殖,6 月上中旬萌发出苗,抗药性明显。萤蔺、牛毛毡、水莎草为多年生莎草科杂草,种子及根茎均可繁殖,5 月下旬出苗,对常规药剂耐药性很强。防除策略上应采取狠抓前期(杂草萌芽期,一般为水整地至移栽后 10 d),挑治中期(移栽后 20 d 左右)及后期(6 月 30 日前后)的综合治理策略。由于水稻移栽至移栽后 7 d 正是水稻缓苗差，故不提倡在水稻移栽后7 d之内用药；适宜的施药时期及方法是移栽前进行封闭处理，将恶性杂草控制在萌芽状态，再于移栽后的中后期视草情采取封闭或茎叶喷雾处理。（南方稻田恶性杂草防除可参照进行）。

以稻稗、稗草、野慈姑、泽泻等为主要杂草群落的田块为例，水耙地整平后，用80%丙炔噁草酮90 g/hm^2＋10%吡嘧磺隆150 g/hm^2＋30%苄嘧磺隆225 g/hm^2，采用甩喷法均匀施药，间隔3～7 d插秧，移栽后要求田间保持浅水层，不断水或晒田。然后在水稻移栽后20 d左右，根据田间杂草残存情况，决定是否进行第二次用药。多数情况下田间会残存少量泽泻及慈姑，待其株高达到15～30 cm时，排出田间水层或待水层自然落干，采用48%灭草松2 500～3 000 mL/hm^2进行茎叶喷雾，喷液量为150 kg/hm^2，药后1～2 d复水。

(三)抛秧本田杂草防除技术

水稻抛秧田常见杂草与移栽田相同，一般情况下，肥沃土壤暄地块，水整地后间隔3 d以上抛秧，可在抛秧前施药进行封闭处理；如果土壤黏重，水整地后很快沉降，土壤板结，需要整地后1～2 d抛秧，所以为保证水稻秧苗的安全，则抛秧前不使用除草剂。以上2种情况，后期均需要进行第2次用药。

1. 抛秧前封闭处理

采用50%丙草胺900 mL/hm^2、或30%莎稗磷900 mL/hm^2；也可用50%苯噻酰草胺1 200 g/hm^2或80%丙炔噁草酮90 g/hm^2，混配药剂及剂量为10%吡嘧磺隆200 g/hm^2或30%苄嘧磺隆225 g/hm^2，施药方法为甩喷法均匀施药，在抛秧前3～5 d施药。抛秧后要求田间保持浅水层，不要断水或晒田。

2. 抛秧后处理

一般于抛秧后5～7 d，稻苗扎根返青后，稗草、稻稗小于2叶时，采用30%莎稗磷900 mL/hm^2＋30%苄嘧磺隆300 g/hm^2、50%丙草胺900 mL/hm^2＋30%苄嘧磺隆300 g/hm^2。施药时要求田间水层3～5 cm，施药后保持水层5 d以上。

3. 茎叶喷雾处理

防除稗草和稻稗，稗草和稻稗4～7叶期，株高10～30 cm，采用50%二氯喹啉酸1 200 g/hm^2＋30%阿罗津（莎稗磷）900 mL/hm^2进行茎叶喷雾，兑水量150 kg/hm^2，施药适期为6月25日左右（北方稻区）；如果同时防除阔叶杂草和莎草科杂草，可另加入48%灭草松2 500 mL/hm^2。施药时要求田间排出水层或待水层自然落干后施药，施药后1～2 d复水。

(四)水稻直播田杂草防除技术

直播水稻有水直播和旱直播之分。旱直播稻田土壤湿润无积水，透气性良好，以旱生型和湿生型杂草为主;水直播稻田则以水生型和沼生型杂草为主。由于直播稻前期干湿交替的水层管理方式,利于杂草的发生,一般会出现3个发生高峰。播后7 d左右,处于土表的稗草、稻稗、千金子等杂草种子开始萌发,出现第1个高峰;播后15~20 d出现第2个高峰,此期发生的杂草以鸭舌草、矮慈姑等阔叶草为主;若前期除草效果不佳,播后35 d左右,会出现第3个小高峰,此期以稻稗、千金子等杂草为主。所以直播稻田应采取"一封、二杀、三补"的防除策略。

1.水直播田杂草防除

杂草发生高峰期通常出现在播后15 d左右,持续发生期长达20 d以上,这段时间是杂草防除的重点。根据现有除草剂的作用特点及对水稻幼苗的安全性,主要应采取茎叶喷雾处理:在稻苗1.5~4叶期,稗草、千金子1.5叶期之前,用50%禾草丹1 800~2 250 mL/hm^2+30%苄嘧磺隆150~225 g/hm^2;96%禾草敌1 500 mL/hm^2+10%苄嘧磺隆300 g/hm^2;2.5%五氟磺草胺750 mL/hm^2+30%苄嘧磺隆225 g/hm^2,喷液量225 kg/hm^2;10%噁唑酰草胺乳油900~1 200 g/hm^{2}主要防除稗草、千金子等一年生禾本科杂草,排水施药(喷雾法),药后1~2 d复水。稗草、千金子2~3叶期利用禾草丹、禾草敌、二氯喹啉酸或与苄嘧磺隆、吡嘧磺隆等混用进行茎叶喷雾处理,防除第二批杂草和第一批残余杂草;此后,根据田间草情,选用二氯喹啉酸、灭草松、2甲4氯、五氟磺草胺、氰氟草酯、嘧啶肟草醚等均按登记剂量进行单用或混用,进行茎叶喷雾补杀,以防除残余4~7叶期禾本科杂草和阔叶杂草。

2.旱直播稻田化学除草

通常在播种后5~7 d处于土表的杂草种子开始萌发,播后10~15 d进入杂草萌发高峰期,若防治不及时,极易造成草荒,因此,旱直播稻杂草防除的重点是水稻生育前期(播种后25 d之内)。

土壤处理　免耕旱直播田可在播前7~10 d,先用41%草甘膦水剂3 000 mL/hm^2,杀灭已出苗杂草,然后用12%噁草酮1 200 mL/hm^2+60%丁草胺乳油1 200 mL/hm^{2}兑水喷雾,3 d后播种。

茎叶处理　稻苗2叶期后,针对1.1~3叶期杂草,用30%丙草胺(含安全剂)乳油1 650~2 100 mL/hm^2+30%苄嘧磺隆150~200 g/hm^2;5%嘧啶肟草醚乳油375~450 mL/hm^2;2.5%五氟磺草胺750 mL/hm^2+30%苄嘧磺隆225 g/hm^{2}排出水层,兑水150 kg/hm^{2}喷雾,药后1~2 d复水。如果水稻分蘖期(5~7叶)仍有残存稗草、阔叶杂草和莎草,可用50%二氯喹啉酸900 g/hm^2+48%灭草松2 500 mL/hm^2,排出水层或水层自然落干,兑水150 kg/hm^{2}喷雾处理。如果杂草基数较小,田面平整,基本一次土壤封闭或一封、二杀即可达到防除目的。

四、操作方法及考核标准

(一)操作方法与步骤

(1)选择草害发生比较严重的水稻田,调查杂草种类、为害状况及为害特点。

(2)结合教师讲解,识别水稻田常见杂草,利用解剖镜观察描述主要杂草种子的特征。

(3)根据水稻田杂草的种类及发生规律,制订水稻田杂草综合治理措施。

(4)在实训基地进行水稻育秧田和插秧田的化学除草实训。

(5)认真撰写实训报告。

(二)技能考核标准

水田主要杂草防除技术技能考核参考标准见表 16-3-1。

表 16-3-1　水田主要杂草防除技术技能考核参考标准

考核内容	要求与方法	评分标准	标准分值	考核
水田杂草识别 30 分	1. 说出 5 种水田杂草的名称	杂草名称错误每种扣 3 分	15	单人考核口试评定成绩
	2. 说出杂草科的名称	杂草科名称错误每种扣 3 分	15	
水田除草剂的选择 40 分	1. 说出 2 种防治水稻苗后一年生禾本科杂草的主要除草剂	除草剂选择错误酌情扣分	20	单人笔试考核
	2. 说出 2 种防治水稻苗后阔叶杂草除草剂的使用技术	除草剂的使用技术错误酌情扣分	20	
综合防除技术 30 分	1. 制订水稻田恶性杂草综合治理措施	根据水稻田杂草种类及发生特点制订综合防治措施,是否符合要求情况酌情扣分	15	单人笔试考核
	2. 可行性和可操作性	根据制订的综防措施是否具有可操作性和可行性酌情扣分	15	

五、练习及思考题

1. 查阅相关资料或拜访农户,了解在过去的 20 年间,水稻田杂草群落的演变情况,并分析杂草演变的原因。当前水田杂草防除中存在哪些问题?有何建议?

2. 参加当地水田化学除草实训如水稻旱育秧田的化学除草。

3. 水田除草剂施用方法中“甩喷法”应如何操作?举例说明哪些药剂,在什么时期适合采用甩喷法施药。

4. 在水稻化学除草中，常常出现在田间局部或格田的边角出现明显的药害，而且田间点片除草效果不良的现象，请分析发生这种现象的原因，并提出解决措施。

5. 某水稻移栽田中野慈姑、稻稗、雨久花连续 5 年造成严重为害，农民急需解决办法。该地块平整，水源充足，保水好，请根据目前情况提出解决方案，并说明其依据。

6. 指出防除水稻直播田千金子的有效药剂，如果田间同时存在大量鸭舌草、野慈姑等阔叶杂草，应采取怎样的技术措施来同时解决这些问题。

项目 4　麦田杂草防除技术

一、技能目标

通过实训，使学生能够识别麦田主要杂草种类，了解麦田杂草为害特点；掌握适用于麦田的主要除草剂品种药剂、防除对象和施药技术；提出治理麦田草害的解决方案，并能够根据麦田发生的杂草群落实施有效的化学除草措施。

二、教学资源

1. 材料与工具

麦田杂草实物标本、干制标本及标本夹，移植铲、各种孔径筛子一套等标本采集工具；解剖镜、镊子等观察用具；多媒体教学设备、课件、挂图等学习用具；根据防治需要选择的麦田除草剂及量筒、烧杯、秤、塑料桶、喷雾器等。

2. 教学场所

教室、实验（训）室，麦田杂草观察圃及麦田草害防除示范田。

3. 师资配备

每 20 名学生配备一位指导教师。

三、原理、知识

麦类作物一般是指小麦（冬小麦和春小麦）、大麦（冬大麦和春大麦）、黑麦和元麦（青稞），由于土壤条件、气候因素和耕作措施的不同，杂草的种类和习性存在很大区别。

南方冬麦区主要杂草有播娘蒿、看麦娘、大马蓼、牛繁缕、碎米荠、猪殃殃、棒头草、硬草、雀麦等；北方冬麦区主要杂草有葎草、藜、荠菜、萹蓄、米瓦罐、打碗花、野燕麦、猪殃殃等；青海、西藏春麦区主要杂草有野燕麦、猪殃殃、田旋花、藜、密穗香薷、薪蓂、卷茎蓼、薄蒴草等；新疆、甘肃春麦区主要杂草有野燕麦、田旋花、芦苇、野芥菜、苣荬菜、萹蓄等；东北及内蒙古自治区东部春麦区主要杂草有卷茎蓼、藜、野燕麦、鸭跖草、苣荬菜、大蓟、鼬瓣花、野荞麦等。

(一)麦田杂草的发生规律

冬麦区田间杂草主要在冬前萌发出苗，小麦播种后 15～20 d(10 月下旬至 11 月中旬)，为杂草出苗高峰，此期出苗的杂草约占杂草总数的 90%以上。只有个别种类在翌年返青期还有一次出苗小高峰。

春麦区田间杂草主要在 5 月中旬前后出苗，5 月末进入发生高峰期。春麦区杂草受土壤墒情影响很大，如果干旱少雨，土壤干燥，则禾本科杂草发生少，为害轻；而阔叶杂草发生量较大；如果降雨次数多，土壤湿度大，则禾本科杂草和阔叶杂草发生量都很大，为害严重。

(二)麦田杂草防除策略

冬麦区冬前化学除草时间应在 10 月 20 日至 11 月 20 日，气温在 10℃以上，此时多数杂草基本出齐，杂草耐药力及抗药性弱，药效可以充分发挥。一般禾本科杂草为 2～3 叶期，阔叶杂草 2～5 叶期是施药的最佳时期(注意田间泥泞积水及寒流期不能用药)。冬麦区翌年 2 月下旬至 3 月中旬是麦田杂草防除的辅助施药时期，一般在小麦起身后拔节前进行(小麦拔节后禁止用药)。所以冬麦区杂草防除应采取“抢前抓早，冬前为主，冬后为辅，前后结合”的策略；而对于春麦区杂草的防除策略为“见草施药，综合防除。”

(三)冬麦区杂草防除技术

1. 播前土壤处理

对少耕或免耕麦田，冬前杂草发生数量大，发生高峰出现早，为害提前。在小麦播种前 3～5 d，采用 41%草甘膦水剂 2 250～3 000 mL/hm²，或在播种前 2～3 d 用 20%百草枯水剂 3 000 mL/hm²，兑水 300 kg/hm²，均匀茎叶喷雾，防除已经出苗的杂草。

2. 播后苗前处理

在小麦播种后出苗前，采用 40%野麦畏乳油 2 250～3 000 mL/hm²，兑水 300 kg/hm² 均匀喷雾，防除萌芽期野燕麦。

3. 苗期茎叶处理

(1)以野燕麦、稗草、看麦娘、菵草等禾本科杂草为主的田块　采用6.9%精噁唑禾草灵(含安全剂)水乳剂750～900 mL/hm^2，于杂草2～3叶期，兑水225～300 kg/hm^2，均匀喷雾；如果田间有碱茅、狗牙根等恶性杂草，则精噁唑禾草灵(含安全剂)用量为1 050～1 200 mL/hm^2；或用50%异丙隆可湿性粉剂2 100 g/hm^2，兑水300 kg/hm^2 均匀喷雾，施药时期为小麦1.1～2.1叶期，施药过晚易产生药害。

(2)以雀麦为主的麦田　采用70%氟唑磺隆45 g/hm^2 加专用助剂200 mL，兑水450 kg/hm^2 喷雾。

(3)以早熟禾、硬草为主的田块　采用50%高渗异丙隆可湿性粉剂1 800～2 250 g/hm^2，兑水茎叶喷雾。

(4)以节节麦为主的田块　采用1.2%二磺·甲碘隆可分散油悬浮剂675～1 125 mL/hm^2 兑水茎叶喷雾，喷液量为300 kg/hm^2。

(5)以播娘蒿、稻槎菜、婆婆纳、麦家公、猪殃殃、大巢菜、泽漆等阔叶杂草为主的田块　采用75%苯磺隆水分散粒剂18～30 g/hm^2；50%唑草酮干悬浮剂60～80 g/hm^2；20%氯氟吡氧乙酸乳油750～950 mL/hm^2＋13% 2甲4氯钠水剂2 500 mL/hm^2；75%苯磺隆15～22.5 g/hm^2＋50%唑草酮60 g/hm^2 兑水喷雾；1.2%二磺·甲碘隆675～1 125 mL/hm^2，兑水茎叶喷雾。注意二磺·甲碘隆对麦家公无效，使用前后2 d内不可大水漫灌，以避免药害。

(四)春麦区杂草防除技术

1. 针对阔叶杂草

可采用75%苯磺隆15～22.5 g/hm^2；72% 2,4-滴异辛酯乳油750～900 mL/hm^2；75%噻吩磺隆水分散粒剂10～15 g/hm^2；22.5%溴苯腈乳油1 500～2 100 mL/hm；苯磺隆、噻吩磺隆、溴苯腈分别与2,4-滴异辛酯进行混用，但各自剂量均减半使用。

2. 针对禾本科杂草

采用6.9%精噁唑禾草灵(含安全剂)750～900 mL/hm^2(骠马仅用于小麦田；大骠马既可用于大麦田，也可用于小麦田)。

3. 针对野燕麦、稗草及阔叶杂草

采用6.9%精噁唑禾草灵(含安全剂)750～900 mL/hm^2＋75%苯磺隆10～15 g/hm^2；或64%野燕枯1 000～1 500 g/hm^2＋75%苯磺隆10～15 g/hm^2＋72% 2,4-滴异辛酯400 mL/hm^2。

一般于小麦分蘖期至拔节期之前用药，施药方法为兑水茎叶喷雾，喷液量

300～450 kg/hm^2。

四、操作方法及考核标准

(一)操作方法与步骤

(1)选择草害发生比较严重的麦田，调查杂草种类、为害状况及为害特点。

(2)结合教师讲解，识别麦田常见杂草，利用解剖镜观察描述主要杂草种子的特征。

(3)根据麦田杂草的种类及发生规律，制订麦田杂草综合治理措施。

(4)在实训基地进行麦田的化学除草实训。

(5)认真撰写实训报告。

(二)技能考核标准

麦田主要杂草防除技术技能考核标准见表 16-4-1。

表 16-4-1　麦田主要杂草防除技术技能考核标准

考核	要求与方法	评分标准	标准分值	需要时间	考核
麦田草害识别 30 分	1. 说出 5 种麦田杂草的名称	杂草名称错误每种扣 3 分	15	训练 2 d 考核 10 min	单人考核口试评定成绩
	2. 说出 5 种杂草科的名称	杂草分类名称错误每种扣 3 分	15		
麦田除草剂的选择 40 分	1. 说出 2 种防治麦田苗后一年生禾本科杂草的主要除草剂	除草剂选择错误酌情扣分	20	训练 2 d 考核 15 min	单人笔试考核
	2. 说出 2 种防治麦田苗后阔叶杂草除草剂的使用技术	除草剂的使用技术错误酌情扣分	20		
综合防除技术 30 分	1. 制订麦田恶性杂草综合治理措施	根据麦田杂草种类及发生特点制订综合防治措施，是否符合要求情况酌情扣分	15	训练 2 d 考核 10 min	单人笔试考核
	2. 可行性和可操作性	根据制订的综防措施是否具有可操作性和可行性酌情扣分	15		

五、练习及思考题

1. 查阅相关资料或拜访农户，了解在过去的 20 年间，麦田杂草群落的演变情况，并分析杂草演变的原因。当前麦田杂草防除中存在哪些问题？有何建议？

2.参加当地麦田生产的化学除草实训。

3.简述农药混用的优点及可能出现的问题。

4.冬小麦田防治播娘蒿、节节麦的有效措施是什么？在实际应用中应注意哪些事项？

5.搜集小麦田主要杂草(10种以上)的俗名。

项目5 玉米田杂草防除技术

一、技能目标

通过实训，使学生能够识别玉米田主要杂草种类，了解玉米田杂草为害特点；掌握适用于玉米田的主要除草剂品种药剂、防除对象和施药技术；提出治理玉米田草害的解决方案，并能够根据玉米田发生的杂草群落实施有效的化学除草措施。

二、教学资源

1.材料与工具

玉米田杂草实物标本、干制标本及标本夹，移植铲、各种孔径筛子一套等标本采集工具，解剖镜、镊子等观察用具，多媒体教学设备、课件、挂图等学习用具，根据防治需要选择的玉米田除草剂及量筒、烧杯、秤、塑料桶、喷雾器等。

2.教学场所

教室、实验(训)室，玉米田杂草观察圃及主要玉米田草害防除示范田。

3.师资配备

每20名学生配备一位指导教师。

三、原理、知识

我国玉米种植区域较为集中，东北、内蒙古及新疆春玉米区和黄淮海夏玉米区属于2个黄金玉米带，其他区域玉米面积较小，代表性不强，如长江流域玉米区、华南玉米区、云贵川玉米区和西北玉米区。各区域间杂草的种类及发生为害特点存在差异。东北、内蒙古及新疆春玉米区属春玉米带，一年一熟，主要杂草有稗草、马唐、狗尾草、野黍、藜、反枝苋、铁苋菜、龙葵、苍耳、苘麻、打碗花、田旋花、小蓟、苣荬菜等。一般杂草发生较早，几乎与玉米同步出苗生长，随着气温升高，杂草进入发生高峰，而后陆续有杂草出苗，其发生特点是出苗不整齐，持续发生期长。防除策略为"抓好苗前与苗后早期防除"。通常以土壤处理为主，苗后除草为辅。因为只要土壤墒情好，土壤处理剂可有效控制杂草的发生与为害。但由于春玉米区春季十年九春旱，气候冷凉，风蚀较重，且土壤有机质含量高，多数年份土壤处理剂防效并不能得到保证，往往还需要进行一次苗后茎叶处理。

黄淮海夏玉米区为夏玉米带，一年两熟为主，前茬以冬小麦或冬油菜为主。该区域草害主要由两部分杂草构成，一部分是前茬作物田残余下来杂草，另一部分是新出土的晚春杂草。其中前茬残余杂草生长迅速，竞争优势强，加之高温多雨的气候条件，在玉米出苗前就对玉米生长构成威胁。如果耕翻后种植夏玉米，则这部分杂草可被灭掉。而晚春杂草与玉米同时出苗，是构成危害的主要杂草。这些杂草主要有马齿苋、反枝苋、稗草、千金子、凹头苋、胜红蓟、野燕麦、牛筋草、画眉草、马唐、藜、狗尾草、铁苋菜、打碗花、田旋花、小蓟、苣荬菜、曼陀罗等。夏玉米播种期一般在6月上、中旬，温度较高，在墒情较好时，杂草发生集中，杂草生长较快，一般在播后10 d即达出苗高峰，30 d杂草基本出齐。夏玉米田杂草防除策略为"以苗前除草为主，苗后中期除草为辅"。

(一)播后苗前封闭处理

1.以一年生禾本科杂草和小粒种子阔叶杂草为主的玉米田

采用96%精异丙甲草胺乳油900～2 100 mL/hm²，进行苗前封闭，当土壤有机质含量小于3%时，用下限剂量，当土壤有机质含量大于4%时用上限剂量；或采用72%异丙草胺乳油1 500～3 000 mL/hm²，进行苗前封闭，当土壤有机质含量小于3%时用下限剂量，当土壤有机质含量大于4%时用上限剂量。

2.禾本科及阔叶杂草等多种杂草混合发生的玉米田

采用90%乙草胺1 500～2 000 mL/hm²＋80%唑嘧磺草胺水分散粒剂30～60 g/hm²；96%精异丙甲草胺乳油900～2 100 mL/hm²＋75%噻吩磺隆30 g/hm²；72%异丙草胺1 500～3 500 mL/hm²＋70%嗪草酮可湿性粉剂400～600 g/hm²（低洼易涝地及沙土地或有机质含量小于2%的田块不宜用嗪草酮）。

播后苗前土壤封闭处理，喷液量为450～600 kg/hm²。最好是于玉米播种覆土后，趁土壤呈湿润状态时随即施药。

3.玉米播后苗前"明草"的防除技术

该方法特别适用于夏玉米区（春玉米区可参照进行），即在玉米播种后出苗前，有很多杂草已经出土（注：在作物出苗前即已出土的杂草称为"明草"），此时采用

41%草甘膦 3 000～3 750 mL/hm^2 或 20%百草枯 2 500～3 000 mL/hm^2 进行茎叶喷雾处理，喷液量为 225～300 kg/hm^2，将“明草”杀死。在多年生杂草多的田块选用草甘膦，在一年生杂草多的田块用百草枯。

(二)苗后茎叶处理

针对多种禾本科杂草和阔叶杂草，采用 4%烟嘧磺隆悬浮剂 1 500 mL/hm^2；4%烟嘧磺隆 750 mL/hm^2＋38%莠去津悬浮剂 2 000 mL/hm^2；10%硝磺草酮水剂 1 500 mL/hm^2＋38%莠去津 2 000 mL/hm^2；4%烟嘧磺隆 900 mL/hm^2＋72% 2,4-滴异辛酯 750 mL/hm^2。施药时期为玉米 3～5 叶期，禾本科杂草 4 叶期之前，阔叶杂草 5 叶期之前，喷液量为 225～300 kg/hm^2（注意：烟嘧磺隆不宜于玉米自交系、硬粒型玉米、甜玉米、爆裂玉米田使用；2,4-滴用于玉米苗后茎叶除草，应在玉米 3～5 叶期施药，玉米小于 3 叶期使用 2,4-滴不安全，低温多雨安全性差）。

(三)防除苣荬菜、刺儿菜、苍耳、卷茎蓼等恶性杂草

采用 75%二氯吡啶酸乳油 150～200 mL/hm^2，在上述杂草出齐苗后进行茎叶喷雾，喷液量为 225 kg/hm^2。

(四)防除香附子

48%灭草松 2 500～3 000 mL/hm^2，在香附子株高 10 cm 左右时进行茎叶喷雾，喷液量为 225 kg/hm^2。

(五)防除苗后大龄杂草(株高大于 10 cm)

当玉米株高超过 50 cm 高时，采用 20%百草枯 2 250～3 000 mL/hm^2，兑水 400 kg/hm^2 进行行间保护性定向喷雾，几乎对所有已出苗的杂草有效。百草枯也可用于播前或播后苗前土壤处理，防除已出苗的杂草（在除草剂的选择上必须注意除草剂的残留期，避免对后茬作物产生药害）。

四、操作方法及考核标准

(一)操作方法与步骤

(1)选择草害发生比较严重的玉米田，调查杂草种类、为害状况及为害特点。

(2)结合教师讲解，识别玉米田常见杂草，利用解剖镜观察描述玉米田主要杂草种子的特征。

(3)根据玉米田杂草的种类及发生规律，制订玉米田杂草综合治理措施。

(4)在实训基地进行玉米田的化学除草实训。

(5)认真撰写实训报告。

(二)技能考核标准

玉米田主要杂草防除技术技能考核参考标准见表16-5-1。

表16-5-1　玉米田主要杂草防除技术技能考核参考标准

考核	要求与方法	评分标准	标准分值	需要时间	考核
玉米田草害识别30分	1.说出5种玉米田杂草的名称	杂草名称错误每种扣3分	15	训练2 d 考核10 min	单人考核口试评定成绩
	2.说出5种杂草科的名称	杂草分类名称错误每种扣3分	15		
玉米田除草剂的选择40分	1.说出2种防治玉米田苗后一年生禾本科杂草的主要除草剂	除草剂选择错误酌情扣分	20	训练2 d 考核15 min	单人笔试考核
	2. 说出2种防治玉米田苗后阔叶杂草除草剂的使用技术	除草剂的使用技术错误酌情扣分	20		
综合防除技术30分	1.制订玉米田恶性杂草综合治理措施	根据玉米田杂草种类及发生特点制订综合防治措施,是否符合要求情况酌情扣分	15	训练2 d 考核10 min	单人笔试考核
	2.可行性和可操作性	根据制订的综防措施是否具有可操作性和可行性酌情扣分	15		

五、练习及思考题

1.查阅相关资料或拜访农户,了解在过去的20年间,玉米田杂草群落的演变情况,并分析杂草演变的原因。当前玉米田杂草防除中存在哪些问题?有何建议?

2.查阅相关资料,试述玉米田杂草综合治理措施。

3.参加当地玉米田化学除草实训。

4.玉米田使用烟嘧磺隆过程中,应如何保证防效,同时避免烟嘧磺隆的后茬残留问题?

5.在春玉米区杂草种类多、为害重,春季干旱少雨,一些农民采用玉米催芽座水的方式播种,他们将除草剂莠去津直接掺混于水中进行苗前除草。分析这种施药方法是否可行(对玉米幼芽及幼苗是否安全,能否达到预期的防效)?存在什么问题,应如何处理?

项目6 大豆田杂草防除技术

一、技能目标

通过实训，使学生能够识别大豆田主要杂草种类，了解大豆田杂草为害特点；掌握适用于大豆田的主要除草剂品种药剂、防除对象和施药技术；提出治理大豆田草害的解决方案，并能够根据大豆田发生的杂草群落实施有效的化学除草措施。

二、教学资源

1. 材料与工具

大豆田杂草实物标本、干制标本及标本夹，移植铲、各种孔径筛子一套等标本采集工具；解剖镜、镊子等观察用具；多媒体教学设备、课件、挂图等学习用具；根据防治需要选择的大豆田除草剂及量筒、烧杯、秤、塑料桶、喷雾器等。

2. 教学场所

教室、实验(训)室，大豆田杂草观察圃及大豆田草害防除示范田。

3. 师资配备

每20名学生配备一位指导教师。

三、原理、知识

我国大豆生产可分四大栽培区域，分别是东北春大豆区、黄淮海大豆区、长江流域大豆区和华南双季大豆区。东北春大豆区常见杂草有稗草、卷茎蓼、问荆、鸭跖草、苣荬菜、大蓟、小蓟、柳叶刺蓼、苘麻、绿狗尾、藜、马齿苋、铁苋菜、鬼针草等；黄淮海夏大豆区杂草有马唐、牛繁缕、绿狗尾、金狗尾、反枝苋、鳢肠等；长江流域大豆区杂草有千金子、稗草、牛筋草、碎米莎草、凹头苋等；华南双季大豆区杂草有马唐、稗草、牛筋草、碎米莎草、胜红蓟等。

不论是春大豆还是夏大豆播种前都要进行机械整地，所以播前很少有杂草存在，所以主要是采用播后苗前土壤封闭处理措施；苗后施药成为补充措施。

(一)播后苗前土壤封闭处理

1. 以一年生禾本科杂草为主田块

采用48%甲草胺乳油2 250～4 500 mL/hm²;90%乙草胺1 200～2 250 mL/hm²;72%异丙草胺1 500～3 750 mL/hm²;96%精异丙甲草胺1 200～1 800 mL/hm²。

2. 禾本科杂草及阔叶杂草混合发生的田块

采用75%噻吩磺隆30 g/hm²+72%异丙草胺2 500 mL/hm²;48%异噁草松1 000～1 200 mL/hm²+90%乙草胺2 000～2 400 mL/hm²+80%唑嘧磺草胺30～45 g/hm²;48%异噁草松1 000～1 200 mL/hm²+72%异丙草胺2 500～3 000 mL/hm²+72%2,4-滴异辛酯(或丁酯)750 mL/hm²。

土壤处理兑水喷雾,喷液量为450～600 kg/hm²。最好是于大豆播种覆土后,趁土壤呈湿润状态时随即施药。

(二)茎叶喷雾处理

1. 以一年生禾本科杂草为主田块

采用12.5%烯禾啶机油乳油1 000～1 500 mL/hm²;5%精喹禾灵乳油900～1 500 mL/hm²;15%精吡氟禾草灵乳油900～1 500 mL/hm²;10.8%高效氟吡甲禾灵乳油400～750 mL/hm²;6.9%精噁唑禾草灵水乳剂750～1 000 mL/hm²。

2. 以阔叶杂草为主田块

采用25%氟磺胺草醚1 000～1 500 mL/hm²;48%灭草松1 500～3 000 mL/hm²;24%乳氟禾草灵300～450 mL/hm²;21.4%三氟羧草醚1 000～1 500 mL/hm²;24%乳氟禾草灵250 mL/hm²+25%氟磺胺草醚700 mL/hm²。

3. 禾本科杂草和阔叶杂草混合发生的田块

采用48%异噁草松1 000～1 200 mL/hm²+5%咪唑乙烟酸800～1 000 mL/hm²(咪唑乙烟酸为长残留除草剂,使用时须考虑下茬作物的安全性);25%氟磺胺草醚1 200 mL/hm²+15%精吡氟禾草灵1 200 mL/hm²;48%灭草松1 500 mL/hm²+15%精吡氟禾草灵1 200 mL/hm²。茎叶处理施药时期为大豆1片复叶至3片复叶期,禾本科杂草1～5叶期,阔叶杂草2～4叶期。喷液量为225～300 kg/hm²。

(三)大豆田恶性杂草防除

草害是东北春大豆区尤其是黑龙江和内蒙古东部大豆生产的主要威胁。所谓恶性杂草是指刺儿菜(大蓟、小蓟)、苣荬菜、鸭跖草、问荆、苘麻、铁苋菜、野黍、卷茎蓼、繁缕等常见杂草,特别是俗称"三菜"的鸭跖草、刺儿菜、苣荬菜在大豆主产区发生较为普遍,为害严重,防除困难,属恶性杂草的典型代表。

1. 苗前土壤封闭处理

采用48%异噁草松1 000～1 200 mL/hm² +72%异丙草胺2 500～3 000 mL/hm² +80%唑嘧磺草胺30～45 g/hm²；或48%异噁草松1 000～1 200 mL/hm² +90%乙草胺1 500～2 000 mL/hm² +80%唑嘧磺草胺30～45 g/hm²。如果田间苣荬菜、刺儿菜发生数量大，则可将上述2个配方中的唑嘧磺草胺替换成72%2,4-滴异辛酯(或丁酯)750 mL/hm²。土壤处理兑水喷雾，喷液量为450～600 kg/hm²。最好是于大豆播种覆土后，趁土壤呈湿润状态时随即施药。

2. 茎叶喷雾处理

采用48%异噁草松1 200 mL/hm² +5%咪唑乙烟酸1 200 mL/hm² +72% 2,4-滴异辛酯(或丁酯)750 mL/hm²；24%乳氟禾草灵250 mL/hm² +48%异噁草松1 000 mL/hm² +15%精吡氟禾草灵1 200 mL/hm²；48%异噁草松1 000 mL/hm² +25%氟磺胺草醚1 000 mL/hm² +15%精吡氟禾草灵1 200 mL/hm²；48%异噁草松1 000 mL/hm² +48%灭草松2 500 mL/hm² +15%精吡氟禾草灵1 200 mL/hm²。茎叶处理施药时期为大豆1片复叶至3片复叶期，禾本科杂草1～5叶期，阔叶杂草2～4叶期。喷液量为225～300 kg/hm²。

3. 分期施药

对于叶龄较大的恶性杂草(如鸭跖草4～6叶期，刺儿菜5～8叶期)，可采用分期施药的方式进行防除：第1次用药剂量为灭草松1 500 mL/hm² +异噁草松1 200 mL/hm²，间隔5～7 d进行第2次用药，剂量为灭草松2 500 mL/hm² +异噁草松900 mL/hm²。兑水茎叶喷雾，喷液量为225～300 mL/hm²。

四、操作方法及考核标准

(一)操作方法与步骤

(1)选择草害发生比较严重的大豆田，调查杂草种类、为害状况及为害特点。

(2)结合教师讲解，识别大豆田常见杂草，利用解剖镜观察描述大豆田主要杂草种子的特征。

(3)根据大豆田杂草的种类及发生规律，制订大豆田杂草综合治理措施。

(4)在实训基地进行大豆田的化学除草实训。

(5)认真撰写实训报告。

(二)技能考核标准

大豆田主要杂草防除技术技能考核标准见表16-6-1。

表 16-6-1　大豆田主要杂草防除技术技能考核标准

考核	要求与方法	评分标准	标准分值	需要时间	考核
大豆田草害识别 30 分	1. 说出 5 种大豆田杂草的名称	杂草名称错误每种扣 3 分	15	训练 2 d 考核 10 min	单人考核口试评定成绩
	2. 说出 5 种杂草科的名称	杂草分类名称错误每种扣 3 分	15		
大豆田除草剂的选择 40 分	1. 说出 2 种防治大豆田苗后一年生禾本科杂草的主要除草剂	除草剂选择错误酌情扣分	20	训练 2 d 考核 15 min	单人笔试考核
	2. 说出 2 种防治大豆田苗后阔叶杂草除草剂的使用技术	除草剂的使用技术错误酌情扣分	20		
综合防除技术 30 分	1. 制订大豆田恶性杂草综合治理措施	根据大豆田杂草种类及发生特点制订综合防治措施，是否符合要求情况酌情扣分	15	训练 2 d 考核 10 min	单人笔试考核
	2. 可行性和可操作性	根据制订的综防措施是否具有可操作性和可行性酌情扣分	15		

五、练习及思考题

1. 查阅相关资料或拜访农户，了解在过去的 20 年间，大豆田杂草群落的演变情况，并分析杂草演变的原因。当前大豆田杂草防除中存在哪些问题？有何建议？

2. 大豆田杂草综合治理的内容是什么？应怎样进行综合治理？

3. 参加当地大豆田化学除草实训。

4. 检索有关资料，简述大豆田恶性杂草如刺儿菜、苣荬菜及鸭跖草的发生为害特点，提出科学合理的治理方案。

【拓展知识 1】其他作物田杂草防除技术

一、马铃薯田杂草防除技术

马铃薯田常见杂草有稗草、狗尾草、野黍、马唐、苘麻、苍耳、藜、蓼、苋、田旋花、铁苋菜、龙葵、大蓟、小蓟、鸭跖草等。

1. 播前土壤处理

采用48%氟乐灵1 000～1 500 mL/hm^2+70%嗪草酮600～800 g/hm^2，施用氟乐灵后，应随即进行浅耙混土。

2. 播后苗前土壤处理

采用72%异丙草胺1 500～3 000 mL/hm^2+70%嗪草酮600～800 g/hm^2；96%精异丙甲草胺800～1 000 mL/hm^2+90%乙草胺800～1 000 mL/hm^2+70%嗪草酮600～800 g/hm^2。土壤处理喷液量为450～600 kg/hm^2，播后苗前施药在播种覆土后趁土壤呈湿润状态时随即施药为宜。

3. 苗后茎叶处理

马铃薯株高小于10 cm(幼苗5～7叶)，杂草2～4叶施药为宜。采用12.5%烯禾啶1 200～1 500 mL/hm^2+70%嗪草酮500～700 g/hm^2(其中烯禾啶可以10.8%高效氟吡甲禾灵400～550 mL/hm^{2}或5%精喹禾灵900～1 500 mL/hm^{2}替代)；或25%砜嘧磺隆75～100 g/hm^2，兑水均匀喷雾，喷液量225～300 kg/hm^2。

二、油菜田杂草防除技术

油菜田常见杂草包括稗草、狗尾草、马唐、牛筋草、看麦娘、早熟禾、藜、蓼、苋、苣荬菜、苘麻、繁缕、猪殃殃、薄蒴草等。

1. 移栽油菜田杂草防除

(1)土壤处理　油菜移栽前5 d内趁土壤湿润时，采用50%敌草胺1 500 g/hm^2；96%精异丙甲草胺900～1 200 mL/hm^2；72%异丙草胺1 200～2 250 mL/hm^2，土壤喷雾，兑水量600 kg/hm^2。

(2)茎叶处理　油菜移栽前3～5 d，采用41%草甘膦2 250～3 000 mL/hm^2；20%百草枯2 500～3 000 mL/hm^2；50%扑草净1 500 g/hm^2+15%精吡氟禾草灵1 200 mL/hm^{2}茎叶喷雾，兑水量300～450 kg/hm^{2}以杀死已出土杂草。

(3)移栽后处理　油菜移栽成活后，以禾本科杂草为主的田块，杂草3～5叶期，采用5%精喹禾灵450～750 mL/hm^{2}或6.9%精噁唑禾草灵800 mL/hm^2，茎叶喷雾，兑水300～450 kg/hm^2；以禾本科杂草和阔叶杂草混合发生的田块，杂草3～4叶期，采用50%草除灵450 mL/hm^2+5%精喹禾灵900 mL/hm^2，茎叶喷雾，兑水量225～300 kg/hm^2(草除灵不宜在芥菜型油菜田使用)。

2. 直播油菜田杂草防除

(1)土壤处理　油菜播种前3～4 d，在杂草基数高的田块，采用41%草甘膦2 500 mL/hm^2，兑水喷雾，防除已出苗的杂草。播后苗前土壤处理，采用90%乙草胺 750 mL/hm^2 或 50%敌草胺 1 500 g/hm^2，于播种覆土后趁土壤湿润状态随即施药，兑水 500 kg/hm^2 土壤喷雾。

(2)茎叶处理 以禾本科杂草为主时，杂草 3～4 叶期，采用 12.5%烯禾啶 1 200 mL/hm^2 或 10.8%高效氟吡甲禾灵 400～500 mL/hm^2；以禾本科和阔叶杂草混生田块，油菜 5 叶期后，采用 50%草除灵 500 mL/hm^2 + 5%精喹禾灵 1 000 mL/hm^2 或 50%草除灵 260 mL/hm^2 +20%胺苯磺隆可溶粉剂 75 g/hm^2 + 15%精吡氟禾草灵 900 mL/hm^2，茎叶喷雾，兑水量 225～300 kg/hm^2。

三、甜菜田杂草防除技术

甜菜种植区域主要集中在黑龙江、吉林、内蒙古及新疆等地，主要杂草包括稗草、野燕麦、狗尾草、芦苇、马唐、大蓟、小蓟、藜、蓼、苋、地肤、鸭跖草及龙葵等。甜菜分直播和纸筒育苗移栽 2 种种植方式，现以直播为主。直播甜菜一般于 3 下旬至 5 月上旬播种，实行垄作或平作栽培。由于甜菜幼苗期对除草剂特别敏感，所以，甜菜前期除草剂的选择及应用必须特别注意。

1.直播甜菜田杂草防除

(1)播后苗前土壤封闭处理 采用 96%精异丙甲草胺 900～1 500 mL/hm^2，兑水 450 kg/hm^2，土壤喷雾。主要防除稗草、马唐、狗尾草等一年生禾本科杂草和小粒种子阔叶杂草。施药时如果土壤干旱，可进行浅耙混土，以提高除草效果。对于土壤有机质含量小于 2%沙质土、低洼地或平播甜菜不宜苗前封闭。

(2)苗后茎叶处理 采用 15%精吡氟禾草灵 750～1 200 mL/hm^2 或 6.9%精噁唑禾草灵 750～1 200 mL/hm^2，于杂草 3～5 叶期进行茎叶喷雾，兑水量 225 kg/hm^2，防除禾本科杂草；采用 16%甜菜安·宁乳油 5 000～6 000 mL/hm^2，于杂草 3～5 叶期进行茎叶喷雾，对藜、卷茎蓼、繁缕等防效较好，与烯禾啶、精噁唑禾草灵、精吡氟禾草灵等禾本科除草剂按登记剂量混用，可有效防除单双子叶杂草。

2.育苗移栽甜菜田杂草除草

主要采用移栽前土壤处理，在整地起垄后，采用 96%精异丙甲草胺 1 200～2 000 mL/hm^2，或 60%丁草胺 1 500～1 900 mL/hm^2，兑水 450 kg/hm^2，土壤喷雾。

3.留种甜菜田化学除草

在黄河、淮河流域地区的留种甜菜，一般于 8 月上中旬播种，露地越冬，翌年 6 月下旬收获。杂草有 3 次出苗高峰，第 1 次在 8 月中下旬，第 2 次在翌年 5 月中旬，第 3 次在翌年 6 月下旬的梅雨季节。

(1)播前或播后土壤处理 播种前采用 48%氟乐灵 1 500 mL/hm^2，施药后立即浅耙混土，然后播种；也可在播后苗前选用 96%精异丙甲草胺 1 200～2 000 mL/hm^2，兑水 450～600 kg/hm^2 进行土壤喷雾。

(2)苗后茎叶处理　在黄淮地区，留种甜菜播后 20 d 左右，禾本科杂草 3～5 叶期，阔叶杂草 2～4 叶期，采用精喹禾灵、烯禾啶、精噁唑禾草灵、甜菜安·宁等除草剂进行茎叶处理。施药剂量、方法与直播甜菜田苗后茎叶处理相同。

四、棉花田杂草防除技术

棉花田常见杂草有马唐、牛筋草、千金子、稗草、狗尾草、狗牙根等禾本科杂草，以及鳢肠、反枝苋、灰绿藜、铁苋菜、苘麻等阔叶杂草，还有香附子等莎草科杂草。

1. 露地直播棉田杂草防除

(1)播前土壤封闭处理　采用48%氟乐灵 1 500～1 875 mL/hm^2，兑水 375～450 mL/hm^2，土壤喷雾，施药后及时用圆盘耙耙地混土，耙地深度为 5～7 cm，可有效防除禾本科杂草和莎草。

(2)播后苗前处理　采用90%乙草胺 800～1 200 mL/hm^2；50%敌草胺 2 250～3 750 g/hm^2；25%噁草酮 1 350～1 800 mL/hm^2；72%异丙甲草胺 1 100～2 200 mL/hm^2；24%乙氧氟草醚乳油 600 mL/hm^2；33%二甲戊灵 3 000～4 500 mL/hm^2。兑水 375～450 kg/hm^2，进行土壤喷雾，以播种后趁土壤呈湿润状态时随即用药为宜。

(3)茎叶喷雾处理　以禾本科杂草为主时，采用 12.5%烯禾啶 1 300～1 500 mL/hm^2，15%精吡氟禾草灵 750～1 000 mL/hm^2，10.8%高效氟吡甲禾灵 450～750 mL/hm^2 等。当禾本科和阔叶杂草混合发生时，待棉苗 30～50 cm 时，采用 24%乙氧氟草醚 600～900 mL/hm^2 或 20%百草枯 3 000～4 500 mL/hm^2，采用背负喷雾器进行定向(扇形喷头)保护性喷雾，施药时应防止药液接触到棉花植株的绿色组织。

2. 麦棉套作棉田杂草防除

麦棉套作直播田，棉花在 4 月下旬至 5 月初播种；麦棉套作移栽田，在 5 月中旬到 5 月底移栽。5 月底小麦收割后，随着雨季的来临，麦垄上杂草大量萌发，因此，麦棉套作的棉田一般应进行 2 次化学除草。第 1 次在棉花播种或移栽前后，第 2 次在麦收灭茬整地后进行全田施药，时间应赶在雨季来临之前。第 1 次施药主要使用土壤处理剂，如氟乐灵、敌草胺、异丙草胺、丁草胺、敌草隆等；第 2 次施药使用茎叶处理剂，如烯禾啶、精噁唑禾草灵、精喹禾灵、百草枯等。具体各药剂的用量和用法参照露地直播棉田施药。

3. 免耕棉田杂草防除

所谓免耕是在前茬收获后不翻耕土壤，直接开沟播种的轻型保护性耕作技术。

免耕棉田的主要杂草是前茬作物田的残存杂草，所以防除上可采用灭生性除草剂在播后苗前施药。对一年生杂草为主的田块，采用20%百草枯4 000 mL/hm^2，对杂草全株进行茎叶喷雾，兑水量300～450 kg/hm^2；以一年生和多年生杂草混合发生的田块，可选用41%草甘膦3 000 mL/hm^2，茎叶喷雾处理，兑水量150～300 kg/hm^2。施药时必须注意风向风速，压低喷头喷雾，以免百草枯或草甘膦对临近作物造成药害。

【拓展知识2】部分农田杂草学名与俗名对照

表16-拓-1　部分农田杂草学名与俗名对照

学名	俗名	学名	俗名
葎草	拉拉秧、锯锯藤、葛麻藤	胜红蓟	绪丝花、猫脚花
萹蓄	扁猪牙、鸟蓼、地蓼、猪牙菜	大蓟、小蓟	刺儿菜、刺蓟、小恶鸡婆
柳叶刺蓼	本氏蓼、刺蓼、蚂蚱子腿	苣荬菜	苦荬菜、曲荬菜
卷茎蓼	荞麦蔓	飞机草	香泽兰
酸模叶蓼	大马蓼、旱苗蓼、斑蓼、柳叶蓼	狼把草	鬼针草、鬼刺、鬼叉
马齿苋	马齿菜、马蛇子菜、马尿菜、五行菜	苍耳	苍子、老苍子、野落苏、虱麻头
打碗花	常青藤、小旋花、叶天剑、喇叭花、兔耳草、狗儿秧	陌上菜	母草、黏黏草、麦蜘蛛
田旋花	小喇叭、箭叶旋花	辣子草	兔儿草、铜锤草
菟丝子	黄丝子、金丝藤、金线草、无根草、无娘子	独行菜	辣椒菜、麻麻菜、尿溜溜
曼陀罗	野大麻子、醉心花、闹阳花、狗核桃	地锦	红丝草、奶疳草、血见愁、铺地红、雀儿卧蛋
龙葵	黑星星、悠悠秧、苦葵、野海椒、野葡萄	野慈姑	驴耳菜、鹰爪子、鸭嘴菜、飞机草、地豆
荠菜	荠荠菜、菱角菜	雨久花	兰花菜、鸭舌草、马耳菜
繁缕	鹅肠草、鹅简草、河清涿头	泽泻	水白菜、水菠菜、匙子菜
播娘蒿	米米蒿、米蒿、麦蒿、野芥菜	米瓦罐	麦瓶草、梅花瓶、面条菜
猪毛菜	沙蓬、山叉明棵、扎蓬棵	蒺藜	刺藜、蒺藜狗子、小老虎子
夏至草	白花夏枯草、白花益母草、夏枯草、风轮草、灯笼棵	香薷	野苏子、山苏子、野荆

续表 16-拓-1

学名	俗名	学名	俗名
泽漆	猫儿眼、五朵云、五风草	苘麻	青麻、白麻、野麻
飞扬草	乳子菜、飞翔草、大飞扬草、大奶汁、节节花	野西瓜苗	香铃草、芙蓉花、鬼灯笼
冬寒菜	冬苋菜、葵菜	藜	灰菜、灰灰菜、灰条菜
眼子菜	水上漂、鸭子草、水案板、竹叶草	马唐	抓地草、鸡窝草、鸡爪草
看麦娘	麦娘娘、麦陀陀、棒槌草	野燕麦	铃铛麦、乌麦
牛筋草	蟋蟀草、官司草、油葫芦草	白茅	茅根、茅草、甜根草
早熟禾	稍草、小鸡草、冷草、绒球草	鸭舌草	鸭舌子、水玉草、兰花菜
两耳草	大肚草	香附子	回头青、雷公头、草头香
萤蔺	小水葱、水葱子	牛毛毡	牛毛草、猫毛草
狗尾草	谷莠子、绿毛莠、香茅子	鸭跖草	兰花菜、竹叶草、翠蝴蝶
问荆	节骨草、笔头草	水龙	过江龙、过塘蛇、过沟藤、过江龙、水蕹菜

【拓展知识 3】农作物田登记的主要除草剂品种

表 16-拓-2 水稻田登记的主要除草剂品种

品种	防除对象	剂量/(g·mL/hm²)	施药时期	施药方法
莎稗磷 30%EC	稻稗、稗草	750～900	移栽前/移栽后	甩喷法/药土法
丁草胺 90%EC	稗草及小粒种子阔叶草	1 050～1 500	移栽前/移栽后	甩喷法/药土法
丙草胺 50%EC	稗草及小粒种子阔叶草	600～900	移栽前/移栽后	甩喷法/药土法
苯噻酰草胺 50%WP	稗草、稻稗	750～900	移栽后	甩喷法/药土法
噁唑酰草胺 10%EC	直播水稻一年生禾本科杂草	900～1 200	直播水稻	茎叶喷雾
禾草敌 90.9%EC	稗草、牛毛毡	2 200～3 300	移栽后	药土法
禾草丹 90%EC	一年生杂草	1 500～2 250	移栽后	药土法

续表 16-拓-2

品种	防除对象	剂量/（g·mL/hm^2）	施药时期	施药方法
吡嘧磺隆 10%WP	莎草科杂草、阔叶草	225～300	移栽前/移栽后	甩喷法/药土法
苄嘧磺隆 30%WP	莎草科杂草、阔叶草	150～225	移栽前/移栽后	甩喷法/药土法
乙氧磺隆 15%WG	阔叶草、莎草科杂草	45～135	移栽后	药土法
醚磺隆 10%WP	一年生阔叶草、莎草科杂草	240～300	移栽后	药土法
氟吡磺隆 10%WP	一年生阔叶草、莎草科杂草	200～300	移栽前/移栽后	甩喷法/药土法
嘧苯胺磺隆 50%WG	一年生阔叶草、莎草科杂草	120～150	移栽后	药土法
环丙嘧磺隆 10%WP	一年生阔叶草、莎草科杂草	300～450	移栽后	药土法
氰氟草酯 10%EC	稗草、千金子	750～1 050	移栽后	茎叶喷雾
五氟磺草胺 2.5%油悬浮剂	一年生杂草	600～1 200	移栽后	茎叶喷雾
灭草松 48%水剂	莎草科杂草和阔叶草	2 250～3 000	移栽后	茎叶喷雾
嘧啶肟草醚 5%EC	稗草、阔叶杂草	南方稻区 600～750	移栽后	茎叶喷雾
嘧草醚 10%WP	稗草、稻稗	300～450	移栽后	药土法
双草醚 10%SC	稗草、阔叶杂草	南方稻区 225～300（另加展着剂）	直播水稻	茎叶喷雾
2甲4氯钠 56%可溶粉剂	阔叶杂草、莎草科杂草	南方稻区 900～1 500	移栽后（有效分蘖结束）	茎叶喷雾
扑草净 50%WP	一年生阔叶草	300～600	移栽后	药土法
西草净 25%WP	一年生阔叶杂草	2 250～3 000	移栽后	药土法
噁草酮 12%EC	一年生杂草	2 250～3 750	移栽前	瓶甩法
噁嗪草酮 30%SC	稗草、千金子、异型莎草	75～150	直播稻	喷雾法
丙炔噁草酮 80%WP	稻稗、莎草、阔叶杂草	90～120	移栽前/移栽后	甩喷法/药土法
乙氧氟草醚 24%EC	一年生杂草	225～300	移栽前	药土法
二氯喹啉酸 50%WP	稗草	450～750	移栽后	喷雾法

注：EC代表乳油，WP代表可湿性粉剂，SC代表悬浮剂，WG代表水分散粒剂。

表 16-拓-3 小麦田登记的主要除草剂品种

除草剂	适用作物	防除对象	制剂剂量/（g·mL/hm²）	施药时期	施药方法
精噁唑禾草灵 6.9%EW（含相应的安全剂）	冬（春）小麦大麦	野燕麦、稗草、看麦娘	600～750	小麦分蘖期	茎叶喷雾
甲基二磺隆 3% OD	冬（春）小麦	一年生禾本科杂草、部分阔叶杂草	300～500	出苗后	茎叶喷雾
唑草酮 40%WG	冬（春）小麦	阔叶杂草	75～90	苗后	茎叶喷雾
氯氟吡氧乙酸 20%EC	冬（春）小麦	阔叶杂草	750～997	苗后	茎叶喷雾
炔草酸 15%WP	春小麦	部分禾本科杂草	200～300	苗后	茎叶喷雾
2，4-滴异辛酯 55%EW	春小麦	阔叶杂草	900～1 200	分蘖期	茎叶喷雾
氟唑磺隆 70%WG	春小麦	杂草	29～42	苗后	茎叶喷雾
唑嘧磺草胺 80% WG	冬小麦	阔叶杂草	31.5～37.5	苗后	茎叶喷雾
苯磺隆 10%WP	冬（春）小麦	阔叶杂草	150～200	苗后	茎叶喷雾
吡草醚 2%SC	冬小麦	阔叶杂草	450～600	苗后	茎叶喷雾
异丙隆 50%WP	冬小麦	一年生杂草	2 100～2 400	苗后	茎叶喷雾
双氟磺草胺 5%SC	冬小麦	阔叶杂草	75～90	苗后	茎叶喷雾
酰嘧磺隆 50%WG	小麦	阔叶杂草	45～60	苗后	茎叶喷雾
灭草松 25%水剂	小麦	阔叶杂草	3 000	苗后	茎叶喷雾
麦草畏 48%水剂	小麦	阔叶杂草	300～400	分蘖期	茎叶喷雾
野麦畏 40%EC	小麦	野燕麦	2 250～3 000	苗前	土壤喷雾
唑啉草酯 5%EC	大麦	一年生禾本科杂草	900～1 500	苗后	茎叶喷雾

注：EC 代表乳油，WP 代表可湿性粉剂，SC 代表悬浮剂，WG 代表水分散粒剂，EW 代表水乳剂，OD 代表可分散油悬浮剂。

表 16-拓-4　玉米田登记的主要除草剂品种

除草剂	适用作物	防治对象	剂量/(g·mL/hm²)	施药时期	施药方法
2,4-滴丁酯 72%EC	春玉米	阔叶杂草	675～750	玉米 3～5 叶	茎叶喷雾
二氯吡啶酸 30%水剂	春玉米	阔叶杂草	1 005～1 605	苗后	茎叶喷雾
砜嘧磺隆 25%WG	春玉米	一年生杂草	75～90	苗后	茎叶喷雾
	夏玉米	一年生杂草	45～60		
莠去津 38%SC	春玉米	阔叶杂草	4 500～6 100	播后苗前播	土壤喷雾
	夏玉米	阔叶杂草	3 000～4 500	后苗前	土壤喷雾
乙草胺 90%EC	春玉米	一年生杂草	1 500～2 100	播后苗前	土壤喷雾
噻吩磺隆 15%WP	春玉米	阔叶杂草	150～180	播后苗前或	土壤喷雾
	夏玉米		120～180	苗后	茎叶喷雾
唑嘧磺草胺 80%WG	春玉米	阔叶杂草	60～75	播后苗前	土壤喷雾
	夏玉米		30～60		
异丙草胺 72%EC	春玉米	一年生杂草	2 250～3 000	播后苗前	土壤喷雾
	夏玉米		1 950～2 250		
异丙甲草胺 72%EC	春玉米	一年生杂草	2 250～3 000	播后苗前	土壤喷雾
	夏玉米		1 500～2 250		
二甲戊灵 33%EC	春玉米	一年生杂草	东北地区	播后苗前	土壤喷雾
	夏玉米		3 750～5 250		
烟嘧磺隆 4%OD	春玉米	一年生杂草	1 250～1 500	苗后	茎叶喷雾
	夏玉米		1 050～1 500		
氯氟吡氧乙酸 20%EC	玉米	阔叶杂草	750～1 050	苗后	茎叶喷雾
硝磺草酮 10%SC	玉米	一年生阔叶草、部分禾本科杂草	1 050～1 500	苗后	茎叶喷雾
磺草酮 15%水剂	玉米	一年生杂草	3 000～4 500	苗后	茎叶喷雾
2 甲 4 氯钠 56%可溶粉剂	玉米	阔叶杂草	1 650～2 100	苗后	茎叶喷雾
百草枯 20%水剂	春玉米	多数杂草	2 250～3 000	苗后	行间定向
	夏玉米		2 250～3 000		茎叶喷雾

注：EC 代表乳油，WP 代表可湿性粉剂，SC 代表悬浮剂，WG 代表水分散粒剂，OD 代表可分散油悬浮剂。

表 16-拓-5 大豆田登记的主要除草剂品种

除草剂	适用作物	防治对象	制剂剂量/(g·mL/hm²)	施药时期	施药方法
灭草松 48%水剂	春大豆	阔叶草、莎草科杂草	3 000～3 750	苗后	茎叶喷雾
精喹禾灵 5%EC	春(夏)大豆	一年生禾本杂草	1 050～1 350	苗后	茎叶喷雾
烯禾啶 25%EC	春大豆	一年生禾本科杂草	525～900	苗后	茎叶喷雾
烯草酮 24%EC	春大豆	一年生禾本科杂草	300～450	苗后	茎叶喷雾
高效氟吡甲禾灵 10.8%EC	春大豆	一年生禾本科杂草	450～600	苗后	茎叶喷雾
精吡氟禾草灵 15% EC	春(夏)大豆	一年生及多年生禾本科杂草	975～1 200 750～975	苗后	茎叶喷雾
精噁唑禾草灵 6.9% EC	春(夏)大豆	一年生禾本科杂草	870～1 300	苗后	茎叶喷雾
异丙草胺 50%EC	春(夏)大豆	一年生禾本科杂草、小粒种子阔叶杂草	1 875～2 175	播后苗前	土壤喷雾
精异丙甲草胺 96% EC	春(夏)大豆	一年生禾本科杂草、小粒种子阔叶杂草	900～1 275	播后苗前	土壤喷雾
乙草胺 90%EC	春大豆	一年生禾本科杂草、小粒种子阔叶杂草	东北地区 1 500～2 100	播后苗前	土壤喷雾
甲草胺 43%EC	夏大豆	一年生禾本科杂草、小粒种子阔叶杂草	3 000～4 500	播后苗前	土壤喷雾
异噁草松 48%EC	春大豆	一年生杂草	2 100～2 250	苗前或苗后早期	喷雾
噻吩磺隆 75%WG	春大豆	一年生阔叶杂草	22.5～30	播后苗前	土壤喷雾
乙羧氟草醚 10%EC	春大豆 夏大豆	阔叶杂草 阔叶杂草	900～1 050 600～900	苗后	茎叶喷雾
氯酯磺草胺 84% WG	春大豆	阔叶杂草	30～37.5	苗后	茎叶喷雾
氟磺胺草醚 25%水剂	春大豆	阔叶杂草	1 500～1 950	苗后	茎叶喷雾
乳氟禾草灵 24%EC	春大豆	阔叶杂草	450～525	苗后	茎叶喷雾
三氟羧草醚 21.4%水剂	春大豆	阔叶杂草	1 680～2 240	苗后	茎叶喷雾

注:EC 代表乳油,WG 代表水分散粒剂。

【拓展知识 4】长残留除草剂施药后种植作物间隔时间表

表 16-拓-6　长残留除草剂施药后种植作物间隔时间表(月)

作物	除草剂													
	烟嘧磺隆①	氯嘧磺隆	异噁草松		唑嘧磺草胺	嗪草酮	氟磺胺草醚		甲氧咪草烟②	咪唑乙烟酸	甲磺隆	绿磺隆	二氯喹啉酸	莠去津
	剂量③ g/hm²													
	60	≧15	<700	>700	48~60	350~700	250	375	45	75	>7.5	15	106~177	>2 000
大豆	10	0	0	0	0	0	0	0	0	0	22	12	4	24
玉米	0	15	9	12	0	0	12	24	9	12	24	24		0
小麦	8	15	12	16	0	4	4	4	3	12	0	0	10	24
大麦	8	15	12	16	0	4	4	4	4	12	0	0		24
水稻	12	15	0	0	6	8	12	12	9	24	12	12	0	24
甜菜	18	48	9	9	26	18	12	24	26	48	24	24	24	24
油菜	18	40	0	0	26	18	12	24	18	40	24	12		24
亚麻	18	40	9	16	26	12	12	18	18	48	22	0		24
棉花	10	40	0	0	18	8	12	12		18		1		24
花生	12	15	12	16	4	8	12	12	9	0				22
向日葵	18	15	12	16	18	12	18	24	9	18	24			0
马铃薯	18	40	9	9	12	0	18	24	9	36	34	24	24	24
烟草	18	15	0	0	18	18	12	12		12	24		24	24
甘薯	18		0	0	4	18	12	12		0	24			24
番茄	18	36	12	16	26	0	12	18	9	40	24	24	24	24
黄瓜	18	36	0	0	26		12	18	9	40	24	24		24
西瓜	18	36	0	0	26		12	18	9	40	24	24	4	24
白菜	18	36	12	16	26		12	18	9	40	24	24		24
萝卜	18	36	12	16	26		12	18		40	24	24		24
豌豆	10	0	0	0	12		12	12	9	0	22	12	24	24
辣椒	18	36	0	0	26		12	18	9	40	24	24	4	24
高粱	18	15	9	9	12	12	18	24	9	24	24		0	0
南瓜	18	36	0	0	26		12	18	9	40	24	24		24
胡萝卜	18	36	12	16	26	18	12	18	9	40	24	24	24	24
卷心菜	18	36	12	16	26		12	18	9	40	24	24		24

注:①烟嘧磺隆对甜菜残留期:pH≤7.5 时,10 个月;pH>7.5 时,18 个月。

烟嘧磺隆对高粱残留期:pH≤7.5 时,8 个月;pH>7.5 时,18 个月。

烟嘧磺隆对向日葵残留期:pH≤7.5 时,10 个月;pH>7.5 时,18 个月。

②甲氧咪草烟对甜菜残留期:pH<6.2 时,26 个月;pH≥6.2 时,18 个月。

③"剂量"以"有效成分"计量。

附录 主要农药产品简介

一、杀虫剂

杀虫剂种类繁多，对害虫的主要作用方式可分为触杀、胃毒、内吸、熏蒸等。不少杀虫剂兼有多种杀虫作用方式，使用时可根据需要来选取（表-附-1）。

表-附-1 常用杀虫剂品种及使用技术

药剂类型	药剂名称	毒性及性能	主要剂型	作用方式	使用作物及防治对象	使用方法
有机磷杀虫剂	敌百虫	低毒、低残留，杀虫谱广，弱碱条件下可转变成毒性更强的敌敌畏，对高粱、豆类等敏感，勿用	90% 晶体、粉剂、5%粉剂	胃毒 触杀	水稻、小麦、棉花、蔬菜、果树、茶等作物害虫及地下害虫	喷雾 拌毒饵 灌根 喷粉
	敌敌畏	中等毒性，击倒力强，速效，残效期短，无残留。对高粱、玉米、豆类、瓜类幼苗较敏感，应慎用	50%、80%乳油	触杀 胃毒 熏蒸	蔬菜、果树、棉花等多种作物害虫及仓库害虫	喷雾 熏蒸
	辛硫磷	低毒、击倒力强、对鳞翅目幼虫特效，光解性强，残效期短	45% 乳油、25%超低容量剂、5%颗粒剂	触杀 胃毒	水稻、玉米、棉花、果树、蔬菜、桑、茶等作物的鳞翅目害虫及地下害虫	喷雾 拌种 浇灌 撒施
	乙酰甲胺磷	低毒，遇碱易分解，迟效，不宜在桑、茶树上使用	30%、40%乳油	胃毒 触杀 微弱熏蒸	蔬菜、棉花、水稻、小麦、油菜作物的多种害虫和害螨	喷雾

续表-附-1

药剂类型	药剂名称	毒性及性能	主要剂型	作用方式	使用作物及防治对象	使用方法
	马拉硫磷（马拉松、防虫磷）	低毒，有大蒜臭味，酸、碱条件下易分解，迟效	45%乳油、25%油剂、70%优质乳油	触杀微弱熏蒸	麦类、豆类、水稻、棉花、果树、蔬菜、茶等作物害虫及害螨	喷雾
	喹硫磷（爱卡士）	中等毒性，遇碱易分解，降解快，残效期短	25%乳油、5%颗粒剂	胃毒触杀熏蒸内渗	水稻、棉花、果树、蔬菜、茶等作物害虫及害螨	喷雾
	毒死蜱（乐斯本）	中等毒性，对地下害虫防治效果好	48%、40.7%乳油	触杀胃毒熏蒸	水稻、小麦、棉花、大豆、蔬菜等作物害虫、害螨及地下害虫	喷雾、浇灌
	氯虫苯甲酰胺（康宽）	微毒，具有内吸传导性，显效较慢。对哺乳动物和其他脊椎动物安全性较高	20%悬浮剂，35%水分散粒剂	胃毒为主，兼具触杀作用	水稻二化螟、三化螟、稻纵卷叶螟	喷雾
	三唑磷	中等毒性，施药时应特别注意安全防护措施，以免污染皮肤和眼睛，甚至中毒	20%、40%乳油、15%微乳剂	触杀胃毒	水稻、棉花、苹果树等作物多种害虫	喷雾
拟除虫菊酯类杀虫剂	高效氯氰菊酯	杀毒谱广、中等毒性、遇碱易分解、击倒力强，速效，高效	4.5%、10%乳油	触杀胃毒	可用于棉花、蔬菜、果树等作物的多种害虫	喷雾
	溴氰菊酯（敌杀死）	中等毒性，用药量少，杀虫谱广，速效，高效	2.5%乳油	触杀、胃毒	棉花、果树、蔬菜、茶等作物害虫及蝗虫	喷雾
	联苯菊酯（天王星、螨灵）	中等毒性、杀虫谱广、击倒力强、速效、高效	2.5%、10%乳油	触杀、胃毒、驱避、拒食	棉花、果树、蔬菜、茶树等作物的多种害虫及害螨	喷雾
	三氟氯氰菊酯（功夫）	中等毒性、杀虫谱广、速效、高效	2.5%乳油	触杀、胃毒	棉花、花生、大豆、果树、蔬菜等作物的多种害虫，兼治害螨	喷雾

续表-附-1

药剂类型	药剂名称	毒性及性能	主要剂型	作用方式	使用作物及防治对象	使用方法
	甲氰氯酯(灭扫利)	中等毒性、杀虫谱广、速效	20%乳油	触杀、胃毒、驱避	棉花、果树、蔬菜、茶树上的害虫及害螨	喷雾
	氟氯氰菊酯(百树得)	低毒、杀虫谱广、速效、高效	5%乳油	触杀、胃毒	棉花、小麦、玉米、果树、蔬菜、茶叶等作物的多种鳞翅目害虫、蚜虫等	喷雾
	溴氰菊酯	低毒、杀虫谱广、速效、高效	10%乳油	触杀、胃毒	棉花、果树、蔬菜、小麦、茶树等作物的害虫及害螨	喷雾
氨基甲酸酯类杀虫剂	抗蚜威(辟蚜雾)	中等毒性、杀虫作用快、残效期短	25%、5%可湿性粉剂	触杀、熏蒸、内吸	棉花以外的所有作物蚜虫	喷雾
	硫双威(拉维因)	中等毒性、对光不大稳定、对卵和低龄幼虫有较高活性	75%可湿性粉剂、37.5%悬浮剂	胃毒、触杀	棉花、水稻、大豆、玉米、小麦、果树、蔬菜等作物的鳞翅目、鞘翅目等害虫	喷雾
	丁硫克百威(好年冬)	中等毒性、杀虫谱广、持效期长	20%乳油、35%种子处理剂	触杀、胃毒、内吸	水稻、果树、蔬菜等作物的蚜虫、害螨等	喷雾、拌种
烟碱类杀虫剂	吡虫啉	低毒、速效、持效期长、对天敌安全	10%可湿性粉剂、10%乳油、70%拌种剂	内吸胃毒触杀	水稻、小麦、棉花、果树、蔬菜等作物的刺吸式口器害虫	喷雾、拌种
	噻虫嗪(噻虫嗪、快胜)	低毒、高效、持效期长、用药量低	25%水分散粒剂、20%干种衣剂	胃毒触杀内吸	水稻、小麦、棉花、果树、蔬菜等作物的蚜虫、飞虱、粉虱等害虫	喷雾拌种
	啶虫脒(莫比朗)	中等毒性、速效、持效期长、勿与碱性农药混用	3%乳油、20%可湿性粉剂	触杀胃毒内渗	水稻、果树、蔬菜、茶树、马铃薯、烟草等作物的飞虱、蚜虫等	喷雾

续表-附-1

药剂类型	药剂名称	毒性及性能	主要剂型	作用方式	使用作物及防治对象	使用方法
生物源杀虫剂	阿维菌素(齐螨素)	高毒(制剂低毒)、对作物及害虫均安全	1%、1.8%乳油	触杀 胃毒 渗透	棉花、果树、蔬菜等作物的害螨及鳞翅目害虫	喷雾
	多杀菌素(菜喜、催杀)	低毒、无残留、对人畜安全	2.5%、48%悬浮剂		生产无公害蔬菜，防治小菜蛾、棉铃虫等害虫	喷雾
	苏云金杆菌(BT)	低毒,对蜜蜂、天敌安全	100%亿活芽孢/g可湿性粉剂、BT乳剂	胃毒	蔬菜、水稻等作物上的菜青虫、小菜蛾、稻螟等	喷雾
苯甲酰脲类杀虫剂	灭幼脲(灭幼脲3号)	低毒、遇碱易分解、迟效、易产生沉淀,用前摇匀	20%悬浮剂	胃毒 触杀	蔬菜上的菜青虫、小菜蛾及柑橘全爪螨等	喷雾
	氟虫脲(卡死克)	低毒,遇碱易分解,迟效,持续期长	5%乳油	触杀 胃毒	果树、蔬菜、棉花等作物的害虫、螨类等	喷雾
其他结构类杀虫剂	茚虫威(安打)	低毒、迟效、对天敌安全	30%水分散粒剂	触杀 胃毒	蔬菜、棉花等作物的菜青虫、小菜蛾等	喷雾
	虫螨腈(除尽)	低毒,只限于在登记作物上使用,应与其他不同作用方式的农药轮用；每季作物使用该药不超过2次，不要与其他杀虫剂混用	10%和24%悬浮剂	胃毒 触杀	十字花科蔬菜、黄瓜、苹果、茄子、茶树的小菜蛾及甜菜夜蛾	喷雾
	氟虫双酰胺	低毒,对幼虫防效好,对成虫防效有限,无杀卵作用	20%水分散粒粒	胃毒 触杀	白菜小菜蛾及甜菜夜蛾	喷雾
	吡蚜酮	低毒,对光热稳定,在强碱性条件下有一定的分解	50%水分散粒剂	内吸	适用于蔬菜、水稻、棉花、果树及多种大田作物,用于防治大部分同翅目害虫	喷雾
	磷化铝	高毒、吸潮可分解释放出对人剧毒的磷化氢气体,易燃	56%片剂	熏蒸	玉米象、谷象、豆象、谷螟、锯谷盗等仓库害虫及鼠类	熏蒸

二、杀菌剂

杀菌剂按对防治植物病害的原理可以分为保护剂和治疗剂。保护剂必须在病原物侵入寄主前施用才能达到较好效果，而对于病菌已侵入寄主的植物，则只能选用具有治疗作用的内吸杀菌剂才能达到良好防效，内吸杀菌剂可通过植物组织吸收、输送到整个植株，而发挥杀菌作用(表-附-2)。

表-附-2 常用杀菌剂品种及使用技术

药剂类型	药剂名称	毒性及性能	主要剂型	作用方式	使用作物及防治对象	使用方法
非内吸性杀菌剂	代森锰锌(大生)	低毒，遇酸、碱易分解、易燃	65%、80%可湿性粉剂	保护	苹果斑点病、落叶病、轮纹病、番茄早疫病	喷雾、拌种
	百菌清(达克宁)	低毒、对黏膜有刺激，对水生生物有毒	75%可湿性粉剂，45%烟剂	保护	果树、蔬菜霜霉病、白粉病、炭疽病、玉米大斑病及花生叶斑病等	喷雾、熏烟
	异菌脲(扑海因)	低毒，不能与强酸、强碱性农药混用	50%可湿性粉剂、25%悬浮剂	触杀型保护剂，兼有治疗	番茄、葡萄、核果果树等的灰霉病等	喷雾
	腐霉利(速克灵)	低毒，不能与碱性农药混用，发病前使用	50%可湿性粉剂，10%、15%烟剂	触杀型保护剂，具一定渗透性	各种作物的灰霉病、菌核病，玉米大小斑病，果树褐腐病等	喷雾、熏烟
内吸性杀菌剂	多菌灵	低毒，杀菌谱广，残效期长	25%、50%可湿性粉剂，40%胶悬剂	保护、治疗	麦类黑穗病、赤霉病，棉花枯、黄萎病等	喷雾，种子处理，土壤处理
	嘧菌酯	低毒，具有很好的安全性和环境相容性。切勿在施药的地块割草饲喂牲畜	50%水分散粒剂	具有保护、铲除、渗透、内吸活性。抑制孢子萌发和菌丝生长并一直产孢	大豆、黄瓜、西瓜、冬瓜、茄子、辣椒、马铃薯、香蕉、芒果、葡萄、荔枝、柑橘等锈病、霜霉病、晚疫病、炭疽病、叶斑病、早疫病、黑斑病、黑豆病、白粉病等	喷雾

续表-附-2

药剂类型	药剂名称	毒性及性能	主要剂型	作用方式	使用作物及防治对象	使用方法
	苯醚甲环唑	低毒，产品对鱼及水生物有毒，切忌污染鱼塘、水池及水源器	10%水分散粒剂	具有内吸传导作用，有较强的治疗作用，等	黄瓜、西瓜、番茄、大白菜、大蒜、辣椒、梨树、苹果树、葡萄、茶树等白粉病、炭疽病、早疫病、黑星病等	喷雾
	戊唑醇	低毒，拌种处理后的种子禁止供人畜食用，也不要与未处理种子混合	43%悬浮剂，6%悬浮种衣剂	内吸传导性好，具有保护、治疗及铲除作用	水稻、黄瓜、梨树、苹果树、大白菜等纹枯病、稻曲病、白粉病、黑星病、斑点落叶病、轮纹病、黑斑病等	喷雾
	丙环唑	低毒，一般只对皮肤和眼睛有刺激作用	25%乳油，50%乳油	内吸传导性好，具有保护及治疗作用	小麦、香蕉锈病及叶斑病	喷雾
	嘧霉胺	低毒，对鱼类等水生生物有毒，应远离水产养殖区施药	40%悬浮剂	通过渗透作用进入植物体，在表层组织内传导	黄瓜、葡萄及番茄等灰霉病	喷雾
	咪鲜胺	低毒，对鱼有毒不可污染鱼塘、河道或水沟	25%乳油，45%水乳剂	保护和铲除作用，具有一定的传导作用	水稻、辣椒、芒果、香蕉、柑橘等恶苗病、炭疽病、青霉病、绿霉病、蒂腐病等	浸种喷雾
	氰霜唑（科佳）	低毒，对人畜、鱼、蜂、鸟、蚕等安全	10%悬浮剂	保护作用强，持效期较长	番茄、黄瓜、马铃薯、葡萄、荔枝树等	喷雾
	氟啶胺（福帅得）	低毒，对天敌及访花昆虫风险较低	50%悬浮剂	保护性强，速效性好，持效期较长	辣椒、马铃薯等疫病及晚疫病	喷雾
	双炔酰菌胺	低毒，对昏迷病人，切勿经口喂入任何东西或引吐	25%悬浮剂	保护性强，持效期长	辣椒、马铃薯、西瓜、葡萄、荔枝树等疫病、晚疫病、霜霉病等	喷雾

续表-附-2

药剂类型	药剂名称	毒性及性能	主要剂型	作用方式	使用作物及防治对象	使用方法
	甲基硫菌灵（甲基托布津）	低毒，杀菌谱广，不能与含铜农药混用	50%、70%可湿性粉剂	预防、治疗	水稻稻瘟病、纹枯病、小麦黑穗病、赤霉病等	喷雾
	氟硅唑（福星、新星）	低毒、杀菌谱广、高效	40%乳油	治疗	梨黑星病、花生叶斑病、小麦锈病、葡萄等的白粉病	喷雾、拌种
	氟菌唑（特氟灵）	低毒，遇强酸、碱水解	30%可湿性粉剂，15%乳油	保护、治疗	麦类、蔬菜、果树、茶树等的白粉病、黑粉病、锈病、黑星病、炭疽病等	喷雾、拌种
	三唑酮（百理通、粉锈宁）	低毒、不能与碱性农药混用	15%可湿性粉剂，20%乳油	预防、治疗、铲除	小麦、蔬菜、果树等作物的白粉病、锈病、纹枯病等	喷雾、拌种
	甲霜灵（瑞毒霉）	低毒，不能与碱性农药、肥料混用	25%可湿性粉剂、35%拌种剂	保护、治疗	大豆，蔬菜，果树的霜霉病、疫病，烟草黑胫病	喷雾、拌种
	三乙膦酸铝（乙膦铝）	低毒，干燥条件下贮存，不能与碱、酸农药混用	40%、80%、90%可湿性粉剂	保护、治疗	各种作物的疫病、霜霉病、烟草黑胫病	喷雾
抗菌素类	井冈霉素	低毒，注意防霉、防冻、防晒	2%、5%水剂，5%、17%水溶性粉剂	治疗	水稻、小麦、蔬菜、棉花等的纹枯病、立枯病等	喷雾、拌种、浇灌
	多抗霉素（多氧霉素、宝丽安）	低毒、不能与碱性农药混用，密闭、干燥条件下保存	1.5%、2%、3%、10%可湿性粉剂	保护、治疗	瓜类的白粉病、霜霉病、枯萎病，果树的白粉病、灰霉病、黑斑病等	喷雾
	链霉素（农用硫酸链霉素）	低毒、不能与碱性及生物农药混用	20%可湿性粉剂、72%可溶性粉剂	保护、治疗	水稻白叶枯病，白菜、辣椒的软腐病、青枯病等细菌性病害	喷雾、浇灌

三、除草剂

除草剂之所以能安全地用于农田防除杂草，而对作物无害，就是由于它在作物和杂草之间存在选择性，除草剂的种类很多(表-附-3)。

表-附-3 农田常用除草剂品种及使用技术

药剂名称	毒性及性能	主要剂型	作用方式	使用作物及防除对象	使用方法
莎稗磷	低毒，对0～2叶期的稻稗有效，低温下显效慢	30%乳油	内吸传导	适用于水稻移栽田，移栽前或移栽后，防除稻稗、稗草	甩喷法/毒土法
丙草胺	低毒，对皮肤、眼、呼吸道有刺激作用	90%乳油	内吸传导	适用于水稻移栽田，水稻移栽前或移栽后，防除稗草及小粒种子阔叶草	甩喷法/毒土法
噁唑酰草胺	低毒，若误服应以清水漱口，饮1～2杯水。切勿催吐，不要给神志不清的患者喂食任何东西，对症治疗	50%可湿性粉剂	内吸传导	水稻直播田防除一年生禾本科杂草	茎叶喷雾
氟吡磺隆	低毒，对环境和哺乳动物安全	10%可湿性粉剂	内吸传导	适用于水稻移栽田和直播田，移栽前或移栽后，防除一年生阔叶草、莎草科杂草；直播田水稻3叶期后喷雾法防除一年生杂草	甩喷法、药土法
氰氟草酯	低毒，对水稻具有高度的安全性。因其在土壤中和典型的稻田水中降解迅速，故对后茬作物安全	10%乳油	内吸传导	水稻移栽后，防除稗草、千金子	茎叶喷雾
五氟磺草胺	低毒，对眼睛和皮肤有极轻微刺激性	2.5%油悬浮剂	内吸传导	水稻移栽后，防除一年生杂草	茎叶喷雾
灭草松	低毒，对眼睛和呼吸道有刺激作用	48%水剂	触杀	防除莎草科杂草和阔叶杂草	茎叶喷雾
丙炔噁草酮	低毒，触杀作用强，扩散性较差，持效期长	80%可湿性粉剂	触杀	适用于水稻移栽田，水稻移栽前或移栽后，防除稻稗、莎草、阔叶杂草	喷雾法/药土法

续表-附-3

药剂名称	毒性及性能	主要剂型	作用方式	使用作物及防除对象	使用方法
二氯喹啉酸	低毒，对皮肤、眼睛有刺激作用，一般不会引起全身中毒	50%可湿性粉剂	内吸传导	水稻移栽后，防除稗草	喷雾法
甲基二磺隆	低毒，某些春小麦对该药敏感，应慎用；冬小麦适于冬前用药	3%可分散油悬浮剂	内吸传导	冬(春)小麦出苗后，防除一年生禾本科杂草、部分阔叶杂草	茎叶喷雾
唑草酮	低毒，对阔叶杂草有效，对抗磺酰脲类除草剂杂草有特效	40%水分散颗粒剂	触杀	冬(春)小麦苗后，防除阔叶杂草	茎叶喷雾
炔草酸	低毒，避免孕妇及哺乳期妇女接触药剂	15%可湿性粉剂	触杀	春小麦苗后，防除部分禾本科杂草	茎叶喷雾
氟唑磺隆	低毒，避免孕妇及哺乳期妇女接触药剂	70%水分散颗粒	内吸传导	春小麦苗后杂草	茎叶喷雾
唑啉草酯	低毒，含有危险的燃烧产物，可能会威胁到健康	5%乳油	内吸传导	大麦苗后，防除一年生禾本科杂草	茎叶喷雾
硝磺草酮	低毒，具有弱酸性，在大多数酸性土壤中，能紧紧吸附在有机物质上	10%悬浮剂	内吸传导	玉米苗后，防除一年生阔叶杂草、部分禾本科杂草	茎叶喷雾
烯草酮	低毒，不宜用在小麦、大麦、水稻、谷子、玉米、高粱等禾本科作物。对一年生禾本科杂草施药适期为3～5叶期，对多年杂草于分蘖后施药最为有效	24%乳油	内吸传导	适用于春大豆等双子叶作物田苗后防除一年生禾本科杂草	茎叶喷雾
氯酯磺草胺	低毒，作用速度慢，用药后15～20 d杂草开始死亡	84%水分散颗粒剂	内吸传导	春大豆苗后，防除阔叶杂草	茎叶喷雾
2甲4氯钠(利锄)	低毒，不能与碱性农药或肥料混用	20%水剂、70%水溶性原粉	内吸传导	小麦4叶期后至拔节前、水稻秧田5叶期后至拔节前，防除一年生阔叶杂草	喷雾

续表-附-3

药剂名称	毒性及性能	主要剂型	作用方式	使用作物及防除对象	使用方法
麦草畏(百草敌)	低毒,对鱼类及水生动物毒性低,可与2甲4氯、苯磺隆以单用剂量的一半混用	48%水剂、70%水分散粒剂	内吸传导	玉米4～6叶期防除阔叶杂草,小麦3叶期至分蘖末期防除一年生、多年生杂草	喷雾
苯磺隆(巨星)	低毒,持效期长,麦田可达60 d	10%可湿性粉剂、75%悬浮剂	内吸传导	小麦在拔节前喷施,可防除阔叶杂草	喷雾
乙草胺(禾耐斯)	低毒、不能与碱性物质混用	50%、90%乳油	内吸传导	大豆、花生、玉米田播后苗前喷施防除一年生禾本科及部分阔叶杂草	喷雾
烟嘧磺隆(玉农乐)	低毒,在土壤中残效期30～40 d	4%悬浮剂	内吸传导	玉米3～5叶、杂草2～4叶基本出齐时防除禾本科及阔叶杂草	喷雾
莠去津(阿特拉津)	低毒,残效期长,对后茬作物小麦、大豆、水稻有药害	40%、50%可湿性粉剂,38%水悬浮剂	内吸传导	玉米田播后苗前或苗后杂草2～3叶期,甘蔗田播后5～7d,茶园、果园在杂草出土高峰前到杂草2～3叶期用药可防除单、双子叶杂草	喷雾
精喹禾灵(精禾草克)	低毒,对皮肤有轻微刺激,对鱼类中等毒性	5%、8.8%乳油	内吸传导	棉花、花生、油菜、大豆田杂草3～6叶期施药可防除一年生禾本科杂草	喷雾
异丙甲草胺(都尔)	低毒,对眼睛和皮肤有轻微刺激作用	72%乳油	内吸传导	棉花播后苗前施药,可防除一年生禾本科杂草及小粒种子的阔叶杂草	喷雾
精氟吡甲禾灵(高效盖草能)	低毒,对眼睛有刺激作用,易燃	10.8%、12.5%乳油	内吸传导	花生、大豆、油菜苗期,杂草3～5叶期施药可防除一年生和多年生禾本科杂草	喷雾

续表-附-3

药剂名称	毒性及性能	主要剂型	作用方式	使用作物及防除对象	使用方法
精吡氟禾草灵(精稳杀得)	低毒,对鱼有毒,迟效,施药后10～15 d杂草开始死亡	15％乳油	内吸传导	棉花、花生、大豆、油菜、甜菜苗期,杂草3～5叶期喷施防除一年生和多年生禾本科杂草	喷雾
氟乐灵(特氟力)	低毒,易光解和挥发,施药后要及时混土	48％乳油	内吸	玉米、大豆在播前,多种蔬菜田播前,移栽蔬菜在移栽前和移栽后施药可防除一年生禾本科杂草和小粒种子阔叶杂草	喷雾后浅混土
甜菜宁(凯米丰)	低毒,遇碱易分解	16％乳油	内吸传导	甜菜苗期、杂草2～4叶期喷施可防除阔叶杂草	喷雾
百草枯(克芜踪)	中等毒性,速效,多年生杂草只杀死地上部分	20％水剂、17％高渗水剂	触杀	果园、林地在杂草高达15 cm时喷施可防除多数禾本科杂草及阔叶杂草	喷雾
草甘膦(农达、镇草宁)	低毒,杀草谱广,迟效	10％、41％水剂	内吸传导	果园、茶园、桑园或休闲地或转基因作物田,在杂草生长旺盛期喷施可防除一年生、多年生杂草	喷雾
草铵膦	低毒,杀草谱广		触杀	果园、茶园、桑园或转基因作物田,在杂草生长旺盛期喷施可防除一年生、多年生杂草	喷雾

四、杀螨剂

部分杀虫剂也兼有良好的杀螨作用,这里介绍的是专门用来防治螨类的药剂(表-附-4)。

表-附-4　常用杀螨剂品种及使用技术

药剂名称	毒性及性能	主要剂型	作用方式	使用作物及防治对象	使用方法
炔螨特（克螨特）	低毒、杀卵效果差、气温高于20℃时效果好	73%乳油	触杀胃毒	棉花、柑橘、苹果、茶树等螨类	喷雾
苯丁锡（托尔克）	低毒，对卵效果差，迟效，残效可达2～5个月	50%可湿性粉剂	触杀	柑橘、苹果、茶树等螨类	喷雾
吡螨胺（必螨立克）	低毒，对螨类各生育期均有效，速效，高效，持效期长	10%可湿性粉剂	吸入	柑橘、苹果叶螨	喷雾
噻螨酮（尼索朗）	低毒，对成螨无效，比其他杀虫剂稍早使用	5%乳油，5%可湿性粉剂	触杀胃毒	柑橘、苹果、棉花等螨类	喷雾
哒螨灵（哒螨酮）	中等毒性、遇碱分性、对光不稳定、对天敌安全	15%乳油、20%可湿性粉剂	触杀胃毒	柑橘、苹果、棉花叶螨，兼治叶蝉、粉虱等害虫	喷雾
唑螨酯（霸螨灵）	中等毒性、速效、持效期长	5%悬浮剂	触杀	苹果、柑橘等螨类	喷雾
四螨嗪（阿波罗、螨死净）	低毒，对成螨效果差，迟效，持效期长	10%可湿性粉剂、50%悬浮剂	触杀	苹果、柑橘、茶树等螨类	喷雾

五、杀线虫剂

某些杀虫剂也兼有杀线虫作用，这里介绍的是专门用来防治植物病原线虫的药剂（表-附-5）。

表-附-5　常用杀线虫剂品种及使用技术

药剂名称	毒性及性能	主要剂型	作用方式	使用作物及防治对象	使用方法
灭线磷（益收宝、益舒宝）	高毒，不能与碱性农药混用	5%、10%、20%颗粒剂	触杀	水稻、玉米、大豆、花生、甘蔗、烟草、柑橘、香蕉、葡萄及多种蔬菜的线虫，兼治地下害虫	播种时沟施，避免与种子接触

续表-附-5

药剂名称	毒性及性能	主要剂型	作用方式	使用作物及防治对象	使用方法
氯唑磷（米乐尔）	中等毒性，遇碱易分解	3%颗粒剂	胃毒，触杀和一定内吸	蔬菜，果树，花生，甘蔗，大豆，水稻等作物的线虫，兼治地下害虫	行施、穴施或混土施用
苯线磷（力满库）	高毒，遇酸、碱分解	10%颗粒剂	触杀、内吸	花生、柑橘、蔬菜等作物田的根结线虫、茎线虫，兼治蓟马、白粉虱	播种时条施
硫线磷（克线丹）	高毒，遇碱易分解，低温易产生药害	10%颗粒剂	触杀	蔬菜、花生等作物的线虫，兼治地下害虫	播种或生长期内沟施、穴施或撒施

六、杀软体动物剂

专门用于防治蜗牛、蛞蝓等软体动物的药剂(表-附-6)。

表-附-6　常用杀软体动物剂品种及使用技术

药剂名称	毒性及性能	主要剂型	作用方式	使用作物及防治对象	使用方法
四聚乙醛（密达）	中等毒性、25℃时施药效果好，高于35℃药效差	6%颗粒剂	胃毒	农田各种作物及温室的蜗牛、蛞蝓，稻田的福寿螺	撒施
杀螺胺（百螺杀）	低毒，对水生生物有毒	70%可湿性粉剂	吸入	稻田福寿螺	喷雾
甲硫威（灭旱螺、天梭威）	高毒，遇碱易分解，对水生生物有害	2%颗粒剂	触杀 胃毒	蔬菜田蜗牛、蛞蝓和稻田福寿螺	撒施
百螺敌（薯瘟锡）	低毒、不能与油乳剂农药混用，对水生生物有毒	45%超微可湿性粉剂	触杀 吸食	稻田的福寿螺、水蜗牛、蛞蝓特效，棉花、烟草上的蜗牛、蛞蝓	喷雾

七、杀鼠剂

杀鼠剂大多对人、畜高毒，故使用时应注意安全，以防中毒(表-附-7)。

表-附-7 常用杀鼠剂品种及使用技术

药剂名称	毒性及性能	主要剂型	作用方式	使用方法
敌鼠（野鼠净）	高毒，第一代抗凝血型杀鼠剂，灭鼠效果好，迟效，死亡高峰在吃药后 4～6 d	80% 粉剂、0.005%粒剂	胃毒	适用于室内外和田野灭鼠，室内用小麦、大米等或切成块状的瓜果、蔬菜制成 0.025%～0.05% 的毒饵，连续投放 3～4 d，野外灭鼠用 0.2%～0.3%浓度毒饵一次性投饵，每洞 5～10 g，或在鼠道上每 10 m 左右投放 2～3 g
溴敌隆（乐万通）	高毒，第二代抗凝血型杀鼠剂，具有毒性大、杀鼠谱广、杀鼠彻底等优点，死亡高峰在吃药后 4～6 d	0.5% 粉剂、0.5% 液剂、0.005% 颗粒剂	胃毒	用小麦等谷物或用萝卜、马铃薯等配成毒饵，防治家鼠一次投饵或间隔投饵，每个房间投 2～3 堆，每堆 5～15 g；野外灭鼠一次性投饵，每洞 10 g 或每 10 m 投 1 堆，每堆 5 g
溴鼠隆（大隆）	高毒，杀鼠速效，又有慢性积累能力，使用简便，理想的第二代抗凝血型杀鼠剂	0.005%毒饵、0.005%蜡块	胃毒	防治家鼠，每房间设 1～3 个饵点，每点 2～3 g；防治田鼠，每 667 m^2 5 堆，每堆 5 g，或每鼠洞投饵 5～10 g
杀鼠灵（灭鼠灵）	高毒，作用缓慢，作用机理同抗凝血型杀鼠剂，采用低浓度毒饵连续多次投放	2.5% 母粉、0.025%毒饵	胃毒	田间灭鼠通常用 2.5%母粉加入饵料配成 0.05%的毒饵，防治家鼠可使用市售 0.025%毒饵或自配

八、植物生长调节剂

植物生长调节剂是人工合成的具有调节植物发育机能的一类物质，具有类似植物体内激素的作用，与其他各类农药的不同之处是用量极少（表-附-8）。

表-附-8 常用植物生长调节剂品种及使用技术

药剂名称	毒性及性能	剂型	作用特点	适用作物
赤霉素（九二〇）	低毒，遇碱分解，随用随配，留种田不宜使用	80% 结晶粉、4% 乳油、4% 水溶性粉剂	可刺激细胞伸长，促进作物生长发育，提早成熟，提高产量，改善品质，能打破种子、块根、鳞茎等器官休眠，促进发芽；提高坐果率或形成无籽果实等	可用于水稻、芹菜、菠菜、番茄、黄瓜、梨、香蕉、柑橘、西瓜等的促发芽、促生长、保果保鲜、杂交制种及无籽果的生产等

续表-附-8

药剂名称	毒性及性能	剂型	作用特点	适用作物
乙烯利（一试灵）	低毒，具有强酸性，能腐蚀金属器皿、皮肤和衣物，不能与碱性农药混用，宜随配随用	40%水剂	属促进成熟的植物生长调节剂，进入植物体内到达作用部位，可释放出乙烯，促进果实成熟及叶片、果实的脱落，减少顶端优势，矮化植株，诱导雄性不育	用于促进棉花、番茄等早熟，矮化小麦、水稻、玉米，增加黄瓜、南瓜雌花等
甲哌鎓（缩节胺、助壮素）	低毒，适用于高肥水田块	40%、97%粉剂，5%、25%水剂	属棉花生长调节剂，可控制棉株高度，协调营养生长和生殖生长，使株型紧凑，减少蕾铃脱落，开花结铃集中，伏前桃与伏桃比例增加，提高产量和品质	适用于棉田控制棉花生长，在棉株45～60 cm高，早期开花阶段，10 m范围内有8～10朵花时，进行喷施，增产显著
多效唑	低毒，可与一般农药混用，土壤施用药效长，效果好	15%可湿性粉剂、25%乳油	可抑制植物营养生长，促使植株节间缩短、茎粗壮、叶片增厚、叶色浓绿、侧枝增多、根系发达，提高植物抗逆性	苹果、梨、葡萄、桃等果树可以环状施肥的形式施入土中；柑橘、葡萄等果树及花生、大豆、棉花、油菜、黄瓜、茄果类蔬菜可叶面喷洒使用
芸苔素内酯（天丰素）	低毒，不能与碱性物质混用	0.01%乳油、0.04%水剂、0.02%可溶性粉剂	促进细胞伸长和分裂，提高叶绿素含量，促进光合作用，提高坐果率和结果率，提高抗逆性，增加产量，改善品质	小麦、玉米、水稻、大豆、花生、果树及萝卜、青椒、马铃薯等多种蔬菜
氟节胺（抑芽敏）	低毒，不能与其他农药混用，对眼睛和皮肤有刺激作用	25%乳油	为接触兼局部内吸型植物生长延缓剂，主要影响植物体内酶系统功能，增加叶绿素和蛋白质含量，抑制烟叶侧芽生长	用于抑制烟芽，在烟草去顶后，随即按每公顷900～1 050 mL乳油喷雾或杯淋
防落素（番茄灵）	低毒，不溶于水，使用时应先用少量酒精溶解后，再加水稀释成所需浓度，留种田不宜使用	98%粉剂，95%片剂，1%、2.5%、5%水剂	具有内吸传导作用，能抑制植物体内脱落酸的形成，防止落花、落果，加速幼果发育，促进早熟，并能控制瓜果长籽，形成无籽或少籽果实	主要用于番茄、茄果类蔬菜，也可用于小麦、大麦、水稻、油菜、豆类、芝麻、西瓜、苹果等

续表-附-8

药剂名称	毒性及性能	剂型	作用特点	适用作物
复硝酚钠（爱多收）	低毒，可与一般农药混用	1.8%乳油	为植物细胞赋活剂，能迅速渗入植物体内，对植物生长发育、生根、开花与结果有明显的促进作用	用于小麦、水稻、玉米、棉花、大豆、马铃薯、茄子、黄瓜、番茄、果树、甘蔗等

参考文献

[1] 安徽省宿县农业学校，黑龙江佳木斯农业学校．农业昆虫学实验实习指导．北京：农业出版社，1984．
[2] 北京农业大学．昆虫学通论（上册）．北京：农业出版社，1980．
[3] 北京农业大学．农业植物病理学．北京：中国农业出版社，1982．
[4] 陈利锋，徐敬友．农业植物病理学（南方本）．北京：中国农业出版社，2001．
[5] 陈啸寅，马成云．植物保护．2版．北京：中国农业出版社，2008．
[6] 成卓敏．新编植物医生手册．北京：化学工业出版社，2008．
[7] 丁锦华，苏建华．农业昆虫学（南方本）．北京：中国农业出版社，2002．
[8] 董金皋．农业植物病理学（北方本）．北京：中国农业出版社，2001．
[9] 方中达．普通植物病理学．南京：江苏人民出版社，1964．
[10] 方中达．中国农业植物病害．北京：中国农业出版社，1996．
[11] 管致和，秦玉川，由振国，等．植物保护概论．北京：北京农业大学出版社，1995．
[12] 河北保定农业学校．植物病理学．北京：农业出版社，1993．
[13] 何振昌等．中国北方农业害虫原色图鉴．沈阳：辽宁科学技术出版社，1997．
[14] 华南农学院，河北农业大学．植物病理学．北京：中国农业出版社，1988．
[15] 华南农学院．农业昆虫学．北京：农业出版社，1981．
[16] 赖传雅．农业植物病理学（华南本）．北京：科学出版社，2004．
[17] 雷彤，许文贤．陕西农业害虫天敌．杨凌：天则出版社，1990．
[18] 李清西，钱学聪．植物保护．北京：中国农业出版社，2002．
[19] 李涛，张圣喜．植物保护技术．北京：化学工业大学出版社，2009．
[20] 李云瑞．农业昆虫学（南方本）．北京：中国农业出版社，2002．
[21] 林达．植物保护学总论．北京：中国农业出版社，1997．
[22] 刘正坪，庞保平．园艺植物保护技术．呼和浩特：内蒙古大学出版社，2005．

[23] 刘宗亮. 农业昆虫. 北京:化学工业出版社,2009.
[24] 马成云. 农学专业技能实训与考核. 北京:中国农业出版社,2006.
[25] 马成云. 作物病虫害防治. 北京:高等教育出版社,2009.
[26] 南京农学院. 普通植物病理学. 北京:农业出版社,1978.
[27] 南开大学,中山大学,北京大学等. 昆虫学(上册). 北京:人民教育出版社,1980.
[28] 陕西省汉中农业学校. 农业昆虫学. 北京:农业出版社,1993.
[29] 陕西省农林学校,湖南省长沙农业学校. 农作物病虫害防治学实验实习指导. 北京:农业出版社,1982.
[30] 邰连春. 作物病虫害防治. 北京:中国农业大学出版社,2007.
[31] 王连荣. 园艺植物病理学. 北京:中国农业出版社,2000.
[32] 王林瑶,张广学. 昆虫标本技术. 北京:科学出版社,1983.
[33] 吴郁魂,彭素琼,周建华,等. 作物保护. 成都:天地出版社,1998.
[34] 仵均祥. 农业昆虫学(北方本). 西安:世界地图出版社,1999.
[35] 仵均祥. 农业昆虫学(北方本). 北京:中国农业出版社,2002.
[36] 武三安. 园林植物病虫害防治. 2 版. 北京:中国林业出版社,2007.
[37] 夏声广,唐启义. 水稻病虫草害防治原色生态图谱. 北京:化学工业出版社,2008.
[38] 叶恭银. 植物保护学. 杭州:浙江大学出版社,2006.
[39] 叶钟音. 现代农药应用技术全书. 北京:农业出版社,2002.
[40] 袁峰. 农业昆虫学. 3 版. 北京:中国农业出版社,2001.
[41] 张红燕,石明杰. 园艺作物病虫害防治. 北京:中国农业大学出版社,2009.
[42] 张随榜. 园林植物保护. 北京:中国农业出版社,2001.
[43] 张学哲. 作物病虫害防治. 北京:高等教育出版社,2002.
[44] 张中社,江世宏. 园林植物病虫害防治. 北京:高等教育出版社,2005.
[45] 张中义. 植物病原真菌学. 成都:四川科学技术出版社,1986.
[46] 宗兆锋,康振生. 植物病理学原理. 北京:中国农业出版社,2002.
[47] 农博网 http://www.aweb.com.cn/北京农博数码科技有限责任公司主办
[48] 中国农产品质量安全网 http://www.aqsc.gov.cn/农业部农产品质量安全中心中国农药信息网
[49] 中国农药网 http://www.chinapesticide.gov.cn/中华人民共和国农业部农药检定所主办
[50] 中国农技推广网 http://www.natesc.gov.cn/全国农业技术推广服务中心

主办
[51] 中国农网 http://www.zgny.com.cn/
[52] 中国农业环球网 http://www.chinainfowww.com(江苏省农科院主办)
[53] 中国农业网址之家 http://www.fa948.com/ny/
[54] 中国农业信息网 http://www.agri.gov.cn 中华人民共和国农业部主办
[55] 中国农业质量标准网 http://www.caqs.gov.cn/农业部科技发展中心主办
[56] 中国植物保护网 http://www.ipmchina.net(中国农业科学院植物保护研究所、中国植物保护学会主办)
[57] 中国种植业信息网 http://www.zzys.gov.cn/农业部种植业管理司、农业部信息中心主办
[58] 农业病虫草害图文基础数据库 http://www.cnak.net/bccsjk/index.asp
[59] 中国农资人论坛 http://www.191bbs.com/
[60] A_E 农业昆虫学网站 http://zy.zhku.edu.cn/insect/index.htm
[61] 中国农业病虫检测网 http://www.bcjcchina.com/index.asp